REFRIGERAÇÃO INDUSTRIAL

Blucher

Wilbert F. Stoecker
José M. Saiz Jabardo

REFRIGERAÇÃO INDUSTRIAL

3ª EDIÇÃO

Refrigeração industrial

Editora Edgard Blücher Ltda.

1ª edição – 2001
2ª edição – 2002
3ª edição – 2018

Imagem da capa: iStockphoto

Blucher

Rua Pedroso Alvarenga, 1245, 4° andar
04531-934 – São Paulo – SP – Brasil
Tel.: 55 11 3078-5366
contato@blucher.com.br
www.blucher.com.br

Segundo o Novo Acordo Ortográfico, conforme 5. ed. do *Vocabulário Ortográfico da Língua Portuguesa*, Academia Brasileira de Letras, março de 2009.

Dados Internacionais de Catalogação na Publicação (CIP)
Angélica Ilacqua CRB-8/7057

Stoecker, Wilbert F.
Refrigeração industrial / Wilbert F. Stoecker, José M. Saiz Jabardo. – 3. ed. – São Paulo : Blucher, 2018.
530 p. : il.

Bibliografia
ISBN 978-85-212-1264-5 (impresso)
ISBN 978-85-212-1265-2 (e-book)

1. Refrigeração 2. Indústria – Refrigeração I. Título. II. Jabardo, José M. Saiz.

17-1652 CDD 621.56

Índice para catálogo sistemático:
1. Refrigeração : Indústria

PREFÁCIO

Na presente edição foram introduzidas algumas modificações, mantendo, entretanto, a estrutura das edições anteriores. Fizeram-se significativas mudanças nas figuras e nos esquemas, além de incorporar aos Apêndices tabelas mais detalhadas de propriedades dos refrigerantes, incluindo as do gás carbônico (CO_2), tendo em vista a intensificação de seu uso como refrigerante em ciclos de estágio único ou em ciclos em cascata. Também foram feitas mudanças nos diagramas dos Apêndices, de forma a facilitar seu uso pelo leitor. O Capítulo 2 foi reorganizado, incorporando-se aos Apêndices o texto relacionado às mudanças de unidades, além de introduzir alguns exemplos de aplicação. No Capítulo 3, foram incluídos exemplos de aplicação adicionais. Por fim, no Capítulo 13, que aborda aspectos sobre segurança, fez-se uma atualização das normas, dando-se especial atenção à norma brasileira sobre vasos de pressão ABNT NBR 13598. A versão de 2011 serviu de base para o texto, e uma versão atualizada dessa norma veio à luz em abril de 2018, simultaneamente a outra sobre segurança em instalações frigoríficas, a ABNT NBR 16069:2018, não citada no texto. Os textos dos demais capítulos foram atualizados e revisados, visando melhor compreensão por parte do leitor.

O segundo autor gostaria de prestar tributo ao saudoso professor Wilbert F. Stoecker, autor de textos didáticos que ajudaram a formar gerações em refrigeração não só nos Estados Unidos da América, seu país de origem, como no Brasil e no mundo.

José M. Saiz Jabardo

São Carlos, junho de 2018

CONTEÚDO

CAPÍTULO 1
REFRIGERAÇÃO INDUSTRIAL

1.1 REFRIGERAÇÃO INDUSTRIAL COMPARADA AO CONDICIONAMENTO DE AR PARA CONFORTO

A refrigeração industrial, a exemplo do condicionamento de ar, tem como objetivo o resfriamento de alguma substância ou meio e/ou manutenção de sua temperatura abaixo da do ambiente exterior. Os componentes básicos de ambos os processos não diferem: compressores, trocadores de calor, ventiladores, bombas, tubos, dutos e controles. Os fluidos envolvidos mais comuns são: ar, água e algum refrigerante. Em suma, cada um dos sistemas é composto fundamentalmente de um ciclo frigorífico.

Os processos anteriormente referidos apresentam uma série de similaridades, embora se distingam em diversos outros aspectos, como componentes e procedimentos de projeto e mercadológicos. Tais diferenças justificam um tratamento diferenciado da refrigeração industrial. Não há dúvidas quanto ao predomínio do condicionamento de ar no que diz respeito ao número de unidades instaladas, volume de vendas e número de engenheiros empregados. Entretanto, apesar da inferioridade comercial observada, o setor industrial envolve uma indústria atuante e tem reservado um papel fundamental na sociedade moderna.

A refrigeração industrial não pode ser considerada como um subproduto do condicionamento de ar. Ela apresenta características próprias que envolvem tanto uma mão de obra mais especializada quanto um custo maior de projeto em relação ao condicionamento de ar. Além disso, muitos problemas típicos de operação a baixas temperaturas, normais em instalações de refrigeração industrial, não se observam a temperaturas características do condicionamento de ar para conforto. Concluindo, sistemas de condicionamento de ar são geralmente montados em fábrica, sendo dotados de pontos de conexão hidráulica e elétrica, além das saídas para sistemas de circulação de ar. Em refrigeração industrial, por outro lado, a prática usual é a montagem no local de operação, em virtude da diversidade de instalações.

O presente capítulo trata das distintas aplicações da refrigeração industrial, descrevendo superficialmente diversas facetas desse processo que realçam o seu potencial de aplicação.

1.2 O QUE É A REFRIGERAÇÃO INDUSTRIAL?

A refrigeração industrial pode ser caracterizada pela faixa de temperatura de operação. No limite inferior, as temperaturas podem atingir valores entre -60 °C e -70 °C, e 15 °C no limite superior. Aplicações em que se verifiquem temperaturas inferiores ao limite inferior pertencem à criogenia, a qual se especializa na produção e utilização de gás natural liquefeito, oxigênio e nitrogênio líquidos.

Outra maneira de caracterizar a refrigeração industrial seria por meio das aplicações. Assim, a refrigeração industrial poderia ser descrita como o processo utilizado nas indústrias químicas, de alimentos e de processos, envolvendo dois terços das aplicações, na indústria manufatureira e nos laboratórios. Algumas aplicações de bombas de calor poderiam ser associadas à refrigeração industrial, muito embora a rejeição de calor se faça a temperaturas relativamente elevadas em relação à temperatura ambiente.

1.3 ARMAZENAMENTO DE ALIMENTOS NÃO CONGELADOS

O tempo de exposição da maioria dos alimentos pode ser incrementado por meio de um armazenamento a baixas temperaturas. A Figura 1.1 ilustra o efeito da temperatura de armazenamento sobre o tempo de exposição de diversos alimentos [1]. Observa-se que, com a redução da temperatura de armazenamento, aumenta o tempo de exposição do alimento.

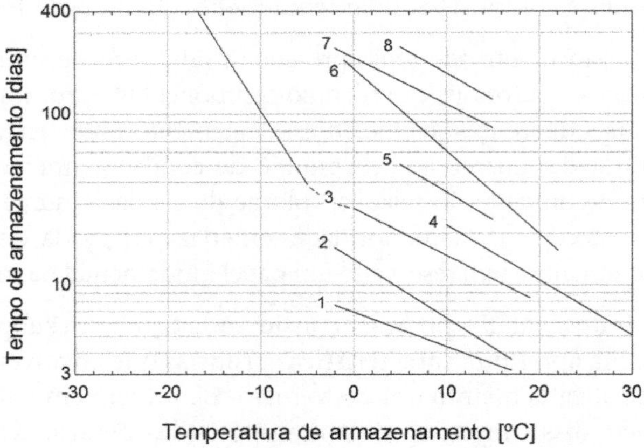

Figura 1.1 – Estimativa do tempo de exposição de diversos alimentos em função da temperatura. (1) Frango, (2) peixe, (3) carne, (4) banana, (5) laranja, (6) maçã, (7) ovos e (8) maçã, armazenados em atmosfera controlada de dióxido de carbono.

Muitos alimentos não exigem congelamento para seu armazenamento, incluindo-se entre eles: banana, maçã, tomate, alface, repolho, batata e cebola. A temperatura de armazenamento ótima para alguns desses produtos é indicada na Tabela 1.1. Nessa tabela, as temperaturas indicadas levam em consideração não somente a preservação do alimento como também os aspectos econômicos do armazenamento. Embora alguns produtos exijam temperaturas bem superiores à do congelamento da água para preservar suas características, a maioria dos alimentos deve ser armazenada a temperaturas próximas de 0 °C. Algumas frutas podem ser armazenadas a temperaturas inferiores ao ponto de congelamento da água sem, entretanto, experimentarem qualquer formação de gelo, uma vez que a água presente contém, em solução, açúcar e outras substâncias que reduzem o ponto de congelamento.

Tabela 1.1 – Temperaturas recomendadas de armazenamento, sem congelamento, de diversos alimentos

Produto	Temperatura de armazenamento (°C)
Abacate	4 a 13
Alface	0 a 1
Banana	13 a 14
Frango	–1 a 2
Maçã	–1 a 0
Morango	–0,5 a 0
Pera	–2 a 0
Queijo	0 a 1
Repolho	0
Tomate	3 a 4

Fonte: referência [2].

Logo após a colheita, as frutas e verduras com frequência se encontram levemente aquecidas. A fim de evitar sua deterioração precoce, elas devem ser rapidamente resfriadas em uma câmara refrigerada [3], em vez de permitir que o resfriamento ocorra nas condições ambientais e, portanto, lentamente. Em muitos casos, utiliza-se um pré-resfriamento a vácuo. Este consiste em introduzir o produto, alface, por exemplo, em uma câmara pré-evacuada, com consequente evaporação da água presente nas folhas, o que promove um rápido resfriamento da verdura.

1.4 ALIMENTOS CONGELADOS

A indústria de alimentos congelados remonta aos anos de 1912-1915, quando uma expedição científica norte-americana se dirigiu à península do Labrador [4]. Clarence Birdseye, membro da expedição, observou que o peixe congelado a temperaturas inferiores a 0 °C mantinha suas características por longos períodos de tempo. Posteriormente, Birdseye desenvolveu uma espécie de congelador de placas, que utilizou no congelamento de carne, frango, peixe e vegetais. Entretanto, a experiência norte-americana não teve a primazia. Já nos idos de 1880, durante o transporte de carne da Austrália para a Inglaterra, observou-se que parte da carne se congelara; ao se verificar que o congelamento não causara qualquer degradação nas características da carne, a sua prática se generalizou, dando início, assim, à indústria do alimento congelado.

A era moderna do alimento congelado teve início com o desenvolvimento de técnicas de congelamento rápido, pelas quais o congelamento pode ser realizado em horas, em vez de dias, evitando-se com isso a formação de microcristais de gelo no interior do produto. Essa indústria é responsável por uma significativa movimentação econômica, envolvendo um número expressivo de produtos que ano a ano vem se incrementando.

Os métodos mais comuns de congelamento [3] são os seguintes: (i) os *túneis de congelamento*, utilizando ar a alta velocidade (*air blast*); (ii) o *congelamento por contato*, em que o alimento, embalado ou não, é disposto entre placas refrigeradas; (iii) o *congelamento por imersão* do alimento em uma salmoura a baixa temperatura; e (iv) o *congelamento criogênico*, em que um fluido criogênico, normalmente dióxido de carbono ou nitrogênio, ambos no estado líquido, é espargido no interior da câmara de congelamento.

Na cadeia de distribuição, como regra geral, o alimento congelado é inicialmente armazenado em grandes câmaras, de onde é removido em pequenas quantidades para os centros consumidores. As temperaturas de armazenamento dos alimentos congelados variam na faixa entre −23 °C e −18 °C, embora produtos como o peixe sejam mais sensíveis à temperatura. Câmaras de armazenamento de peixe congelado operam até temperaturas da ordem de −30 °C. O sorvete apresenta um comportamento semelhante ao de uma salmoura. Nesta, a presença de substâncias anticongelantes confere à solução um ponto de congelamento inferior àquele da água pura. A faixa de temperatura pela qual deve passar o sorvete até seu completo congelamento varia entre uma temperatura superior de −2 °C e uma temperatura inferior da ordem de −30 °C. O sorvete é embalado a uma temperatura de −5 °C, na qual já apresenta alguma consistência, embora possa escoar. Uma vez embalado, é transportado para uma sala de endurecimento, onde sua temperatura é reduzida até −30 °C, a fim de completar seu congelamento.

1.5 PROCESSAMENTO DE ALIMENTOS

O objetivo básico do armazenamento refrigerado de alimentos, congelados ou não, é a preservação de suas características. Por outro lado, a refrigeração pode ser utilizada em processos de mudança das características ou mesmo estrutura química, o que se denominará de processamento de alimentos. Entre aqueles que sofrem processamento durante sua preparação, podem ser citados: queijos, bebidas como cerveja, vinhos e sucos cítricos, e café instantâneo.

O processo de produção de queijo depende do tipo considerado, mas todos têm em comum o fato de se originarem do leite coalhado, resultante da ação de alguma bactéria. A coalhada constitui a base para a produção de queijo, o qual, durante o processo de cura, normalmente exige um ambiente refrigerado. A temperatura de cura varia com o tipo de queijo, situando-se, geralmente, entre 10 °C e 20 °C, por períodos que vão de alguns dias até meses.

No caso da cerveja, duas são as reações químicas principais que ocorrem durante o processo de fabricação: (i) conversão do amido do grão em açúcar; e (ii) fermentação, durante a qual o açúcar é convertido em álcool e dióxido de carbono. Como a fermentação é um processo exotérmico, o produto deve ser resfriado para que a temperatura não se eleve a ponto de reduzir ou mesmo interromper a transformação do açúcar. A mistura em fermentação deve ser mantida a uma temperatura que pode variar entre 7 °C e 13 °C. Por outro lado, a refrigeração também é utilizada no processo de maturação da cerveja, que demanda um período de dois a três meses em ambiente refrigerado.

A produção de vinho também demanda refrigeração. Após a fermentação, o vinho é mantido em tonéis de aço inoxidável por um período que varia de seis meses a dois anos, em um ambiente cuja temperatura deve ser da ordem de 10 °C. Outro aspecto importante na produção do vinho é o processo de estabilização a frio, durante o qual se precipita o bitartarato de potássio (BP). Esse composto não é tóxico, mas a sua presença no vinho, principalmente nos tipos brancos, confere um aspecto desagradável ao produto. O BP se deposita naturalmente a 10 °C, demandando um período relativamente longo. Entretanto, se a temperatura do vinho for reduzida até −4 °C, a deposição do BP pode ser acelerada para um período de dez dias.

O procedimento de concentrar sucos de frutas, como o de laranja, é justificado pela redução de volume que se obtém, o que diminui significativamente os custos de armazenamento e transporte. As usinas de processamento instaladas junto à região produtora removem aproximadamente 75% da água do suco original, congelando a seguir o concentrado. O processo de remoção da água deve ser realizado a temperaturas relativamente baixas, situadas na faixa entre 18 °C e 25 °C, a fim de preservar o sabor do produto. O processo de vaporização é realizado a vácuo, de modo que o vapor formado deve ser removido para a atmosfera. Os primeiros concentradores utilizavam ejetores de vapor para essa remoção. Hoje em dia, o vapor formado é condensado e removido na forma líquida. A condensação pode ser realizada por meio da refrigeração feita segundo um ciclo frigorífico em que a rejeição de calor na condensação pode ser utilizada no processo de concentração do suco, como ilustrado na Figura 1.2. O circuito frigorífico mostrado nessa figura opera removendo calor do condensador de vapor e rejeitando-o no vaporizador (concentrador), comportando-se como uma bomba de calor. A taxa de remoção de energia no condensador de vapor é praticamente a mesma da que deve ser fornecida no concentrador. Nessas condições, como o calor removido no evaporador do circuito frigorífico é igual ao rejeitado no condensador do mesmo circuito menos a potência de compressão, um trocador de calor foi instalado na descarga do compressor a fim de remover o excesso de calor resultante da compressão.

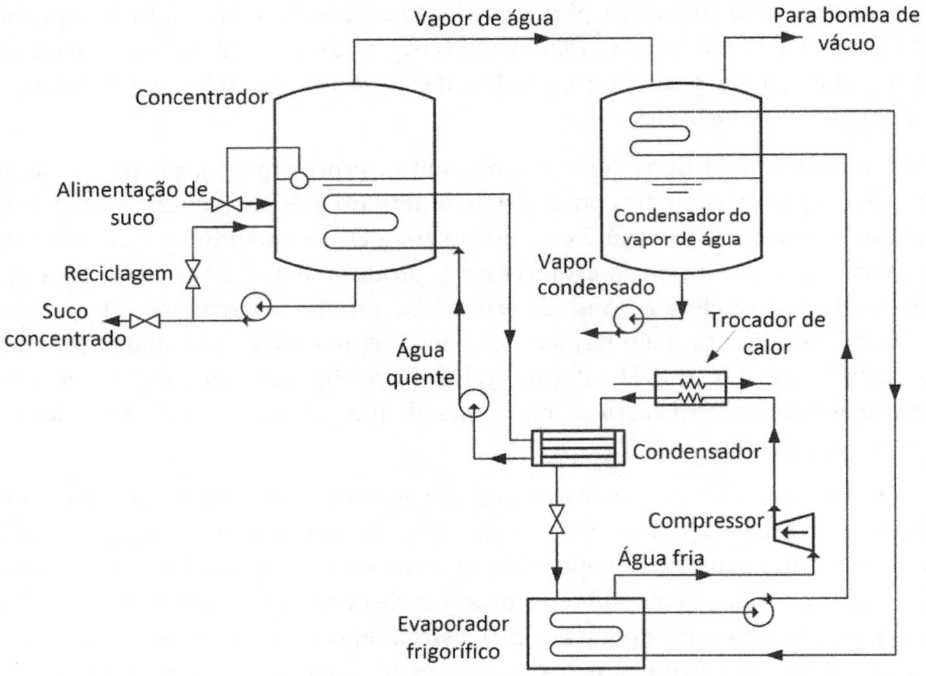

Figura 1.2 – Bomba de calor na concentração de sucos.

Outro processo de remoção da água a baixas temperaturas envolve o congelamento do produto, seguido de uma redução da pressão, com o qual a água é removida por sublimação do gelo, por meio de um aquecimento gradual do congelado. Esse processo é adequadamente denominado *secagem por congelamento* (*freeze-drying*) e deve ser acompanhado de uma remoção do vapor formado, para o qual podem ser utilizados tanto meios mecânicos, como ejetores de vapor, quanto a condensação do vapor e remoção do líquido. Esse processo é normalmente mais econômico. A secagem por congelamento foi introduzida durante a Segunda Guerra Mundial no congelamento de plasma sanguíneo e, desde então, tem sido empregada em indústrias farmacêuticas, de sucos de frutas, de café, de infusões (chá), de laticínios e na preparação de alguns alimentos especiais.

1.6 CONDICIONAMENTO DE AR NA INDÚSTRIA

O condicionamento de ar pode ser dividido em duas categorias distintas quanto ao seu objetivo: para conforto e industrial. Enquanto o condicionamento de ar para conforto visa às pessoas, o industrial tem por objetivo satisfazer condições de processos. No que diz respeito ao ar, o condicionamento de ar na indústria se diferencia daquele para conforto em diversos aspectos, entre os quais o nível de temperatura, as exigências de um controle adequado da umidade e um elevado índice de filtragem e remoção de contaminantes.

O condicionamento de ar na indústria pode ser encontrado em aplicações como a indústria editorial, em que um rígido controle da umidade se faz necessário para uma fixação adequada das cores em impressão colorida; a indústria têxtil, em que se busca limitar o rompimento de fibras e reduzir a eletricidade estática; e a indústria de material fotográfico e laboratórios. Finalmente, pode-se afirmar que a grande diferença entre o condicionamento de ar para conforto e o industrial reside na maior precisão que este último exige no controle da temperatura.

1.7 REFRIGERAÇÃO NA INDÚSTRIA DE MANUFATURA

O emprego da refrigeração é frequentemente exigido na usinagem e conformação de metais e na fabricação de produtos metálicos ou de outros materiais, como os plásticos. Um exemplo de aplicação é o da refrigeração do fluido de corte em máquinas de usinagem. Outro exemplo está relacionado ao ar comprimido, o qual é empregado em inúmeras aplicações na indústria, como no acionamento de certas máquinas. Como resultado de sua compressão, o ar é aquecido. Quando o ar comprimido tem a sua temperatura reduzida até o nível daquela do ambiente, ocorre, com frequência, condensação do vapor de água nele contido. A remoção do condensado pode constituir um problema, caso ocorra em locais inadequados. Para contornar tal inconveniente, é comum resfriar o ar logo após a descarga do compressor, a fim de facilitar a remoção da água condensada. Esse resfriamento exige a utilização da refrigeração.

Indústrias de manufatura frequentemente operam câmaras de teste que reproduzem e até mesmo excedem condições extremas de operação do produto. Tais condições envolvem normalmente temperatura e umidade, tanto nos limites superiores quanto nos inferiores. Os limites inferiores de temperatura são obtidos pela refrigeração, em geral, aplicada ao ar.

1.8 REFRIGERAÇÃO NA INDÚSTRIA DA CONSTRUÇÃO

Os dois exemplos mais importantes de aplicação da refrigeração na indústria da construção estão relacionados com obras civis de grande porte. O primeiro trata do resfriamento de grandes volumes de concreto, enquanto o outro envolve o congelamento do solo como preparação para sua escavação. A reação química que ocorre no concreto (cura) durante seu processo de endurecimento é exotérmica. O calor liberado deve ser removido para evitar temperaturas elevadas que poderiam provocar tensões térmicas, com consequente formação de fissuras. Dois são os procedimentos adotados [4]: o resfriamento prévio dos componentes (areia, cimento, agregado) ou o resfriamento do próprio concreto por meio de dutos embutidos no seu interior. O segundo caso trata do congelamento do solo úmido nas vizinhanças de escavações, para evitar com isso a formação de cavernas, e os consequentes desmoronamentos [5].

1.9 REFRIGERAÇÃO NA INDÚSTRIA QUÍMICA E DE PROCESSOS

As indústrias química, petroquímica, de refino de petróleo e farmacêutica são usuárias de sistemas de refrigeração de grande porte. Entre as operações que normalmente exigem refrigeração podem ser citadas as seguintes:

- separação de gases;
- condensação de gases;
- solidificação de uma espécie química de uma mistura para separá-la dos outros componentes;
- manutenção de um líquido a baixa temperatura para controlar a pressão no interior do recipiente de armazenamento;
- remoção do calor de reação.

O projeto de circuitos frigoríficos em certas indústrias químicas e de processos é frequentemente realizado na própria empresa por razões que envolvem questões de patente. Os componentes que satisfazem as especificações de projeto são obtidos de distintos fornecedores e o sistema é instalado pela própria empresa. Por outro lado, fabricantes de equipamentos oferecem unidades autônomas que resfriam e condensam correntes gasosas, rejeitando calor por meio de um condensador a água.

Esse tipo de indústria requer um nível elevado de projeto e engenharia em virtude do grande porte das instalações e dos elevados custos envolvidos.

REFERÊNCIAS

1. LORENTZEN, G. The role of refrigeration in solving the world food problem. In: *Anais do XIII International Congress of Refrigeration*, International Institute of Refrigeration, 1971.

2. THE REFRIGERATION RESEARCH FOUNDATION. *Commodity Storage Manual*. Washington, DC, atualizado periodicamente.

3. ASHRAE; ACE – AMERICAN SOCIETY OF HEATING, REFRIGERATING; AIR-CONDITIONING ENGINEERS. *ASHRAE Handbook of Refrigeration 2014*. Atlanta, GA, 2014.

4. CASANOVE, E. Concrete cooling on dam construction for world's largest hydroelectric power station. *Sulzer Technical Review*, v. 61, n. 1, p. 3-19, 1979.

5. MAYER, C. M. Use of freezing for building a tunnel. *Tiefbau*, v. 20, n. 2, p. 63-67, 1978.

CAPÍTULO 2
FUNDAMENTOS DE TERMODINÂMICA

2.1 INTRODUÇÃO

A maioria das instalações frigoríficas da atualidade opera de acordo com o denominado ciclo de compressão a vapor, cuja operação está fundamentada em conceitos básicos da termodinâmica. Entre eles, as *leis da conservação da massa e da energia* têm um papel fundamental no projeto e análise de seu desempenho durante a operação dessas instalações. Não menos importante é o conceito de ciclo termodinâmico, em especial o denominado *ciclo de Carnot*.[1] Este, proposto no início do século XIX pelo engenheiro francês Sadi Carnot, constitui o paradigma de operação dos ciclos reais pelo fato de se caracterizar por um rendimento máximo para determinadas condições operacionais.

No presente capítulo, serão tratados conceitos básicos da termodinâmica e a análise do ciclo básico de compressão a vapor, enquanto no Capítulo 3 os ciclos de duplo estágio de compressão serão tratados em detalhe, tendo em vista suas aplicações. No tratamento dos conceitos de termodinâmica, admitir-se-á que o leitor possua noções básicas sobre o tema, de modo que o texto será desenvolvido considerando sua aplicação à análise dos ciclos de compressão a vapor.

---

[1] Nicolas Léonard Sadi Carnot pertenceu a uma família de distintos políticos, cientistas e militares. Em 1824, publicou sua única obra, *Réflexions sur la puissance motrice du feu et sur les machines propres à développer cette puissance*, que receberia efetivo reconhecimento muitos anos mais tarde.

2.2 EQUAÇÕES DA CONSERVAÇÃO DA MASSA E DA ENERGIA

Na Termodinâmica, consideram-se dois tipos de *sistemas*: os *sistemas* ou *sistemas fechados* e os *sistemas abertos* ou *volumes de controle* (VC). As leis são enunciadas para sistemas. Entretanto, na análise de máquinas, os sistemas abertos são mais adequados para análise. É interessante observar que a análise de sistemas se faz admitindo o observador fixo no sistema, deslocando-se com ele.[2] Na abordagem envolvendo volumes de controle, o observador é admitido como fixo num referencial inercial. Um modo de entender esse tipo de abordagem, denominado euleriano,[3] é considerar um volume de controle fixo, por exemplo, um compressor, com o observador fixo na mesma referência, e observar o comportamento do gás que continuamente passa pelo compressor, entrando pela válvula de serviço da admissão e saindo pela de descarga. Se a taxa total de entrada de gás (vazão, massa) for igual à de saída, a massa armazenada no interior do compressor deve se manter constante no tempo. Uma condição comum na análise termodinâmica de volumes de controle é o denominado *regime permanente*, no qual os estados nas seções de entrada e de saída permanecem constantes no tempo. Nesse caso, a massa (e a energia dessa massa) no interior do volume de controle permanece igualmente constante no tempo, resultando que a vazão total nas seções de saída de massa é igual à vazão total nas seções de entrada de massa. No presente texto, as expressões da conservação da massa e da energia para um volume de controle serão expressas para o regime permanente, uma vez que condições variáveis no tempo, denominadas *transitórias*, não serão aqui consideradas.

A Tabela 2.1 apresenta as expressões da conservação da massa e da energia para um sistema e para um volume de controle (neste caso, em regime permanente). Os diferentes termos das expressões da Tabela 2.1 têm o seguinte significado:

E: energia da massa no interior do sistema: $E = m\left(u + V^2/2 + gz_{cm}\right)$, J;

h_e e h_s: entalpias específicas (por unidade de massa) do fluido nas seções de entrada e de saída do VC, Equação (2.4), J/kg;

g: aceleração da gravidade, m/s^2;

m: massa do interior do sistema, Equações (2.1) e (2.3), kg;

$\dot{m}_e$ e $\dot{m}_s$: vazões do fluido nas seções de entrada e de saída do VC, Equações (2.2) e (2.4), kg/s;

P: potência associada à interação de trabalho, W;

q: taxa de transferência de calor, W;

u: energia interna específica (por unidade de massa), Equação (2.3), J/kg;

---

[2] Neste caso, a abordagem se denomina lagrangiana. As leis físicas e, em especial, as relativas à presente seção (conservação da massa e da energia) são enunciadas segundo a abordagem lagrangiana, em homenagem ao matemático francês nascido na Itália Joseph-Louis Lagrange.

[3] Em homenagem ao matemático suíço-alemão Leonhard Euler.

V:	velocidade média da massa no interior do sistema, Equação (2.3), m/s;
V_e e V_s:	velocidades do fluido nas seções de entrada e de saída do VC, Equação (2.4), m/s;
z_e e z_s:	elevações do centro das seções de entrada e de saída do VC em relação a um plano de referência, Equação (2.4), m;
z_{cm}:	elevação do centro de massa da massa no interior do sistema em relação a um plano de referência, Equação (2.3), m.

Tabela 2.1 – Expressões da conservação da massa e da energia para um sistema e para um volume de controle em regime permanente

Sistema	Volume de controle
$m = \text{constante}$ (2.1)	$\sum_e \dot{m}_e = \sum_s \dot{m}_s$ (2.2)
$q = \frac{d}{dt}\left[\underbrace{m\left(u + \frac{V^2}{2} + gz_{cm}\right)}_{E}\right] + P$ (2.3)	$q = \sum_s \dot{m}_s\left(h + \frac{V^2}{2} + gz\right)_s - \sum_e \dot{m}_e\left(h + \frac{V^2}{2} + gz\right)_e + P$ (2.4)*

* Os índices *e* e *s* das somatórias estão associados às seções de entrada e saída de massa do VC. Assim, se o número de seções de entrada for igual a 3 e o de saída igual a 2, *e* será igual a 3 e *s* igual a 2.

É interessante notar que, no caso de sistemas, a massa se mantém constante, Equação (2.1), uma vez que não há entrada nem saída de massa. As expressões da conservação da energia têm uma interpretação física relativamente simples: *a energia líquida transferida ao sistema resultante de interações de calor e trabalho* (diferença entre q e P) *resulta num aumento da energia da massa que o compõe.* No caso de volumes de controle, além das interações de calor e de trabalho, deve-se considerar a transferência líquida de energia (à massa do interior do VC) resultante da entrada e saída de massa, caracterizada pela diferença entre os termos de somatória na Equação (2.4). Entretanto, como no caso presente se admite regime permanente, a energia da massa no interior do VC não varia com o tempo, daí que a transferência líquida de energia seja nula, isto é,

$$(q - P) + \sum_e \dot{m}_e\left(h + \frac{V^2}{2} + gz\right)_e - \sum_s \dot{m}_s\left(h + \frac{V^2}{2} + gz\right)_s = 0 \qquad (2.5)$$

Nas expressões da conservação da energia, Equações (2.3) e (2.4), aparecem duas propriedades termodinâmicas importantes: a energia interna por unidade de massa, denominada *energia interna específica*, u, que aparece no caso da expressão para sistemas, Equação (2.3); e a entalpia por unidade de massa ou *entalpia específica*, h, no caso do volume de controle. O adjetivo *específica* será eliminado neste texto, a menos que seja necessário para efeito de esclarecimento. A relação entre as duas propriedades vem dada pela expressão:

$$h = u + pv \tag{2.6}$$

O produto da pressão, p (Pa), pelo volume específico, v (m^3/kg), está relacionado ao trabalho de entrada e de saída de massa do volume de controle, razão pela qual aparece a entalpia nos termos da expressão da conservação da energia para VC associados à entrada e saída de massa, em vez de simplesmente a energia interna.

Para um volume de controle com uma única entrada e uma saída de massa em regime permanente, as Equações (2.2) e (2.4) se reduzem às seguintes:

$$\dot{m}_e = \dot{m}_s = \dot{m} \tag{2.7}$$

$$q = \dot{m}\left[\left(h_s - h_e\right) + \frac{1}{2}\left(V_s^2 - V_e^2\right) + g\left(z_s - z_e\right)\right] + P \tag{2.8}$$

Os termos que intervêm na equação da conservação de energia, Equação (2.8), para a maioria das aplicações que serão consideradas neste texto, são ilustrados na Figura 2.1.

Alguns esclarecimentos relacionados às equações (2.4) e (2.8) são necessários a esta altura:

(i) Como observado anteriormente, tratando-se de um escoamento em regime permanente, a massa no interior do VC permanece constante, de modo que, pela conservação da massa, as vazões na entrada e na saída do VC são iguais, resultando a Equação (2.7).

(ii) A vazão de fluido pode ser determinada pela seguinte expressão:

$$\dot{m} = \rho V A \tag{2.9}$$

A área A da expressão anterior é a da seção transversal ao escoamento.

(iii) Os sinais associados à taxa de transferência de calor e à potência seguem as regras comuns adotadas na termodinâmica, isto é, o calor transferido *ao* VC (ou sistema) e a potência (trabalho) transferida *do* VC (ou sistema) são positivos. O calor transferido *ao* sistema tende a aumentar sua energia, o que também ocorre com o trabalho, pois ambos os processos envolvem transferência de energia do meio para o VC (ou sistema). O oposto ocorre quando o calor ou o trabalho são transferidos do VC (ou sistema) para o meio. Neste caso, o calor é negativo e o trabalho positivo.

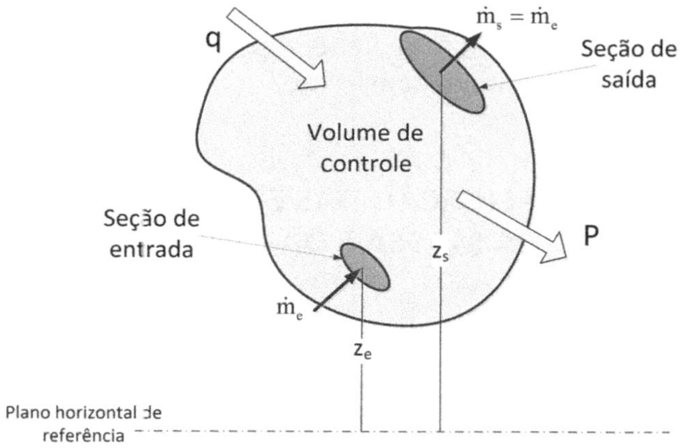

Figura 2.1 – Um VC com uma seção de entrada e outra de saída, incluindo os parâmetros intervenientes da Equação (2.8).

Na Figura 2.2, são apresentadas duas aplicações da equação da conservação da energia para regime permanente, na sua forma simplificada. Em ambas as aplicações, os efeitos de energia cinética ($V^2/2$) e de energia potencial (gz) são desprezados, o que ocorre na maioria das aplicações. A Figura 2.2(a) ilustra um trocador de calor que tanto poderia ser um evaporador como um condensador. A taxa de transferência de calor, q, está relacionada ao produto da vazão pela variação da entalpia de cada um dos fluidos. O fluido quente se resfria ou se condensa ao ceder calor ao frio (sinal negativo do calor), tendo sua entalpia reduzida, ao passo que o frio se esquenta ou se evapora (sinal positivo do calor) com sua entalpia aumentando. A aplicação da Figura 2.2(b) mostra um processo *adiabático* (q = 0) de compressão, no qual a potência de compressão resulta igual ao produto da vazão pela variação de entalpia. Além disso, se a compressão fosse admitida ideal, a entropia do estado de descarga, estado 2, seria igual à entropia do estado de admissão, 1. Tal processo ideal de compressão será explorado mais adiante neste capítulo.

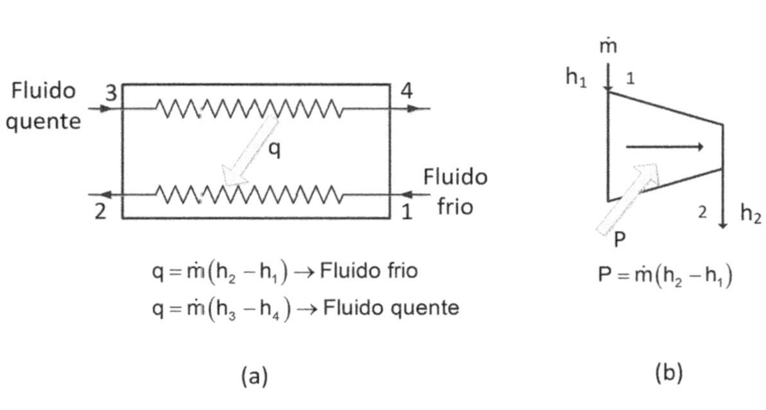

Figura 2.2 – Duas aplicações típicas da equação de conservação da energia para regime permanente.

As formas resumidas e simplificadas da equação da conservação da energia, apresentadas na Figura 2.2, são de uso frequente em aplicações frigoríficas, razão pela qual serão revistas em diversos capítulos deste texto.

2.3 EXEMPLOS DE APLICAÇÃO DAS EQUAÇÕES DA CONSERVAÇÃO DA MASSA E DA ENERGIA

EXEMPLO 2.1

Amônia no estado líquido a 35 °C e a uma pressão absoluta de 1.500 kPa circula por um tubo que apresenta um trecho em elevação de 4 m de comprimento, como se mostra na Figura 2.3. Qual deve ser a pressão no nível mais alto da tubulação?

Solução

A equação da conservação de energia para regime permanente pode ser aplicada entre as seções 1 e 2 do tubo, para as seguintes condições: (i) não há realização de trabalho, P = 0; (ii) não há transferência de calor, q = 0; (iii) a amônia não experimenta qualquer variação de temperatura.

Como a seção transversal do tubo permanece constante entre 1 e 2, $V_1 = V_2$, de modo que a Equação (2.8) se reduz à seguinte expressão:

$$h_1 + gz_1 = h_2 + gz_2 \tag{2.10}$$

Considerando a definição de entalpia da Equação (2.6), a Equação (2.10) pode ser transformada, resultando:

$$u_1 + p_1 v_1 + gz_1 = u_2 + p_2 v_2 + gz_2$$

Como os líquidos se comportam como *fluidos incompressíveis*,[4] a energia interna, u, depende exclusivamente da temperatura. Nessas condições, como a temperatura permanece constante no processo, a energia interna deve igualmente permanecer constante, resultando $u_1 = u_2$. Uma última simplificação pode ainda ser introduzida relacionada ao fato de o volume específico[5] permanecer constante no trecho em questão, sendo igual a 1,702 l/kg ou 0,001702 m^3/kg. Assim, admitindo que a aceleração local da gravidade seja igual a 9,81 m/s^2, a equação da conservação da energia pode ser finalmente escrita como:

$$(0{,}001702)p_1 + (9{,}81)z_1 = (0{,}001702)p_2 + (9{,}81)z_2$$

---

[4] *Fluidos incompressíveis* são aqueles cujas propriedades termodinâmicas, como o volume específico (ou densidade) e a energia interna, são insensíveis à pressão, de modo que só dependem da temperatura.

[5] O volume específico é igual ao inverso da densidade, isto é, $v = 1/\rho$.

Logo,

$$p_2 = p_1 + \left(\frac{9,81}{0,001702}\right)(z_1 - z_2) = 1,5 \times 10^6 + \left(\frac{9,81}{0,001702}\right) \times (-4) \therefore$$

$$p_2 = 1,4765 \times 10^6 \text{ Pa} = 1.477 \text{ kPa}$$

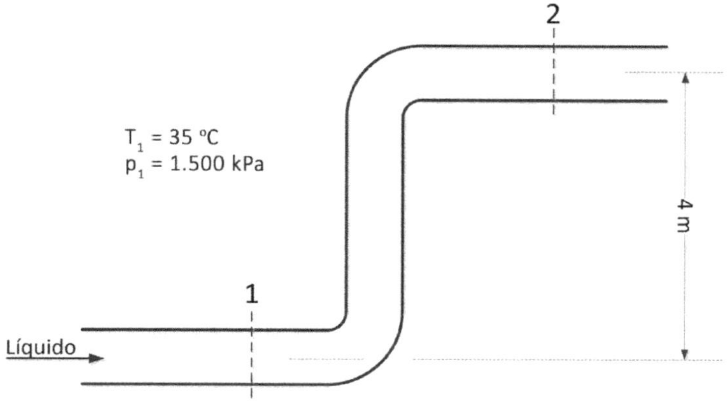

Figura 2.3 – Linha de amônia em estado líquido para o Exemplo 2.1.

No Exemplo 2.1, somente foi considerada a redução da pressão resultante da elevação da tubulação. Na realidade, uma diminuição adicional de pressão deve ocorrer como resultado do efeito do atrito no fluido. Se a pressão fosse reduzida até níveis inferiores a 1.351 kPa, que é a pressão de saturação correspondente a 35 °C, verificar-se-ia a formação de vapor. Nessas condições, se a amônia líquida que escoa no tubo fosse dirigida para um dispositivo de expansão, a presença de vapor poderia promover uma blocagem daquele dispositivo, comprometendo sua capacidade de controle da vazão.

EXEMPLO 2.2

Um compressor circula 1,4 kg/s de R-22, recebendo o refrigerante na admissão em um estado para o qual a entalpia é igual a 405 kJ/kg. O estado do refrigerante na descarga é tal que sua entalpia é de 440 kJ/kg. A potência fornecida ao R-22 pelo compressor é de 62 kW. Nessas condições, qual deve ser a taxa de transferência de calor entre o refrigerante e o meio?

Solução

O processo de que trata o enunciado é ilustrado na Figura 2.4. A equação da conservação da energia para regime permanente, Equação (2.8), pode ser simplificada se as variações de energia cinética e energia potencial (elevação) forem desprezadas, o que normalmente se admite neste tipo de aplicação. Nessas condições,

$$\dot{m}_1 h_1 + q = \dot{m}_2 h_2 + P \tag{2.11}$$

O trabalho de eixo neste caso é negativo, uma vez que é aplicado *ao* fluido (VC), P = –62 kW. Substituindo as letras pelos seus valores na Equação (2.11), resulta:

$$1,4 \times 405 + q = 1,4 \times 440 + (-62) \Rightarrow q = -13 \text{ kW}$$

O sinal negativo da taxa de transferência de calor indica que calor é transferido do compressor para o meio, ou seja, o meio resfria o compressor.

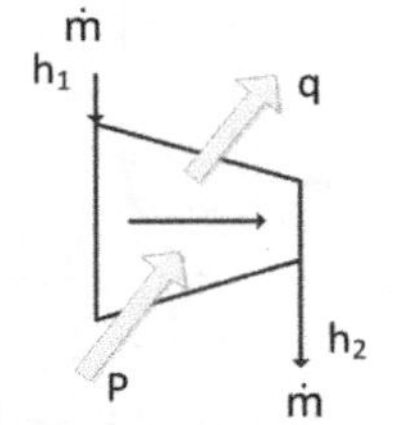

Figura 2.4 – Parâmetros intervenientes no processo de compressão do Exemplo 2.2.

EXEMPLO 2.3

Um compressor de R-22 opera com duas etapas de compressão com resfriamento intermediário. Este consiste em misturar o gás da descarga da etapa de baixa pressão com uma mistura líquido-vapor proveniente do condensador por meio de uma válvula de expansão, como se ilustra na Figura 2.5. Admita que os efeitos de energia cinética e potencial sejam desprezíveis e que a mistura seja adiabática. O processo de mistura ocorre a uma pressão de 400 kPa. Determine a vazão e a entalpia do gás que se

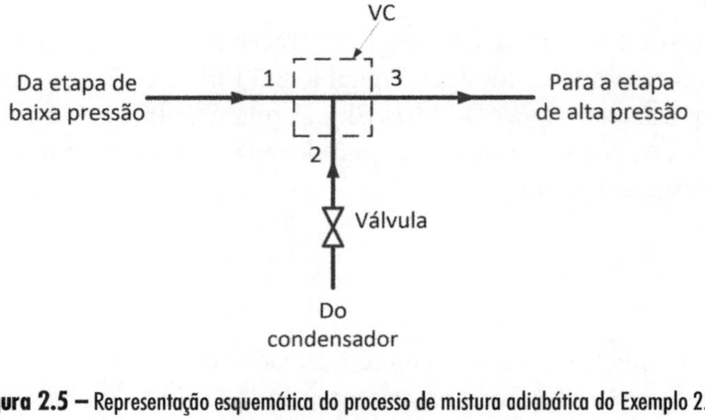

Figura 2.5 – Representação esquemática do processo de mistura adiabática do Exemplo 2.3.

dirige à etapa de alta pressão se a vazão do gás proveniente da etapa de baixa pressão e sua entalpia forem iguais a 0,5 kg/s e 419,8 kJ/kg, e as da mistura líquido-vapor proveniente do condensador forem iguais a 0,05 kg/s e 243,2 kJ/kg.

Solução

O VC associado ao processo de mistura está ilustrado na Figura 2.5. As seções de entrada de massa são designadas por 1 (a do gás da etapa de baixa pressão) e 2 (a da mistura líquido-vapor proveniente do condensador). A seção de saída é designada por 3.

A vazão de gás que se dirige à etapa de alta pressão pode ser determinada diretamente da equação da conservação da massa, Equação (2.2):

$$\dot{m}_3 - (\dot{m}_1 + \dot{m}_2) = 0 \Rightarrow \dot{m}_3 = 0,55 \text{ kg/s}$$

Como os efeitos de energia cinética e potencial podem ser desprezados e não há interações de calor e trabalho, a equação da conservação da energia, Equação (2.8), assume a seguinte expressão:

$$\dot{m}_3 h_3 - (\dot{m}_1 h_1 + \dot{m}_2 h_2) = 0 \Rightarrow h_3 = 403,7 \text{ kJ/kg}$$

A temperatura do estado 3 pode ser determinada pela Tabela B4c do Apêndice B desde que sejam conhecidas a pressão e a entalpia, resultando igual a –4,8 °C. Nessas condições, o gás na aspiração da etapa de alta pressão se encontra levemente superaquecido, uma vez que a temperatura de saturação correspondente à pressão de 400 kPa é igual a –6,6 °C, valor que pode ser obtido da Tabela B4b.

EXEMPLO 2.4

A Figura 2.6 ilustra o processo em um tanque que exerce as funções de resfriar o gás proveniente da etapa de baixa pressão, estado 3, em uma instalação com duas etapas de compressão operando com amônia. O tanque tem a função complementar de separar o gás formado na expansão do líquido à pressão do condensador, estado 1, até a pressão reinante no tanque. Pela região inferior do tanque sai líquido saturado, estado 2, que se dirige ao evaporador por meio de uma válvula de expansão. O vapor saturado que sai pela parte superior do tanque, estado 4, se dirige à admissão do compressor da etapa de alta pressão. Os seguintes dados do processo são conhecidos: (i) entalpias: h_1 = 366,1 kJ/kg; h_2 = 178,7 kJ/kg; h_3 = 1.519 kJ/kg; h_4 = 1.457 kJ/kg; (ii) pressão no tanque: 360 kPa; (iii) vazão de refrigerante igual a 0,50 kg/s nos estados 2 e 3, correspondendo à vazão pelo circuito de baixa pressão (evaporador), e 0,65 kg/s nos estados 1 e 4, correspondendo à vazão pelo circuito de alta pressão (condensador). Determine a taxa de transferência de calor no tanque.

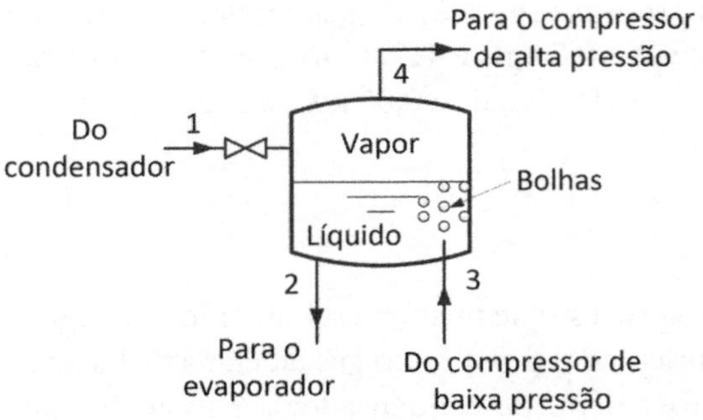

Figura 2.6 – Esquema do tanque de resfriamento do Exemplo 2.4.

Solução

O exemplo ilustra a operação do tanque de *flash*/resfriador intermediário em instalações industriais de refrigeração com dupla etapa de compressão. Como o refrigerante se encontra a uma temperatura inferior à do meio ambiente, o tanque deve ser isolado termicamente, razão pela qual, na maioria das aplicações, o processo é admitido como adiabático. No exemplo em questão, o objetivo é o de determinar a taxa de transferência de calor conhecidos os estados de entrada e de saída do tanque e as vazões respectivas. Evidentemente, um resultado realista seria uma transferência de calor relativamente pequena em comparação com a carga de refrigeração da instalação.

Como a conservação da massa é satisfeita pelas condições impostas no enunciado, é possível passar diretamente à equação da conservação da energia, pela qual se determinará a transferência de calor. Como não há interação de trabalho e os efeitos de energia cinética e potencial se desprezam, a Equação (2.8) pode ser escrita como:

$$q = \dot{m}_2 h_2 + \dot{m}_4 h_4 - \left(\dot{m}_1 h_1 + \dot{m}_3 h_3\right)$$

Como as vazões e as entalpias são conhecidas, a taxa de transferência de calor pode ser determinada, resultando igual a 39,29 kW. É interessante observar que a temperatura do refrigerante no tanque é a de saturação correspondente à pressão de 360 kPa, cujo valor é igual a –4,6 °C, inferior à do ambiente externo. Daí que a transferência de calor, embora pequena, seja do meio externo para o refrigerante no tanque.

O problema poderia ser modificado admitindo que o tanque é adiabático. Neste caso, o objetivo é determinar a vazão pelo circuito de alta pressão, $\dot{m}_1 = \dot{m}_4$, as demais condições mantidas iguais às do enunciado. Evidentemente, se o tanque for perfeitamente isolado, reduzindo-se a transferência de calor anteriormente determinada, a vazão de refrigerante pelo circuito de alta pressão deve diminuir. É interessante observar que, a partir da condição de processo adiabático no tanque, à medida que aumenta a transferência de calor, a vazão de vapor a ser extraída do tanque deve aumentar para compensar o que se evapora como resultado da transferência de calor do meio externo e, em consequência, manter a pressão constante.

A vazão solicitada pode ser diretamente determinada da equação da conservação da energia.

$$\dot{m}_1 = \dot{m}_4 = \dot{m}_2 \frac{h_3 - h_2}{h_4 - h_1} = 0{,}614 \text{ kg/s}$$

Como esperado, a vazão pelo circuito de alta pressão para o tanque adiabático é inferior à proposta no enunciado: 0,614 kg/s, em comparação com 0,65 kg/s.

No Capítulo 3, os ciclos de refrigeração com compressão em estágio duplo serão analisados em detalhe, ocasião em que o procedimento ilustrado no presente exemplo será retomado.

EXEMPLO 2.5

Demonstre que o processo em válvulas é isoentálpico.

Solução

O escoamento por meio de válvulas impõe uma queda de pressão do fluido. Apesar de possíveis variações da densidade, como no caso das válvulas de expansão, nas quais o fluido entra no estado de líquido a pressão elevada e sai como uma mistura líquido-vapor a baixa pressão, o efeito sobre a variação da energia cinética do fluido é reduzido, podendo ser desprezado.[6] Como variações de elevação em válvulas são pequenas ou nulas, os efeitos de energia potencial também podem ser considerados desprezíveis. O processo na válvula não envolve interação de trabalho, mas pode envolver uma reduzida transferência de calor, que pode ser desprezada em virtude da reduzida área de contato com o meio exterior, além da possível presença de isolamento térmico quando a operação ocorre em baixas temperaturas. Nessas condições, como o VC envolvendo a válvula apresenta uma entrada e uma saída, aplica-se a Equação (2.7), segundo a qual a vazão de entrada é igual à de saída. Eliminados os distintos termos da equação da conservação da energia, Equação (2.8), resulta: $h_e = h_s$, ficando assim demonstrado que o processo na válvula é isoentálpico. É importante lembrar que a demonstração envolve certas ressalvas que devem ser obedecidas, mesmo que seja aproximadamente, para que o processo possa ser admitido como isoentálpico.

---

[6] Neste ponto, deve-se tomar cuidado com o problema específico sendo tratado. Em tubos capilares, a variação da energia cinética pode não ser desprezível, razão pela qual pode ser questionável admitir neste caso que o processo de expansão seja isoentálpico.

2.4 DIAGRAMA PRESSÃO-ENTALPIA

O diagrama pressão-entalpia é o mais utilizado na determinação das propriedades termodinâmicas dos refrigerantes, em comparação com outros, como o de temperatura-entropia ou o de pressão-volume específico. Nesse diagrama, aparecem linhas isotérmicas (temperatura constante), isoentrópicas (entropia constante) e isocóricas (volume específico constante). A escolha da pressão e da entalpia para coordenadas do diagrama tem alguma razão de ser. Se, por um lado, a pressão é uma das propriedades que caracterizam a operação de um circuito frigorífico, além de ser facilmente medida, a entalpia é a propriedade que normalmente aparece nos cálculos térmicos, como pode-se constatar na equação da conservação da energia.

As distintas fases do refrigerante no diagrama pressão-entalpia são caracterizadas por estados situados em regiões separadas pelas linhas de saturação, que juntas têm a forma de sino, como o ilustrado na Figura 2.7, e caracterizam o lugar geométrico dos estados associados ao início de mudança de fase. A linha é constituída de dois ramos que se encontram no *ponto crítico*, estado em que não se distinguem as fases, isto é, as propriedades do líquido e do vapor são coincidentes. Cada substância pura caracteriza-se por um ponto crítico. Para pressões superiores à crítica, o fluido não experimenta mudança de fase, sendo esses estados denominados *supercríticos*. O ramo à esquerda do estado crítico na Figura 2.7 corresponde aos estados denominados *líquido saturado*, condição em que o fluido é totalmente líquido mas começa a mudar de fase pela transferência de calor, por menor que seja. O ramo à direita representa os estados de vapor saturado, que caracterizam o início da condensação (ou o fim da evaporação). Os estados interiores à linha com forma de sino, como o estado A da figura, estão relacionados a uma condição de equilíbrio entre as fases líquido e vapor, como sugerido na Figura 2.7. O líquido da mistura se encontra na condição de líquido saturado e o vapor na de vapor saturado.

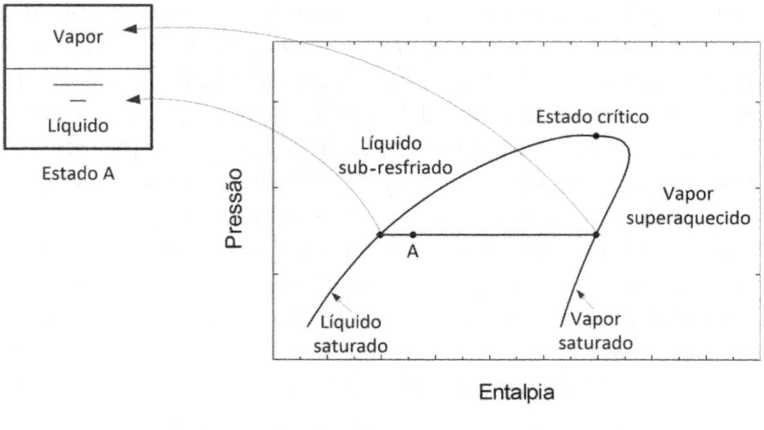

Figura 2.7 – Representação esquemática da condição de saturação e as fases no diagrama (p, h).

A região côncava do diagrama (p, h), interior do sino, representa os estados em que ocorre uma mistura de líquido e vapor em equilíbrio numa proporção (base-massa) de vapor que varia linearmente de 0%, na linha de líquido saturado, a 100%, na linha de vapor saturado. A região à esquerda da linha de líquido saturado é representativa dos estados de líquido sub-resfriado (ou comprimido), ao passo que a região à direita da linha de vapor saturado corresponde aos estados de vapor superaquecido.

As linhas isotérmicas no diagrama (p, h) são ilustradas na Figura 2.8. Na região de saturação (mistura líquido-vapor), as linhas isotérmicas são paralelas ao eixo de entalpias, indicando que a temperatura permanece constante durante a mudança de fase a pressão constante. Nessas condições, a uma dada pressão, corresponde uma única temperatura de saturação. Na região de vapor superaquecido, as linhas isotérmicas apresentam uma leve curvatura na região próxima à linha de saturação, estendendo-se, a seguir, verticalmente ao eixo das entalpias. Na região de líquido sub-resfriado, as linhas isotérmicas são praticamente verticais, correspondendo ao comportamento de fluidos "quase" incompressíveis dos líquidos. Na maioria dos diagramas (p, h), somente se mostram as linhas isotérmicas na região de vapor superaquecido, uma vez que, nas demais regiões, o seu desenvolvimento é conhecido, não sendo necessário explicitá-lo.

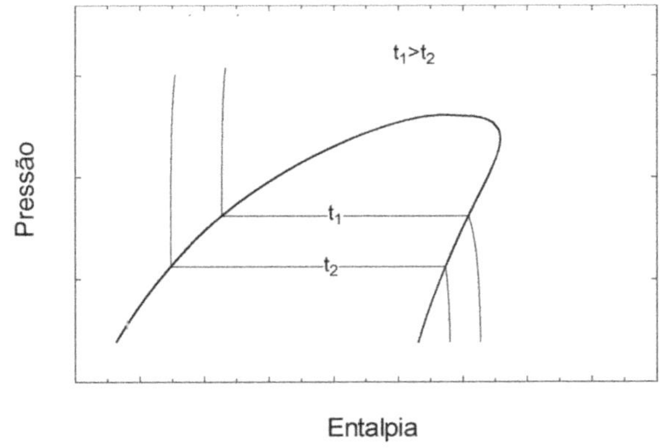

Figura 2.8 – As linhas isotérmicas no diagrama (p, h).

As linhas isocóricas (volume específico constante) no diagrama (p, h) são mostradas na Figura 2.9. Na região de vapor superaquecido, elas se estendem para a direita no sentido ascendente, tendo como origem a linha de vapor saturado. À medida que se caminha para a direita na região de vapor superaquecido, o comportamento do vapor se torna cada vez mais próximo daquele do gás perfeito, de modo que o volume específico pode ser determinado aproximadamente pela seguinte expressão, resultante da equação de estado dos gases perfeitos:

$$v = \frac{RT}{p}$$

em que R é a constante de gás do refrigerante.

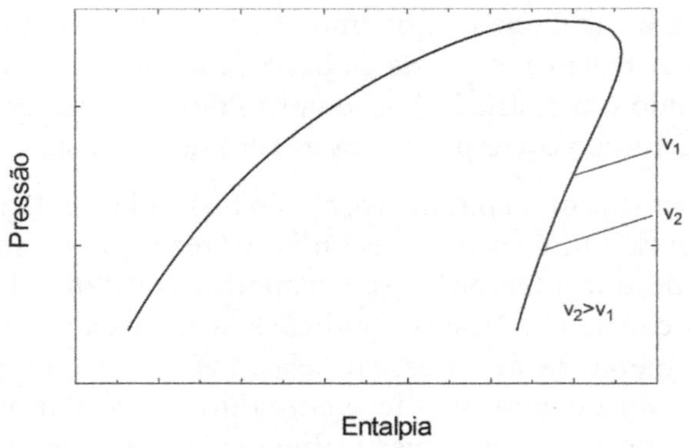

Figura 2.9 – As linhas isocóricas no diagrama (p, h).

As linhas isoentrópicas na região de vapor superaquecido se estendem no sentido ascendente com leve inclinação para a direita, como se mostra na Figura 2.10. As linhas isoentrópicas são importantes na análise de desempenho de ciclos frigoríficos, em que a compressão é admitida como ideal, consistindo de um processo adiabático (não há transferência de calor) e reversível (inexistem efeitos de atrito) e, portanto, isoentrópico.

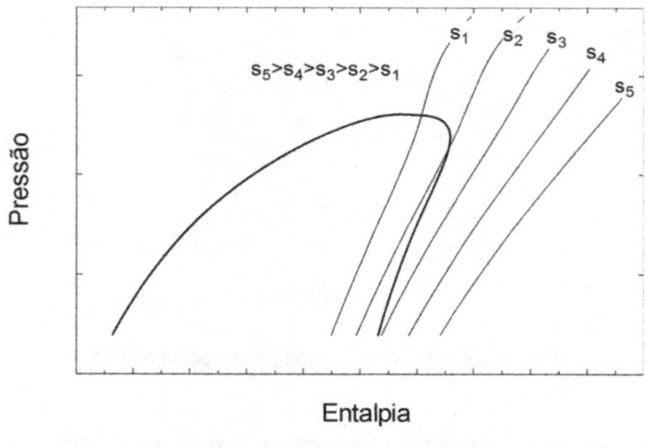

Figura 2.10 – As linhas isoentrópicas no diagrama (p, h).

2.5 APLICAÇÃO DAS TABELAS E DOS DIAGRAMAS DE PROPRIEDADES TERMODINÂMICAS DOS REFRIGERANTES

As propriedades termodinâmicas que comumente podem ser obtidas das tabelas ou diagramas são a temperatura de saturação para uma dada pressão (ou a pressão de saturação para uma dada temperatura), a energia interna (em tabelas), a entalpia, o volume específico e a entropia, que, como regra geral, está associada a processos de compressão ideal (isoentrópicos). A maioria dos engenheiros utiliza uma combinação de diagramas (p, h) e tabelas. Na atualidade, programas para a determinação de propriedades termodinâmicas e de transporte de distintos fluidos estão disponíveis, alguns com descarga gratuita pela internet. Entretanto, isso não invalida o correto entendimento dos diagramas e das tabelas, pois estes permitem análises rápidas de processos termodinâmicos. As tabelas são empregadas principalmente na região de saturação, embora tabelas de propriedades da região de vapor superaquecido estejam disponíveis para alguns refrigerantes. Estas são de uso relativamente complexo pela necessidade de interpolação, razão pela qual o uso de diagramas na região de vapor superaquecido é mais simples, embora com menor precisão. Tabelas de propriedades termodinâmicas e de transporte nas regiões de saturação e de vapor superaquecido, além de diagramas (p, h) da água e de alguns dos refrigerantes mais conhecidos, podem ser encontrados no Apêndice B.

Embora o tema seja desenvolvido em detalhe no Capítulo 12, é importante observar por ora que o refrigerante R-404A é uma mistura não azeotrópica dos refrigerantes R-125, R-143a e R-134a, respectivamente na seguinte proporção em massa: 44%/52%/4%. A série 400 é a das misturas não azeotrópicas, distinguindo-se da série 500, que é reservada para as misturas azeotrópicas, as quais se comportam como substâncias puras na mudança de fase. A mudança de fase das misturas não azeotrópicas a pressão constante ocorre à temperatura variável entre o *ponto de ebulição* (temperatura inferior), de ocorrência da primeira bolha de vapor, e o *ponto de orvalho* (temperatura superior), de ocorrência da primeira gota de líquido. A diferença entre essas temperaturas se denomina *desvio de temperatura*.[7]

EXEMPLO 2.6

Determine:

(a) a temperatura da amônia em um evaporador em que a pressão é de 405 kPa;

(b) a pressão do R-134a em um condensador em que a temperatura é de 30 °C;

(c) a *entalpia de vaporização*[8] do R-22 a 15 °C;

(d) o volume específico do R-22 para um estado caracterizado por uma *pressão manométrica* de 600 kPa e temperatura de 40 °C;

(e) a densidade do R-134a num estado em que a *pressão manométrica* é de 600 kPa e a temperatura é de 40 °C.

(f) a entalpia da amônia a 20 °C e 1.100 kPa de *pressão absoluta*;

(g) a densidade do R-134a a uma pressão absoluta de 1.500 kPa e uma temperatura de 30 °C.

---

[7] Na literatura em inglês, *temperature glide*.

[8] Também denominada *calor latente de vaporização*, normalmente designada por h_{lv} (h_{fg} na literatura em inglês), sendo determinada pela expressão: $h_{lv} = h_v - h_l$.

Solução

(a) As fases líquido e vapor em equilíbrio coexistem em um evaporador de modo que a amônia se encontra em um estado saturado. A Tabela B6a (entrada por temperatura) pode, então, ser utilizada. Interpolando entre –2 °C e –1 °C, obtém-se:

$$t = -2 + (1) \times \left(\frac{405 - 399,2}{414,6 - 399,2} \right) = -2 + 0,4 = -1,6°C$$

A Tabela B6b (entrada por pressão) poderia ter sido utilizada neste exemplo. Entretanto, a precisão seria inferior à obtida com a Tabela B6a. É interessante observar que as pressões correspondentes às temperaturas de saturação de -2 °C e -1 °C são, respectivamente, iguais a 399,2 kPa e 414,6 kPa. Como seria de se esperar, a pressão do enunciado (405 kPa) se encontra entre essas pressões.

(b) O R-134a se encontra em um estado saturado, de modo que a pressão pode ser obtida da Tabela B3a, para uma temperatura de 30 °C, obtendo-se 770,6 kPa de pressão absoluta.

(c) A entalpia de vaporização é igual à diferença entre as entalpias do vapor saturado, h_v, e do líquido saturado, h_l, isto é,

$$h_{lv} = h_v - h_l$$

A Tabela B4a para o R-22 a 15 °C fornece diretamente o valor de h_{lv}, que resulta igual a 192,1 kJ/kg. É interessante notar que, por se tratar de uma diferença de entalpias, h_{lv} deve assumir o mesmo valor independentemente do estado de referência utilizado na confecção da tabela.

(d) Como a pressão considerada no enunciado é manométrica, a pressão absoluta poderá ser obtida pela adição da pressão atmosférica local, no caso, admitida como a padrão, 101,3 kPa. A pressão absoluta será igual a 701,3 kPa, para a qual a temperatura de saturação deve ser igual a 11 °C. Como a temperatura fornecida é de 40 °C, pode-se concluir que o refrigerante se encontra num estado de vapor superaquecido, para o qual, do diagrama (p, h) do R-22, Figura C5, o volume específico, v, resulta igual a 0,039 m³/kg. O volume específico também poderia ser obtido da Tabela B4c para o R-22 superaquecido. Neste caso, são necessárias duas interpolações: de pressão e de temperatura.

(e) A pressão e a temperatura são as mesmas do item anterior, embora neste caso se trate do refrigerante R-134a. A temperatura de saturação à pressão de 701,3 kPa é igual a 26,8 °C, inferior a 40 °C, do que se pode concluir que o refrigerante se encontra no estado de vapor superaquecido. Nessas condições, do diagrama (p, h) do refrigerante R-134a, Figura C4, obtém-se v = 0,032 m³/kg. Como a densidade é o inverso do volume específico, resulta:

$$\rho = \frac{1}{v} = \frac{1}{0,032} = 25,64 \text{ kg/m}^3$$

Como no item anterior, o volume específico poderia ter sido obtido da Tabela B3c para o R-134a superaquecido.

(f) A temperatura de saturação correspondente a uma pressão absoluta de 1.100 kPa pode ser obtida da Tabela B6b, resultando igual a 28 °C. Como a temperatura da amônia, 20 °C, é inferior à de saturação, o estado do refrigerante é o de líquido sub-resfriado (ou comprimido). Tabelas de propriedades termodinâmicas para a região de líquido sub-resfriado geralmente não são fornecidas, de modo que a entalpia deve ser obtida das tabelas da região de saturação. O problema é como entrar nas tabelas disponíveis: pela temperatura de 20 °C ou pela pressão de 1.100 kPa. A resposta pode ser encontrada referindo-se à Figura 2.8, na qual se verifica que as linhas isotérmicas na região de líquido sub-resfriado são praticamente perpendiculares, indicando que a pressão não exerce um efeito palpável sobre a entalpia, uma vez que o líquido se comporta como um fluido incompressível. Nessas condições, entrando na Tabela B6a, obtém-se a entalpia como aquela do líquido saturado a 20 °C, cujo valor é 293,7 kJ/kg.

(g) A temperatura de saturação do R-134a é igual a 55,2 °C a uma pressão absoluta de 1.500 kPa. Como a temperatura do estado proposto no enunciado é igual a 30 °C, menor que a de saturação, o estado do R-134a é o de líquido sub-resfriado. À temperatura de 30 °C, pelo procedimento do item anterior, obtém-se que o volume específico do líquido saturado é igual a 0,842 l/kg. Logo, a densidade poderá ser determinada:

$$\rho = \frac{1}{0,842} = 1{,}188 \text{ kg/l} = 1.188 \text{ kg/m}^3$$

2.6 CICLO DE REFRIGERAÇÃO DE CARNOT

A introdução aos conceitos básicos da termodinâmica será abandonada nesta seção para dar início ao estudo dos ciclos termodinâmicos, os quais envolvem um procedimento que permite refrigerar um ambiente de modo contínuo. Tal procedimento consiste em fazer com que um fluido, denominado *refrigerante*, passe por uma série de processos e retorne ao estado inicial, concluindo o que em termodinâmica se denomina *ciclo* ou *ciclo termodinâmico*. Um desses processos envolve a remoção de calor de um ambiente a baixa temperatura (inferior à temperatura do ambiente externo), realizando o efeito de refrigeração desejado. Nesse caso, o ciclo se denomina *ciclo frigorífico* ou *de refrigeração*. Dentre os possíveis ciclos frigoríficos, o de Carnot se destaca por se tratar de um ciclo ideal (reversível) que opera entre dois níveis de temperatura e, portanto, apresenta a maior eficiência. O leitor deve estar se perguntando: por que estudar um ciclo que não pode ser realizado na prática (daí o nome ideal)? Várias razões justificam seu estudo, além de sua importância histórica. Uma delas é que o ciclo de Carnot proporciona uma maneira relativamente simples de avaliar a influência das temperaturas de operação. Outra, mais importante, é aquela relacionada com o fato de o ciclo de Carnot representar o limite máximo de eficiência de operação de um ciclo entre dois níveis de temperatura. Em outras palavras, qualquer ciclo real que opere entre os mesmos níveis deve apresentar uma eficiência inferior à do ciclo de Carnot.

Antes de prosseguir na análise do ciclo de Carnot, seria interessante introduzir a relação entre a reversibilidade de um processo e a variação de entropia associada a ele. Em processos *reversíveis*, a transferência de calor (kJ) pode ser determinada pela seguinte relação:

$$\delta q = T(dS) \rightarrow q = \int TdS \tag{2.12}$$

É importante não esquecer que a temperatura é a absoluta (Kelvin) e a entropia é dada em kJ/K (ou J/K). Em caso de se operar com a entropia específica (por unidade de massa), s (kJ/kgK), o calor trocado resultaria em kJ/kg. Da expressão anterior pode-se concluir que, em processos *adiabáticos* e *reversíveis*, a variação de entropia é nula, isto é, tais processos são *isoentrópicos*.

O ciclo de Carnot se compõe dos elementos ilustrados na Figura 2.11: um compressor, dois trocadores de calor e um motor térmico (turbina). Esses componentes estão relacionados aos processos termodinâmicos a seguir.

- 1-2: Compressão adiabática e reversível (sem atrito).
- 2-3: Rejeição de calor a temperatura constante.
- 3-4: Expansão adiabática e reversível em um motor térmico.
- 4-1: Remoção isotérmica de calor de um ambiente a baixa temperatura.

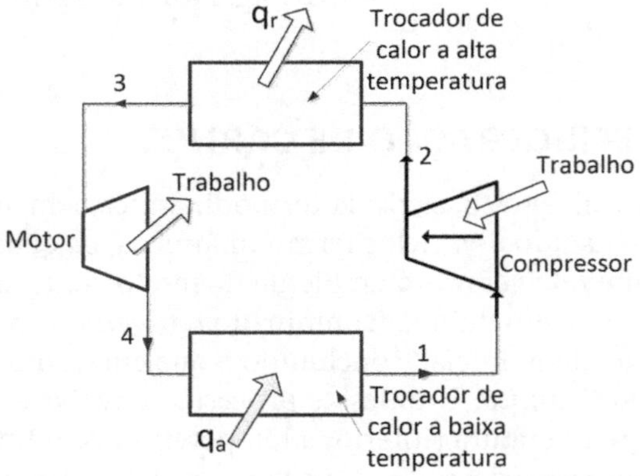

Figura 2.11 – Representação esquemática do ciclo frigorífico de Carnot.

Os processos 1-2 e 3-4 ocorrem adiabática e reversivelmente e, em consequência, são isoentrópicos. Verifica-se assim que o ciclo de Carnot é composto de dois processos isotérmicos e de dois processos isoentrópicos, como ilustrado na Figura 2.12 em um diagrama (temperatura absoluta-entropia). De acordo com a Equação (2.12), em um diagrama (T, s), as áreas sob as linhas que representam processos reversíveis correspondem ao calor trocado no processo. Assim, a área sob o processo 2-3 (isotérmico) da Figura 2.12 representa o calor rejeitado naquele processo, ao passo que a área sob a curva 4-1 é igual ao calor removido do ambiente a baixa temperatura. Os processos 1-2 e 3-4 são adiabáticos e, portanto, isoentrópicos.

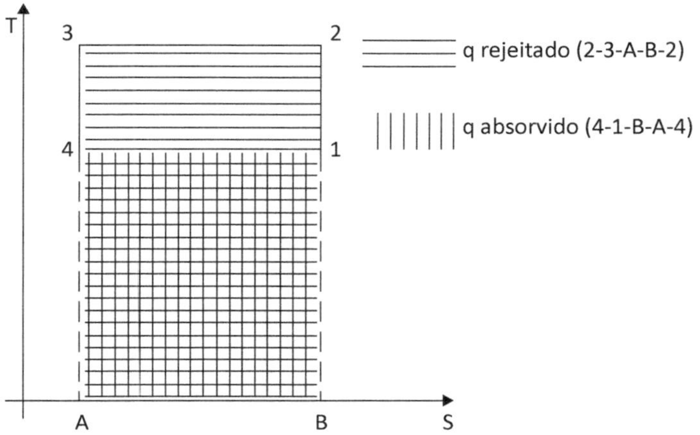

Figura 2.12 – O ciclo de Carnot em um diagrama temperatura-entropia.

EXEMPLO 2.7

Em um ciclo de Carnot, os processos ocorrem às seguintes temperaturas e entropias específicas (por unidade de massa):

- $T_1 = 250$ K
- $T_2 = 300$ K
- $s_2 = 1{,}2$ kJ/kgK
- $s_3 = 0{,}9$ kJ/kgK

Quais devem ser as quantidades de calor removido, q_a, e rejeitado, q_r, por kg de refrigerante circulado no ciclo?

Solução

Como o ciclo de Carnot aparece como um retângulo no diagrama temperatura-entropia,

- $T_3 = T_2 = 300$ K
- $T_4 = T_1 = 250$ K
- $s_2 = s_1 = 1{,}2$ kJ/kgK
- $s_4 = s_3 = 0{,}9$ kJ/kgK

O calor removido do ambiente a baixa temperatura, q_a, pode ser obtido da área sob a linha 4-1:

$$q_a = T_1(s_1 - s_4) = 75 \text{ kJ/kg}$$

ao passo que a área sob a linha 2-3 fornece o calor rejeitado, q_r,

$$q_r = T_2(s_2 - s_3) = 90 \text{ kJ/kg}$$

Outra informação importante que pode ser obtida do ciclo de Carnot é o *trabalho líquido por unidade de massa de refrigerante circulado.* Um balanço de energia para o ciclo implica que toda a energia fornecida deve ser igual à energia cedida:

$$q_a + (\text{Trabalho líquido}) = q_r$$

do que resulta:

$$(\text{Trabalho líquido}) = q_r - q_a = (T_2 - T_1)(s_2 - s_3) \tag{2.13}$$

Da Equação (2.13), observa-se que o trabalho líquido vem dado pela área do retângulo correspondente ao ciclo de Carnot na Figura 2.12, 1-2-3-4. Além disso, é importante observar que o trabalho líquido no ciclo de Carnot se compõe dos seguintes trabalhos: o *fornecido ao* refrigerante no compressor e o *cedido pelo* refrigerante no motor térmico, como ilustrado na Figura 2.11. Neste exemplo, o trabalho líquido deve ser igual a: 90 – 75 = 15 kJ/kg.

2.7 CICLO DE CARNOT COM UM REFRIGERANTE REAL

O ciclo de Carnot é aquele de maior eficiência, como observado na seção precedente, de modo que a tentativa de reproduzi-lo é um dos objetivos da termodinâmica aplicada. Entretanto, deve-se reconhecer que processos de compressão ou expansão sem atrito são impossíveis, embora processos isotérmicos possam ser reproduzidos na prática por meio da mudança de fase (evaporação ou condensação) do refrigerante a pressão constante.

A Figura 2.13(a) ilustra um ciclo de Carnot contido na região de saturação (interior do *sino*) em um diagrama (p, h), ao passo que a Figura 2.13(b) mostra o mesmo ciclo no diagrama (T, s). A descrição do ciclo pode ser feita iniciando pelo processo 4-1, ao longo do qual o refrigerante se evapora a pressão constante. O processo de mudança de fase termina no estado 1, constituído de uma mistura líquido-vapor em equilíbrio na qual o líquido se encontra no estado de *líquido saturado* e o vapor no de *vapor saturado.* O estado 1 deve ser tal que o estado final do processo de compressão isoentrópica (1-2) seja o de vapor saturado, como o estado 2 da Figura 2.13. É importante enfatizar que o estado 2 não deve ser necessariamente de vapor saturado, mas estar localizado na região de saturação (no interior do sino). O próximo processo é o 2-3, no qual o refrigerante se condensa a pressão constante, denominada *pressão de condensação*, associada a uma temperatura, a *temperatura de condensação*. A condensação termina no estado 3, de líquido saturado. O processo de expansão isoentrópica desde o estado 3 leva o refrigerante de volta ao estado 4.

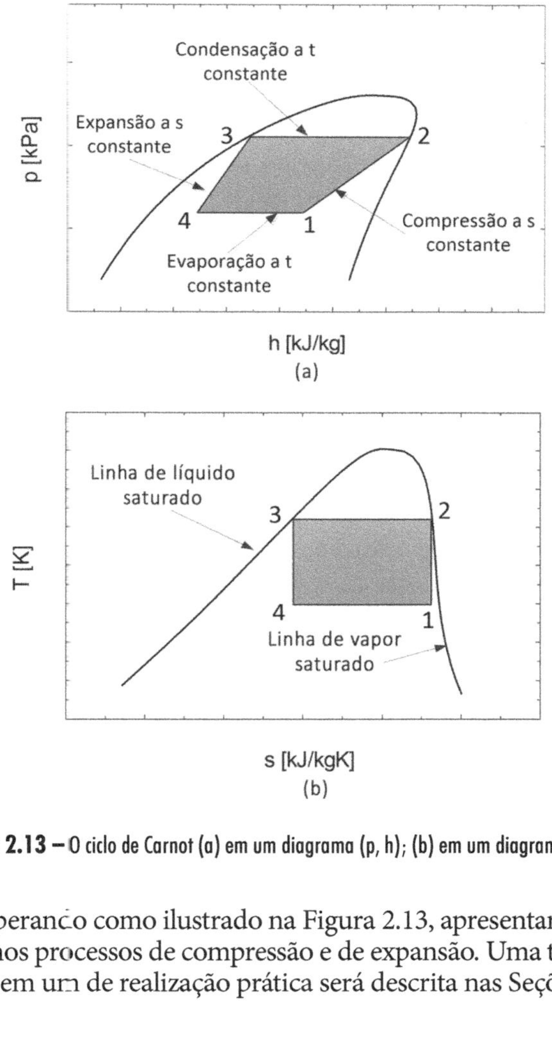

Figura 2.13 – O ciclo de Carnot (a) em um diagrama (p, h); (b) em um diagrama (T, s).

Um ciclo real, operando como ilustrado na Figura 2.13, apresentaria uma série de problemas mecânicos nos processos de compressão e de expansão. Uma tentativa de transformar esse ciclo ideal em um de realização prática será descrita nas Seções 2.12 a 2.14.

EXEMPLO 2.8

Qual deve ser o *título*[9] do estado 1, correspondendo ao estado de fim de evaporação da Figura 2.13, para que o estado 2, correspondendo ao fim da compressão, seja de

---

[9] A fração em massa de vapor em uma mistura líquido-vapor de uma substância pura, $m_v/(m_v+m_l)$, é denominada *título*, sendo designada por x.

vapor saturado? Admita que o ciclo opere com o refrigerante R-134a entre temperaturas de evaporação e de condensação de 5 °C e 35 °C, respectivamente.

Solução

O processo 1-2 no ciclo de Carnot é isoentrópico, de modo que $s_1 = s_2$. Da Tabela B3a para uma temperatura de 35 °C,

$$s_2 = s_1 = 1{,}713 \text{ kJ/kgK}$$

As entropias do líquido e do vapor saturados à temperatura de evaporação de 5 °C são iguais a, respectivamente, $s_l = 1{,}024$ kJ/kgK e $s_v = 1{,}724$ kJ/kgK.

A Figura 2.14 ilustra a posição do estado 1 em um diagrama (p, h) enfatizando o fato de se constituir de uma mistura líquido-vapor em equilíbrio. Em um estado como o 1 da Figura 2.14, uma propriedade extensiva da mistura (volume, entalpia, entropia etc.) é igual à soma das propriedades do líquido e do vapor da mistura. Como exemplo, considere-se a entalpia. A entalpia total da mistura é igual à soma das entalpias do vapor e do líquido, ambos saturados, pois se encontram em equilíbrio, isto é,

$$H_1 = H_l + H_v$$

A entalpia, H,[10] é medida em Joules (ou kJ). As entalpias do vapor saturado e do líquido saturado podem ser expressas como: $H_v = m_v h_v$ e $H_l = m_l h_l$. Para a mistura, de maneira semelhante, vale: $H_1 = mh_1$, em que m é a massa da mistura e h_1, a entalpia específica (kJ/kg) da mistura, estado 1 da Figura 2.14. Portanto,

$$mh_1 = m_l h_l + m_v h_v \therefore h_1 = \left(\frac{m_l}{m}\right)h_l + \left(\frac{m_v}{m}\right)h_v$$

$$h_1 = (1 - x_1)h_l + x_1 h_v \Rightarrow h_1 - h_l = x_1(h_v - h_l) = x_1 h_{lv} \therefore$$

$$x_1 = \frac{h_1 - h_l}{h_{lv}} \qquad (2.14)$$

A expressão anterior pode ser relacionada aos termos que aparecem na Figura 2.14, sendo o numerador e o denominador iguais a *a* e *b*, respectivamente. Procedendo com a entropia de modo semelhante à entalpia, Equação (2.14), obtém-se:

[10] A entalpia, do mesmo modo que todas as propriedades extensivas – volume, energia interna e entropia –, é designada por letras maiúsculas, e as intensivas (por unidade de massa) são designadas por letras minúsculas. A relação entre ambas as propriedades é a seguinte: H = mh.

$$x_1 = \frac{s_1 - s_l}{s_{lv}} = \frac{1,713 - 1,024}{1,724 - 1,024} = 0,983$$

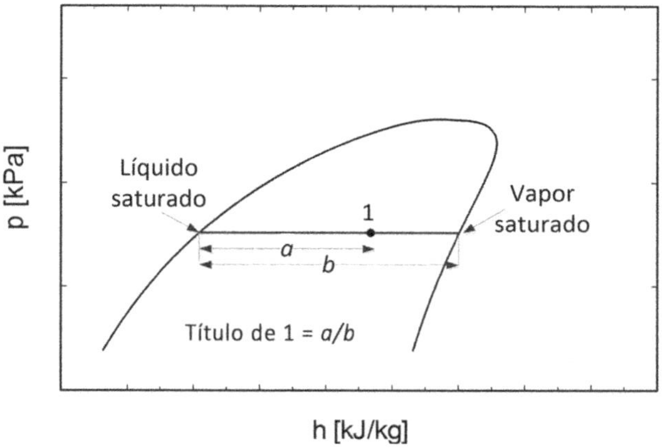

Figura 2.14 – O título do vapor no Exemplo 2.8.

2.8 COEFICIENTE DE EFICÁCIA

A eficiência de ciclos termodinâmicos é normalmente definida como a relação entre a energia útil, objetivo do ciclo, e a energia que deve ser paga para a obtenção do efeito desejado. No caso dos ciclos frigoríficos, o objetivo é produzir um efeito de refrigeração, ao passo que o trabalho líquido representa a quantidade a ser "paga" (que custa), dada pela Equação (2.13). A eficiência, denominada neste caso *coeficiente de eficácia* (COP),[11] pode ser determinada pela seguinte relação (ver Figura 2.13):

$$COP_{Carnot} = \frac{q_a}{\underbrace{q_r - q_a}_{\text{Trabalho líquido}}} = \frac{T_1(s_1 - s_4)}{(T_2 - T_1)(s_1 - s_4)} = \frac{T_1}{T_2 - T_1} \quad (2.15)$$

A temperatura T_1 na expressão anterior deve ser na escala absoluta (K).

2.9 CONDIÇÕES PARA COP ELEVADOS EM CICLOS DE CARNOT

A obtenção de um COP elevado está relacionada à diminuição do trabalho necessário para um dado efeito de refrigeração. O exame da Equação (2.15) mostra que uma redução na temperatura de condensação, T_2, implica uma elevação do COP. Por outro

[11] O termo em inglês é *coefficient of performance*. Daí a designação COP, que será utilizada aqui por ser de utilização frequente em nosso país.

lado, o mesmo efeito poderia ser obtido por uma elevação da temperatura de evaporação, T_1. É interessante observar que o COP é mais afetado pela elevação de um grau na temperatura de evaporação que por uma redução correspondente da temperatura de condensação.

O efeito das temperaturas-limite, evaporação e condensação, sobre a eficiência do ciclo de Carnot não implica, entretanto, que essas temperaturas possam ser fixadas arbitrariamente. Se tal fosse o caso, a operação ideal do ciclo seria obtida quando T_1 fosse igual a T_2, condição para a qual o efeito de refrigeração poderia ser conseguido à custa de um trabalho nulo. Entretanto, o ciclo de refrigeração remove calor de um ambiente a um dado nível de temperatura, rejeitando-o a um nível superior. Tais níveis são determinados pelo tipo de aplicação (temperatura de evaporação) e o meio disponível para a rejeição de calor (temperatura de condensação). O ciclo de Carnot da Figura 2.15 remove calor de um ambiente frio a –20 °C (253,15 K), rejeitando-o para a atmosfera, que se encontra a uma temperatura de 35 °C (308,15 K). Nessas condições, a temperatura de evaporação, T_1, deve ser inferior à do ambiente frio, permitindo, com isso, a remoção de calor. Por outro lado, a fim de que o calor possa ser rejeitado, a temperatura da atmosfera deve ser inferior à temperatura de condensação, T_2. Referindo-se à Figura 2.15, percebe-se que o COP do ciclo está relacionado às diferenças de temperatura, ΔT, entre o ambiente refrigerado e o evaporador, ΔT_2, e entre o condensador e a atmosfera, ΔT_1. Assim, levando em consideração o efeito das temperaturas T_1 e T_2 sobre o COP, pode-se afirmar que ΔT_1 e ΔT_2 devem assumir os mínimos valores possíveis, uma vez que, nesse caso, a temperatura de condensação será a menor possível, ao mesmo tempo que a temperatura de evaporação assumirá seu valor máximo. Entretanto, uma redução de ΔT implica um incremento na área de troca de calor, como se observará na análise de trocadores de calor. No limite, um ΔT nulo exigiria um trocador de calor de área infinita. Percebe-se, assim, que o valor de ΔT resulta de um compromisso econômico.

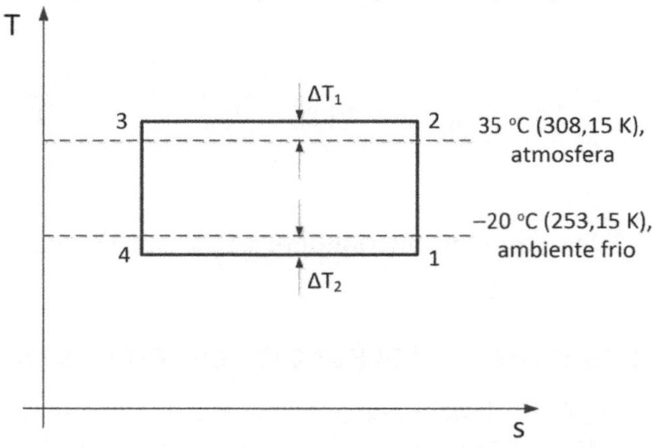

Figura 2.15 – Limites de temperatura em um circuito frigorífico.

Como conclusão, é importante enfatizar que, no caso de um ciclo de Carnot, as diferenças ΔT de temperatura devem de ser nulas, isto é, a temperatura do meio sendo resfriado é igual à de evaporação, e a temperatura do meio ao qual se rejeita calor é igual à de condensação. Além disso, neste caso, a relação entre os calores extraído e rejeitado é igual à razão entre as temperaturas-limite absolutas, isto é,

$$\frac{q_a}{q_r} = \frac{T_1}{T_2} \tag{2.16}$$

EXEMPLO 2.9

Um circuito frigorífico remove calor de uma câmara refrigerada a −20 °C e o rejeita para a água de um banho a 20 °C. A fim de elevar o COP do ciclo, propõe-se resfriar a água do banho até 10 °C, por meio de um segundo ciclo frigorífico. Qual deve ser o COP combinado de ambos os ciclos de Carnot?

Solução

Para cada kJ de refrigeração, o trabalho necessário no caso de operar com um único ciclo, como ilustrado na Figura 2.16(a), será dado pela seguinte expressão:

$$(\text{Trabalho})_{1\ \text{ciclo}} = \frac{1\ \text{kJ}}{\text{COP}_{1\ \text{ciclo}}}$$

O COP pode ser determinado pela Equação (2.15):

$$\text{COP}_{1\ \text{ciclo}} = \frac{253{,}15}{293{,}15 - 253{,}15} = 6{,}329$$

Portanto,

$$(\text{Trabalho})_{1\ \text{ciclo}} = \frac{1\ \text{kJ}}{6{,}329} = 0{,}158\ \text{kJ}$$

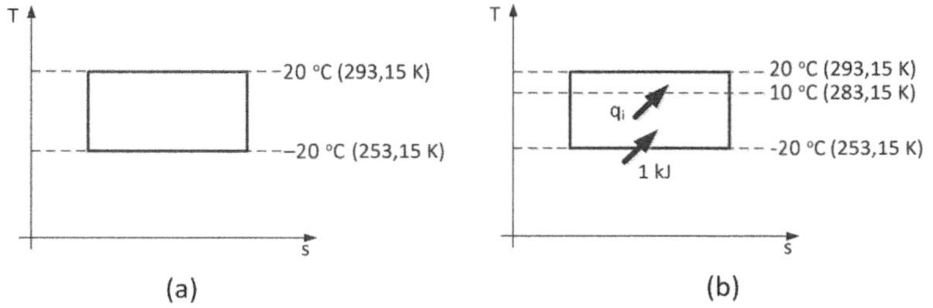

Figura 2.16 – Remoção de calor a −20 °C e rejeição a 20 °C por meio de: (a) um único ciclo de Carnot; (b) ciclos de Carnot combinados (dois estágios).

No caso dos ciclos combinados, como ilustrado na Figura 2.16(b), para cada kJ que o ciclo de baixa temperatura remove a 253,15 K, uma quantidade de calor q_i deverá ser rejeitada à temperatura intermediária, 283,15 K (10 °C). Essa mesma quantidade de calor deverá ser cedida ao ciclo de alta temperatura. Como se trata de ciclos de Carnot, a relação entre q_i e o calor removido do ambiente a 253,15 K, 1 kJ, é igual à relação entre as temperaturas absolutas dos meios, Equação (2.14). Nessas condições, $q_i = (1\ \text{kJ}) \times (283{,}15 / 253{,}15) = 1{,}119\ \text{kJ}$.

Para a determinação do trabalho em cada um dos ciclos, procede-se de modo semelhante ao caso de um único ciclo de Carnot, obtendo-se:

$$(\text{Trabalho})_{\text{Combinado}} = (\text{Trabalho})_{\text{Baixa T}} + (\text{Trabalho})_{\text{Alta T}} \therefore$$

$$(\text{Trabalho})_{\text{Combinado}} = \frac{1\ \text{kJ}}{\text{COP}_{\text{Baixa T}}} + \frac{q_i}{\text{COP}_{\text{Alta T}}} \therefore$$

$$(\text{Trabalho})_{\text{Combinado}} = \frac{1\ \text{kJ}}{\dfrac{253{,}15}{283{,}15-252{,}15}} + \frac{q_i}{\dfrac{283{,}15}{293{,}15-283{,}15}} =$$
$$= 0{,}1185 + 0{,}0395 = 0{,}158\ \text{kJ}$$

Como seria de se esperar, o trabalho é o mesmo em ambos os casos, pois a temperatura de rejeição de calor do ciclo de baixa temperatura é igual à temperatura de absorção de calor do de alta temperatura. Na prática, a temperatura de rejeição de calor do ciclo de baixa temperatura deveria ser superior à temperatura de refrigeração do ciclo de alta temperatura, como se mostra na Figura 2.17. Os ciclos assim combinados exigiriam um trabalho superior ao 0,158 kJ anteriormente obtido.

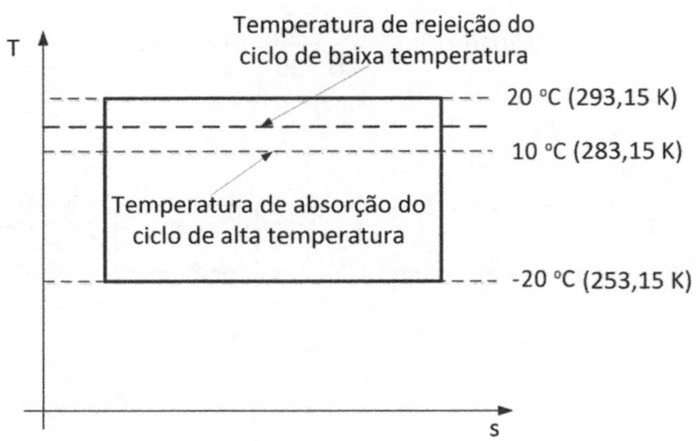

Figura 2.17 – Ciclos de Carnot combinados com superposição de temperaturas.

2.10 BOMBA DE CALOR DE CARNOT

Os ciclos frigoríficos são verdadeiras *bombas de calor*, uma vez que removem calor de uma região a baixa temperatura e o transferem a outra a alta temperatura. Entretanto, a denominação *bomba de calor* é utilizada para designar ciclos frigoríficos dos quais se pretende aproveitar o calor rejeitado para o meio a alta temperatura, em contraste com os ciclos frigoríficos, cuja função é a remoção de calor do meio a baixa temperatura. A eficiência da bomba de calor difere da do ciclo frigorífico no sentido de que a quantidade desejada é a energia rejeitada ao ambiente de alta temperatura, sendo neste caso designada por COP_{BC}, definida como:

$$COP_{BC} = \frac{\text{Calor rejeitado ao meio de alta temperatura}}{\text{Trabalho líquido do ciclo}}$$

Em relação ao ciclo de Carnot ilustrado na Figura 2.18, a área sob a linha 2-3 representa o calor rejeitado para o meio a alta temperatura pela bomba de calor, enquanto o trabalho líquido é representado pela área do retângulo representativo do ciclo, 1-2-3-4. Nessas condições, o coeficiente de eficácia da bomba de calor pode ser calculado pela seguinte expressão:

$$COP_{BC} = \frac{T_2(s_2 - s_3)}{(T_2 - T_1)(s_2 - s_3)} = \frac{T_2}{T_2 - T_1} \qquad (2.17)$$

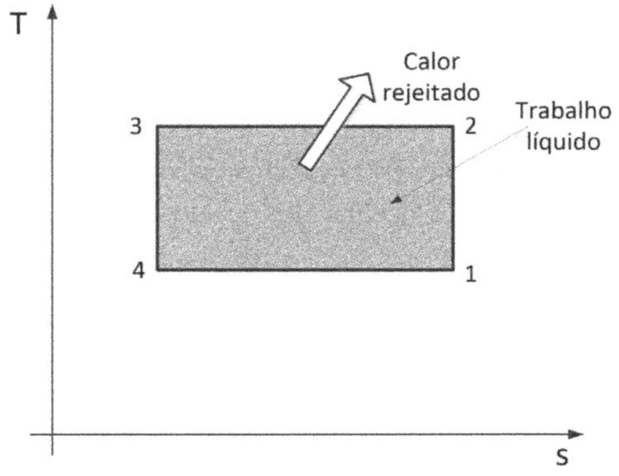

Figura 2.18 – A bomba de calor de Carnot.

O COP_{BC} se relaciona ao COP do ciclo operando entre os mesmos níveis de temperatura, uma vez que

$$COP_{BC} = \frac{T_2}{T_2 - T_1} = \frac{T_1 - T_1 + T_2}{T_2 - T_1} = \underbrace{\frac{T_1}{T_2 - T_1}}_{COP} + \frac{T_2 - T_1}{T_2 - T_1} \therefore$$

$$COP_{BC} = COP + 1 \qquad (2.18)$$

A relação entre COP_{BC} e COP reflete o fato de o primeiro envolver o calor rejeitado, que é a soma do calor removido do meio a baixa temperatura e o trabalho líquido necessário para operar o ciclo.

EXEMPLO 2.10

O ciclo frigorífico de uma planta de processamento de alimentos opera a uma temperatura de evaporação de –20 °C, rejeitando calor para a atmosfera a 25 °C. Se a temperatura à qual o calor é rejeitado fosse elevada para 50 °C, esse calor poderia ser utilizado em um processo de aquecimento. Qual deve ser o custo adicional de compressão resultante da elevação da temperatura de condensação de modo a proporcionar 1 GJ de aquecimento, se o sistema operasse segundo um ciclo de Carnot? O custo da energia pode ser admitido como R$ 0,317 por kWh.

Solução

Para efeito comparativo, ambos os ciclos devem remover a mesma quantidade de calor do ambiente a baixa temperatura, como se mostra na Figura 2.19. Tal quantidade pode ser determinada pela expressão para a relação entre os calores trocados com os ambientes de alta e baixa temperatura para um ciclo de Carnot, Equação (2.16):

$$(\text{Refrigeração}) = q_r\left(\frac{T_{\text{baixa}}}{T_{\text{alta}}}\right) = \left(10^9\ \text{J}\right)\times\frac{253{,}15}{323{,}15} = 783\ \text{MJ}$$

O trabalho líquido no ciclo frigorífico (ciclo original) poderá ser calculado:

$$(\text{Trabalho}) = \frac{q_a}{\text{COP}} = 783\times\left(\frac{298{,}15-253{,}15}{253{,}15}\right) = 139\ \text{MJ}$$

O trabalho líquido no ciclo de bomba de calor (temperatura de condensação igual a 50 °C) pode ser determinado de modo semelhante:

$$(\text{Trabalho}) = \frac{q_a}{\text{COP}} = 783\times\left(\frac{323{,}15-253{,}15}{253{,}15}\right) = 216\ \text{MJ}$$

O trabalho adicional de compressão será igual a: (216 – 139) = 77 MJ ou 77.000 kJ ou, ainda, (77.000/3.600) kWh, uma vez que 1 kWh = 3.600 kWs = 3.600 kJ. Nessas condições, o trabalho adicional custará:

$$(\text{Custo}) = \frac{0{,}317}{3600}\times 77.000 = \text{R\$ } 6{,}78$$

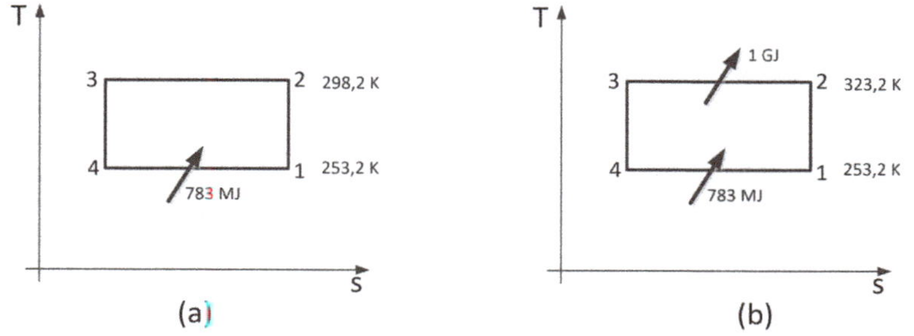

Figura 2.19 – Exemplo 2.10: (a) somente refrigeração; (b) ciclo de bomba de calor.

2.11 ANÁLISE DO CICLO DE CARNOT POR MEIO DAS ENTALPIAS

Outro modo de avaliar o desempenho de ciclos pode ser o emprego de vazões e entalpias para o cálculo das taxas de transferência de calor em trocadores de calor e pela determinação da potência transferida ao refrigerante no processo de compressão.

EXEMPLO 2.11

A instalação frigorífica da Figura 2.20(a) opera segundo um ciclo de Carnot, como ilustrado num diagrama (p, h) na Figura 2.20(b). O refrigerante é o R-134a e sua vazão no circuito é de 1,4 kg/s. As temperaturas de condensação e de evaporação são iguais a, respectivamente, 30 °C e –10 °C. Nessas condições, determine:

(a) as entalpias correspondentes aos estados indicados no circuito;

(b) a taxa de refrigeração;

(c) a potência de compressão;

(d) a potência do motor térmico;

(e) a taxa de rejeição de calor no condensador;

(f) o COP do ciclo.

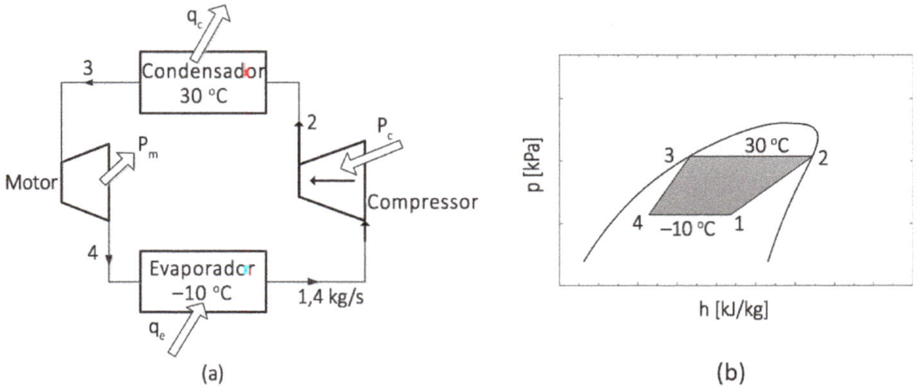

Figura 2.20 – (a) O circuito frigorífico; (b) o diagrama (p, h) para o sistema do Exemplo 2.11.

Solução

(a) Como se trata de um ciclo de Carnot, os processos 1-2, de compressão, e 3-4, de expansão no motor térmico, são isoentrópicos. Nessas condições, $s_1 = s_2$ e $s_3 = s_4$. Por outro lado, os processos 2-3 e 4-1 ocorrem a temperatura constante. Nessas condições, os valores da entalpia associados aos estados indicados podem ser diretamente obtidos da Tabela B3a, resultando iguais a:

- h_2 = entalpia do vapor saturado a 30 °C = 414,8 kJ/kg
- h_3 = entalpia do líquido saturado a 30 °C = 241,7 kJ/kg

O estado 1 corresponde a uma mistura de líquido-vapor a −10 °C, cuja entropia, s_1, é igual à entropia do estado 2, s_2. Como o estado 2 é de vapor saturado a 30 °C, da Tabela B3a, obtém-se s_2 = 1,714 kJ/kgK. Assim, o título do vapor no estado 1 será dado pela seguinte expressão:

$$x_1 = \frac{s_1 - s_l}{s_{lv}} = \frac{h_1 - h_l}{h_{lv}}$$

Da Tabela B3a, para uma temperatura de −10 °C:

$$s_v = 1{,}733 \text{ kJ/kgK e } s_l = 0{,}951 \text{ kJ/kgK}$$

Quanto às entalpias,

$$h_v = 392{,}7 \text{ kJ/kg e } h_l = 186{,}7 \text{ kJ/kg}$$

Então,

$$\frac{1{,}714 - 0{,}951}{1{,}733 - 0{,}951} = \frac{h_1 - 186{,}7}{392{,}7 - 186{,}7} \Rightarrow h_1 = 387{,}7 \text{ kJ/kg}$$

O título do estado 1 resulta igual a 0,976.

O valor da entalpia do estado 4, h_4, pode ser obtido de maneira semelhante por meio das entropias do líquido e do vapor saturados a −10 °C e da entropia s_4 que é igual a s_3. Esta pode ser obtida da Tabela B3a, resultando igual a 1,143 kJ/kgK (líquido saturado a 30 °C).

$$\frac{s_4 - s_l}{s_{lv}} = \frac{h_4 - h_l}{h_{lv}}$$

Como no caso do estado 1, as propriedades relacionadas aos estados de líquido saturado e vapor saturado devem ser determinadas à temperatura de −10 °C.

$$\frac{1,143-0,951}{1,733-0,951}=\frac{h_4-186,7}{392,7-186,7} \Rightarrow h_4 = 237,4 \text{ kJ/kg}$$

O título do estado 4 é igual a 0,246.

Resumindo,

$h_1 = 387{,}7$ kJ/kg $h_3 = 241{,}7$ kJ/kg

$h_2 = 414{,}8$ kJ/kg $h_4 = 237{,}4$ kJ/kg

(b) A refrigeração produzida pela unidade de massa de refrigerante denomina-se de *efeito de refrigeração*, ER. Neste caso,

$$ER = h_1 - h_4 = 387,7 - 237,4 = 150,2 \text{ kJ/kg}$$

A taxa de refrigeração, q_e, é igual ao produto da vazão de refrigerante pelo efeito de refrigeração:

$$q_e = (\dot{m})(ER) = (1,4 \text{ kg/s}) \times (150,2 \text{ kJ/kg}) = 210,3 \text{ kW}$$

(c) A potência de compressão, P_c, será igual a:

$$P_c = (\dot{m})(h_2 - h_1) = (1,4 \text{ kg/s})(414,8 - 387,7) = 38,0 \text{ kW}$$

(d) A potência desenvolvida pelo motor térmico, P_m, poderá ser calculada do seguinte modo:

$$P_m = (\dot{m})(h_3 - h_4) = (1,4 \text{ kg/s})(241,7 - 237,4) = 32,0 \text{ kW}$$

(e) A taxa de rejeição de calor no condensador, q_c, será igual a:

$$q_c = (\dot{m})(h_2 - h_3) = (1,4 \text{ kg/s})(414,8 - 241,7) = 242,3 \text{ kW}$$

(f) O coeficiente de eficácia do ciclo, COP, é dado pela relação entre a taxa de refrigeração e a potência líquida que deve ser fornecida,

$$COP = \frac{210,3}{38,0 - 6,0} = 6,58$$

Como se trata de um ciclo de Carnot, o COP também pode ser determinado por uma relação entre as temperaturas-limite do ciclo, Equação (2.15).

$$\text{COP} = \frac{T_1}{T_2 - T_1} = \frac{263,15}{303,15 - 263,15} = 6,58$$

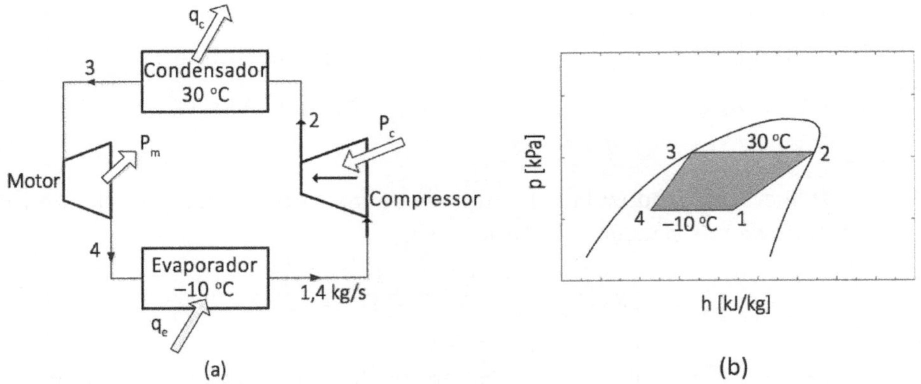

Figura 2.20 – (a) O circuito frigorífico; (b) o diagrama (p, h) para o sistema do Exemplo 2.11.

2.12 COMPRESSÃO DE VAPOR SECO COMPARADA À COMPRESSÃO DE VAPOR ÚMIDO

Algumas modificações do ciclo de Carnot serão introduzidas nas próximas seções, tendo como objetivo aproximá-lo de uma condição mais realista, do que resultará o denominado *ciclo padrão de compressão a vapor*. Para tanto, dois processos do ciclo de Carnot da Figura 2.20 serão revistos: a compressão e a expansão. O primeiro nesta seção, ao passo que a expansão será abordada na seção seguinte. Na Figura 2.21 se mostra novamente o ciclo de Carnot num diagrama (p, h). A compressão a partir de um estado em que coexistam as fases líquido e vapor, estado 1, é denominada *compressão úmida*, uma vez que ocorre com a presença da fase líquido. Esta pode dar origem a alguns problemas. Entre os principais, a diluição do óleo de lubrificação pela presença de refrigerante líquido nas paredes dos cilindros em compressores alternativos. Tal diluição acarreta uma significativa redução da eficiência de lubrificação do óleo. Outro problema é a possibilidade de erosão das válvulas pelo refrigerante líquido. Uma última dificuldade causada pela compressão úmida está relacionada à dificuldade de controlar as vazões de líquido e de vapor de modo que o estado da mistura seja o estado 1, a partir do qual o processo de compressão resulte em um estado de descarga correspondente ao estado 2, de vapor saturado. No Capítulo 5, na discussão de compressores parafuso, mostrar-se-á que, frequentemente, aqueles compressores são operados a partir de condições próximas da compressão úmida, uma vez que refrigerante líquido é introduzido na câmara de compressão, misturando-se com o vapor.

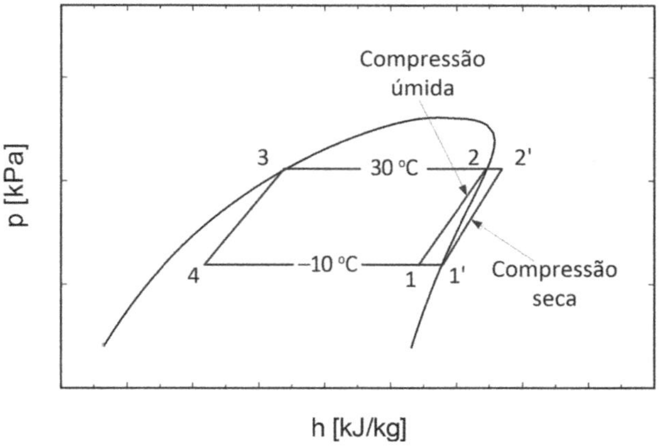

Figura 2.21 – Compressões úmida e seca.

Na denominada *compressão seca*, o refrigerante é comprimido desde um estado de vapor, saturado ou superaquecido, do que resulta um estado final de compressão de vapor superaquecido, estado 2', da Figura 2.21, cuja temperatura é superior à de condensação. O ciclo resultante, 1'-2'-3-4, não é de Carnot e, consequentemente, seu COP deve ser inferior, desde que opere entre as mesmas temperaturas-limite. É interessante observar que o processo 2'-3 envolve a redução da temperatura do refrigerante desde a do estado 2' até a de condensação e, portanto, o processo total não se caracteriza exclusivamente por condensar o refrigerante como no ciclo de Carnot.

EXEMPLO 2.12

Uma instalação frigorífica opera segundo um ciclo como o 1'-2'-3-4 da Figura 2.21. O refrigerante é o R-134a e as temperaturas de evaporação e condensação são iguais a, respectivamente, −10 °C e 30 °C. A vazão de refrigerante é igual a 1,4 kg/s. Determine:

(a) as entalpias de todos os estados indicados no ciclo;

(b) a taxa de refrigeração;

(c) a potência de compressão;

(d) a potência do motor térmico;

(e) a taxa de rejeição de calor no condensador;

(f) o COP.

Solução

(a) O processo de compressão 1'-2' é admitido como isoentrópico, desde o estado de admissão 1', de vapor saturado a −10 °C, como ilustrado na Figura 2.21. Da Tabela B3a, $h_{1'}$ = 392,7 kJ/kg. A entalpia do estado 2', de descarga, pode ser determinada com o auxílio do diagrama (p, h) para a região de vapor superaquecido do R-134a da Figura C4 ou da Tabela B3c, para vapor superaquecido. Como o processo de compressão é isoentrópico, basta seguir ao longo da linha isoentrópica que passa pelo estado 1' até o estado 2', cuja pressão é a de condensação, correspondente à temperatura de condensação de 30 °C, como ilustrado na Figura 2.22. Obtém-se assim a temperatura e a entalpia do estado 2' como iguais a 35,5 °C e 420,6 kJ/kg, respectivamente. As entalpias dos estados 3 e 4 são iguais às do Exemplo 2.11. Resumindo:

$h_{1'} = 392,7$ kJ/kg

$h_{2'} = 420,6$ kJ/kg

$h_3 = 241,7$ kJ/kg

$h_4 = 237,4$ kJ/kg

Os outros quesitos deste exemplo podem ser determinados de maneira análoga àquela do Exemplo 2.11.

(b) $q_e = (\dot{m})(h_{1'} - h_4) = (1,4 \text{ kg/s})(392,7 - 237,4) = 217,4 \text{ kW}$

(c) $P_c = (\dot{m})(h_{2'} - h_{1'}) = (1,4 \text{ kg/s})(420,6 - 392,7) = 39,1 \text{ kW}$

(d) $P_m = (\dot{m})(h_3 - h_4) = (1,4 \text{ kg/s})(241,7 - 237,4) = 5,98 \text{ kW}$

(e) $q_c = (\dot{m})(h_{2'} - h_3) = (1,4 \text{ kg/s})(420,6 - 241,7) = 250,5 \text{ kW}$

Os resultados anteriores podem ser verificados lembrando que:

$$q_c = q_e + P_{liq} = 217,4 + (39,1 - 5,98) = 250,5 \text{ kW}$$

(f) $\text{COP} = \dfrac{217,3}{39,1 - 5,98} = 6,56$

A mudança do ciclo de Carnot por meio da compressão seca incrementou a taxa de refrigeração de 210,3 kW para 217,4 kW. Por outro lado, a potência de compressão sofreu um pequeno aumento, do que resultou uma redução do COP de 6,58 para 6,56. Evidentemente, o novo ciclo não é um de Carnot.

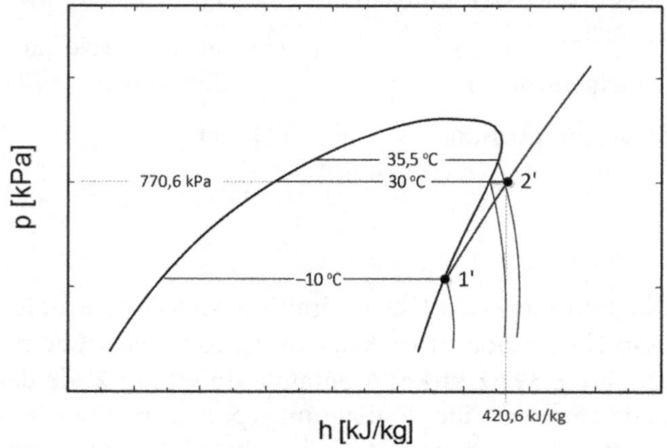

Figura 2.22 – Compressão isoentrópica na região de vapor superaquecido.

2.13 MOTOR TÉRMICO COMPARADO A UM DISPOSITIVO DE EXPANSÃO

O processo 3-4 do ciclo ilustrado na Figura 2.21 será o próximo a ser revisto, no sentido de transformar o ciclo de Carnot no *ciclo padrão de compressão a vapor*. A expansão do refrigerante líquido no ciclo de Carnot do estado de alta pressão, estado 3, ao de baixa pressão, estado 4, se realiza por intermédio de um motor térmico adiabático e reversível, resultando o processo 3-4 isoentrópico. O trabalho produzido pelo motor é utilizado no processo de compressão 1-2. Entretanto, uma série de problemas de ordem prática aparece quando se tenta realizar a expansão 3-4 por intermédio de um motor, contando-se entre eles:

(i) a dificuldade de desenvolver um motor que opere com uma mistura bifásica, como a que se forma no processo 3-4;

(ii) a dificuldade de controlar o motor, considerando que a vazão de refrigerante a ser admitida no evaporador deve ser ajustada a fim de garantir a proporção correta de vapor (título) na mistura de saída;

(iii) a dificuldade em acoplar o motor ao compressor;

(iv) a questão econômica, pois, se tal motor fosse exequível, seu custo seria desproporcional ao custo total da instalação.

Tais dificuldades são suficientemente restritivas para tornar a utilização do motor térmico problemática, razão pela qual nenhum circuito frigorífico adota tal solução. O processo de expansão desde o estado 3 é realizado pelo estrangulamento do refrigerante num dispositivo ou válvula de expansão. Como demonstrado no Exemplo 2.5, o processo em válvulas (Figura 2.23) pode ser admitido com segurança como isoentálpico, de modo que $h_3 = h_{4'}$.

Figura 2.23 – O escoamento de um refrigerante por um dispositivo de expansão.

A substituição do motor térmico por um dispositivo de expansão resulta num ciclo como o ilustrado na Figura 2.24(a), cujo diagrama (p, h) se mostra na Figura 2.24(b).

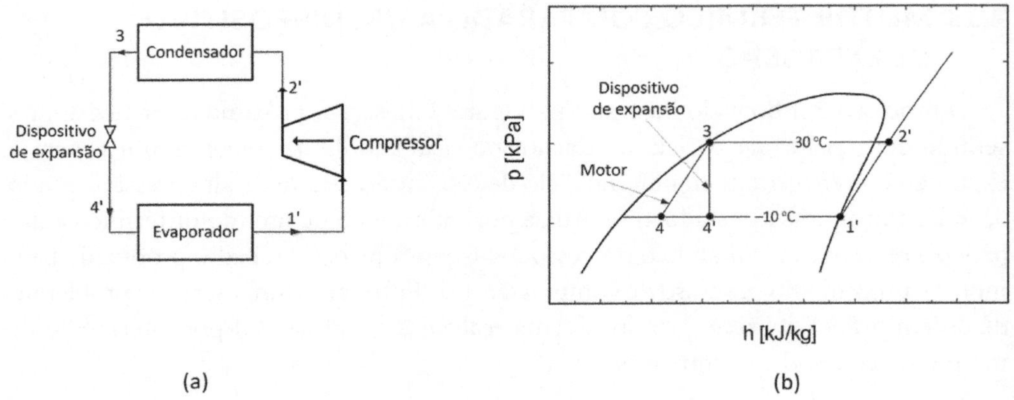

Figura 2.24 – Ciclo no qual o motor foi substituído pelo dispositivo de expansão: (a) a instalação; (b) o diagrama (p, h) do ciclo, com compressão seca.

EXEMPLO 2.13

Uma instalação frigorífica opera segundo o ciclo 1'-2'-3-4' da Figura 2.24. O refrigerante é o R-134a e as temperaturas de evaporação e de condensação são, respectivamente, iguais a −10 °C e 30 °C. A vazão de refrigerante é igual a 1,4 kg/s. Determine:

(a) as entalpias dos estados indicados;

(b) a taxa de resfriamento;

(c) a potência de compressão;

(d) a taxa de rejeição de calor no condensador;

(e) o COP.

Solução

(a) As entalpias dos estados 1', 2' e 3 assumem os mesmos valores do Exemplo 2.12. Como o processo no dispositivo de expansão é isoentálpico, $h_{4'} = h_3$, de modo que:

$h_{1'} = 392{,}7$ kJ/kg $\qquad h_3 = 241{,}7$ kJ/kg

$h_{2'} = 420{,}6$ kJ/kg $\qquad$ h4' = 241,7 kJ/kg

(b) $q_e = (\dot{m})(h_{1'} - h_{4'}) = (1{,}4 \text{ kg/s})(392{,}7 - 241{,}7) = 211{,}3 \text{ kW}$

(c) $P_c = (\dot{m})(h_{2'} - h_{1'}) = (1{,}4 \text{ kg/s})(420{,}6 - 392{,}7) = 39{,}1 \text{ kW}$

(d) $q_c = (\dot{m})(h_{2'} - h_3) = (1{,}4 \text{ kg/s})(420{,}6 - 241{,}7) = 250{,}4 \text{ kW}$

(e) $COP = \dfrac{211,3}{39,1} = 5,40$

A substituição do motor reversível por um dispositivo de expansão causou uma redução no valor do COP de 6,56 para 5,40. Dois são os efeitos responsáveis por tal redução: a não disponibilidade da potência no eixo do motor e a redução do efeito de refrigeração, uma vez que $h_{4'}$ é maior que h_4.

2.14 CICLO-PADRÃO DE COMPRESSÃO A VAPOR E SUAS VARIANTES

As modificações do ciclo de Carnot anteriormente referidas, a compressão seca e a eliminação do motor térmico levaram ao estabelecimento do denominado *ciclo-padrão de compressão a vapor* (CPCV), ilustrado inicialmente na Figura 2.24 e reproduzido no diagrama (p, h) da Figura 2.25. Tal ciclo consiste nos seguintes processos:

- 1-2: compressão isoentrópica até a pressão de condensação;
- 2-3: redução da temperatura do vapor seguida de condensação até líquido saturado a pressão constante;
- 3-4: expansão isoentálpica até a pressão de evaporação no dispositivo de expansão;
- 4-1: evaporação a pressão constante até o estado de vapor saturado.

A completa determinação dos estados representativos do CPCV pode permitir aos engenheiros de refrigeração uma avaliação razoavelmente precisa da vazão de refrigerante e da vazão volumétrica deslocada pelo compressor, além de propiciar uma estimativa adequada de pressões e temperaturas. A potência real de compressão pode também ser razoavelmente estimada se a eficiência do compressor, que nas aplicações varia entre 75% e 80%, for corretamente estimada. A tendência na atualidade é incrementar os níveis de eficiência visando a redução do consumo energético.

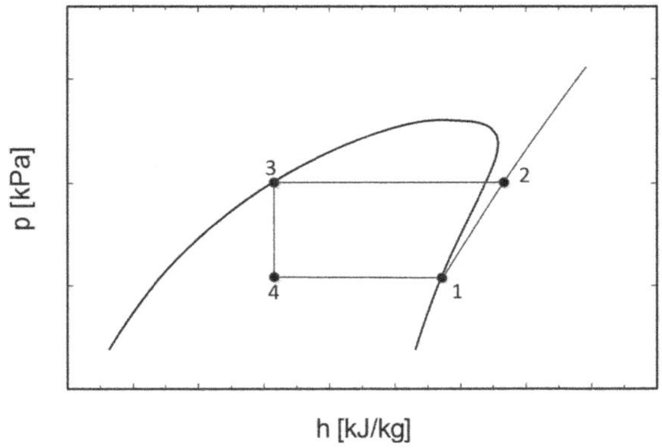

Figura 2.25 – O ciclo-padrão de compressão a vapor.

Duas situações ilustradas no diagrama (p, h) da Figura 2.26, caracterizadas pelos estados 1 e 3, representam desvios do CPCV. A primeira corresponde ao caso de instalações frigoríficas dotadas das denominadas *válvulas termostáticas de expansão*, nas quais o refrigerante deve estar no estado de vapor superaquecido, estado 1, na saída do evaporador em razão das características operacionais dessa válvula. Por outro lado, é muito comum que, como resultado de trocas de calor do refrigerante condensado com superfícies mais frias, seu estado na saída do condensador seja o de líquido sub-resfriado (ou comprimido), estado 3.

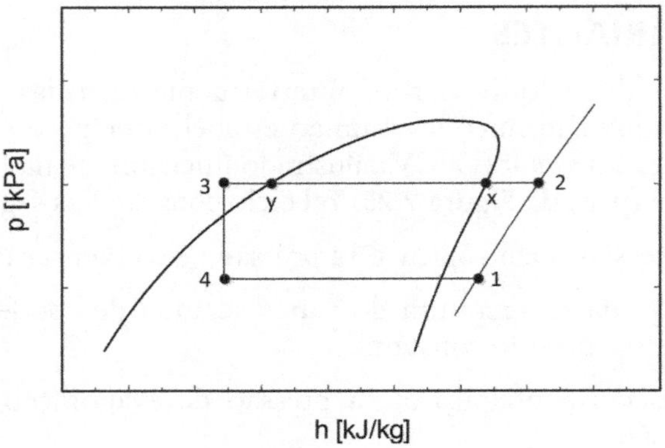

Figura 2.26 – O ciclo-padrão de compressão a vapor com estados alterados na saída do evaporador e do condensador.

EXEMPLO 2.14

Uma instalação frigorífica opera com amônia a pressões manométricas de evaporação e de condensação iguais a, respectivamente, 190 kPa e 1.000 kPa. O refrigerante deixa o evaporador 5 °C superaquecido, ao passo que na saída do condensador o seu sub-resfriamento é de 3 °C. A capacidade de refrigeração dessa instalação é de 240 kW. Determine:

(a) as temperaturas de evaporação e condensação, além das temperaturas do refrigerante nas saídas do evaporador e do condensador;

(b) a vazão volumétrica deslocada pelo compressor, medida no estado correspondente à aspiração;

(c) a temperatura do refrigerante na descarga do compressor;

(d) a potência de compressão, admitindo que o processo seja isoentrópico.

Solução

(a) A pressão absoluta é a pressão resultante da adição da pressão manométrica à pressão atmosférica local, que, no caso, se admite como igual a 101,3 kPa. Nessas condições, as pressões absolutas podem ser determinadas:

- pressão absoluta de condensação: 1.000 + 101,3 = 1.101,3 kPa
- pressão absoluta de evaporação: 190 + 101,3 = 291,3 kPa

As temperaturas de saturação correspondentes às pressões de evaporação e condensação podem ser obtidas da Tabela B6b, resultando iguais a, respectivamente, –10 °C e 28 °C. No diagrama (p, h) da Figura 2.26, entre os estados x e y, a temperatura é constante e igual a 28 °C. A temperatura no estado 4, de entrada no evaporador, é de –10 °C. Como o superaquecimento do vapor na saída é de 5 °C, sua temperatura deverá ser igual a –10 + 5 = –5 °C, correspondendo à temperatura do estado 1. O sub-resfriamento do refrigerante líquido na saída do condensador é de 3 °C, resultando uma temperatura do estado 3 de 28 – 3 = 25 °C.

(b) Da equação da energia para regime permanente aplicada ao evaporador, Equação (2.8), ignorando os efeitos de energia cinética e potencial, obtém-se a vazão de refrigerante no ciclo:

$$\dot{m} = \frac{q_e}{h_1 - h_4}$$

A capacidade de refrigeração, q_e, neste caso, é de 240 kW, como sugerido no enunciado. A entalpia do vapor superaquecido no estado 1 pode ser determinada por meio do diagrama (p, h) da Figura C7 (ou Tabela B6c), a partir da temperatura de –5 °C e pressão de 291,3 kPa, resultando: h_1 = 1.463 kJ/kg.

A entalpia do refrigerante no estado 4 pode ser determinada considerando que o processo de expansão é isoentálpico, logo $h_4 = h_3$. Por outro lado, o estado 3 é de líquido sub-resfriado, para o qual, como observado anteriormente, a entalpia é aproximadamente igual à entalpia do líquido saturado à mesma temperatura. Como a temperatura do refrigerante líquido no estado 3 é de 25 °C, da Tabela B6a obtém-se h_3 = 317,9 kJ/kg. Assim, a vazão de refrigerante no ciclo pode ser determinada:

$$\frac{240}{1.463 - 317,9} = 0,210 \text{ kg/s}$$

A vazão volumétrica pode ser determinada pelo produto da vazão pelo volume específico. Nessas condições, ela depende do estado em que é avaliada. No caso, o estado 1, de aspiração do compressor. Da Figura C7 obtém-se 0,43 m^3/kg. Logo, a vazão volumétrica na aspiração do compressor será igual a: (0,210 kg/s) × (0,43 m^3/kg) = 0,0903 m^3/s.

(c) A temperatura do refrigerante na descarga do compressor, t_2, pode ser determinada a partir do diagrama da Figura C7, seguindo a linha isoentrópica imaginária,[12] a partir do estado 1 até a pressão de descarga de 1.101,3 kPa. A temperatura obtida é aproximadamente igual a 90 °C. A Tabela B6c poderia também ser utilizada, mas exigindo uma dupla interpolação.

(d) Como o estado 2 está localizado no diagrama (p, h), a entalpia pode ser imediatamente obtida, resultando igual a 1.656 kJ/kg. O trabalho de compressão por unidade de massa de refrigerante é dado por: $h_2 - h_1 = (1.656 - 1.463) = 193$ kJ/kg. A potência de compressão ideal (porque se trata de processo isoentrópico) resulta igual a:

$$P_c = \dot{m}(h_2 - h_1) = (193 \text{ kJ/kg}) \times (0{,}210 \text{ kg/s}) = 40{,}53 \text{ kW}$$

Tendo determinado todos os parâmetros solicitados no enunciado, é possível completar o problema calculando o COP do ciclo, comparando-o a seguir com o do ciclo de Carnot operando entre as mesmas temperaturas de evaporação e condensação.

$$COP = \frac{q_e}{P_c} = \frac{240}{40{,}53} = 5{,}92$$

O COP do ciclo de Carnot pode ser determinado pelas temperaturas de evaporação e condensação:

$$COP_{Carnot} = \frac{T_e}{T_c - T_e} = \frac{-10 + 273{,}15}{38} = 6{,}93$$

Como seria de se esperar, o COP_{Carnot} é superior ao do ciclo do enunciado.

2.15 CONCLUSÃO

No presente capítulo, foram desenvolvidos alguns fundamentos da termodinâmica relacionados a aplicações frigoríficas. Os ciclos e as propriedades termodinâmicas dos refrigerantes estão para o engenheiro de refrigeração como o drible para o jogador de futebol ou o ritmo para o músico. Esses fundamentos representam a base para o desenvolvimento da experiência, a qual os engenheiros utilizam no momento do projeto de novas instalações ou da análise daquelas que já se encontram em operação.

---

12 A linha é imaginária porque, no diagrama (p, h) da Figura C7, a isoentrópica que passa pelo estado 1 não é traçada.

REFERÊNCIA

1. ASHRAE – AMERICAN SOCIETY OF HEATING, REFRIGERATING, AND AIR CONDITIONING ENGINEERS. *ASHRAE Handbook of Fundamentals 2013*. Atlanta, GA, 2013.

CAPÍTULO 3
SISTEMAS DE MÚLTIPLOS ESTÁGIOS

3.1 COMPRESSÃO EM MÚLTIPLOS ESTÁGIOS DE PRESSÃO

Um número significativo de instalações na área da refrigeração industrial opera entre temperaturas de evaporação e condensação cuja diferença varia entre 50 °C e 80 °C. Se, por um lado, uma diferença tão acentuada de temperaturas apresenta problemas operacionais, por outro, impõe a busca de soluções não triviais. Uma dessas soluções é a *compressão em múltiplos estágios de pressão*, que implica um incremento do custo inicial da instalação em relação à compressão em estágio simples. Por outro lado, a utilização de múltiplos estágios ameniza alguns dos problemas decorrentes da elevada diferença de temperaturas, além de reduzir a potência de compressão. A compressão em dois estágios será objeto de análise neste capítulo, embora o procedimento desenvolvido possa ser aplicado à compressão em três estágios, empregada em alguns casos em que a temperatura de evaporação é extremamente baixa.

A análise da compressão em dois estágios propiciará a oportunidade de abordar dois aspectos importantes: a remoção do *gás de flash*[1] e o *resfriamento intermediário*. Inicialmente, esses processos serão tratados individualmente e, mais adiante, aplicados a distintos sistemas de refrigeração. O capítulo concluirá com a introdução aos sistemas de refrigeração em *cascata*, que constituem casos particulares dos sistemas de múltiplos estágios.

---

[1] *Flash* é o processo de formação de vapor por redução da pressão. A falta de um termo adequado em português e a sua popularidade em inglês fizeram com que seja de uso corrente na prática.

3.2 REMOÇÃO DO GÁS DE *FLASH*

Um exame detalhado do processo 1-2 num dispositivo de expansão, como ilustrado na Figura 3.1, suscita algumas dúvidas quanto à sua eficiência. O processo tem início com o refrigerante no estado de líquido saturado à pressão de condensação, estado 1, concluindo no estado 2, de mesma entalpia que o estado 1, mas à pressão de evaporação. O estado 2 se caracteriza pela presença simultânea de líquido e vapor no escoamento.

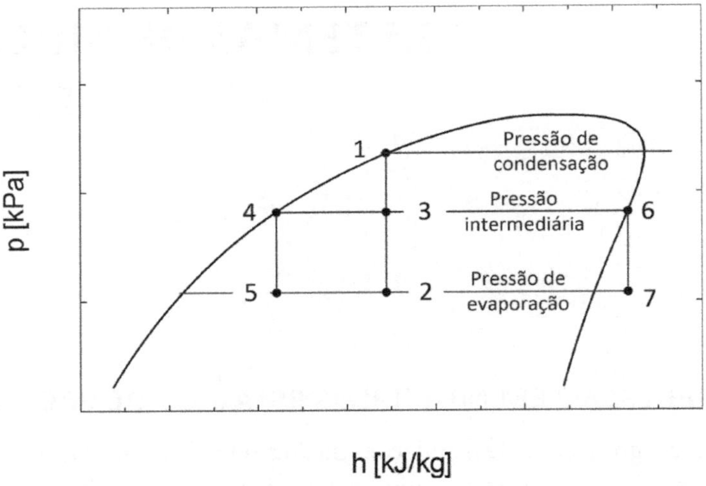

Figura 3.1 – O processo no dispositivo de expansão em que 3-2 é substituído pela combinação de 4-5 e 6-7.

Para efeito de análise, imagine o processo de expansão como realizado em duas etapas. Na primeira, a expansão é realizada até uma pressão intermediária, de modo que o estado resultante seja o 3, correspondendo ao de uma mistura em equilíbrio de vapor saturado, estado 6, e líquido saturado, estado 4. Na segunda etapa, processo 3-2, o refrigerante se expande até a pressão de evaporação. Esse processo poderia ser considerado como resultante de uma combinação dos processos 4-5 e 6-7. Uma vez que o vapor no estado 7, superaquecido, não pode produzir qualquer efeito de refrigeração, sua produção foi inócua, exigindo, além disso, trabalho para comprimi-lo até a pressão de condensação. Nessas condições, é óbvio que a eliminação daquele vapor seria interessante, pois implicaria uma redução do trabalho de compressão. Tal eliminação é possível separando do refrigerante no estado 3 o vapor saturado, estado 6, e comprimindo-o até a pressão de condensação, eliminando, assim, sua expansão no processo 6-7. A remoção do vapor à pressão intermediária pode ser obtida na prática por meio do sistema ilustrado na Figura 3.2 (estados referidos aos do diagrama (p, h) da Figura 3.1), segundo o qual o líquido saturado à pressão de condensação proveniente do condensador, estado 1, é estrangulado pela válvula de expansão até a pressão intermediária, estado 3, sendo, então, recolhido no denominado *tanque de flash*. A válvula de expansão é controlada pelo nível de líquido no tanque. O líquido se separa do vapor no tanque de *flash*, acumulando-se no fundo, sendo, então, enviado ao dispositivo de expansão, onde sua pressão será reduzida até a de evaporação. O vapor formado no tanque deverá ser comprimido até a pressão de condensação por meio de um compressor auxiliar.

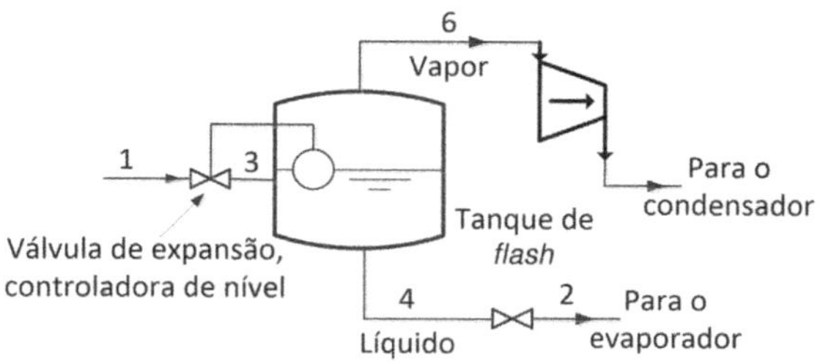

Figura 3.2 – Remoção e compressão do gás de *flash*.

EXEMPLO 3.1

Uma instalação frigorífica de R-22 opera entre temperaturas de evaporação e condensação iguais a, respectivamente, –30 °C e 35 °C. A capacidade frigorífica da instalação é de 150 kW. Admitindo que tanto o refrigerante líquido que deixa o condensador quanto o vapor que deixa o evaporador estejam saturados e que os processos de compressão sejam isoentrópicos, determine:

(a) a potência de compressão;

(b) a vazão volumétrica na aspiração do compressor.

Para um ciclo com remoção de gás de *flash* à pressão absoluta de 498 kPa, correspondendo a uma temperatura de saturação de 0 °C, determine:

(c) a potência total de compressão;

(d) a vazão volumétrica na aspiração do compressor principal.

Solução

Os estados correspondentes ao ciclo-padrão de compressão a vapor (CPCV) são ilustrados no diagrama (p, h) da Figura 3.3. O ciclo com remoção do gás de *flash* e o seu diagrama (p, h) estão nas Figuras 3.4(a) e 3.4(b). As entalpias correspondentes aos estados indicados nos dois ciclos são as seguintes:

h_a = 392,5 kJ/kg	h_1 = 392,5 kJ/kg
h_b = 446,6 kJ/kg	h_2 = 446,6 kJ/kg
h_c = 243,2 kJ/kg	h_3 = 243,2 kJ/kg
h_d = 243,2 kJ/kg	h_4 = 200,0 kJ/kg
	h_5 = 200,0 kJ/kg
	h_6 = 405,0 kJ/kg
	h_7 = 429,7 kJ/kg

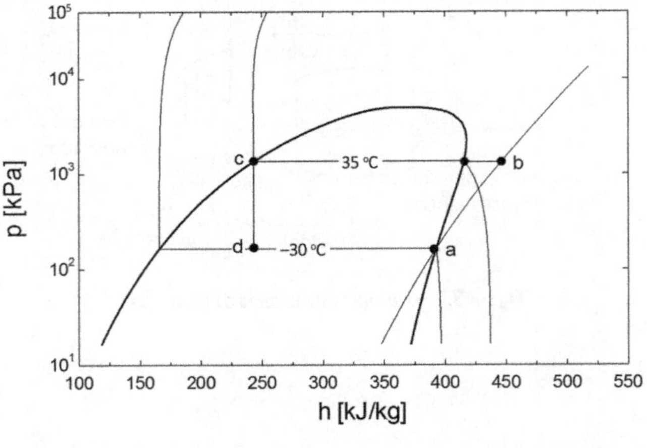

Figura 3.3 – O diagrama (p, h) do ciclo-padrão de compressão a vapor associado ao Exemplo 3.1.

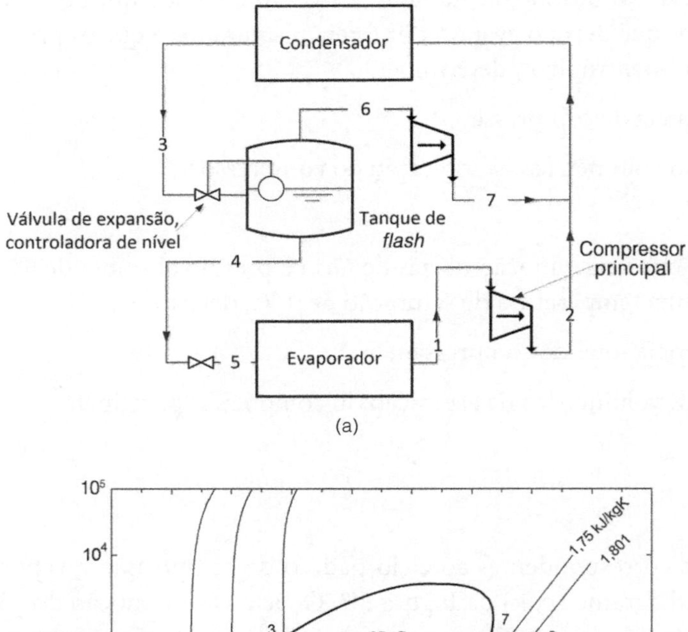

(a)

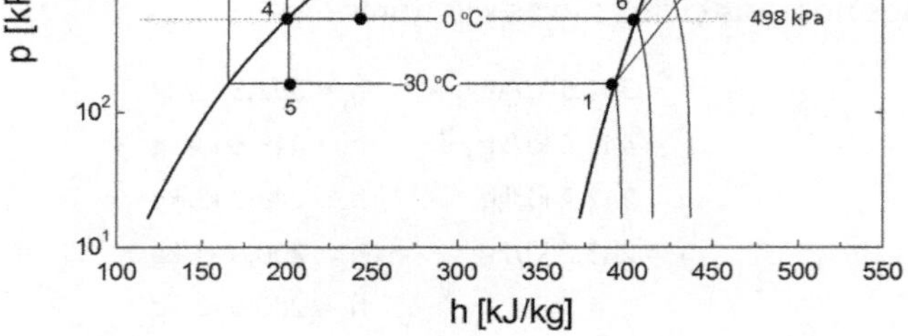

(b)

Figura 3.4 – (a) A instalação com remoção do gás de *flash*; (b) o diagrama (p, h) do ciclo.

(a) A vazão de refrigerante no CPCV pode ser determinada pela aplicação da conservação da energia ao evaporador, resultando:

$$\dot{m} = \frac{q_e}{h_a - h_d} = \frac{150}{392,5 - 243,2} = 1,0 \text{ kg/s}$$

de modo que a potência de compressão resulta igual a:

$$P_c = \dot{m}(h_b - h_a) = 1,0 \times (446,6 - 392,5) = 54,31 \text{ kW}$$

(b) A vazão volumétrica do refrigerante referida ao estado de aspiração do compressor é igual ao produto da vazão pelo volume específico do vapor naquele estado, estado "a". Como o volume específico do vapor em "a" é igual a 135,4 l/kg, a vazão volumétrica será igual a:

$$1,0 \times 135,4 = 135,4 \text{ l/s}$$

(c) Para o ciclo com remoção do gás de *flash*, a vazão de refrigerante que circula pelo evaporador e compressor principal é a mesma, isto é, $\dot{m}_1 = \dot{m}_2 = \dot{m}_4 = \dot{m}_5$, podendo ser determinada pela aplicação da conservação da energia ao evaporador:

$$\dot{m}_1 = \frac{q_e}{h_1 - h_5} = \frac{150}{392,5 - 200,0} = 0,779 \text{ kg/s}$$

A vazão de refrigerante que circula pelo compressor auxiliar, $\dot{m}_6$, pode ser obtida dos balanços de massa e energia no tanque de *flash*, admitido como adiabático:

- Conservação da massa: $\dot{m}_3 = \dot{m}_4 + \dot{m}_6 = 0,779 + \dot{m}_6$
- Conservação da energia: $\dot{m}_3 h_3 = 0,779 h_4 + \dot{m}_6 h_6$

Combinando as equações anteriormente apresentadas, obtém-se a seguinte expressão em termos de $\dot{m}_6$:

$$(0,779 + \dot{m}_6)243,2 = (0,779) \times (200) + (405,0)\dot{m}_6$$

cuja solução é: $\dot{m}_6 = 0,208$ kg/s.

A potência desenvolvida no compressor principal poderá ser determinada da conservação da energia aplicada ao processo, resultando:

$$(P_c)_{principal} = \dot{m}_1 (h_2 - h_1) = 0,779 \times (446,6 - 392,5) = 42,12 \text{ kW}$$

A potência de compressão no compressor do gás de *flash* poderá ser determinada de modo semelhante, resultando:

$$0,208 \times (429,7 - 405,0) = 5,16 \text{ kW}$$

A potência total de compressão será, então, igual a: 42,12 + 5,16 = 47,28 kW.

(d) A vazão volumétrica de refrigerante na aspiração do compressor principal poderá ser calculada como na parte (b), resultando igual a: $0,779 \times 135,4 = 105,5$ l/s. O estado 1 do ciclo com remoção do gás de *flash* é idêntico ao estado "a" do ciclo padrão de compressão a vapor, resultando daí o fato de se ter utilizado o mesmo volume específico para os dois estados.

O ciclo com remoção do gás de *flash* apresenta algumas vantagens e outras tantas desvantagens. Entre as primeiras, pode ser citada a redução na potência de compressão para uma mesma capacidade frigorífica. No Exemplo 3.1, essa redução foi da ordem de 13%. Deve-se ainda sublinhar que essa redução na potência de compressão se incrementa com a diferença entre as temperaturas-limite do ciclo. Outra vantagem evidente está relacionada com a redução da capacidade (vazão deslocada) do compressor principal, a qual, no caso do Exemplo 3.1, foi da ordem de 22%. Em virtude dessa redução associada a uma vazão menor de refrigerante, a linha de líquido para o evaporador e a linha de aspiração do compressor podem assumir menores dimensões. Além disso, como a vazão de refrigerante que circula pelo evaporador é menor, verifica-se uma diminuição na perda de carga naquele trocador de calor, à qual estão associadas algumas vantagens operacionais.

Entre as desvantagens do ciclo com remoção de gás de *flash*, a principal é a elevação do custo inicial em relação ao custo do ciclo-padrão. Tal elevação está relacionada ao tanque de *flash*, à válvula de boia e ao compressor auxiliar, embora este seja de pequeno porte. No Exemplo 3.1, a vazão de gás de *flash* foi de 0,208 kg/s, resultando uma vazão volumétrica nas condições de aspiração de 9,7 l/s. Uma desvantagem adicional está relacionada à linha de líquido que liga o tanque de *flash* ao evaporador, a qual normalmente se encontra a baixa temperatura e deve ser isolada termicamente, exigindo custos adicionais.

Resumindo, pode-se afirmar que a remoção do gás de *flash* encontra justificativas econômicas para a maioria das instalações que operam a baixas temperaturas de evaporação.

3.3 RESFRIAMENTO INTERMEDIÁRIO EM COMPRESSÃO DE DUPLO ESTÁGIO

Um processo geralmente adotado em instalações de duplo estágio de compressão é o resfriamento do refrigerante a uma pressão intermediária, a fim de reduzir o superaquecimento com que ele deixa o estágio de baixa pressão. Além disso, à primeira vista, poderia parecer que tal resfriamento permitiria uma redução do trabalho total de compressão. Com efeito, em um diagrama (p, v) (pressão-volume específico), o trabalho por unidade de massa do refrigerante circulado (kJ/kg) é dado pela área sob a curva representativa do processo de compressão, área A-1-2-3-4-B-A da Figura 3.5(a), para processos reversíveis.[2] Nessa figura, percebe-se que, se em vez de efetuar uma compressão reversível e adiabática (isoentrópica) desde o estado 1 até o estado 5, a compressão fosse feita em duas etapas, 1-2 e 3-4, com resfriamento intermediário a pressão constante, processo 2-3, obter-se-ia uma redução no trabalho de compressão. Essa redução é dada pela área 2-3-4-5-2. No diagrama (p, h), a compressão com resfriamento intermediário aparece como ilustrado na Figura 3.5(b), em que o trabalho de compressão (por unidade de massa do refrigerante circulado) é designado por Δh, correspondendo à variação de entalpia no processo. Como as linhas isoentrópicas apresentam uma inclinação menor em estados mais afastados da região de saturação, $\Delta h_b > \Delta h_a$. A redução do trabalho de compressão é, então, dada pela diferença $(\Delta h_b - \Delta h_a)$.

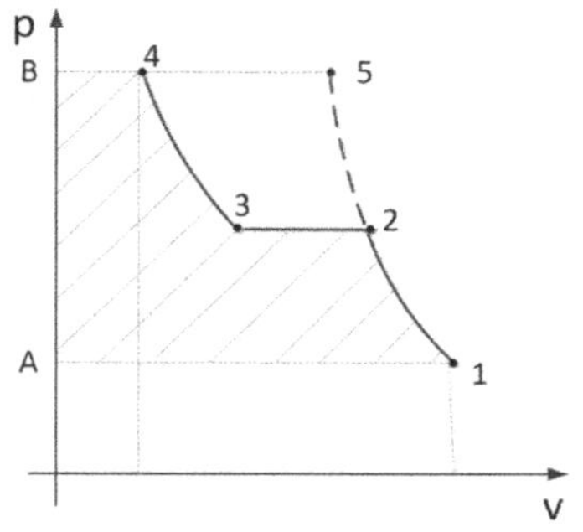

(a)

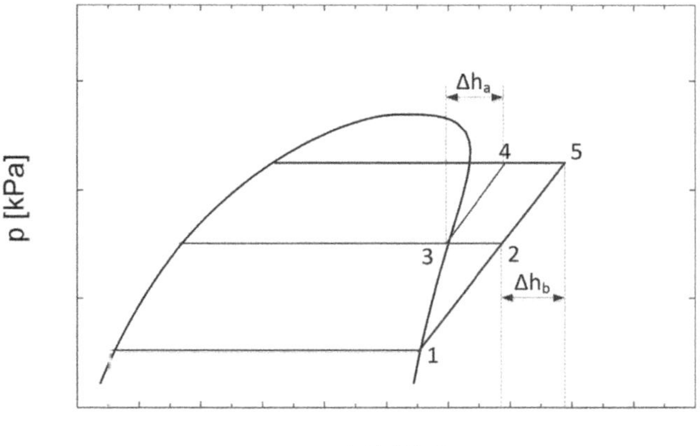

(b)

Figura 3.5 – O resfriamento intermediário nos diagramas: (a) (p, v) e (b) (p, h).

---

[2] Em processos reversíveis e adiabáticos (isoentrópicos) de compressão, em volumes de controle (sistemas abertos), o trabalho por unidade de massa pode ser determinado pela seguinte expressão, na qual se admitem desprezíveis os efeitos de energia cinética e potencial: $\underbrace{\left(\text{Trabalho por unidade de massa}\right)}_{\text{kJ/kg}} = \int v\,dp$, em que v é o volume específico.

Em processos de compressão de ar, o resfriamento intermediário é realizado a uma temperatura relativamente elevada, de modo a facilitar o resfriamento pelo ar ambiente. Em sistemas frigoríficos, entretanto, o resfriamento intermediário se faz a temperaturas do refrigerante relativamente baixas, o que exige um custo adicional. Com efeito, considere que o compressor do estágio de baixa pressão de um ciclo frigorífico de amônia opere entre a pressão de evaporação, correspondente a uma temperatura de saturação de −30 °C, e uma pressão intermediária da ordem de 430 kPa, correspondendo a uma temperatura de saturação de 0 °C. Se a compressão até a pressão intermediária fosse isoentrópica, a temperatura de descarga da amônia seria da ordem de 54 °C. Nessas condições, um trocador de calor que utilizasse ar ambiente ou água não seria adequado para resfriar o refrigerante até 0 °C, como seria de se esperar no resfriamento intermediário. Assim, o resfriamento deveria envolver um processo de refrigeração. A solução normalmente adotada é ilustrada na Figura 3.6, em que o vapor de descarga do compressor do estágio de baixa pressão é borbulhado no líquido saturado do tanque à pressão intermediária. Os processos de borbulhamento se caracterizam por uma elevada área de contato entre o vapor e o líquido, o que proporciona um resfriamento eficiente do vapor até a temperatura do líquido, igual à de saturação à pressão reinante no tanque (a intermediária).

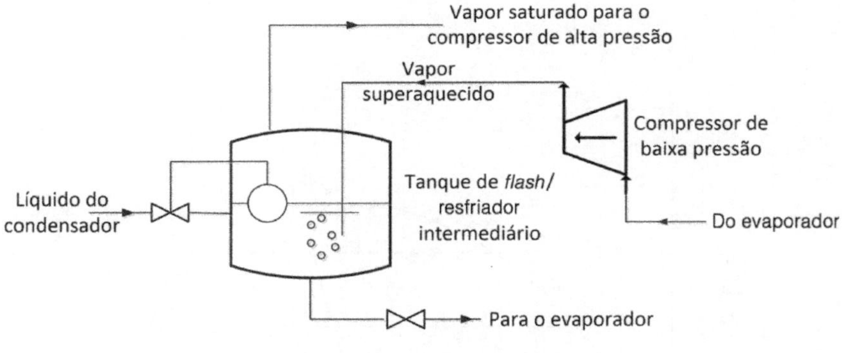

Figura 3.6 – Um resfriador intermediário.

EXEMPLO 3.2

Uma instalação de amônia produz 210 kW de refrigeração operando entre as temperaturas de evaporação e condensação iguais a, respectivamente, −24 °C e 30 °C. Determine a potência de compressão para as seguintes condições:

(a) O sistema opera segundo um ciclo-padrão de compressão a vapor.

(b) O sistema opera segundo um ciclo com resfriamento intermediário à pressão de 430 kPa.

Solução

(a) Os estados principais no caso do ciclo-padrão de compressão a vapor serão designados por a, b, c e d, a partir do estado de saída do evaporador. As respectivas entalpias são as seguintes:

- h_a: entalpia do vapor saturado que deixa o evaporador = 1.432 kJ/kg
- h_b: entalpia do estado final da compressão isoentrópica = 1.729 kJ/kg
- $h_c = h_d$: entalpia na saída do condensador e na entrada do evaporador = 341,8 kJ/kg

A vazão de refrigerante e a potência de compressão podem, assim, ser calculadas:

$$\text{Vazão} = \frac{210}{1.432 - 341,8} = 0,193 \text{ kg/s}$$

$$\text{Potência de compressão} = 0,193 \times (1.729 - 1.432) \quad 57,3 \text{ kW}$$

b) As Figuras 3.7(a) e 3.7(b) mostram um esquema do ciclo e seu diagrama (p, h) para o caso em que se opera com resfriamento intermediário. As entalpias dos estados assinalados naquela figura são as seguintes:

h_1 = 1.432 kJ/kg　　h_5 = 341,8 kJ/kg

h_2 = 1.564 kJ/kg　　h_6 = 341,8 kJ/kg

h_3 = 1.462 kJ/kg　　h_7 = 341,8 kJ/kg

h_4 = 1.601 kJ/kg

A vazão de refrigerante pelo evaporador, $\dot{m}_1 = \dot{m}_2 = \dot{m}_7$, é a mesma que já foi calculada na parte (a), 0,193 kg/s. Um balanço de massa e energia no resfriador intermediário permite escrever as seguintes equações:

$$\dot{m}_3 = \dot{m}_2 + \dot{m}_6 = 0,193 + \dot{m}_6$$

e

$$\dot{m}_3 h_3 = \dot{m}_2 h_2 + \dot{m}_6 h_6$$

Combinando as equações, resulta:

$$1.462\dot{m}_3 = 0,193 \times 1.564 + (\dot{m}_3 - 0,193)341,8$$

A solução da equação anterior é: $\dot{m}_3 = 0,21$ kg/s.

A potência total de compressão pode, então, ser calculada:

- Estágio de baixa pressão: $0{,}193 \times (1.564 - 1.432) \quad 25{,}5\ \text{kW}$
- Estágio de alta pressão: $0{,}210 \times (1.601 - 1.462) \quad 29{,}2\ \text{kW}$
- Potência total: 25,3 + 29,2 = 54,7 kW

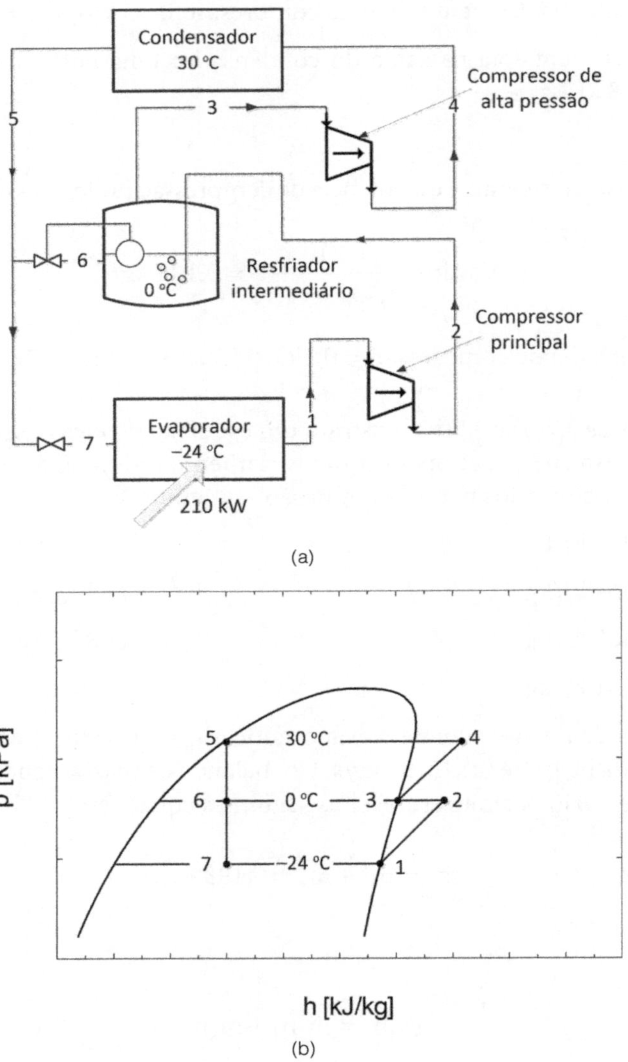

Figura 3.7 – (a) Esquema do ciclo com resfriamento intermediário; (b) diagrama (p, h) correspondente.

A redução observada no trabalho de compressão, resultante da adoção do resfriamento intermediário, para as condições do Exemplo 3.2, foi de aproximadamente 4%. Se, em vez de amônia, o refrigerante fosse o R-22, para as mesmas condições daquele exemplo, a potência de compressão no ciclo padrão de compressão a vapor seria de

58,2 kW. O resfriamento intermediário exigiria uma potência combinada de compressão de 57,8 kW, 0,69% inferior à do ciclo-padrão.[3]

Concluindo, pode-se afirmar que o resfriamento intermediário não implica uma redução significativa da potência de compressão, podendo, inclusive, incrementá-la. Por que, então, adotar tal processo? A razão principal está relacionada à necessidade de limitar a temperatura do refrigerante na descarga do compressor. Em instalações dotadas de compressores alternativos, temperaturas de descarga elevadas podem comprometer a lubrificação do compressor, além de promover uma redução na vida útil das válvulas de descarga. O mesmo não pode ser dito em relação aos compressores parafuso, nos quais se verifica um resfriamento adequado do refrigerante pelo óleo de lubrificação. A Figura 3.8 mostra a variação da temperatura de descarga com a temperatura de evaporação para compressão isoentrópica até a pressão correspondente a uma temperatura de condensação de 30 °C. As temperaturas de descarga resultantes da compressão isoentrópica da amônia são significativamente elevadas, podendo ser ainda superiores na compressão real, caso não seja previsto um meio de resfriamento. Este pode ser obtido por meio do resfriamento intermediário, resultando, ainda, a vantagem de uma eventual redução na potência de compressão.

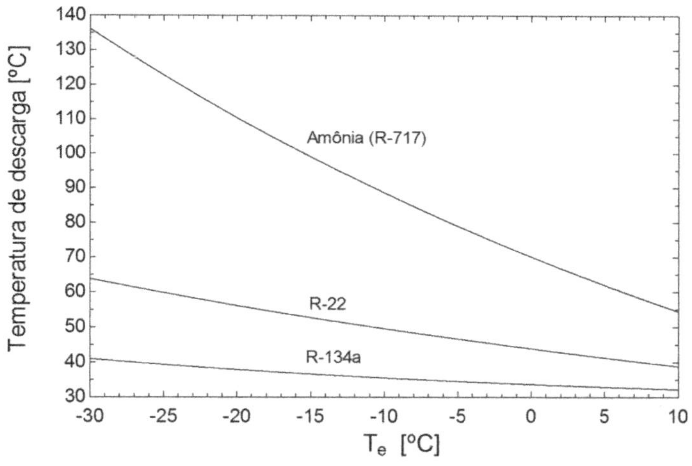

Figura 3.8 – Temperaturas de descarga resultantes da compressão isoentrópica da amônia, do R-22 e do R-134a desde o estado de vapor saturado até uma pressão correspondente a uma temperatura de condensação de 30 °C.

3.4 COMPRESSÃO DE DUPLO ESTÁGIO E UMA ÚNICA TEMPERATURA DE EVAPORAÇÃO

Os sistemas de duplo estágio incorporam o resfriador intermediário e o separador do gás de *flash* em um só vaso. Esses sistemas servem a um ou mais evaporadores que

[3] Caso o refrigerante do Exemplo 3.2 fosse o R-134a, para as mesmas condições, a potência de compressão para o CPCV seria igual a 59,2 kW, ao passo que a total do ciclo de compressão com dois estágios resultaria igual a 59,3 kW, levemente superior.

operam a uma única temperatura de evaporação. Um diagrama esquemático desse ciclo é mostrado na Figura 3.9. O refrigerante no estado líquido proveniente do condensador passa pela válvula de expansão controladora de nível, sendo recolhido no tanque que faz o papel de resfriador intermediário e de tanque de *flash*. O refrigerante líquido separado do vapor é enviado ao evaporador por meio do dispositivo de expansão. Todo o vapor produzido no tanque de *flash*/resfriador intermediário é comprimido até a pressão de condensação no compressor do estágio de alta pressão.

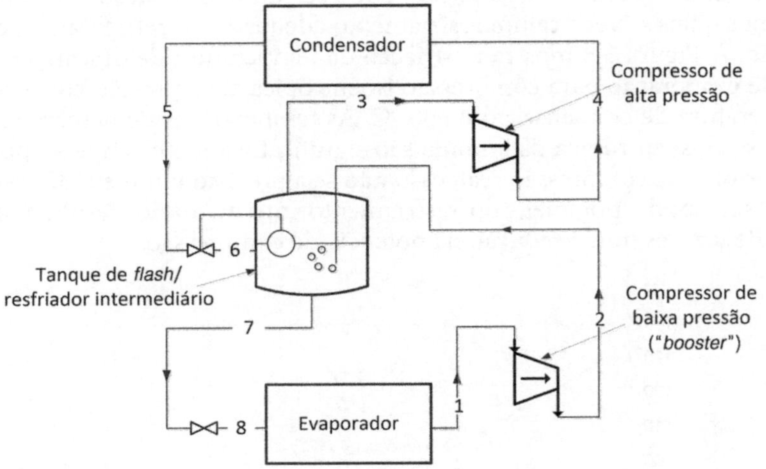

Figura 3.9 – Um sistema de estágio duplo de compressão incorporando o tanque de *flash* e o resfriador intermediário em um mesmo vaso.

EXEMPLO 3.3

Uma instalação frigorífica de R-22, dotada de tanque de *flash* e resfriador intermediário, como na Figura 3.9, opera a temperaturas de evaporação e condensação iguais a, respectivamente, –25 °C e 35 °C. A pressão intermediária corresponde a uma temperatura de saturação de 0 °C. Se a capacidade frigorífica da instalação é de 300 kW, quais devem ser as vazões de refrigerante deslocadas por cada compressor?[4]

Solução

As entalpias associadas aos estados indicados no ciclo da Figura 3.9 são as seguintes:

$h_1 = 394{,}7$ kJ/kg $\qquad$ $h_3 = 405{,}0$ kJ/kg

$h_2 = 416{,}4$ kJ/kg $\qquad$ $h_4 = 429{,}7$ kJ/kg

[4] O compressor do estágio de baixa pressão é denominado *booster* na literatura inglesa especializada, designação popular em nosso meio técnico, razão pela qual será também usada neste texto.

$h_5 = 243{,}2$ kJ/kg $\qquad h_7 = 200{,}0$ kJ/kg

$h_6 = 243{,}2$ kJ/kg $\qquad h_8 = 200{,}0$ kJ/kg

A vazão de refrigerante que circula pelo evaporador e pelo compressor *booster* pode ser determinada pela aplicação da conservação da energia ao evaporador:

$$\dot{m}_1 = \dot{m}_2 = \dot{m}_7 = \dot{m}_8 = \frac{300}{394{,}7 - 200{,}0} = 1{,}54 \text{ kg/s}$$

Para determinar a vazão de refrigerante circulada pelo compressor do estágio de alta pressão, balanços de massa e energia devem ser efetuados no tanque de *flash*/ resfriador intermediário:

$$\text{Conservação da massa: } \dot{m}_2 + \dot{m}_6 = \dot{m}_7 + \dot{m}_3$$

Uma vez que $\dot{m}_2 = \dot{m}_7$, resulta que $\dot{m}_6 = \dot{m}_3$, como seria de se esperar.

$$\text{Conservação da energia: } \dot{m}_2 h_2 + \dot{m}_6 h_6 = \dot{m}_7 h_7 + \dot{m}_3 h_3 \;\therefore$$

$$1{,}54 \times 416{,}4 + 243{,}2\dot{m}_3 = 1{,}54 \times 200{,}0 + 405{,}0\dot{m}_3$$

A solução da equação anterior proporciona a vazão deslocada pelo compressor de alta pressão, $\dot{m}_3$, resultando igual a 2,06 kg/s. O compressor de alta pressão desloca uma vazão maior que o de baixa em virtude da formação de vapor no tanque resultante do efeito de resfriamento do vapor superaquecido proveniente do compressor de baixa pressão.

3.5 PRESSÃO INTERMEDIÁRIA ÓTIMA

Na análise de um sistema de duplo estágio de compressão com uma única temperatura de evaporação, como aquele mostrado na Figura 3.9, resta ainda discutir qual deve ser o valor da pressão intermediária que exigiria uma potência de compressão combinada mínima. Essa seria a *pressão intermediária ótima*. Pode ser demonstrado que na compressão de um gás perfeito, ar, por exemplo, em duplo estágio, a pressão intermediária ótima corresponde à média geométrica entre as pressões de aspiração e de descarga, isto é:

$$\left(p_{\text{int}}\right)_{\text{ótima}} = \sqrt{p_{\text{aspiração}}\, p_{\text{descarga}}} \qquad (3.1)$$

Para um sistema frigorífico, a Equação (3.1) não é necessariamente válida, uma vez que, neste caso, o resfriamento intermediário envolve o efeito da refrigeração adicional (que não utiliza um meio externo de resfriamento), o que não ocorre no caso da compressão de ar. Como regra geral, a pressão intermediária ótima em ciclos frigoríficos é algo superior à sugerida pela Equação (3.1). Tal comportamento é ilustrado na Figura 3.10 para um sistema de amônia de estágio duplo com remoção do gás de *flash* e resfriador intermediário. Observa-se que a pressão intermediária ótima é levemente superior à média geométrica entre as pressões de evaporação e condensação. Entretanto, a diferença de potência combinada de compressão para as duas condições é muito pequena para justificar qualquer procedimento mais elaborado para a determinação da pressão intermediária. No caso da Figura 3.10, os valores são iguais a 28,19 kW, para o ponto ótimo, e 28,21 kW para a pressão intermediária calculada pela média geométrica, correspondendo a uma temperatura de saturação igual a –3,7 °C. Em quaisquer dos casos, a redução na potência de compressão em relação ao ciclo de estágio simples de compressão é da ordem de 11,6%, uma vez que neste a potência é de 31,9 kW. Na Seção 3.7, será desenvolvido o critério de seleção dos compressores em sistemas de duplo estágio, tema diretamente relacionado com a pressão intermediária.

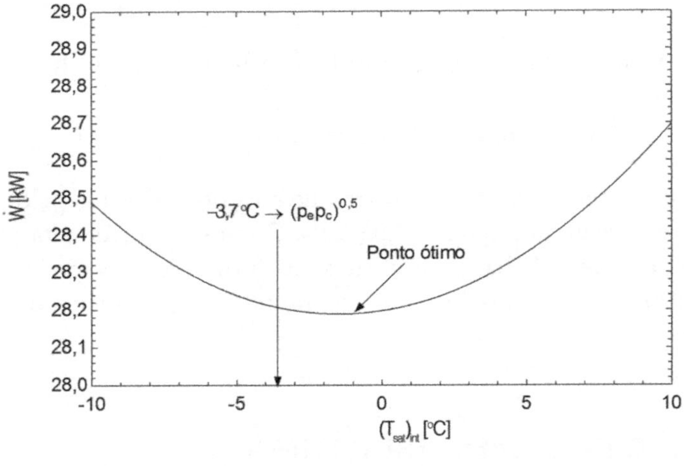

Figura 3.10 – Efeito da pressão intermediária sobre a potência combinada de compressão para um sistema de amônia com duplo estágio, remoção do gás de *flash* e resfriamento intermediário. A temperatura de evaporação é de –30 °C e a de condensação de 30 °C, para uma carga de refrigeração de 100 kW.

3.6 COMPRESSÃO DE DUPLO ESTÁGIO E DOIS NÍVEIS DE TEMPERATURA DE EVAPORAÇÃO

Certas aplicações exigem que a instalação frigorífica opere a distintas temperaturas de evaporação, por exemplo, em um entreposto de alimentos em que câmaras de armazenamento de congelados, temperatura ambiente de –20 °C, devem operar conjunto com câmaras de produtos não congelados, temperatura ambiente da ordem de 2 °C. Ou, ainda, no caso de uma indústria química em que um processo pode demandar o resfriamento de um fluido de 15 °C a 5 °C ao mesmo tempo que outro processo exige uma redução da temperatura do fluido de –10 °C a –15 °C.

As necessidades frigoríficas dos exemplos anteriores podem ser satisfeitas por um ciclo de refrigeração de compressão com estágio simples, como indicado na Figura 3.11, para o caso da conservação de alimentos. Na Figura 3.11(a), ambos os evaporadores operam à mesma temperatura de evaporação, que deve assumir um valor suficientemente reduzido para permitir a refrigeração do ambiente mais frio. Essa temperatura poderia ser igual a –25 °C, por exemplo. Acontece que uma temperatura de evaporação tão reduzida no evaporador da câmara de verduras promoveria uma taxa de remoção de umidade do ar tão significativa que o produto se queimaria por efeito de secagem. Além disso, a umidade removida do ambiente se depositaria nas superfícies frias do evaporador na forma de neve, obstruindo rapidamente a passagem de ar. No exemplo da indústria química, uma temperatura reduzida do refrigerante, no nível intermediário de pressão, poderia promover o congelamento do produto refrigerado.

Um arranjo mais adequado no caso da compressão com estágio simples seria aquele indicado na Figura 3.11(b). Nesse caso, uma válvula reguladora de pressão é instalada na saída do evaporador que serve o ambiente de temperatura mais elevada. A válvula permite manter uma temperatura de evaporação da ordem de –3 °C, enquanto o ambiente refrigerado poderia ser mantido a 2 °C, por exemplo, propiciando, assim, uma umidade ambiente compatível com a preservação da qualidade das verduras. Esse procedimento, entretanto, apresenta o inconveniente de impor a expansão do vapor proveniente do evaporador de alta temperatura até a pressão do evaporador de baixa temperatura. Assim, todo o vapor produzido é comprimido desde a pressão correspondente à temperatura de saturação do evaporador de baixa temperatura, não havendo qualquer vantagem, em termos de potência de compressão, em relação ao sistema da Figura 3.11(a).

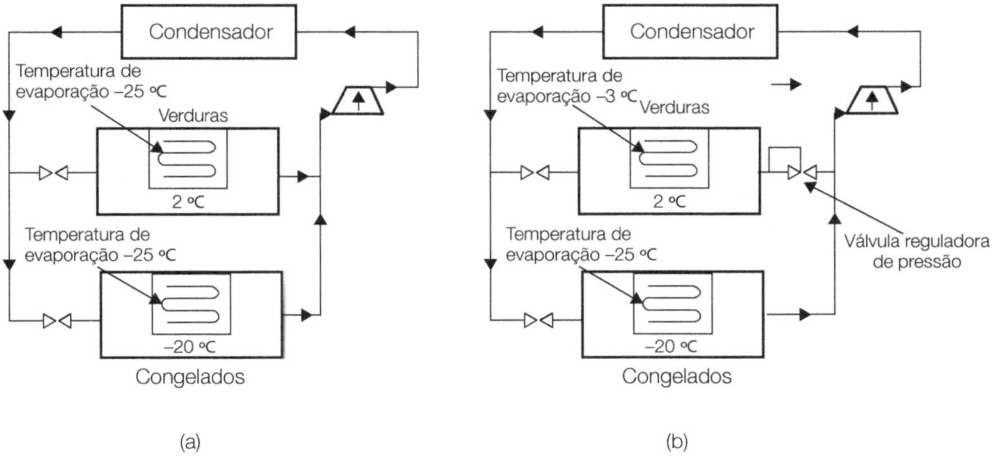

Figura 3.11 – Circuito frigorífico de estágio simples de compressão com dois níveis de temperatura de refrigeração. (a) Mesma temperatura de evaporação; (b) utilizando uma válvula reguladora de pressão na saída do evaporador no ambiente de temperatura mais elevada.

Um procedimento bastante utilizado na efetiva solução do problema de operação a dois níveis de temperatura de evaporação é ilustrado na Figura 3.12, envolvendo um sistema de compressão de duplo estágio. Nesse circuito, o vapor que deixa o evaporador de alta temperatura é enviado ao tanque de *flash*/resfriador intermediário, de onde é aspirado pelo compressor do estágio de alta pressão. Nesse caso, a pressão intermediária não pode ser livremente fixada, uma vez que o seu valor está associado à aplicação de alta temperatura, resultando em um compromisso entre as capacidades dos compressores dos estágios de alta e de baixa pressão.

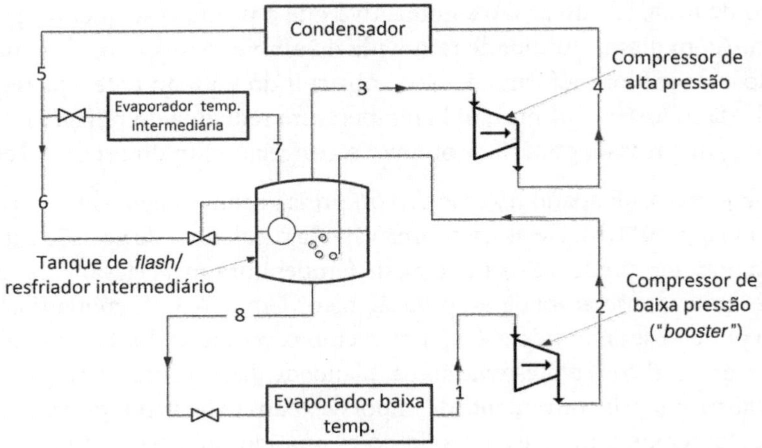

Figura 3.12 – Um sistema de compressão de duplo estágio e dois níveis de temperatura de refrigeração.

EXEMPLO 3.4

Um entreposto de alimentos opera com uma instalação frigorífica de R-22 que serve uma câmara de congelados de 300 kW de capacidade frigorífica, cujo evaporador opera a uma temperatura de evaporação de –28 °C, e uma câmara de verduras de 220 kW de capacidade dotada de um evaporador, que opera à temperatura de evaporação de –2 °C. A temperatura de condensação do ciclo é de 30 °C. Quais devem ser as vazões de refrigerante deslocadas por cada compressor?

Solução

Os estados indicados no esquema do circuito da Figura 3.12 estão representados no diagrama (p, h) da Figura 3.13. As entalpias dos diversos estados podem ser obtidas nas Tabelas B4a e B4c e na Figura C5, resultando:

$h_1 = 393{,}4$ kJ/kg $\qquad h_3 = 404{,}2$ kJ/kg

$h_2 = 416{,}4$ kJ/kg $\qquad h_4 = 427{,}4$ kJ/kg

$h_5 = 236{,}8$ kJ/kg $\qquad h_7 = 404{,}2$ kJ/kg

$h_6 = 236{,}8$ kJ/kg $\qquad h_8 = 197{,}6$ kJ/kg

As vazões de refrigerante pelos dois evaporadores podem ser determinadas da maneira convencional, semelhante aos exemplos anteriores.

(i) Evaporador à temperatura intermediária:

$$\dot{m}_7 = \frac{220}{404{,}2 - 236{,}8} = 1{,}31 \text{ kg/s}$$

(ii) Evaporador de baixa temperatura:

$$\dot{m}_1 = \dot{m}_2 = \dot{m}_8 = \frac{300}{393{,}4 - 197{,}6} = 1{,}53 \text{ kg/s}$$

A vazão de vapor que deixa o tanque de *flash* pode ser determinada, como nos casos anteriores, pelos balanços de massa e energia no tanque de *flash*/resfriador intermediário.

$$\dot{m}_3 = \frac{h_2 - h_8}{h_3 - h_6}\dot{m}_8 + \underbrace{\frac{h_6 - h_7}{h_6 - h_3}}_{1}\dot{m}_7 = \frac{416{,}4 - 197{,}6}{404{,}2 - 236{,}8} \times 1{,}53 + 1{,}31 = 3{,}32 \text{ kg/s}$$

A vazão de refrigerante deslocada pelos compressores será igual a:

- *Booster*: $\dot{m}_1 = 1{,}53$ kg/s
- Estágio de alta pressão: $\dot{m}_3 = 3{,}32$ kg/s

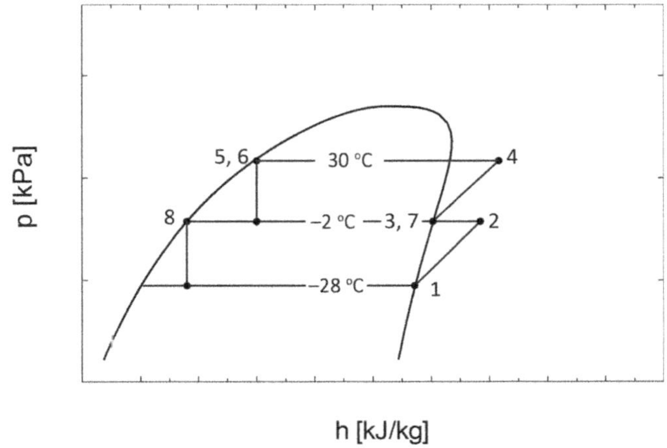

Figura 3.13 – O diagrama (p, h) do Exemplo 3.4.

3.7 SELEÇÃO DO COMPRESSOR

A pressão intermediária pode ser controlada pela taxa de deslocamento do compressor *booster* e do seu correspondente do estágio de alta pressão, para dadas temperaturas de evaporação e de condensação. Com efeito, a um incremento na taxa de deslocamento do compressor do estágio de alta pressão, ou a uma redução na taxa do compressor *booster*, deve corresponder uma redução na pressão intermediária. Nos exemplos até aqui apresentados, o compressor do estágio de alta pressão deslocava mais vapor que o compressor *booster* como resultado de três efeitos: remoção do vapor de *flash*, resfriamento intermediário e presença do evaporador de alta temperatura. A fim de facilitar a seleção do compressor de cada estágio, gráficos como o da Figura 3.14, com curvas ajustadas com dados de um fabricante, podem ser interessantes. Neles, a relação entre as capacidades dos compressores do estágio de alta pressão e do *booster* é apresentada como função da temperatura de evaporação, tendo a temperatura de saturação correspondente à pressão (ou temperatura de saturação) intermediária como parâmetro. As curvas da Figura 3.14 se aplicam somente para sistemas de uma única temperatura de evaporação.

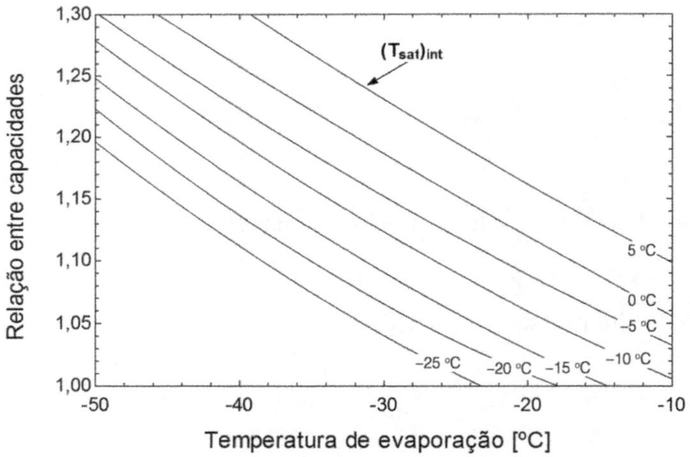

Figura 3.14 – Relação entre as capacidades dos compressores do estágio de alta e *booster*, para um sistema de uma única temperatura de evaporação, operando com amônia.

Fonte: Elaborado com dados da Vilter Manufacturing Corporation (cortesia).

Como exemplo de aplicação da[s curvas da Figura 3.14, considere-se um ciclo frigorífico de amônia, como o da Figura 3.9, cuja capacidade frigorífica é igual a 150 kW quando opera à temperatura de evaporação única de –30 °C. Admita que a temperatura de saturação correspondente à pressão intermediária seja igual a 0 °C. Nessas condições, o compressor *booster* deve ser selecionado para uma capacidade de 150 kW à temperatura de evaporação de –30 °C e pressão de descarga correspondente à temperatura de saturação de 0 °C. Nessas condições, da Figura 3.14, obtém-se uma relação entre capacidades dos compressores de 1,19, resultando uma capacidade frigorífica de (150) × (1,19) = 178,5 kW para o compressor do estágio de alta pressão. Essa capacidade deve corresponder a uma temperatura de evaporação de 0 °C. A temperatura de condensação deve ser igual à estabelecida para o ciclo, em outras palavras, o compressor de alta pressão deve ser selecionado para uma capacidade de 178,5 kW a uma temperatura de evaporação de 0 °C e uma de condensação estabelecida pelo projeto.

É interessante observar, a esta altura, que curvas como as do gráfico da Figura 3.14 resultam da ineficiência do processo de compressão no estágio de baixa pressão. Se o processo de compressão fosse admitido como isoentrópico, o efeito da temperatura de saturação à pressão intermediária seria reduzido. Com efeito, as curvas do gráfico da Figura 3.15 correspondem à variação da relação entre as capacidades do compressor de alta pressão e o *booster*, expressa como a relação entre as respectivas vazões, em função da temperatura de evaporação para distintas temperaturas de saturação à pressão intermediária. Neste caso, as curvas foram levantadas com base no procedimento do Exemplo 3.3, admitindo uma capacidade frigorífica de 150 kW e uma temperatura de condensação constante e igual a 35 °C. Observa-se que, efetivamente, neste caso, o efeito da temperatura de saturação à pressão intermediária é desprezível comparado com o observado na Figura 3.14. Para efeito de ilustração do reduzido efeito, a curva correspondente à média de todas as temperaturas de saturação à pressão intermediária foi superposta no gráfico.

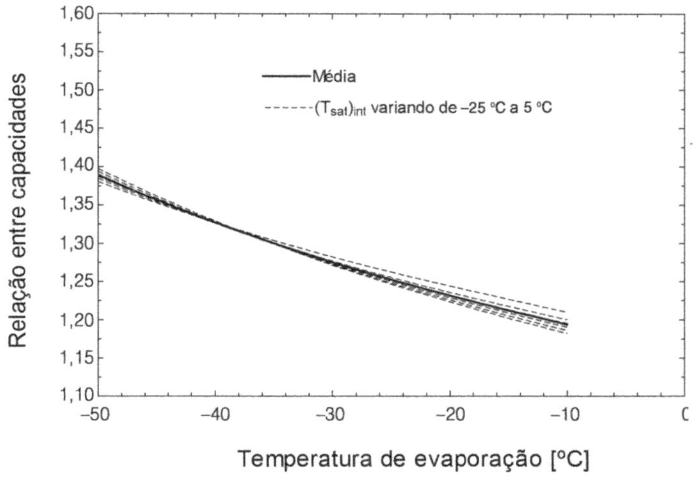

Figura 3.15 – Relação entre as capacidades dos compressores do estágio de alta e *booster*, para um sistema de uma única temperatura de evaporação. Curvas levantadas com base num ciclo ideal com capacidade de 150 kW e temperatura de condensação de 35 °C e $(T_{sat})_{int}$ variando entre −25 °C e 5 °C.

No caso da presença de um evaporador à pressão intermediária, como na Figura 3.12, a capacidade do compressor do estágio de alta pressão pode ser determinada pela adição da capacidade frigorífica daquele evaporador àquela resultante das curvas da Figura 3.14.

EXEMPLO 3.5

Um ciclo frigorífico de R-22 e duplo estágio de compressão opera à temperatura de evaporação de –40 °C. A curva 1 da Figura 3.16 apresenta a variação da taxa de deslocamento do compressor *booster* com a temperatura de saturação correspondente à pressão intermediária à temperatura de evaporação de –40 °C. As curvas 2 e 3 apresentam as taxas de deslocamento do compressor do estágio de alta pressão às temperaturas de condensação de 35 °C e 25 °C. Determine a pressão intermediária e a vazão de refrigerante que circula pelo evaporador para as seguintes condições:

(a) temperatura de condensação de 35 °C;

(b) temperatura de condensação de 25 °C.

Solução

A pressão intermediária deve se estabelecer em um nível tal que a taxa de deslocamento do compressor do estágio de alta pressão corresponda à vazão de refrigerante do compressor *booster* mais a vazão correspondente à taxa de formação de vapor resultante dos efeitos de *flash* e de resfriamento intermediário. Somando à taxa de deslocamento do compressor *booster* as taxas de formação de vapor resultantes dos efeitos de *flash* e de resfriamento intermediário, dependentes da temperatura de condensação,[5] resultam as curvas 4 e 5 da Figura 3.16. A primeira corresponde à temperatura de condensação de 25 °C e a segunda, à de 35 °C.

É interessante notar que as curvas 4 e 5 foram levantadas considerando a vazão deslocada pelo compressor *booster*, dada pela curva 1, e resolvendo o sistema de equações resultantes dos balanços de massa e de energia aplicados ao tanque de *flash*/resfriador intermediário. A solução desse sistema proporciona, para cada temperatura intermediária, a vazão a ser deslocada pelo compressor de alta e, portanto, a vazão de vapor formada pelos efeitos de *flash* e resfriamento no tanque. A soma da vazão deslocada pelo compressor *booster* com a do vapor formado pelos referidos efeitos de formação de vapor no tanque proporciona as curvas 4 e 5.

(a) O ponto de operação do sistema na Figura 3.16 corresponde ao cruzamento das curvas 4 ou 5 com as curvas características do compressor do estágio de alta pressão, 2 ou 3. No caso, para uma temperatura de condensação de 35 °C, o ponto de operação é o indicado por A, associado a uma vazão de refrigerante por meio do compressor do estágio de alta pressão de 1,20 kg/s e uma temperatura de saturação intermediária de –7,6 °C. A vazão de refrigerante deslocada pelo compressor *booster* pode ser determinada a partir do ponto A, correspondendo ao ponto X sobre a curva 1, resultando igual a 0,84 kg/s.

[5] Basta lembrar que as taxas de formação de vapor por efeito de *flash* e como resultado do resfriamento intermediário são dependentes da entalpia do líquido saturado à pressão de condensação.

(b) Se a temperatura de condensação for reduzida para 25 °C, o ponto de operação do sistema se deslocará para B, correspondendo a uma temperatura de saturação intermediária de −10 °C e uma vazão de refrigerante de 1,15 kg/s pelo compressor de alta pressão. Nessas condições, a taxa de deslocamento do compressor *booster*, correspondendo ao ponto Y, deverá ser igual a 0,86 kg/s.

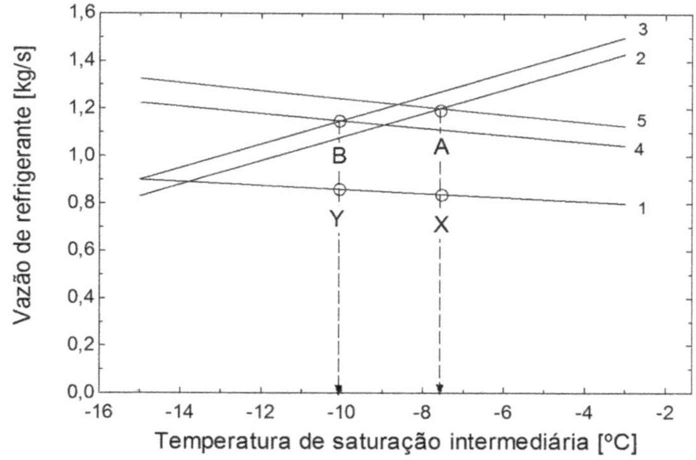

Figura 3.16 – Curva 1: taxa de deslocamento do compressor *booster* à temperatura de evaporação de −40 °C. Curvas 2 e 3: taxa de deslocamento do compressor do estágio de alta pressão às temperaturas de condensação de 35 °C e 25 °C. Curvas 4 e 5: taxa de deslocamento do compressor *booster* mais as taxas de formação de vapor por *flash* e efeito de resfriamento intermediário às temperaturas de condensação de 25 °C e 35 °C.

A Figura 3.16 permite extrair algumas conclusões importantes a respeito da operação de sistemas de estágio duplo de compressão. Assim, quando a temperatura de condensação foi reduzida de 35 °C para 25 °C, a capacidade de refrigeração, caracterizada pelo deslocamento do compressor *booster*, aumentou de 0,84 kg/s a 0,86 kg/s, aproximadamente. Por outro lado, se a carga de refrigeração permanecesse constante, a redução na temperatura de condensação resultaria numa diminuição da temperatura de evaporação, a fim de que a taxa de deslocamento do compressor *booster* se mantivesse constante. O compressor do estágio de alta pressão experimenta uma pequena redução de capacidade como resultado da referida diminuição da temperatura de condensação. A pressão intermediária é afetada pelas variações da temperatura de condensação e da capacidade de refrigeração. A capacidade de um dos compressores deveria ser ajustada a fim de permitir que a temperatura de evaporação permanecesse constante. Se, por outro lado, um evaporador à temperatura intermediária fosse instalado, ambos os compressores deveriam ter suas capacidades controladas, de modo a manter constantes ambas as temperaturas de evaporação, independentemente do valor da temperatura de condensação.

Outro aspecto interessante de ser observado na Figura 3.16 é o que diz respeito à relação entre os valores das curvas 4 ou 5 e a curva 1. Tal relação corresponde aos valores da Figura 3.14, os quais, portanto, devem depender da temperatura de condensação.

As curvas da Figura 3.14 foram levantadas para uma temperatura de condensação de projeto. Os valores associados às curvas da Figura 3.16, obtidas a partir de balanços de massa e energia, são levemente superiores àqueles da Figura 3.14. A razão para tal diferença não se deve ao fato de o refrigerante ser diferente (R-22 comparado à amônia), mas ao sub-resfriamento da amônia na saída do condensador admitido pelo fabricante na elaboração dos gráficos da Figura 3.14. Se o compressor for do tipo parafuso, as exigências de sub-resfriamento serão menos severas.

3.8 ESTÁGIO ÚNICO OU ESTÁGIO DUPLO DE COMPRESSÃO?

Nas seções precedentes foram discutidas algumas vantagens do sistema de duplo estágio de compressão resultantes da remoção do gás de *flash* e do resfriamento intermediário. O aspecto importante a ser considerado na decisão entre estágio simples ou duplo de compressão é, sem dúvida, o consumo energético. Na Figura 3.17, são apresentadas curvas de percentual de redução na potência de compressão resultante da adoção de um sistema de duplo estágio, para a compressão ideal de amônia e R-22. As curvas foram levantadas considerando a pressão intermediária ótima expressa pela Equação (3.1), uma capacidade de refrigeração de 100 kW e uma temperatura de condensação igual a 35 °C. Verifica-se que, para temperaturas de evaporação suficientemente baixas, a redução se torna significativa. Assim, sob o ponto de vista das limitações do equipamento e da conservação de energia, a compressão de duplo estágio é interessante para temperaturas de evaporação inferiores a –20 °C. Outro critério de seleção consiste em limitar a razão entre as pressões de condensação e de evaporação a um valor variando entre 7 e 9 para a compressão em estágio simples de compressores alternativos [1]. No caso de compressores parafuso, que se caracterizam por um resfriamento efetivo, não se impõem limitações semelhantes, embora deva se considerar a degradação da eficiência para valores elevados da razão entre pressões.

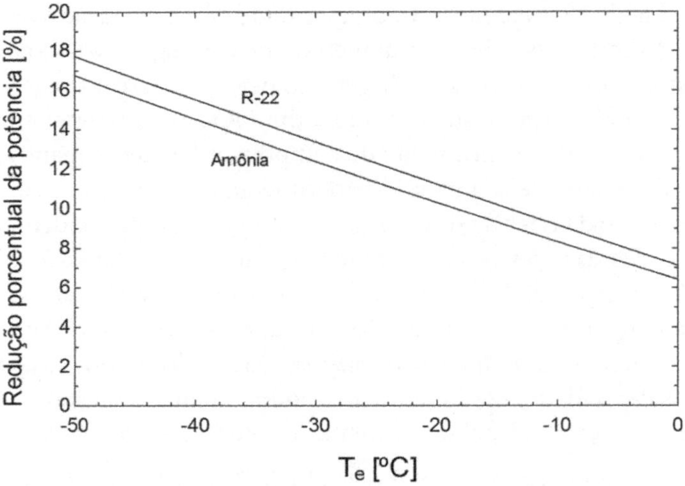

Figura 3.17 – Redução percentual na potência de compressão de sistemas de duplo estágio em relação a sistemas de um único estágio de compressão ideal. A temperatura de condensação admitida é de 35 °C.

3.9 SISTEMAS EM CASCATA

Nos sistemas em que o mesmo refrigerante passa pelos estágios de baixa e alta pressão, valores extremos de pressão e volume específico podem causar alguns problemas. De fato, quando a temperatura de evaporação é muito baixa, o volume específico do vapor de refrigerante na aspiração do compressor é elevado, o que implica um compressor de capacidade volumétrica elevada. Com relação à pressão, pode-se afirmar que valores reduzidos, abaixo da pressão atmosférica, podem promover a admissão de ar e umidade por meio de aberturas na tubulação de refrigerante. Por outro lado, se um refrigerante para operar a temperaturas de evaporação reduzidas for escolhido de tal modo que a pressão de evaporação seja superior à atmosférica, como regra geral, sua temperatura crítica será inferior à temperatura ambiente, o que implica uma operação em estado supercrítico na região de alta pressão. Normalmente, tais refrigerantes se caracterizam por elevadas pressões críticas, o que acarreta certas inconveniências, entre elas a exigência de utilizar vasos e tubulação de paredes reforçadas. A solução para esses problemas pode ser um sistema em cascata, como o ilustrado na Figura 3.18. Nesse sistema, utilizam-se refrigerantes diferentes nos circuitos de alta e de baixa pressão, constituindo dois sistemas frigoríficos independentes. A interface entre os sistemas é um trocador de calor que opera como condensador para o circuito de baixa e como evaporador para o de alta pressão

Um exemplo de sistema em cascata seria aquele que operasse com R-134a (ou R-22) no circuito de alta pressão e R-23 no de baixa pressão. Na Tabela 3.1, são apresentadas algumas propriedades termodinâmicas do R-134a e do R-23. Dessa tabela, pode-se concluir que, em um sistema que operasse a uma temperatura de evaporação de –70 °C, a utilização do R-134a implicaria uma pressão de evaporação inferior à atmosférica. Por outro lado, a utilização de um sistema em cascata, com R-23 no circuito de baixa pressão, permitiria uma operação a pressão de evaporação superior à atmosférica.

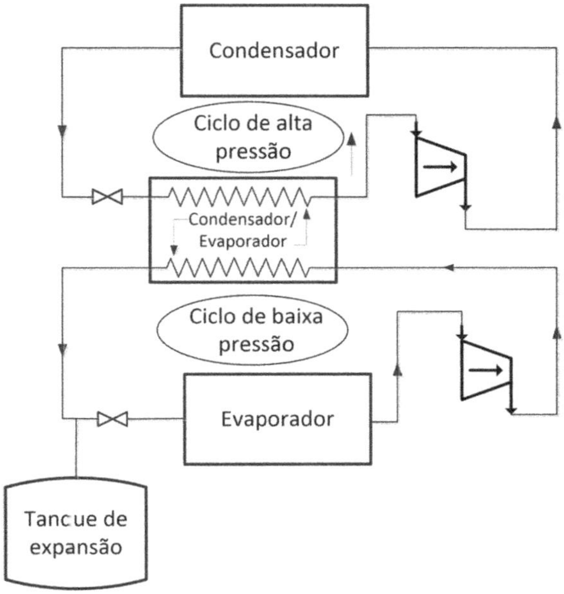

Figura 3.18 – Sistema em cascata.

Tabela 3.1 – Pressão e temperatura críticas e pressão de saturação e volume específico do vapor saturado para os refrigerantes R-134a e R-23* às temperaturas de –70 °C e 25 °C

	R-134a		R-23	
	$p_{crítica}$	$t_{crítica}$	$p_{crítica}$	$t_{crítica}$
	4.059 kPa	101 °C	4.827 kPa	26,13 °C
Temperatura	p_{sat}	v_v	p_{sat}	v_v
–70 °C	8,00kPa	2,052 m³/kg	193,5 kPa	0,1161 m³/kg
25 °C	665,8 kPa	0,0309 m³/kg	4.694 kPa	0,00259 m³/kg

* Propriedades do refrigerante R-23 obtidas da referência [2].

Da tabela, pode-se concluir que a capacidade volumétrica do compressor de R-23, operando a –70 °C, deveria ser 17,7 vezes inferior à do compressor de R-134a. Por outro lado, as pressões de saturação a 25 °C ilustram outro efeito anteriormente comentado: sob uma condição de parada, quando o sistema atingisse uma temperatura próxima à do ambiente (25 °C), a pressão no circuito de R-23 atingiria valores da ordem de 4.700 kPa, elevados para as espessuras de paredes de tubos e vasos geralmente adotadas. Para contornar esse problema, o sistema de baixa temperatura deve ser dotado de um tanque de expansão, como ilustrado na Figura 3.18, a fim de proporcionar um volume elevado, de modo que o refrigerante possa ser armazenado no estado de vapor à pressão máxima especificada de projeto.

EXEMPLO 3.6

Qual deve ser o tamanho do tanque de expansão de um sistema operando com o refrigerante R-23 durante os intervalos de parada, quando a temperatura do sistema pode atingir 20 °C, se a pressão deve ser limitada a valores inferiores a 1.500 kPa? Admita que o volume do circuito frigorífico (sem incluir o tanque de expansão) seja de 0,5 m³ e que a massa total de R-23 no sistema seja igual a 240 kg.

Solução

Na solução do problema, será utilizado o programa EES (Engineering Equation Solver) [2] na determinação das propriedades termodinâmicas do refrigerante R-123. A referência [3] também apresenta tabelas de propriedades termodinâmicas e de transporte do refrigerante R-23 na região de saturação.

A pressão a 20 °C, se o tanque de expansão não estivesse incorporado ao sistema, poderia ser determinada, uma vez que se conhece o volume específico,

$$v = \frac{V_{sistema}}{m} = \frac{0,5}{240} = 0,002083 \text{ m}^3/\text{kg}$$

Como se conhece a temperatura (20 °C), a pressão pode ser determinada, resultando igual a 4.155 kPa. O estado do refrigerante nessas condições é de saturação com título igual a 32,53%.

Para reduzir a pressão, é necessário anexar o tanque de expansão, como sugerido anteriormente. Como a pressão deve ser limitada a 1.500 kPa e a temperatura mantida igual a 20 °C, o estado do refrigerante é conhecido e deve ser o de vapor superaquecido. O volume específico do vapor nesse estado pode ser determinado, resultando igual a 0,02013 m^3/kg. Nessas condições, o volume total ocupado pelo vapor deverá ser igual a $0{,}02013 \times 240 = 4{,}832\ m^3$. Como o sistema tem um volume de 0,5 m^3, o tanque deverá apresentar um volume de $4{,}832 - 0{,}5 = 4{,}332\ m^3$.

Na atualidade, com a tendência imposta por tratados internacionais e legislação de substituir os refrigerantes halogenados por correspondentes naturais, tem-se incrementado de maneira acentuada a utilização do gás carbônico (CO_2), R-744, em aplicações comerciais e industriais e até mesmo no setor automotivo, neste caso, relacionado à climatização do veículo. O CO_2 é um refrigerante volátil, caracterizando-se por uma temperatura crítica relativamente baixa (31 °C) e pressões elevadas, como sugerido anteriormente para refrigerantes com essa característica. Embora aplicações do gás carbônico em estágio simples de compressão estejam sendo implantadas, inclusive no setor automotivo, o que implica uma operação com ciclo supercrítico, o seu uso é mais vantajoso como refrigerante do circuito de baixa pressão em ciclos em cascata. Esse modo de aplicação está ficando popular na refrigeração comercial e mesmo na industrial, na qual o refrigerante do ciclo de alta pressão é, em certos casos, a amônia. O exemplo a seguir aborda esse tema [4].

Concluindo, é interessante lembrar que, nos sistemas em cascata, o problema da migração de óleo de um compressor para outro, como se observa em sistemas de duplo estágio de compressão, é eliminado, uma vez que os ciclos são desacoplados.

EXEMPLO 3.7

Compare o desempenho de um ciclo de amônia com estágio duplo de compressão com sistema de dois ciclos em cascata, sendo a amônia o refrigerante de alta pressão e o CO_2 o de baixa. As temperaturas de evaporação e condensação são iguais a –40 °C e 35 °C, respectivamente. Admita que: (i) a capacidade de refrigeração seja igual a 100 kW; (ii) os processos de compressão sejam isoentrópicos em ambos os casos; (iii) as pressões (ou temperaturas) intermediárias em ambos os processos sejam as ótimas, no caso do ciclo em duplo estágio de compressão a dada pela Equação (3.1); e (iv) a diferença entre as temperaturas de saturação dos refrigerantes no trocador de calor intermediário dos ciclos em cascata seja igual a 4 °C.

Solução

(i) *Ciclo com duplo estágio de compressão*

Inicialmente se abordará o ciclo com duplo estágio de compressão, cuja referência é o esquema da Figura 3.9. Como as temperaturas de evaporação e condensação são conhecidas, as pressões correspondentes podem ser determinadas, resultando iguais a 71,66 kPa e 1.351 kPa. A pressão intermediária ótima, da Equação (3.1), resulta igual a 311,1 kPa.

Os processos são semelhantes aos do Exemplo 3.3, de modo que os distintos estados estão perfeitamente definidos e suas entalpias podem ser determinadas, resultando os seguintes valores:

$h_1 = 1.408$ kJ/kg	$h_5 = 366{,}1$ kJ/kg
$h_2 = 1.603$ kJ/kg	$h_6 = 366{,}1$ kJ/kg
$h_3 = 1.453$ kJ/kg	$h_7 = 161{,}7$ kJ/kg
$h_4 = 1.665$ kJ/kg	$h_8 = 161{,}7$ kJ/kg

A vazão de refrigerante e a potência de compressão podem ser determinadas da conservação da energia aplicada ao evaporador e ao compressor, respectivamente:

$$\dot{m}_1 = \dot{m}_2 = \dot{m}_7 = \dot{m}_8 = \frac{q_e}{h_1 - h_8} = \frac{100}{1.408 - 161{,}7} = 0{,}080 \text{ kg/s}$$

$$\left(P_c\right)_b = \dot{m}_1\left(h_2 - h_1\right) = 0{,}080 \times \left(1.603 - 1.408\right) = 15{,}66 \text{ kW}$$

A vazão no circuito de alta pressão pode ser determinada pela aplicação da conservação da energia ao tanque de *flash*/resfriador intermediário, lembrando que $\dot{m}_3 = \dot{m}_4 = \dot{m}_5 = \dot{m}_6$.

$$\dot{m}_6 h_6 + \dot{m}_2 h_2 = \dot{m}_3 h_3 + \dot{m}_7 h_7 \Rightarrow \dot{m}_6 = \dot{m}_2 \frac{h_2 - h_7}{h_3 - h_6} = 0{,}106 \text{ kg/s}$$

A potência de compressão desenvolvida pelo compressor de alta pressão pode agora ser determinada:

$$\left(P_c\right)_a = \dot{m}_3\left(h_4 - h_3\right) = 0{,}106 \times \left(1.665 - 1.453\right) = 22{,}61 \text{ kW}$$

A potência total de compressão resulta:

$$\left(P_c\right)_t = \left(P_c\right)_b + \left(P_c\right)_a = 38{,}27 \text{ kW}$$

Aplicando a definição do coeficiente de eficácia, obtém-se:

$$COP = \frac{q_e}{\left(P_c\right)_t} = \frac{100}{38{,}27} = 2{,}61$$

(ii) *Ciclos em cascata*

Na solução do exemplo de ciclos em cascata, é necessário inicialmente conhecer as temperaturas de saturação no trocador de calor intermediário. O objetivo do exemplo é a comparação envolvendo as condições ótimas em ambos os casos. No dos ciclos em cascata, é necessário determinar, para uma diferença constante e igual a 4 °C entre as temperaturas de saturação na troca de calor entre os dois refrigerantes, qual a temperatura de condensação do circuito de baixa pressão (do CO_2) que proporciona o melhor rendimento (COP), para as temperaturas de evaporação e condensação dadas. Nesse sentido, foi feita uma análise do efeito da temperatura de condensação do circuito de baixa pressão para distintas temperaturas de evaporação. O resultado está representado no gráfico da Figura 3.19. Nele, pode-se notar que, para cada temperatura de evaporação, o COP do conjunto em cascata assume um máximo para determinada temperatura de condensação do circuito de baixa pressão, designada por $(T_{cb})_{ótima}$. Observa-se que, quanto maior a temperatura de evaporação, maior é a $(T_{cb})_{ótima}$, como se ilustra na Tabela 3.2, extraída das curvas da Figura 3.19.

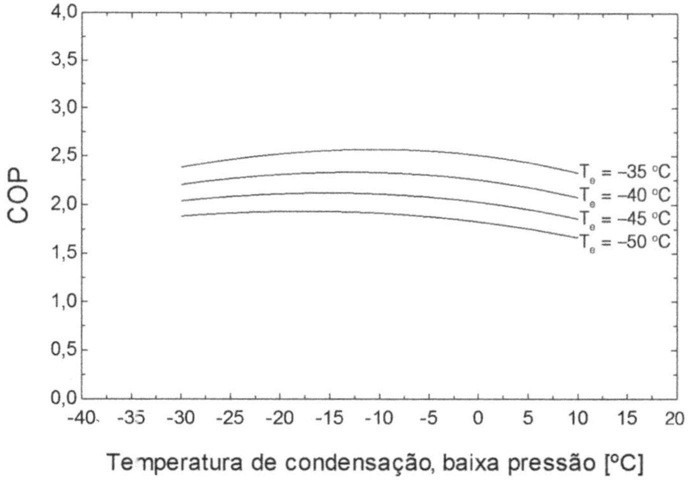

Figura 3.19 – Variação do COP dos ciclos em cascata com a temperatura de condensação do circuito de baixa pressão para distintas temperaturas de evaporação.

Tabela 3.2 – Variação da temperatura de condensação do circuito de baixa pressão correspondente ao COP ótimo dos ciclos em cascata em função da temperatura de evaporação correspondente às condições do Exemplo 3.7

Temperatura de evaporação [°C]	$(T_{cb})_{ótima}$ [°C]
−50	−17,5
−45	−15,0
−40	−12,8
−35	−10,4

A temperatura de condensação ótima, $(T_{cb})_{ótima}$, para a temperatura de evaporação de –40 °C é igual a –12,8 °C, valor que será admitido para a temperatura de condensação do circuito de CO_2. A temperatura de evaporação do circuito de alta pressão (amônia) será então igual a –16,8 °C. Ambos os ciclos são básicos com temperaturas de evaporação e condensação iguais a: (i) baixa pressão: – 30 °C e –12,8 °C; e (ii) alta pressão: –16,8 °C e 35 °C. Nessas condições, os estados estão definidos e as entalpias correspondentes aos distintos estados de ambos os ciclos podem ser determinadas, resultando:[6]

h_{1b} = 435,3 kJ/kg h_{1a} = 1.442 kJ/kg

h_{2b} = 473,2 kJ/kg h_{2a} = 1.712 kJ/kg

h_{3b} = 170,3 kJ/kg h_{3a} = 366,1 kJ/kg

h_{4b} = 170,3 kJ/kg h_{4a} = 366,1 kJ/kg

A vazão no ciclo de baixa pressão pode ser determinada a partir da aplicação da conservação da energia no evaporador, resultando:

$$\dot{m}_b = \frac{q_e}{h_{1b} - h_{4b}} = \frac{100}{435,3 - 170,3} = 0,377 \text{ kg/s}$$

A potência de compressão no ciclo de baixa pressão resulta:

$$(P_c)_b = \dot{m}_b (h_{2b} - h_{1b}) = 0,377 \times (473,2 - 435,3) = 14,28 \text{ kW}$$

A conservação de energia aplicada ao trocador de calor intermediário permite determinar a vazão de refrigerante no ciclo de alta pressão:

$$\dot{m}_b (h_{2b} - h_{3b}) = \dot{m}_a (h_{1a} - h_{4a}) \Rightarrow \dot{m}_a = 0,106 \text{ kg/s}$$

É interessante observar que, embora a capacidade frigorífica do ciclo de alta pressão seja algo superior à do de baixa pressão, a vazão é inferior em razão da maior entalpia de vaporização da amônia em relação à do CO_2. A potência de compressão no circuito de alta pressão pode ser assim determinada:

$$(P_c)_a = \dot{m}_a (h_{2a} - h_{1a}) = 0,106 \times (1.712 - 1.442) = 28,62 \text{ kW}$$

A potência total de compressão, $(P_c)_t$, será igual a: 14,28 + 28,62 = 42,90 kW. O coeficiente de eficácia dos ciclos em cascata resulta:

$$COP = \frac{q_e}{(P_c)_t} = \frac{100}{42,90} = 2,33$$

[6] Os estados principais do refrigerante em cada ciclo são indicados pelos índices 1, 2, 3 e 4, começando pelo estado de saída do evaporador e terminando na entrada deste.

Observa-se que, para as condições do enunciado, o rendimento (COP) do ciclo de compressão em duplo estágio de compressão é algo superior ao dos ciclos em cascata, 2,61, em comparação com 2,33.

Como o coeficiente de eficácia dos ciclos em cascata depende da temperatura de condensação do circuito de baixa pressão, como observado na Figura 3.19 ou pelos resultados da Tabela 3.2, seria interessante comparar a variação com a temperatura de evaporação do COP do ciclo com duplo estágio de compressão com a dos ciclos em cascata. Tal comparação se encontra no gráfico da Figura 3.20, observando-se nessa figura que o ciclo com duplo estágio de compressão apresenta um COP superior ao dos ciclos em cascata ao longo da faixa de temperaturas de evaporação variando de –50 °C a –35 °C.

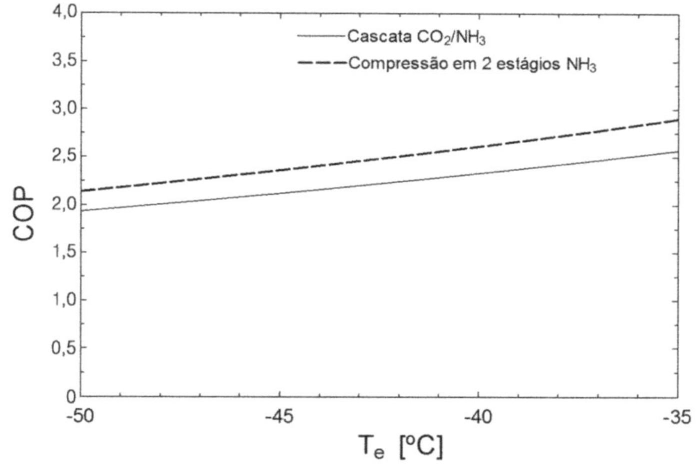

Figura 3.20 – Variação do COP com a temperatura de evaporação para os ciclos com duplo estágio de compressão e em cascata para as condições do Exemplo 3.7 e temperaturas intermediárias ótimas.

3.10 CONCLUSÃO

Os conceitos apresentados neste capítulo formam a base para o trabalho que será desenvolvido nos capítulos subsequentes. Eles constituem um material indispensável para a correta seleção de equipamentos e tubulação, além do projeto de vasos, controles e operação do sistema.

REFERÊNCIAS

1. ASHRAE – AMERICAN SOCIETY OF HEATING, REFRIGERATING, AND AIR-CONDITIONING ENGINEERS. *ASHRAE Handbook of Refrigeration 2014*. Atlanta, 2014.

2. F-CHART. Engineering Equation Solver EES. Disponível em: <www.fchart.com>. Acesso em: 4 maio 2018.

3. ASHRAE – AMERICAN SOCIETY OF HEATING, REFRIGERATING, AND AIR-CONDITIONING ENGINEERS. *ASHRAE Handbook of Fundamentals 1997*. Atlanta, 1997.

4. BRASIL. Ministério do Meio Ambiente. *O uso de fluidos naturais em sistemas de refrigeração e ar-condicionado*. Brasília, DF, 2008.

CAPÍTULO 4
COMPRESSORES ALTERNATIVOS

4.1 TIPOS DE COMPRESSORES

Na refrigeração industrial, são utilizados praticamente todos os tipos de compressores: *alternativo*, rotativo *parafuso* e *de palhetas* e *centrífugo*. Desses, os tipos mais comuns em instalações de capacidade até 1.000 kW são os alternativos e os rotativos parafuso, ou simplesmente parafuso. Compressores centrífugos encontram aplicação na indústria química e de processos, uma vez que tanto podem ser acionados por turbina a gás como por motores elétricos. Os compressores rotativos de palhetas encontram aplicação como *booster* em sistemas de duplo estágio de compressão. No presente texto, só serão abordados os dois primeiros tipos, sendo que neste capítulo serão considerados os compressores alternativos. O Capítulo 5 está reservado para os compressores parafuso.

Os compressores alternativos são construídos em distintas concepções, destacando-se entre elas os tipos *aberto*, *semi-hermético* e *selado* (hermético). No compressor aberto, o eixo de acionamento atravessa a carcaça, sendo, portanto, acionado por um motor exterior, como ilustrado na Figura 4.1. É o único tipo adequado a instalações de amônia, podendo também operar com refrigerantes halogenados. No compressor semi-hermético, a carcaça exterior aloja tanto o compressor propriamente dito quanto o motor de acionamento, como pode ser observado na Figura 4.2. Nesse tipo, que opera exclusivamente com refrigerantes halogenados, o vapor de refrigerante entra em contato com o enrolamento do motor, resfriando-o. Esse compressor deve sua denominação ao fato de permitir a remoção do cabeçote, tornando acessíveis as válvulas e os pistões.

Figura 4.1 – Compressor do tipo aberto para operação com amônia.

Fonte: cortesia Johnson Controls.

Figura 4.2 – Compressor semi-hermético.

Fonte: cortesia Bitzer.

Os compressores herméticos, utilizados em refrigeradores domésticos e condicionadores de ar até potências da ordem de 30 kW, são semelhantes aos semi-herméticos, destes diferindo pelo fato de a carcaça só apresentar os acessos de entrada e saída do refrigerante e para as conexões elétricas do motor. Em todo caso, tanto os compressores herméticos quanto os seus similares semi-herméticos eliminam a necessidade de um selo de vedação para o eixo, como ocorre nos compressores abertos. Entretanto, podem perder um pouco de sua eficiência em virtude do aquecimento do refrigerante promovido pelo enrolamento do motor de acionamento.

Uma perfeita compreensão do desempenho de compressores alternativos é importante para projetistas e engenheiros de operação de instalações. O presente capítulo tem por objetivo propiciar tal compreensão. Inicialmente, serão analisadas as características por meio do estudo do seu desempenho e seu efeito na operação da instalação. A seguir, serão discutidos dados de desempenho publicados por fabricantes, os quais incorporam irreversibilidades não consideradas na análise inicial. Finalmente, serão apresentadas algumas sugestões para a seleção de compressores e comentários sobre a interpretação dos dados de catálogo, além de uma revisão das características de alguns tipos construtivos.

4.2 RENDIMENTO VOLUMÉTRICO DE ESPAÇO NOCIVO

O rendimento volumétrico é o parâmetro-chave na interpretação do desempenho dos compressores alternativos para aplicações frigoríficas. Distinguem-se dois tipos de rendimento: o de *espaço nocivo* e o *real*. O rendimento volumétrico real, η_{vr}, é normalmente dado em porcentagem e definido como:

$$\eta_{vr} = 100 \frac{\text{vazão volumétrica real que entra, m}^3\text{/s}}{\text{taxa de deslocamento, m}^3\text{/s}} \tag{4.1}$$

A *taxa de deslocamento* do compressor é o volume "varrido" pelos pistões durante o seu curso, correspondendo à denominada *cilindrada* em motores de combustão interna, podendo ser calculada pela seguinte expressão:

$$\left(\text{Taxa de deslocamento, m}^3\text{/s}\right) = \left(\frac{\pi d_p^2}{4} H\right)(rN) \tag{4.2}$$

em que d_p é o diâmetro interno do cilindro, H é o curso do pistão, r é a rotação em rotações por segundo, e N o número de cilindros. Em geral, os fabricantes fornecem o valor da taxa de deslocamento de cada modelo para uma dada rotação, especialmente no caso dos compressores herméticos ou semi-herméticos.

A definição do *rendimento volumétrico de espaço nocivo* resulta de argumentos cuja interpretação é facilitada pelos esquemas da Figura 4.3. Nos compressores alternativos, as válvulas são normalmente operadas por molas, de modo que, quando a pressão no cilindro diminui até aquela da linha de aspiração (na realidade um pouco inferior), a válvula de aspiração se abre, permitindo a entrada do gás no cilindro. Por outro lado, quando a pressão no interior do cilindro atinge o valor da linha de descarga (na realidade, um valor levemente superior), a válvula de descarga se abre, permitindo a saída do gás comprimido do cilindro. Outra característica importante dos compressores alternativos é o espaço nocivo, também ilustrado na Figura 4.3, cujo volume é representado por V_{en}, que associa o volume residual entre a superfície interior do cabeçote e a do pistão, quando este se encontra no *ponto morto superior*. O gás retido no espaço nocivo deve ser expandido até a pressão de aspiração, quando tem início a introdução de gás no cilindro. O volume do espaço nocivo pode ser expresso como porcentagem do volume deslocado pelo pistão:

$$(\text{Fração de espaço nocivo, \%}) = \varepsilon = 100\left(\frac{V_{en}}{V_1 - V_{en}}\right) \tag{4.3}$$

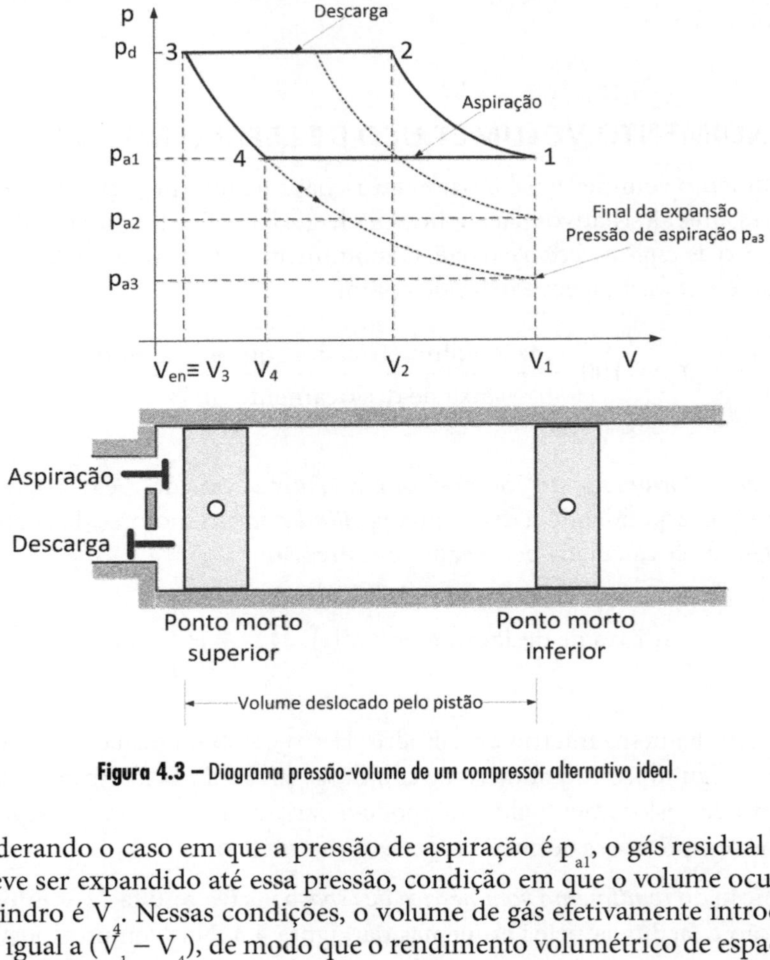

Figura 4.3 – Diagrama pressão-volume de um compressor alternativo ideal.

Considerando o caso em que a pressão de aspiração é p_{a1}, o gás residual do espaço nocivo deve ser expandido até essa pressão, condição em que o volume ocupado pelo gás no cilindro é V_4. Nessas condições, o volume de gás efetivamente introduzido no cilindro é igual a $(V_1 - V_4)$, de modo que o rendimento volumétrico de espaço nocivo, η_{en}, deverá ser dado por:

$$\eta_{en} = 100\left(\frac{V_1 - V_4}{V_1 - V_{en}}\right)$$

η_{en} pode ser expresso em termos de ε, adicionando e subtraindo V_{en} ao numerador da equação anterior, do que resulta:

$$\eta_{en} = 100\left[\frac{(V_1 - V_{en}) - (V_4 - V_{en})}{V_1 - V_{en}}\right] = 100\left(1 - \frac{V_4 - V_{en}}{V_1 - V_{en}}\right) \therefore$$

$$\eta_{en} = 100\left[1 - \frac{V_{en}}{V_1 - V_{en}}\left(\frac{V_4}{V_{en}} - 1\right)\right] = 100 - \varepsilon\left(\frac{V_4}{V_{en}} - 1\right) \tag{4.4}$$

Como a massa permanece constante durante a expansão do gás do espaço nocivo,

$$\frac{V_4}{V_{en}} = \frac{v_{aspiração}}{v_{descarga}} \tag{4.5}$$

em que:

$v_{aspiração}$: volume específico do gás na aspiração do compressor;

$v_{descarga}$: volume específico do gás na descarga do compressor.

A relação entre volumes pode ser determinada por meio dos volumes específicos obtidos em tabelas de propriedades ou diagramas (p, h) dos refrigerantes. Substituindo a Equação (4.5) na Equação (4.4), resulta:

$$\eta_{en} = 100 - \varepsilon\left(\frac{v_{aspiração}}{v_{descarga}} - 1\right) \tag{4.6}$$

Se a expansão do gás do espaço nocivo for admitida como politrópica de expoente n,

$$\frac{v_{aspiração}}{v_{descarga}} = \left(\frac{p_{descarga}}{p_{aspiração}}\right)^{1/n} \therefore$$

$$\eta_{en} = 100 - \varepsilon\left[\left(\frac{p_{descarga}}{p_{aspiração}}\right)^{1/n} - 1\right] \tag{4.7}$$

O expoente n pode assumir valores entre 1, para expansão isotérmica, e k (c_p/c_v), para expansão adiabática.

4.3 EFEITO DA TEMPERATURA DE EVAPORAÇÃO SOBRE A VAZÃO DE REFRIGERANTE

Nas próximas seções, o efeito da temperatura de evaporação sobre a capacidade de refrigeração e potência de compressão será abordado com base na hipótese de que o rendimento volumétrico resulta exclusivamente da expansão do gás presente no espaço nocivo.

A vazão de refrigerante, $\dot{m}$, deslocada pelo compressor pode ser determinada pela seguinte expressão:

$$\dot{m},\ \text{kg/s} = \frac{Q,\ \text{m}^3/\text{s}}{v_{\text{aspiração}},\ \text{m}^3/\text{kg}} \tag{4.8}$$

Da definição de rendimento volumétrico, Equação (4.1), resulta:

$$Q = \frac{(\text{Rendimento volumétrico})}{100} \times (\text{Taxa de deslocamento})$$

No caso de se trabalhar com o rendimento volumétrico de espaço nocivo, resulta:

$$\dot{m} = (\text{Taxa de deslocamento})\frac{\eta_{en}}{100 v_{\text{aspiração}}} \tag{4.9}$$

Introduzindo a Equação (4.2) na Equação (4.9), resulta:

$$\dot{m} = \left[\left(\frac{\pi d_p^2}{4} H\right)(rN)\right]\left(\frac{\eta_{en}}{100 v_{\text{aspiração}}}\right) \tag{4.10}$$

Na Figura 4.4, são apresentadas as variações de $\dot{m}$ e η_{en} para um compressor de amônia em que a temperatura de condensação é mantida constante e igual a 35 °C e ε = 4%. Nessa figura, pode ser observado que, para uma temperatura de evaporação igual à de condensação, o rendimento volumétrico é de 100% em virtude de não ocorrer a expansão do gás do espaço nocivo, pois as pressões de aspiração e descarga coincidem. À medida que a temperatura de evaporação é reduzida, o pistão deve se deslocar mais a fim de que a expansão do gás do espaço nocivo seja suficiente para igualar a pressão de aspiração. Com isso, o rendimento volumétrico deve diminuir, como observado na Figura 4.4. Assim, se a temperatura de evaporação for reduzida suficientemente, η_{en} pode assumir um valor nulo, o que, no caso da Figura 4.4, ocorre quando a temperatura de evaporação é da ordem de –60 °C. Tal condição corresponde ao caso em que a pressão de aspiração é p_{a3} na Figura 4.3, de tal modo que o pistão deve se deslocar até o ponto morto inferior para que a expansão do gás do espaço nocivo atinja uma pressão correspondente à pressão de aspiração.

Como a taxa de deslocamento é constante, a vazão de refrigerante pode ser obtida da Equação (4.9). O efeito da temperatura de evaporação é ilustrado na Figura 4.4, na qual pode ser observado que a vazão de refrigerante deslocada pelo compressor aumenta com a temperatura de evaporação. Tal comportamento resulta tanto da elevação do rendimento volumétrico como do incremento na densidade do vapor de refrigerante na aspiração do compressor (redução do volume específico).

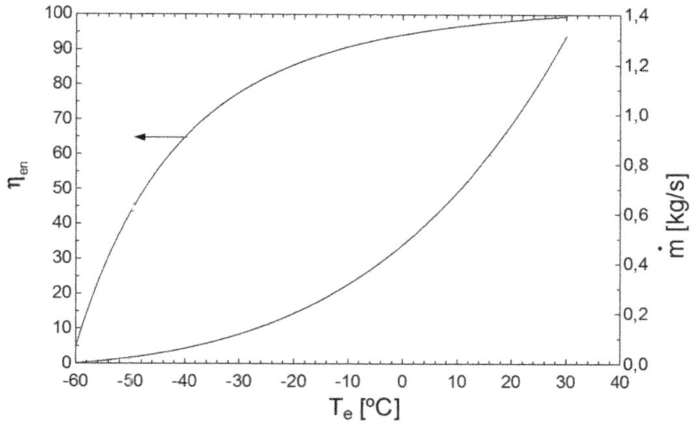

Figura 4.4 – Rendimento volumétrico de espaço nocivo e vazão de refrigerante de um compressor ideal de amônia, em que $\varepsilon = 4{,}0\%$, e a taxa de deslocamento é de 0,146 m^3/s. A temperatura de condensação é mantida constante e igual a 35 °C.

4.4 EFEITO DA TEMPERATURA DE EVAPORAÇÃO SOBRE A CAPACIDADE FRIGORÍFICA

A capacidade frigorífica é igual ao produto da vazão de refrigerante pelo *efeito de refrigeração*. Este corresponde ao incremento de entalpia do refrigerante no evaporador, em cuja saída o refrigerante é admitido no estado de vapor saturado. Na Figura 4.5 se ilustra a variação do efeito de refrigeração com a temperatura de evaporação para as mesmas condições da Figura 4.4 para um compressor de amônia. A capacidade de refrigeração pode ser expressa como:

$$(\text{Capacidade de refrigeração}) = \dot{m}\ \underbrace{\text{Efeito de refrigeração}}_{\text{ER}} \tag{4.11}$$

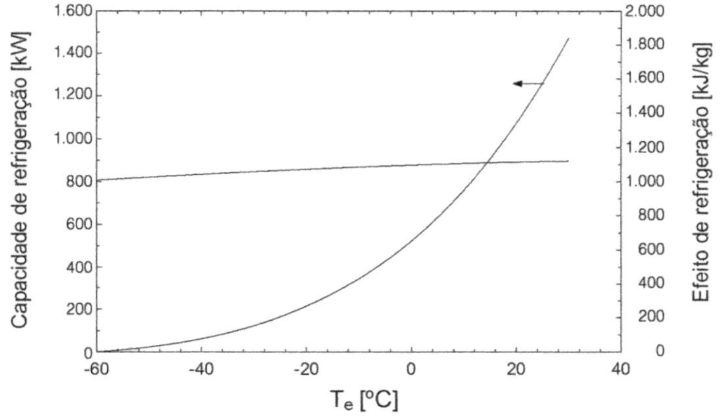

Figura 4.5 – Efeito de refrigeração e capacidade frigorífica de um compressor ideal de amônia com taxa de deslocamento de 0,146 m^3/s e fração de espaço nocivo de 4,0%. A temperatura de condensação é admitida constante e igual a 35 °C.

Como a temperatura de evaporação afeta pouco o efeito de refrigeração do particular refrigerante, a capacidade frigorífica do compressor é determinada principalmente pela vazão de refrigerante, que depende da temperatura de evaporação, como ilustrado na Figura 4.4. Para o compressor da Figura 4.5, a capacidade frigorífica pode dobrar quando a temperatura de evaporação varia de –10 °C a 10 °C. O conhecimento do efeito da temperatura de evaporação ou da pressão de aspiração é muito importante para os projetistas e operadores de instalações frigoríficas, uma vez que eles frequentemente se defrontam com situações em que é necessário decidir que parâmetro deve ser afetado a fim de elevar a capacidade do sistema.

4.5 EFEITO DA TEMPERATURA DE EVAPORAÇÃO SOBRE A POTÊNCIA DE COMPRESSÃO

Na maioria dos circuitos frigoríficos, o compressor é o componente que consome mais energia, a ponto de afetar significativamente o custo operacional da instalação. Por outro lado, o conhecimento da potência de compressão é importante na seleção do motor de acionamento e de seus equipamentos auxiliares. Na Figura 2.2(b) sugere-se que:

$$(\text{Potência de compressão}) = (\text{Vazão})(\text{Trabalho de compressão})^{1} \quad (4.12)$$

Na Figura 4.6, pode-se verificar que o trabalho de compressão isoentrópica é elevado a temperaturas de evaporação reduzidas e diminui progressivamente à medida que a temperatura de evaporação se eleva, anulando-se à temperatura de condensação, 35 °C, uma vez que, nessa condição, os estados de admissão e descarga coincidem. Por outro lado, pela Equação (4.12), percebe-se que a potência de compressão se anula para vazões de refrigerante ou trabalhos de compressão nulos. Como a vazão de refrigerante se anula para uma temperatura de evaporação da ordem de –60 °C e o trabalho de compressão, por sua vez, se anula quando a temperatura de evaporação se iguala à de condensação, 35 °C, pode-se concluir que a potência de compressão se anula naquelas condições. Logo, é evidente que a potência de compressão deve assumir um valor máximo entre aquelas temperaturas-limite, como se verifica na Figura 4.6.

A forma da curva de potência de compressão em função da temperatura de evaporação da Figura 4.6 apresenta características muito interessantes para o engenheiro. À primeira vista, uma vez que, a pressões elevadas, o compressor deve encontrar maior facilidade para comprimir o gás, seria possível concluir que a potência de compressão seria menor. Tal não é o caso, uma vez que, como se observa na Figura 4.6, a maioria dos sistemas frigoríficos opera à esquerda do "pico" da referida curva. O desconhecimento de tal condição pode levar a sérios erros de avaliação de ordem prática. Um sistema que operasse a temperaturas de evaporação inferiores às do "pico"

[1] O *trabalho de compressão* é definido como a diferença entre as entalpias do refrigerante na descarga e na admissão do compressor, isto é, $TC = h_2 - h_1$.

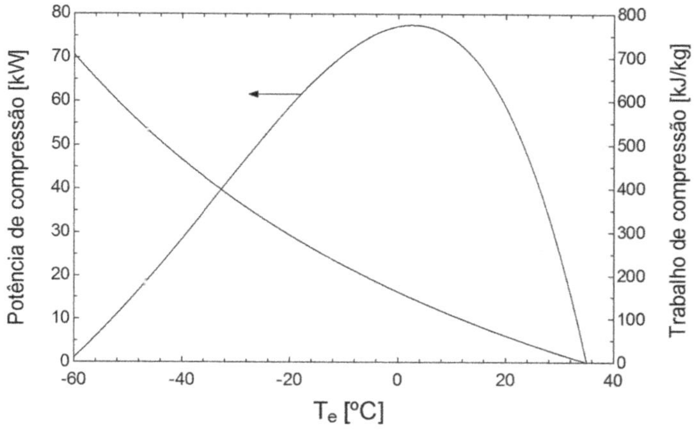

Figura 4.6 – Trabalho de compressão e potência de compressão de um compressor de amônia ideal, com taxa de deslocamento de 0,146 m³/s e fração de espaço nocivo de 4,0%. A temperatura de condensação é de 35 °C.

poderia apresentar problemas com o motor de acionamento, caso este tivesse sido selecionado para uma potência correspondente à temperatura de evaporação nominal. Tais problemas estão associados à partida do compressor desde uma condição em que a instalação se encontra em equilíbrio com o meio externo. Nessas condições, a potência necessária para o acionamento do compressor aumentaria até atingir o "pico", diminuindo a seguir, uma vez que a temperatura de evaporação desejada é inferior àquela de ocorrência deste. Assim, o motor de acionamento experimentaria uma sobrecarga, dado que foi selecionado para uma potência inferior. Percebe-se, então, que o motor, em determinadas circunstâncias, deve ser superdimensionado a fim de suportar condições de partida adversas. O superdimensionamento pode ser contornado pelo estrangulamento do gás de aspiração, por meio de uma válvula, ou pela desativação de alguns cilindros (operação em vazio, ver Seção 4.16) até que a temperatura de evaporação seja inferior à do "pico".

4.6 EFEITO DA TEMPERATURA DE CONDENSAÇÃO SOBRE A VAZÃO DE REFRIGERANTE E A CAPACIDADE DE REFRIGERAÇÃO

O efeito da temperatura de condensação pode ser avaliado de maneira análoga ao da temperatura de evaporação. Um compressor ideal será considerado para tal efeito, sendo a compressão admitida isoentrópica e o rendimento volumétrico resultante da ação exclusiva do espaço nocivo. O mesmo compressor de amônia das seções precedentes será considerado, apresentando uma taxa de deslocamento de 0,146 m³/s e uma fração de espaço nocivo de 4,0%. Neste caso, a temperatura de evaporação será mantida constante e igual a –40 °C. Na Figura 4.7, verifica-se que, enquanto a temperatura de condensação aumenta a partir da temperatura de evaporação, –40 °C, o rendimento volumétrico diminui progressivamente a partir do valor máximo de 100%. A vazão de refrigerante deve acompanhar o desempenho do rendimento volumétrico, Equação (4.9), uma vez que o volume específico do gás de aspiração, $v_{aspiração}$, permanece constante em virtude da manutenção de uma mesma temperatura de evaporação. Tal comportamento pode ser observado na Figura 4.7. A uma temperatura de condensação suficientemente elevada, tanto o rendimento volumétrico como a vazão devem assumir valores nulos.

Como foi previamente observado, a capacidade frigorífica é igual ao produto da vazão de refrigerante pelo efeito de refrigeração, que diminui com a elevação da temperatura de condensação, como resultado do aumento da entalpia do refrigerante na entrada do dispositivo de expansão. Como ambos os fatores diminuem com a temperatura de condensação, o mesmo deve ocorrer com a capacidade de refrigeração (frigorífica), como se observa na Figura 4.8.

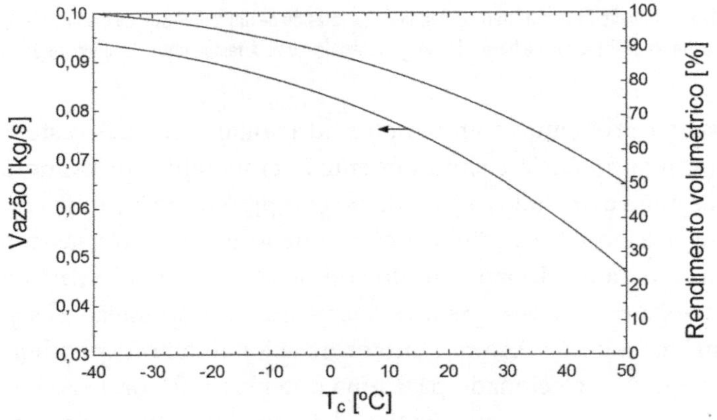

Figura 4.7 – Variação do rendimento volumétrico e da vazão de refrigerante com a temperatura de condensação para um compressor de amônia ideal, com taxa de deslocamento de 0,146 m³/s e fração de espaço nocivo de 4,0%. A temperatura de evaporação é de –40 °C.

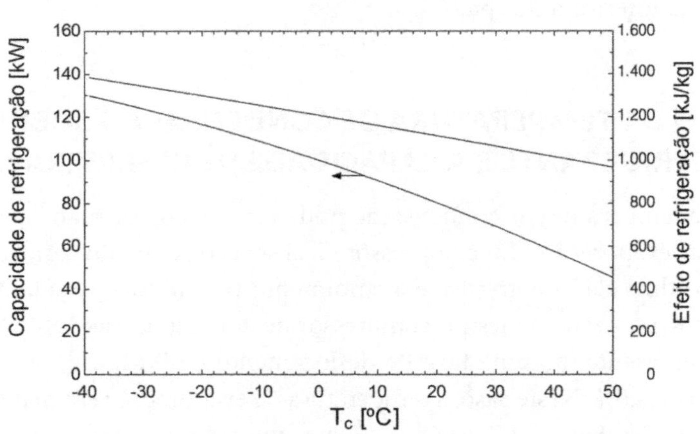

Figura 4.8 – Variação do efeito e da capacidade de refrigeração com a temperatura de condensação para um compressor de amônia com taxa de deslocamento de 0,146 m³/s e fração de espaço nocivo de 4%. A temperatura de evaporação é de –40 °C.

4.7 EFEITO DA TEMPERATURA DE CONDENSAÇÃO SOBRE A POTÊNCIA DE COMPRESSÃO

A potência de compressão é igual ao produto da vazão de refrigerante pelo trabalho de compressão, como indicado na Equação (4.12). O trabalho de compressão aumenta continuamente com a temperatura de condensação, a partir de um valor nulo, quando aquela temperatura coincide com a de evaporação. Nessas condições, a curva da potência de compressão em função da temperatura de condensação deverá apresentar duas condições de valor nulo: quando as temperaturas de condensação e de evaporação coincidem ou a vazão de refrigerante se anula. Assim, a curva de potência de compressão deve apresentar um ponto de máximo para uma temperatura de condensação entre tais temperaturas-limite. A Figura 4.9 ilustra o referido comportamento.

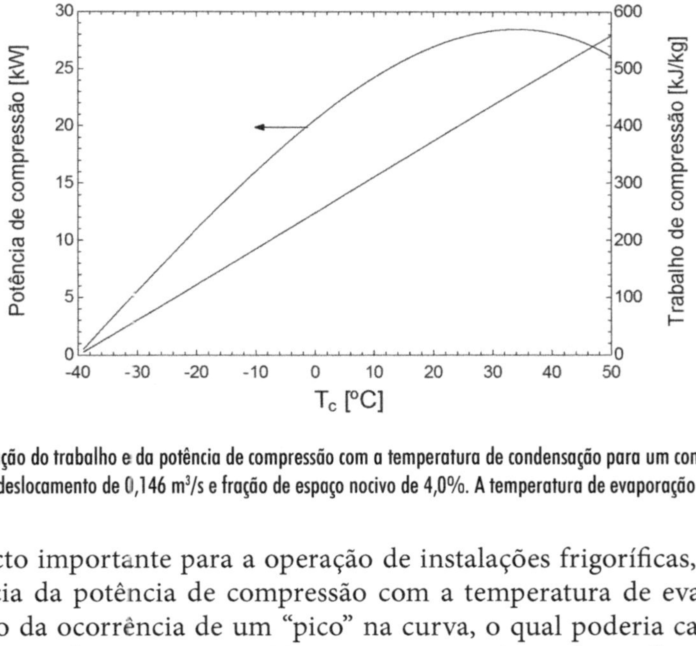

Figura 4.9 – Variação do trabalho e da potência de compressão com a temperatura de condensação para um compressor de amônia com taxa de deslocamento de 0,146 m³/s e fração de espaço nocivo de 4,0%. A temperatura de evaporação é de –40 °C.

Um aspecto importante para a operação de instalações frigoríficas, relacionado à dependência da potência de compressão com a temperatura de evaporação, foi a constatação da ocorrência de um "pico" na curva, o qual poderia causar problemas com o motor de acionamento. Neste caso, a ocorrência de um "pico" não causa maiores problemas, pois as instalações são projetadas a temperaturas de condensação em torno daquela em que se dá o ponto de máximo. Com isso, elevações da temperatura de condensação são acompanhadas de reduções correspondentes na potência de compressão.

4.8 CATÁLOGOS DE FABRICANTES

Além das características construtivas e de manutenção do compressor, os catálogos dos fabricantes incorporavam tabelas com capacidades frigoríficas e potências de compressão para diferentes temperaturas de evaporação e condensação. Na atualidade, com a generalização do uso da informática, a maioria dos fabricantes fornece programas de seleção de compressores, não disponibilizando as denominadas *tabelas de seleção*. Essas tabelas, além de permitirem uma seleção rápida do compressor, proporcionam informações sobre tendências de operação do compressor, razão pela qual foi mantida na presente edição a seção dedicada aos catálogos de fabricantes.

A Tabela 4.1 ilustra uma tabela de catálogo de um fabricante incluindo capacidades frigoríficas e potências de compressão de um modelo particular para distintas temperaturas de evaporação e de condensação. Trata-se do mesmo compressor considerado como referência na elaboração dos gráficos das Figuras 4.4 a 4.9. É um compressor de amônia de oito cilindros, de 114 mm de diâmetro e curso do pistão igual a 90 mm. A rotação é de 1.200 rpm, para a qual, pela Equação (4.2), resulta uma taxa de deslocamento de 0,146 m^3/s, valor adotado na análise das seções precedentes. Nos próximos parágrafos, a Tabela 4.1 será examinada a fim de extrair as tendências resultantes da análise do compressor ideal. Em particular, serão examinados os efeitos das temperaturas de evaporação e condensação sobre os parâmetros anteriormente referidos.

Pode-se observar que a capacidade de refrigeração do compressor diminui à medida que a temperatura de condensação se eleva, confirmando a tendência apresentada pelo compressor ideal na Figura 4.8. Por outro lado, na análise do efeito da temperatura de evaporação para um compressor ideal, cujas tendências podem ser observadas na Figura 4.6, verificou-se que a potência de compressão aumentava até alcançar um valor máximo, a partir do qual diminuía bruscamente, tendência confirmada pelos dados da Tabela 4.1. Com efeito, para uma temperatura de condensação de 15 °C, por exemplo, a potência de compressão máxima ocorre a uma temperatura de evaporação de −12 °C. Verifica-se ainda que, à medida que a temperatura de condensação se eleva, a temperatura de evaporação para a qual se dá o máximo de potência de compressão sofre acréscimos correspondentes. No gráfico da Figura 4.9, levantado para um compressor ideal, pode-se observar que a potência de compressão atinge um valor máximo. Na Tabela 4.1, não é possível constatar tal comportamento, uma vez que a temperatura de evaporação mínima é igual a −30 °C, superior à admitida para o gráfico da Figura 4.9. Além disso, a faixa de temperaturas de condensação da tabela se encontra à esquerda daquela para a qual ocorreria o valor máximo da potência. O aumento progressivo da potência de compressão com a temperatura de condensação, para uma dada temperatura de evaporação, também pode ser constatado na Tabela 4.1.

Os fabricantes publicam tabelas semelhantes à Tabela 4.1 para compressores *booster*. Neste caso, em vez de se referir à temperatura de condensação, as tabelas são apresentadas em termos da temperatura de saturação correspondente à pressão de descarga (ou pressão intermediária).

Um comentário final relativo às tabelas de seleção de compressores se faz necessário a esta altura. Ele diz respeito às condições correspondentes aos valores de capacidade de refrigeração e potência de compressão. Como regra geral, os fabricantes informam, além das temperaturas de evaporação e condensação, a temperatura ou o superaquecimento do gás de aspiração e o sub-resfriamento do líquido na entrada do

Tabela 4.1 – Capacidade frigorífica e potência de compressão de um compressor de amônia de oito cilindros operando à rotação de 1.200 rpm. Curso do pistão: 0,090 m; diâmetro do cilindro: 0,114 m. Os dados da tabela foram levantados com base em vapor saturado na admissão do compressor e líquido saturado no dispositivo de expansão (modelo 448 da Vilter Manufacturing Corporation)

Temp. evap. [°C]	Temperatura de condensação [°C]					
	15	20	25	30	35	40
-30	104,8*	98,1				
	37,3	39,6				
-28	121,7	114,6				
	38,8	41,7				
-26	141,0	132,9	127,3			
	40,9	44,1	47,5			
-24	162,8	153,3	145,2	134,0		
	43,3	46,5	50,3	52,6		
-22	184,3	175,5	164,9	153,7	140,0	
	46,3	49,1	53,2	55,5	59,5	
-20	208,2	198,7	186,7	174,8	161,4	141,4
	48,2	52,0	56,6	59,3	61,1	65,8
-18	234,2	223,0	210,7	197,6	183,9	169,9
	50,3	54,4	58,5	61,6	64,3	68,8
-16	261,6	248,6	235,6	221,9	207,8	195,5
	52,3	56,6	60,9	64,3	67,2	71,7
-14	289,8	276,1	262,0	247,2	232,5	219,4
	53,9	58,5	63,1	66,7	69,9	74,3
-12	320,0	305,3	290,1	274,3	258,1	244,1
	54,8	59,9	64,9	68,9	72,3	76,6
-10	347,5	338,3	317,6	300,7	287,7	261,6
	54,7	60,9	66,1	70,5	74,6	78,3
-8	383,3	369,6	349,6	330,9	315,1	294,0
	54,2	61,1	67,0	72,0	76,4	80,8
-6	421,0	404,1	383,7	363,6	345,0	327,4
	52,4	60,7	67,5	73,0	77,9	83,2
-4	460,3	442,4	420,3	397,8	378,1	361,9
	49,5	59,4	67,5	73,4	79,3	85,5
-2	503,3	483,6	460,7	437,5	416,4	398,4
	45,0	57,5	66,9	73,7	80,8	87,9
0	549,7	526,5	500,1	476,9	457,5	437,5
	38,9	54,7	65,8	73,7	82,5	90,3

* O valor superior representa a capacidade frigorífica e o inferior a potência de compressão, ambas em kW.

dispositivo de expansão, não incluídos na Tabela 4.1. Tais temperaturas determinam o efeito frigorífico e, em consequência, permitem relacionar a capacidade frigorífica com a vazão deslocada. Os efeitos dessas temperaturas sobre as características de seleção dos compressores serão discutidos mais adiante.

4.9 RENDIMENTO VOLUMÉTRICO REAL

O único efeito sobre o rendimento volumétrico considerado até o momento é o resultante da expansão do gás que permanece no espaço nocivo, denominado rendimento de espaço nocivo, η_{en}. Entretanto, outros efeitos podem influir no valor do rendimento volumétrico. Entre estes, podem ser citados os vazamentos nas válvulas de aspiração e de descarga e o aquecimento do gás que adentra o cilindro, tendo como resultado uma redução na massa de refrigerante em relação àquela que seria admitida caso a temperatura do gás permanecesse constante. Dados de catálogo, como os da Tabela 4.1, poderiam ser utilizados no cálculo do rendimento volumétrico real. O gráfico da Figura 4.10 ilustra o comportamento do rendimento volumétrico real em comparação com o de espaço nocivo. Cada círculo que aparece no gráfico representa o rendimento volumétrico real para cada condição operacional da Tabela 4.1, tendo sido obtido seguindo o procedimento ilustrado no Exemplo 4.1, apresentado a seguir. Os pontos foram ajustados pela linha designada por η_{real}. É interessante observar que os demais efeitos que afetam o rendimento volumétrico, além do espaço nocivo, são dependentes da relação entre as pressões de descarga e de aspiração, do que resulta a tendência ilustrada na Figura 4.10.

EXEMPLO 4.1

Determine o rendimento volumétrico real do compressor da Tabela 4.1, para as temperaturas de evaporação e condensação de –20 °C e 25 °C, respectivamente.

Solução

Para a condição de operação indicada no enunciado da Tabela 4.1, obtém-se uma capacidade de refrigeração de 186,7 kW. Admitindo que o vapor que deixa o evaporador esteja saturado a –20 °C[2] e que o líquido que deixa o condensador adentrando o dispositivo de expansão também esteja saturado a 25 °C, as propriedades a seguir podem ser obtidas das tabelas de amônia.

- Entalpia na saída do evaporador: 1.438 kJ/kg.
- Entalpia na saída do condensador e entrada no evaporador: 317,6 kJ/kg.

---

[2] Admite-se que o vapor que deixa o evaporador não troque calor na linha de aspiração nem sofra qualquer perda de carga, de modo que o seu estado permaneça inalterado na aspiração do compressor. Outra maneira de interpretar esse aspecto seria considerar que as condições são aquelas na aspiração do compressor.

- Volume específico do vapor que deixa o evaporador e entra no compressor: 0,624 m^3/kg.

A vazão real de refrigerante, $\dot{m}$, será então igual a:

$$\dot{m} = \frac{186,7}{1.438 - 317,6} = 0,167 \text{ kg/s}$$

A vazão volumétrica real, Q, deverá ser igual a:

$$Q = \dot{m}v_{\text{aspiração}} = 0,167 \times 0,624 = 0,104 \text{ m}^3/\text{s}$$

A taxa de deslocamento volumétrico do compressor pode ser calculada pela Equação (4.2):

$$\left(\frac{3,14 \times 0,114^2}{4} \times 0,090\right) \times \left(\frac{1.200}{60} \text{rps}\right) \times 8(\text{cilindros}) = 0,147 \text{ m}^3/\text{s}$$

Nessas condições, o rendimento volumétrico real será igual a:

$$\eta_{\text{real}} = 100 \frac{Q}{(\text{Taxa de deslocamento})} = \frac{100 \times 0,104}{0,147} = 70,7\%$$

A relação entre as pressões de descarga e de aspiração para o exemplo anterior deve ser de 1.003 kPa/190,1 kPa = 5,27, de modo que o ponto está dentro da faixa coberta pelo gráfico da Figura 4.10, do qual o rendimento volumétrico real poderia ter sido obtido.

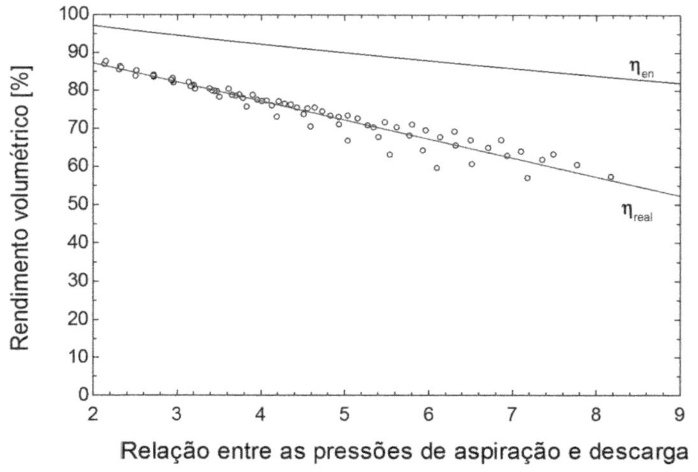

Figura 4.10 – Rendimentos volumétricos real e de espaço nocivo (admitindo uma fração de espaço nocivo de 4,0%) do compressor da Tabela 4.1.

4.10 EFICIÊNCIA DE COMPRESSÃO ADIABÁTICA

Os processos reais de compressão envolvem irreversibilidades cujo efeito prático é aumentar o trabalho de compressão e a temperatura de descarga do gás em relação aos processos ideais (reversíveis). Nessas condições, define-se uma eficiência (ou rendimento) do processo de compressão com o objetivo de quantificar as irreversibilidades. Como no caso da refrigeração os processos de compressão se admitem adiabáticos, define-se a eficiência da compressão (adiabática) pela seguinte expressão:

$$\eta_a, \% = 100 \frac{\text{Trabalho (potência) de compressão isoentrópico, kJ/kg}}{\text{Trabalho (potência) de compressão real, kJ/kg}} \quad (4.13)$$

Entre os diversos fatores que contribuem para a redução da eficiência, associados às irreversibilidades do processo, pode ser citado o atrito mecânico entre componentes do compressor e a perda de carga do refrigerante nas válvulas e outros canais de escoamento. Outro efeito que contribui para a redução da eficiência é o aquecimento do gás no processo de aspiração até a entrada deste no cilindro. O argumento que justifica tal efeito está relacionado ao comportamento das linhas isoentrópicas na região de vapor superaquecido. No diagrama (p, h), estas tendem a se desviar no sentido da horizontal à medida que a temperatura se eleva, afastando-se da região de saturação. Isso implica um trabalho de compressão maior quando o gás se aquece no percurso entre a entrada do compressor e o acesso aos cilindros.

EXEMPLO 4.2

Determine a eficiência de compressão adiabática do compressor da Tabela 4.1 quando opera entre as temperaturas de evaporação e de condensação de –12 °C e 25 °C, respectivamente.

Solução

Para as condições de operação do enunciado da Tabela 4.1, obtém-se uma capacidade de refrigeração de 290,1 kW e uma potência de compressão de 64,9 kW. Por outro lado, a potência de compressão isoentrópica poderá ser obtida admitindo que o refrigerante entre no compressor como vapor saturado a –12 °C. Nessas condições, das tabelas de propriedades termodinâmicas da amônia, as seguintes entalpias podem ser obtidas: a do vapor saturado a –12 °C, 1.448 kJ/kg, e a do líquido saturado a 25 °C, 317,6 kJ/kg. O efeito de refrigeração é, então, igual a 1.131 kJ/kg. Nessas condições, a vazão de refrigerante será igual a:

$$\dot{m} = \frac{290{,}1}{1.131} = 0{,}257 \text{ kg/s}$$

A potência de compressão isoentrópica, $(P_c)_i$, pode ser determinada pela seguinte expressão resultante da aplicação da conservação da energia ao processo de compressão reversível (ideal):

$$(P_c)_i = \dot{m}\underbrace{(h_{2s} - h_1)}_{TC} = \dot{m}(TC)$$

em que h_{2s} é a entalpia de descarga do processo isoentrópico e h_1 é a entalpia do vapor na aspiração do compressor. Ambas as entalpias podem ser obtidas do diagrama (p, h) para a amônia, Figura C7, partindo do estado 1, de vapor saturado a –12 °C, e seguindo ao longo da linha isoentrópica que passa por esse estado até a pressão de condensação, $p_c = p_{sat}(25\ °C) = 1.003$ kPa. As entalpias resultam iguais a: $h_1 = 1.448$ kJ/kg e $h_{2s} = 1.635$ kJ/kg. Nessas condições, o *trabalho de compressão*, TC, resulta igual a: 1.635 - 1.448 = 186,4 kJ/kg, e a *potência de compressão isoentrópica*: 0,257 × 187 = 48,1 kW. Nessas condições, da Equação (4.13), a eficiência de compressão adiabática pode ser calculada:

$$\eta_a = 100 \times \frac{48,1}{64,9} = 74,1\%$$

No passado, a American Society of Refrigerating Engineers (ASHRAE) sugeriu que a eficiência de compressão adiabática fosse correlacionada pela temperatura de evaporação [1]. Verifica-se que η_a aumenta com a temperatura de evaporação até atingir valores a partir dos quais a elevação é muito pequena. A Figura 4.11 mostra a faixa de eficiência de compressão adiabática para o compressor da Tabela 4.1, observando-se a tendência referida anteriormente. Como as temperaturas de evaporação daquele caso não são muito elevadas, observa-se um crescimento monotônico de η_a. Tal comportamento da eficiência está relacionado aos três efeitos anteriormente citados. O relativo ao atrito mecânico permanece constante, uma vez que a rotação é mantida igual a 1.200 rpm na curva da Figura 4.11. Por outro lado, como se observa na Figura 4.11, o efeito relacionado à transferência de calor no interior do cilindro afeta a eficiência, reduzindo-a em razão do maior aquecimento do gás à medida que sua temperatura diminui.

4.11 EFEITO DAS TEMPERATURAS DE EVAPORAÇÃO E CONDENSAÇÃO SOBRE O COP

A Tabela 4.1 também proporciona informação suficiente para a determinação do coeficiente de eficácia (COP) de um compressor real para temperaturas de evaporação e condensação dadas, definido na Seção 2.8 de tal modo que pode ser interpretado como:

$$COP = \frac{\text{Capacidade de refrigeração}}{\text{Potência de compressão}}$$

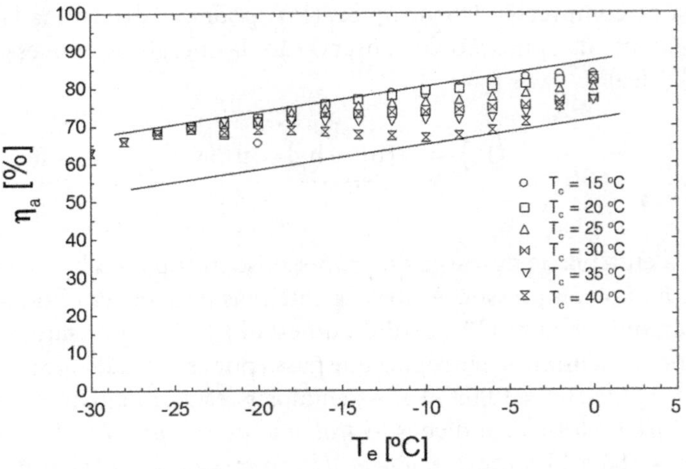

Figura 4.11 – Variação da eficiência de compressão adiabática com a temperatura de evaporação para o compressor de amônia da Tabela 4.1.

Como se observa, o COP é afetado pelo desempenho do compressor e pelas características termodinâmicas do ciclo, as quais guardam certa relação com o ciclo de Carnot. Com relação ao compressor cujo desempenho é apresentado na Tabela 4.1, para as condições do Exemplo 4.2, o COP real do ciclo pode ser calculado como: (290,1 kW)/(64,9 kW) = 4,47. Por outro lado, da Equação (2.15), o COP do ciclo de Carnot, a −12 °C de temperatura de evaporação e 25 °C de condensação, deve ser igual a:

$$COP_{Carnot} = \frac{T_e}{T_c - T_e} = \frac{-12 + 273{,}15}{(25 + 273{,}15) - (-12 + 273{,}15)} = 7{,}06$$

Parte da diferença observada entre os coeficientes de eficácia anteriormente calculados está relacionada à ineficiência do processo de compressão. Assim, se a eficiência de compressão adiabática, anteriormente calculada, de 74%, fosse aplicada ao COP do ciclo de Carnot, seu valor se reduziria para (7,06) × (0,74) = 5,22. Outros processos do ciclo real que contribuem para o seu afastamento do ciclo de Carnot incluem o que se dá no dispositivo de expansão, em lugar de expansão em um motor térmico, e o da compressão seca em lugar da úmida.

No Capítulo 2, foi comentado o fato de os ciclos ideais propiciarem subsídios importantes na análise dos ciclos reais, razão pela qual o seu estudo se revestia de singular importância. Estimativas, mesmo que grosseiras, do desempenho de ciclos reais a partir de ciclos ideais podem constituir importantes ferramentas de trabalho para engenheiros supervisores. Seguindo essa linha de raciocínio, uma estimativa do COP de um ciclo real pode ser obtida pela seguinte expressão:

$$COP = 0{,}85\eta_a COP_{Carnot} \tag{4.14}$$

Admitindo η_a da ordem de 76%, valor típico das aplicações, resulta:

$$COP = 0,65\ COP_{Carnot} \tag{4.15}$$

Nessas condições, a potência de compressão pode ser estimada pela seguinte relação:

$$(\text{Potência de compressão}) = \frac{\text{Capacidade de refrigeração}}{0{,}65\ COP_{Carnot}} \tag{4.16}$$

EXEMPLO 4.3

Estime qual deve ser a potência de compressão entre as temperaturas de evaporação e de condensação, respectivamente iguais a −24 ºC e 15 ºC, desenvolvida por um compressor de amônia cuja capacidade de refrigeração é de 163 kW.

Solução

O COP_{Carnot}, para as condições do enunciado, deve ser igual a (−24 + 273,15) [15 − (−24)] = 6,39. De acordo com a Equação (4.15), o COP do ciclo real deverá ser igual a: (6,39) × (0,65) = 4,15. Nessas condições, a potência de compressão resulta igual a: 163 kW/4,15 = 39,2 kW. O compressor da Tabela 4.1 poderia ser utilizado para verificar a validade da correlação sugerida para o COP. Para as condições de operação do enunciado, a capacidade de refrigeração daquele compressor é de 162,8 kW e a potência de compressão de 43,3 kW. Verifica-se, assim, que a potência estimada é 9,5% inferior à real.

4.12 RELAÇÃO ENTRE PRESSÕES E DIFERENÇAS MÁXIMAS DE PRESSÃO

Na Tabela 4.1, o fabricante não publicou dados de desempenho do compressor para todas as combinações possíveis de temperaturas de evaporação e condensação. Alguns fabricantes publicam dados para determinadas condições, chamando a atenção do usuário para a necessidade de consultar o fabricante antes de fazer a seleção do compressor. A razão para tal procedimento está diretamente associada às pressões de operação, ou, mais precisamente, à relação entre as pressões de admissão e de descarga e sua diferença. Assim, relações superiores a 8 ou 9 não são recomendadas, em virtude das elevadas temperaturas de descarga resultantes. Nessas condições, a compressão em estágio duplo seria mais adequada. A diferença entre as pressões de descarga e de admissão afeta a carga mecânica sobre os mancais e o virabrequim do compressor, razão pela qual deve ser limitada. A diferença máxima varia entre 1.000 e 2.000 kPa, dependendo das características construtivas do compressor, como diâmetro interno do cilindro e curso do pistão. Deve-se reiterar neste ponto a importância de levar em consideração a diferença de pressões, especialmente nos casos em que as temperaturas de evaporação e condensação forem elevadas.

EXEMPLO 4.4

Qual deve ser a máxima diferença entre as temperaturas de saturação na descarga e na aspiração de um compressor de R-22 para o qual a diferença entre as pressões de descarga e de admissão deve ser limitada a 1.500 kPa? Considere as seguintes temperaturas de evaporação:

a) –10 °C;

b) 20 °C.

Solução

(a) À temperatura de evaporação de –10 °C, a pressão de saturação é de 354,2 kPa, de modo que a pressão de descarga deve ser limitada a um máximo de 1.854,3 kPa. A temperatura de saturação correspondente a essa pressão é de 48 °C, do que resulta uma diferença máxima entre temperaturas de 48 °C - (–10 °C) = 58 °C.

(b) Quando a temperatura de evaporação é elevada para 20 °C, o que corresponde a uma pressão de 909,6 kPa, a máxima pressão de descarga deverá ser de 2.409 kPa. A temperatura de saturação correspondente a essa pressão é de 58,8 °C, com o que a diferença entre temperaturas se reduzirá para 59,2 - 20 = 39,2 °C.

4.13 EFEITO DO SUPERAQUECIMENTO DO VAPOR DE ASPIRAÇÃO E DO SUB-RESFRIAMENTO DO LÍQUIDO

Na análise do desempenho do compressor da Tabela 4.1 realizada nos Exemplos 4.1 e 4.2, o vapor que deixa o evaporador e entra no compressor se encontra no estado de vapor saturado, e o líquido que deixa o condensador e entra no dispositivo de expansão é saturado. Essas hipóteses eram razoáveis em face das condições para as quais foram levantados os dados da Tabela 4.1, correspondendo àquelas admitidas. Entretanto, como observado anteriormente, os catálogos de fabricantes apresentam dados de desempenho obtidos sob condições que envolvem um certo superaquecimento do vapor na entrada do compressor e líquido sub-resfriado na entrada do dispositivo de expansão.

As referências [2] e [3] são normas que estabelecem as condições para o levantamento das características de desempenho de compressores, exigindo que todas as condições nas quais estão baseadas as tabelas estejam completamente especificadas. Entretanto, o problema permanece no sentido de que os valores apresentados no catálogo devem ser adequadamente corrigidos para levar em consideração condições reais ou antecipadas de superaquecimento do vapor ou de sub-resfriamento do líquido, diferentes daquelas para as quais as tabelas foram levantadas. O Exemplo 4.5 a seguir abordará esse tema.

EXEMPLO 4.5

O catálogo de um fabricante especifica que o desempenho de um compressor de amônia foi levantado para condições de líquido saturado na saída do condensador e de vapor saturado na aspiração do compressor. Para temperaturas de evaporação e de condensação de –10 °C e 30 °C, respectivamente, qual deve ser a variação percentual da capacidade de refrigeração e da potência em relação aos valores de catálogo se:

(a) o refrigerante deixa o condensador 5 °C sub-resfriado;

(b) o vapor que deixa o evaporador e entra no compressor apresenta 10 °C de superaquecimento.

Solução

(a) O diagrama (p, h) da Figura 4.12(a) ilustra o ciclo em que se baseiam os dados de catálogo, representado pelo processo 1-2-3-4. Quando o líquido deixa o condensador com 5 °C de sub-resfriamento, o seu estado é representado pelo ponto 3'. Nessas condições, o refrigerante entra no evaporador no estado 4', não se verificando qualquer efeito sobre a potência de compressão, uma vez que o estado do vapor na entrada do compressor se manteve inalterado.[3] A vazão de refrigerante e o trabalho de compressão, $(h_2 - h_1)$, permanecem constantes. O que se verifica é um incremento na capacidade de refrigeração em virtude da elevação do efeito de refrigeração, ER. Assim, a relação entre as capacidades de refrigeração com e sem sub-resfriamento do líquido pode ser, então, calculada pela relação entre os efeitos de refrigeração:

$$ER_a = h_1 - h_{4'} = 1.450,7 - 317,7 = 1.133 \text{ kJ/kg}$$

$$ER = 1.450,7 - 341,6 = 1.109,1 \text{ kJ/kg}$$

$$\left(\text{Variação de capacidade}\right) = 100\frac{ER_a - ER}{ER} = \frac{1.133 - 1.109,1}{1.109,1} = 2,15\%$$

Verifica-se uma elevação de 2,15% na capacidade de refrigeração quando o líquido entra no dispositivo de expansão 5 °C sub-resfriado.

(b) No caso em que o vapor entra no compressor com 10 °C de superaquecimento, o aumento da temperatura na aspiração do compressor, correspondendo à passagem do estado 1 para o estado 1' da Figura 4.12(b), implica um aumento

[3] Basta lembrar da Equação (4.9).

tanto do efeito de refrigeração como do volume específico do vapor. Admitindo que o rendimento volumétrico do compressor não se altere, como a taxa de deslocamento do compressor é constante, a vazão deve diminuir em virtude do aumento do volume específico na admissão. Considerando os valores da Tabela 4.2, a relação entre capacidades de refrigeração resulta:

$$\left(\text{Relação entre capacidades}\right)=\left(\frac{h_{1'}-h_4}{h_1-h_4}\right)\left(\frac{v_1}{v_{1'}}\right)=\left(\frac{ER_b}{ER}\right)\left(\frac{v_1}{v_{1'}}\right)=0{,}9763$$

Para determinar a variação na potência de compressão se admitem processos de compressão isoentrópicos. O trabalho de compressão, TC, tende a aumentar com o superaquecimento pelo desvio da linha isoentrópica em relação àquela que passa pelo estado de vapor saturado. A relação entre as potências de compressão pode ser determinada considerando os valores da Tabela 4.2, resultando:

$$\left(\text{Relação entre potências}\right)=\left(\frac{h_{2'}-h_1}{h_2-h_1}\right)\left(\frac{v_1}{v_{1'}}\right)=\left(\frac{TC_b}{TC}\right)\left(\frac{v_1}{v_{1'}}\right)=0{,}9997$$

Verifica-se que, virtualmente, não há mudança no valor da potência de compressão, ao passo que a capacidade de refrigeração é reduzida em 2,4% quando se passa da condição sem superaquecimento para aquela em que este é de 10 °C.

A referência [2] recomenda a seguinte expressão geral para a correção da vazão de refrigerante em condições de operação diferentes das de catálogo:

$$\dot{m}_{\text{corrigida}}=\left[1+F_{\eta_v}\left(\frac{v_{\text{catálogo}}}{v_{\text{operação}}}-1\right)\right]\dot{m}_{\text{catálogo}} \tag{4.17}$$

Na expressão anterior, F_{η_v} é um fator de correção que leva em consideração o efeito sobre o rendimento volumétrico da variação do estado de aspiração do compressor em relação ao de catálogo, considerando-se o valor unitário uma boa aproximação. Os volumes específicos da expressão correspondem aos do estado de aspiração de catálogo e do real de operação. Observa-se que a Equação (4.17) se reduz às expressões utilizadas no Exemplo 4.5 para corrigir a capacidade frigorífica em condições distintas das de catálogo, desde que se admita um efeito desprezível sobre o rendimento volumétrico, isto é, $F_{\eta_v}=1$.

É interessante observar que as propriedades dos distintos refrigerantes podem influir no efeito relativo do sub-resfriamento do líquido e do superaquecimento do vapor. A Tabela 4.3 ilustra o efeito sobre a capacidade de refrigeração e a potência de compressão para distintos refrigerantes. A tabela foi levantada para as temperaturas de evaporação e condensação iguais a –20 °C e 35 °C.

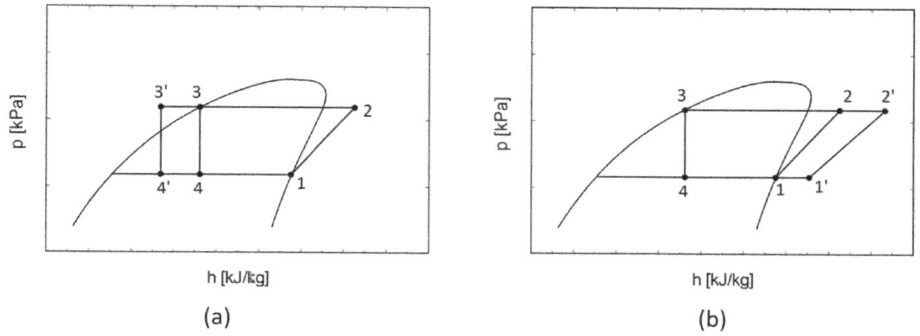

Figura 4.12 – (a) Ciclo com sub-resfriamento de líquido; (b) com superaquecimento de vapor.

Tabela 4.2 – Influência do superaquecimento no Exemplo 4.5. As relações se referem à condição sem superaquecimento

	Sem superaquecimento	Com superaquecimento
Volume específico	0,4182 m³/kg	0,4379 m³/kg
Efeito de refrigeração	1.109,1 kJ/kg	1.134,0 kJ/kg
Trabalho de compressão	198,6 kJ/kg	207,9 kJ/kg
Relação entre capacidades de refrigeração	1,0	0,9763
Relação entre potências de compressão	1,0	0,9997

Tabela 4.3 – Correções sugeridas para levar em consideração o efeito do sub-resfriamento do líquido e o superaquecimento do vapor com base em temperaturas de evaporação e condensação de –20 °C e 35 °C

Refrigerante	Variação da capacidade para cada 5 °C de sub-resfriamento do líquido	Variação da capacidade para cada 10 °C de superaquecimento do vapor
R-717 (NH_3)	2,3%	–2,3%
R-134a	5,3%	1,09%
R-22	4,2%	–0,60%
A potência de compressão permanece praticamente inalterada*		

* O aumento da potência de compressão para 10 °C de superaquecimento é inferior a 1% para todos os refrigerantes.

4.14 TEMPERATURAS DE DESCARGA E CABEÇOTES RESFRIADOS A ÁGUA

Na Figura 3.8, foram apresentados gráficos das temperaturas de descarga da compressão isoentrópica da amônia, do R-22 e do R-134a em função da temperatura de evaporação para uma temperatura de condensação de 30 °C. Caso não fosse transferido calor para o meio, as temperaturas de descarga resultantes do processo de compressão real para as mesmas condições seriam superiores às indicadas naquela figura, como resultado da ineficiência do compressor. A cessão de calor para o meio é inevitável, como resultado da maior temperatura do cabeçote e do cilindro. Esse calor pode ser transferido por convecção natural, como ocorre frequentemente, mas, no caso da amônia, um resfriamento mais efetivo deve ser providenciado. Como regra geral, os compressores de amônia são equipados com cabeçotes resfriados a água, permitindo que as válvulas operem a menores temperaturas, o que prolonga sua vida útil, além de evitar a decomposição do óleo de lubrificação pela exposição a altas temperaturas. Mesmo compressores de R-22 são eventualmente equipados com cabeçotes resfriados a água.[4] Como subsídio para o processo de decisão sobre a conveniência do resfriamento forçado do cabeçote do compressor, os fabricantes recomendam limitar a temperatura de descarga a um máximo de 135 °C. Nessas condições, o projetista da instalação frigorífica, bem como o instalador, deve prever a disponibilidade de água para resfriamento do compressor. Caso a instalação disponha de um sistema de controle, a temperatura de saída da água deve ser ajustada para 45 °C. Um dado de projeto conservador seria adotar uma vazão de água da ordem de 0,1 kg/s para cada 150 kW de capacidade frigorífica. Nesse caso, admitindo um incremento na temperatura da água de 15 °C, a amônia deixaria o compressor a uma temperatura da ordem de 16 °C inferior àquela em que não houvesse resfriamento do cabeçote.

4.15 LUBRIFICAÇÃO E RESFRIAMENTO DO ÓLEO

Embora a maioria das unidades de pequeno porte apresente lubrificação por salpico, proporcionando resultados adequados, na refrigeração industrial a lubrificação é do tipo forçado, com o óleo sendo levado às distintas partes móveis do compressor por uma bomba de deslocamento volumétrico. A bomba retira o óleo do cárter, circulando-o pelos mancais, paredes dos cilindros e, em certos casos, para o selo de vedação do eixo. Algumas bombas não são reversíveis, razão pela qual o compressor deve girar em um determinado sentido.

O sistema de lubrificação pode envolver alguns equipamentos ou dispositivos auxiliares, como o sistema de refrigeração do óleo, o aquecedor do cárter e o controle de segurança. O sistema de refrigeração do óleo de lubrificação, usado preferencialmente em sistemas de grande porte, consiste essencialmente em um trocador de calor resfriado a água. Como regra geral, adota-se uma vazão de água da ordem de 10 l/min, com temperatura de saída de aproximadamente 45 °C. O fabricante deve fornecer um trocador de calor de tamanho adequado, de modo que as condições especificadas para a água sejam suficientes para manter as temperaturas do óleo em níveis satisfatórios. Quanto aos aquecedores do cárter, o seu papel é o de manter o óleo a temperaturas suficientemente elevadas durante os períodos de parada do compressor para evitar, com isso, a dissolução do refrigerante, particularmente do tipo halogenado. A dissolução do refrigerante no óleo do cárter provoca a sua evaporação no momento da partida do compressor, promovendo uma intensa formação de espuma e possível remoção do óleo do cárter.

---

[4] Em determinadas instalações de refrigeração comercial, faz-se o resfriamento do cabeçote por circulação forçada de ar.

O controle de segurança associado à lubrificação consiste em parar o compressor quando a temperatura do óleo se eleva acima de um nível preestabelecido ou sua pressão atinge valores perigosamente baixos. Em geral, este último controle se faz por intermédio da diferença de pressões na bomba, que deve situar-se acima de 100 kPa. A parada do compressor não se dá imediatamente depois de atingido o limite inferior da diferença de pressões, permitindo-se, como regra geral, um intervalo de tempo de 90 segundos para uma eventual recuperação da pressão por parte da bomba. Durante os períodos de partida do compressor, esse intervalo de tempo pode permitir a recuperação da pressão.

4.16 CONTROLE DA CAPACIDADE

Pode-se dizer que praticamente a totalidade das instalações frigoríficas está sujeita a um regime de carga variável. Se uma instalação operasse permanentemente a plena carga, em períodos de pequena exigência frigorífica, a temperatura de evaporação diminuiria até que a capacidade da instalação satisfizesse a demanda. Entretanto, baixas temperaturas de evaporação podem não ser admissíveis em determinadas aplicações, uma vez que o produto refrigerado ficaria sujeito a efeitos indesejáveis. Em instalações de pequeno porte, o problema é resolvido de maneira simples, por meio de ciclos liga-desliga do compressor, de modo que a capacidade média da instalação seja igual à carga média. Em instalações frigoríficas industriais, o mesmo procedimento é frequentemente adotado. O problema é que, em muitos casos, seria desejável um controle de até 25% da capacidade máxima da instalação. Essa exigência pode ser facilmente satisfeita por meio do controle da rotação do motor de acionamento do compressor. O custo dos variadores de frequência para o controle da rotação do motor de acionamento tem se reduzido sensivelmente nos últimos anos, a ponto de serem usados em compressores herméticos para aplicação na linha branca (doméstica). Um procedimento alternativo de controle da capacidade de compressores alternativos ainda é o da desativação de cilindros, geralmente obtido mantendo-se aberta a válvula de aspiração. Durante o estágio de admissão, o pistão promove a entrada de gás no cilindro. Durante o estágio de compressão, o pistão devolve o gás admitido para a linha de aspiração, uma vez que a válvula de admissão permanece aberta. Esse posicionamento permanente da válvula pode ser obtido por meio de pinos de bloqueio, atuados por óleo a alta pressão ou pelo gás de descarga do compressor, cuja passagem é controlada por uma válvula de solenoide. Os parâmetros de controle da capacidade geralmente adotados são: a pressão de aspiração ou a temperatura de saída do meio refrigerado no evaporador.

A eficiência do compressor em condições de carga parcial enquanto opera com cilindros desativados é um aspecto muito importante, uma vez que a maioria das instalações frigoríficas opera nessa condição a maior parte do tempo. Fabricantes sugerem curvas potência-capacidade típicas para operação com cilindros desativados, um exemplo das quais é apresentado na Figura 4.13, podendo ser aplicado a um compressor de oito cilindros, com desativação de 2, 4 e 6 destes. A condição de plena carga corresponde à operação de todos os cilindros. A 60% de capacidade, por exemplo, exigiria que o número de cilindros desativados oscilasse entre o correspondente a 3/4 de plena carga e 1/2 de plena carga.

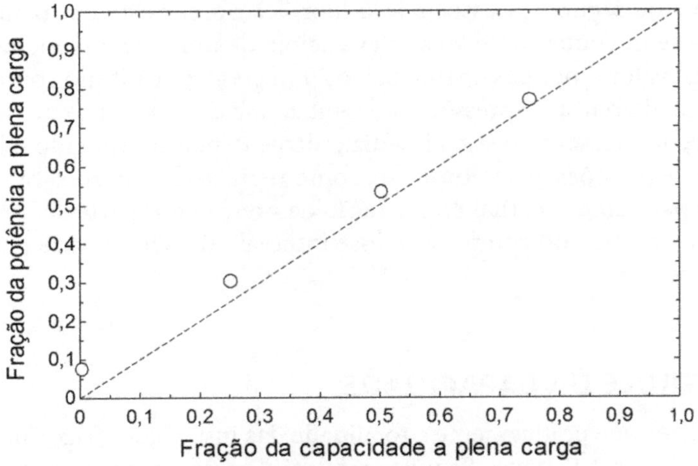

Figura 4.13 – Relação potência-capacidade típica de catálogos, para uma compressão em regime de carga parcial.

Entretanto, a potência de compressão é algo superior àquela resultante da relação linear. Publicações a respeito do desempenho de compressores em condições de carga parcial são escassas.

Os resultados ilustrados na Figura 4.14 [5] indicam uma redução na eficiência do compressor para condições de carga parcial em relação aos resultados mostrados na Figura 4.13. Os resultados da Figura 4.14 parecem razoáveis, uma vez que seria de se esperar que a potência necessária para vencer o atrito de um pistão operando em vazio seja significativa. As condições exteriores, com base nas quais as Figuras 4.13 e 4.14 foram levantadas, exercem uma significativa influência.

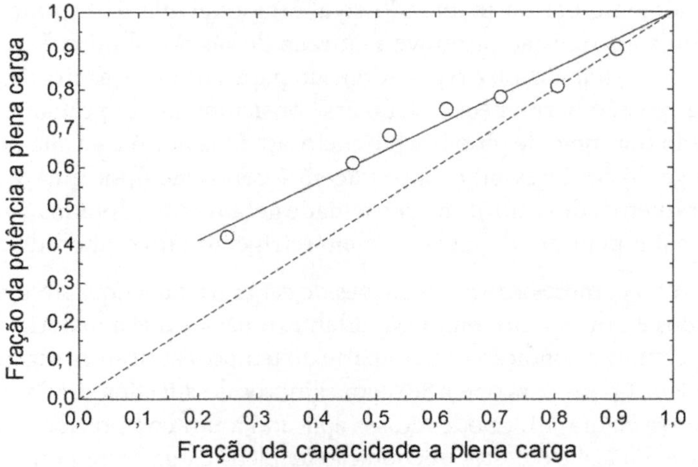

Figura 4.14 – Relação capacidade-potência de um resfriador de água (*water chiller*) de 70 kW durante condições de carga parcial [5].

Assim, se o desempenho em carga parcial tomasse como base pressões de evaporação e condensação fixas, seria de se esperar que a potência de compressão em carga parcial fosse significativamente superior àquela resultante da relação linear, mostrada nas figuras pela linha tracejada. Entretanto, a maioria das informações de catálogo concernentes à operação em carga parcial admite constantes a temperatura de entrada e a vazão da água de condensação, além de condições semelhantes para o ar ou a água resfriados no evaporador. Nessas condições, quando cilindros são desativados, a temperatura de condensação diminui, ao passo que a de evaporação se eleva, como resultado da redução na taxa de transferência de calor naqueles trocadores. Essa condição favorável explica a compensação da ineficiência resultante da desativação de cilindros.

4.17 COMPRESSORES COM MÚLTIPLAS FUNÇÕES

Diversos fabricantes oferecem compressores de corpo único compostos de múltiplos cilindros, parte dos quais opera como estágio de baixa pressão e os restantes como estágio de alta pressão. Assim, por exemplo, em um compressor de seis cilindros, quatro constituiriam o estágio de baixa, ao passo que os dois restantes comporiam o compressor de alta pressão. Uma função adicional conferida a alguns compressores é a de reduzir a temperatura do gás superaquecido proveniente do estágio de baixa pressão por meio da injeção de líquido, como ilustrado na Figura 4.15(a). Uma segunda opção seria a de propiciar o resfriamento do líquido de alta pressão ao mesmo tempo que se resfria o gás superaquecido do estágio de baixa [5], como se ilustra na Figura 4.15(b). No caso da Figura 4.15(a), refrigerante líquido à pressão de condensação é expandido na corrente de vapor superaquecido do estágio de baixa pressão. A vazão do líquido expandido é controlada por uma válvula de expansão acionada pelo superaquecimento no local de instalação do bulbo sensor. Uma válvula de solenoide na linha de líquido interrompe a circulação durante as paradas do compressor. No resfriador de gás e líquido da Figura 4.15(b), o conjunto consiste em dois vasos: o interior e o exterior. O líquido do condensador ou do tanque de líquido passa pela serpentina do tanque interior, dirigindo-se a seguir para os evaporadores. Esse líquido é resfriado pela evaporação de refrigerante à pressão intermediária exterior aos tubos, no tanque interior. Como se indica na Figura 4.15(b), uma mistura líquido-vapor deixa o tanque interior dirigindo-se para a descarga do compressor do estágio de baixa pressão, misturando-se com o vapor superaquecido com o objetivo de resfriá-lo. Como no caso da Figura 4.15(a), uma válvula de expansão controla a vazão de refrigerante utilizado no resfriamento do líquido e do gás superaquecido do estágio de baixa. O sistema da Figura 4.15(b) atende à mesma função do sistema de remoção do gás de *flash*/resfriador intermediário da Figura 3.9. Como a relação entre taxas de deslocamento dos estágios de alta e baixa pressão é constante, não é possível controlar a pressão intermediária. Por outro lado, o compressor com múltiplas funções pode, ainda, ser equipado com dispositivos de controle de capacidade por desativação de cilindros. Assim, para o compressor de seis cilindros anteriormente referido, a possibilidade que se oferece em termos de controle da capacidade é a de desativar dois cilindros do estágio de baixa simultaneamente com um no estágio de alta pressão.

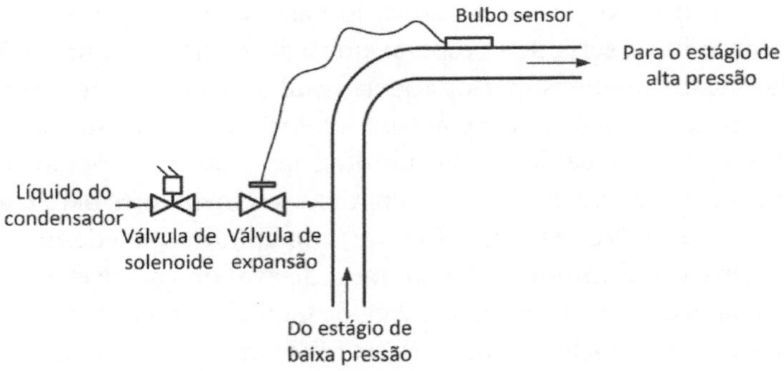

(a)

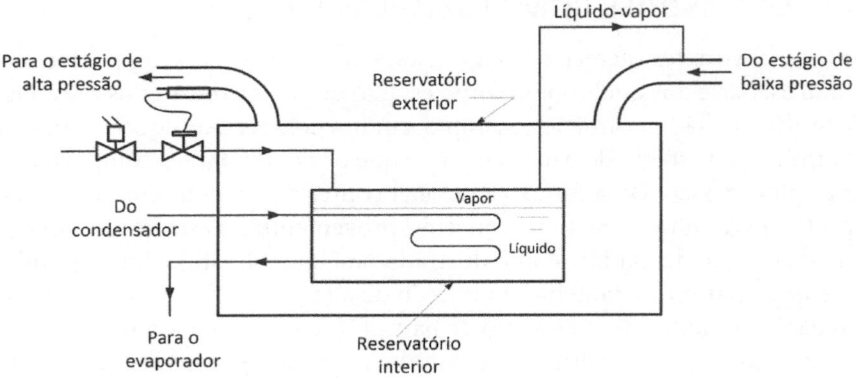

(b)

Figura 4.15 – (a) Resfriamento intermediário; (b) resfriador de líquido e do gás superaquecido proveniente do estágio de baixa pressão em compressores de funções múltiplas.

4.18 MERCADO DOS COMPRESSORES ALTERNATIVOS

O compressor alternativo tem sido, ao longo dos anos, o "cavalo de batalha" da refrigeração industrial. Na atualidade, enfrenta o desafio do compressor parafuso, embora ainda domine absoluto a faixa de capacidades inferiores a 300 kW, para a qual apresenta maior eficiência que o parafuso. Acima dessa faixa, o tamanho do compressor alternativo constitui uma desvantagem. O compressor alternativo também pode ser utilizado com vantagem quando o controle de capacidade se faz necessário, por meio, por exemplo, do procedimento de desativação de cilindros. Outra vantagem do compressor alternativo em relação ao parafuso é a possibilidade de manutenção no campo de praticamente qualquer item construtivo.

A tendência que se verifica nos dias de hoje é o domínio absoluto do compressor alternativo na faixa de baixas capacidades, como foi observado anteriormente. Mesmo em instalações de grande porte, em que se utiliza o compressor parafuso, o alternativo pode encontrar aplicação como compressor de apoio, em condições de picos de carga. Em todo caso, no processo de decisão sobre que compressor utilizar, alternativo ou parafuso, as seguintes características devem ser levadas em consideração: (i) nível de temperatura da aplicação e tamanho da instalação; (ii) tempo de operação em condições de carga parcial; (iii) operação em condições diferentes das de projeto; (iv) tipo de refrigerante; (v) manutenção e seu custo; e (vi) espaço físico.

REFERÊNCIAS

1. ASHRAE - AMERICAN SOCIETY OF REFRIGERATING ENGINEERS. *Air Conditioning and Refrigerating Data Book, Design 1957-1958*. 10. ed. New York, 1957.

2. AHRI - AIR CONDITIONING, HEATING, AND REFRIGERATION INSTITUTE. *2015 Standard for performance rating of positive displacement refrigerant compressors and compressor units* (Norma AHRI 540, 2015). Arlington, 2015.

3. AHRI - AIR CONDITIONING, HEATING, AND REFRIGERATION INSTITUTE. *Performance rating for positive displacement ammonia compressors and compressor units* (Norma ANSI/AHRI 510-2006). Arlington, 2006.

4. LEVERENZ, D. J.; BERGAN, N. E. Development and validation of a reciprocating Chiller Mode 1 for Hourly Energy Analysis Programs. *ASHRAE Transactions*, v. 89, parte 1A, p. 156-175, 1983.

5. VILTER MANUFACTURING CORPORATION. *Reciprocating Compressor Catalog*. Milwaukee.

CAPÍTULO 5
COMPRESSORES PARAFUSO

5.1 TIPOS DE COMPRESSORES PARAFUSO

Na indústria frigorífica se utilizam os modelos *parafuso duplo* e *parafuso simples*. O primeiro tem sido largamente usado na indústria nas últimas décadas, encontrando, na atualidade, um mercado comparável ao dos seus competidores mais diretos, os compressores alternativo e centrífugo. Quanto ao segundo tipo, sumariamente descrito na Seção 5.12, sua aplicação é relativamente recente. Como o compressor parafuso duplo é aquele de maior penetração, no presente texto será designado simplesmente por *compressor parafuso*. O seu desenvolvimento data da década de 1930, tendo se popularizado na Europa para aplicações frigoríficas nas décadas de 1950 e 1960.

No presente capítulo, será feita uma descrição desse compressor, além de uma análise de seu desempenho. O compressor parafuso apresenta algumas vantagens sobre o alternativo, destacando-se entre elas o menor tamanho e um número inferior de partes móveis. Por outro lado, caracteriza-se por menor eficiência em condições de carga parcial. Neste capítulo serão abordados ainda temas como controle de capacidade, operação em carga parcial e equipamentos auxiliares, concluindo com uma introdução ao compressor parafuso simples.

5.2 PRINCÍPIO DE FUNCIONAMENTO

Na Figura 5.1, são ilustradas as seções transversais de dois tipos distintos de elementos rotativos. Em ambos, o *rotor macho* apresenta quatro lóbulos, ao passo que o *rotor fêmea* apresenta seis gargantas (reentrâncias). Como regra geral, o motor de acionamento atua sobre o rotor macho. Outras combinações de número de lóbulos podem ser encontradas, como (5, 6) e (5, 7) [1]. Alguns compressores são construídos de tal modo que o motor atua diretamente sobre o rotor fêmea e, nesse caso, a rotação do rotor macho é 50% superior à do caso anterior. No caso da Figura 5.1, se o rotor macho gira a uma rotação de 3.600 rpm, o rotor fêmea deverá fazê-lo a 2.400 rpm.

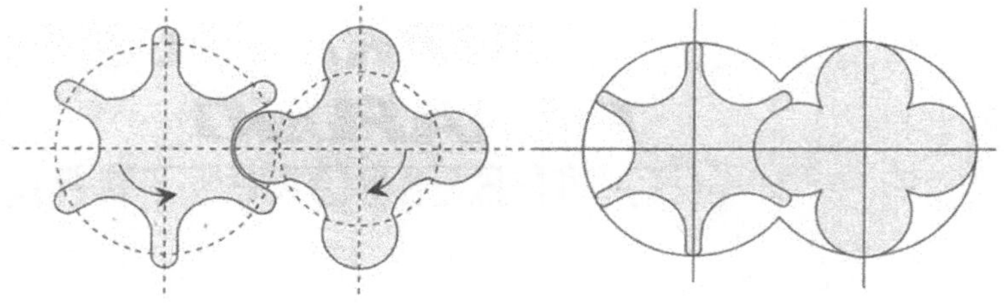

Figura 5.1 – Duas configurações dos rotores de compressores parafusos.

Fonte: referência [1].

A Figura 5.2 ilustra o princípio de funcionamento do compressor parafuso. O gás entra pela parte superior e deixa o compressor pela parte inferior. Na Figura 5.2(a), o refrigerante já penetrou os espaços vazios entre dois lóbulos adjacentes. À medida que os rotores giram, o gás deixa a região de entrada penetrando no espaço livre que compreende a reentrância do rotor fêmea e a carcaça do compressor. O gás começa a ser comprimido no momento do encaixe do lóbulo do rotor macho na reentrância do rotor fêmea, Figura 5.2(b). À medida que o lóbulo do rotor macho progride em virtude da rotação, o volume ocupado pelo gás diminui, resultando a compressão deste. O processo continua até que a abertura de saída fica acessível, instante em que o gás comprimido é descarregado, Figura 5.2(c).

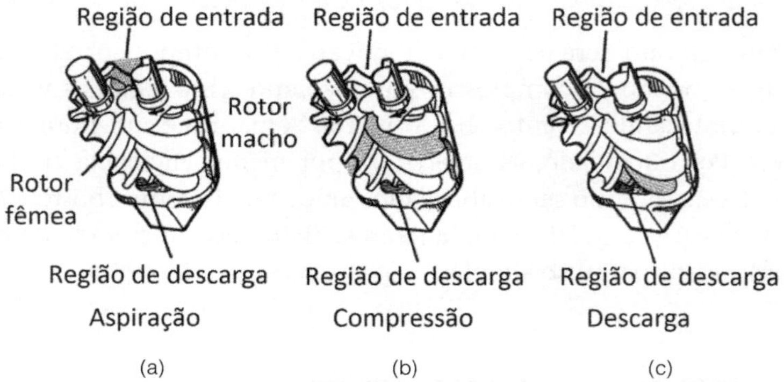

Figura 5.2 – (a) O gás penetra no espaço entre lóbulos; (b) o gás já ultrapassou a região de entrada e começa a ser comprimido; e (c) descarga do gás na região de saída.

Fonte: referência [1].

A Figura 5.3 apresenta vistas em corte de dois compressores parafuso, um do tipo *aberto* e o outro *semi-hermético*. Os primeiros compressores apresentavam rotores cujo engrenamento ocorria a rotações elevadas para evitar vazamentos de refrigerante. O selo (e o resfriamento) dos compressores modernos é feito com o próprio óleo de lubrificação. O circuito de óleo de um compressor parafuso é ilustrado esquematicamente na Figura 5.4. O óleo que deixa o compressor, arrastado pelo gás, deve ser separado a fim de evitar que se acumule em outras partes do circuito frigorífico, razão pela qual a mistura refrigerante-óleo deve passar inicialmente por um separador de óleo. Como resultado da troca de calor com o refrigerante aquecido no processo de compressão, o óleo se aquece, devendo ser resfriado em um trocador de calor antes de ser enviado de volta ao compressor, como ilustrado na Figura 5.4.

(a)

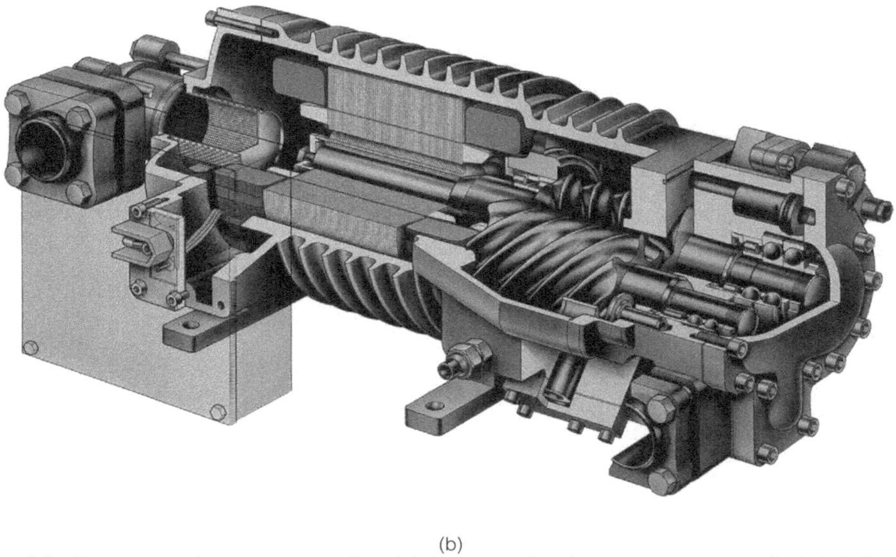

(b)

Figura 5.3 – Vistas em corte de compressores parafuso: (a) aberto, no qual se observa no canto direito a válvula de deslizamento e no plano superior central o filtro de admissão, explodido dos principais componentes de um compressor parafuso; (b) compressor parafuso semi-hermético.

Fontes: (a) cortesia Johnson Controls; (b) cortesia Bitzer Brasil.

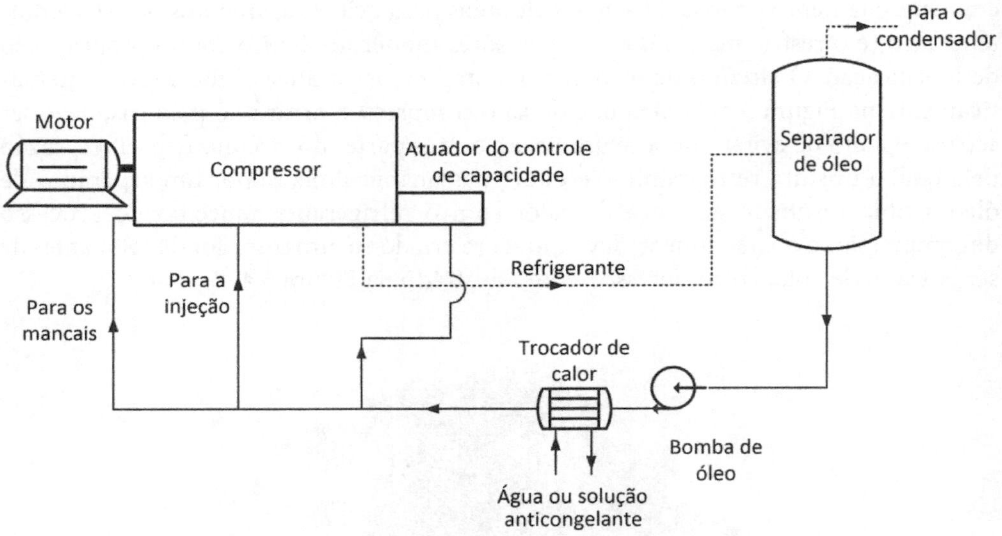

Figura 5.4 – Circuito de óleo de um compressor parafuso.

5.3 DESEMPENHO DE UM COMPRESSOR PARAFUSO

Na presente análise será considerado um compressor básico, de rotação constante e sem controle de capacidade, tema que será abordado na Seção 5.6. Um parâmetro fundamental do compressor parafuso é a *relação entre volumes*,[1] definida como:

$$RV = \frac{\text{Volume da cavidade no instante que se fecha a abertura de admissão}}{\text{Volume da cavidade no instante que se descobre a abertura de saída}} \quad (5.1)$$

Na indústria, são adotadas relações entre volumes variando entre 2,0 e 5,5, dependendo do projeto. A relação entre pressões depende diretamente daquela entre volumes, como pode-se concluir admitindo que a compressão seja isoentrópica. Nesse caso, a relação entre pressões pode ser estimada pela seguinte expressão, válida para processos de compressão isoentrópicos de gases perfeitos:

$$RP = (RV)^k \quad (5.2)$$

O expoente k na equação anterior, admitido como constante, é igual à relação entre calores específicos do gás (c_p/c_v).

A Tabela 5.1, com valores da relação entre pressões, RP, correspondendo a distintas relações entre volumes para distintos refrigerantes, foi levantada assumindo um esta-

1 Alguns autores a denominam *taxa de compressão*, como nos motores de combustão interna.

do de admissão de vapor saturado a −30 °C e compressão isoentrópica. Observa-se que a amônia apresenta a maior RP para dado valor de RV. Esse resultado está relacionado ao maior valor da relação entre calores específicos (c_p/c_v) que caracteriza a amônia em relação aos demais refrigerantes da tabela. Valores aproximados aos da Tabela 5.1 poderiam ser obtidos pela aplicação da Equação (5.2), válida para gases perfeitos, desde que valores adequados do expoente k fossem utilizados.

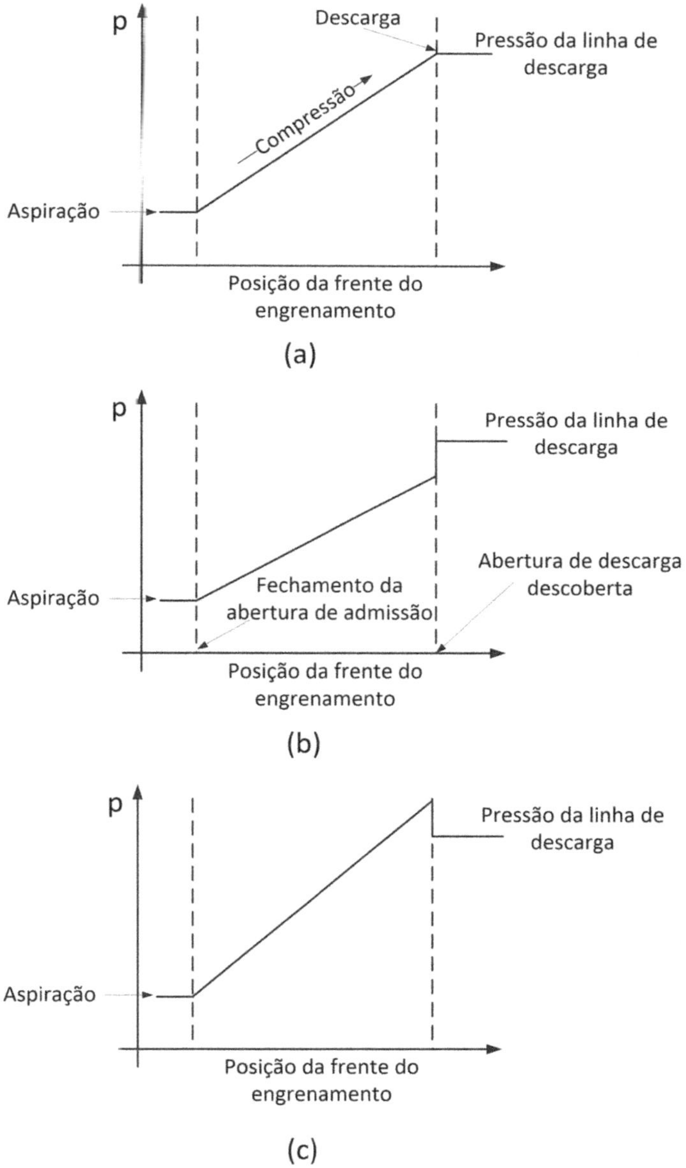

Figura 5.5 – Pressões durante a aspiração, a compressão e a descarga para as seguintes condições envolvendo a pressão no interior do compressor e na região de saída: (a) iguais; (b) pressão superior na região de saída; e (c) pressão inferior na região de saída.

Tabela 5.1 – Relação entre pressões para compressão isoentrópica de distintos refrigerantes.*

Relação entre volumes	Amônia	R-22	R-404A
2,0	2,47	2,24	2,10
3,0	4,17	3,56	3,19
4,0	6,03	4,92	4,27
5,0	8,01	6,30	5,32
6,0	10,1	7,70	6,35

* Vapor saturado a –30 °C na aspiração.

Se a relação entre pressões de operação do compressor é igual àquela correspondente à relação entre volumes da Tabela 5.1, a abertura de descarga se descobrirá no exato instante em que a pressão do gás se iguala à pressão na região de descarga. O refrigerante será, então, expelido pela simples rotação dos rotores. Essa condição é ilustrada na Figura 5.5(a), na qual se mostra a variação da pressão na cavidade entre os rotores e a carcaça à medida que o engrenamento evolui. É evidente que a situação descrita raramente deve ocorrer, de modo que uma análise de situações mais realistas se faz necessária. A Figura 5.5(b) ilustra uma condição em que o refrigerante não atinge a pressão da região de descarga durante o processo de compressão. Nesse caso, assim que a abertura de descarga é descoberta, dá-se um fluxo instantâneo de gás da região de descarga para a câmara, elevando a pressão no seu interior. A seguir, o progressivo engrenamento dos rotores expele a mistura de refrigerante (aquele da região de descarga que penetra no compressor e o que foi anteriormente comprimido). A Figura 5.5(c) ilustra a outra condição que pode se apresentar. Nesse caso, quando a região de descarga é descoberta, a pressão na câmara é superior, o que promove sua rápida descompressão pelo escoamento do gás no sentido da região de descarga.

5.4 EFICIÊNCIA DE COMPRESSÃO ADIABÁTICA

A eficiência de compressão adiabática foi definida na Equação (4.13), reproduzida a seguir para facilidade do leitor:

$$\eta_a, \% = 100 \frac{\text{Trabalho (potência) de compressão isoentrópico, kJ/kg}}{\text{Trabalho (potência) de compressão real, kJ/kg}} \tag{5.3}$$

Em compressores alternativos, a eficiência de compressão é significativamente afetada pela temperatura de evaporação, como ilustrado na Figura 4.11. Nos compressores parafuso, a eficiência depende da relação entre volumes do compressor e da relação entre pressões de operação, como se observa na Figura 5.6 para um compressor de amônia. Verifica-se que a curva da eficiência atinge um valor máximo para certa relação entre as pressões de descarga e de aspiração, que, por sua vez, depende da relação entre volumes do compressor. As distintas curvas apresentam tendências relacionadas com o comportamento observado nos distintos casos da Figura 5.5 e serão analisadas em detalhe a seguir.

O primeiro aspecto a ser abordado é a ocorrência do valor máximo nas curvas de eficiência. Pode-se afirmar que a situação ideal ocorreria na condição em que a pressão na cavidade do compressor se elevasse até o exato valor correspondente à pressão na região de descarga. Na Tabela 5.1, foram apresentadas as relações entre pressões correspondentes a distintas relações entre volumes para compressores de amônia, R-22 e R404A. Verifica-se que as relações entre pressões são superiores às suas correspondentes entre volumes. Além disso, na Figura 5.6, pode-se observar que as relações entre pressões ótimas não correspondem àquelas que aparecem na Tabela 5.1, sendo superiores. As razões que explicam tal discordância são duas, descritas a seguir.

(i) A compressão não é adiabática (nem reversível), como foi admitido na elaboração da Tabela 5.1. Na realidade, alguma troca de calor pode ocorrer durante o processo de compressão.

(ii) Pode ocorrer alguma fuga de refrigerante durante o processo de compressão, impedindo a obtenção da relação ideal entre pressões.

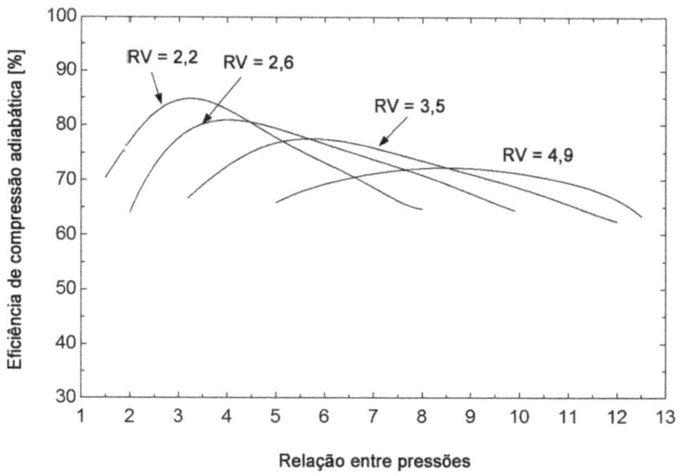

Figura 5.6 – Eficiência da compressão adiabática de compressores parafuso.

Outro aspecto é o que diz respeito à redução na eficiência, resultante da compressão até pressões inferiores ou superiores àquela na região de saída. A explicação pode ser encontrada nos conceitos de expansão resistida ou não resistida, apresentados em textos básicos de termodinâmica. A Figura 5.7 ilustra a diferença entre as duas expansões. No caso (a), um recipiente é dividido em dois compartimentos por uma divisória. Um dos compartimentos contém um gás e o outro se encontra em vácuo. Se a divisória for removida, o gás se expandirá ocupando todo o volume e, uma vez restabelecido o equilíbrio, sua pressão será inferior àquela do início. Por outro lado, se no caso (b) a força que mantém o êmbolo na sua posição for levemente reduzida, o êmbolo se deslocará sob a ação da pressão do gás. Continuando o processo até que o êmbolo atinja a superfície à direita do recipiente, a pressão do gás será do mesmo modo reduzida, mas em um processo mais "eficiente", uma vez que houve realização de trabalho. A questão agora é relacionar esses dois processos anteriormente descritos ao problema da eficiência. A situação descrita na Figura 5.5(c), em que a pressão no interior da cavidade é superior à da região de descarga quando esta é descoberta, corresponde a um processo em que se verifica uma expansão não resistida do gás. O trabalho para comprimir o gás até um excesso de pressão em relação àquela da região de descarga é "perdido" no processo de expansão não resistida que se segue à abertura dessa região. No caso da Figura 5.5(b), quando a comunicação com a região de descarga é estabelecida, verifica-se a ocorrência de uma expansão (não resistida) do gás daquela região para o interior da cavidade. No início, a expansão é significativa, mas, à medida que a pressão na câmara aumenta, a intensidade da expansão vai se reduzindo. Em suma, tanto num caso como no outro, a ocorrência de uma expansão não resistida reduz a eficiência do processo. A diferença é que, no caso da Figura 5.5(c), a situação é muito pior em virtude do trabalho em excesso para comprimir o gás até uma pressão superior à da região de descarga.

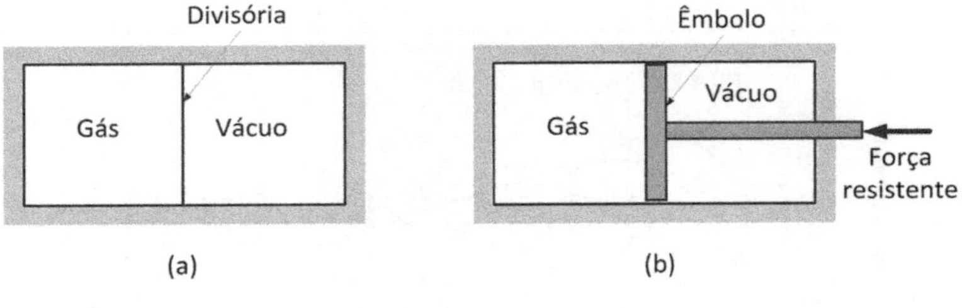

Figura 5.7 – (a) Expansão não resistida; (b) expansão resistida.

A análise precedente está relacionada às tendências observadas na Figura 5.6, no sentido de que o pico de eficiência se dá para a situação em que a pressão desenvolvida na cavidade é igual à da região de descarga quando esta é descoberta, situação que corresponde ao caso (a) da Figura 5.5. À esquerda do pico, correspondem situações em que a pressão desenvolvida na câmara é superior à da região de descarga, caso (c) da Figura 5.5.[2] À direita, estão associadas situações em que a pressão desenvolvida é inferior à da região de descarga. Verifica-se que a redução de eficiência à esquerda do pico é muito mais drástica que à direita, como resultado do maior efeito da diferença de pressões na expansão não resistida que se dá quando a pressão desenvolvida na câmara é superior à da região de saída.

---

2 É interessante lembrar que a relação entre pressões é entre a pressão na região de descarga e na de admissão. Nas condições correspondentes à esquerda do pico das curvas do gráfico da Figura 5.6, a pressão de descarga é inferior à máxima pressão na câmara correspondente à particular relação entre volumes e muito próxima à correspondente ao pico.

5.5 EFEITO DAS TEMPERATURAS DE EVAPORAÇÃO E DE CONDENSAÇÃO

Como observado no capítulo precedente, para o projetista e o operador de uma instalação frigorífica, é fundamental conhecer o efeito das pressões de aspiração e de descarga sobre a capacidade de refrigeração e a potência de compressão, uma vez que são raras as situações em que essas pressões se mantêm constantes. No caso da potência, seu comportamento em face de variações das pressões-limite não só é importante sob o ponto de vista da análise energética do sistema, mas, como observado anteriormente, na adequada seleção do motor de acionamento do compressor, evitando-se com isso situações de sobrecarga deste.

O efeito da temperatura de evaporação sobre a capacidade de refrigeração e a potência de compressão de um compressor alternativo ideal foi ilustrado nas Figuras 4.5 e 4.6, enquanto o efeito da temperatura de condensação foi resumido nas Figuras 4.8 e 4.9. As tendências observadas nessas figuras foram confirmadas pelo desempenho de um compressor real, ilustrado na Tabela 4.1. Embora no caso do compressor parafuso o desempenho seja, em linhas gerais, semelhante ao do alternativo, algumas diferenças são dignas de nota. Se, por um lado, a maioria das características de desempenho do compressor alternativo é atribuída a efeitos do rendimento volumétrico, do volume específico e do trabalho de compressão, no caso do compressor parafuso, o rendimento volumétrico não exerce um efeito tão significativo. No compressor alternativo, a queda no rendimento volumétrico está associada principalmente à expansão do gás residual do espaço nocivo, como ilustrado na Figura 4.10. Tal situação não ocorre no compressor parafuso, razão pela qual o seu desempenho é menos sensível à relação entre pressões. As Figuras 5.8 e 5.9 ilustram como as temperaturas de evaporação e de condensação afetam a capacidade de refrigeração e a potência de compressão de um compressor parafuso. As tendências são fundamentalmente as mesmas do compressor alternativo. Entretanto, como se constata na Tabela 5.2, algumas diferenças importantes podem ser notadas. A maioria delas está relacionada ao reduzido efeito que o rendimento volumétrico exerce sobre o compressor parafuso. A potência de compressão de um compressor parafuso é menos afetada pela pressão de aspiração que a do compressor alternativo para pequenas relações entre volumes. Por outro lado, a pressão de descarga exerce um efeito mais significativo sobre a potência de compressão do compressor parafuso, como se constata na Tabela 5.2.

Tabela 5.2 – Tabela comparativa dos efeitos das temperaturas de evaporação e de condensação sobre compressores alternativos e parafuso (dados da Tabela 4.1 e das Figuras 5.8 e 5.9)

Variação	Compressor	Efeito
Aumento da temperatura de evaporação de −25 °C para −10 °C	Parafuso	Aumento da capacidade de um fator 1,84
	Alternativo	Aumento da capacidade de um fator 2,09
	Parafuso	Aumento da potência de um fator 1,17
	Alternativo	Aumento da potência de um fator 1,30
Aumento da temperatura de condensação de 30 °C para 40 °C	Parafuso	Diminuição da capacidade de um fator 0,96
	Alternativo	Diminuição da capacidade de um fator 0,87
	Parafuso	Aumento da potência de um fator 1,22
	Alternativo	Aumento da potência de um fator 1,11

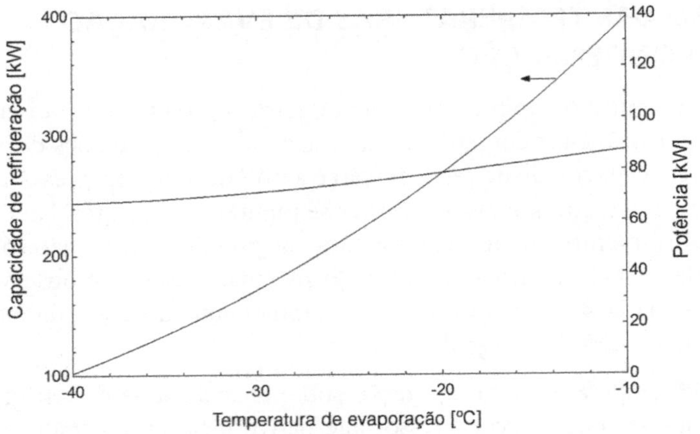

Figura 5.8 – Efeito da temperatura de evaporação sobre a capacidade de refrigeração e a potência de compressão de um compressor de amônia do tipo parafuso, para uma temperatura de condensação de 30 °C e rotação de 2.900 rpm (modelo OSNA8591-K Bitzer).

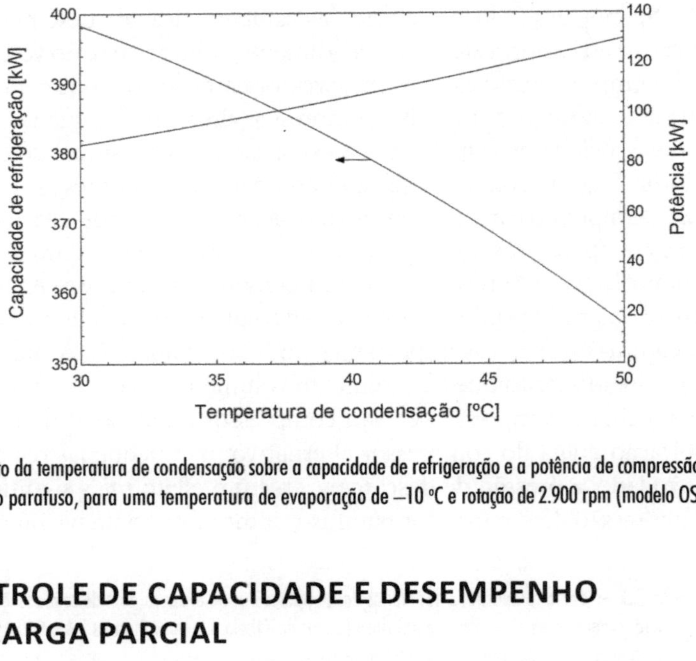

Figura 5.9 – Efeito da temperatura de condensação sobre a capacidade de refrigeração e a potência de compressão de um compressor de amônia do tipo parafuso, para uma temperatura de evaporação de –10 °C e rotação de 2.900 rpm (modelo OSNA8591-K Bitzer).

5.6 CONTROLE DE CAPACIDADE E DESEMPENHO EM CARGA PARCIAL

Uma opção para o controle da capacidade de compressores parafuso é atuar sobre a rotação do motor de acionamento, uma vez que tais compressores podem operar com segurança entre 1.800 rpm e 4.500 rpm. Entretanto, um procedimento mais econômico é a operação com a denominada *válvula de deslizamento* (*slide valve*), adotado pela maioria dos fabricantes de compressores parafuso na atualidade. Uma representação esquemática da válvula, ilustrando o princípio de funcionamento, pode ser vista na Figura 5.10. A válvula de deslizamento é constituída por uma seção da carcaça cilíndrica do compressor, Figura 5.10(a). A plena capacidade, a válvula é um elemento contínuo da carcaça, Figura 5.10(b). Entretanto, a cargas parciais, o eixo de acionamento empurra a parte móvel, afastando-a da parte fixa, com o que o volume efetivo da câmara de engrenamento é reduzido, o que ocasiona uma diminuição da capacidade frigorífica do compressor. Capacidades inferiores a 10% da máxima podem ser obtidas pela ação da válvula de deslizamento em compressores parafuso.

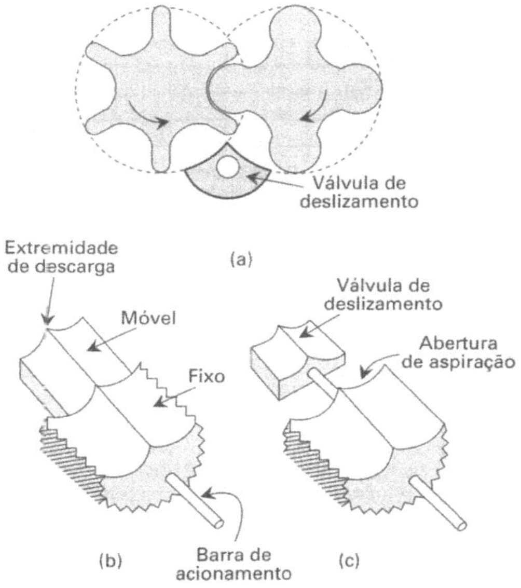

Figura 5.10 – Válvula de deslizamento para o controle da capacidade de um compressor parafuso. Sua posição relativa (a) aos rotores; (b) a plena carga; e (c) a carga parcial.

A válvula de deslizamento é um dispositivo eficiente de controle de capacidade, uma vez que não há qualquer estrangulamento do gás, ou retorno de gás comprimido para a câmara de aspiração. Uma válvula ideal manteria a relação entre volumes constante, o que, na prática, se verifica até certo ponto. Quando a válvula se encontra em posição de carga parcial, o volume da cavidade correspondente à fase de aspiração é reduzido. O volume da cavidade quando a região de descarga é descoberta também é diminuído, em consequência do movimento da válvula. A variação de volumes resultante não é a mesma, razão pela qual a relação entre volumes sofre alguma variação. Além disso, para reduções de capacidade superiores a 25%, o volume de descarga (aquele da cavidade quando a região de descarga é descoberta) permanece constante, de modo que reduções mais acentuadas da capacidade diminuem a relação entre volumes, do que resulta o desenvolvimento de menores pressões, que podem assumir valores inferiores àquela da região de descarga, configurando situações do tipo ilustrado na Figura 5.5(b). O resultado final, como observado anteriormente, é uma redução na eficiência de compressão, Figura 5.6.

Em instalações em que condições de carga parcial surgem como resultado de um esforço para regular a temperatura do fluido que é resfriado, a relação entre as pressões de operação do compressor também deverá diminuir, acompanhando a redução de carga. Uma razão para tal queda é a redução da diferença de temperatura entre o refrigerante e o fluido exterior, tanto no evaporador quanto no condensador (como consequência da redução de capacidade). Além disso, a redução de capacidade está associada, em geral, a uma queda na temperatura ambiente exterior, do que resulta uma redução da temperatura de condensação. Eficiências relativamente baixas são constatadas, especialmente em cargas inferiores a 50% da máxima, como se observa na Figura 5.11.

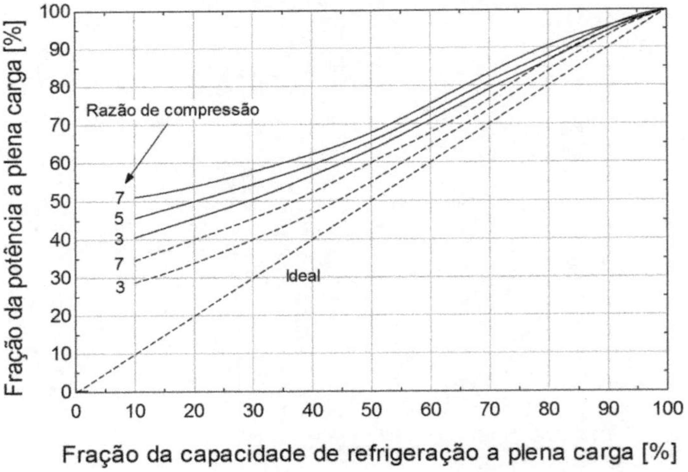

Figura 5.11 – Potência de compressão para condições de carga parcial de um compressor parafuso. As linhas contínuas correspondem a temperaturas de evaporação e condensação constantes, enquanto as tracejadas se aplicam aos casos em que a temperatura de condensação diminui e a de evaporação aumenta em condições de carga parcial.

5.7 COMPRESSORES COM RELAÇÃO ENTRE VOLUMES VARIÁVEL

A baixa eficiência em condições de carga parcial característica dos compressores parafuso tem sido objeto de atenção por parte de fabricantes, que têm procurado meios de amenizar essa condição. Uma solução encontrada é a de construir o mecanismo de deslizamento da Figura 5.10 de modo que tanto a parte móvel da válvula de deslizamento quanto a fixa possam se deslocar de modo que a relação entre volumes possa ser ajustada [2]. Nessas condições, quando a redução de capacidade frigorífica é elevada, a relação entre volumes pode ser elevada de modo a propiciar uma operação com o máximo de eficiência de compressão adiabática.

5.8 INJEÇÃO DE ÓLEO E RESFRIAMENTO

Os primeiros compressores parafuso operavam a altas rotações sem injeção de óleo. Esse procedimento foi posteriormente abandonado, sendo substituído pela injeção de óleo, que, além da lubrificação, propicia a vedação das folgas entre rotores e destes com a carcaça, evitando, com isso, a fuga de gás das regiões de alta para as de menor pressão. A mistura refrigerante-óleo tem a sua temperatura incrementada durante o processo de compressão, podendo, em alguns casos, atingir valores excessivamente elevados, razão pela qual o óleo deve ser resfriado. As temperaturas típicas do óleo antes de sua injeção no compressor dependem do refrigerante, variando entre 20 °C e 65 °C para o R-22 e entre 20 °C e 55 °C para a amônia.

Diferentes esquemas de resfriamento são adotados, podendo ser resumidos em duas categorias principais:

I. Resfriamento do óleo por intermédio de um trocador de calor do tipo carcaça-tubos:

   (i) utilizando água ou alguma salmoura; ou

   (ii) utilizando refrigerante do tanque de líquido circulado por bombeamento ou por efeito de termossifão.

II. Injeção direta de refrigerante líquido:

   (i) no próprio compressor; ou

   (ii) na linha de descarga.

Os distintos esquemas de resfriamento são ilustrados na Figura 5.12. O de resfriamento por água ou salmoura é ilustrado na Figura 5.12(a). Esse procedimento exige um meio de resfriamento proveniente de uma torre de resfriamento ou um resfriador em circuito fechado, além de uma bomba de circulação do líquido de resfriamento. No caso de utilização de uma torre de resfriamento, o trocador de calor fica sujeito ao aparecimento de incrustações, o que exige uma limpeza frequente. Na Figura 5.12(b), o meio de resfriamento é o próprio refrigerante do tanque de líquido, cuja circulação poderá ser feita por bomba ou por efeito de termossifão, como ilustra a figura. Esse esquema apresenta a vantagem de transferir a carga de resfriamento do óleo diretamente ao condensador. No caso de se utilizar uma bomba, o interior desta se encontra a uma pressão muito superior à do ambiente exterior, razão pela qual o selo de vedação deve ser cuidadosamente projetado. A alternativa seria a que se ilustra na Figura 5.12(b), consistindo em um sistema termossifão sem partes móveis, mas que exige uma elevação adequada do tanque de líquido em relação ao trocador de calor para uma adequada circulação do refrigerante. A instalação de tais sistemas em circuitos recondicionados pode enfrentar dificuldades em virtude do elevado espaço físico que exigem.

A injeção de refrigerante diretamente no compressor, como ilustrado na Figura 5.12(c), não requer componentes mecânicos com partes móveis. A taxa com que o refrigerante proveniente do tanque de líquido é injetado no compressor é regulada por uma válvula controlada pelo superaquecimento do gás de descarga do compressor. A injeção de refrigerante se faz em uma região onde o gás já foi parcialmente comprimido.

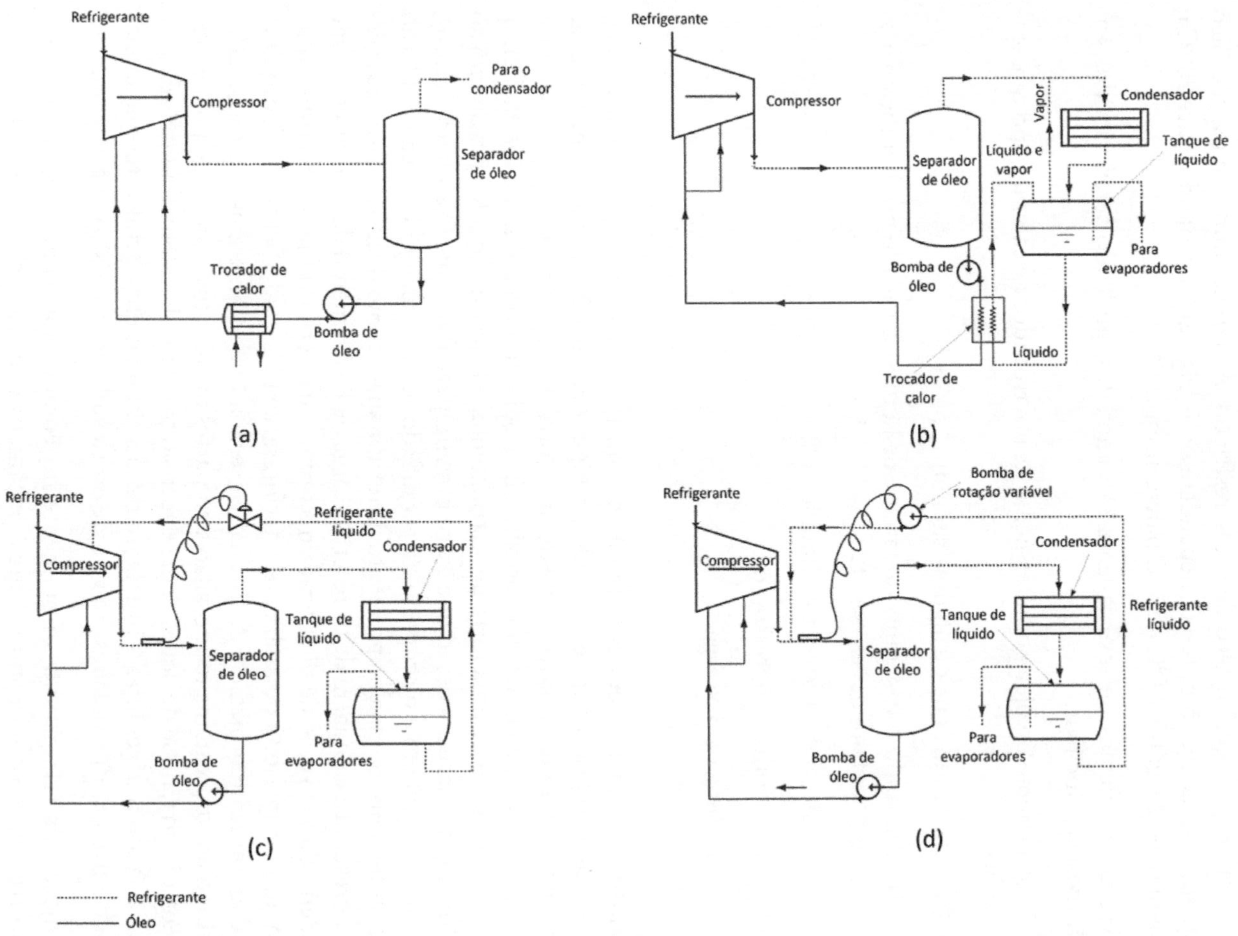

Figura 5.12 – Alguns esquemas de refrigeração do óleo de lubrificação adotados em compressores parafuso. (a) Resfriamento com água ou salmoura; (b) resfriamento pelo próprio refrigerante circulado por uma bomba ou por termossifonamento; (c) injeção de refrigerante durante o processo de compressão; e (d) bombeamento de refrigerante para a linha de descarga.

Como a localização ótima pode depender do regime de carga a que o compressor é submetido, é possível designar alguns pontos de injeção [5] e incorporar um controlador automático para a tomada de decisão a respeito do ponto em que deve ser realizada a injeção.

A conveniência do esquema de injeção de refrigerante é objeto de discussão na indústria, principalmente no que diz respeito aos limites de utilização e às vantagens em termos de capacidade e potência de compressão.

A taxa de rejeição de calor nos sistemas das Figuras 5.12(a) e 5.12(b) pode ser significativa, principalmente quando o compressor opera com relações entre pressões elevadas, como se constata na Figura 5.13. O calor removido no trocador de calor, em porcentagem do calor total rejeitado no circuito (soma daquele trocado no evaporador mais a potência de compressão), é apresentado nessa figura como função da temperatura de evaporação, para diversas temperaturas de condensação.

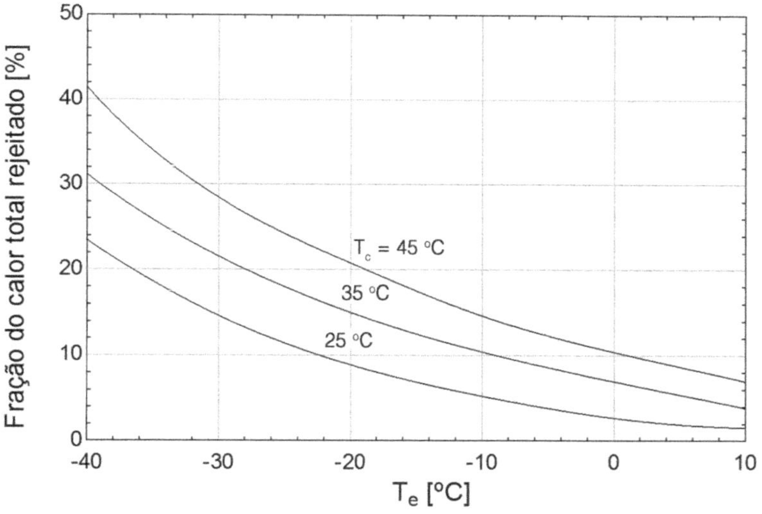

Figura 5.13 – Calor total para resfriamento de óleo em porcentagem do calor rejeitado no condensador.

Outro aspecto a ser considerado em relação ao trocador de calor externo é a necessidade de utilizar uma torre de resfriamento em separado para o resfriamento da água, especialmente quando a fração da carga para resfriamento do óleo é elevada, em vez da água do tanque do condensador evaporativo, uma vez que, nesse caso, o desempenho do condensador poderia ser comprometido. No caso do sistema termossifão, Figura 5.12(b), o calor removido do óleo deverá ser rejeitado no condensador.

5.9 ASPIRAÇÃO A UMA PRESSÃO INTERMEDIÁRIA

Um compressor parafuso pode ser convertido em uma versão de duplo estágio, bastando para isso uma porta de acesso logo após a aspiração normal, numa região onde o gás tenha sido parcialmente comprimido. Nessas condições, o compressor poderia receber vapor de refrigerante a uma pressão intermediária, comprimindo-o até a pressão de descarga. Tal porta de acesso torna possível um circuito como o ilustrado na Figura 5.14, que pode tanto ser utilizado como circuito com remoção do gás de *flash* (Seção 3.2) quanto operar com evaporador a uma pressão de evaporação intermediária (Seção 3.6). Instalações com remoção de gás de *flash* são denominadas *sistemas com "economizer"*. Esse tipo de compressor propicia, numa só máquina, as vantagens das instalações dotadas de dois compressores. Os fabricantes podem escolher a posição da porta, de modo que a pressão intermediária desejada seja satisfeita. Entretanto, uma vez escolhida a posição, não é possível mudá-la e o valor da pressão intermediária deverá variar de acordo com as pressões de aspiração (baixa) e de descarga. Deve-se observar que, com a utilização de compressor *booster* e compressor de alta pressão formando unidades separadas, é possível controlar a pressão intermediária. Voltando para a porta de acesso à pressão intermediária, deve-se enfatizar que, no caso do controle de capacidade por válvula de deslizamento, quando esta é posicionada para reduzir a vazão de refrigerante, a pressão intermediária também será afetada. Assim, parte da eficiência adicional conseguida com a porta à pressão intermediária será perdida em condições de carga parcial do compressor [6]. A pressão intermediária assume valores próximos aos da aspiração para capacidades inferiores a 75% da máxima, resultando pouco interessante.

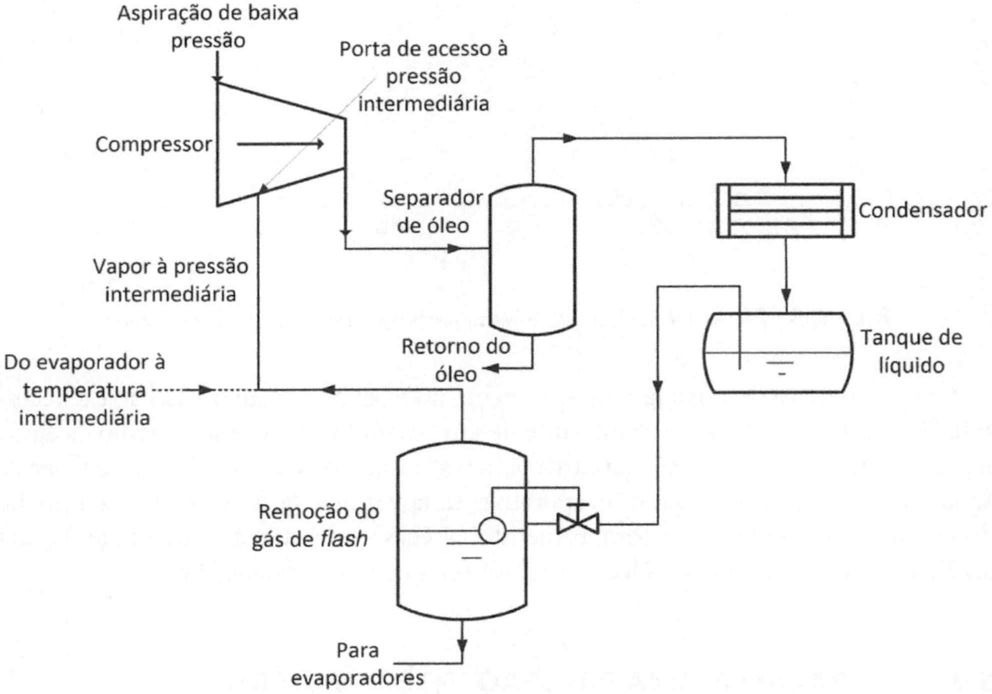

Figura 5.14 – Abertura para admissão à pressão intermediária, para utilização na remoção do gás de *flash* ou em cargas à pressão intermediária.

5.10 SELEÇÃO DO MOTOR DE ACIONAMENTO

A seleção do motor elétrico de acionamento dos compressores parafuso obedece a critérios padronizados. O motor deve ser capaz de satisfazer as condições de carga de projeto numa base permanente. Por outro lado, condições de sobrecarga, em que a pressão de aspiração se eleva a valores superiores aos de projeto, podem ser acomodadas pelo acionamento da válvula de deslizamento. Um aspecto que deve ser cuidadosamente observado na seleção do motor é o que diz respeito à partida. Esta constitui uma condição de alta exigência em virtude dos elevados momentos de inércia de que são detentores os fusos (rotores), o que exige um torque adicional do motor de acionamento. Este deve ser 10% superior àquele necessário em operação normal em toda a faixa de rotações [7]. A corrente de partida pode atingir valores de cinco a sete vezes aqueles que ocorrem em condições de rotação máxima, dependendo, naturalmente, do dispositivo de partida utilizado. Assim, como o aquecimento do enrolamento é proporcional ao quadrado da corrente, a taxa de aquecimento deste pode atingir valores que variam de 25 a 50 vezes as taxas em operação normal. A duração desse período de corrente elevada deve ser mantida em níveis razoáveis, pela seleção de um motor de acionamento dotado de um torque de partida adequado.

5.11 MERCADO DOS COMPRESSORES PARAFUSO

Os dois principais tipos de compressores em operação na refrigeração industrial são os alternativos e os parafuso. Nas últimas décadas, estes últimos têm adquirido maior importância, competindo com os alternativos, principalmente em instalações de grande capacidade. O compressor parafuso tem mostrado ser uma máquina confiável, capaz de operar durante anos seguidos sem manutenção, embora sejam recomendáveis inspeções visuais e testes dos mancais uma vez por ano. Uma curva comparativa do custo inicial desses dois tipos de compressores é mostrada na Figura 5.15(a). A taxa de deslocamento-limite, acima da qual o custo do compressor parafuso se torna inferior ao do alternativo, é da ordem de 0,25 a 0,35 m^3/s.[3] O compressor parafuso é vantajoso para grandes capacidades. A Figura 5.15(b) ilustra a capacidade de deslocamento de compressores parafuso e alternativos de distintos fabricantes [8]. Os fabricantes 1, 2 e 3 produzem ambos os tipos de compressor.

A rotação afeta diretamente a capacidade, como já foi observado. O compressor alternativo apresenta a vantagem de alguma flexibilidade em termos de rotação. Ela é, entretanto, limitada inferiormente pelas exigências da bomba de óleo, ao passo que superiormente o fator limitante é a velocidade do êmbolo, que não deve ultrapassar valores da ordem de 4,6 m/s. Os compressores parafuso operam em sua grande maioria a elevadas rotações, da ordem de 3.600 rpm em regiões onde a frequência da rede é de 60 Hz. Ainda na faixa de elevadas capacidades, o compressor parafuso apresenta a vantagem adicional de exigir um espaço físico menor que o alternativo.

---

3 É interessante notar que os compressores alternativos podem atingir taxas de deslocamento da ordem de 0,8 m^3/s, enquanto os parafuso atingem taxas variando na faixa entre 0,7 m^3/s e 2,8 m^3/s, dependendo do fabricante.

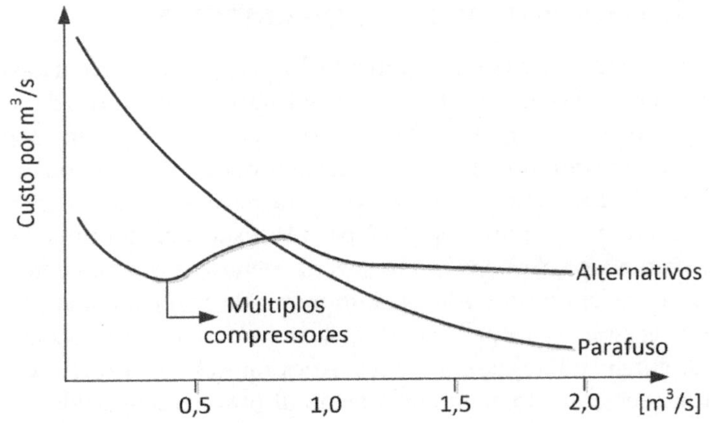

(a)

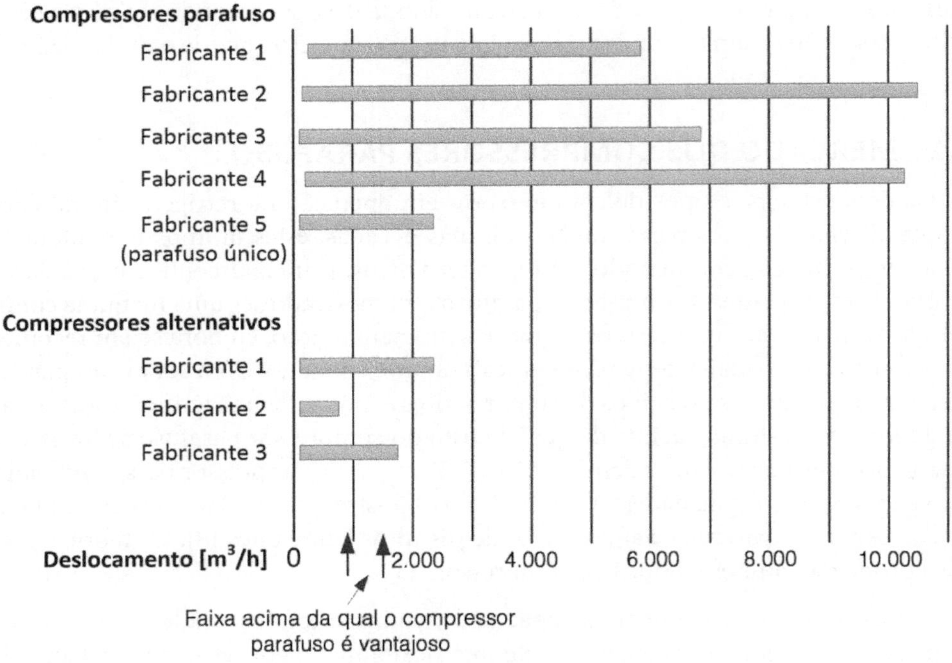

(b)

Figura 5.15 – (a) Curva comparativa do custo inicial de compressores parafuso e alternativos; (b) capacidades de deslocamento de compressores alternativos e parafuso de distintos fabricantes.

Fonte: referência [8].

No capítulo anterior, foi discutida a faixa de relação entre pressões adequada para compressores alternativos, tendo sido sugeridos valores máximos da ordem de 8 a 9. Compressores parafuso, por outro lado, podem operar com relação entre pressões até da ordem de 20, embora valores tão elevados sejam raramente utilizados, preferindo-se, neste caso, os benefícios da compressão em estágio duplo. Entretanto, mesmo em instalações dotadas de estágio duplo de compressão, a utilização de um único compressor parafuso pode ser interessante em períodos de baixa exigência de carga.

Um tema que tem suscitado alguma controvérsia no meio técnico é o relacionado ao efeito de golpes de líquido em compressores parafuso. Embora defensores entusiastas desse compressor possam argumentar que tal efeito é inexistente, como o confirma a adoção do método da injeção de refrigerante líquido para resfriamento do óleo, na prática alguns problemas têm sido constatados, como a erosão dos rotores ou paradas intempestivas do compressor resultantes da excessiva quantidade de líquido no interior das cavidades. Parece que o fator determinante nesse caso é o relacionado com a taxa de injeção de óleo, uma vez que, se a quantidade de refrigerante no óleo for elevada, o refrigerante poderá sofrer um processo de *flash*, afetando a bomba de óleo e, em consequência, a parada do compressor. Tais eventos podem resultar em efeitos desagradáveis, como o comprometimento dos mancais e o desgaste ou erosão dos rotores.

Outro aspecto que deve ser considerado com relação ao compressor parafuso é o da adequada operação de dois compressores em paralelo em condições de carga parcial. Em uma instalação de compressores alternativos, à medida que a carga diminui, um dos compressores é "descarregado" progressivamente, enquanto o outro opera à plena carga. Numa instalação de compressores parafuso, por outro lado, a operação de algum dos compressores com capacidade inferior a 50% da máxima deve ser evitada.

5.12 COMPRESSOR PARAFUSO DE UM ÚNICO ROTOR

O compressor parafuso de rotor único foi desenvolvido pelo físico-engenheiro francês Bernard Zimmern durante a década de 1960. Patentes americanas e francesas desse tipo de compressor foram aprovadas em 1964-1965. As primeiras aplicações no mercado americano foram na compressão de ar, tendo sido aplicados a seguir em instalações frigoríficas [9, 10].

O compressor parafuso de rotor único consiste em um elemento cilíndrico com ranhuras (sulcos) helicoidais, constituindo o fuso propriamente dito, ilustrado na Figura 5.16. Acompanham o parafuso duas rodas dispostas transversalmente, que giram em sentidos opostos, denominadas *satélites*. O plano de rotação dessas rodas contém o eixo do parafuso. A carcaça envolve o rotor e os dois satélites, como se ilustra nas Figuras 5.16 e 5.17. O rotor gira com certa folga no interior da carcaça cilíndrica, que contém duas cavidades laterais por onde passam as rodas satélites. O acionamento é feito pelo eixo do parafuso, que aciona as rodas satélites. Uma vez que um dente da roda satélite engrena com o parafuso, o gás fica preso na câmara constituída pela ranhura do parafuso e a carcaça e limitada pela face da roda satélite. À medida que o engrenamento progride, o espaço ocupado pelo gás diminui, ocorrendo a compressão. O processo termina quando a porta da região de descarga é descoberta. O controle de capacidade se faz pela região de início de compressão, esquema parecido ao do compressor parafuso duplo. O processo de compressão ocorre tanto na parte superior quanto na inferior do compressor. Essa ação combinada alivia a carga radial sobre os mancais, de modo que a única carga que atua sobre estes, além da resultante do próprio peso, é a que atua sobre os eixos das rodas satélites, resultante da pressão do gás nos seus dentes durante o engrenamento.

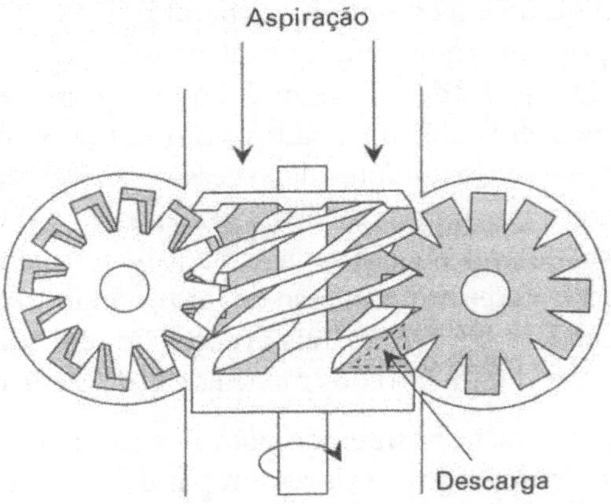

Figura 5.16 – O fuso do compressor parafuso simples no centro, com as rodas satélites laterais.

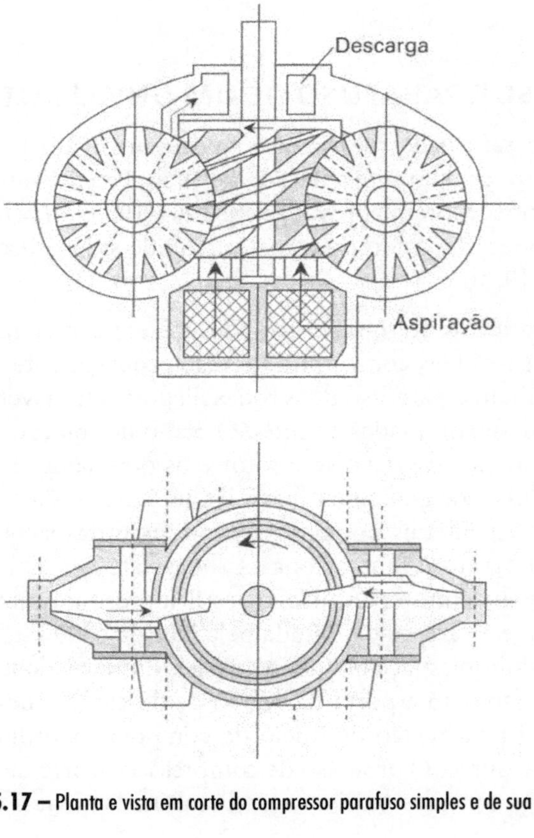

Figura 5.17 – Planta e vista em corte do compressor parafuso simples e de sua carcaça.

Esse compressor, a exemplo do de parafuso duplo, apresenta poucas partes móveis. Os fabricantes estão dirigindo esforços no sentido de estender as razoáveis eficiências de compressão a unidades de pequena capacidade, inferiores até às do parafuso duplo. Além disso, se as tentativas que estão sendo feitas no sentido de vedar as aberturas com refrigerante líquido, em vez de óleo, tiverem êxito, a eliminação do separador e do resfriador de óleo poderá resultar em unidades de menor porte e, acima de tudo, de custo inferior às atuais [11].

REFERÊNCIAS

1. ASHRAE - AMERICAN SOCIETY OF HEATING, REFRIGERATING AND AIR CONDITIONING ENGINEERS. *ASHRAE Handbook of HVAC Systems and Equipment 2012*. Atlanta, 2012.

2. PILLIS, J. W. Development of a variable volume ratio screw compressor. In: *Anais do encontro International Institute of Ammonia Refrigeration*, IIAR, abr. 1983.

3. MINER, S. M. *Advancements in screw compressor oil cooling systems - analyzed and compared* (artigo B2-091). XVI International Congress of Refrigeration, International Institute of Refrigeration, Paris, 1983.

4. THE STAL REFRIGERATION GROUP. *Screw Compressor Technical Manual*. Bensalem, 1983.

5. THE FRICK COMPANY. *Rotary screw compressor units*. (Bulletin E70-115SED). Waynesboro, 1983.

6. FLEMING, A. K.; EDWARDS, B. F. 1978, Energy efficiency performance of large refrigeration compressors. In: *Anais do Encontro da Comissão B2*, International Institute of Refrigeration, Delft, 1978.

7. VILTER MANUFACTURING CORPORATION. *Vilter VRS Rotary Screw Compressor Technical Manual*. Milwaukee, 1980.

8. BOWATER, F. J. *Large screw compressors in the refrigeration industry*. International Conference on Compressors and their Systems, IMechE, Cass Business School, City University, London, 7 a 10 set. 2003.

9. GRASSO, INC. *Grasso Monoscrew MS-10 Bulletin MS10*. Evansville, 1983.

10. APV HALL PRODUCTS. *The Hallscrew Compressor - Selection Guide*. Dartford, 1985.

11. ZIMMERN, B. 1983 *Single screw compressor with and without oil injection: a comparison in the field of heat pumps* (artigo B2-125). International Congress of Refrigeration, International Institute of Refrigeration, Paris, 1983.

CAPÍTULO 6
EVAPORADORES, SERPENTINAS E RESFRIADORES

6.1 MEIOS DE TRANSFERÊNCIA DA CARGA DE REFRIGERAÇÃO

O evaporador é o agente direto de resfriamento, constituindo a interface entre o processo e o circuito frigorífico. Com exceção daquelas aplicações em que ocorre o resfriamento direto do produto, como no caso dos congeladores de placas, a maioria dos evaporadores resfria ar ou líquidos como água, salmouras etc., os quais serão os agentes de resfriamento num processo.

Uma porcentagem expressiva dos sistemas frigoríficos envolve o condicionamento de ar no sentido amplo, por meio de um processo de resfriamento e secagem. O fluido de resfriamento nos trocadores de calor responsáveis por esse processo, conhecidos como *serpentinas*, pode ser o próprio refrigerante da instalação frigorífica (constituindo um evaporador), água ou uma salmoura (solução anticongelante). Em virtude do reduzido coeficiente de transferência de calor por convecção que caracteriza o ar, os tubos das serpentinas devem ser dotados de aletas com o objetivo de reduzir a resistência térmica exterior, razão pela qual assumem uma geometria peculiar, fazendo parte dos denominados *trocadores de calor compactos*. Uma representação esquemática de serpentina pode ser encontrada na Figura 6.1.

A maioria dos fabricantes conhece as complexidades do projeto de serpentinas, que inclui tópicos como circuitagem, disposição dos tubos e projeto das aletas, entre outros. Eles também conhecem muito bem o procedimento para conseguir uma taxa de transferência de calor máxima para um dado custo inicial. O presente capítulo não visa atingir o engenheiro de uma empresa fabricante de serpentinas, mas o usuário, aquele que seleciona serpentinas de catálogos e as aplica em instalações. Outro aspecto importante a ser explorado neste capítulo é o relacionado à remoção de umidade do ar numa serpentina, na forma de água ou neve. A secagem do ar é tão importante que, neste capítulo, além dos processos psicrométricos em serpentinas, as características das misturas ar-água serão exploradas com alguma profundidade. Os seguintes aspectos serão, ainda, considerados: seleção de serpentinas de refrigeração, deposição de neve nas serpentinas e sua remoção (degelo).

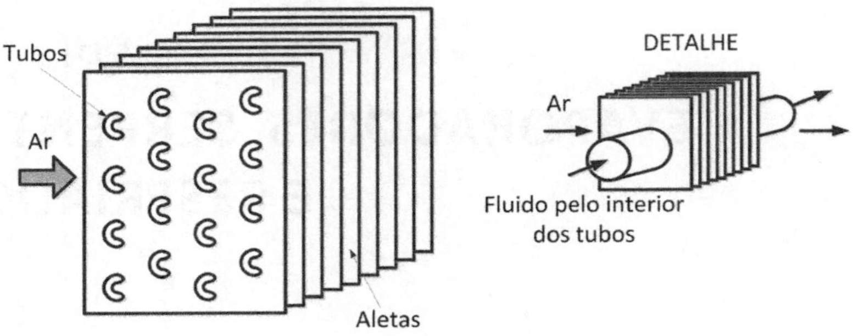

Figura 6.1 – Representação esquemática de uma serpentina de resfriamento e secagem de ar.

No passado, os resfriadores de líquidos eram constituídos predominantemente de evaporadores do tipo carcaça-tubos, representados esquematicamente na Figura 6.2 em duas versões típicas. Alguns evaporadores, como o da Figura 6.2(a), conhecido como *inundado*, apresentam o líquido escoando pelo interior dos tubos, enquanto o refrigerante muda de fase no lado da carcaça. Em outros, denominados *expansão direta*, cujo esquema é ilustrado na Figura 6.2(b), o refrigerante muda de fase escoando pelo interior dos tubos.

Na atualidade, os evaporadores carcaça-tubos estão sendo progressivamente substituídos por outros tipos, especialmente os de placas, ilustrados na Figura 6.3. Estes apresentam a vantagem do melhor desempenho térmico, o que lhes confere um tamanho relativamente reduzido comparado aos de carcaça-tubos, embora não estejam isentos de alguns problemas operacionais, como excessiva perda de carga e distribuição inadequada de refrigerante.

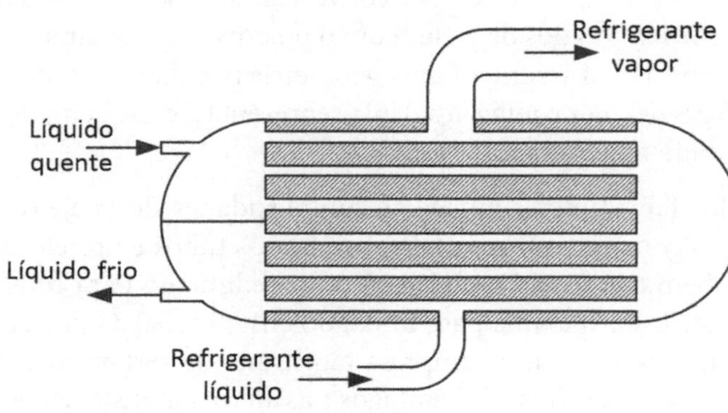

(a)

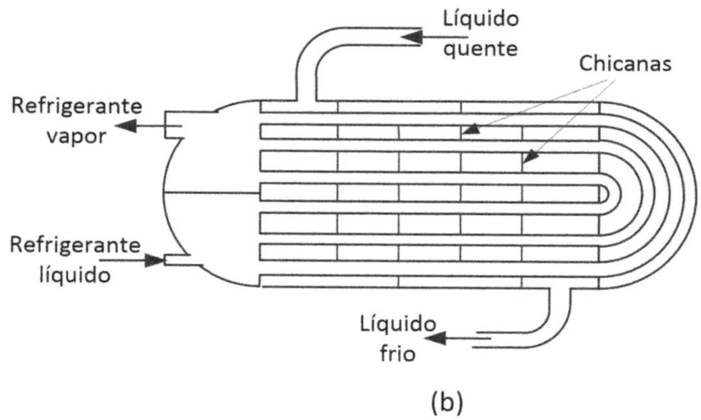

Figura 6.2 – Resfriadores de líquidos do tipo carcaça-tubos, com o refrigerante mudando de fase: (a) na carcaça; (b) nos tubos.

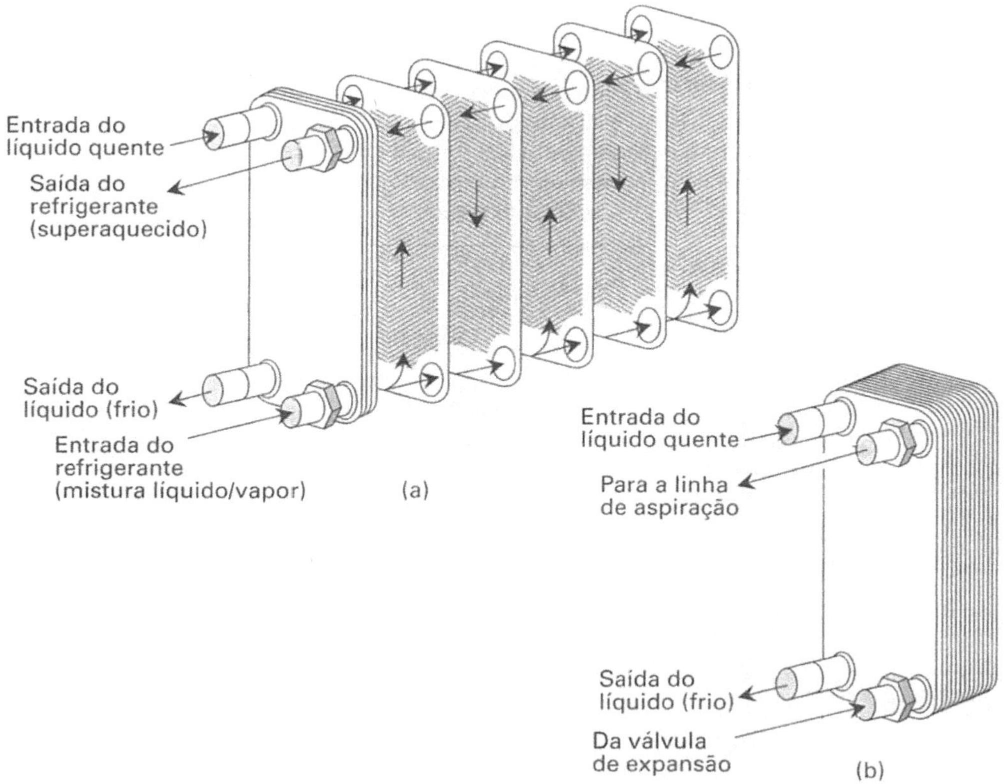

Figura 6.3 – Representação esquemática de um evaporador de placas. (a) Vista ilustrando o escoamento do refrigerante e do líquido sendo resfriado entre as placas; (b) o trocador de placas montado (tipo brasado).

A Tabela 6.1 apresenta uma relação dos distintos tipos de resfriadores de líquidos utilizados na indústria frigorífica e suas características [1]. Alguns dos tipos indicados não serão considerados no presente texto, podendo o leitor reportar-se à referência indicada para maiores informações.

Tabela 6.1 – Características de resfriadores de líquido de uso comum na indústria frigorífica [1]

Tipo	Subdivisão	Dispositivo de expansão associado	Capacidade usual [kW]	Refrigerantes usuais
Expansão direta	Carcaça-tubos	VET*	7 a 1.800	12, 22, 134a, 404A, 407C, 410A, 500, 502, 507A, 717
		Válvula eletrônica	7 a 1.800	Idem
	Tubos concêntricos	VET	18 a 90	12, 22, 134a, 717
	Placas soldadas	VET	20 a 700	12, 22, 134a, 404A, 407C, 410A, 500, 502, 507A, 508B, 717, 744
	Placas semissoldadas	VET	175 a 7.000	12, 22, 134a, 500, 502, 507A, 717, 744
Inundados	Carcaça-tubos	Boia/baixa pressão	90 a 7.000	11, 12, 22, 113, 114
		Boia/alta pressão	90 a 21.100	123, 134a, 500, 502, 507A, 717
	Carcaça-tubos/ película**	Boia/baixa pressão	180 a 35.000	11, 12, 13B1, 22
		Boia/alta pressão	180 a 35.000	113, 114, 123, 134a
	Placas soldadas	Boia/baixa pressão	2 a 700	12, 22, 134a, 500, 502, 507A, 717, 744
	Placas semissoldadas	Boia/baixa pressão	175 a 7.000	12, 22, 134a, 500, 502, 507A, 717, 744
Baudelot***	Inundado	Boia/baixa pressão	35 a 350	22, 717
	Expansão direta	VET	18 a 90	12, 22, 134a, 717
Carcaça/serpentina		VET	7 a 35	12, 22, 134a, 717

* VET: válvula de expansão termostática.

** Trocador de calor do tipo carcaça-tubos com o refrigerante mudando de fase no exterior e formando uma fina película ao redor dos tubos.

*** Semelhante ao anterior, mas com o fluido sendo resfriado escoando externamente por gravidade numa fina camada.

Fonte: referência [1].

6.2 COEFICIENTE GLOBAL DE TRANSFERÊNCIA DE CALOR

Calor é transmitido do fluido quente para o frio em trocadores de calor em um processo que pode ser associado a um circuito elétrico com resistências em série. As resistências dizem respeito aos seguintes mecanismos de transferência de calor: (i) convecção no lado do ar (ou do líquido que deve ser resfriado); (ii) condução através das aletas e da parede do tubo; e (iii) convecção no lado do refrigerante. A analogia com circuitos elétricos resulta da correspondência entre parâmetros físicos, como demonstrado na Tabela 6.2. Os parâmetros que intervêm são introduzidos na Figura 6.4, em que se ilustra esquematicamente uma serpentina de resfriamento de ar dotada de tubos lisos.

Tabela 6.2 – Parâmetros da analogia elétrica do mecanismo de transferência de calor em um trocador de calor

	Símbolos e unidades	
Parâmetro	**Elétrico**	**Transferência de calor**
Fluxo	I (Ampère)	q (W)
Potencial	V (Volt)	Δt (K ou °C)
Resistência	R (Ohm)	x/(kA) ou 1/(hA) (°C/W) ou (K/W)

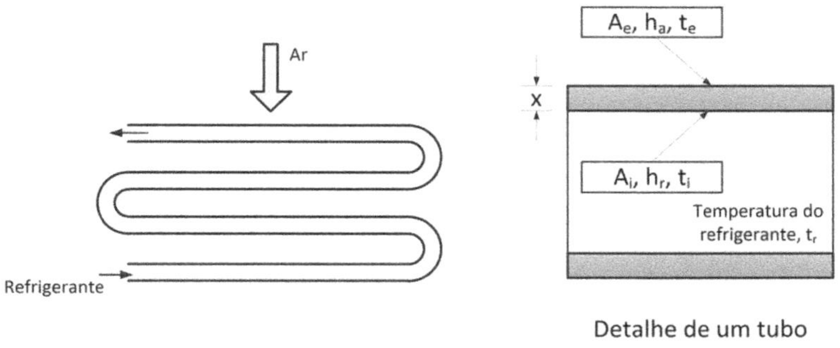

Figura 6.4 – Mecanismos de transferência de calor em uma serpentina de resfriamento de ar.

Desde que a lei de Ohm se expressa como I = V/R, por analogia, as equações correspondentes aos mecanismos de transferência de calor intervenientes assumem as seguintes expressões:

(i) *Transferência de calor por convecção do ar para a superfície exterior do tubo (e aletas)*

$$q = \frac{t_a - t_e}{\dfrac{1}{h_a A_e}} \tag{6.1}$$

(ii) *Transferência de calor por condução da superfície exterior do tubo para a superfície interior*

$$q = \frac{t_e - t_i}{\dfrac{x}{kA_{média}}} \tag{6.2}$$

(iii) *Transferência de calor por convecção da superfície interior do tubo para o refrigerante*

$$q = \frac{t_i - t_r}{\dfrac{1}{h_r A_i}} \tag{6.3}$$

As variáveis que intervêm nas Equações (6.1) a (6.3) são assim definidas:

A_e: Área da superfície exterior do tubo, m^2;

$A_{média}$: Área média entre a exterior e a interior da parede do tubo, m^2;

A_i: Área da superfície interior do tubo, m^2;

h_a: Coeficiente de transferência de calor por convecção no lado do ar, W/m^2K ($W/m^2\,°C$);

h_r: Coeficiente de transferência de calor por convecção no lado do refrigerante, W/m^2K ($W/m^2\,°C$);

k: Condutividade térmica do material do tubo, W/mK;

t_a: Temperatura do ar, K (°C);

t_e: Temperatura da superfície exterior do tubo, K (°C);

t_i: Temperatura da superfície interior do tubo, K (°C);

t_r: Temperatura do refrigerante, K (°C);

x: Espessura da parede do tubo, m.

As temperaturas geralmente conhecidas são as dos fluidos, t_a e t_r, de modo que é interessante relacionar o fluxo de calor à diferença de potencial associada àquelas temperaturas. Para tanto, as Equações (6.1) a (6.3) devem ser escritas como:

$$q\left(\frac{1}{h_a A_e}\right) = \left(t_a - t_e\right) \tag{6.4}$$

$$q\left(\frac{x}{kA_{média}}\right)=\left(t_e-t_i\right) \tag{6.5}$$

$$q\left(\frac{1}{h_rA_i}\right)=\left(t_i-t_r\right) \tag{6.6}$$

Pela adição membro a membro dessas equações, as temperaturas t_e e t_i podem ser eliminadas, resultando:

$$q\left(\frac{1}{h_aA_e}+\frac{x}{kA_{média}}+\frac{1}{h_rA_i}\right)=\left(t_a-t_r\right)$$

ou ainda:

$$q=\frac{\left(t_a-t_r\right)}{\left(\frac{1}{h_aA_e}+\frac{x}{kA_{média}}+\frac{1}{h_rA_i}\right)} \tag{6.7}$$

O *coeficiente global de transferência de calor*, U, pode ser definido de tal modo que:

$$q=UA\left(t_a-t_r\right) \tag{6.8}$$

Como distintas áreas estão incluídas na análise (A_e, A_i), o valor de U deve ser referido a cada uma delas, assumindo distinto valor:

$$q=U_eA_e\left(t_a-t_r\right)=U_iA_i\left(t_a-t_r\right) \tag{6.9}$$

Comparando as Equações (6.7) e (6.9), obtém-se a expressão de U:

$$\frac{1}{U_eA_e}=\frac{1}{U_iA_i}=\left(\frac{1}{h_aA_e}+\frac{x}{kA_{média}}+\frac{1}{h_rA_i}\right) \tag{6.10}$$

A Equação (6.10) sugere um retorno à analogia elétrica segundo a qual a resistência total de um circuito em série é igual à soma das resistências que o compõem. Assim, para o caso da transferência de calor do ar para o refrigerante, a resistência total associada será dada pela seguinte equação:

$$R_{total}=\frac{1}{U_eA_e}=\frac{1}{U_iA_i}=R_{ar}+R_{tubo}+R_{refrigerante} \tag{6.11}$$

EXEMPLO 6.1

Qual deve ser o valor do coeficiente global de transferência de calor, U, em um evaporador em que o coeficiente de transferência de calor no lado do ar é igual a 60 W/m²K e o coeficiente correspondente no lado do refrigerante é igual a 1.200 W/m²K? O tubo apresenta diâmetros interior e exterior de 20,9 mm e 26,7 mm, respectivamente. O material do tubo é aço, cuja condutividade térmica é igual a 45 W/mK.

Solução

Na Equação (6.10), não é necessário conhecer a área das superfícies envolvidas. Somente a relação entre áreas é necessária para a determinação do coeficiente global de transferência de calor. Assim,

$$\frac{1}{U_i}=\frac{A_i}{h_a A_e}+\frac{xA_i}{k\left(\frac{A_i+A_e}{2}\right)}+\frac{1}{h_r} \qquad (6.12)^1$$

A relação entre áreas de superfícies cilíndricas de mesmo comprimento é igual à relação entre os diâmetros, de modo que:

$$\frac{A_i}{A_e}=\frac{20,9}{26,7}=0,783 \quad \text{e} \quad \frac{A_i}{A_{\text{média}}}=\frac{20,9}{\frac{20,9+26,7}{2}}=0,878$$

Como a espessura do tubo é igual a: $x = (26,7\text{-}20,9)/2 = 2,9$ mm $= 0,0029$ m, todos os valores necessários para a determinação do coeficiente global estão disponíveis, de modo que:

$$\frac{1}{U_i}=\underbrace{\frac{0,783}{60}}_{0,01305}+\underbrace{\frac{0,0029\times 0,878}{45}}_{0,000057}+\underbrace{\frac{1}{1.200}}_{0,000833}=0,0139 \Rightarrow U_i=71,9\ \text{W/m}^2\text{K}$$

O valor de U referido à área da superfície exterior pode ser facilmente calculado:

$$U_e=U_i\left(\frac{A_i}{A_e}\right)=71,9\times 0,783=56,3\ \text{W/m}^2\text{K}$$

---

[1] $A_{\text{média}}$ foi admitida igual à média aritmética das áreas das superfícies interior e exterior.

6.3 ALETAS NOS TROCADORES DE CALOR

A comparação das distintas resistências do Exemplo 6.1 mostra que aquela do lado do ar representa 94% da resistência total (0,01305 W/m²K em 0,0139 W/m²K). Esse índice indica que parâmetro deve ser afetado para elevar o valor de U. Evidentemente, a resistência do lado do refrigerante não apresenta potencial para mudanças significativas do valor de U, uma vez que, se no caso do Exemplo 6.1 o coeficiente de transferência de calor no lado do refrigerante fosse duplicado, a resistência térmica seria reduzida de 0,000833 W/m²K para 0,000416 W/m²K, o que implicaria numa elevação de somente 3% no valor de U_i. Percebe-se que qualquer mudança significativa no valor de U só poderá ser obtida por meio da resistência térmica no lado do ar, seja por meio da elevação da relação entre áreas, (A_e/A_i), ou pela elevação do coeficiente de transferência de calor, h_a. A elevação de h_a está associada a um aumento da velocidade do ar, o que implica um significativo aumento da potência do ventilador, uma vez que esta varia com o cubo da velocidade. O procedimento usual para redução da resistência do lado do ar é a elevação da relação entre áreas, (A_e/A_i), pela instalação de aletas na superfície exterior dos tubos, resultando um trocador com a aparência daquele mostrado na Figura 6.1. As aletas de uma serpentina são constituídas de chapas de metal (em geral de alumínio), dotadas de furos para a introdução dos tubos. Uma vez posicionados, os tubos são expandidos mecânica ou hidraulicamente, de modo que sua superfície exterior adira a um colarinho deixado no processo de estampagem das aletas, obtendo-se, assim, um bom contato térmico.

A Figura 6.5 ilustra uma aleta plana instalada num tubo. A temperatura da superfície exterior do tubo é de 0 °C e a do ar é de 6 °C. Se a temperatura na aleta fosse igual à da superfície exterior do tubo, 0 °C, a resistência térmica no lado do ar seria dada pela parcela associada na Equação (6.12), $(A_i/h_a A_e)$. Na Figura 6.5, entretanto, observa-se que a temperatura na aleta varia à medida que se passa das regiões próximas às mais afastadas da superfície do tubo. Nessas condições, nem toda a superfície no lado do ar apresenta 100% de eficiência no mecanismo de transferência de calor, em virtude da variação das temperaturas na superfície da aleta tendendo à do ar em regiões mais afastadas da superfície do tubo. Tal comportamento sugere a introdução da denominada *eficiência da superfície aletada*, η, o que requer um ajuste da equação de definição de U, que passa a assumir a seguinte forma:

$$\frac{1}{U_i} = \frac{A_i}{\eta_e h_a A_e} + \frac{x A_i}{k A_{\text{média}}} + \frac{1}{h_r} \tag{6.13}$$

em que

$$\eta_e = 1 - \left(\frac{A_a}{A_e}\right)(1 - \eta_a)$$

A área média, $A_{\text{média}}$, se refere à espessura da parede do tubo, como no Exemplo 6.1. A área total do lado do ar, A_e, se compõe da área das aletas, A_a, e da superfície do tubo livre de aletas. A eficiência de aleta, η_a, varia com o tipo particular de aleta da serpentina. Os valores de η_e para serpentinas comerciais variam entre 0,3 e 0,7, dependendo de parâmetros como material da aleta, sua espessura e seu comprimento, além da relação entre a área superficial da aleta e a área total de troca de calor.

A optimização da superfície aletada fica a cargo do fabricante, não sendo competência do engenheiro que seleciona a serpentina um envolvimento maior nesse aspecto. A esse respeito, deve-se observar que as aletas, a princípio lisas, foram evoluindo para superfícies onduladas ou corrugadas e *aletas ventiladas*, que se caracterizam por aberturas para permitir a passagem de ar entre os canais formados por aletas adjacentes. Tais superfícies aletadas têm proporcionado incrementos expressivos (da ordem de até 50%) no valor do coeficiente de transferência de calor em relação às lisas, ocorrendo, em contrapartida, uma intensificação na perda de carga do ar. As aletas ventiladas têm sido utilizadas especialmente em condensadores, mas progressivamente estão sendo introduzidas no resfriamento de ar a temperaturas superiores ao ponto de congelamento da água, embora possam dar origem a certas inconveniências, como a dispersão da água condensada na superfície. Em aplicações de baixa temperatura, as "janelas" perderiam seu efeito de intensificação da transferência de calor em virtude da deposição de neve que vedaria as aberturas.

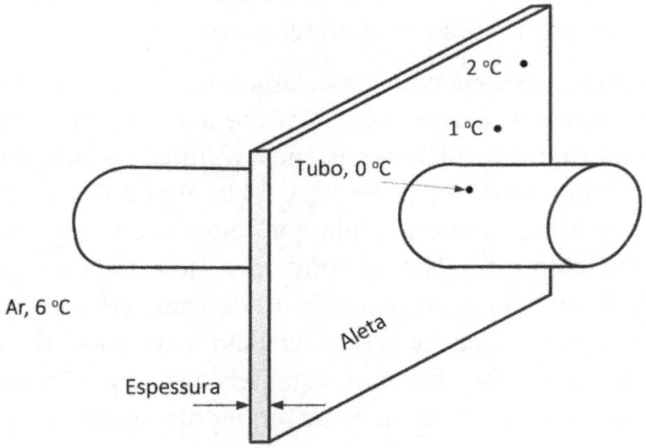

Figura 6.5 – Temperaturas associadas a uma superfície aletada.

Embora a resistência térmica no lado do ar seja a dominante, ao longo dos anos tem se reduzido pela introdução tanto de *densidades* (número de aletas por metro) crescentes de aletas[2] como por aletas de alto desempenho. A melhora do desempenho térmico no lado do ar teve como resultado uma resistência térmica associada da mesma ordem daquela associada ao refrigerante que muda de fase no interior dos tubos, o que tornou atrativa a busca de uma melhora da resistência térmica interna. Em anos

2 A densidade de aletas corresponde ao número de aletas por metro de comprimento de tubo ou, como na literatura em inglês, número de aletas por polegada, também designada por fpi.

recentes, tubos de cobre dotados de aletas internas de tamanho reduzido, denominadas *microaletas*, foram introduzidos no mercado da refrigeração com o objetivo de reduzir a resistência interna ao tubo associada à mudança de fase de refrigerantes halogenados. Embora seu uso tenha se generalizado em condensadores resfriados a ar, aplicações em evaporadores podem ser encontradas, como no caso do resfriamento de líquidos com o refrigerante circulando pelo interior dos tubos. As microaletas são conformadas no próprio material dos tubos, apresentando-se no mercado com distintas configurações, em geral, em forma de hélice ao longo do tubo (com ângulo de hélice, β, da ordem de 18°), como se ilustra na Figura 6.6. O número de aletas pode variar entre sessenta e oitenta ao longo da circunferência do tubo.

Em um caso geral em que o trocador de calor apresenta aletas tanto no exterior como no interior dos tubos, o coeficiente global de transferência de calor assume a seguinte expressão generalizada:

$$\frac{1}{U_i} = \frac{A_i}{\eta_e h_a A_e} + \frac{xA_i}{kA_{\text{média}}} + \frac{1}{\eta_i h_r} \tag{6.14}$$

A eficiência da superfície aletada interior, η_i, assume expressão semelhante à da superfície exterior.

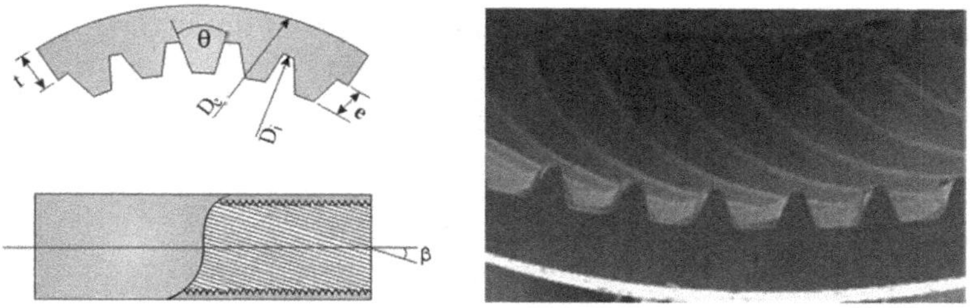

Figura 6.6 – (a) Representação esquemática em corte de tubos microaletados; (b) microfotografia com detalhe das aletas.

6.4 MUDANÇA DE FASE DO REFRIGERANTE NO INTERIOR DE TUBOS

O mecanismo de transferência de calor durante a mudança de fase de um refrigerante no interior de um tubo é complexo, como ilustrado pelo número expressivo de artigos técnicos publicados sobre o assunto. O mecanismo físico associado se caracteriza por certa complexidade e, em consequência, apresenta inúmeras dificuldades para sua avaliação mesmo para um tubo de tamanho determinado e para uma dada vazão de refrigerante. O usuário de serpentinas, embora deva ter noções básicas do mecanismo de mudança de fase do refrigerante, não deve se envolver na avaliação do processo de transferência de calor no evaporador, tarefa que deve ser assumida pelos projetistas e fabricantes do equipamento.

Um tipo de evaporador muito comum em instalações frigoríficas é o de *expansão direta* (ou *seca*), que será discutido em detalhes na Seção 6.14. O refrigerante entra nesse evaporador com um título relativamente baixo, como ilustrado na Figura 6.7. À medida que calor é cedido ao refrigerante, o volume de vapor tende a aumentar progressivamente ao longo do tubo, com consequente aumento da velocidade média do refrigerante, constituído de uma mistura líquido-vapor. A evaporação continua até que, na saída do evaporador, o refrigerante se encontre no estado de vapor saturado ou superaquecido. A Figura 6.7 ilustra o comportamento característico do coeficiente de transferência de calor ao longo de um tubo onde ocorre a mudança de fase. As mudanças observadas nesse coeficiente estão associadas às transições entre padrões de escoamento que ocorrem à medida que o título e a velocidade do refrigerante variam. Assim, na entrada do evaporador, bolhas e pistões de vapor escoam junto com refrigerante líquido. A jusante, à medida que prossegue a transferência de calor, mais vapor se forma no tubo, com consequente mudança para o *padrão anular*, quando o vapor escoa a alta velocidade na região central do tubo, enquanto o líquido escoa como uma fina película junto à superfície. A seguir, com a secagem da parede e consequente redução do coeficiente de transferência de calor, o padrão pode mudar para escoamento em *névoa*, com a possibilidade de ocorrência de uma mistura de vapor e líquido (gotículas) superaquecidos, até que todo o líquido tenha se evaporado completamente. Vazões relativamente baixas de refrigerante no tubo (inferiores a 100 kg/sm^2) podem mudar o cenário anteriormente descrito, passando o padrão de escoamento bifásico dominante a ser o denominado *estratificado*, caracterizado por uma camada espessa de líquido na região inferior do tubo e vapor escoando pela superior.

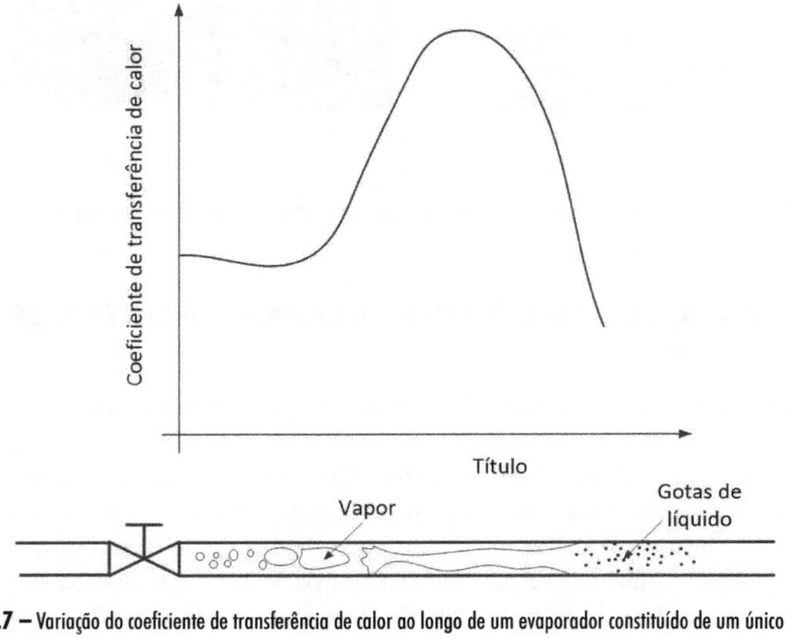

Figura 6.7 – Variação do coeficiente de transferência de calor ao longo de um evaporador constituído de um único tubo reto.

A camada de líquido diminui progressivamente até desaparecer, passando o escoamento ao padrão em névoa. A vantagem de conhecer os mecanismos de transferência de calor no interior do tubo, como se ilustra na Figura 6.7, está relacionada tanto à possibilidade de entender a razão para o melhor desempenho térmico dos sistemas com recirculação (Seção 6.14) como permitir diagnósticos sobre problemas relacionados à transferência de calor no lado do refrigerante.

6.5 PROPRIEDADES DO AR ÚMIDO – A CARTA PSICROMÉTRICA

A maioria dos evaporadores em uso na refrigeração industrial é utilizada no resfriamento de ar. Mesmo que não atue diretamente sobre o ar, é possível que o evaporador resfrie algum líquido (água ou salmoura) que será enviado a uma serpentina de resfriamento de ar. A maioria dos processos de resfriamento de ar envolve a remoção de umidade, razão pela qual é importante o conhecimento do desempenho das misturas ar-vapor d'água. Tal conhecimento permite ao engenheiro, por exemplo, uma seleção adequada de superfícies de serpentinas e vazões de ar, além de facilitar a análise do desempenho em condições de carga parcial e o estabelecimento das exigências de controle de umidade em problemas especiais.

Uma ferramenta imprescindível na análise das misturas ar-vapor d'água é a *carta psicrométrica*. Para permitir uma melhor interpretação desta, na Figura 6.8 é apresentada uma carta de maneira esquemática. O eixo de abscissas é o da *temperatura de bulbo seco*, em °C, ao passo que o das ordenadas corresponde à *umidade absoluta*, cuja unidade é kg de vapor d'água por kg de ar seco. Cartas psicrométricas para duas faixas de temperatura (normais e baixas) à pressão barométrica normal (101,325 kPa, nível do mar) e uma carta válida para uma altitude de 750 m acima do nível do mar podem ser encontradas no Apêndice C, Figuras C1, C2 e C3.

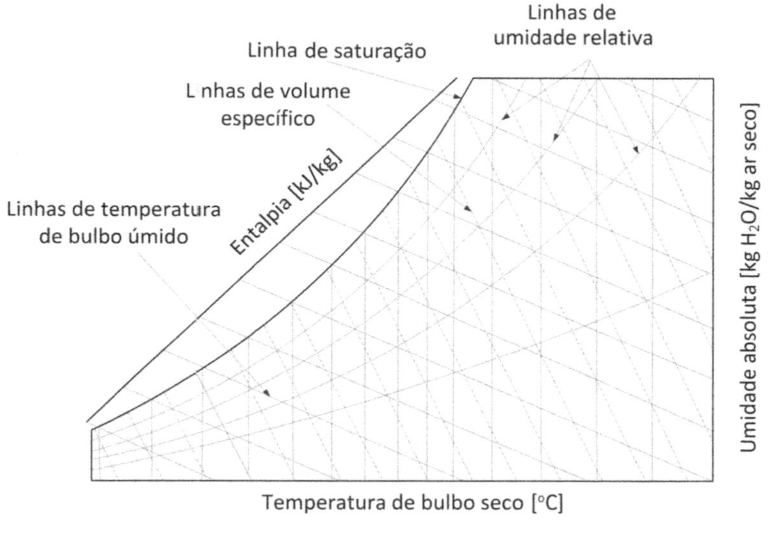

Figura 6.8 – Representação esquemática da carta psicrométrica.

As propriedades do ar úmido são referidas à unidade de massa de ar seco,[3] uma vez que, na maioria dos processos, a massa (ou vazão) de ar seco permanece constante. A linha curva que constitui o limite superior da carta é a denominada *linha de saturação*, lugar geométrico dos estados de *ar saturado* para distintas temperaturas. A região limitada pela linha de saturação e pelos eixos de abscissas e ordenadas corresponde ao lugar geométrico dos pontos representativos de ar *não saturado*, aquele capaz de admitir uma quantidade adicional de vapor d'água. A *umidade relativa*, ϕ, representa o teor de umidade do ar, expresso em porcentagem. Em outras palavras, indica quão afastado se encontra o ar úmido da condição de saturação. Na Figura 6.8, mostram-se curvas de umidade relativa constante. Estas são curvas afins, variando desde o eixo das abscissas, para o qual a umidade relativa é de 0%, até a linha de saturação, de umidade relativa igual a 100%. Assim, a linha de 40% de umidade relativa pode ser obtida como o lugar geométrico dos pontos situados a 40% da distância vertical entre os pontos no eixo das abscissas e aqueles situados na linha de saturação.

O eixo de ordenadas é o da *umidade absoluta*, dada em kg de água por kg de ar seco, sendo designada por ω. Representa a concentração na base-massa de vapor de água no ar. É interessante observar que, deslocando-se no sentido de temperaturas decrescentes ao longo de uma linha de umidade absoluta constante (linha horizontal), obtêm-se umidades relativas crescentes até o estado de saturação (100% de umidade relativa). A temperatura desse estado se denomina *temperatura de orvalho*. Todos os estados do ar úmido com a mesma umidade absoluta apresentam a mesma temperatura de orvalho. Em outras palavras, todos os pontos ao longo de uma linha horizontal na carta psicrométrica correspondem a estados de mesma umidade absoluta e, portanto, de mesma temperatura de orvalho. A condensação de vapor de água do ar em superfícies ao relento em noites claras está relacionada ao fato de a temperatura da superfície ter atingido temperaturas inferiores à de orvalho do ar circundante. A formação de condensado (água ou neve) na superfície de serpentinas de resfriamento indica que a temperatura da superfície é inferior (ou igual) à de orvalho do ar em contato.

A outra propriedade destacada na Figura 6.8 é a denominada *temperatura de bulbo úmido*. As linhas de temperatura de bulbo úmido constante se estendem para a direita no sentido descendente, a partir da linha de saturação. Essa temperatura pode ser medida por um termômetro cujo bulbo seja coberto por uma mecha de tecido úmido. À medida que a água contida no tecido se evapora, calor é removido do bulbo, reduzindo sua temperatura. Assim, quanto maior a diferença entre as temperaturas de bulbo seco e úmido, menor será o teor de umidade contido no ar. A temperaturas inferiores a 0 °C, a água contida na mecha se congelaria na forma de neve, mas a *sublimação*[4] (da

---

[3] Ar seco em psicrometria é o ar-padrão, de massa molecular aparente igual a 28,97 kg/kmol, sem a presença de vapor de água.

[4] Sublimação é o termo que se utiliza para designar o processo de passagem direta do estado sólido (no caso, na forma de neve) para o de vapor.

neve) para o ar será suficiente para resfriar o bulbo do termômetro, permitindo que o procedimento continue a ser adequado para medida do teor de umidade do ar.

A escala de entalpias é mostrada na Figura 6.8 à esquerda da linha de saturação. A fim de avaliar a entalpia, em kJ/kg de ar seco, de um dado estado do ar úmido basta seguir a linha de temperatura de bulbo úmido do referido estado até a escala de entalpias. É importante observar que, para efeitos práticos (embora não rigorosamente), como se ilustra na Figura 6.8, as linhas de temperatura de bulbo úmido constante coincidem com as isoentálpicas.

Finalmente, as linhas de volume específico constante aparecem inclinadas em relação à vertical, sendo sua unidade dada em m³/kg de ar seco.

6.6 CONSERVAÇÃO DA MASSA E DA ENERGIA EM PROCESSOS PSICROMÉTRICOS

A aplicação das equações da conservação da massa e da energia, Equações (2.2) e (2.4), a processos psicrométricos não difere das demais aplicações, embora apresentem certas nuances que convém explicitar. O esquema da Figura 6.9 ilustra um volume de controle representando um processo psicrométrico com uma entrada e uma saída de ar. Admitindo que o processo ocorra em regime permanente, a conservação da massa, Equação (2.2), pode ser aplicada ao ar seco e ao vapor de água envolvidos no processo. Como o processo envolve seções únicas de entrada e saída, a vazão de ar seco na entrada deve ser igual à de saída, de modo que:

$$\dot{m}_e = \dot{m}_s = \dot{m} \tag{6.15}$$

O balanço de massa no caso do vapor de água deve incluir a água intercambiada no processo, adicionada (ou removida) ao vapor do ar, de modo que:

$$\dot{m}_{\text{água}} = \left(\dot{m}_{\text{água}}\right)_s - \left(\dot{m}_{\text{água}}\right)_e$$

Os termos do lado direito da expressão anterior representam a vazão de vapor de água contido no ar nas seções de saída e de entrada. Considerando a definição da umidade absoluta, esses termos podem ser expressos como:

$$\left(\dot{m}_{\text{água}}\right)_s = \dot{m}\omega_s \text{ e } \left(\dot{m}_{\text{água}}\right)_e = \dot{m}\omega_e$$

A taxa de transferência de vapor de água ao ar pode ser, assim, escrita como:

$$\dot{m}_{\text{água}} = \dot{m}\omega_s - \dot{m}\omega_e = \dot{m}\left(\omega_s - \omega_e\right) \tag{6.16}$$

Na aplicação da equação da conservação da energia, admitir-se-á que os efeitos de energia cinética e potencial sejam desprezíveis. Nessas condições, a Equação (2.4) aplicada ao volume de controle da Figura 6.9 assume a seguinte expressão:

$$q = \dot{m}(h_s - h_e) - \dot{m}_{água} h_{água} + P \tag{6.17}$$

A Equação (6.16) proporciona a expressão para a taxa de transferência de vapor de água ao ar, $\dot{m}_{água}$. Em processos de secagem do ar por resfriamento, a água é removida na forma líquida. Além disso, $\dot{m}_{água}$ deve ser afetada de um sinal negativo, pois nessa situação a massa deixa o volume de controle. Nesses casos, como a entalpia da água no estado líquido é relativamente pequena, o termo $\dot{m}_{água} h_{água}$ assume valores reduzidos, de modo que é normalmente desprezado e a Equação (6.17) assume a seguinte expressão simplificada:

$$q = \dot{m}(h_s - h_e) + P \tag{6.18}$$

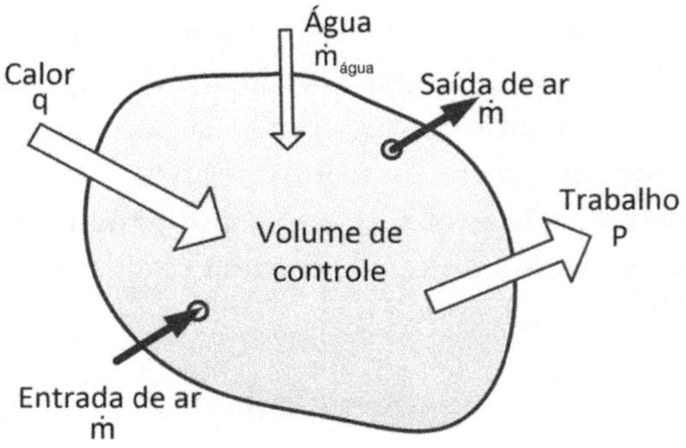

Figura 6.9 – Volume de controle representando esquematicamente um processo psicrométrico com uma entrada e uma saída de ar.

EXEMPLO 6.2

Com base nas propriedades sugeridas, determine as outras propriedades psicrométricas das cartas do Apêndice C, Figuras C1 e C2, para a pressão barométrica normal (101,324 kPa), nos casos a seguir.

(a) 30 °C de temperatura de bulbo seco e umidade absoluta de 0,018 kg/kg.

(b) Ar saturado a 20 °C.

(c) Temperatura de bulbo seco de –10 °C e de bulbo úmido de –12 °C.

Solução

Os resultados são apresentados na Tabela 6.3, na qual os dados do enunciado se encontram em negrito.

Tabela 6.3 – Resultados do Exemplo 6.2

	Caso (a)	Caso (b)	Caso (c) Carta de baixa temperatura
Temperatura de bulbo seco	**30 °C**	**20 °C**	**–10 °C**
Temperatura de bulbo úmido	25 °C	20 °C	**–12 °C**
Temperatura de orvalho	23,2 °C	20 °C	–20,1
Umidade absoluta, ω	**0,018 kg/kg**	0,0147 kg/kg	0,00063 kg/kg
Entalpia, h	76,2 kJ/kg	57,4 kJ/kg	–8,5 kJ/kg
Volume específico, v	0,88 m³/kg	0,85 m³/kg	0,746 m³/kg
Umidade relativa, ϕ	67%	**100%**	39,4%

EXEMPLO 6.3

Ar, a uma vazão volumétrica de 2,2 m^3/s e à pressão barométrica normal, entra em uma serpentina a 4 °C e 90% de umidade relativa. A temperatura do ar na saída da serpentina é igual a 0,5 °C e sua umidade relativa 98%.

(a) Qual deve ser a capacidade de refrigeração da serpentina?

(b) E a taxa de remoção de água do ar?

Solução

(a) O volume específico do ar pode ser obtido, como sugerido no enunciado, das Figuras C1 ou C2 do Apêndice C, resultando igual a 0,791 m^3/kg de ar seco. A vazão de ar seco pode, então, ser calculada:

$$\text{Vazão de ar seco} = \dot{m} = \frac{\text{Vazão volumétrica}}{v_1} = \frac{2,2}{0,791} = 2,78 \text{ kg/s}$$

Os estados psicrométricos do ar na entrada e na saída da serpentina, 1 e 2, são ilustrados na Figura 6.10. Nessas condições, a taxa de transferência de calor na serpentina, q, poderá ser determinada da conservação da energia, Equação (6.18), desprezando o efeito da água removida:

$$q = \dot{m}(h_2 - h_1) = -14,7 \text{ kW}$$

O sinal negativo implica que o ar úmido cede calor.[5]

[5] Neste texto, como regra geral, não se utilizará o sinal na avaliação da taxa de transferência de calor ou no trabalho a menos que seja necessário para enfatizar o sentido da transferência, como no caso presente.

(b) A taxa de remoção de umidade pode ser determinada pela aplicação da conservação da massa ao vapor d'água do ar, Equação (6.16):

$$\left(\text{Taxa de remoção de água}\right) = \dot{m}_{\text{água}} = \left(\dot{m}_{\text{água}}\right)_1 - \left(\dot{m}_{\text{água}}\right)_2$$

Como $\dot{m}_{\text{água}}\left[\text{kg H}_2\text{O/s}\right] = \dot{m} \ \text{kg ar seco/s} \ \omega \ \text{kg H}_2\text{O/kg ar seco}$, resulta:

$$\dot{m}_{\text{água}} = \dot{m}\left(\omega_1 - \omega_2\right) = 0{,}00192 \text{ kg de água/s}$$

É interessante notar que o ar na entrada da serpentina apresenta um teor de água (umidade absoluta) superior ao da saída, 0,00453 kg H_2O/kg de ar seco, comparado a 0,00384 kg H_2O/kg de ar seco.

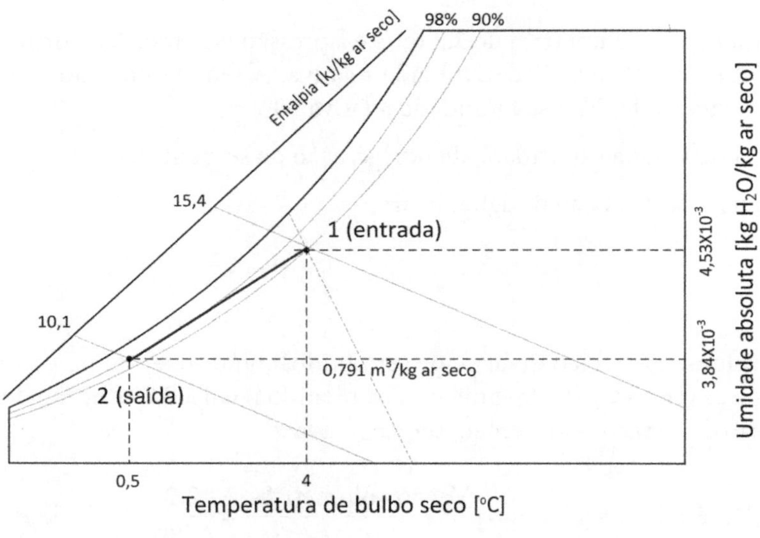

Figura 6.10 – Estados psicrométricos do ar na entrada e na saída da serpentina do Exemplo 6.3.

6.7 LEI DA LINHA RETA

Um processo muito comum em refrigeração é o de transferência de calor e massa envolvendo misturas ar-vapor de água, como foi comentado. Esse processo é ilustrado na Figura 6.11, na qual se observa a interação de uma superfície molhada com ar úmido. Ar entra na região indicada a uma temperatura t_e e umidade absoluta ω_e, trocando calor e massa com a superfície que se encontra coberta por uma fina camada de água, a uma temperatura t_p. Junto à superfície, o ar se encontra em equilíbrio com a água, de modo que seu estado é saturado à temperatura t_p. A umidade absoluta do ar nesse estado deve ser igual a ω_p, característica do ar saturado à temperatura da superfície da água, t_p. Como o ar na corrente se encontra a uma temperatura (t_e) diferente daquela da superfície, deve ocorrer um processo de transferência de calor. Por outro lado, como as concentrações do vapor de água no ar junto à superfície e na corrente de ar diferem entre si, isto é, ω_e e ω_p são diferentes, deve ocorrer um processo de transferência de massa.

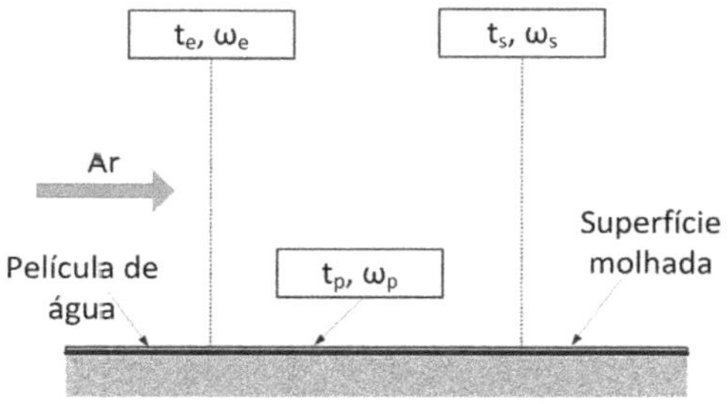

Figura 6.11 – Esquema do mecanismo de transferência de calor e massa junto a uma superfície coberta por uma camada de água.

A lei da linha reta, que se aplica a processos do tipo mostrado na Figura 6.11, permite um acompanhamento do processo na carta psicrométrica. Os estados pelos que passa o ar em seu contato com a superfície molhada se encontram sobre uma reta que passa pelo estado inicial (de entrada) e intercepta a linha de saturação à temperatura da superfície da película de água. A Figura 6.12 ilustra distintas situações em que ar, à temperatura t_e e umidade ω_e, entra em contato com uma parede molhada, à temperatura t_p. O estado designado por "s" representa o de saída do ar.

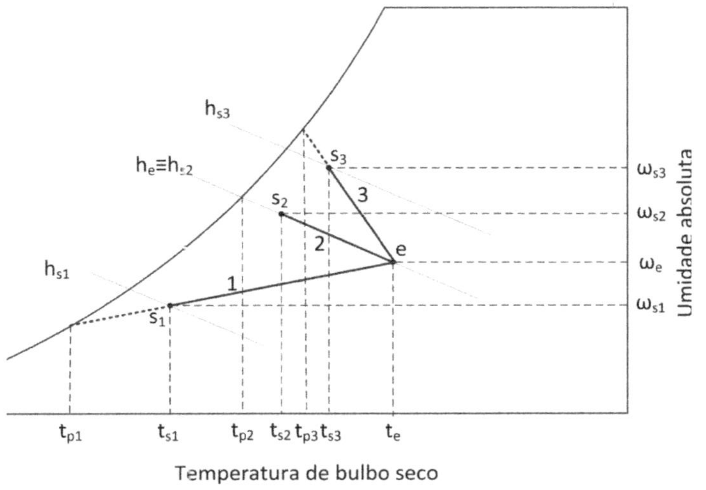

Figura 6.12 – Aplicações da lei da linha reta: (1) resfriamento e secagem; (2) resfriamento evaporativo; e (3) resfriamento e umidificação.

A lei da linha reta pode ser demonstrada por meio da aplicação direta das leis fundamentais de transferência de calor e massa a processos psicrométricos [3] e [4]. Ela ilustra o fato de que o sentido da transferência de calor e massa entre a superfície e o ar está diretamente relacionado ao potencial de entalpia, expresso pela diferença entre a entalpia da corrente de ar e a do ar junto à superfície da película de água.[6]

Os três processos da Figura 6.12 ilustram distintas aplicações da lei da linha reta. O processo 1 é típico do que ocorre em serpentinas de resfriamento e secagem. Mesmo que a superfície da serpentina esteja seca no início, vapor d'água do ar deve se condensar, produzindo-se as condições para aplicação da lei da linha reta. É interessante observar que, nesse processo, a entalpia do ar da corrente é superior à do ar junto à película de água. Nessas condições, ocorre uma transferência líquida de calor da corrente para a superfície, de modo que, ao escoar ao longo da superfície, o estado do ar passa daquele designado por "e" para o "s_1", num processo em que a entalpia e a umidade absoluta do ar diminuem.

O processo 2 é o que se dá no *resfriamento evaporativo* que tem lugar em equipamentos como o ilustrado na Figura 6.13. Como o processo é adiabático (não há troca de calor para o exterior), a conservação de energia permite concluir que a entalpia do ar não deve se alterar entre os estados de entrada e de saída, isto é, $h_{s2} = h_e$. O processo isoentálpico proporciona uma redução na temperatura do ar à custa da elevação de sua umidade, como se verifica na Figura 6.12. O resfriamento evaporativo é um processo raro, representando uma transição entre o processo de resfriamento e secagem, processo 1, e o de resfriamento e umidificação, processo 3. Neste, o ar junto à superfície molhada apresenta entalpia e umidade absoluta superiores às do ar ao longe, mas uma temperatura inferior ($t_{p3} < t_e$). Nesse caso há uma transferência líquida de calor da película para o ar da corrente. Em decorrência, a película de água tende a ser resfriada, embora o ar da corrente ao longe, pelo fato de sua temperatura ser superior, tenda a aquecê-la.

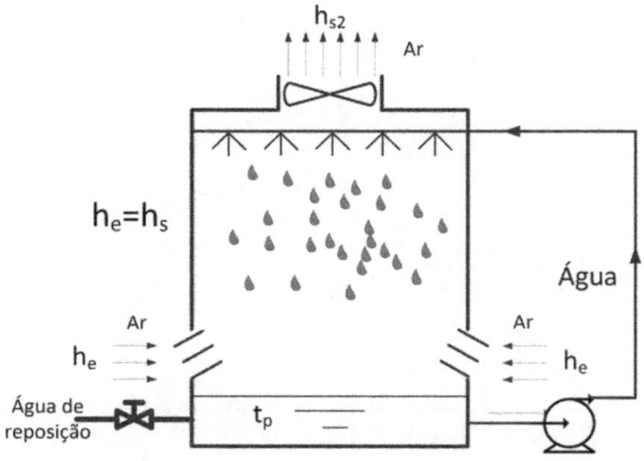

Figura 6.13 – Resfriador evaporativo, característico do processo 2 da Figura 6.12.

[6] A frase expressa a denominada *lei do salto de entalpia*, de acordo com a qual o calor líquido intercambiado pela superfície com a corrente de ar, resultante dos processos de transferência de calor e de massa (vapor de água), é proporcional à diferença entre as entalpias do ar junto à superfície molhada e do ar da corrente ao longe.

No efeito de resfriamento da película de água do processo 3, o mecanismo dominante é o da transferência de massa da película de água para o ar ao longe resultante do fato de ω_p ser superior a ω_e, o que provoca o efeito de evaporação da água da película. O processo 3 ocorre em equipamentos como torres de resfriamento e condensadores evaporativos, abordados mais adiante, no Capítulo 8.

Concluindo, é importante notar que segmentos representativos dos processos ilustrados na Figura 6.12, unindo os estados de entrada e de saída da corrente de ar, representam o processo pelo qual passa o ar efetivamente, desde que a temperatura da película de água se mantenha constante.

6.8 LINHA DO PROCESSO DO AR NUMA SERPENTINA

Os fundamentos apresentados até o momento permitem ao engenheiro avaliar as condições de operação de uma instalação. Alguns problemas operacionais envolvendo evaporadores podem ser resolvidos por meio dos princípios básicos da transferência de calor e de massa e da lei da linha reta. Para tanto, deve-se aceitar que o principal critério de avaliação do desempenho de um evaporador é a condição psicrométrica de saída do ar. Tal critério toma por base o fato de a função do evaporador ser aquela de manter uma dada temperatura no ambiente refrigerado por meio da remoção de calor a uma taxa adequada, diretamente relacionada à temperatura de saída do ar. Essa temperatura não se constitui no único parâmetro importante, uma vez que a umidade removida do ar na serpentina pode ser de vital importância para a operação da instalação, como é o caso de aplicações em que o ar ambiente deve ser mantido a uma umidade elevada. Câmaras de armazenamento de verduras exemplificam aquelas aplicações em que a remoção de umidade no evaporador deve ser limitada a um mínimo. Por outro lado, nas antecâmaras de carga de alimentos congelados, a remoção de umidade deve se dar a uma taxa elevada, evitando, com isso, penetração de vapor d'água com o ar de infiltração na câmara de baixa temperatura.

A estimativa da condição de saída pode ser feita por meio do acompanhamento dos sucessivos estados psicrométricos pelos quais passa o ar ao longo da serpentina. Uma maneira relativamente simples de realizar tal acompanhamento é associar a serpentina a uma superfície plana, como indicado na Figura 6.14. De um lado da serpentina, admite-se que o refrigerante mude de fase à temperatura t_r, enquanto, no lado oposto, ar circula ao longo da superfície, entrando em contato com esta em um estado psicrométrico caracterizado por uma temperatura t_1 e uma umidade absoluta ω_1.

A temperatura da superfície exterior deve diminuir ao longo da serpentina em virtude da redução da temperatura do ar. De fato, como a temperatura do refrigerante permanece constante, o fluxo de calor ao longo da serpentina diminui com a temperatura do ar, o que determina a progressiva redução na temperatura da superfície ao longo da serpentina. Assim, se o conceito da lei da linha reta for combinado à tendência de variação da temperatura da superfície, a *curva do processo* do ar ao longo da serpentina poderá ser levantada, apresentando as características ilustradas na Figura 6.15.

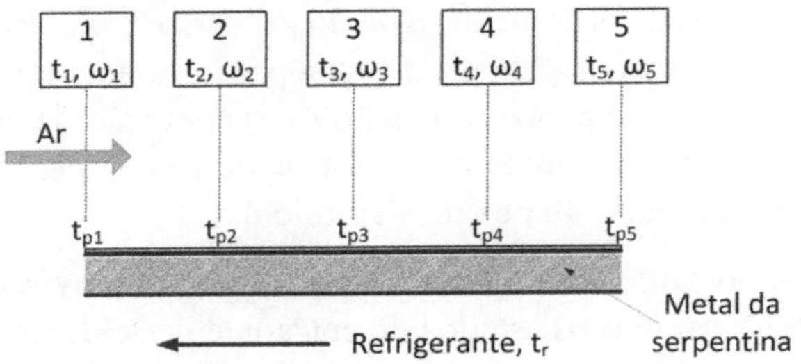

Figura 6.14 – Resfriamento e secagem do ar em uma serpentina em que a temperatura do refrigerante é mantida constante.

Se a serpentina da Figura 6.14 corresponder a uma que tenha oito fileiras de tubos em profundidade, isto é, na direção do escoamento do ar, cada região do esquema da Figura 6.15 deverá envolver duas fileiras de tubos. Assim, de acordo com a lei da linha reta, o estado do ar que passa pela primeira região deve apresentar a tendência de se aproximar do estado saturado à temperatura da parede, t_{p1}, como se ilustra na Figura 6.15. À medida que o ar passa pelas sucessivas regiões, seu estado tende a se aproximar (por meio de sucessivas leis da linha reta) de temperaturas de parede progressivamente menores. A curva resultante, denominada curva do processo, deve apresentar as características ilustradas na Figura 6.15. Nessa figura, verificam-se algumas tendências observadas nos catálogos de fabricantes de serpentinas. Assim, a cada fileira de tubos a taxa de redução de temperatura diminui, o que explica a progressiva mudança de inclinação da curva do processo. Fisicamente, tal comportamento se justifica pelo fato de a taxa de transferência de calor diminuir no sentido do escoamento do ar, o que determina menores variações na temperatura do ar de região para região. Nessas condições, a curva do processo se torna progressivamente mais inclinada.

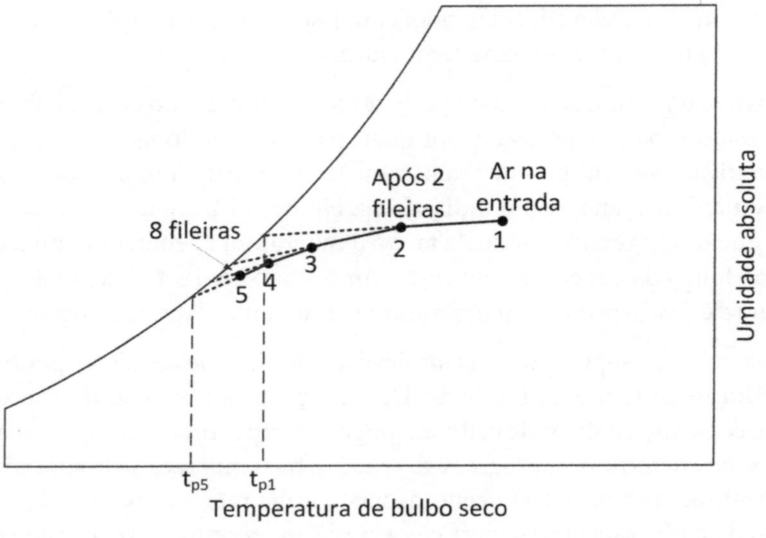

Figura 6.15 – A curva do processo na serpentina.

Por outro lado, comparativamente à taxa de remoção de calor, a de remoção de vapor d'água do ar se eleva, razão pela qual a taxa de variação de umidade sofre um aumento correspondente.

6.9 EFEITO DE CONDIÇÕES OPERACIONAIS SOBRE O DESEMPENHO DA SERPENTINA

O projetista e o operador de uma serpentina podem atuar sobre os parâmetros a seguir.

(i) *Área de face da serpentina*, que é a área total de escoamento do ar que penetra na serpentina – é importante notar que se trata da área total, correspondendo ao produto do comprimento pela altura da serpentina.

(ii) *Número de fileiras de tubos em profundidade.*

(iii) *Espaçamento entre aletas.*

(iv) *Vazão de ar e sua velocidade.*

(v) *Temperatura do refrigerante.*

Na Tabela 6.4, estão apresentados os efeitos daqueles parâmetros sobre a condição de saída do ar, sumariamente discutidos a seguir. Na análise seguinte, o efeito de um parâmetro é avaliado admitindo que os demais permaneçam constantes.

(i) *Área de face*: incrementos na área de face são acompanhados de aumentos correspondentes da área de transferência de calor. O coeficiente global de transferência de calor, U, permanece inalterado, pois a velocidade do ar se mantém constante embora a vazão de ar e a taxa de transferência de calor, q, se elevem proporcionalmente ao aumento da área de face. Nessas condições, o estado de saída do ar permanece inalterado, como se ilustra na Figura 6.16 (a).

(ii) *Número de fileiras em profundidade*: cada fileira adicional implica uma redução da temperatura e umidade do ar na saída, como mostrado na Figura 6.16(b). O número de fileiras é limitado pela temperatura do refrigerante.

(iii) *Espaçamento entre aletas*: a temperatura superficial diminui com a redução do espaçamento entre aletas e consequente aumento da área de transferência de calor, do que resulta uma queda na temperatura e umidade do ar na saída, como ilustrado na Figura 6.16(c). A respeito desse tema, recomenda-se uma leitura da Seção 6.15, sobre a formação de neve na superfície de serpentinas de refrigeração.

(iv) *Vazão de ar*: a temperatura e umidade do ar na saída da serpentina se elevam com a vazão de ar, como se ilustra na Figura 6.16(d). A taxa de transferência de calor vem dada pela expressão:

$$q = \dot{m}\left(h_{entrada} - h_{saída}\right) = \dot{m}\Delta h_{ar}$$

O aumento da vazão acarreta uma redução na variação de entalpia do ar, Δh_{ar}, embora implique uma elevação da taxa de transferência de calor, q, como pode ser demonstrado.

(v) *Temperatura do refrigerante*: a elevação da temperatura do refrigerante implica um aumento correspondente da temperatura da superfície exposta ao ar ao longo da serpentina. Entretanto, a elevação na temperatura e umidade do ar não ocorre na mesma proporção, como se observa na Figura 6.16(e). É interessante observar que a elevação da temperatura do refrigerante não implica uma redução significativa nas taxas de remoção de calor e de umidade.

Tabela 6.4 – Efeito de parâmetros de projeto e operacionais sobre as condições do ar na saída de uma serpentina de refrigeração

Parâmetro aumentado	Efeito sobre as condições do ar na saída		Capacidade de refrigeração	Valores típicos
	Temperatura	Umidade		
Área de face	Constante	Constante	Aumenta	Depende da capacidade de refrigeração
N.° de fileiras	Diminui	Diminui	Aumenta	4 a 8
Espaçamento entre aletas	Aumenta	Aumenta	Diminui	150 a 300 aletas/m
Vazão de ar	Aumenta	Aumenta	Aumenta	Velocidade de face 2 a 4 m/s
Temperatura do refrigerante	Aumenta	Aumenta	Diminui	3 °C a 8 °C inferior à temperatura do ar na entrada

A discussão precedente tomou por base o efeito de um único parâmetro, mantendo os demais fixos. Em situações práticas, entretanto, engenheiros devem (ou podem) ajustar dois ou mais parâmetros para conseguir determinadas condições do ar na saída da serpentina. Um exemplo seria o caso em que, por razões de espaço, a área de face projetada deve ser reduzida. Para compensar tal redução, pode-se optar por uma serpentina com um número maior de fileiras de tubos em profundidade e uma vazão de ar levemente superior para satisfazer as condições do ar na saída.

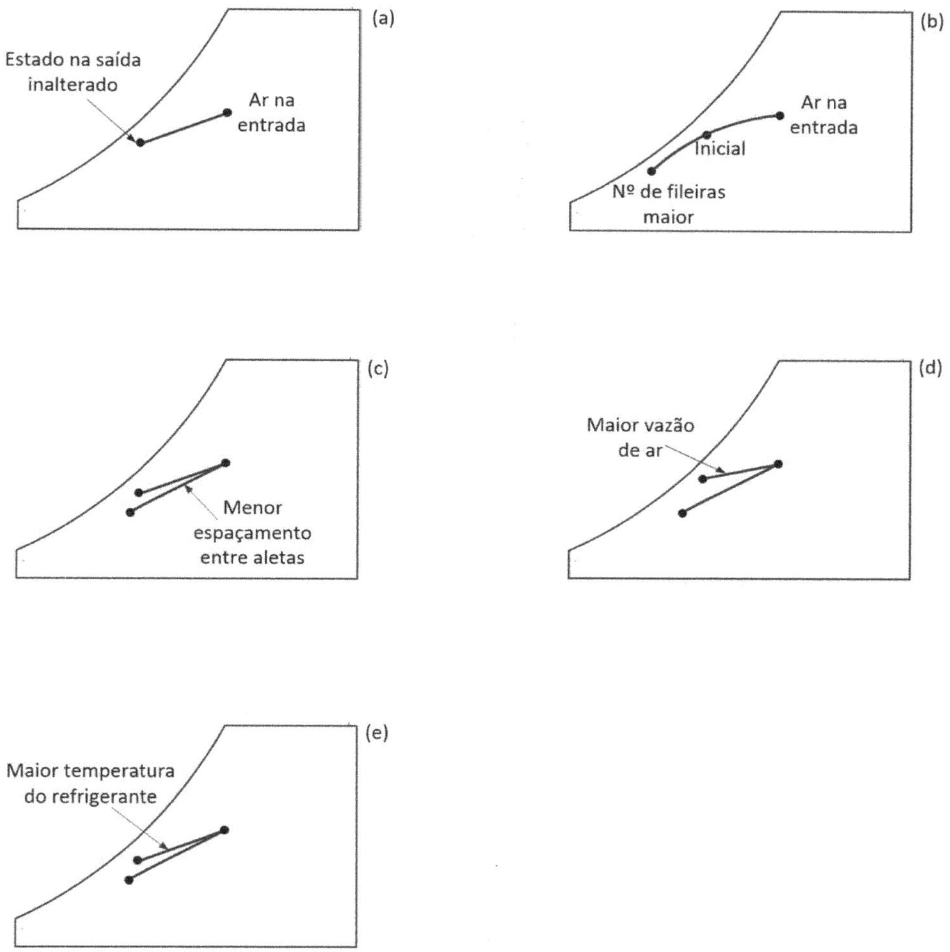

Figura 6.16 – Influência de parâmetros operacionais e de projeto sobre as condições de saída do ar da serpentina.

6.10 SELEÇÃO DE SERPENTINAS EM CATÁLOGOS DE FABRICANTES

Os fabricantes de serpentinas de resfriamento de ar costumam fornecer um parâmetro de seleção importante: a capacidade frigorífica por grau de diferença de temperatura, de tal modo que:

$$\text{Capacidade} = q = R\left(t_{ar,e} - t_r\right) \quad (6.19)$$

em que R é o denominado *parâmetro de seleção*, dado em kW/K (ou kW/°C), e $\left(t_{ar,e} - t_r\right)$, a diferença entre as temperaturas do ar na entrada e do refrigerante, denominada *diferença de aproximação*.

A Tabela 6.5, extraída do catálogo de um fabricante, apresenta características de serpentinas de resfriamento de ar com 118, 158 e 236 aletas por metro, respectivamente. As capacidades são apresentadas em termos do parâmetro R, em kW/K, correspondendo a dois tipos de aplicação da serpentina: (i) *expansão seca*; e (ii) com *recirculação de líquido*, cujo desempenho térmico é superior ao anterior, como seria de se esperar, em virtude de o refrigerante apresentar um teor de líquido superior durante a mudança de fase, do que resulta um coeficiente de transferência de calor mais elevado. Para entrar na tabela, basta dividir a carga de refrigeração de projeto pela diferença desejada entre as temperaturas do ar na entrada da serpentina (condição do ambiente refrigerado) e do refrigerante (evaporação), obtendo-se, com isso, o valor de R. Deve-se chamar a atenção do leitor quanto ao fato de alguns fabricantes apresentarem tabelas de capacidade, em kW (ou kcal/h), relativas a uma diferença dada de temperaturas, em geral 6 °C. Entretanto, alguns operam com uma diferença média logarítmica, ao passo que outros operam com uma diferença linear, Equação (6.19). Outros, ainda, trabalham com ambas as diferenças no intuito de facilitar a seleção.

Tabela 6.5 – Tabela de seleção de evaporador tipo serpentina de resfriamento

Modelo	R (kW/K) exp. seca	R (kW/K) recirc.	Aletas por metro	Área de face (m^2)	Área de troca (m^2)	Vazão de ar (m^3/h)	Vel. de face (m/s)	N.° vent.-hp	Nível de ruído (dB)
1S-185	0,88	1,01	118	0,54	35	5.930	3,0	1-1/4	67
1S-200	0,95	1,15	158	0,54	45	5.734	3,0	1-1/4	67
1S-215	1,03	1,24	236	0,54	64	5.556	2,9	1-1/3	69
2S-370	1,76	2,11	118	1,08	70	11.859	3,0	2-1/4	70
2S-395	1,90	2,29	158	1,08	90	11.468	3,0	2-1/4	69
2S-430	2,06	2,47	236	1,08	129	11.112	2,9	2-1/3	71
3S-550	2,64	3,17	118	1,61	105	17.755	3,0	3-1/4	71
3S-595	2,86	3,43	158	1,61	134	17.160	3,0	3-1/4	70
3S-645	3,09	3,72	236	1,61	193	16.650	2,9	3-1/3	72
4S-735	3,54	4,25	118	2,15	140	23.701	3,0	4-1/4	72
4S-795	3,82	4,58	158	2,15	179	22.937	3,0	4-1/4	71
4S-860	4,13	4,96	236	2,15	258	22.172	2,9	4-1/3	73
5S-915	4,40	5,28	118	2,68	175	29.648	3,0	5-1/4	73
5S-990	4,76	5,71	158	2,68	224	28.628	3,0	5-1/4	72
5S-1.070	5,14	6,17	236	2,68	322	27.779	2,9	5-1/3	74
6S-1.100	5,27	6,33	118	3,22	210	35.509	3,0	6-1/4	74
6S-1.190	5,71	6,85	158	3,22	269	34.405	3,0	6-1/4	73
6S-1.290	6,18	7,43	236	3,22	386	33.301	2,9	6-1/3	75

Fonte: Krack Corporation.

Informações relativas à geometria e à circulação de ar, além do nível de ruído, são geralmente incorporadas pelos fabricantes em tabelas de seleção similares à Tabela 6.5.

A capacidade da serpentina em termos de uma diferença linear de temperaturas, como na Equação (6.19), pode parecer estranha para aqueles que têm alguma familiaridade com as técnicas de projeto de trocadores de calor, em que se trabalha com uma diferença média logarítmica. A Equação (6.19) é uma maneira alternativa, como se demonstrará a seguir. Considere-se a Figura 6.17, na qual se ilustram as variações de temperatura do ar e do refrigerante ao longo do evaporador. A taxa de transferência de calor na serpentina é igual ao produto de (UA) pela diferença média logarítmica de temperaturas.

$$q = (UA)DMLT = (UA)\frac{(t_{ar,e} - t_r) - (t_{ar,s} - t_r)}{\ln\left(\dfrac{(t_{ar,e} - t_r)}{(t_{ar,s} - t_r)}\right)} = (UA)\frac{t_{ar,e} - t_{ar,s}}{\ln\left(\dfrac{(t_{ar,e} - t_r)}{(t_{ar,s} - t_r)}\right)} \qquad (6.20)$$

Na expressão anterior, DMLT é a diferença média logarítmica de temperaturas, cujo significado físico pode ser visto na Figura 6.17.

Como a vazão de ar, $\dot{m}$, e o seu calor específico, c_p, são constantes, pela conservação da energia, $q = \dot{m}c_p(t_{ar,e} - t_{ar,s})$, de modo que a Equação (6.20) pode ser assim transformada:

$$\frac{q}{(UA)(t_{ar,e} - t_{ar,s})} = \frac{\dot{m}c_p}{UA} = \frac{1}{\ln\left(\dfrac{t_{ar,e} - t_r}{t_{ar,s} - t_r}\right)}$$

do que resulta:

$$\frac{UA}{\dot{m}c_p} = \ln\left(\frac{t_{ar,e} - t_r}{t_{ar,s} - t_r}\right) \Rightarrow \frac{t_{ar,e} - t_r}{t_{ar,s} - t_r} = \exp\left(\frac{UA}{\dot{m}c_p}\right)$$

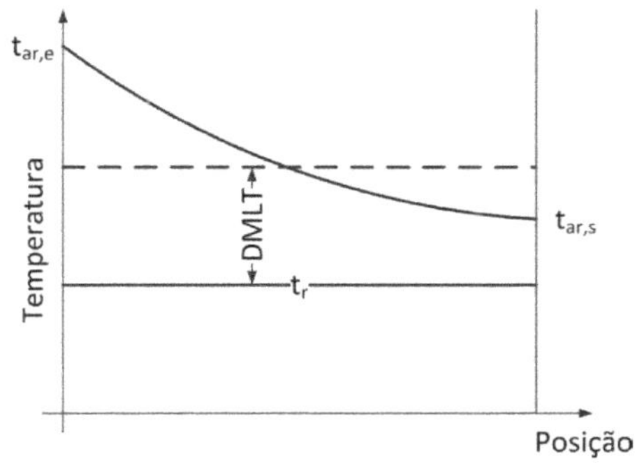

Figura 6.17 – Distribuição das temperaturas do ar e do refrigerante ao longo da serpentina.

Rearranjando a equação anterior, obtém-se:

$$\left(t_{ar,e}-t_r\right)\exp\left(-\frac{UA}{\dot{m}c_p}\right)=t_{ar,s}-t_r=-\left[\left(t_{ar,e}-t_{ar,s}\right)-\left(t_{ar,e}-t_r\right)\right]=-\left[\frac{q}{\dot{m}c_p}-\left(t_{ar,e}-t_r\right)\right]\therefore$$

$$q=\dot{m}c_p\left[1-\exp\left(-\frac{UA}{\dot{m}c_p}\right)\right]\left(t_{ar,e}-t_r\right)=R\left(t_{ar,e}-t_r\right)$$

em que

$$R=\dot{m}c_p\left[1-\exp\left(-\frac{UA}{\dot{m}c_p}\right)\right] \qquad (6.21)$$

Verifica-se, assim, que a Equação (6.19) é um modo simples, mas válido, de apresentar a capacidade de refrigeração.

Como regra geral, os fabricantes apresentam tabelas de capacidade referidas à superfície "seca" da serpentina, uma vez que somente consideram a troca de calor sensível. Pode-se argumentar, então, que a curva do processo na serpentina se divide em um trecho onde ocorre troca simples de calor sensível e outro onde somente calor latente é trocado, como se ilustra na Figura 6.18. A primeira região (calor sensível) está associada ao trecho onde ocorrem variações de temperatura, enquanto a segunda (calor latente) se dá como resultado da condensação do vapor de água do ar na superfície da serpentina.

Quando as condições do ar associadas à temperatura superficial da serpentina permitem a condensação de vapor d'água do ar, o calor latente envolvido nesse processo representa uma capacidade adicional da serpentina. Assim, por exemplo, em câmaras de armazenamento de verduras, em que o ambiente deve ser mantido a temperaturas na faixa entre 0 °C e 5 °C, a serpentina pode desenvolver uma capacidade 20% a 40% superior àquela exclusivamente resultante da diferença de temperaturas, (t_e – t_r). Em princípio, esse excesso de capacidade poderia ser considerado vantajoso. Entretanto, deve-se considerar o fato de que o sistema frigorífico associado à serpentina deverá arcar com aquele excesso.

A carga térmica resultante dos motores de acionamento dos ventiladores é outro aspecto que deve ser considerado pelo projetista na seleção da serpentina. Evidentemente, a posição do motor relativa à serpentina é determinante. Entretanto, na prática, a carga associada aos motores é incorporada à carga térmica do ambiente refrigerado, independentemente de sua posição.

Para finalizar, seria interessante fazer uma referência aos valores típicos da diferença de temperaturas (t_e – t_r), já que esta exerce um papel importante na seleção e operação das serpentinas. Essa diferença de temperaturas depende do tipo de aplicação e, em especial, do valor da umidade relativa que deverá ser mantida no espaço refrigerado, além da relação entre as cargas sensível e latente a ser desenvolvida na serpentina. Alguns valores típicos, que devem ser considerados como de referência, são sugeridos na Tabela 6.6. Na próxima seção, o efeito da serpentina sobre a umidade do ambiente será considerado em detalhe.

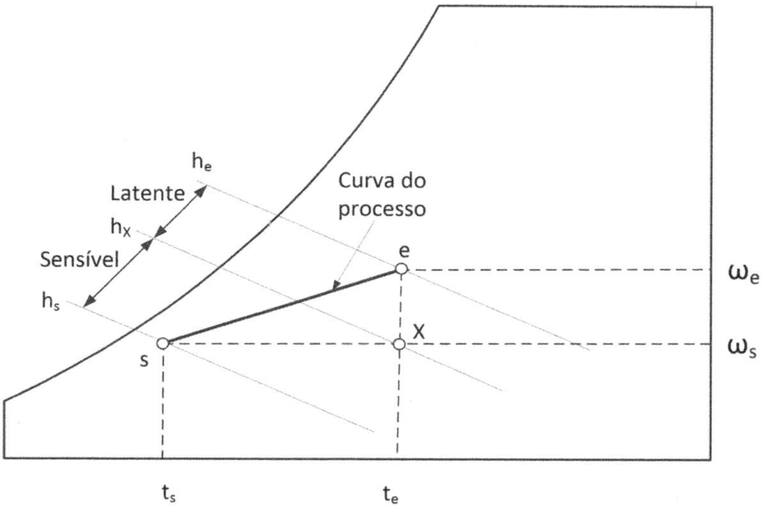

Figura 6.18 – Remoção de calor sensível e latente em uma serpentina.

Tabela 6.6 – Diferenças típicas entre as temperaturas do ar na entrada da serpentina e do refrigerante para distintas aplicações

Aplicação		$(t_e - t_r)$
Abaixo do ponto de congelamento	Armazenamento e túneis de congelamento	5,5 °C a 6,5 °C
Acima do ponto de congelamento	Baixa umidade	11 °C a 17 °C
	Umidade elevada	2,2 °C a 4,4 °C

6.11 CONTROLE DA UMIDADE EM AMBIENTES REFRIGERADOS

O controle da umidade em ambientes refrigerados é muito importante. Em alguns casos, como no armazenamento de verduras frescas, a umidade do ambiente deve ser mantida elevada para preservar a qualidade do produto. Em outros, como no caso de câmaras de resfriamento de carnes, a umidade deve ser mantida baixa a fim de evitar a formação de névoa e o gotejamento de água sobre o produto [5].

Na seleção de serpentinas, algumas regras para satisfazer determinadas exigências de umidade no ambiente refrigerado geralmente devem ser obedecidas. Assim, para manter umidades elevadas, as serpentinas devem apresentar elevada área de troca de calor e reduzida diferença de temperaturas entre o ar e o refrigerante. Ao mesmo tempo, a vazão de ar deve ser mantida elevada, a fim de satisfazer as exigências de carga à custa de uma pequena variação na temperatura do ar. Por outro lado, em ambientes de baixa umidade, as serpentinas devem caracterizar-se por reduzida área de troca de calor e elevada diferença de temperaturas entre o ar e o refrigerante.

Um dos objetivos desta seção é o de apontar as limitações das serpentinas em satisfazer determinadas condições extremas de umidade e justificar a razão pela qual umidificadores (para aplicações de elevada umidade ambiente) ou serpentinas de reaquecimento (para aplicações de baixa umidade) podem ser necessários. A maioria das aplicações em que se exige um controle mais acurado da umidade ambiente envolve temperaturas que variam entre 0 °C e 10 °C, razão pela qual uma carta psicrométrica válida para essa faixa de temperaturas foi incorporada ao texto principal (Figura 6.19).

A fim de enfatizar a dificuldade em selecionar uma serpentina para ambientes de elevada umidade, um exemplo será discutido a seguir. Trata-se de um ambiente que deve ser mantido a 1 °C e 95% de umidade relativa. As demais características operacionais desse ambiente são as seguintes:

- Área de piso: 1.425 m^2
- Volume do espaço refrigerado: 10.000 m^3
- Condições exteriores de projeto:

  Temperatura de bulbo seco: 35 °C

  Temperatura de bulbo úmido: 25,5 °C
- Carga de refrigeração sensível, resultante de condução por meio das paredes, luminárias, motores e produto: 150 kW
- Infiltração, estimada como 0,15 renovações por hora ou: 0,15 × 10.000 = 1.500 m^3/h

A vazão de ar de infiltração pode ser determinada como:

$$\left(\text{Vazão de ar infiltrado}\right) = \frac{1.500\left(\text{m}^3/\text{h}\right)}{3.600\left(\text{s/h}\right)\times 0,85\left(\text{m}^3/\text{kg ar seco}\right)} = 0,466 \text{ kg de ar seco/s}$$

A carga sensível associada à infiltração de ar será, então, igual a:

$$\left(0,466 \text{ kg/s}\right)\times\left(35-1\right)\times 1,0\left(\text{kJ/kgK}\right) = 15,8 \text{ kW}$$

No processo de infiltração ocorre uma troca de ar interior, cuja umidade absoluta é de 0,0038 kg de vapor/kg de ar seco, para o ar exterior, de umidade absoluta igual a 0,017 kg de vapor/kg de ar seco. Nessas condições, a adição de "umidade" ao ambiente resultante da infiltração será igual a:

$$\left(0,466 \text{ kg/s}\right)\times\left(0,0170 - 0,0038\right) = 0,00615 \text{ kg de vapor/s}$$

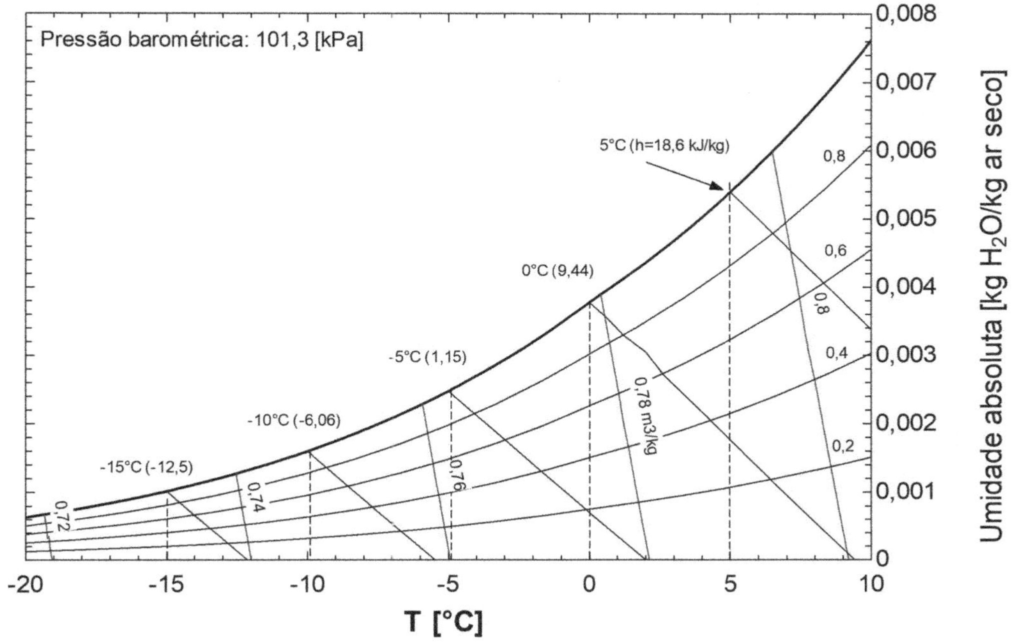

Figura 6.19 – Carta psicrométrica para ar a temperaturas próximas de 0°C. Linhas de temperatura de bulbo úmido e isoentálpicas são coincidentes. Os valores da entalpia correspondentes se encontram entre parênteses (ver Figura C2 do Apêndice C).

A carga de refrigeração na serpentina, necessária para condensar esse vapor de água introduzido, poderá ser calculada aproximadamente como:

$$0,00615 \times 2500 = 15,4 \text{ kW}$$ [7]

A carga total resultante da infiltração do ar exterior será igual à soma das contribuições sensível e latente, isto é, 31,2 kW. Tal resultado também poderia ter sido obtido pelo produto da vazão de ar pela diferença entre as entalpias do ar exterior e do ar ambiente:

$$\left(\text{Carga total de infiltração}\right) = 0,466 \times \left(78,0 - 10,6\right) = 31,4 \text{ kW}$$

A diferença entre esse valor e o resultante da adição da carga sensível e da latente é de 0,64%. Tal resultado seria de se esperar em virtude da necessidade de estimar o calor latente de vaporização (2.500 kJ/kg) na determinação da carga latente. Deve-se ressaltar, entretanto, que a diferença obtida é reduzida.

A carga total no espaço refrigerado pode, então, ser determinada:

- Sensível: 150 + 15,8 = 165,8 kW
- Latente: 15,4 kW

---

[7] 2.500 kJ/kg corresponde à entalpia de vaporização da água a uma temperatura característica da superfície da serpentina de refrigeração.

Os valores numéricos obtidos no exemplo ilustram a dificuldade de selecionar a serpentina adequada para manter um nível elevado de umidade no ambiente. Nesse caso, a linha do processo do ar na serpentina deverá ser pouco inclinada em virtude do reduzido valor da carga latente em relação à sensível. A Figura 6.20 ilustra em detalhe o comportamento da linha do processo do ar do exemplo anterior na carta psicrométrica. A linha do processo A intercepta a de saturação a uma temperatura de aproximadamente 0 °C, o que, pela lei da linha reta, indica que a temperatura da superfície da serpentina deve ser igual a 0 °C. Se a temperatura do refrigerante for de –1 °C, a diferença entre as temperaturas do ar na entrada da serpentina e a do refrigerante será da ordem de 2 °C, muito inferior aos valores típicos de referência sugeridos na seção anterior. Uma solução alternativa seria operar com uma diferença de temperaturas superior, mas umidificando o ar de modo a compensar a maior remoção de umidade na serpentina, de acordo com o processo B da Figura 6.20. Neste, a linha do processo é mais inclinada, resultando uma maior secagem do ar. Assim, sem um processo auxiliar de umidificação, a umidade do ar ambiente cairia a valores inferiores ao de projeto, 95%. As implicações das duas soluções sugeridas para o problema são resumidas na Tabela 6.7.

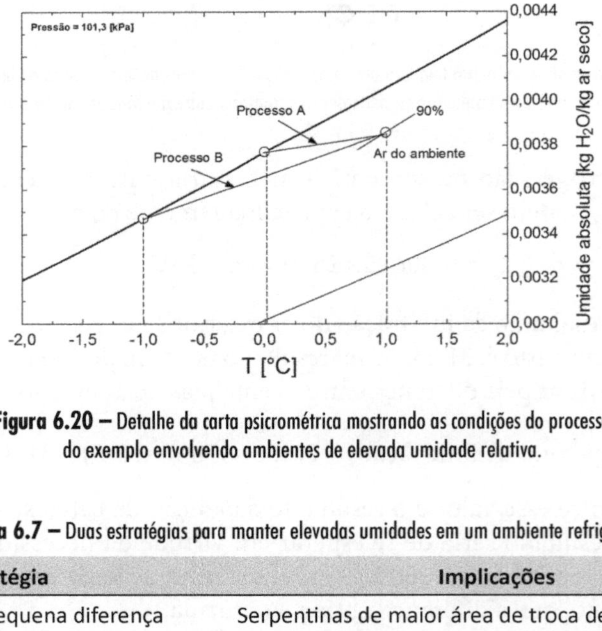

Figura 6.20 – Detalhe da carta psicrométrica mostrando as condições do processo do exemplo envolvendo ambientes de elevada umidade relativa.

Tabela 6.7 – Duas estratégias para manter elevadas umidades em um ambiente refrigerado

Estratégia	Implicações
Operação com pequena diferença entre as temperaturas de entrada do ar e do refrigerante	Serpentinas de maior área de troca de calor ou maior número de serpentinas, o que implica um número superior de ventiladores, elevando a carga interna do ambiente
Maior diferença entre as temperaturas do ar na entrada e do refrigerante	Serpentinas de área de troca de calor inferior às típicas Carga latente adicional, pela maior remoção de umidade, resultante da adição de vapor por parte dos umidificadores

Uma situação interessante pode se apresentar quando o sistema opera em condições de carga parcial, resultante de uma redução na temperatura e umidade do ar exterior. De certo modo, a umidade introduzida com o ar exterior é interessante, uma vez que contribui para a manutenção de elevado nível de umidade no ambiente. Quando a umidade do ar exterior é reduzida, como em condições de carga parcial, a taxa de admissão de vapor d'água no ambiente diminui. Por outro lado, a carga sensível também é reduzida, uma vez que as condições exteriores são mais amenas, o que permite que as serpentinas operem com diferenças inferiores entre as temperaturas do ar na entrada e do refrigerante. Alguns projetistas argumentam que, uma vez satisfeitas as condições de projeto, a operação em cargas parciais não exige maiores cuidados.

Outro problema, oposto ao que se analisou nos parágrafos precedentes, é aquele relacionado a ambientes onde a umidade deve ser mantida em níveis reduzidos. O seguinte exemplo ilustra o tipo de dificuldade que pode aparecer e sua possível solução. Considere-se uma câmara para armazenamento de sementes, em que as seguintes condições ambientes devem ser mantidas: temperatura de 5 °C e 50% de umidade relativa

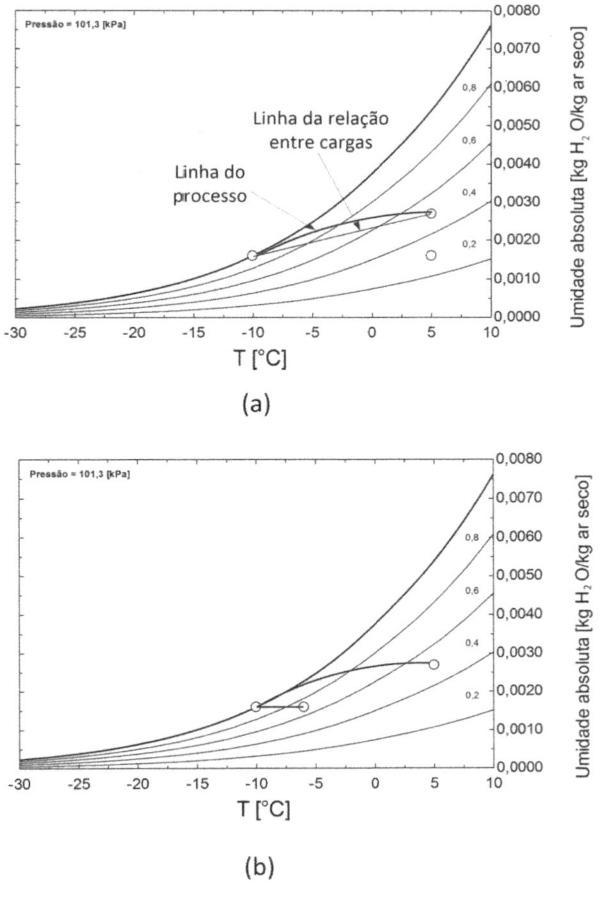

Figura 6.21 – Esquemas para satisfazer condições de baixa umidade no ambiente: (a) operação a temperatura muito baixa na saída da serpentina; (b) por meio de reaquecimento do ar.

para cargas de refrigeração sensível e latente, de 110 kW e 20 kW, respectivamente. Para satisfazer a relação entre cargas sensível e latente, o estado do ar que deixa a serpentina deve situar-se sobre a linha de relação entre cargas especificada para o problema, como ilustrado na Figura 6.21(a). A linha de relação entre cargas pode ser obtida fazendo com que a relação entre as variações de entalpia sensível, Δh_s, e de entalpia latente, Δh_l, seja igual à relação entre as cargas sensível e latente, 110 kW e 20 kW, respectivamente. Na Figura 6.21(a) pode ser observado que a linha da relação entre cargas intercepta a linha de saturação a uma temperatura reduzida, da ordem de −10 °C,[8] a qual é, evidentemente, insatisfatória. Uma solução para esse problema seria operar com a temperatura do refrigerante relativamente baixa e reaquecer o ar que deixa a serpentina, de modo a satisfazer as exigências de relação entre cargas. A Figura 6.21(b) ilustra o procedimento proposto. A energia de reaquecimento não precisa necessariamente ser cedida ao ar na saída da serpentina, podendo ser aplicada em qualquer local do processo.

6.12 SELEÇÃO E DESEMPENHO DO VENTILADOR E SEU MOTOR

Na Seção 6.10, foi abordado o procedimento de seleção de serpentinas de catálogos de fabricantes sob um ponto de vista estritamente operacional. Entretanto, o processo de seleção de serpentinas, anteriormente apresentado, não esgota o assunto para o projetista, uma vez que ele deve se defrontar com algumas decisões que envolvem equipamentos auxiliares da serpentina e seu modo de operação. Podem ser citados, entre outros, os seguintes itens para consideração:

(i) disposição do ventilador e seu motor: *extração* ou *sopramento*;

(ii) tipo de ventilador: *centrífugo* ou *axial*;

(iii) motor: de uma *única rotação* ou de *rotação variável* (duas rotações, por exemplo).

Deve-se observar que o fabricante é o responsável tanto pela serpentina como pelo ventilador e seu motor, de tal modo que a vazão de ar e as velocidades envolvidas sejam adequadas para satisfazer a capacidade de refrigeração proposta. O fabricante também é responsável pela seleção do motor adequado, de modo que este satisfaça as distintas condições que podem ocorrer durante a operação da serpentina, como a movimentação de ar de elevada densidade por meio de uma serpentina parcialmente coberta de neve no caso de ambientes de baixa temperatura.

Um parâmetro operacional importante, característico da interação entre o ventilador e a serpentina, é o denominado *alcance*, cuja definição é algo informal em refrigeração, embora continue guardando a mesma noção daquela da mecânica dos fluidos, relacionada a jatos livres. Em condicionamento de ar, o alcance é definido como a distância, a partir de uma saída, para a qual a velocidade do ar diminui até um valor

[8] A obtenção do ponto de interseção da linha de relação de cargas com a de saturação usando a carta psicrométrica é passível de erros significativos. Na obtenção do valor indicado, foi utilizado o programa informático EES (Engineering Equation Solver), da empresa norte-americana F-Chart.

arbitrariamente fixado em 0,5 m/s. Em refrigeração industrial, essa distância está relacionada à existência de uma obstrução na trajetória do ar que deixa a serpentina. Pode ainda estar relacionada à região onde outro grupo serpentina-ventilador comece a exercer sua influência. Quando projetistas falam de um alcance, por exemplo, da ordem de 30, 60 ou 90 m, eles se referem a distâncias ao longo das quais ocorre suficiente movimento de ar para impedir a formação de bolsões de ar quente. Verifica-se que, a despeito de não haver uma clara definição, a noção de alcance é importante e pode ser significativamente afetada por determinadas decisões do projetista.

Quanto à localização do ventilador e seu motor em relação à serpentina, o projetista pode optar por sistemas do tipo *extração* (*draw-through*) ou *sopramento* (*blow-through*), como se mostra na Figura 6.22. O sistema tipo sopramento é mais vantajoso sob o ponto de vista térmico, uma vez que o calor dissipado pelo conjunto ventilador-motor é cedido ao ar antes da entrada na serpentina. Por outro lado, o sistema do tipo extração apresenta melhores características sob o aspecto do alcance.

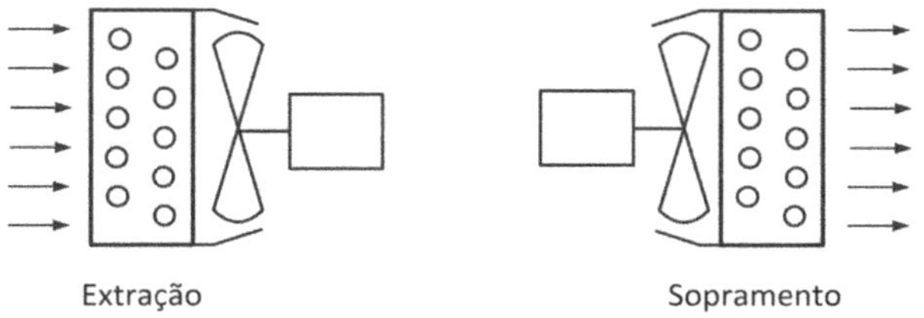

Figura 6.22 – Disposições tipo extração e sopramento do ventilador.

Os tipos de ventilador utilizados no movimento do ar por meio de serpentinas são o centrífugo e o axial. Suas curvas características diferem um pouco, como pode ser observado nas figuras 6.23(a) e (b). Em casos em que a resistência ao escoamento do ar permanece constante, independentemente das condições operacionais, tanto a vazão quanto a potência necessária ao acionamento do motor permanecerão constantes. Entretanto, na movimentação de ar por meio de serpentinas de refrigeração, a resistência varia à medida que neve se acumula sobre a superfície quando esta opera a baixas temperaturas. Nas figuras 6.23(a) e (b) se superpõem duas curvas pressão-vazão, correspondendo a condições da serpentina limpa e com acúmulo de neve. Uma das diferenças entre os tipos de ventilador anteriormente mencionados aparece nesse ponto. Assim, enquanto no caso do ventilador axial a potência aumenta à medida que se acumula neve sobre a superfície da serpentina, no ventilador centrífugo ela diminui. Apesar dessa vantagem do ventilador centrífugo, o axial é muito mais utilizado por apresentar as vantagens de tornar o sistema mais compacto e livre de manutenções, além de apresentar melhor eficiência em pressões estáticas reduzidas, características da operação de serpentinas. O ventilador centrífugo apresenta uma desvantagem adicional relacionada à correia de acionamento, cuja vida útil é significativamente reduzida em aplicações de baixa temperatura. Por outro lado, um ventilador centrífugo associado a uma disposição do tipo "extração" seria vantajoso em aplicações em que se requer um longo alcance.

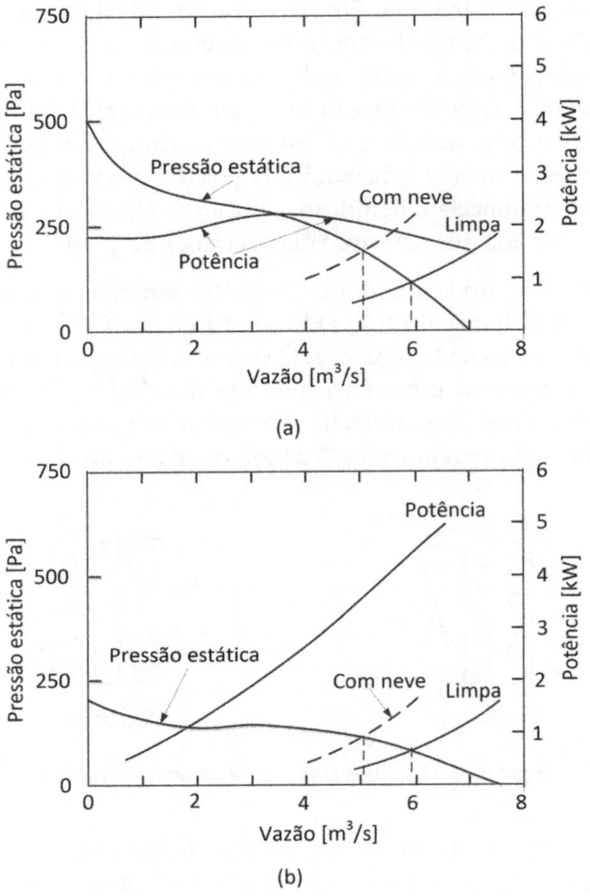

Figura 6.23 – Curvas características de: (a) ventilador axial; (b) ventilador centrífugo. A rotação é mantida constante em ambos os casos.

Para finalizar, a questão relacionada ao controle de capacidade da serpentina deveria ser abordada por meio de sua relação com a circulação de ar. Alguns métodos de redução da capacidade podem ser citados:

(i) corte no suprimento de refrigerante;

(ii) elevação da temperatura de evaporação;

(iii) parada do ventilador;

(iv) redução da vazão de ar pela serpentina, por meio de um motor de acionamento do ventilador dotado de um dispositivo que permita operação a duas rotações.

Um aspecto atraente do motor de dupla rotação está relacionado ao fato de a pressão estática cair para 1/4 do valor a plena rotação quando a rotação do motor é reduzida à metade, enquanto a potência experimenta uma queda para 1/8. A potência elétrica do motor de acionamento pode não sofrer uma redução tão significativa quanto aquela experimentada pela potência "hidráulica" do ventilador, dadas as características de eficiência ilustradas na Figura 6.24. Entretanto, a vantagem de um motor de dupla rotação é evidente sob o ponto de vista do consumo energético. Deve-se ainda observar que, genericamente, as velocidades de face típicas de serpentinas de refrigeração variam entre 3,5 m/s e 5 m/s para operação em baixas temperaturas. Para serpentinas que operam a temperaturas mais elevadas (acima de 0 °C), as velocidades de face são limitadas a um máximo de 3 m/s, para evitar o arrasto da água condensada na superfície. Para atingir alcances da ordem de 60 m, a velocidade do ar na saída do ventilador em uma disposição do tipo extração deve atingir valores em torno de 20 m/s.

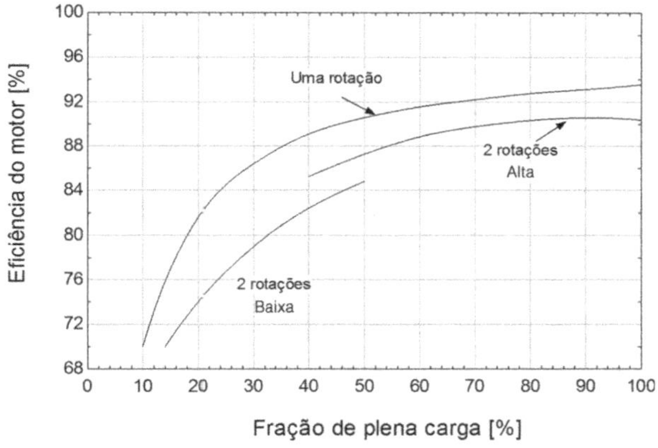

Figura 6.24 – Eficiências de motores de simples e dupla rotação.

6.13 NÚMERO DE SERPENTINAS E SUA LOCALIZAÇÃO

O número de serpentinas, sua disposição no ambiente refrigerado e a descarga do ar são aspectos relacionados entre si, dependentes da geometria do ambiente e das disposições do forro e do produto refrigerado. O número total de serpentinas, cuja capacidade total deve ser superior ou igual à carga de refrigeração, resulta de um compromisso entre, por exemplo, o custo inicial e a necessidade de evitar a formação de "bolsões" de ar quente. Assim, se por um lado um número reduzido de serpentinas implica custos inicial e de manutenção inferiores, em razão da redução na quantidade de tubos, válvulas e controles, por outro, a distribuição da carga total de refrigeração por um número maior de serpentinas é interessante na prevenção de "bolsões" de alta temperatura no interior do espaço refrigerado. Esse aspecto é fundamental na escolha do número de serpentinas e sua disposição. Algumas regras gerais, normalmente seguidas pelos projetistas, poderiam ser enumeradas:

(i) selecionar as serpentinas dispondo-as de modo que o alcance varie entre 30 m e 60 m;

(ii) promover a descarga de ar ao longo das vigas;

(iii) dirigir o ar no sentido descendente em corredores;

(iv) dirigir o ar no sentido descendente por meio de serpentinas dispostas no forro, em câmaras de elevado pé-direito;

(v) circular o ar ao longo das portas, nunca através delas.

Nos casos em que a distribuição requer longas distâncias desde a serpentina, o ar deve ser circulado por dutos. No entanto, na grande maioria das aplicações, o ar refrigerado na serpentina é diretamente descarregado no ambiente. Em certos casos, as serpentinas são dispostas próximas ao piso da câmara, por facilidade de manutenção, sendo o ar dirigido por meio de dutos para a região de insuflamento, como se mostra na Figura 6.25. Nesse caso, registros devem ser instalados nos dutos de ar, que deverão ser fechados durante o degelo da serpentina, a fim de evitar que o degelo seja retardado em virtude do efeito de chaminé resultante da presença da serpentina quente. Além disso, os registros impedem a circulação de ar quente sobre o produto.

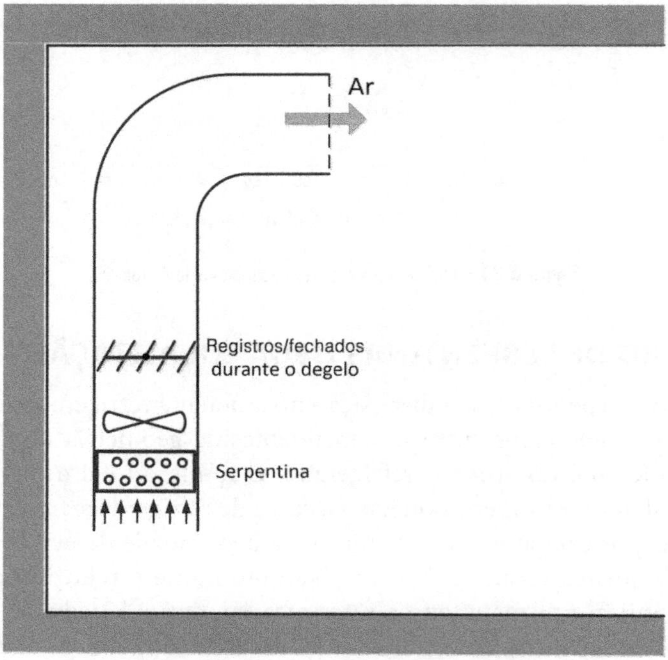

Figura 6.25 – Serpentina montada no nível do piso.

Uma disposição das serpentinas que está crescendo em popularidade é o seu agrupamento em espaços confinados, permitindo acesso à câmara de serpentinas situada no teto através de porta, como ilustrado na Figura 6.26. Um piso de tela metálica permite a circulação do pessoal de manutenção no interior da câmara. Nesses casos, o ar é conduzido por meio de dutos para a região de insuflamento, situada em nível inferior.

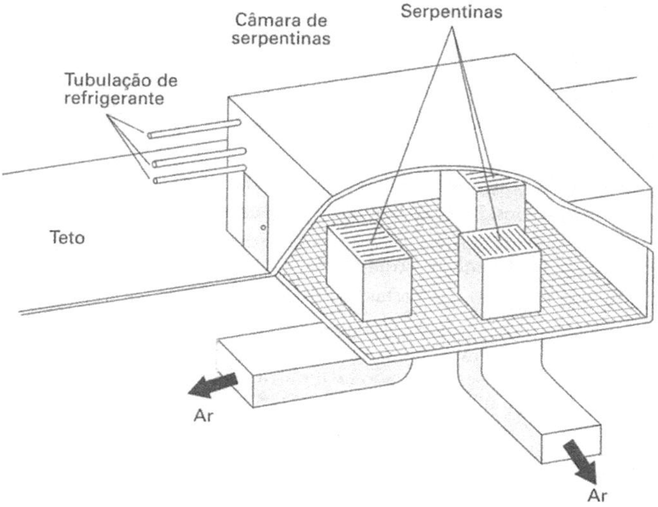

Figura 6.26 – Agrupamento das serpentinas numa câmara para facilidade de manutenção.

6.14 MÉTODOS DE INTRODUÇÃO DO REFRIGERANTE E CONTROLE DE SUA VAZÃO

Os três modos principais de alimentação e controle da vazão de refrigerante líquido para a serpentina são os seguintes:

(i) válvula acionada pelo superaquecimento do refrigerante, também denominada da *válvula de expansão termostática*, VET;

(ii) *evaporador inundado*;

(iii) *recirculação forçada de líquido*.

No primeiro caso, uma válvula, denominada termostática de expansão, regula a vazão de refrigerante líquido enviado ao evaporador, como ilustrado na Figura 6.27. Segundo esse procedimento, o bulbo (sensor), localizado na saída do evaporador, detecta variações no superaquecimento do vapor de refrigerante na saída do evaporador, o que propicia uma atitude de controle adequada por parte da válvula de expansão. Assim, se o superaquecimento se eleva acima de um valor preestabelecido, indicando um aumento de carga térmica, a válvula se abre, permitindo uma vazão maior de refrigerante. O evaporador alimentado pela válvula de expansão termostática é do tipo *expansão direta* ou *expansão seca*, constituindo-se, provavelmente, no mais barato dos três tipos descritos nesta seção. Ele é geralmente utilizado em associação com refrigerantes halogenados, embora aplicações com amônia possam ser encontradas. As temperaturas de evaporação características são de moderadamente baixas a altas. Em baixas temperaturas, o superaquecimento do refrigerante na saída do evaporador impõe severas restrições na capacidade da serpentina e na sua eficiência de operação. Aplicações com amônia são mais raras em razão das baixas vazões de refrigerante a ela associadas, que causam dificuldades de controle à válvula de expansão termostática. No Capítulo 10, serão fornecidas informações mais detalhadas a respeito desse tipo de controle.

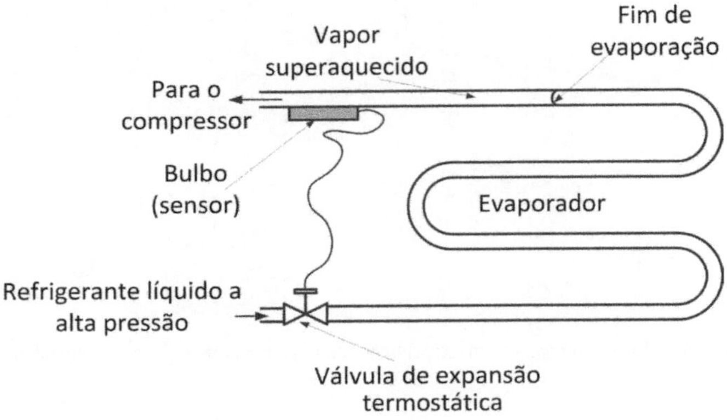

Figura 6.27 – Válvula de expansão termostática associada a serpentina de expansão direta.

No evaporador inundado (Figura 6.28), a circulação de refrigerante pelos tubos da serpentina se dá em virtude da diferença no peso da coluna entre a perna de líquido, logo abaixo do depósito, e os tubos, nos quais ocorre uma mistura de líquido e vapor. O refrigerante líquido é circulado a uma taxa superior àquela em que evapora. Com isso, garante-se que as superfícies interiores dos tubos da serpentina permaneçam molhadas, propiciando coeficientes de transferência de calor elevados. O vapor formado é separado no tanque de armazenamento, também denominado *separador de líquido*, de onde é enviado à linha de aspiração do compressor. Uma válvula controladora de nível faz com que a quantidade de líquido admitida no separador seja igual àquela que evapora na serpentina.

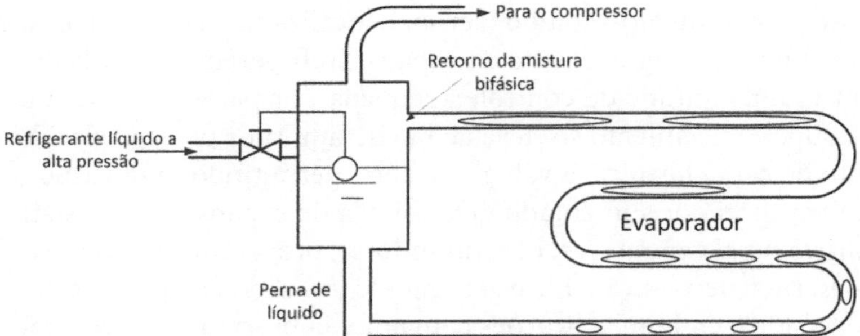

Figura 6.28 – Um evaporador inundado.

Os evaporadores inundados apresentam algumas vantagens sobre os de expansão direta, podendo-se citar entre elas as seguintes:

(i) as superfícies interiores dos tubos são utilizadas de maneira mais eficiente, uma vez que são mantidas molhadas;

(ii) a distribuição do refrigerante em circuitos paralelos é menos complexa;

(iii) vapor saturado, em vez de superaquecido, é admitido na linha de aspiração, permitindo que a temperatura do refrigerante na aspiração do compressor assuma valores relativamente reduzidos, o mesmo ocorrendo com a de descarga.

Por outro lado, o evaporador inundado apresenta algumas desvantagens, entre as quais:

(i) maior custo inicial;

(ii) maior inventário de refrigerante para preencher o tanque separador de líquido e o evaporador propriamente dito;

(iii) acúmulo de óleo no separador de líquido e no evaporador, com a consequente necessidade de removê-lo periodicamente.

O terceiro modo principal de alimentação do evaporador é o de recirculação de líquido, do qual um esquema ilustrativo pode ser visto na Figura 6.29. Como se observa, o refrigerante é circulado pela ação de um dispositivo mecânico. Como no caso anterior, neste, a taxa de admissão de líquido no evaporador é superior à taxa de formação de vapor, de modo que a mistura líquido-vapor que deixa o evaporador deve ser enviada ao tanque de separação, de onde o líquido é extraído por uma bomba ou por pressão de gás para ser recirculado no evaporador.

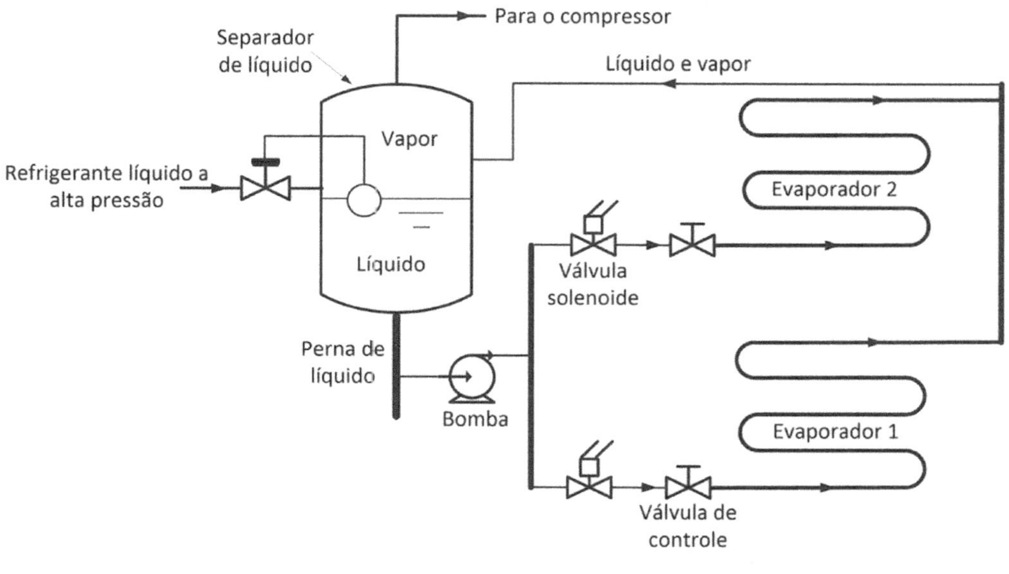

Figura 6.29 – Recirculação forçada de líquido.

Uma válvula controladora de nível regula a entrada de refrigerante líquido no separador. O sistema de recirculação, além de preservar as vantagens do inundado, como elevados coeficientes de transferência de calor e vapor saturado na linha de aspiração, caracteriza-se por aspectos favoráveis como facilidade de manutenção e retorno de óleo ao separador de líquido, facilitando sua remoção.

6.15 FORMAÇÃO DE NEVE EM SERPENTINAS DE BAIXA TEMPERATURA

A formação de neve, uma forma de cristalização da água no estado sólido, ocorre quando vapor d'água passa diretamente ao estado sólido. Em uma serpentina, a deposição de neve ocorre quando a temperatura das superfícies, além de inferior à de orvalho do ar, assume valores menores que a da solidificação da água. A formação de gelo (outra fase da água no estado sólido) sobre as superfícies da serpentina ocorre no momento do recongelamento da neve fundida. A formação de neve apresenta um sério problema para a operação da serpentina, não havendo meios de evitá-la. Uma vez aceita a inevitabilidade da formação de neve em processos de resfriamento de ar a baixas temperaturas, os seus efeitos podem ser minimizados removendo-a periodicamente. Entre os efeitos mais perniciosos da neve no evaporador, dois se destacam: (i) o aumento da resistência térmica; e (ii) o aumento da resistência à circulação do ar, sem dúvida, o mais crítico. A fim de avaliar o desempenho de serpentinas com formação de neve, ensaios foram realizados em laboratório [9]. Os testes consistiam em manter constante a velocidade de circulação do ar, enquanto neve se acumulava progressivamente sobre a superfície. Os resultados, ilustrados na Figura 6.30, mostraram que o valor de U não era significativamente afetado pelo acúmulo de neve desde que a velocidade do ar se mantivesse constante. Por outro lado, a queda de pressão experimentada pelo ar é afetada de modo significativo, como se observa na Figura 6.31.

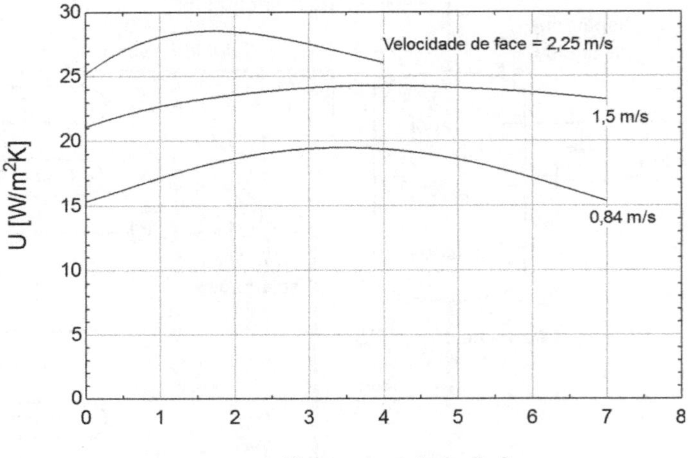

Figura 6.30 – Efeito do acúmulo de neve sobre o coeficiente global de transferência de calor, U, em uma serpentina de cinco fileiras de tubos em profundidade, para três velocidades de circulação de ar [9]. O espaçamento entre aletas da serpentina era de 6,3 mm, e as condições de entrada do ar, de 0 °C de temperatura e 72% de umidade relativa.

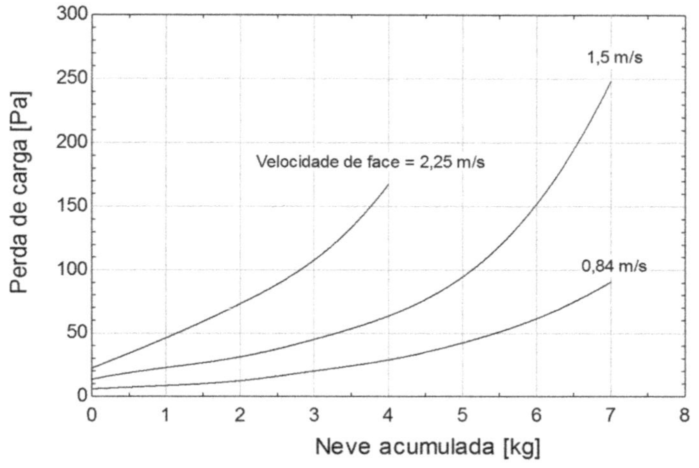

Figura 6.31 – Variação da queda de pressão na serpentina com acúmulo de neve para as mesmas condições da Figura 6.28.

As unidades ventilador-serpentina de campo não podem manter constante a vazão de ar com o acúmulo de neve, como nos ensaios das Figuras 6.30 e 6.31. Na realidade, como resultado das características operacionais (curva pressão-vazão) do ventilador, à medida que neve se acumula nas superfícies da serpentina, aumenta a resistência ao escoamento do ar, com a consequente diminuição da vazão (ver Figura 6.23). Como resultado direto da redução da vazão de ar e de sua velocidade, o coeficiente global de transferência de calor é significativamente afetado, como se observa na Figura 6.30, reduzindo-se, com isso, a taxa de transferência de calor na serpentina. O efeito combinado da neve sobre o ventilador e a serpentina sugere a adoção de um critério objetivo para o início do degelo, por exemplo, um valor adequado da queda de pressão na serpentina.

Na seleção de serpentinas para operação com deposição de neve, o projetista deve preferir aquelas que apresentam uma área de transferência de calor elevada, além de um significativo espaçamento entre aletas. Os resultados da Figura 6.32 corroboram tais sugestões [10]. Verifica-se que serpentinas com maior espaçamento entre aletas estão muito menos sujeitas a elevações prematuras da queda de pressão com o acúmulo de neve sobre a superfície. Por outro lado, serpentinas de elevada área de troca de calor permitem a operação com reduzida diferença entre as temperaturas de entrada do ar e do refrigerante, do que resulta uma redução na taxa de remoção de umidade do ar e, portanto, uma diminuição na taxa de deposição de neve sobre a superfície.

6.16 MÉTODOS DE DEGELO DE SERPENTINAS

Os meios mais comuns utilizados no degelo de serpentinas de refrigeração industrial são por ar, por água, elétrico e por gás quente [11]. O degelo por ar assume distintas formas. Em espaços refrigerados que operem a temperaturas superiores a 2 °C, é

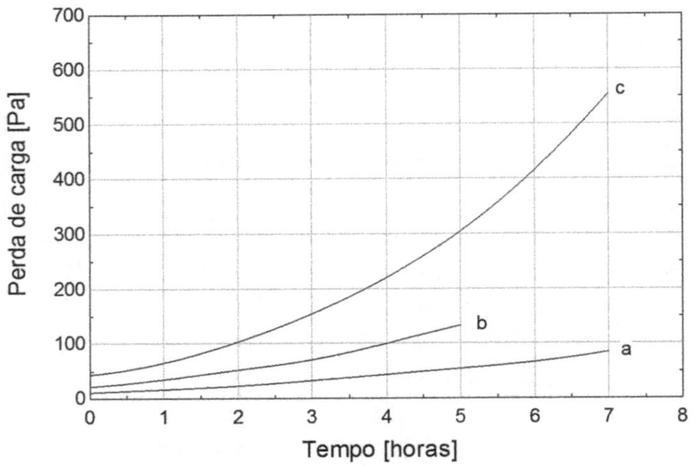

Figura 6.32 – Incremento da queda de pressão do ar para serpentinas de distintos espaçamentos entre aletas. Velocidade de face mantida entre 3,2 m/s e 3,4 m/s e umidade relativa do ar na entrada igual a 82%. Espaçamento entre aletas: curva a, 15 mm; curva b, 10 mm; curva c, 7,5 mm [10].

possível utilizar o próprio ar do ambiente refrigerado para degelar a serpentina, desde que a circulação de refrigerante seja interrompida. O processo é lento, de modo que o projetista deve considerar que as serpentinas que permanecem em operação durante o degelo satisfaçam a carga de refrigeração. Outra forma de promover o degelo utilizando-se ar é pela instalação da(s) serpentina(s) em um espaço ao qual tenham acesso dutos que conduzem ar quente exterior. Durante operação normal, registros instalados nesses dutos impedem o acesso do ar externo.

O degelo por água é um procedimento muito popular, perdendo na atualidade somente para aquele em que se utiliza gás quente. A água permite um degelo relativamente rápido, mesmo em aplicações nas quais o ar ambiente é mantido a temperaturas da ordem de –40 °C. O processo consiste em espargir água sobre a serpentina, drenando a água fria resultante para fora do espaço refrigerado. A temperatura da água deve situar-se em torno de 18 °C para uma operação satisfatória, ao passo que sua vazão não deve ser inferior a 2 ou 3 kg/s por m^2 de área de face da serpentina. Em certos casos, utiliza-se o calor rejeitado no condensador do ciclo frigorífico para aquecer a água de degelo.

As seguintes providências devem ser tomadas na instalação de sistemas de degelo por água:

(i) em espaços refrigerados que operem a temperaturas inferiores a 0 °C, a válvula de bloqueio da água de degelo deve ser instalada fora do espaço refrigerado;

(ii) tanto a linha de alimentação de água quanto a de drenagem devem ser instaladas com inclinação variando entre 1 por 10 e 1 por 15 no sentido do escoamento;

(iii) como as linhas de alimentação e de drenagem da água não são isoladas termicamente, isso pode provocar a formação de uma pequena camada de gelo na superfície interior durante a operação normal da serpentina. Essa camada, entretanto, é rapidamente removida pela água no início do degelo.

O degelo elétrico é obtido por meio de uma resistência instalada de modo a garantir um bom contato térmico com a serpentina. Uma solução frequentemente utilizada é a inserção de uma resistência tubular durante a montagem da serpentina, constituindo um tubo não ativo. O custo inicial do degelo elétrico é, provavelmente, o menor entre todas as opções. Entretanto, o seu custo operacional pode ser elevado em virtude do consumo de energia elétrica requerido.

Independentemente do sistema de degelo adotado, deve-se prever a instalação de um sifão no conduto de drenagem da água de degelo do lado externo ao espaço refrigerado, como ilustrado na Figura 6.33. O sifão permite a formação de um "tampão" de água que impede fugas de ar frio para o exterior em disposições de ventilador do tipo sopramento, ou a admissão de ar exterior quando se utiliza a disposição do tipo aspiração.

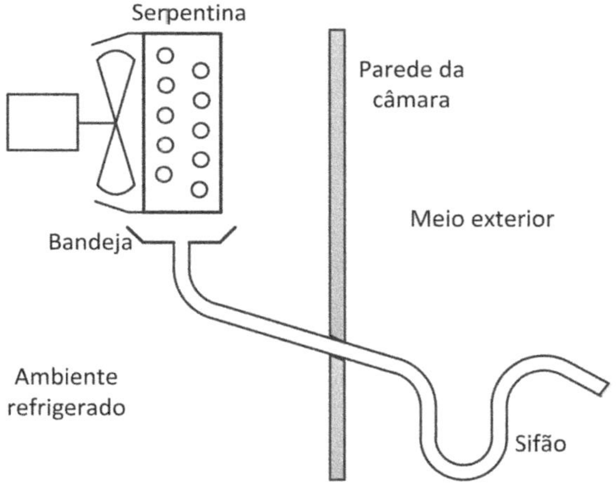

Figura 6.33 – A instalação de um sifão na linha de drenagem da água de degelo.

6.17 DEGELO POR GÁS QUENTE

O método consiste em interromper o suprimento de líquido ao evaporador, substituindo-o pelo de vapor de refrigerante a alta pressão. Para garantir um rápido degelo, a temperatura de saturação do vapor deve ser mantida suficientemente elevada pela ação de uma *válvula de alívio* instalada na saída do evaporador. A ação dessa válvula consiste em manter a pressão interna na serpentina igual a um valor predeterminado. Se a pressão supera esse valor, a válvula se abre, fechando-se caso a pressão seja inferior. Assim, durante o degelo, a serpentina se comporta como um condensador. Diversos arranjos de tubos e válvulas podem ser utilizados. O arranjo escolhido depende do modo de alimentação do evaporador (Seção 6.14) e de como o vapor é introduzido na serpentina: pela parte superior ou inferior. A referência [12], largamente utilizada pelos profissionais que atuam na área de refrigeração industrial, aborda de maneira prática os distintos procedimentos de degelo por gás quente.

A disposição dos tubos e o esquema de controle para o degelo por gás quente de um evaporador do tipo expansão direta são mostrados esquematicamente na Figura 6.34. De acordo com o procedimento sugerido nessa figura, a válvula de solenoide A se fecha quando o degelo tem início, enquanto a solenoide B se abre. A válvula C de alívio, que se mantém aberta durante a operação normal, passa a atuar como controladora da pressão a montante no momento do início do degelo. Assim, se a pressão no evaporador fosse ajustada para 600 kPa durante o degelo de um evaporador de amônia, a válvula C reduziria sua abertura caso a pressão diminuísse abaixo de 600 kPa, de maneira a manter esse nível de pressão, como observado anteriormente. Desse modo, a válvula C faz com que a pressão no interior das serpentinas não diminua, mantendo a temperatura dos tubos suficientemente elevada para promover um degelo adequado. Em geral, antes de penetrar nos tubos da serpentina, o gás quente aquece a bandeja de drenagem, que deve ser mantida a uma temperatura superior a 0 °C para evitar o recongelamento da água da serpentina. No caso de evaporadores múltiplos, podem ser instalados controles individuais ou por grupo, de modo que todos sejam degelados simultaneamente. Nesse caso, um distribuidor de gás quente deve ser previsto, como ilustrado na Figura 6.34. A fim de evitar que em instalações controladas por válvulas termostáticas de expansão o refrigerante migre para outro evaporador por meio do distribuidor de gás quente durante a operação normal, recomenda-se a instalação de uma válvula de retenção, como sugerido na Figura 6.34. Essa válvula é, geralmente, fornecida pelo próprio fabricante da serpentina, que também é responsável pela tubulação de aquecimento da bandeja. Como regra geral, o fabricante não sabe de antemão se a serpentina será degelada individualmente ou em grupo, caso em que a válvula de retenção deverá ser instalada.

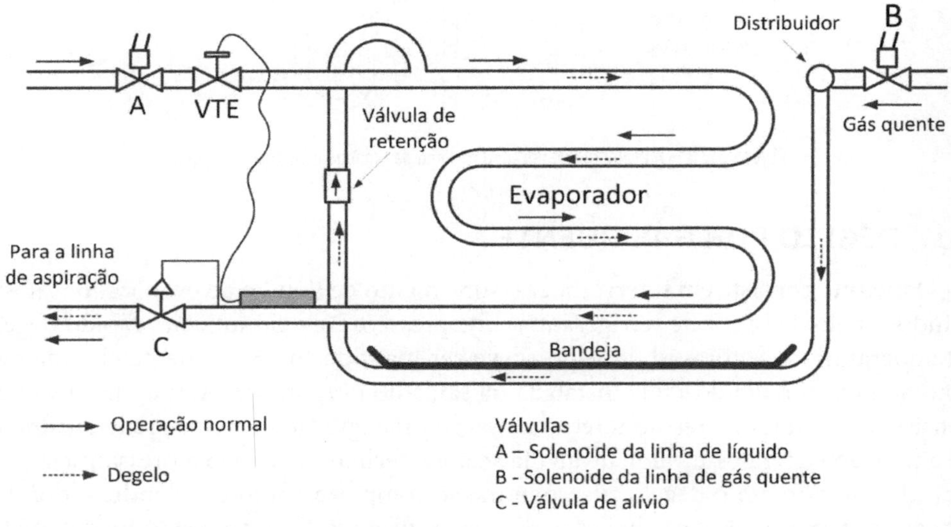

Figura 6.34 – Arranjo de tubulação e controle para o sistema de degelo por gás quente de um evaporador do tipo expansão direta.

Para concluir, um aspecto que deve ainda ser considerado é o tratamento a ser dado à mistura líquido-vapor de refrigerante que deixa a serpentina durante o degelo. A mistura não deve ser enviada diretamente para o compressor em virtude da presença de líquido no gás de aspiração. Dispositivos de vaporização do refrigerante líquido, ou mesmo o seu armazenamento para posterior vaporização, devem ser previstos no projeto da instalação.

A disposição típica da tubulação e os controles relacionados ao degelo de evaporadores em sistemas de recirculação de líquido são mostrados esquematicamente na Figura 6.35. No exemplo dessa figura, durante a operação normal, o refrigerante líquido é alimentado pela região inferior da serpentina, ao passo que o gás quente é introduzido pela parte superior durante o degelo. Em operação normal, as válvulas de solenoide A e B permanecem abertas e a C, fechada. A válvula A permite que o refrigerante líquido, proveniente da bomba de recirculação, entre no evaporador, enquanto a válvula B permite a saída da mistura líquido-vapor do evaporador para o separador de líquido. Uma vez iniciado o degelo, as válvulas A e B se fecham e a C é aberta. Com isso, interrompe-se a alimentação de refrigerante líquido, admitindo-se gás quente a alta pressão por meio da válvula C. Este entra no evaporador pela parte superior por meio do distribuidor. A saída do gás quente é restringida pela válvula de alívio (controladora de pressão) D, que exerce o mesmo papel que sua congênere nos evaporadores do tipo expansão direta, qual seja, a de manter a pressão relativamente elevada na serpentina durante o degelo a fim de garantir uma temperatura mínima da superfície. A válvula D permanece fechada durante a operação normal, abrindo-se em função da pressão reinante na serpentina durante o degelo. Se esta tende a diminuir, a válvula D deve se fechar, garantindo a pressão preestabelecida na serpentina. O valor dessa pressão deve girar em torno de 600 kPa para a amônia. A válvula de alívio permite a passagem da mistura líquido-vapor para a linha de retorno e daí para o tanque separador de líquido.

Como pode ser observado na Figura 6.35, duas válvulas de retenção, designadas por X e Y, são instaladas no circuito. A válvula X é instalada entre a parte superior da serpentina (entrada do gás quente no distribuidor), e a bandeja de drenagem, situada a jusante da válvula C. O objetivo da válvula X é impedir a possível circulação de refrigerante líquido pela tubulação de aquecimento da bandeja, o que causaria o seu resfriamento abaixo da temperatura do ar ambiente. Como resultado, neve se acumularia sobre a bandeja durante a operação normal da serpentina, fundindo-se durante o degelo, o que poderia causar um "pingamento" de água sobre o produto armazenado. A segunda válvula de retenção, designada por Y, é instalada a jusante da válvula de solenoide A para evitar que, durante o degelo, gás quente escoe através dela, uma vez que as válvulas de solenoide vedam adequadamente somente na direção do escoamento normal.

A operação de degelo pode ser significativamente melhorada pela introdução de alguns refinamentos, descritos a seguir.

(i) Uma modificação que pode ser facilmente introduzida consiste em fechar somente a válvula A do esquema da Figura 6.35 no início do ciclo de degelo, mantendo a válvula B aberta e o ventilador da serpentina em operação normal. Nessas condições, o refrigerante líquido presente na serpentina quando do início do degelo se evapora progressivamente, deixando o evaporador por meio da válvula B.

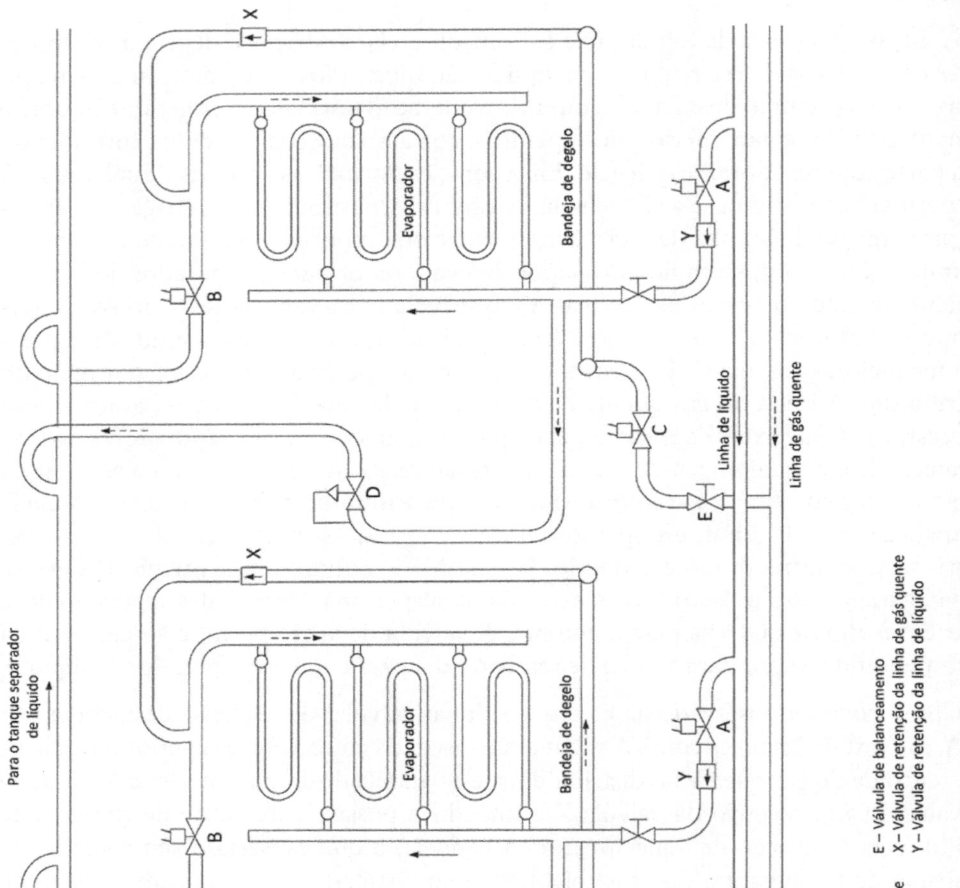

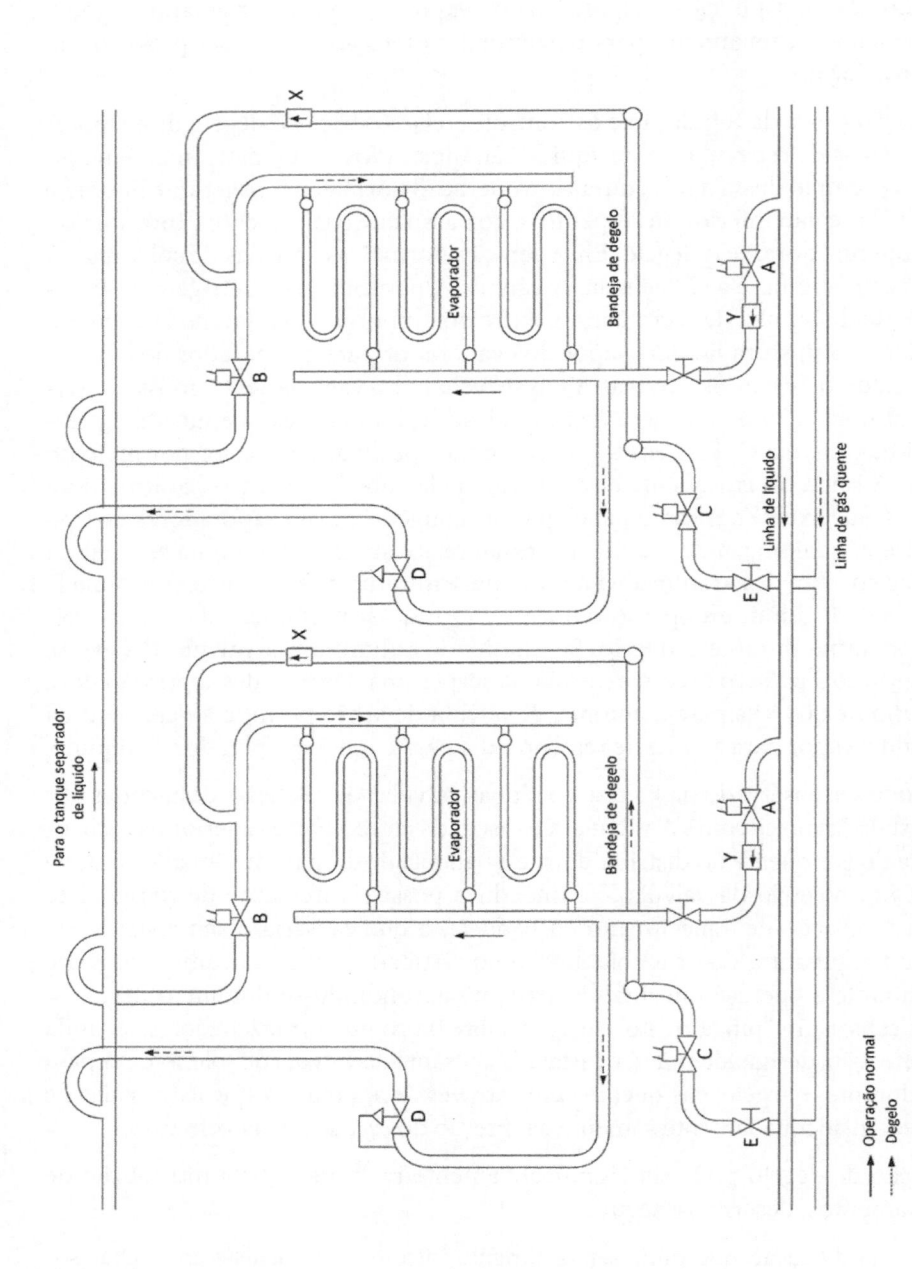

Figura 6.35 – Tubulações e válvulas para degelo de evaporadores do tipo recirculação forçada de líquido, com alimentação do gás quente pela parte superior da serpentina.

Após um curto intervalo de tempo, suficiente para a evaporação do líquido, a válvula B é fechada simultaneamente à parada do ventilador, enquanto se abre a válvula C para iniciar o degelo propriamente dito. A vantagem do processo descrito está no fato de o gás quente ocupar imediatamente todos os espaços no interior dos tubos da serpentina. Se o procedimento proposto não fosse adotado, algumas regiões permaneceriam frias em virtude da evaporação do líquido remanescente, mesmo após a introdução do gás quente. Quando a evaporação prévia não é adotada, o líquido deve ser removido por meio da válvula D.

(ii) Outra modificação consiste em retardar a entrada em operação do ventilador no fim do processo de degelo, para evitar com isso que as gotas de água que permanecem na superfície exterior da serpentina sejam sopradas sobre o produto. O retardamento permite que as gotas se congelem e permaneçam aderidas à superfície.

(iii) Durante os estágios iniciais do degelo por gás quente, é possível que o refrigerante que passa pela válvula de alívio o faça, predominantemente, no estado líquido. Por outro lado, no final do processo de degelo, o refrigerante que a atravessa deve caracterizar-se por títulos elevados. Na Figura 6.36, mostram-se num diagrama (p, h) os processos de estrangulamento (isoentálpico) do líquido e do vapor saturado na válvula de alívio. O líquido saturado no estado designado por u tem a sua pressão reduzida até o estado v, no qual predomina ainda o líquido, mas apresenta certa quantidade de gás de *flash*. Quando, por outro lado, vapor saturado no estado designado por x é estrangulado em processo isoentálpico, o estado resultante, designado por y, é o de vapor superaquecido, cuja compressão até a pressão de condensação requer certo "consumo" de energia. O líquido, por outro lado, pode ser utilizado na mudança de fase. Uma solução proposta por alguns engenheiros para evitar o estrangulamento supérfluo de vapor é a substituição da válvula de alívio por uma válvula de boia de alta pressão, que nada mais é do que um purgador, que permite somente a passagem de líquido [13].

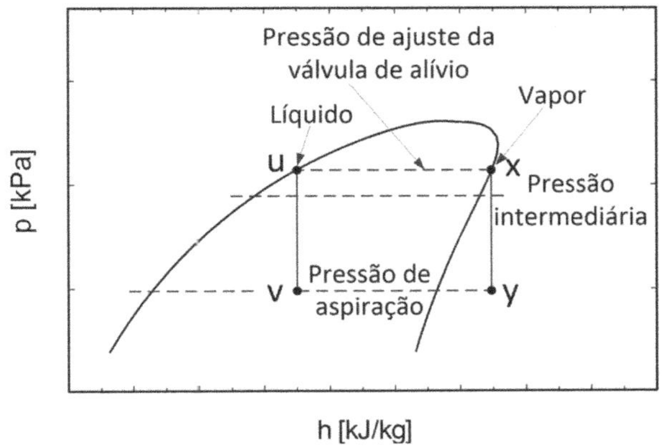

Figura 6.36 – Estrangulamento de líquido e vapor saturado de uma serpentina em degelo até a pressão de aspiração em sistemas de duplo estágio de compressão.

Uma característica operacional dessa válvula é que a pressão na serpentina durante o degelo não é mais limitada pelo ajuste de pressão da válvula de alívio. Nesse caso, a pressão pode atingir o nível daquela do gás quente. Quando o sistema retorna à operação normal, após a conclusão do ciclo de degelo, o vapor presente na serpentina é abruptamente descarregado na linha de retorno para o separador de líquido. Para evitar o risco de que o líquido presente seja projetado contra as paredes de tubos ou vasos no momento da descarga, sugere-se uma sangria prévia antes da reversão do ciclo (fim de degelo).

(iv) Em sistemas de estágio duplo de compressão, a pressão intermediária é, em geral, inferior à pressão de ajuste da válvula de alívio. Assim, parece mais razoável, como proposto por alguns engenheiros, retornar o refrigerante proveniente do degelo das serpentinas ao tanque de gás de *flash*/resfriador intermediário, como na Figura 6.37. Desse modo, a eficiência do sistema é melhorada de distintos modos. O primeiro diz respeito à recompressão do vapor estrangulado, a qual, em vez de ser feita do estado y da Figura 6.36, se dá a partir da pressão intermediária. O segundo está relacionado ao estrangulamento do líquido no estado u da Figura 6.36, uma vez que, com o retorno ao estágio intermediário, a quantidade de vapor a ser comprimida é menor do que se o retorno fosse feito à linha de aspiração do estágio de baixa pressão, quando maior quantidade de vapor de *flash* se formaria, devendo este ser comprimido desde uma pressão mais baixa.

(v) No desenvolvimento do sistema de degelo, deve-se procurar satisfazer as necessidades de gás quente por meio de uma regra prática: enquanto um evaporador degela, dois devem operar normalmente. Medidas da vazão de gás quente de degelo [14] indicaram que essa regra é conservadora, principalmente a baixas pressões de condensação, como se discutirá mais adiante.

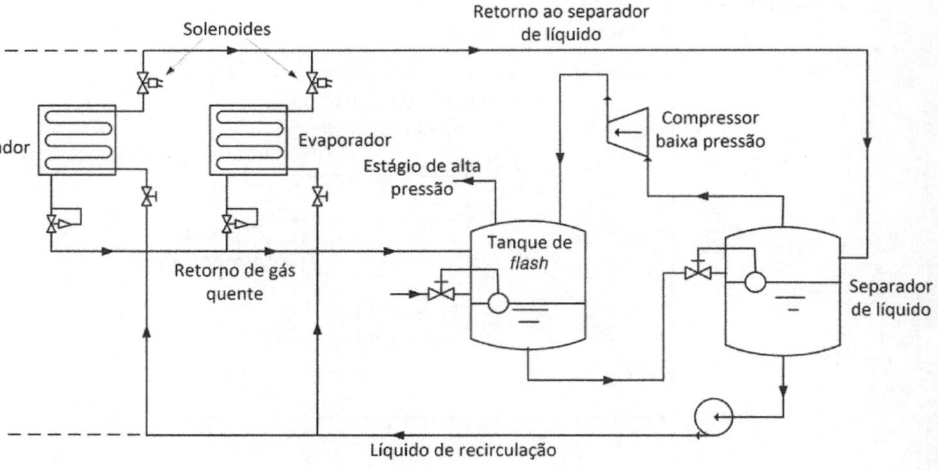

Figura 6.37 – Retorno da mistura líquido-vapor do refrigerante proveniente do degelo para a pressão intermediária de um sistema de duplo estágio de compressão.

(vi) Alguns responsáveis pela operação de instalações frigoríficas preferem operar a pressões de condensação moderadamente elevadas, mesmo em condições externas que permitiriam pressões inferiores. A razão para tal procedimento é a possibilidade de dispor vapor de alta pressão para degelo. Tal procedimento, entretanto, é discutível, uma vez que pressões de condensação elevadas implicam maior consumo de energia [15]. Alguns ensaios de laboratório com R-22, e de campo com amônia [14], indicam que um excesso de pressão de 100 kPa acima da pressão de alívio seria suficiente para um degelo adequado. Os operadores de instalações frigoríficas preferem ser conservadores, de modo que dificilmente se arriscariam a ultrapassar aquele limite (100 kPa). Entretanto, ainda são necessários ensaios para verificar até que ponto as pressões de condensação podem ser reduzidas, mantendo-se as exigências de degelo por gás quente.

(vii) Outro aspecto relacionado ao degelo por gás quente, e objeto de controvérsia, é o relacionado com o ponto de extração do gás: na descarga do compressor, onde o vapor é superaquecido, Figura 6.38(a), ou na parte superior do tanque de líquido, Figura 6.38(b), onde o vapor é saturado. Se, por um lado, o vapor superaquecido apresenta temperatura superior, por outro, o seu coeficiente de transferência de calor é inferior ao do vapor saturado. No caso de instalações dotadas de compressores parafuso, o dilema não existe, uma vez que o vapor de descarga é previamente resfriado. O vapor extraído da região superior do tanque de líquido é substituído por vapor não condensado proveniente da evaporação (*flash*) de uma pequena porção de líquido do tanque. Esse processo de *flash* tende a reduzir a temperatura do líquido do tanque como resultado da evaporação. A principal vantagem da extração de vapor do tanque reside no fato de o líquido constituir-se num volante térmico, uma vez que permite um suprimento de gás quente mesmo em situações em que a quantidade de gás comprimido seja insuficiente.

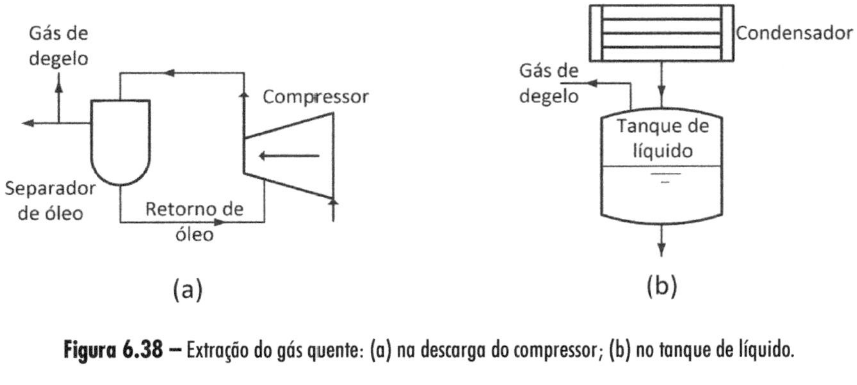

Figura 6.38 – Extração do gás quente: (a) na descarga do compressor; (b) no tanque de líquido.

6.18 SERPENTINAS COM BORRIFAMENTO DE ANTICONGELANTE

Uma maneira de controlar a formação de neve sobre as superfícies das serpentinas que operam a baixas temperaturas é borrifá-las com algum anticongelante (salmoura), como etilenoglicol ou propilenoglicol. Esse procedimento confere uma maior relação entre os calores latente e sensível. A Figura 6.39 apresenta o esquema de uma instalação com borrifamento contínuo de anticongelante. O ar a ser refrigerado circula por meio da serpentina, entrando em contato com a solução de anticongelante. No processo, o ar é resfriado e desumidificado. Como a solução de anticongelante é higroscópica, vai se diluindo progressivamente com água, exigindo um processo de regeneração para remover parte da água absorvida. A instalação da Figura 6.39 incorpora um processo contínuo de regeneração. Nesse processo, a solução de anticongelante é borrifada sobre uma serpentina de aquecimento, por meio da qual circula ar exterior previamente aquecido pelo ar de regeneração.

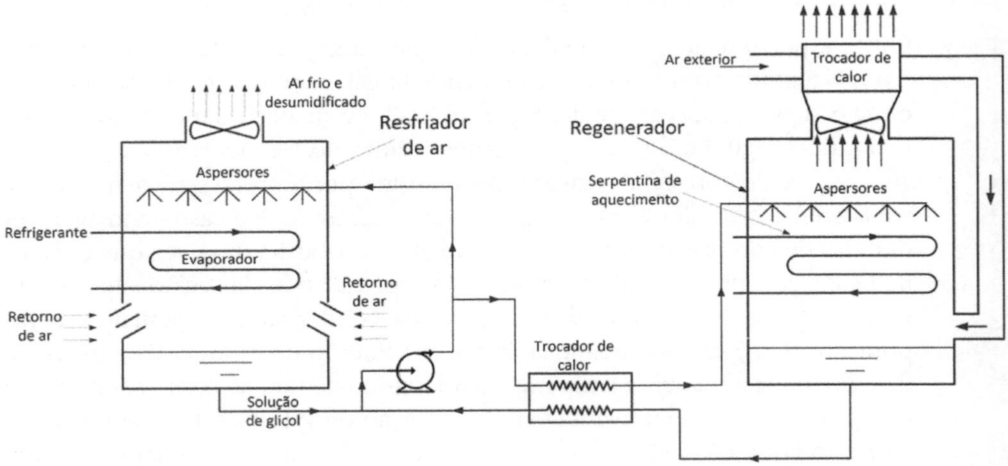

Figura 6.39 – Diagrama esquemático de um sistema com borrifamento de uma solução de glicol com regeneração simultânea.

Uma propriedade importante das soluções anticongelantes (especificamente aquelas à base de glicóis) é a de que a pressão de vapor é inferior àquela da água à mesma temperatura [16]. O processo de resfriamento e secagem de ar com o auxílio de solução anticongelante pode ser facilmente interpretado com o auxílio de uma carta psicrométrica como a da Figura 6.40, na qual o eixo das ordenadas foi substituído pela pressão de vapor. As curvas de saturação correspondentes às misturas ar-água e à do ar com uma solução de 50% (base-massa) de etilenoglicol estão superpostas na carta. A lei da linha reta se aplica tanto à água quanto às soluções. Assim, para uma serpentina não borrifada com solução anticongelante, a linha do processo seria a A (superior), ao passo que, no caso de se utilizar a solução anticongelante, o ar seguiria a linha B. Como a pressão de vapor da solução de etilenoglicol é inferior, a curva do processo do ar na serpentina borrifada é mais inclinada, resultando uma taxa maior de secagem.

As vantagens da serpentina borrifada são as seguintes:

(i) não é necessário parar a instalação para o degelo;

(ii) o consumo de energia associado ao gás quente ou à água de degelo é eliminado;

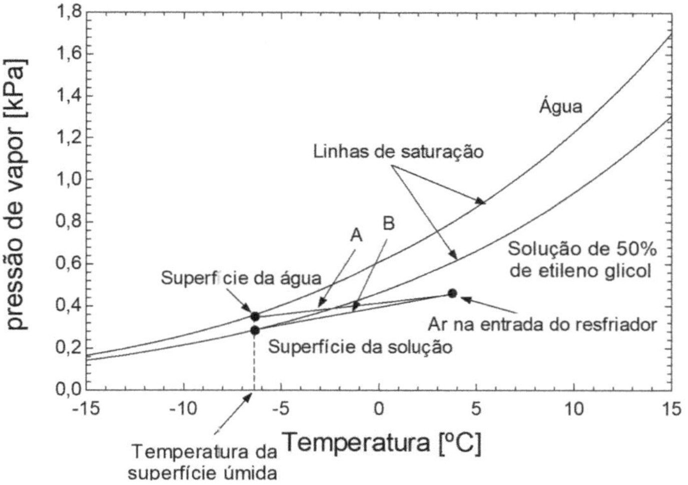

Figura 6.40 – Processo do ar em uma serpentina sem borrifamento de anticongelante (curva A) e com borrifamento de uma solução de glicol (curva B).

(iii) ocorre uma maior secagem, fato que é interessante em aplicações em que umidade excessiva pode ser um problema;

(iv) soluções de glicóis são bactericidas, o que permite eliminar possíveis microrganismos como bactérias, fungos etc. que possam se formar na superfície da serpentina.

As desvantagens são:

(i) maior custo inicial;

(ii) efeitos parasíticos de energia associados à solução que retorna do regenerador;

(iii) custos adicionais da bomba e do ventilador associados ao processo de regeneração.

6.19 RESFRIADORES DE LÍQUIDOS

Neste capítulo, foi dada ênfase à análise de evaporadores resfriadores de ar em virtude da intensiva utilização que estes encontram na refrigeração industrial. Outros evaporadores de utilização menos generalizada são os resfriadores de líquido, de grande importância na refrigeração em geral. Os líquidos podem variar desde água até salmouras à base de cloreto de cálcio, passando por soluções de glicóis. Nesses evaporadores, o refrigerante pode circular pelo interior dos tubos, como na Figura 6.2(b), ou se evaporar na carcaça, Figura 6.2(a). Nesta seção, não serão tratados aspectos específicos de projeto de evaporadores resfriadores de líquidos, preferindo-se, em vez disso, concentrar-se nos temas de interesse de operadores e usuários, tomando como base os trocadores de calor do tipo carcaça-tubos.

Inicialmente, será considerado o efeito da temperatura sobre as características de transferência de calor. Reduções de temperatura implicam a deterioração das características de transferência de calor do evaporador, o que pode comprometer o objetivo de atingir uma determinada temperatura de líquido. Considere-se, por exemplo, a resistência térmica total de um evaporador com o refrigerante mudando de fase na carcaça:

$$\frac{1}{U_e A_e} = R_{total} = \frac{1}{h_{refrig} A_e} + R_{metal} + \frac{1}{h_{líq} A_i} \tag{6.22}$$

Da Equação (6.22), pode-se concluir que, para manter uma resistência térmica total baixa, ou um elevado valor de U, os coeficientes de transferência de calor, h_{refrig} e $h_{líq}$, devem ser elevados. Entretanto, o coeficiente de transferência de calor do líquido depende das propriedades de transporte deste. A seguinte expressão é geralmente utilizada no caso de líquidos que escoam em regime turbulento no interior de tubos:

$$\frac{h_{líq} D}{k} = 0,023 \left(\frac{\rho V D}{\mu} \right)^{0,8} \left(\frac{\mu c_p}{k} \right)^{0,3} \tag{6.23}$$

em que:

D: diâmetro interior do tubo, m;

k: condutividade térmica do líquido, W/mK;

V: velocidade média do líquido, m/s;

ρ: densidade do líquido, kg/m^3;

μ: viscosidade dinâmica do líquido, Pas;

c_p: calor específico do líquido, J/kgK.

Para líquidos que escoam pela carcaça, sugere-se a seguinte relação [17]:

$$\frac{h_{líq} D}{k} = 0,47 \left(\frac{\rho V D}{\mu} \right)^{0,53} \left(\frac{\mu c_p}{k} \right)^{1/3} \tag{6.24}$$

Considere-se o efeito da temperatura sobre a viscosidade e a condutividade térmica, propriedades de transporte que aparecem nas Equações (6.23) e (6.24), ilustrado nas Figuras 6.41(a) e 6.41(b) para uma solução anticongelante à base de etilenoglicol [16] largamente utilizada na prática. Verifica-se que, para dada concentração, a viscosidade aumenta com a diminuição de temperatura, ao passo que a condutividade térmica diminui. Por outro lado, a redução de temperatura requer um aumento da concentração de etilenoglicol, o que implica degradação da condutividade térmica e incremento da viscosidade.

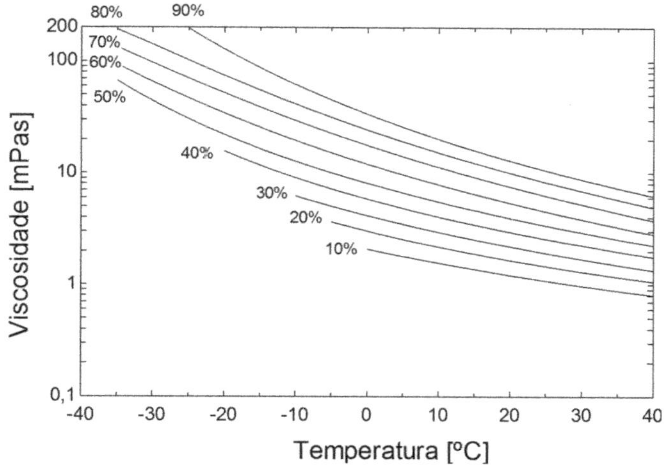

(a)

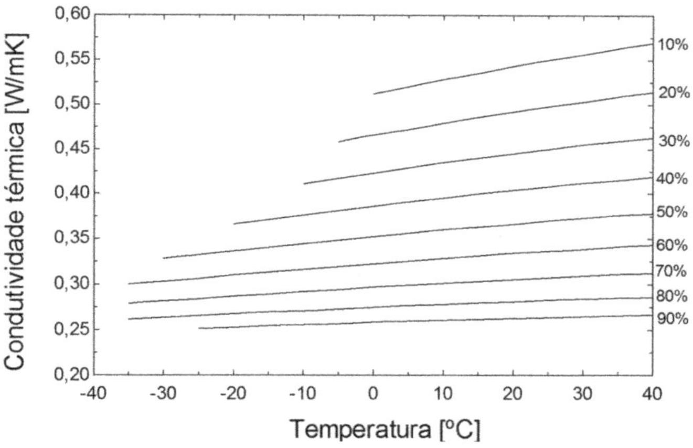

(b)

Figura 6.41 – O efeito da temperatura sobre: (a) viscosidade; e (b) condutividade térmica de soluções à base de etilenoglicol. Concentrações de etilenoglicol em volume.

EXEMPLO 6.4

O coeficiente de transferência de calor de uma solução a 20% (volume) de etilenoglicol que escoa na carcaça de um trocador de calor sendo resfriada de 0 °C a –5 °C é igual a 720 W/m^{2}K. Como resultado de uma mudança no processo, a solução deve ser resfriada de –7 °C a –12 °C sem alterar a sua vazão. Qual deve ser o novo valor do coeficiente de transferência de calor?

Solução

Na condição inicial, correspondendo a uma temperatura média de –2,5 °C, a viscosidade e a condutividade térmica da solução a 20% de etilenoglicol devem ser, respectivamente, iguais a 3,3 mPas (0,0033 Pas) e 0,46 W/mK. A temperatura de congelamento da solução é de −7,8 °C [16, 18], um limite que confere pouca segurança para operação a −5 °C. Como, na nova condição, a temperatura deve ser reduzida até −12 °C, a solução deve ser alterada para evitar o seu congelamento. Uma solução a 30% de etilenoglicol poderia satisfazer as condições operacionais, uma vez que o seu ponto de congelamento é de −14,1 °C. Para a nova solução à temperatura média de −9,5 °C, correspondente à condição operacional modificada, a viscosidade e a condutividade térmica serão iguais a, respectivamente, 0,0061 Pas e 0,41 W/mK. Como os outros parâmetros da Equação (6.24) permanecem essencialmente constantes com a mudança das condições operacionais, a relação entre os coeficientes de transferência de calor correspondentes às duas condições, h_{novo} e h_{antigo}, poderá ser escrita como:

$$\frac{h_{novo}}{h_{antigo}} = \left(\frac{\mu_{antigo}}{\mu_{novo}}\right)^{0,20} \left(\frac{k_{novo}}{k_{antigo}}\right)^{2/3} = \left(\frac{0,0033}{0,0061}\right)^{0,20} \left(\frac{0,41}{0,46}\right)^{2/3} = 0,819$$

de modo que:

$$h_{novo} = 0,819 h_{antigo} \therefore h_{novo} = 590 \text{ W/m}^2\text{K}$$

Verifica-se, assim, que o coeficiente de transferência de calor do lado da solução de etilenoglicol experimenta uma redução de 18% em relação ao seu valor original, o que, evidentemente, não causa uma redução da mesma ordem no coeficiente global de transferência de calor, como se pode concluir da Equação (6.22). Pode-se afirmar, entretanto, que o coeficiente de transferência de calor do lado do refrigerante sofrerá alguma redução, ocorrendo o mesmo com a pressão e a temperatura de evaporação, que experimentará uma redução superior a 7 °C, correspondente à variação da temperatura média da solução. O vapor de refrigerante é menos denso a pressões de evaporação inferiores, o que compromete a taxa de evaporação e, em consequência, o coeficiente de transferência de calor tem o seu valor reduzido, como sugerido anteriormente.

Os resfriadores de líquidos para baixas temperaturas podem constituir-se em um verdadeiro problema para o operador, caso o projeto e a seleção não sejam adequados. O usuário deve tomar as devidas precauções no sentido de garantir que o resfriador apresente a área de transferência de calor adequada, devendo ocorrer o mesmo com a distribuição do refrigerante. Além disso, a concentração de anticongelante deve ser cuidadosamente estudada a fim de evitar, com certa margem de segurança, que a solução se congele. Por outro lado, devem ser evitadas concentrações excessivas que poderiam exigir potências de bombeamento elevadas, ao mesmo tempo que comprometeriam o coeficiente de transferência de calor, como ilustrado no Exemplo 6.4. Para finalizar, é importante considerar a importância da capacidade de bombeamento, que deve ser adequadamente avaliada, levando-se em consideração a viscosidade da solução.

6.20 TEMPERATURA ÓTIMA DE EVAPORAÇÃO

A escolha da temperatura de evaporação pode parecer simples à primeira vista. Considerando os valores da diferença entre a temperatura do ar na entrada do evaporador e a de evaporação, sugeridos na Tabela 6.6, para distintas aplicações, se a temperatura do espaço refrigerado for conhecida, a temperatura de evaporação resulta imediatamente. Entretanto, aplicações específicas podem exigir uma determinação adequada da diferença entre temperaturas. Assim, por exemplo, o fator determinante dessa diferença em aplicações a temperaturas superiores a 0 °C é a umidade do ambiente, como sugerido na Tabela 6.6. Na grande maioria das outras aplicações, entretanto, o fator econômico é determinante. Um procedimento objetivo para a determinação do diferencial ótimo de temperaturas é o sugerido na Figura 6.42. Nela, o custo inicial do evaporador é avaliado em função da área total de transferência de calor, cujo incremento implica maiores custos. Por outro lado, uma das parcelas que compõem o custo total do evaporador é o custo da energia de compressão durante a vida útil do compressor. Esta é afetada pela temperatura de evaporação, que, por sua vez, se eleva com a área de transferência de calor para uma temperatura do ar (ou do meio submetido ao processo de resfriamento) constante. A tendência sugerida na Figura 6.42 para o custo da energia de compressão é consistente, uma vez que, para dadas temperatura de condensação e carga de refrigeração, a potência de compressão diminui com a temperatura de evaporação. Nesse sentido, como o custo de energia é distribuído ao longo dos anos, a estimativa do custo total deve ser feita atualizando seu valor pela aplicação de estimativas razoáveis de taxas de juros e de inflação. Assim, a área de transferência de calor ótima, isto é, aquela que proporciona o mínimo custo, pode ser determinada. As diferenças de temperatura sugeridas na Tabela 6.6 são resultantes de uma análise semelhante, envolvendo custos de equipamento e de energia, que podem não mais ser aplicáveis à atualidade. Nessas condições, uma análise econômica pode ser interessante na seleção do evaporador de uma nova instalação.

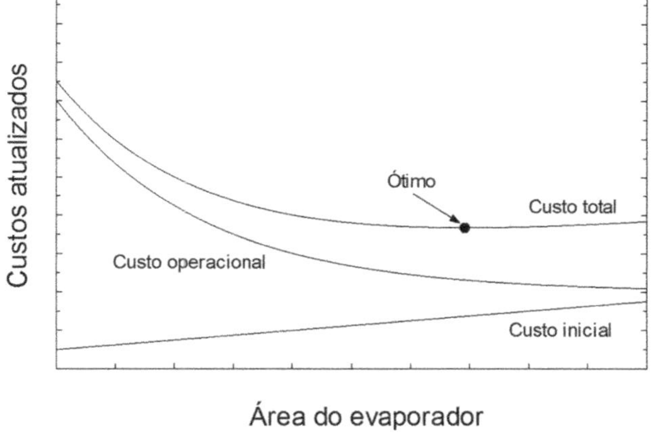

Figura 6.42 – Diagrama ilustrativo do procedimento de seleção do evaporador ótimo (mínimo custo) de uma instalação frigorífica.

REFERÊNCIAS

1. ASHRAE – AMERICAN SOCIETY OF HEATING, REFRIGERATING AND AIR-CONDITIONING ENGINEERS. *ASHRAE Handbook of HVAC Systems and Equipment 2012*. Atlanta, 2012.

2. CHAWLA, J. M. *A refrigerant system with auxiliary liquid and vapor circuits*. International Institute of Refrigeration, Encontro das Comissões II e III, London, 1970.

3. STOECKER, W. F. *Principles for air conditioning practice*. New York: Industrial Press, 1968.

4. LEWIS, W. K. The evaporation of a liquid into a gas. *Transactions*, v. 44, p. 325, 1922.

5. ANDERSON, R. W. How to eliminate condensate and save energy in meat and poultry plants. *ASHRAE Journal*, v. 24, n. 8, p. 30-34, 1982.

6. ASHRAE – AMERICAN SOCIETY OF HEATING, REFRIGERATING AND AIR-CONDITIONING ENGINEERS. *Air distribution and air diffusion – laboratory aerodynamic testing and rating of air terminal devices* (norma ASHRAE 70-72). Atlanta, 1972.

7. PISATI, A. *Single circuit multiple compressor water chiller*. International Conference on Components of Air Conditioning and Refrigerating Systems, patrocinado por A. I. CARR e REHVA, Milan, fev. 1984.

8. STOECKER, W. F. How to design and operate flooded evaporators for cooling air and liquids. *Heating, Piping, and Air Conditioning*, v. 32, n. 12, p. 144-158, 1960.

9. STOECKER, W. F. How frost formation on coils affects refrigeration systems. *Refrigerating Engineering*, v. 65, n. 2, p. 42-46, 1957.

10. IVANOVA, V. S. Aerodynamic characteristics of finned air – cooling coils under frosting conditions. *Kholodilnaia Technika*, v. 58, n. 1, p. 56-59, 1980.

11. ASHRAE – AMERICAN SOCIETY OF HEATING, REFRIGERATING AND AIR-CONDITIONING ENGINEERS. *ASHRAE Handbook of Refrigeration 2000*. Atlanta, 2000.

12. REFRIGERATING SPECIALTIES COMPANY-PARKER HANNIFIN. *Hot Gas Defrost* (bulletin, 90-10C). Broadview, 1984.

13. STAMM, R. H. Industrial refrigeration: evaporators. *Heating, Piping, and Air Conditioning*, v. 56, n. 9, p. 111-114, 1984.

14. STOECKER, W. F.; LUX, J. J.; KOOY, R. J. Energy considerations in hot-gas defrosting of industrial refrigeration coils. *Transactions*, v. 89, parte II, p. 549-573, 1983.

15. COLE, R. A. 1984, *Low Head Pressure Operation in Ammonia Systems* (seminário). Encontro anual da ASHRAE (American Society of Heating, Refrigerating and Air-Conditioning Engineers), jun. 1984.

16. MEGLOBAL. *Ethylene glycol. Product guide*. [S.l.], 2008.

17. KERN, D. Q. *Process heat transfer*. New York: McGraw-Hill, 1950.

18. ASHRAE – AMERICAN SOCIETY OF HEATING, REFRIGERATING AND AIR-CONDITIONING ENGINEERS. *ASHRAE Handbook of Fundamentals 2013*. Atlanta, 2013.

CAPÍTULO 7
RECIRCULAÇÃO DE LÍQUIDO

7.1 EVAPORADOR COM RECIRCULAÇÃO DE LÍQUIDO

O que caracteriza um evaporador com recirculação de líquido é o fato de a vazão de líquido ser superior à taxa de mudança de fase (evaporação). Na saída do evaporador, deve ocorrer uma mistura de líquido e vapor, como sugerido na Figura 7.1, o que justifica o nome alternativo de evaporador com *sobrealimentação de líquido.*

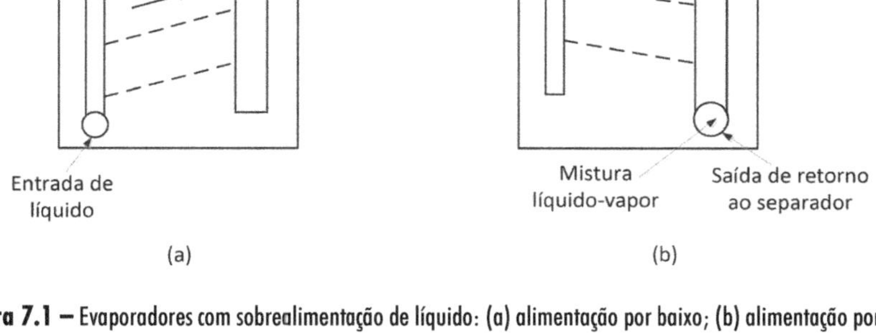

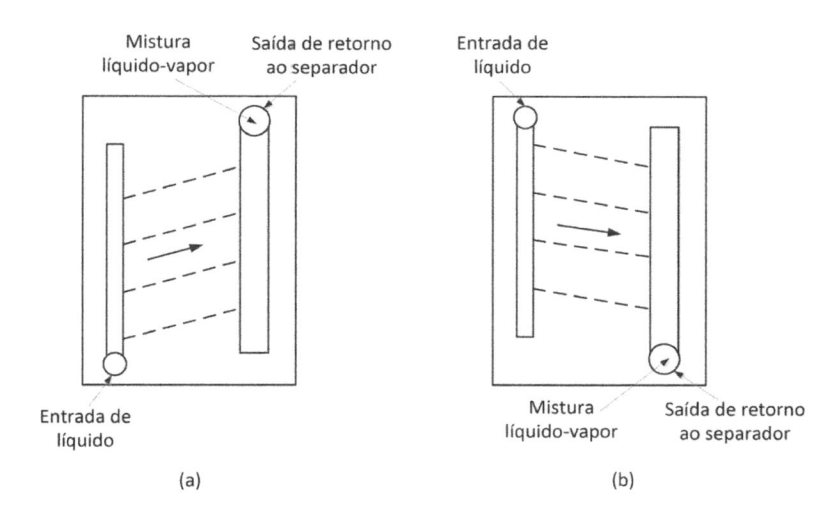

Figura 7.1 – Evaporadores com sobrealimentação de líquido: (a) alimentação por baixo; (b) alimentação por cima.

É interessante observar o contraste entre esses evaporadores e aqueles alimentados por dispositivos de expansão que proporcionam uma vazão de refrigerante suficiente para a total evaporação do líquido. Os evaporadores inundados, introduzidos no capítulo precedente, são de certo modo do tipo com sobrealimentação. Entretanto, não serão incluídos nessa categoria por não apresentarem duas características típicas daqueles evaporadores: (i) a presença de um separador central servindo diversas unidades; e (ii) a circulação forçada do refrigerante.

7.2 CIRCULAÇÃO POR BOMBAS E POR PRESSÃO DE GÁS

As Figuras 7.2 e 7.3 mostram esquematicamente os componentes básicos dos sistemas constituídos de evaporadores com recirculação de líquido. No caso da Figura 7.2, o líquido é levado aos evaporadores pela ação de uma bomba, ao passo que no esquema da Figura 7.3 a circulação de líquido é promovida pela pressão do gás dos tanques separadores de líquido e de bombeamento.

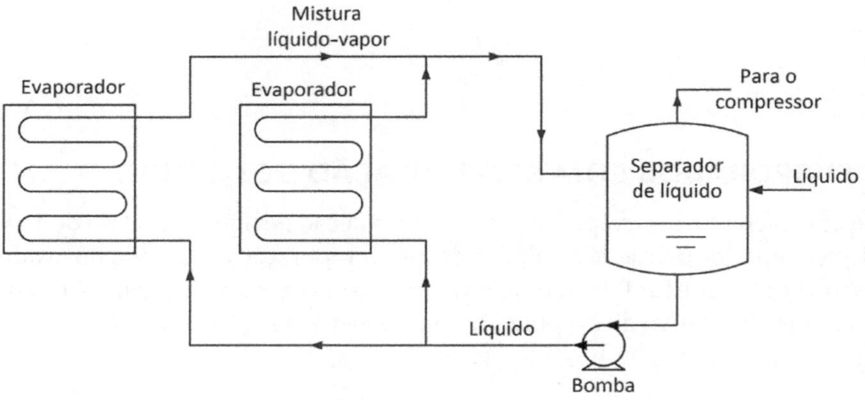

Figura 7.2 – Esquema de um sistema com recirculação de líquido por intermédio de bomba.

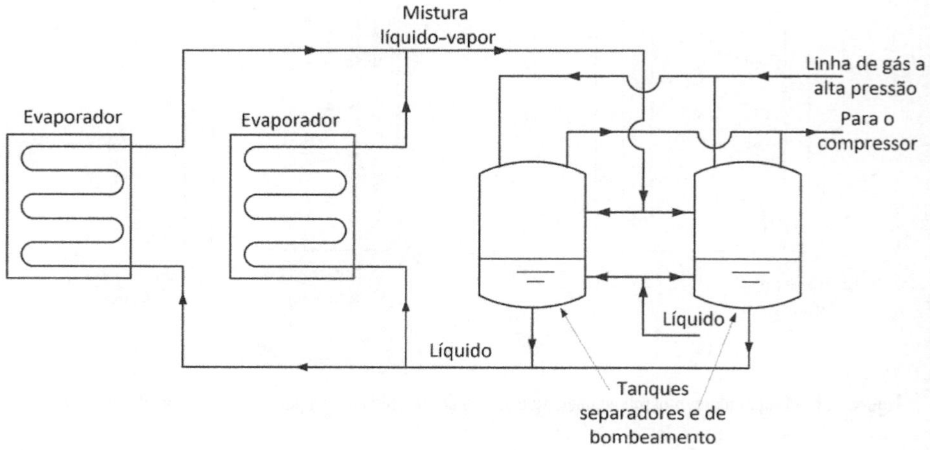

Figura 7.3 – Esquema de um sistema com recirculação de líquido por pressão de gás. Válvulas devem ser instaladas para permitir enchimento e pressurização alternada dos reservatórios.

Em ambos os casos, a mistura bifásica (líquido-vapor) que deixa os evaporadores é enviada a um separador de líquido. De lá, vapor saturado é enviado ao compressor por meio da linha de aspiração, ao passo que o líquido é enviado aos evaporadores. O líquido evaporado é substituído pelo proveniente da região de alta pressão da instalação.

7.3 VANTAGENS E DESVANTAGENS DA RECIRCULAÇÃO DE LÍQUIDO

O sistema de recirculação de líquido apresenta em relação aos demais as vantagens a seguir.

(i) Utilização mais eficiente da superfície de transferência de calor, pelo fato de mantê-la molhada ao longo do evaporador. Em evaporadores de expansão direta, parte da superfície é utilizada no superaquecimento do refrigerante, o que reduz o coeficiente de transferência de calor médio no evaporador.

(ii) O refrigerante na aspiração do compressor se encontra num estado próximo da saturação. O reservatório separador de líquido dos esquemas das Figuras 7.2 e 7.3 evita que refrigerante líquido atinja o compressor, ao mesmo tempo que permite que o vapor na aspiração apresente um reduzido superaquecimento, o que contribui para manter a temperatura de descarga do compressor dentro de limites razoáveis. Nos sistemas com estágio duplo de compressão, o compressor de alta pressão pode se beneficiar das mesmas vantagens propiciadas pelos sistemas com recirculação de líquido.

(iii) O gás de *flash* resultante do processo de expansão é removido na sala de máquinas, em vez de ser enviado ao evaporador, o que elevaria a perda de carga.

(iv) As válvulas que regulam a vazão do refrigerante enviado ao evaporador recebem o líquido a uma pressão constante, em vez da pressão de condensação. Em outros sistemas, o dispositivo de expansão recebe líquido a uma pressão de condensação elevada no verão e reduzida no inverno, ao passo que, no caso da recirculação de líquido, as bombas propiciam uma pressão constante durante todo o ano.

(v) A remoção de óleo na região de baixa pressão pode ser efetuada em um único local na sala de máquinas. O refrigerante líquido remove continuamente óleo dos evaporadores, enviando-o ao separador de líquido, de onde pode ser extraído.

A recirculação de líquido pode apresentar algumas desvantagens, entre as quais estão as citadas a seguir.

(i) Custo inicial mais elevado, em virtude de:

(a) Maiores dimensões das linhas. Embora as linhas de retorno ao separador de líquido contenham uma mistura bifásica, os projetistas preferem adotar diâmetros superiores ao caso em que ocorre somente vapor. Além disso, devem ser consideradas as linhas de líquido, pelas quais circula não só o líquido que deverá mudar de fase, mas o recirculado.

(b) Isolamento térmico das linhas que transportam o refrigerante líquido do separador até os evaporadores.

(c) Necessidade de um dispositivo de bombeamento de líquido.

(ii) Carga maior de refrigerante. Os evaporadores e as linhas de ligação com o separador de líquido são preenchidos por refrigerante com uma fração de líquido muito superior àquela observada nas instalações de expansão direta.

(iii) Custo adicional resultante da operação do sistema de bombeamento de líquido.

Em instalações de baixa temperatura de evaporação (inferiores a –18 °C), coeficientes de transferência de calor elevados são fundamentais. Além disso, como essas instalações operam com relações entre pressões relativamente elevadas, resultando temperaturas de descarga excessivas e maior quantidade de gás de *flash*, a adoção de sistemas com recirculação de líquido pode ser vantajosa, principalmente em aplicações de múltiplos evaporadores e aquelas que operam com amônia. Quando o número de evaporadores é reduzido, a recirculação de líquido pode não ser atraente sob o ponto de vista econômico.

7.4 FUNDAMENTOS DA RECIRCULAÇÃO DE LÍQUIDO

O efeito mais importante introduzido pelos sistemas com recirculação de líquido é o de melhorar a transferência de calor no evaporador, como resultado de um melhor contato do refrigerante líquido com a parede e de um incremento de sua velocidade média no tubo. A esta altura, o leitor deve estar se perguntando a que taxa o refrigerante líquido deve ser recirculado. Antes de entrar nos detalhes da resposta, seria interessante introduzir um parâmetro importante: a denominada *razão de recirculação de líquido*,[1] n, definida como:

$$n = \frac{\text{Vazão de líquido que entra no evaporador}}{\text{Taxa de mudança de fase}} \tag{7.1}$$

[1] Além de n, a referência [5] introduz a *taxa de sobrealimentação* (*overfeed rate*), TS, para caracterizar a recirculação de líquido, definida como a razão entre a vazão de líquido e de vapor da mistura que retorna ao separador de líquido. Se somente vapor saturado retorna ao separador de líquido, a taxa de sobrealimentação é nula. Considerando suas definições, não é difícil concluir que TS se relaciona com n pela expressão: n = 1 + TS. Outra maneira de entender TS é relacioná-la com o título da mistura líquido-vapor, x, que retorna ao separador de líquido, sendo, então, dada pela expressão: TS = (1/x) – 1.

É interessante observar que a "taxa de mudança de fase" corresponde à taxa com que vapor é formado nos evaporadores, $\dot{m}_v$, que pode ser determinada pela seguinte expressão:

$$q_{\text{refrigeração}} = \dot{m}_v h_{lv} \tag{7.2}$$

Para que haja uma alimentação em excesso de líquido, o valor de n deve ser superior à unidade. O valor unitário de n corresponderia ao caso dos evaporadores do tipo expansão direta nos quais o refrigerante se evapora completamente, saindo até superaquecido. O aumento de n implica o incremento do coeficiente de transferência de calor, por razões anteriormente explicitadas. Por outro lado, o incremento de n resultante de uma vazão maior de refrigerante implica um aumento da queda de pressão no evaporador e, portanto, um custo operacional de bombeamento superior. Além disso, o aumento da perda de carga no evaporador impõe uma temperatura de evaporação superior na entrada para uma dada pressão na saída. Como resultado, a taxa de transferência de calor no evaporador é penalizada. Percebe-se assim que, para cada instalação, deve existir um valor ótimo de n resultante do compromisso entre a necessidade de melhorar a transferência de calor e a de limitar as potências de bombeamento do líquido e de compressão.

As Tabelas 7.1(a) e 7.1(b) apresentam a vazão volumétrica de líquido, em mls,[2] por kW de refrigeração para distintos valores da razão de recirculação e da temperatura. Observa-se que a vazão de líquido aumenta com o valor de n, como seria de se esperar, e com a temperatura. Neste caso (temperatura), o aumento se deve à diminuição da entalpia de vaporização com a temperatura, o que exige que a vazão de líquido aumente para manter constante o valor de n. É interessante notar que a vazão de líquido do R-22 é superior à da amônia em virtude de apresentar uma entalpia de vaporização muito inferior.

Tabela 7.1 – Vazão de líquido, em mls/kW de refrigeração, para distintas temperaturas de evaporação e taxas de recirculação: (a) amônia; (b) R-22

(a) Amônia

Temperatura [°C]	n = 2	n = 3	n = 4	n = 5	n = 6	n = 7	n = 8
-50	2,013	3,019	4,025	5,032	6,038	7,044	8,050
-40	2,088	3,132	4,176	5,220	6,263	7,307	8,351
-30	2,171	3,256	4,341	5,427	6,512	7,597	8,683
-20	2,263	3,394	4,525	5,656	6,788	7,919	9,050
-10	2,365	3,548	4,730	5,913	7,095	8,278	9,461
0	2,481	3,721	4,961	6,202	7,442	8,682	9,922
10	2,612	3,917	5,223	6,529	7,835	9,141	10,450
20	2,762	4,143	5,523	6,904	8,285	9,666	11,050

(continua)

2 mls: mililitros por segundo.

Tabela 7.1 – Vazão de líquido, em mls/kW de refrigeração, para distintas temperaturas de evaporação e taxas de recirculação: (a) amônia; (b) R-22 *(continuação)*

(b) R-22

Temperatura [°C]	n = 2	n = 3	n = 4	n = 5	n = 6	n = 7	n = 8
-50	5,815	8,723	11,631	14,538	17,446	20,354	23,262
-40	6,093	9,139	12,185	15,232	18,278	21,324	24,371
-30	6,402	9,603	12,804	16,005	19,206	22,407	25,608
-20	6,751	10,127	13,502	16,878	20,253	23,629	27,005
-10	7,150	10,725	14,301	17,876	21,451	25,026	28,601
0	7,613	11,420	15,226	19,033	22,839	26,646	30,452
10	8,158	12,238	16,317	20,396	24,475	28,554	32,633
20	8,813	13,220	17,627	22,033	26,440	30,847	35,253

A influência do valor de n é ilustrada na Figura 7.4, na qual se superpõem as variações das temperaturas do ar e do refrigerante ao longo do evaporador para dois valores de n, um correspondendo ao ótimo, obtido de alguma maneira, e o outro a um valor superior ao ótimo. Observa-se que a curva representativa do maior n cruza a do n ótimo em razão da maior perda de carga, o que implica uma variação mais significativa de temperatura ao longo do evaporador. A diferença média entre as temperaturas do ar e do refrigerante é proporcional à área entre as curvas. Pode-se afirmar que a diferença média entre as mencionadas temperaturas é inferior no caso do valor elevado de n, como resultado de um coeficiente de transferência de calor superior àquele em que n é ótimo. Por outro lado, para o valor elevado de n, a queda de pressão é superior, do que resulta uma variação mais pronunciada da temperatura do refrigerante e, consequentemente, temperatura e pressão de evaporação inferiores na saída do evaporador.

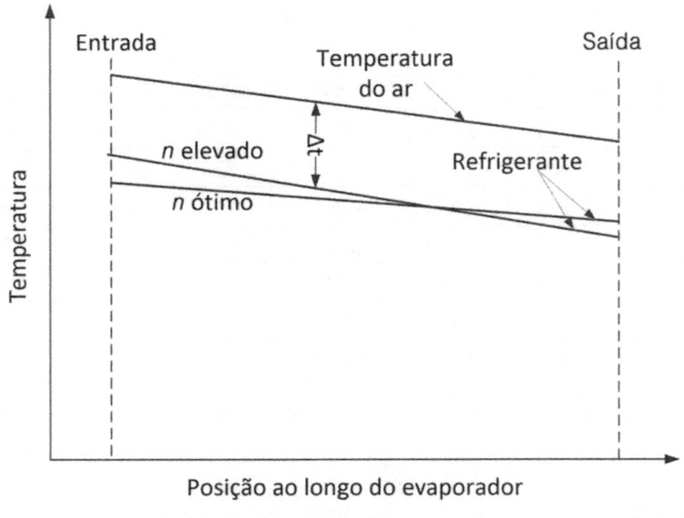

Figura 7.4 – Distribuição das temperaturas do ar e do refrigerante ao longo do evaporador para dois valores de *n*.

Nessas condições, a pressão de aspiração no compressor será inferior e, consequentemente, a potência de compressão, para uma dada capacidade de refrigeração, será superior. Além disso, a potência de bombeamento de líquido será superior, como resultado de maior perda de carga, não só no evaporador, como também nas linhas de ligação entre o separador de líquido e o evaporador.

O comportamento descrito no parágrafo precedente, a partir de argumentos qualitativos, foi experimentalmente comprovado por Wile [1], que avaliou o efeito da razão de recirculação em um evaporador resfriador de ar operando com amônia e constituído de tubos de aço aletados de 16 mm (5/8 pol) de diâmetro exterior. A Figura 7.5 resume os resultados obtidos por Wile, apresentados em termos do coeficiente global de transferência de calor referido àquele em que a serpentina (evaporador) operava com uma válvula de expansão que produzia um leve superaquecimento do refrigerante na saída. O valor 100 na figura corresponde a um coeficiente global de transferência de calor igual ao do evaporador com expansão seca (direta). Pode-se verificar que a capacidade da serpentina aumentou até 25% quando a razão de recirculação se elevou de 1 até 3 ou mais. Valores de n superiores a 4 ou 5 não influíram significativamente na capacidade do evaporador. Wile observou que, para uma temperatura de evaporação de –29 °C e n = 7, a queda de pressão do refrigerante na serpentina era de 10 kPa, resultando uma redução da temperatura de evaporação entre a entrada e a saída de 1,7 °C. Wile observou ainda que, embora na prática as serpentinas sejam selecionadas com base na razão de recirculação, o desempenho ótimo é expresso em termos da vazão de refrigerante. Nessas condições, a mesma serpentina poderia satisfazer diversas exigências de carga térmica, dependendo da diferença entre as temperaturas do ar e do refrigerante, do que resultaria uma faixa bastante ampla de vazões de refrigerante, para um dado valor de n.

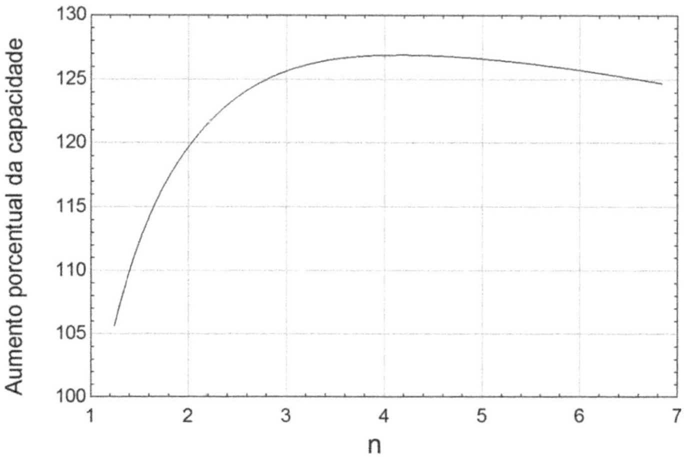

Figura 7.5 – Efeito da razão de recirculação sobre o coeficiente global de transferência de calor de uma serpentina de resfriamento de ar em termos da variação porcentual referida à operação com leve superaquecimento na saída.

Fonte: referência [1].

Lorentzen [2], além de corroborar os resultados obtidos por Wile, observou que um parâmetro adicional afetava o coeficiente global de transferência de calor: o fluxo de calor. Ele verificou que elevações do fluxo de calor causavam incrementos no coeficiente global, como pode ser observado na Figura 7.6.

As tendências observadas nos parágrafos precedentes se refletem, de modo geral, nas aplicações. Assim, por exemplo, um fabricante de serpentinas [3] recomenda a adoção de n = 4 para operação com amônia e n = 3 para R-22. Geltz [4] recomenda a utilização de valores de n mais elevados em evaporadores com alimentação de refrigerante por cima, a fim de garantir um bom contato do líquido com a parede do tubo. Essa sugestão também é adotada pela ASHRAE [5], como se observa na Tabela 7.2.

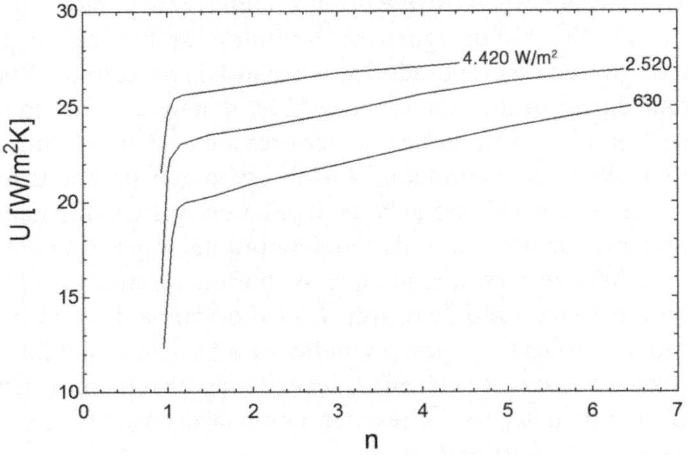

Figura 7.6 – O efeito da razão de recirculação e do fluxo de calor sobre o coeficiente global de transferência de calor de uma serpentina resfriadora de ar operando com refrigerante halogenado.

Fonte: referência [2].

Tabela 7.2 – Taxa de recirculação recomendada para circuitos com distintos refrigerantes

Refrigerante	n
Amônia	
Alimentação por cima e tubos de diâmetro elevado	6 a 7
Alimentação normal e tubos de pequeno diâmetro	2 a 4
R-134a	2
R-22 (alimentação por cima)	3

Fonte: referência [5].

Na tabela, verifica-se que o valor de n recomendado para os refrigerantes halogenados é inferior àquele da amônia. A razão é o fato de o calor latente de vaporização daqueles refrigerantes ser inferior ao da amônia, o que implica uma taxa de evaporação superior para uma dada carga de refrigeração. Nessas condições, uma razão de recirculação elevada para os refrigerantes halogenados implicaria vazões de refrigerantes significativamente altas, penalizando, consequentemente, a perda de carga.

Para valores convencionais de n (2 a 4), é provável que ocorra mudança de fase ao longo de todo o evaporador. Ensaios de serpentinas operando com R-12 e valores de n variando entre 20 e 40 foram reportados por Lorentzen [6]. Para valores de n elevados, o refrigerante deve entrar no evaporador no estado de líquido sub-resfriado em virtude da queda de pressão típica desses casos. O processo é ilustrado no gráfico da Figura 7.7. Observa-se que, à medida que o refrigerante líquido se desloca pelo evaporador, sua temperatura deve se elevar (não há mudança de fase – calor sensível), ao mesmo tempo que a pressão diminui. Tal estado de coisas perdura até a seção onde a pressão se iguala à pressão de saturação, condição representada pelo ponto A na figura. A partir desse ponto, todo o calor transferido ao refrigerante é utilizado na mudança de fase, sendo a redução da temperatura do refrigerante (temperatura de evaporação) observada resultante da queda de pressão correspondente.

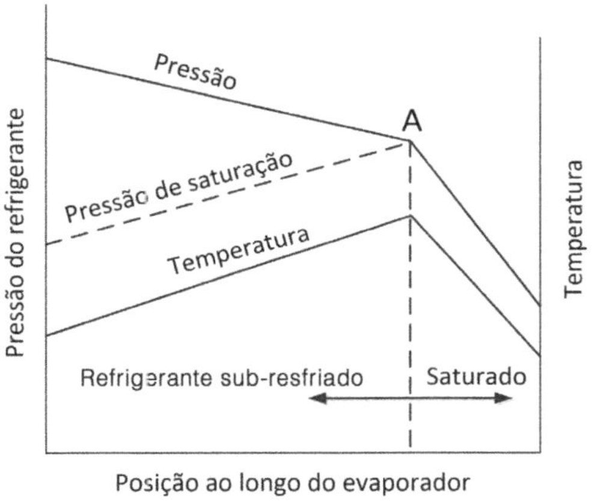

Figura 7.7 – Variação da temperatura e da pressão do refrigerante ao longo do evaporador para razões de recirculação elevadas.

7.5 ADMISSÃO DO REFRIGERANTE

O refrigerante é admitido no evaporador por duas regiões: pela parte superior, constituindo o que se denomina *alimentação por cima*, ou pela parte inferior, em que a alimentação é denominada *por baixo*. O tipo de alimentação mais vantajoso ainda é um tema controverso. Cada esquema apresenta vantagens, de modo que o importante é aplicar adequadamente cada um deles.

Vantagens da alimentação por cima:

(i) carga menor de refrigerante, o que permite adotar um separador de líquido de menores dimensões;

(ii) drenagem natural da serpentina antes do período de degelo;

(iii) transporte contínuo do óleo.

Vantagens da alimentação por baixo:

(i) melhor coeficiente de transferência de calor no lado do refrigerante;

(ii) melhor distribuição de refrigerante pelos circuitos da serpentina.

Como se pôde notar na Tabela 7.2, a ASHRAE [5] recomenda a adoção de valores de n superiores para evaporadores com alimentação por cima no caso da amônia.

A disposição de circuitos pode ser a mais variada possível. A Figura 7.8 ilustra duas possibilidades. Na Figura 7.8(a), o distribuidor e o coletor são dispostos horizontalmente, com circuitos se estendendo paralelamente em planos verticais. Essa disposição exige que a circulação do ar seja feita na direção vertical, para evitar diferenças significativas entre circuitos. No caso da Figura 7.8(b), o distribuidor e o coletor estão dispostos verticalmente, com os circuitos se estendendo em planos inclinados (ou horizontais) paralelos. O ar, nesse caso, deve escoar na direção horizontal. Os circuitos inferiores para circulação horizontal do ar tendem, em geral, a receber uma vazão de refrigerante maior que os da parte superior [3]. A fim de promover uma melhor distribuição de vazões entre os distintos circuitos, alguns fabricantes instalam orifícios na entrada destes, cujo tamanho é inversamente proporcional à vazão que cada circuito permitiria caso o orifício não fosse instalado.

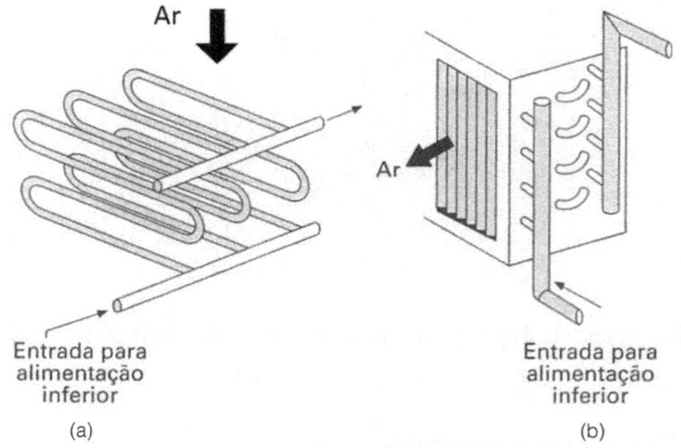

Figura 7.8 – Serpentinas com distribuidor e coletor: (a) horizontal; (b) vertical.

O tipo de degelo pode determinar a região de introdução do refrigerante. No caso de degelo por gás quente, a alimentação mais adequada seria por baixo, de modo a facilitar a remoção da grande quantidade de líquido presente no evaporador no seu início. O gás quente, nesse caso, deve ser introduzido pela parte superior da serpentina. No caso do degelo elétrico, por água ou por ar, a alimentação mais apropriada seria por cima, uma vez que, nesse caso, quando a alimentação de líquido é interrompida no início do degelo, o líquido que resta no evaporador pode ser removido por simples drenagem. Caso contrário, se a alimentação fosse feita por baixo, todo líquido residual presente no evaporador deveria ser previamente evaporado antes que se iniciasse o degelo propriamente dito.

7.6 RECIRCULAÇÃO POR BOMBA

Um dos procedimentos anteriormente citados para circular o refrigerante pelos evaporadores envolve a utilização de bombas. Na Figura 7.9, são ilustrados dois arranjos possíveis da tubulação. Em ambos são utilizadas duas unidades de bombeamento com duplo objetivo: o de satisfazer cargas parciais de maneira mais adequada, pela desativação de uma delas, ou o de manter o sistema em operação no momento da manutenção de uma das bombas. Na figura também pode ser observada uma tubulação de drenagem de óleo no separador de líquido. No caso, por tratar-se de uma instalação de amônia, a drenagem do óleo é feita pelo fundo do reservatório (a densidade do óleo é superior à da amônia líquida), em região onde a velocidade do líquido e sua turbulência são reduzidas.

Os parâmetros fundamentais na seleção de uma bomba são a vazão e a altura manométrica (ou incremento de pressão). Parâmetros secundários como o NPSH (*Net Positive Suction Head*),[3] o diâmetro do tubo de entrada e o tipo de válvula devem também ser levados em consideração. A vazão máxima que deve ser circulada pelas bombas corresponde à soma das vazões de projeto de cada uma das serpentinas, as quais podem ser avaliadas pela equação de definição da razão de recirculação, isto é, n × (taxa de mudança de fase). Tal procedimento pode parecer conservador, uma vez que admite a ocorrência de uma condição em que todas as serpentinas operariam simultaneamente com carga máxima, mas garante uma distribuição adequada de refrigerante em condições de elevada exigência de carga.

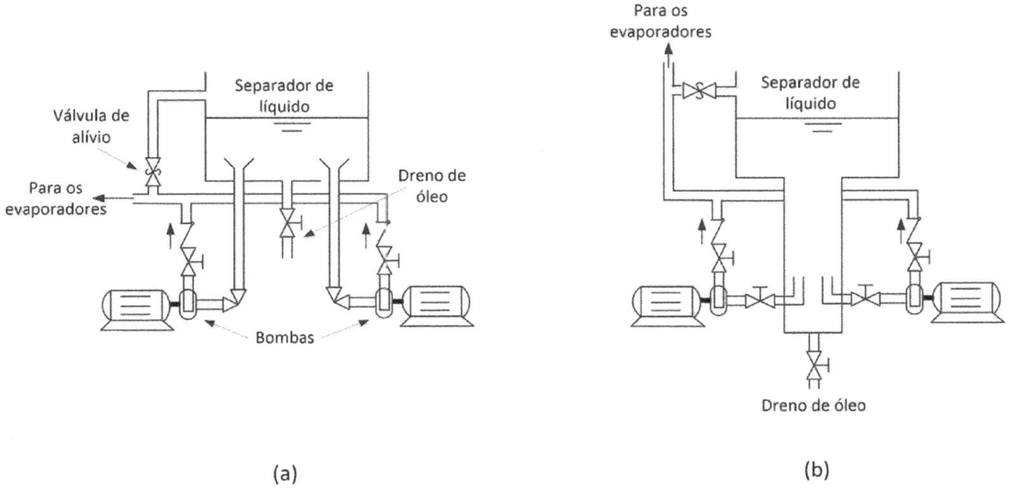

Figura 7.9 – Dois arranjos de tubulação para a bomba de recirculação de líquido.

[3] O NPSH é um índice adotado na literatura americana para verificação da possibilidade de cavitação em bombas centrífugas. Não houve preocupação com sua tradução, uma vez que ele é conhecido no nosso país por esse nome. Trata-se de um parâmetro fornecido pelo fabricante da bomba.

A altura manométrica, ou simplesmente altura, se relaciona ao incremento de pressão por meio da bomba pela conhecida expressão:

$$\left(\text{Incremento de pressão, kPa}\right) = \frac{9{,}81 \times \left(\text{Densidade do líquido}\right)\ \left(\text{altura, m}\right)}{1.000} \quad (7.3)$$

O incremento de pressão deve compensar as perdas nos seguintes elementos: válvulas na linha de líquido, linhas de líquido, válvula (ou orifício) de ajuste da vazão em cada serpentina, serpentinas e linha de retorno da mistura bifásica. A bomba deve ainda compensar a altura manométrica resultante da diferença de nível entre as serpentinas e a superfície do líquido no separador.

Entre as válvulas que devem ser instaladas no circuito, na Figura 7.9 foram incluídas as duas de bloqueio na aspiração e descarga das bombas de modo a permitir sua remoção para manutenção. Além disso, cada bomba deve vir acompanhada de uma válvula de retenção, instalada na descarga, para impedir o retorno de líquido pela bomba desativada enquanto a outra permanece em operação. No caso de sistemas com degelo por gás quente, uma válvula de solenoide deve ser instalada na linha de alimentação de líquido para interromper o escoamento no início do período de degelo. A válvula de solenoide pode também ser necessária em sistemas dotados de controle termostático a fim de interromper a circulação de refrigerante pela serpentina quando ocorre uma queda na temperatura do ambiente refrigerado. Finalmente, sugere-se a instalação de uma válvula de controle do tipo agulha, operada manualmente, para efetuar o ajuste da vazão em cada serpentina.

A perda de carga em cada elemento da linha pode ser determinada por meio de informações fornecidas pelo fabricante, no caso de válvulas e serpentinas, e por procedimentos de avaliação de perda de carga em tubulações, abordados no Capítulo 9. Uma vez avaliada, a perda de carga total na tubulação deve ser corrigida de um fator superior a 1,25, para compensar a perda de carga nas válvulas de controle em cada evaporador. Tal compensação se faz necessária para garantir que cada válvula de ajuste disponha de pressão suficiente para alimentar adequadamente a serpentina.

As bombas devem ser selecionadas com base na altura manométrica, calculada como sugerido nos parágrafos precedentes. Valores típicos giram em torno de 20 m a 30 m, correspondendo à faixa de 175 kPa a 200 kPa de incremento de pressão para sistemas de amônia, e 350 kPa a 400 kPa para sistemas de R-22.

As bombas de recirculação operam com líquido no estado saturado, o que aumenta a possibilidade de ocorrência de cavitação. Este é o fenômeno de formação de bolhas por redução local da pressão (*flash*), podendo reduzir a capacidade de bombeamento ou até comprometê-la seriamente, em casos extremos. Para evitar a cavitação, o NPSH deve assumir um valor suficientemente alto, o que pode ser conseguido posicionando a bomba a um nível inferior adequado em relação à superfície livre no separador de líquido. Bolhas podem aparecer na linha de alimentação de líquido como resultado da extração de vapor do separador. Tal problema pode ser solucionado pela utilização de um separador do tipo descrito no Capítulo 11.

7.7 CARACTERÍSTICAS DAS BOMBAS DE RECIRCULAÇÃO

Os dois tipos mais comuns de bombas de recirculação são as de deslocamento positivo e as centrífugas. Entre as primeiras, as que mais se destacam são as bombas de engrenagem, cujas características construtivas são indicadas na Figura 7.10. Na primeira, denominada *engrenamento* exterior, Figura 7.10(a), o líquido é forçado, pela ação do engrenamento, a ocupar o vão entre os dentes e a carcaça, deslocando-se pela rotação das engrenagens. No arranjo da Figura 7.10(b), denominado *engrenamento interior*, o líquido é retido simultaneamente no espaço entre os dentes da engrenagem interior, limitado externamente pela peça em forma de crescente, e no espaço entre os dentes da engrenagem exterior, limitado internamente pela mesma peça, deslocando-se pela rotação de ambas as engrenagens. O eixo motor atua sobre a engrenagem exterior que aciona a interior. O engrenamento das duas rodas no final do processo de compressão faz com que o líquido remanescente em ambos os espaços entre os dentes das engrenagens seja removido para a região de descarga. A peça em forma de crescente tem a função de selar os espaços entre dentes das engrenagens durante o processo de compressão, no qual não ocorre engrenamento.

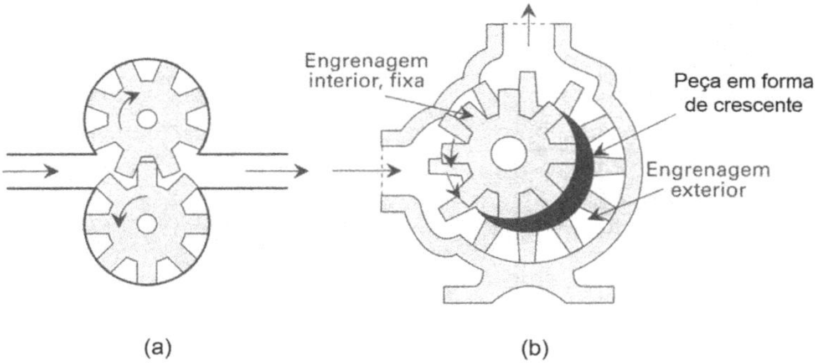

Figura 7.10 – Duas características construtivas das bombas de engrenagem. Com engrenamento: (a) exterior; (b) interior.

As curvas características de uma bomba de engrenagem deveriam corresponder a uma família de retas paralelas ao eixo das ordenadas. Cada uma dessas retas corresponderia a uma dada rotação. Tal comportamento é resultante do fato de o volume de líquido deslocado ser constante para cada giro das engrenagens. Assim, em princípio, o incremento de pressão não afetaria a vazão deslocada. Na realidade, como o retorno de líquido (fugas) resultante das folgas depende do incremento de pressão, aumentando com este, as curvas características assumem as formas indicadas na Figura 7.11, com a vazão diminuindo progressivamente com o incremento de pressão, para uma dada rotação.

As bombas de deslocamento positivo se caracterizam por apresentarem uma vazão constante (a menos dos efeitos de retorno de líquido), o que as qualifica para instalações que operem sem mudanças significativas da vazão. Tal não seria o caso de instalações dotadas de válvulas de solenoide de controle de vazão, operadas termostaticamente.

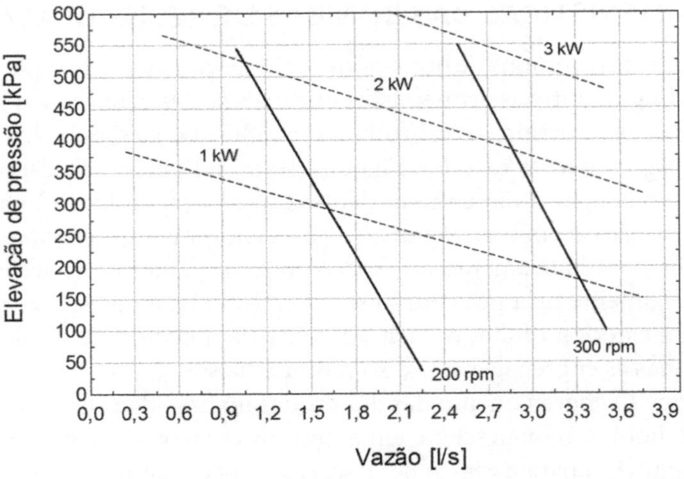

Figura 7.11 – Curvas características e de potência no eixo de bombas de engrenagens para amônia líquida.

Fonte: referência [7].

Em aplicações com bombas de deslocamento positivo, devem se tomar algumas precauções na instalação de válvulas de bloqueio, uma vez que o seu acionamento durante a operação causaria uma elevação exagerada da pressão, em virtude das características da bomba. Uma solução para contornar esse problema consiste na instalação de uma válvula de alívio, como indicado na Figura 7.12(a), a qual se abre quando a pressão ultrapassa um limite superior previamente estabelecido, permitindo o retorno de líquido para o separador. Como uma válvula de bloqueio deve ser instalada na linha de alívio para permitir a retirada da bomba para manutenção, é possível que essa válvula seja fechada acidentalmente, do que pode resultar a retenção de líquido no espaço entre as válvulas (de alívio e de bloqueio).

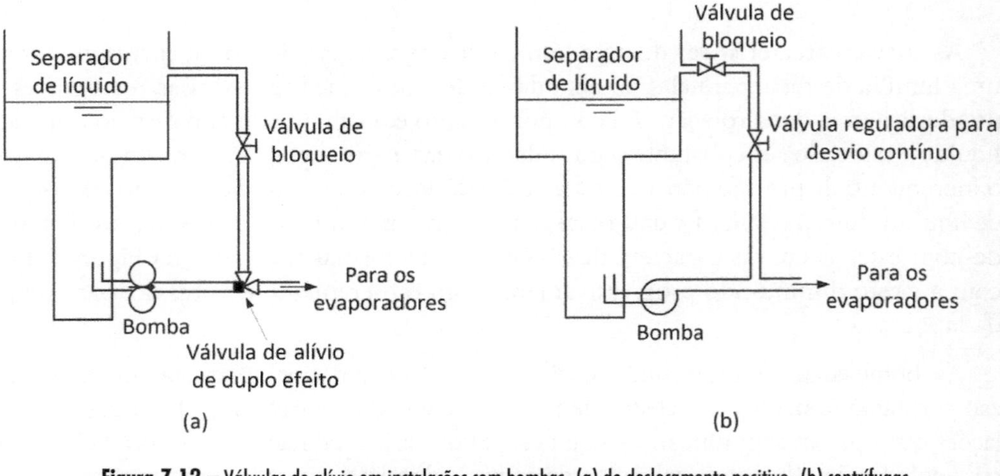

Figura 7.12 – Válvulas de alívio em instalações com bombas: (a) de deslocamento positivo; (b) centrífugas.

Esse líquido, ao ser aquecido durante períodos de parada da instalação, poderia promover um aumento de pressão a ponto de ocasionar uma ruptura do tubo ou danificar as válvulas, razão pela qual certos fabricantes recomendam a instalação de válvulas de alívio de duplo efeito, as quais também permitem o alívio para a linha de líquido.

O outro tipo de bomba frequentemente utilizado em instalações de recirculação de líquido é a centrífuga, cujas curvas características apresentam o aspecto ilustrado na Figura 7.13. Certos fabricantes apresentam as curvas características em termos da altura manométrica porque, nesse caso, elas podem ser aplicadas a qualquer tipo de refrigerante, desde que as viscosidades não apresentem diferenças significativas.

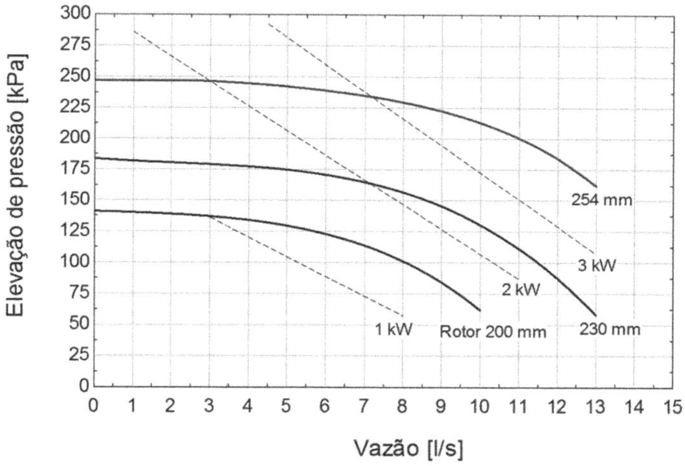

Figura 7.13 – Curvas características e de potência, no eixo de uma bomba centrífuga de amônia, para uma rotação de 1.750 rpm.

Fonte: referência [8].

As curvas características da Figura 7.13 mostram que as bombas centrífugas apresentam um limite de pressão para cada rotação. Nessas condições, elas se adaptam a sistemas com demanda de vazão variável. Entretanto, algumas precauções devem ser tomadas em operação a baixas vazões, quando pode ocorrer um aquecimento excessivo do líquido no rotor, com possível formação de vapor. Para evitar tal situação, certa quantidade de líquido é desviada de volta ao separador, como indicado na Figura 7.12(b), permitindo com isso que a vazão circulada pela bomba se mantenha acima de condições críticas.

As bombas centrífugas em uso na recirculação de líquido podem ser do tipo aberto ou hermético, como ilustrado na Figura 7.14. Nas abertas, Figura 7.14(a), o eixo de acionamento atravessa a carcaça da bomba, razão pela qual essa região deve ser adequadamente selada, quer para evitar a fuga do refrigerante, quer para impedir que ar exterior adentre o sistema quando este opere a pressões inferiores à atmosférica. Um tipo de selo bastante efetivo é o indicado na Figura 7.14(a), constituído de uma selagem dupla.

A cavidade entre os dois selos é preenchida por óleo submetido a uma pressão elevada pela ação de vapor de refrigerante, como se mostra na figura. Por ação dessa pressão, uma pequena quantidade de óleo pode escapar para o exterior ou penetrar no sistema. A reposição de óleo é, geralmente, efetuada por meio de uma bomba manual.

A bomba hermética elimina o problema da selagem, uma vez que o motor de acionamento é instalado no interior da mesma carcaça. Entretanto, os motores se caracterizam por apresentarem eficiências inferiores àquelas das bombas abertas. Na bomba ilustrada na Figura 7.14(b), o rotor do motor de acionamento é encapsulado em uma carcaça de material não magnético, frequentemente aço inoxidável.

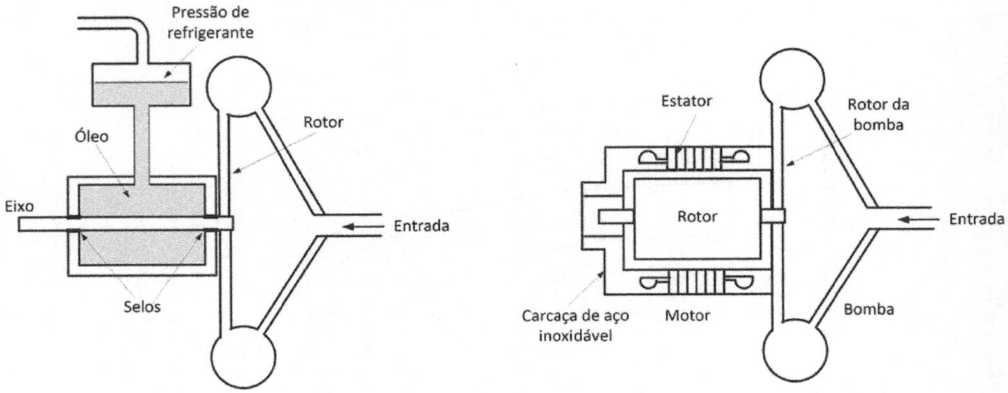

Figura 7.14 – Bombas centrífugas. (a) Selo duplo em bomba do tipo aberto; (b) uma forma construtiva de bomba hermética, com rotor do motor encapsulado.

7.8 RECIRCULAÇÃO DE LÍQUIDO POR PRESSÃO DE GÁS

No início deste capítulo, foi sugerido que a alternativa para as bombas em sistemas com recirculação de líquido é o bombeamento por intermédio de vapor (gás) de refrigerante a alta pressão. Uma grande variedade de concepções é utilizada, mas um aspecto comum a todas é a existência de um vaso de bombeamento, mantido a baixa pressão durante o período de enchimento pela drenagem de líquido do reservatório de baixa pressão (separador de líquido) e pressurizado durante o período de bombeamento para os evaporadores. Nos Estados Unidos, duas organizações, a J. R. Watkins e a H. A. Phillips, foram responsáveis pelo desenvolvimento dos sistemas de bombeamento por gás pressurizado.

O material aqui desenvolvido tomará por base três concepções distintas, apresentadas por ordem cronológica de desenvolvimento.

Concepção 1. Um dos primeiros sistemas de recirculação por gás pressurizado é o que se indica esquematicamente na Figura 7.15, no qual o líquido enviado aos evaporadores provém alternadamente dos reservatórios de baixa e de alta pressão. O posicionamento das válvulas durante um ciclo de operação é indicado na Tabela 7.3. Durante o período de um ciclo de operação em que o reservatório de alta pressão (tanque de líquido) alimenta diretamente os evaporadores, por meio da válvula 1, líquido é enviado do reservatório de baixa pressão (separador de líquido) para o reservatório de bombeamento, por meio da válvula 3. O vapor deslocado pela entrada de líquido é aliviado para o reservatório de baixa pressão, por meio da válvula de alívio 2, enquanto a válvula 4 permanece fechada. Quando o nível do líquido atinge a região do sensor E-2, as quatro válvulas invertem seu posicionamento, de modo que o líquido é enviado aos evaporadores, por meio do reservatório de bombeamento, pela ação do gás de alta pressão proveniente do reservatório de alta pressão, por meio da válvula 4. A válvula de retenção, na saída do reservatório de bombeamento, permite a passagem de líquido proveniente deste, mas impede a passagem do líquido proveniente do reservatório de alta pressão. O bombeamento prossegue até que o nível de líquido atinge a região do sensor E-1, instante em que as válvulas retornam ao seu posicionamento original.

A concepção anteriormente descrita apresenta a vantagem de exigir somente um reservatório de bombeamento. A desvantagem está relacionada à circulação alternada de líquido quente e frio.

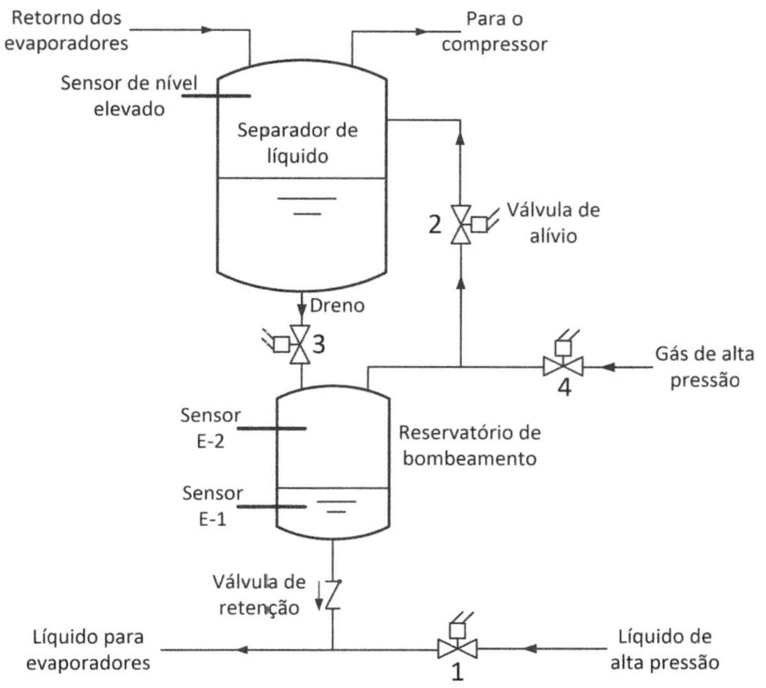

Figura 7.15 – Sistema de bombeamento por gás com alimentação alternada por parte dos reservatórios de baixa (separador de líquido) e de alta pressão.

Tabela 7.3 – Posicionamento das válvulas na concepção 1

	Líquido proveniente do	
	reservatório de alta pressão	reservatório de bombeamento
Válvula 1	aberta	fechada
Válvula 2	aberta	fechada
Válvula 3	aberta	fechada
Válvula 4	fechada	aberta

Concepção 2. A principal característica deste procedimento é a utilização de dois reservatórios de bombeamento, como se ilustra na Figura 7.16. Enquanto um dos reservatórios bombeia líquido para os evaporadores por ação do gás a alta pressão, o outro recebe líquido drenado do reservatório de baixa pressão (separador de líquido). A mudança de tanque é obtida pela atuação das válvulas de três vias A e B. Enquanto a válvula A liga a linha de alívio ao reservatório A, possibilitando o seu enchimento, a válvula B liga o reservatório B à linha de gás de alta pressão, propiciando, com isso, o bombeamento de líquido para os evaporadores. O acionamento das válvulas de três vias, que determina a alternância dos reservatórios de bombeamento, poderia ser iniciado pelo nível de líquido máximo no reservatório que passa pelo processo de enchimento e/ou pelo nível de líquido mínimo no reservatório que bombeia. Entretanto, esse procedimento não é adotado na prática, preferindo-se a utilização de um temporizador (*timer*). Este determina a inversão dos reservatórios de bombeamento em intervalos de tempo prefixados, os quais geralmente são da ordem de 2 minutos. Assim, desde que se conheçam (ou se fixem) o intervalo de tempo e a vazão máxima de refrigerante que deve ser circulada em cada evaporador, os reservatórios de bombeamento poderão ser facilmente dimensionados. Deve-se observar que a pressão do gás de bombeamento pode afetar a vazão de refrigerante, elevando-a com seu crescimento. O ideal seria que essa pressão se mantivesse constante, razão pela qual se deve escolher vapor à pressão intermediária em sistemas de duplo estágio de compressão. Quando o gás de bombeamento é extraído à pressão de condensação, a vazão de líquido nos evaporadores pode sofrer variações significativas, dependendo das condições no ambiente exterior.

O sistema da Figura 7.16 elimina o problema apresentado pelo anterior, no sentido de que proporciona uma circulação de líquido a temperatura praticamente constante. Esta concepção se caracteriza pela desvantagem de propiciar uma vazão de líquido nos evaporadores que depende da pressão do gás de bombeamento, afetada pelas condições ambientes.

Concepção 3. O sistema ilustrado na Figura 7.17 é o mais popular na atualidade, consistindo basicamente em três reservatórios: o de baixa pressão, SL, o de bombeamento, RB, e o de pressão controlada, RPC. Os reservatórios SL e RPC operam da maneira convencional, mas o de bombeamento, em vez de enviar líquido aos evaporadores, dirige-o para o RPC, que realiza o bombeamento propriamente dito.

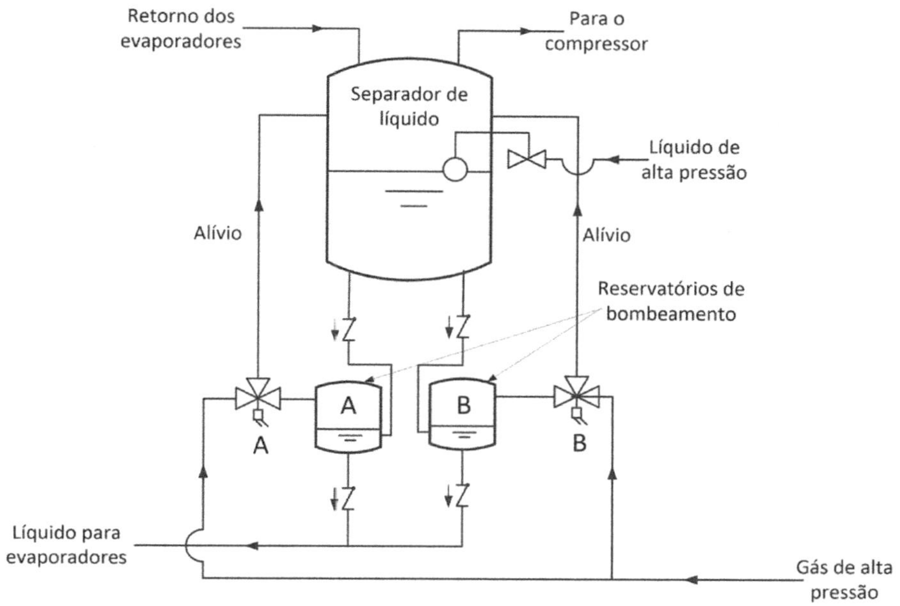

Figura 7.16 – Sistema de bombeamento por pressão de gás com dois reservatórios de bombeamento.

A pressão no RPC é controlada pela ação da válvula reguladora de pressão A, VRP A, que permite o alívio para o reservatório de baixa pressão. Na Figura 7.17, mostra-se uma opção de controle da vazão de líquido por meio do nível no reservatório de baixa pressão (separador de líquido).

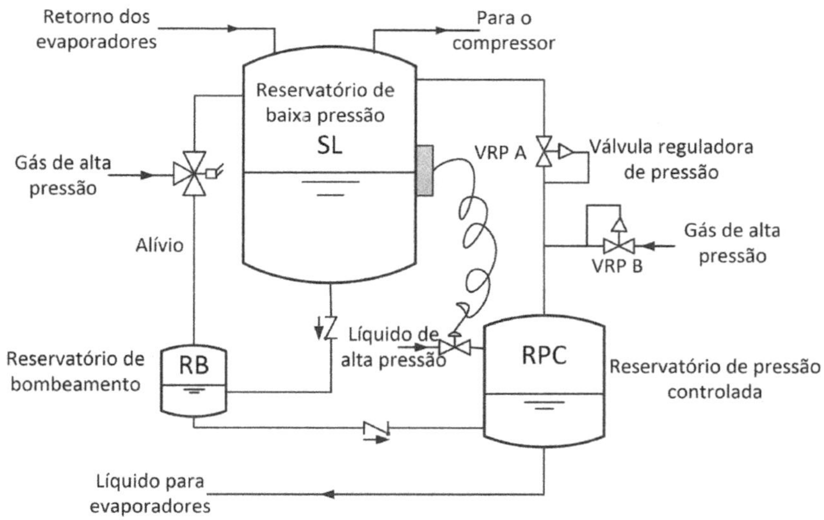

Figura 7.17 – Sistema de bombeamento por gás por meio de um reservatório de pressão controlada.

Outra possibilidade consiste em instalar uma válvula, denominada *válvula de boia de alta pressão*, entre o condensador (ou tanque de líquido) e o RPC. No sistema da Figura 7.17, não é necessário um reservatório de alta pressão, uma vez que o RPC pode realizar as suas funções. A VRP B tem a função de permitir a admissão de gás de alta pressão no RPC quando a taxa de vapor de *flash* resultante do líquido a alta pressão não é suficiente. Nessas condições, sua regulagem deve corresponder a uma pressão algo inferior à pressão de ajuste da VRP A. A operação do sistema consiste no enchimento alternado do RPC pelo reservatório de bombeamento e pelo líquido a alta pressão por meio da válvula controlada pelo nível de líquido no reservatório de baixa pressão. Nesse sistema, a pressão de alimentação do líquido independe tanto da pressão de condensação quanto da intermediária, o que constitui a principal vantagem sobre o precedente.

7.9 ANÁLISE ENERGÉTICA DO BOMBEAMENTO POR GÁS

Há uma grande controvérsia no meio técnico a respeito do procedimento de bombeamento mais vantajoso em sistemas de recirculação de líquido. A verdade é que as opiniões são afetadas pela experiência do interessado. Assim, um projetista com larga experiência num dos sistemas dificilmente aceitará as vantagens do outro. Pode-se afirmar, entretanto, que análises objetivas permitem concluir que o sistema por pressão de gás apresenta um custo inicial inferior e manutenção pouco frequente e simples, além da impossibilidade de ocorrência da cavitação. Por outro lado, há uma quase unanimidade no meio técnico sobre o fato do bombeamento por gás exigir um consumo maior de energia. Esses sistemas exigem, além disso, a instalação de reservatórios adicionais, o que eleva o custo inicial, que, entretanto, ainda é inferior ao custo das bombas. Os únicos componentes que exigem alguma manutenção nos sistemas de bombeamento por gás são as válvulas de solenoide, as quais, entretanto, se caracterizam por uma vida útil relativamente longa. É comum apresentarem alguns problemas no início de operação da instalação resultantes da deposição de particulados que não foram removidos pelos filtros.

Como observado no parágrafo precedente, uma das desvantagens do sistema de bombeamento por pressão de gás é o maior consumo energético. Esse ponto pode ser abordado de maneira objetiva (quantitativa) por meio de uma avaliação do consumo de energia de ambos os sistemas. Mesmo que da análise somente resultem ordens de grandeza, tais resultados poderão auxiliar na adoção de um dos processos. No caso da instalação em que se adotam bombas, a avaliação do consumo energético é simples, como se mostra no Exemplo 7.1. Quando o bombeamento se faz por pressão de gás, o procedimento é um pouco mais elaborado, como se mostra com a ajuda do esquema da Figura 7.18. No instante em que o processo de descarga do reservatório de bombeamento termina, o volume ocupado pelo vapor é igual ($V_A + V_B$). Nesse instante, a válvula de três vias é acionada, bloqueando a linha de gás de alta pressão e procedendo ao alívio para o reservatório de baixa pressão, processo em que ocorre uma expansão não resistida do vapor. A energia disponível no vapor expandido para o reservatório de baixa pressão não pode ser recuperada. Assim, a energia necessária em um ciclo de bombeamento corresponde àquela de comprimir o vapor até a pressão de bombeamento. A energia necessária para bombear o volume de líquido V_B pode ser calculada como indicado a seguir.

(i) Massa de vapor a alta pressão necessária para bombear o volume V_B de líquido:

$$\begin{bmatrix}\text{Massa de vapor a alta pressão} \\ \text{em } (V_A + V_B)\end{bmatrix} - \begin{bmatrix}\text{Massa de vapor em } (V_A + V_B) \\ \text{após expansão}\end{bmatrix}$$

isto é,

$$(V_A + V_B)\rho_{ap} - (V_A + V_B)\rho_{bp} = (V_A + V_B)(\rho_{ap} - \rho_{bp})$$

em que ρ_{ap} e ρ_{bp} são as densidades do vapor às pressões alta e baixa, em kg/m³.

(ii) Energia para o bombeamento do volume V_B de líquido:

$$(\text{Energia, kJ}) = (V_A + V_B)(\rho_{ap} - \rho_{bp})(\Delta h)$$

em que Δh é o trabalho de compressão da massa de vapor $(V_A + V_B)(\rho_{ap} - \rho_{bp})$ desde a pressão baixa até a alta, dado pela variação de entalpia em kJ/kg.

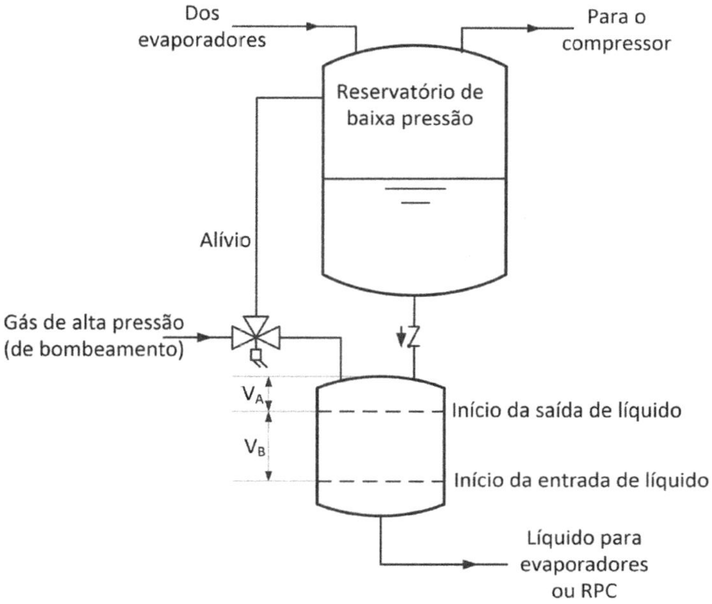

Figura 7.18 – Esquema para a análise do consumo energético de um sistema de recirculação de líquido com bombeamento por pressão de gás.

No exemplo a seguir, o procedimento desenvolvido nos parágrafos precedentes será revisto num contexto de comparação dos consumos energéticos dos dois sistemas de bombeamento.

EXEMPLO 7.1

Determine a energia necessária para bombear um volume V_B de líquido em um sistema de recirculação de amônia cujos evaporadores e reservatórios de baixa pressão operam a uma temperatura de saturação de –26 °C, correspondendo a uma pressão de 144,6 kPa, por meio dos seguintes dispositivos:

(a) bomba, para um incremento de pressão de 200 kPa;

(b) por pressão de gás, em que o tanque de líquido (alta pressão) apresenta uma temperatura de saturação de 28 °C, correspondendo a uma pressão de 1.100 kPa; e

(c) por pressão de gás, de um resfriador intermediário a uma temperatura de saturação de –2 °C, correspondendo a uma pressão de 398,3 kPa.

Solução

Na análise a seguir, admitir-se-á que a bomba e o seu motor de acionamento apresentam 100% de eficiência. Tal hipótese não compromete a comparação, uma vez que o processo de compressão do vapor será também admitido ideal.

(a) O valor de 200 kPa para o incremento de pressão na bomba é típico nos sistemas de recirculação de líquido, de modo que a energia necessária para que um volume V_B de líquido seja comprimido deverá ser igual a:

$$(\text{Energia}) = \Delta p V_B = 200 V_B \text{ kJ}$$

O cálculo anterior não inclui o desvio de líquido, normalmente instalado, como indicado na Figura 7.12(b).

(b) Na solução deste item é necessário terminar as densidades do vapor de refrigerante às pressões baixa e alta. O volume específico do vapor de baixa pressão se determina admitindo que é saturado à temperatura de evaporação de –26 °C, resultando igual a 0,806 m³/kg. Logo, sua densidade será igual a 1/0,806 = 1,24 kg/m³. O volume específico do vapor comprimido se determina a partir da temperatura de condensação, 28 °C, admitindo que o vapor se encontra saturado, resultando um volume específico igual a 0,1171 m³/kg, do qual se obtém uma densidade de 8,54 kg/m³. A massa de vapor que deve ser comprimida será, então, igual a:

$$(8{,}54 - 1{,}24)(V_A + V_B) = 7{,}3(V_A + V_B)$$

Para determinar o trabalho de compressão, é necessário levantar as entalpias do vapor de baixa e de alta pressão. No caso da entalpia do vapor de baixa pressão, a determinação é imediata, uma vez que se trata de vapor saturado a –26 °C, resultando uma entalpia de 1.429 kJ/kg. Como o processo de compressão se admite isoentrópico, o estado de vapor comprimido será determinado pela pressão de condensação e pela entropia do vapor de baixa pressão (6,00 kJ/kgK). Entrando nas tabelas do Apêndice B com a pressão de 1.100 kPa e a entropia de 6,00 kJ/kgK, obtém-se uma entalpia de 1.730 kJ/kg. O trabalho de compressão isoentrópica do vapor resulta igual a:

$$\Delta h = 1.739 - 1.429 = 301 \text{ kJ/kg}$$

Nessas condições, a energia necessária para o bombeamento resultará igual a:

$$7{,}3 \times 301 \times (V_A + V_B) = 2.197(V_A + V_B) \text{ kJ}$$

(c) Neste caso, deve-se adotar o mesmo procedimento que em (b), exceto que a pressão alta é de 398,3 kPa, com o que a densidade do vapor de alta pressão resulta igual a 3,219 kg/m³. Nessas condições, a compressão isoentrópica se dá entre as pressões de 145 kPa e 400 kPa, resultando um trabalho de compressão de 133,2 kJ/kg. O trabalho de bombeamento será igual a:

$$264(V_A + V_B) \text{ kJ}$$

Os resultados do exemplo sugerem algumas conclusões a respeito da relação entre o consumo de energia e o procedimento de bombeamento do líquido. A primeira delas é que o volume acima do nível máximo de líquido no reservatório de bombeamento, designado por V_A, implica um consumo adicional de energia, uma vez que deve ser preenchido e aliviado a cada ciclo de bombeamento. Outra conclusão importante diz respeito à grande sensibilidade que o bombeamento por gás apresenta em relação à alta pressão. No exemplo, verificou-se que o trabalho de bombeamento é reduzido aproximadamente oito vezes quando se utiliza vapor à pressão intermediária em relação ao vapor à pressão de condensação. Observe-se, além disso, que a operação à pressão intermediária propicia um efeito suficiente para circulação do líquido, uma vez que a diferença entre a pressão intermediária e a de evaporação é de 400 – 145 = 255 kPa, superior à queda de pressão total no sistema, admitida igual a 200 kPa. Assim, se a pressão intermediária estiver disponível e suficiente para o bombeamento, o sistema por a pressão de gás pode ser comparável, em termos de consumo energético, ao sistema que utiliza bombas, com exceção do consumo adicional representado pelo volume V_A. Em todo caso, o consumo de energia do sistema por pressão de gás utilizando vapor à pressão de condensação pode ser amenizado pela instalação de uma válvula reguladora de pressão na linha de vapor, a fim de reduzir a pressão do vapor enviado ao reservatório de bombeamento. Essa redução de pressão, embora ainda possibilite o bombeamento, permite reduzir a massa de vapor admitida no reservatório, com o que o trabalho de compressão também é reduzido, uma vez que se verifica uma diminuição na quantidade de vapor que é aliviado e que deve ser novamente comprimido.

Os sistemas de bombeamento por gás apresentam outra característica desfavorável, não levantada no exemplo precedente. Ela está relacionada ao aquecimento do líquido e das paredes do reservatório de bombeamento pelo vapor de alta pressão. A avaliação desse efeito é problemática, como sugeriram Lorentzen e Baglo [9], que, analisando resultados de experiências, observaram uma estratificação da temperatura do líquido. Embora a temperatura do líquido possa variar entre aquela do vapor a alta pressão, na região superior, e a correspondente à pressão de saturação na região inferior, Lorentzen e Baglo verificaram que o referido efeito poderia ser quantificado, admitindo que 10% do líquido tem sua temperatura elevada até a do vapor a alta pressão, enquanto a temperatura do restante permanece inalterada. A elevação da temperatura do líquido implica uma redução do efeito de refrigeração no evaporador. Para as condições do Exemplo 7.1, os seguintes resultados podem ser obtidos em termos do efeito de refrigeração:[4]

- O líquido não é aquecido: 1.429 – 81,8 = 1.347,2 kJ/kg
- Aquecimento de 10% da massa do líquido a 28 °C: 1.429 – 107 = 1.332 kJ/kg
- Aquecimento de 10% da massa do líquido a –2 °C: 1.429 – 92 = 1.337 kJ/kg

A redução no efeito de refrigeração é inferior a 10%, mas se aplica não somente ao líquido evaporado, mas à totalidade do que é circulado. Na concepção 3 (Figura 7.17), a taxa com que se processa o bombeamento a partir do reservatório de pressão controlada é superior àquela das demais concepções, de modo que o tempo disponível para o aquecimento do líquido é inferior, minimizando-se, assim, o referido efeito.

Resumindo as considerações dos parágrafos precedentes, pode-se afirmar que o custo de bombeamento em sistemas de recirculação por pressão de gás pode ser de 50% a 100% superior ao dos sistemas que utilizam bomba. Esses índices se aplicam a sistemas que utilizem pressão intermediária, supondo-se que esta seja suficiente para efetuar o bombeamento de líquido. Nessas condições, o projetista deve ponderar esse inconveniente na decisão sobre que sistema utilizar, em face das vantagens dos sistemas de bombeamento de gás anteriormente referidas.

---

[4] O efeito de refrigeração é calculado como a diferença entre a entalpia do vapor saturado a –26 °C, 1.429 kJ/kg, e a entalpia média do líquido, avaliada como a média proporcional à massa das frações em que se divide o líquido:

$$h_l = 0{,}9 h_l(-26°C) + 0{,}1 h_l(28°C)$$

7.10 CONSIDERAÇÕES FINAIS

Na Seção 7.3, foram enumeradas as vantagens e as desvantagens dos sistemas com recirculação de líquido, do que se concluiu que tais sistemas são interessantes em aplicações de baixa temperatura de evaporação, dotados de múltiplos evaporadores, especialmente quando estes se encontram afastados da sala de máquinas. Em sistemas com duplo estágio de compressão, os evaporadores à pressão intermediária poderiam ser do tipo expansão direta, ao passo que os de baixa temperatura poderiam operar com recirculação de líquido. Outra possibilidade seria adotar também a recirculação de líquido no estágio intermediário de pressão, com o tanque de *flash*/resfriador intermediário operando como reservatório de baixa pressão.

A adoção da recirculação de líquido poderia não se limitar a aplicações de baixa temperatura de evaporação, nas quais predomina. Recentemente, tem se defendido sua aplicação a sistemas de temperatura de evaporação mais elevada, como em condicionamento de ar [10, 11], em que as vantagens da recirculação de líquido poderiam ser adequadamente exploradas. Além disso, em sistemas de temperatura de evaporação elevada, a recirculação de líquido apresentaria a vantagem adicional de facilitar a separação e o retorno do óleo, uma vez que, nesse caso, geralmente são utilizados refrigerantes halogenados, caracterizados por sérios problemas de retorno do óleo em evaporadores de expansão direta.

Alguns fabricantes têm facilitado a adoção de sistemas com recirculação de líquido, entregando o sistema pronto para ser ligado à instalação, por meio de interfaces com:

- suprimento de líquido a alta pressão;
- suprimento de líquido para os evaporadores;
- retorno da mistura bifásica; e
- linhas de vapor para os compressores.

Os componentes incorporados ao pacote fornecido pelo fabricante podem incluir o reservatório de baixa pressão (separador de líquido), bomba(s), controle do nível de líquido e conexões para a drenagem e retorno do óleo.

REFERÊNCIAS

1. WILE, D. D. *Evaporator performance with liquid refrigerant recirculation.* (anexo 1962-1). Washington, DC, International Institute of Refrigeration, p. 281, 1962.

2. LORENTZEN, G. How to design piping for refrigerant recirculation. *Heating, Piping, and Air Conditioning*, p. 139-152, jun. 1965.

3. NIEDERER, D. H. Liquid recirculation, top or bottom feed, what rate of feed? *Air Conditioning and Refrigeration Business*, dez. 1963-jul. 1964.

4. GELTZ, R. W. Pump overfeed evaporator refrigeration systems. *Air Conditioning, Heating and Refrigeration News*, p. 42, mar. 1967.

5. ASHRAE – AMERICAN SOCIETY OF HEATING, REFRIGERATING, AND AIR-CONDITIONING ENGINEERS. *ASHRAE Handbook of Refrigeration 2014*. Atlanta, 2014.

6. LORENTZEN, G. Design of refrigerant recirculation systems with a special view to their use for contact freezers on board fishing vessels. In: *Anais do Encontro das Comissões B2 and D3*. Tóquio: International Institute of Refrigeration, 1974.

7. VIKING PUMP DIVISION, HOUDAILLE INDUSTRIES. *Viking pumps*. Cedar Falls, 1976.

8. CORNELL PUMP COMPANY. *Cornell Refrigerant Pump*., Portland, 1983.

9. LORENTZEN, G.; BAGLO, O. D. An Investigation of a Gas Pump Recirculation System. In: *Anais do International Congress of Refrigeration*. Copenhagen: International Institute of Refrigeration, 1959.

10. BONGIO, V. J. Industrial studies in energy retrofit. *Heating, Piping, and Air Conditioning*, p. 95-100, mar. 1985.

11. STAMM, R. H. Recirculated refrigerant systems and HVAC energy conservation. *Heating, Piping, and Air Conditioning*, p. 51-56, fev. 1978.

CAPÍTULO 8
CONDENSADORES

8.1 TIPOS UTILIZADOS NA REFRIGERAÇÃO INDUSTRIAL

Os três tipos de condensadores em uso na refrigeração industrial, ilustrados na Figura 8.1, são: os *resfriados a ar*, os *resfriados a água* e os *evaporativos*. Ao contrário do que ocorre na refrigeração comercial e no condicionamento de ar, em que a maioria dos condensadores é resfriada a ar, na refrigeração industrial predomina o tipo evaporativo. Outro aspecto que diferencia as áreas de aplicação da refrigeração é a instalação em paralelo dos condensadores, muito comum em refrigeração industrial, mas raramente utilizada nos outros segmentos. No condensador resfriado a ar, Figura 8.1(a), o refrigerante se condensa rejeitando calor para o ar ambiente por meio de uma superfície aletada. O ar é circulado por um ventilador, geralmente do tipo axial.

Dois tipos construtivos disputam o mercado de condensadores resfriados a água: o tradicional *carcaça-tubos*, Figura 8.1(b), e o de *placas*, em geral brasadas, ilustrado na Figura 8.1(c). No caso do tipo carcaça-tubos, o refrigerante se condensa na carcaça e a água circula pelos tubos. No caso do condensador de placas, o refrigerante se condensa escoando no sentido descendente, ao passo que a água circula no sentido ascendente. A água aquecida pela condensação do refrigerante é circulada por bombas através de uma torre de resfriamento, de onde retorna ao condensador a uma temperatura inferior.

A Figura 8.1(d) ilustra de modo esquemático um condensador evaporativo, cujas características construtivas são semelhantes às de uma torre de resfriamento. O calor rejeitado pelo refrigerante é transferido sucessivamente à água e ao ar ambiente, que é, em última análise, o meio de resfriamento. Ar não é utilizado em casos em que a água é extraída de uma fonte como um poço, um lago ou um rio.

Embora o presente capítulo trate da análise dos condensadores em geral, os evaporativos receberão um tratamento diferenciado em virtude de sua importância nas aplicações industriais.

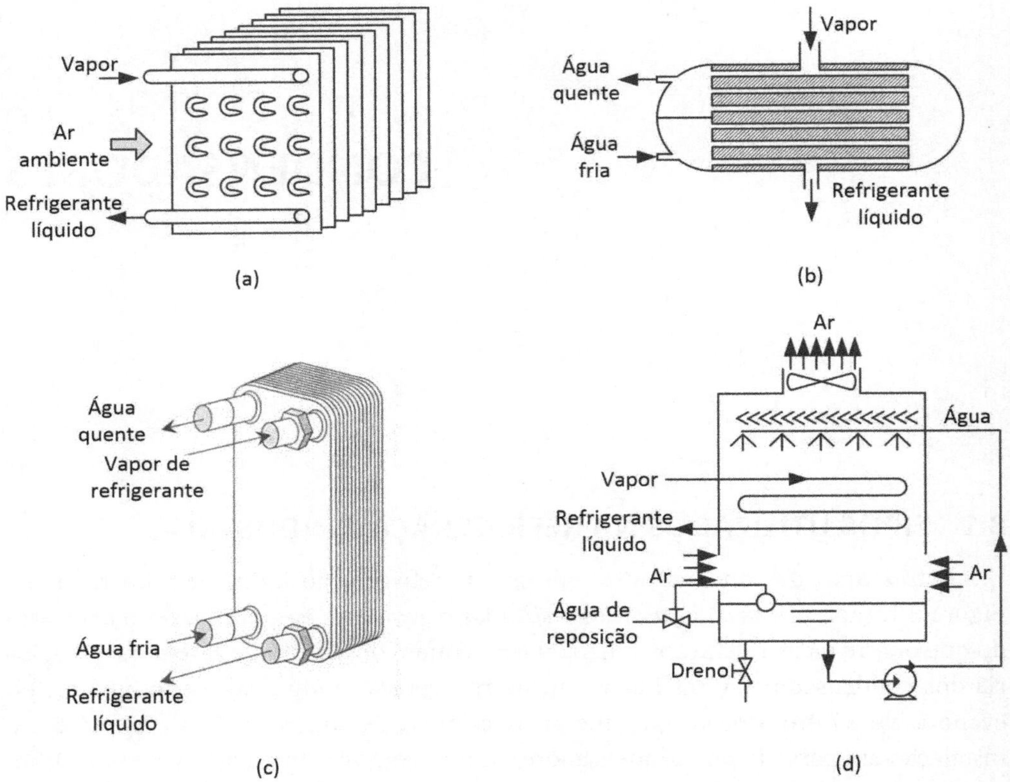

Figura 8.1 – Tipos de condensador: (a) resfriado a ar; (b) resfriado a água tipo carcaça-tubos; (c) resfriado a água tipo placas; e (d) evaporativo.

8.2 CONDENSAÇÃO EM SUPERFÍCIES EXTERIORES

Wilhelm Nusselt, um dos pioneiros no estudo da transferência de calor, desenvolveu no início do século XX o primeiro modelo de condensação sobre superfícies frias [1]. Segundo o modelo de Nusselt, vapor se condensa sobre a superfície de uma placa plana vertical formando uma película de condensado aderida à parede, que escorre por gravidade e cuja espessura cresce à medida que vapor condensado é agregado, como ilustrado na Figura 8.2. O coeficiente local de transferência de calor é igual à condutância térmica do filme de condensado, isto é, a condutividade térmica do líquido dividida pela espessura da película. Nusselt desenvolveu a seguinte expressão para o coeficiente de transferência de calor médio, extensivo à superfície de condensação:

$$h_c = 0{,}943\left(\frac{g\rho^2 h_{lv} k^3}{\mu L \Delta t}\right)^{1/4} \tag{8.1}$$

em que:

h_c: coeficiente de transferência de calor médio, W/m²K;

g: aceleração da gravidade, m/s²;

ρ: densidade do condensado, kg/m³;

h_{lv}: calor latente de vaporização do vapor, J/kg;

k: condutividade térmica do condensado, W/mK;

μ: viscosidade dinâmica do condensado, Pas;

Δt: diferença entre as temperaturas do vapor e da superfície da placa, K (ou °C);

L: comprimento vertical da placa, m.

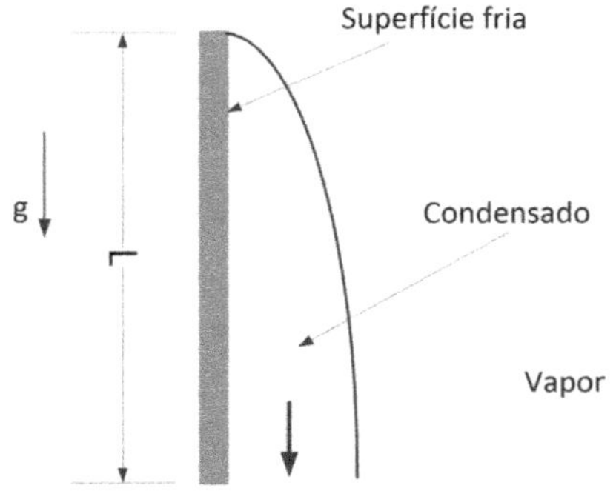

Figura 8.2 – Condensação sobre a superfície de uma placa fria.

Uma pergunta que, nesta altura, o leitor já deve ter se feito é se existe alguma aplicação prática para o modelo de Nusselt. Na realidade, a única aplicação direta do modelo seria um antigo condensador a água, de tubos verticais, em que a água circulava por gravidade no interior dos tubos para mantê-los limpos e o refrigerante condensava na superfície exterior. Entretanto, algumas adaptações no modelo de Nusselt permitem prever com razoável precisão o coeficiente de transferência de calor na superfície exterior de um condensador como o da Figura 8.1(b). Com efeito, se o comprimento da placa, L, for substituído pelo produto do número de tubos em uma fileira vertical pelo seu diâmetro exterior, resultados experimentais podem ser adequadamente correlacionados por uma equação do tipo da Equação (8.1). Os resultados obtidos por White [2] indicam que o coeficiente numérico da nova expressão deveria ser substituído pelo valor 0,63 (em vez de 0,943, obtido por Nusselt), ao passo que Goto, Hotta e Tezuka [3] sugerem 0,65. Assim, para um condensador com N tubos de diâmetro D nas fileiras verticais, o coeficiente de transferência de calor médio associado ao processo de condensação do refrigerante pode ser aproximado pela seguinte expressão:

$$h_c = 0,64\left(\frac{g\rho^2 h_{lv} k^3}{\mu N D \Delta t}\right)^{1/4} \tag{8.2}$$

A Tabela 8.1 ilustra o comportamento dos distintos refrigerantes com relação à condensação no exterior de bancos de tubos horizontais, como no condensador da Figura 8.1(b). Verifica-se que o coeficiente de transferência de calor da amônia é muito superior ao dos outros refrigerantes. Esses resultados foram confirmados por ensaios experimentais segundo os quais o coeficiente de transferência de calor para a amônia é cinco vezes superior ao dos refrigerantes halogenados [4].

Tabela 8.1 – Coeficientes de transferência de calor para a condensação no exterior de bancos de tubos horizontais de diversos refrigerantes. Temperatura de condensação de 30 °C, seis fileiras de tubos de 25 mm diâmetro na vertical e Δt de 5 °C

Refrigerante	h_c (W/m²K)
R-134a	1.115
R-22	1.180
R-404A	935
Amônia	5.220

8.3 CONDENSAÇÃO NO INTERIOR DE TUBOS

Tanto nos condensadores resfriados a ar quanto nos evaporativos, a condensação do refrigerante se processa no interior dos tubos, segundo um processo relativamente complexo. A variação do coeficiente de transferência de calor ao longo de um tubo em que ocorre a condensação completa é ilustrada na Figura 8.3 [5].

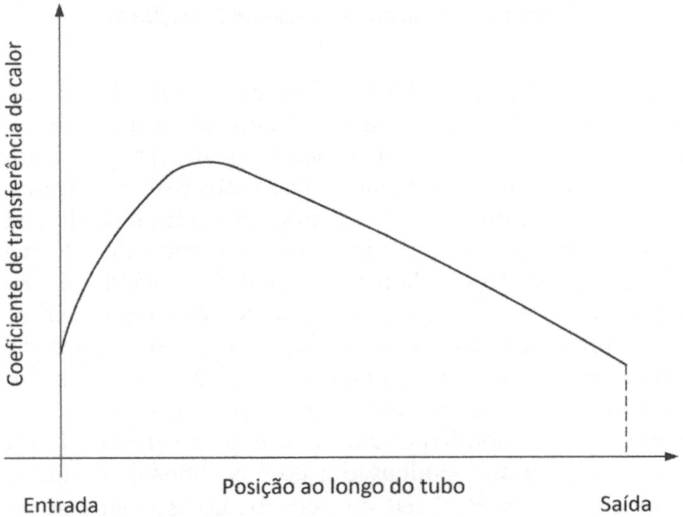

Figura 8.3 – Variação do coeficiente de transferência de calor no interior de um tubo onde ocorre a condensação completa do vapor.

Na entrada, o refrigerante se encontra no estado de vapor superaquecido, apresentando um coeficiente relativamente baixo, típico do escoamento de gases. O coeficiente aumenta significativamente à medida que a condensação progride na superfície interior do tubo. Entretanto, a partir de determinada seção, verifica-se uma redução progressiva do coeficiente de transferência de calor resultante do aumento da espessura da película de condensado junto à superfície do tubo e a consequente redução da velocidade média do fluido na seção transversal de escoamento. Esse comportamento é importante para os operadores de instalações que operam tanto com condensadores resfriados a ar ou evaporativos, ilustrando o efeito da excessiva presença de líquido ("retorno") no condensador, que afeta de maneira adversa sua capacidade.

8.4 RAZÃO DE REJEIÇÃO DE CALOR

O tamanho das instalações frigoríficas é, geralmente, associado à capacidade de refrigeração, que, por sua vez, afeta o condensador por meio da denominada *razão de rejeição de calor*, RRC, que expressa a relação entre as capacidades do condensador e a de refrigeração. A razão de rejeição de calor depende das temperaturas de evaporação e de condensação, além do tipo de compressor e dos possíveis dispositivos suplementares de resfriamento.

A situação mais simples ocorre em sistemas que operam com refrigerantes halogenados, em que não se preveem dispositivos especiais de resfriamento do cabeçote do compressor. Nessas condições, exceto pelo calor cedido ao ambiente, a taxa de remoção de calor no condensador deve ser igual à capacidade de refrigeração do sistema mais a potência de compressão. Assim, a RRC pode ser determinada a partir do catálogo do fabricante de compressores, de acordo com a seguinte relação:

$$\text{RRC} = \frac{(\text{Capacidade de refrigeração}) + (\text{Potência de compressão})}{(\text{Capacidade de refrigeração})} \tag{8.3}$$

Na Figura 8.4, mostram-se curvas de variação da RRC com a temperatura de evaporação, apresentando a temperatura de condensação como parâmetro. Observa-se que a RRC aumenta com a relação entre pressões, como seria de se esperar. Além disso, pode ser observado que os compressores herméticos apresentam RRC superiores às dos abertos, em virtude do resfriamento pelo refrigerante do enrolamento do motor de acionamento.

Como sugerido, dados de catálogo poderiam ser diretamente utilizados na Equação (8.3) no caso de refrigerantes halogenados como R-134a, R-22 ou R-404A. Como os compressores de amônia se caracterizam pelo resfriamento forçado do cabeçote, tal procedimento não se aplicaria, pois o fluido de resfriamento (água, por exemplo) remove parte da energia adquirida pelo refrigerante no processo de compressão. Desde que uma estimativa da energia removida pelo fluido de resfriamento possa ser levada a efeito (Seção 4.14), a razão de rejeição de calor poderia ser determinada combinando a Equação (8.3) com dados de catálogo para compressores de amônia. A Equação (8.3) pode ser diretamente aplicada no caso de compressores parafuso em que o refrigerante atua como agente de resfriamento do óleo ou quando injetado no compressor. A taxa de remoção de calor do óleo deve ser deduzida do numerador da Equação (8.3) nos casos em que seu resfriamento é realizado em circuito independente.

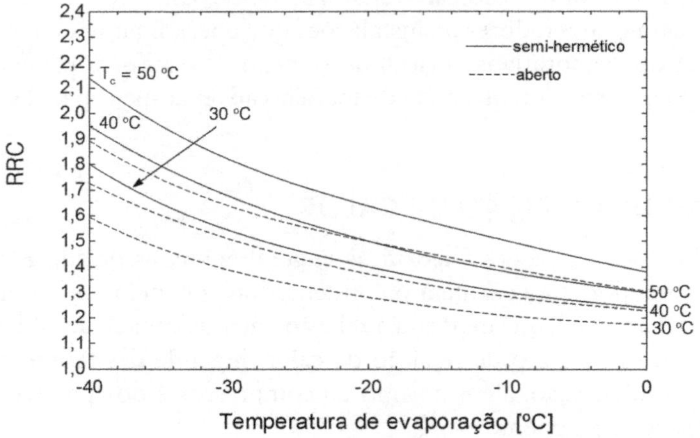

Figura 8.4 – Valores típicos da relação de rejeição de calor para compressores alternativos operando com refrigerantes halogenados.

EXEMPLO 8.1

A Tabela 8.2 reproduz o catálogo de um fabricante de compressores semi-herméticos.

Tabela 8.2 – Capacidade frigorífica e potência elétrica do motor de acionamento de um compressor semi-hermético para uma temperatura de condensação de 40 °C*

	R-134a		R-22		R-404A	
T_e (°C)	Capacidade (kW)	Potência (kW)	Capacidade (kW)	Potência (kW)	Capacidade (kW)	Potência (kW)
−40			2,751	2,64	3,104	2,74
−35			3,798	3,13	4,375	3,33
−30	2,547	1,83	5,103	3,61	5,885	3,91
−25	3,599	2,17	6,703	4,08	7,666	4,47
−20	4,892	2,51	8,505	4,53	9,752	5
−15	6,459	2,85	10,909	4,96	12,183	5,51
−10	8,341	3,18	13,709	5,36	15,002	5,99
−5	10,58	3,51	16,952	5,72	18,26	6,44
0	13,225	3,84				

* Dados válidos para temperatura de aspiração de 20 °C sem sub-resfriamento do líquido.

Fonte: Bitzer do Brasil.

Nela, estão indicadas a capacidade frigorífica e a potência elétrica do motor de acionamento do compressor para temperaturas de evaporação variando entre –40 °C e 0 °C, uma temperatura de condensação de 40 °C e distintos refrigerantes halogenados. Levante curvas da relação de rejeição de calor no condensador em função da temperatura de evaporação e comente o resultado.

Solução

O objetivo do problema é aplicar as informações de catálogo de fabricantes de compressores na determinação da RRC necessária para o projeto de condensadores. Os dados da Tabela 8.2 foram extraídos do catálogo de um fabricante para um modelo de compressor semi-hermético. Como o refrigerante atua no resfriamento do enrolamento do motor elétrico, em condições de regime permanente, a potência elétrica consumida pelo motor é integralmente transferida para o refrigerante, de modo que, para dadas temperaturas de evaporação e condensação, os dados da Tabela 8.2 podem ser utilizados na determinação do RRC. No caso, para a temperatura de condensação de 40 °C e de evaporação de –20 °C, por exemplo, a RRC para o refrigerante R-134a pode ser determinada pela aplicação direta da Equação (8.3):

$$RRC = \frac{4{,}892 + 2{,}51}{4{,}892} = 1{,}513$$

Procedendo de maneira semelhante para as demais temperaturas de evaporação e para os demais refrigerantes, obtém-se o gráfico da Figura 8.5. Como anteriormente sugerido (Figura 8.4), a RRC diminui com a temperatura de evaporação, como seria de se esperar. No caso da Figura 8.4, não se especifica o refrigerante, aspecto que se justifica pelos resultados da Figura 8.5, na qual se observa que a RRC é pouco sensível ao particular refrigerante halogenado.

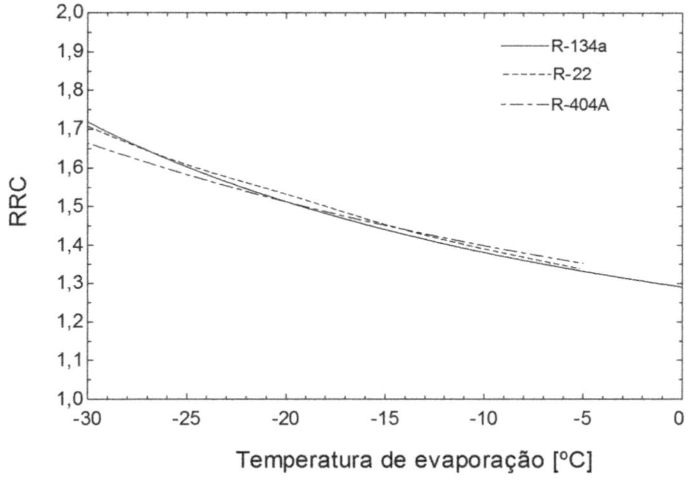

Figura 8.5 – Variação da RRC com a temperatura de evaporação para uma temperatura de condensação de 40 °C no caso do modelo de compressor do enunciado do Exemplo 8.1.

8.5 DESEMPENHO DE CONDENSADORES RESFRIADOS A AR E A ÁGUA

Os dados de catálogo dos fabricantes visam à seleção do condensador. Entretanto, com esses dados e alguns rudimentos de transferência de calor, é possível prever o desempenho do condensador em condições distintas das de projeto. Em alguns catálogos, fornece-se a taxa de transferência de calor no condensador, em outros, simplesmente a capacidade de refrigeração. Nesse caso, a taxa de transferência de calor no condensador poderá ser determinada por meio da razão de rejeição de calor, como ilustrado na Figura 8.4. Para tanto, as temperaturas de evaporação e de condensação deverão ser especificadas. No que diz respeito à extrapolação dos dados de catálogo a condições distintas das de projeto, o procedimento normalmente usado consiste em determinar o valor de UA (produto do coeficiente global de transferência de calor pela área de transferência de calor) dos dados de catálogo e, admitindo-o constante, utilizá-lo na avaliação do desempenho do condensador em distintas condições operacionais.

A distribuição de temperaturas ao longo do condensador é relativamente complexa em virtude da ocorrência de regiões em que o refrigerante se encontra no estado de vapor superaquecido ou de líquido sub-resfriado, como indicado na Figura 8.6(a). Uma simplificação interessante é a de admitir que o refrigerante assume uma temperatura uniforme e igual à de condensação, como sugerido na Figura 8.6(b). Nessas condições, a diferença entre as temperaturas do refrigerante e do ar é inferior à real na região de vapor superaquecido. Tal diferença é compensada pelo coeficiente global de transferência de calor, que, no caso da simplificação, é superior ao real. Argumentos similares valem para a região de líquido sub-resfriado.

Os condensadores raramente são circuitados de modo a proporcionar esquemas de correntes paralelas ou de contracorrentes, aspecto que, por outro lado, carece de importância em face da simplificação da Figura 8.6(b). Nesse caso, a diferença média de temperaturas é independente da circuitação, uma vez que a temperatura do refrigerante permanece constante. Nessas condições, a Equação (6.20) pode ser aplicada:

$$q=(UA)\frac{(t_c-t_s)-(t_c-t_e)}{\ln\left(\dfrac{t_c-t_s}{t_c-t_e}\right)}=(UA)\frac{t_e-t_s}{\ln\left(\dfrac{t_c-t_s}{t_c-t_e}\right)} \tag{8.4}$$

em que:

q: taxa de transferência de calor, kW;

UA: produto do coeficiente global pela área de transferência de calor, kW/K;

t_c: temperatura de condensação do refrigerante, K (ou °C);

t_e: temperatura da água na entrada, K (ou °C);

t_s: temperatura da água na saída, K (ou °C).

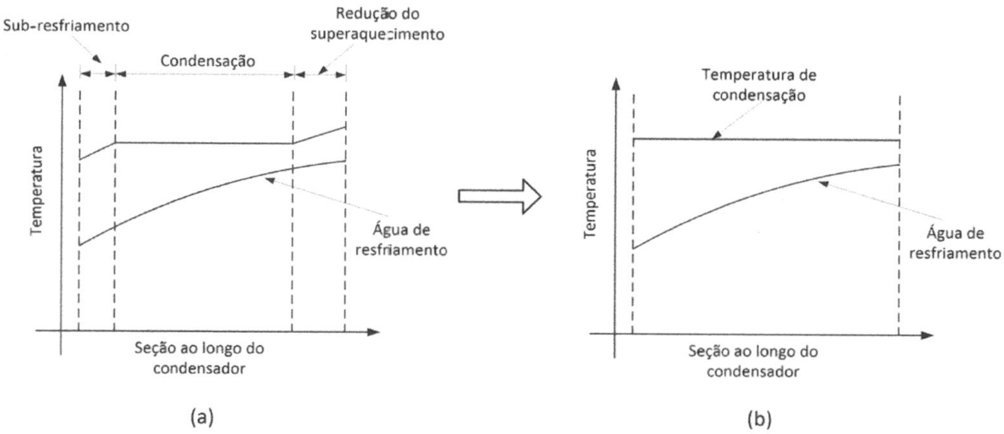

Figura 8.6 – Distribuição de temperaturas ao longo de um condensador resfriado a água: (a) real; (b) simplificada.

EXEMPLO 8.2

O catálogo de um fabricante especifica para um condensador operando com R-22 uma capacidade de refrigeração de 204 kW, para temperaturas de evaporação e condensação, respectivamente, iguais a –2 °C e 40 °C. A vazão da água de resfriamento é de 10 l/s e a sua temperatura na entrada do condensador é de 29 °C. Qual deve ser a temperatura de condensação se a vazão e a temperatura da água de resfriamento são mantidas constantes, mas a capacidade de refrigeração é reduzida à metade daquela de catálogo?

Solução

A taxa de transferência de calor no condensador, na condição inicial, q, é igual a:

$$q = (204,\ \text{kW})(\text{RRC})$$

Para temperatura de evaporação de –2 °C e de condensação de 40 °C, admitindo o compressor como do tipo aberto, da Figura 8.4 obtém-se uma razão de rejeição de calor igual a 1,25, de modo que a taxa de transferência de calor no condensador, q, resulta igual a 255 kW. Como a vazão de água de resfriamento é de 10 l/s ≈ 10 kg/s e o calor específico da água é igual a 4,19 kJ/kg°C, a temperatura da água na saída, t_s, será igual a:

$$t_s = 29 + \frac{255}{10 \times 4{,}19} = 35{,}1\ °\text{C}$$

A diferença média logarítmica de temperaturas, DMLT, no condensador poderá então ser calculada:

$$\text{DMLT} = \frac{29 - 35{,}1}{\ln\left(\dfrac{40 - 35{,}1}{40 - 29}\right)} = 7{,}6\ °\text{C}$$

de onde o valor de UA pode ser determinado:

$$\text{UA} = \frac{q}{\text{DMLT}} = \frac{255}{7{,}6} = 33{,}76\ \text{kW/K}$$

Esse valor de UA deve permanecer praticamente constante para distintas cargas de refrigeração, desde que a vazão de água permaneça constante. Assim, para a condição de carga metade da original, a DMLT deve diminuir para um valor igual à metade do original, isto é, 7,6/2 = 3,8 °C. Além disso, o aumento da temperatura da água será metade do original, resultando uma temperatura na saída do condensador de 32 °C. Assim, a nova temperatura de condensação pode ser obtida da nova DMLT:

$$\text{DMLT}_{\text{nova}} = 3{,}8 = \frac{29 - 32}{\ln\left[\dfrac{(t_c)_{\text{nova}} - 32}{(t_c)_{\text{nova}} - 29}\right]} \therefore$$

$$\ln\left[\frac{(t_c)_{\text{nova}} - 32{,}5}{(t_c)_{\text{nova}} - 29{,}4}\right] = -\frac{3{,}0}{3{,}8} = -0{,}7895 \therefore$$

$$\frac{(t_c)_{\text{nova}} - 32}{(t_c)_{\text{nova}} - 29} = e^{-0{,}7895} = 0{,}454 \Rightarrow (t_c)_{\text{nova}} = 34{,}5\ °\text{C}$$

A nova temperatura de condensação, $(t_c)_{\text{nova}}$, será igual a 34,5 °C, o que indica uma significativa redução em relação ao valor original de 40 °C.

O Exemplo 8.2 ilustra uma situação em que o valor de U permanece constante. Se a vazão de água variasse, o coeficiente de transferência de calor no lado da água também seria afetado, de modo que a hipótese de U constante não mais seria válida. Nesse caso, é recomendável recorrer ao fabricante do equipamento.

Os tubos dos condensadores resfriados a água podem estar sujeitos à formação de incrustações resultantes de impurezas. Ensaios com particulado sólido na água [6] indicaram que o fator de incrustação (associado a uma resistência térmica adicional resultante da formação de incrustações) pode facilmente atingir valores da ordem de 0,00004 m^2K/W. No caso do Exemplo 8.2, se o fabricante sugerisse uma área de transferência de calor no lado da água igual a 3,78 m², o valor de U poderia ser determinado, resultando:

$$U = \frac{33,76}{3,78} = 8.932 \text{ W/m}^2\text{K}$$

A resistência térmica é o inverso desse valor, ou, no caso, 0,000112 m^2K/W. A resistência térmica incluindo o fator de incrustação resulta igual a: 0,000112 + 0,00004 = 0,000152 m^2K/W, à qual está associado um valor de U de 6.579 W/m^2K. Verifica-se, assim, que as incrustações reduzem a capacidade de condensação em 26%. O usuário, em geral, não é seriamente prejudicado por tal redução de capacidade, uma vez que os dados de catálogo já incluem um fator de incrustação, cujo valor deve ser informado pelo fabricante.

Finalmente, é importante enfatizar que a formação de incrustações causada pela água de resfriamento pode ser minimizada pela limpeza periódica dos tubos, o que, além disso, permite manter em níveis elevados o desempenho do condensador.

8.6 TORRES DE RESFRIAMENTO

O efeito de resfriamento se dá como resultado da aspersão de água em uma corrente de ar ambiente, como se mostra esquematicamente na Figura 8.7 para uma configuração em *contracorrente* do ar e da água, frequentemente adotada. Outra possibilidade seria a de circular o ar transversalmente à corrente de água, numa configuração denominada *correntes cruzadas*. A linha de água de reposição que se mostra na Figura 8.7 deve ser instalada para compensar as perdas por evaporação. A água de reposição contém sais dissolvidos que se depositariam na bacia da torre caso não fossem removidos por meio de drenagens ("sangrias") periódicas.

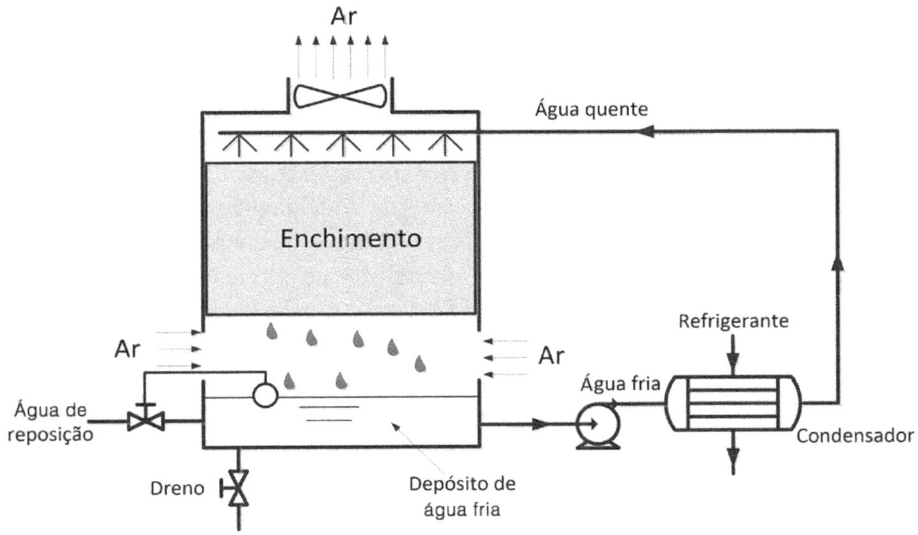

Figura 8.7 – Representação esquemática do circuito de água em uma torre de resfriamento.

O mecanismo de transferência de calor e massa numa torre de resfriamento pode ser facilmente interpretado por meio da lei da linha reta, introduzida na Seção 6.7. Assim, o lugar geométrico na carta psicrométrica dos estados pelos quais passa o ar ao entrar em contato com uma superfície molhada é uma linha reta, com tendência ao estado saturado à temperatura da superfície, uma vez que a umidade do ar se eleva progressivamente. Nessas condições, incrementos da entalpia do ar devem ser acompanhados de reduções correspondentes da entalpia da água e, consequentemente, de sua temperatura. Considere-se, inicialmente, o caso em que a temperatura de bulbo úmido do ar seja igual à temperatura da água, como na Figura 8.8. Os estados do ar devem se aproximar do estado saturado ao longo da linha de temperatura de bulbo úmido do ar. Como as linhas isoentálpicas e de temperatura de bulbo úmido são praticamente paralelas, não se verificam variações de entalpia e, consequentemente, a temperatura da água permanece inalterada. Esse processo é o que ocorre em resfriadores evaporativos, comuns em regiões áridas, de baixa umidade.

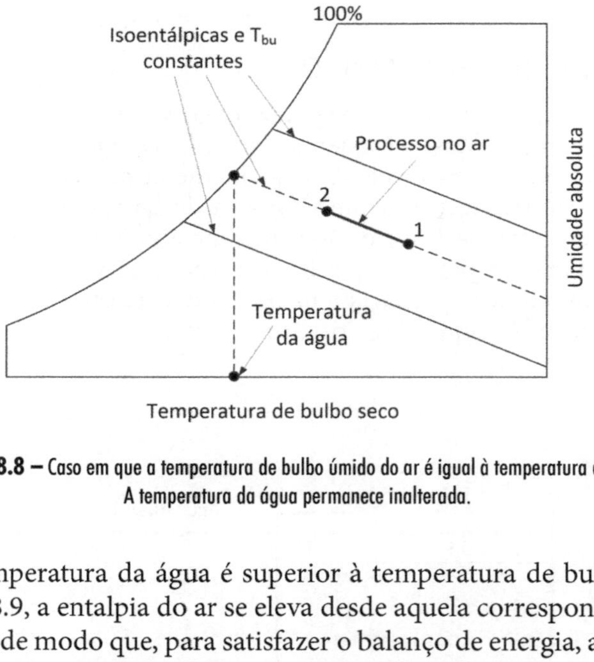

Figura 8.8 – Caso em que a temperatura de bulbo úmido do ar é igual à temperatura da água. A temperatura da água permanece inalterada.

Quando a temperatura da água é superior à temperatura de bulbo úmido do ar, como na Figura 8.9, a entalpia do ar se eleva desde aquela correspondente ao estado 1 até a do estado 2, de modo que, para satisfazer o balanço de energia, a água deve transferir o calor necessário para tal elevação, resultando na redução de sua temperatura de T_{a1} a T_{a2}. A interpretação do mecanismo físico de transferência de calor e massa em uma torre de resfriamento é relativamente simples quando se consideram os processos elementares das Figuras 8.8 e 8.9. A Figura 8.10 ilustra os processos no ar e na água em uma torre de resfriamento em que o ar circula em contracorrente. Verifica-se que, embora a entalpia do ar se eleve, sua temperatura de bulbo seco diminui no processo. É interessante notar que, dependendo da temperatura da água, a tendência da temperatura de bulbo seco do ar observada na Figura 8.10 poderia ser invertida. A temperatura da água, em contrapartida, sofre uma redução como consequência da transferência de calor e massa (vapor) para o ar.

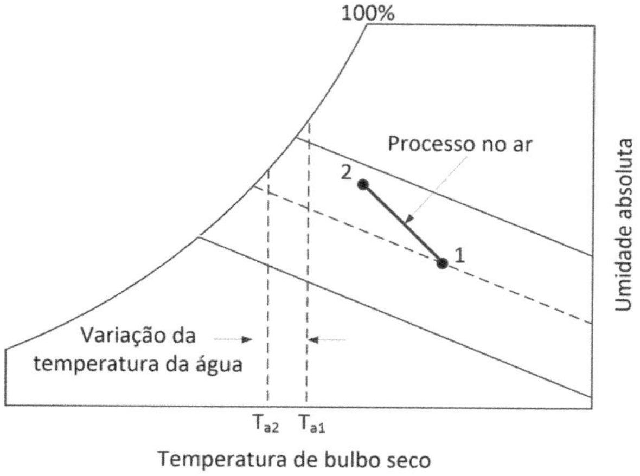

Figura 8.9 – Caso em que a temperatura da água é superior à temperatura de bulbo úmido do ar. A entalpia do ar se eleva e a temperatura da água diminui.

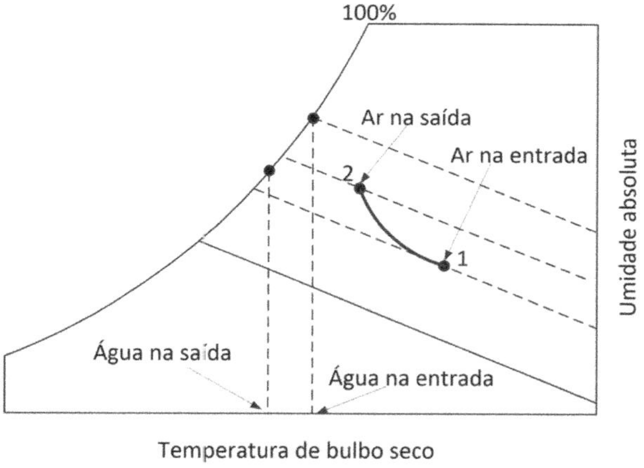

Figura 8.10 – Processos no ar e na água em uma torre de resfriamento em contracorrentes.

O processo da Figura 8.10 indica que a temperatura da água na saída da torre de resfriamento tende à temperatura de bulbo úmido do ar na entrada. Esse comportamento justifica o fato de os catálogos indicarem a temperatura de bulbo úmido do ar na entrada como a única característica do ar ambiente que afeta o desempenho da torre. Na Figura 8.11, esse aspecto é evidenciado, notando-se o incremento da temperatura de saída da água com a temperatura de bulbo úmido do ar ambiente. A curva dessa figura foi levantada considerando constantes a taxa de rejeição de calor e a vazão de água, de modo que a variação da temperatura da água na torre seja de 5 °C.

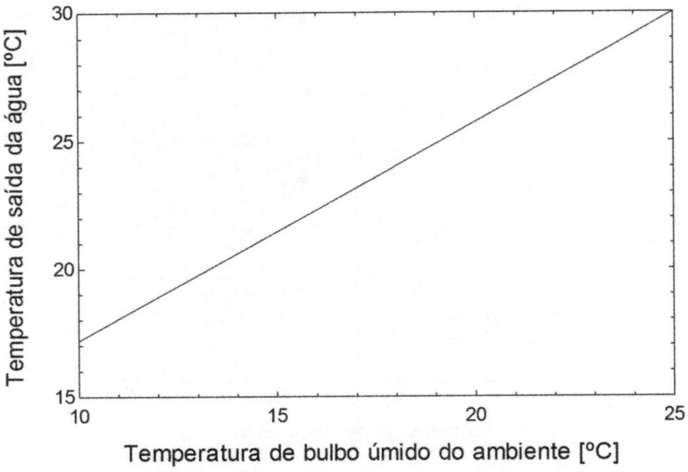

Figura 8.11 – Temperatura da água na saída da torre em função da temperatura de bulbo úmido do ar, para carga térmica no condensador e vazão de água de condensação constantes.

8.7 CONDENSADORES EVAPORATIVOS

A Figura 8.1(d) ilustra de maneira esquemática um condensador evaporativo, cuja operação pode ser considerada como o resultado da combinação das características dos condensadores resfriados a água e a ar. O refrigerante que se condensa no interior dos tubos remove calor da água que é borrifada no exterior, a qual, por sua vez, é resfriada, a exemplo do que ocorre em uma torre de resfriamento, por uma corrente de ar ambiente que circula em contracorrente. A evaporação da água na corrente de ar é o mecanismo mais importante na remoção de calor do refrigerante que se condensa.

A seguir, apresentam-se características dos três tipos principais de condensadores, sumariamente apresentadas para efeito comparativo.

(i) *Condensador resfriado a ar*: o que apresenta o menor custo inicial aliado a um custo reduzido de manutenção, uma vez que não há circulação ou evaporação de água.

(ii) *Condensador resfriado a água associado a uma torre de resfriamento*: menor temperatura de condensação que os resfriados a ar, uma vez que a rejeição de calor se faz com referência à temperatura de bulbo úmido do ar ambiente, relacionada à torre de resfriamento. Em casos em que a distância entre o compressor e o equipamento de rejeição de calor é relativamente longa, os condensadores resfriados a água são mais vantajosos que os evaporativos, uma vez que água, em vez de refrigerante, é bombeada até a torre de resfriamento.

(iii) *Condensador evaporativo*: é compacto e permite operação a temperaturas de condensação inferiores àquelas dos resfriados a ar ou a água com torre de resfriamento, razão pela qual são largamente utilizados na refrigeração industrial. Em consequência, a instalação consome menos energia e opera com temperaturas de descarga reduzidas, aspecto importante em instalações de amônia ou de R-22. Os inconvenientes de manutenção não chegam a ser um fator decisivo contra os condensadores evaporativos, uma vez que sua utilização está normalmente associada a instalações de médio ou grande porte, que sempre devem apresentar uma equipe de operação, ao contrário das pequenas instalações, das quais se espera uma operação sem manutenções frequentes.

Uma característica construtiva, frequentemente utilizada como alternativa àquela ilustrada na Figura 8.1(d), é a que se mostra na Figura 8.12, que incorpora uma seção de redução do superaquecimento do gás de descarga do compressor. Uma das razões para a adoção de uma seção separada para a redução do superaquecimento é o aproveitamento do potencial residual de resfriamento do ar úmido na saída do condensador. Outra vantagem é a de reduzir a formação de incrustações, associadas a superfícies de temperaturas relativamente elevadas, pela passagem de ar seco. Deve-se observar que a utilização de seções para redução do superaquecimento é interessante em instalações dotadas de compressores alternativos, que apresentam temperaturas de descarga superiores àquelas verificadas nos compressores parafuso. Nestes, a temperatura de descarga para operação com amônia, com resfriamento de óleo externo, pode assumir valores da ordem de 70 °C e de 55 °C com resfriamento do óleo por injeção direta de refrigerante. Tais valores são relativamente baixos, quando comparados àqueles que se observam nos compressores alternativos.

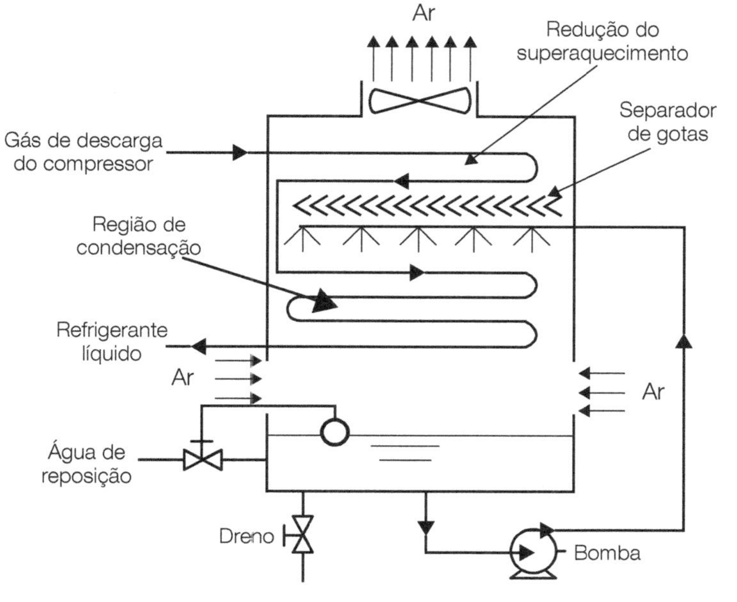

Figura 8.12 – Representação esquemática de um condensador evaporativo com serpentina de redução do superaquecimento.

8.8 DESEMPENHO DE CONDENSADORES EVAPORATIVOS – CARACTERÍSTICAS OPERACIONAIS E DE PROJETO

Um projeto adequado do condensador evaporativo deve envolver a optimização de alguns aspectos construtivos, entre os quais podem ser mencionados: diâmetro e comprimento dos tubos, além do seu espaçamento, circuitação, vazão do ar e da água e, finalmente, o tamanho do invólucro exterior. O fabricante de condensadores evaporativos deve dominar os mecanismos de transferência de calor e massa que ocorrem neles (como se descreve nas referências [8] e [9]) e os aspectos econômicos de fabricação, além dos processos em que o condensador deverá ser aplicado. O usuário, por seu turno, deve entender claramente o efeito dos três parâmetros seguintes sobre o desempenho do condensador: a *temperatura de bulbo úmido do ar ambiente*, a *vazão de ar* e a *vazão de água*. Tendo em vista os objetivos reiteradamente expressos neste texto, as seções seguintes dedicar-se-ão à análise dos efeitos daqueles parâmetros. Antes, porém, uma relação das características operacionais e de projeto de condensadores evaporativos comerciais será apresentada.

Área de transferência de calor

0,25 m^2 por kW de rejeição de calor

Vazão de água

0,018 l/s por kW de rejeição de calor

Vazão volumétrica de ar

0,03 m^3/s por kW de rejeição de calor

Queda de pressão do ar no condensador

250-375 Pa

Taxa de evaporação de água [10]

1,8 a 2,16 l/h por kW de refrigeração

Taxa de consumo total de água [10]

Para água de reposição de boa qualidade, a taxa de "sangria" (drenagem) pode atingir um valor mínimo de 50% da taxa de evaporação, de modo que a taxa total de reposição de água deve variar entre 2,70 l/h e 3,24 l/h por kW de refrigeração, dependendo da aplicação, sugerindo-se o valor mais elevado para aplicações de refrigeração.

8.9 EFEITO DA TEMPERATURA DE BULBO ÚMIDO DO AR AMBIENTE

Na Seção 8.6, concluiu-se que a temperatura da água na saída da torre de resfriamento dependia da temperatura de bulbo úmido do ar ambiente. O mecanismo de transferência de calor e massa que se verifica em um condensador evaporativo é semelhante àquele da torre de resfriamento, razão pela qual é de se esperar uma significativa influência da temperatura de bulbo úmido do ar sobre o desempenho do condensador. Tal influência se reflete nos catálogos de fabricantes, em que os dados são apresentados em termos das capacidades dos distintos modelos a uma condição de referência definida em termos das temperaturas de condensação e de bulbo úmido do ar ambiente. Para condições distintas, tabelas ou ábacos de fatores corretivos da capacidade de referência são publicados. Como mencionado anteriormente, alguns fabricantes publicam a capacidade de referência em termos de rejeição efetiva de calor no condensador, enquanto outros o fazem em termos da capacidade de refrigeração. Nesse caso, o fator corretivo da capacidade do condensador deve ser apresentado em termos, não só das temperaturas de condensação e de bulbo úmido do ar, mas da temperatura de saturação na aspiração do compressor, a qual pode, eventualmente, diferir daquela admitida como de referência.

O efeito das temperaturas de condensação e de bulbo úmido do ar ambiente sobre a capacidade do condensador evaporativo pode ser avaliado em termos do fator corretivo, anteriormente mencionado, como se ilustra no ábaco da Figura 8.13, levantado a partir de dados de um fabricante.[1] Como seria de se esperar, verifica-se que o fator de correção aumenta com a temperatura de condensação e diminui com a de bulbo úmido do ar ambiente. Os resultados da Figura 8.13 também podem ser utilizados na avaliação do desempenho do condensador em condições de carga parcial. Para tanto, considere-se um condensador evaporativo que opere com amônia, de modo que sua seleção tenha sido feita às temperaturas de condensação e bulbo úmido de 37 °C e 23,2 °C, respectivamente, correspondendo à condição caracterizada pelo ponto A da Figura 8.13. Numa condição em que a capacidade do condensador fosse 60% daquela de referência e a temperatura de bulbo úmido do ar ambiente igual a 20 °C, a temperatura de condensação resultante seria de 29 °C, como indicado na figura.

A informação proporcionada por gráficos similares ao da Figura 8.13 pode ser de grande utilidade na planificação da estratégia de controle do condensador. Assim, por exemplo, a redução observada na temperatura de condensação quando ocorre uma diminuição na capacidade pode, em princípio, proporcionar uma redução na potência de compressão. Tal tendência, entretanto, não se verifica indefinidamente, uma vez que, a partir de determinadas condições, pode ser mais vantajoso, sob o ponto de vista

---

[1] Na seleção do modelo do condensador, os fabricantes adotam um fator de correção que depende da temperatura de condensação e da de bulbo úmido do ar ambiente. Esse fator, embora relacionado ao introduzido no texto (Figura 8.13), tem por objetivo selecionar a unidade, de modo que, para temperaturas de condensação maiores ou temperaturas de bulbo úmido menores que as de referência, a unidade selecionada deve apresentar um volume menor. Portanto, um fator de correção do fabricante menor.

energético, desativar um condensador ou ventiladores, se for o caso, que reduzir a temperatura de condensação.

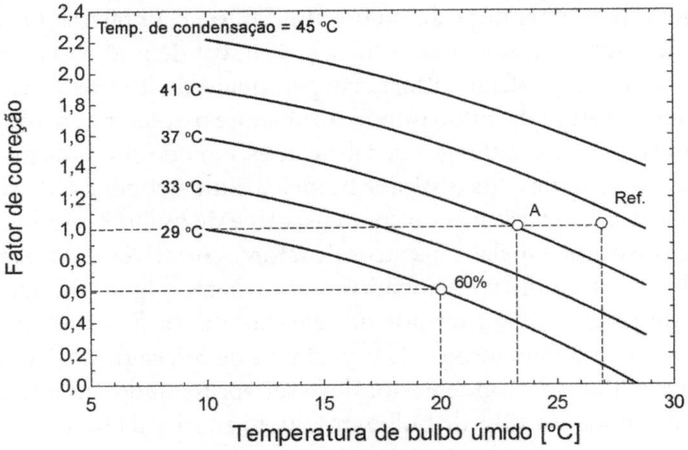

Figura 8.13 – Fatores corretivos da capacidade de condensador evaporativo de amônia. A condição de referência corresponde a uma temperatura de condensação de 40 °C e temperatura de bulbo úmido do ar ambiente de 27 °C.

8.10 EFEITO DAS VAZÕES DO AR E DA ÁGUA SOBRE A CAPACIDADE

O usuário de um condensador evaporativo pode, em muitos casos, exercer alguma forma de controle sobre as vazões do ar e da água. Seria interessante, nessas condições, conhecer que efeito essas vazões podem exercer sobre a capacidade do condensador. Tezuka, Takada e Kasai [8] demonstraram que o coeficiente global de transferência de calor, K, em um resfriador evaporativo pode ser calculado pela seguinte expressão:

$$K = (\text{Constante})G^{0,48}L^{0,22} \quad (8.5)$$

em que G e L são respectivamente as vazões do ar e da água. A Equação (8.5) sugere que, se a vazão de água fosse dobrada, a capacidade do condensador, associada ao valor de K, experimentaria um acréscimo de um fator de $(2)^{0,22} = 1,16$. O aumento relativamente pequeno da capacidade sugere uma análise para verificar se os inconvenientes relacionados aos custos resultantes de uma capacidade maior de bombeamento e, consequentemente, maior potência, além do possível aumento no arrasto de água pelo ar, são compensados pelo aumento de capacidade. No caso da vazão de ar, se G fosse reduzido à metade, o coeficiente global de transferência de calor diminuiria para 72% do valor inicial. Entretanto, além da redução no valor de K, a diminuição da vazão de ar provoca uma elevação nas variações de entalpia e de temperatura de bulbo úmido do ar no condensador, o que reduz o potencial de transferência de calor. Segundo um fabricante [11], a combinação de ambos os efeitos resulta na efetiva redução da capacidade do condensador para um valor da ordem de 58% da capacidade máxima quando a rotação do ventilador é reduzida à metade.

8.11 ANÁLISE DAS CONDIÇÕES FAVORÁVEIS PARA A REDUÇÃO DA VAZÃO DE AR

Os períodos durante os quais uma instalação frigorífica opera em condições de carga máxima totalizam uma reduzida fração do período total de trabalho do sistema. Na maioria dos casos, a capacidade de refrigeração e/ou as condições ambientes são inferiores às de projeto, permitindo que o sistema opere a pressões de condensação reduzidas e, portanto, com potências de compressão inferiores. Fabricantes de compressores estimam que a potência de compressão diminua da ordem de 3% por °C de redução na temperatura de condensação, estimativa válida para temperaturas de condensação e de evaporação no entorno de 35 °C e 0 °C, respectivamente. Nessas condições, para regimes em que a carga térmica seja superior a 50% da de projeto e a temperatura de bulbo úmido do ar ambiente superior a 15 °C, recomenda-se que o condensador evaporativo opere com vazões plenas do ar e da água, beneficiando-se, com isso, da redução na temperatura de condensação. Para cargas e temperaturas de bulbo úmido inferiores, as pressões de condensação poderiam assumir valores tão reduzidos que poderiam afetar a operação normal da instalação. Assim, a critério do operador, deve-se estabelecer um limite inferior para a pressão de condensação. Uma vez definido esse limite, devem ser previstos meios de controle da instalação, de modo que ele não seja ultrapassado. Entre as ações que podem ser adotadas no controle da pressão de condensação, destacam-se as seguintes:

(i) desativação sequencial de condensadores em instalações com diversas unidades operando em paralelo;

(ii) desativação sequencial de ventiladores;

(iii) redução da rotação do motor do ventilador ou mudança para a rotação inferior em motores de dupla rotação.

Em quaisquer dos três casos, uma vez atingido o limite inferior da pressão de condensação, a opção de controle será ativada, tendo como resultado uma elevação (ou manutenção) da pressão. O retorno à condição inicial só será efetivada se a pressão se elevar acima de um determinado valor. A faixa de pressões entre o limite inferior (quando a opção de controle é ativada) e o limite "superior" (quando a opção de controle é abandonada) recebe a denominação de *banda morta* (*dead band*). A adoção de ciclos curtos não é, em geral, recomendável, uma vez que causa desgaste excessivo dos motores, além de promover uma operação errática dos dispositivos de expansão, principalmente as válvulas termostáticas de expansão. Nos dispositivos de expansão em que se controla o nível de líquido, as oscilações da pressão de condensação não chegam a ser prejudiciais.

Outro aspecto que deve ser abordado em relação à vazão de ar é o que diz respeito à operação dos ventiladores de modo a minimizar a potência combinada de compressão e de circulação de ar. A potência de acionamento dos ventiladores é uma pequena fração da potência de compressão, como pode ser observado na Figura 8.14, na qual as potências de compressão e de acionamento dos ventiladores são apresentadas como funções da carga de refrigeração. A potência de acionamento dos ventiladores varia entre 5% e 8% da potência de compressão a plena carga. À medida que a carga de refrigeração diminui, a potência de compressão sofre uma redução correspondente, embora a potência de ventilação não seja afetada caso se mantenha a vazão de ar. Três curvas da potência de compressão são apresentadas na figura. A superior está associada ao caso em que a temperatura de condensação é mantida constante em toda a faixa de cargas. A curva inferior corresponde ao caso em que, além das vazões do ar e da água, a temperatura de bulbo úmido do ar é mantida constante. Nessas condições, de acordo com a Figura 8.13, à medida que a carga de refrigeração diminui (o fator de correção diminui), a temperatura de condensação deve sofrer uma redução correspondente, o mesmo ocorrendo com a potência de compressão. A curva intermediária corresponde ao caso em que a vazão do ar é reduzida a partir de um limite inferior da pressão de condensação. Essa curva mostra que a redução na potência de ventilação é compensada por um aumento na potência de compressão. Concluindo, pode-se afirmar que as condições ótimas para mudança de uma operação com vazão plena de ar para outra com vazão parcial dependem da instalação. É muito comum entre os operadores a preferência por atuar sobre os ventiladores do condensador com o objetivo de conservar energia, desprezando o efeito sobre a potência de compressão. A condição ótima resulta de um compromisso entre as atitudes de controle, como anteriormente sugerido.

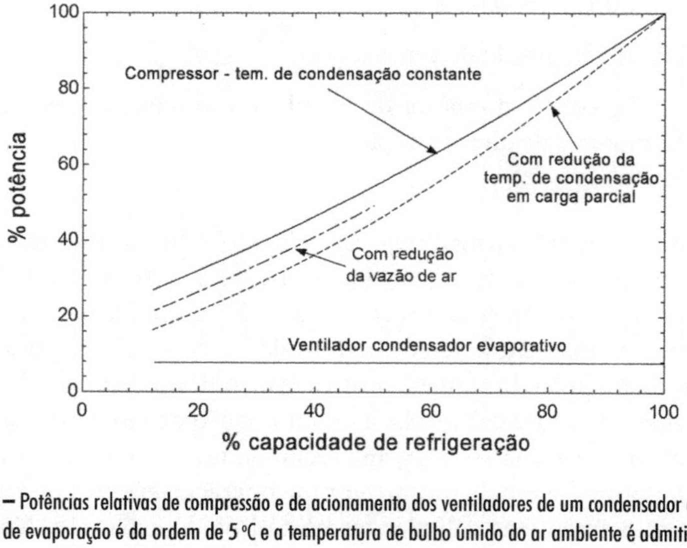

Figura 8.14 – Potências relativas de compressão e de acionamento dos ventiladores de um condensador evaporativo. A temperatura de evaporação é da ordem de 5 °C e a temperatura de bulbo úmido do ar ambiente é admitida constante.

8.12 OPERAÇÃO DOS CONDENSADORES EVAPORATIVOS DURANTE O INVERNO

Em instalações que operam em regiões onde a temperatura ambiente pode atingir valores inferiores a 0 °C, duas providências básicas podem ser tomadas para evitar o congelamento da água:

(i) instalar a bacia em local aquecido, como se ilustra na Figura 8.15;

(ii) operar o condensador a seco, drenando a água.

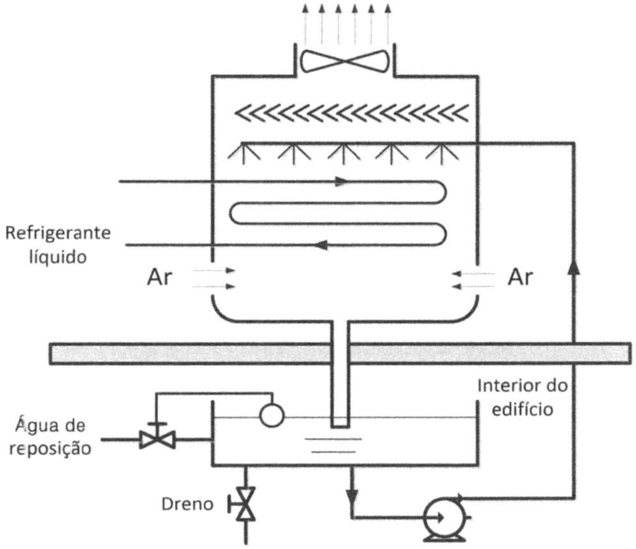

Figura 8.15 – Instalação da bacia no interior do edifício para evitar o congelamento da água durante operação a temperaturas inferiores a 0 °C.

A operação a seco do condensador reduz drasticamente sua capacidade, como pode ser observado na Figura 8.16. Nesse caso, a temperatura de bulbo seco é o parâmetro que determina a capacidade. Assim, por exemplo, quando o condensador opera na faixa de temperaturas da ordem de 0 °C, sua capacidade é reduzida a 45% da capacidade de projeto, condição que corresponde a uma aspersão normal de água.

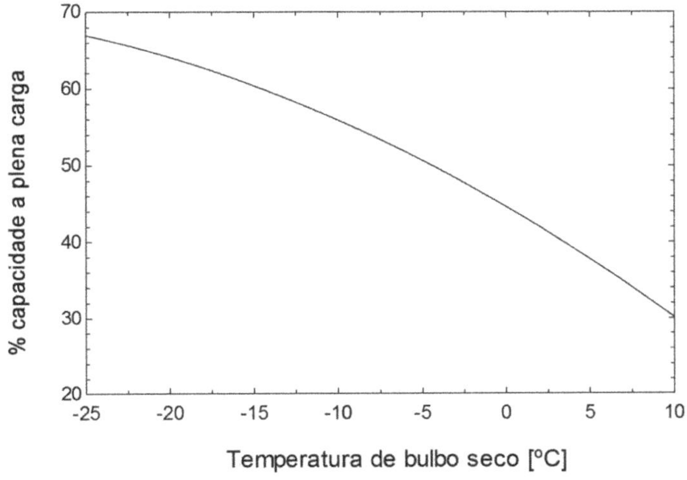

Figura 8.16 – Fator corretivo da capacidade de um condensador evaporativo em operação seca, relativo à capacidade na condição de referência, que, no caso, corresponde à temperatura de bulbo úmido do ar ambiente de 25,6 °C.

Fonte: referência [12].

8.13 REMOÇÃO DE INCONDENSÁVEIS[2]

A presença de ar (ou gases incondensáveis) no interior de uma instalação frigorífica pode dar origem a uma série de problemas operacionais que tornam imprescindível sua remoção. Ar pode penetrar no sistema no momento da operação a pressões inferiores à atmosférica de distintas maneiras, por exemplo, por meio de selos de vedação, juntas ou válvulas, ou mesmo por meio de aberturas na tubulação de baixa pressão. A esse respeito, a Tabela 8.3 indica as temperaturas de evaporação mínimas para distintos refrigerantes, abaixo das quais o sistema operaria a pressões subatmosféricas. Ar pode, ainda, ter acesso ao sistema no momento da abertura de um compressor ou de um evaporador ou como resultado de um vácuo malfeito durante a preparação do sistema para início de operação. Finalmente, a presença de incondensáveis pode resultar de sua dissolução prévia no refrigerante.

Tabela 8.3 – Temperaturas de evaporação de refrigerantes à pressão atmosférica normal, 101,3 kPa

Refrigerante	Temperatura de evaporação abaixo da qual ar poderia penetrar no sistema por meio de aberturas
Amônia	-33,3 °C
R-22	-40,8 °C
R-134a	-26,1 °C
R-404A	-46,0 °C*

* O refrigerante R-404A é uma mistura não azeotrópica. Para uma pressão constante, a temperatura de mudança de fase varia entre o ponto de ebulição e o de orvalho, de –46,2 °C a –45,5 °C.

O ar admitido no sistema na região de baixa pressão acaba por atingir a região do condensador, onde se acumula, uma vez que o refrigerante líquido opera como um selo, impedindo sua migração a outras regiões da instalação. A presença de ar ou gases incondensáveis no condensador prejudica o sistema em dois aspectos. O primeiro diz respeito à elevação de pressão, resultante da adição das pressões parciais, como se ilustra esquematicamente na Figura 8.17, com consequente comprometimento da potência de compressão. O segundo aspecto, específico do condensador, é a redução do coeficiente de transferência de calor no lado do refrigerante, como resultado da resistência à difusão do vapor de refrigerante no sentido da superfície fria (de condensação) do tubo imposta pelo gás incondensável.

Um teste efetivo e simples para verificar a presença de gases incondensáveis em excesso e, consequentemente, a necessidade de purgar o sistema é o de medir a pressão na região de descarga do compressor e compará-la à pressão de saturação correspondente à temperatura na região de equilíbrio líquido-vapor, como se ilustra na Figura 8.17. Se a pressão medida for significativamente superior à de saturação, o sistema deve ser purgado. Em instalações de pequeno porte, a remoção de incondensáveis

[2] O termo *purga* também é muito utilizado no meio técnico, de modo que ambos serão adotados no texto.

raramente se faz necessária. Entretanto, em sistemas de médio e grande porte, a purga deve ser feita com frequência, devendo, inclusive, ser automatizada.

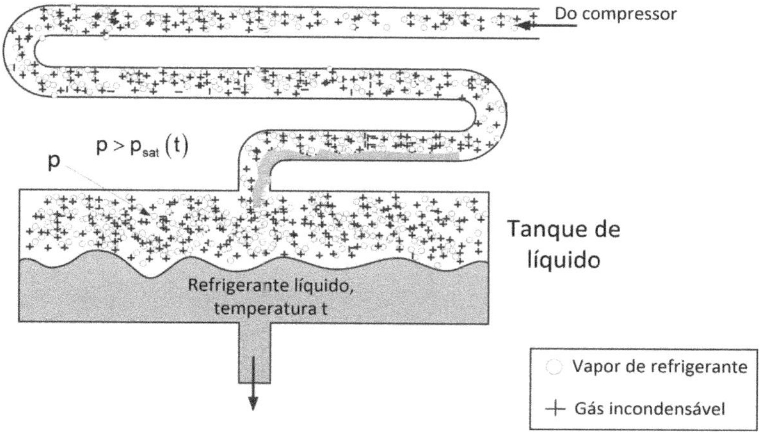

Figura 8.17 – A presença de gases incondensáveis no condensador.

Os pontos preferenciais de purga devem apresentar características mais ou menos evidentes: (i) presença exclusiva da fase gás; e (ii) baixa velocidade do gás. Além disso, deve-se considerar que, a dadas temperatura e pressão, o ar é mais denso que a amônia e menos que os refrigerantes halogenados. Entretanto, em nenhum dos casos se verifica uma precipitação significativa de quaisquer dos constituintes.

Os três procedimentos principais de purga, mostrados esquematicamente na Figura 8.18, são os seguintes:

(i) remoção direta da mistura gasosa incondensável-refrigerante, Figura 8.18(a);

(ii) compressão da mistura seguida da condensação do refrigerante e remoção da mistura gasosa rica em incondensável, Figura 8.18(b);

(iii) condensação direta do refrigerante em um evaporador e alívio da mistura, Figura 8.18(c).

A remoção direta da mistura, como ilustrado na Figura 8.18(a), é um processo simples, mas pode promover perdas consideráveis de refrigerante. Com a remoção da mistura gasosa, refrigerante líquido se evapora, aumentando sua concentração na fase de gás, o que acaba por não propiciar uma significativa redução do nível de incondensáveis. No segundo procedimento, Figura 8.18(b), a compressão da mistura gasosa eleva a pressão parcial do vapor de refrigerante (e do incondensável), facilitando sua condensação e consequente remoção da mistura. Entretanto, a mistura gasosa removida apresenta uma concentração de incondensável superior à verificada antes da compressão. Esse procedimento é normalmente aplicado a sistemas que operam com compressores centrífugos de refrigerantes de baixa pressão (R-11, R-113 ou R-123). Na refrigeração industrial é raramente adotado. Nesta, o procedimento mais utilizado é o da Figura 8.18(c), que não exige a compressão da mistura gasosa e utiliza como meio de condensação o próprio refrigerante, por meio de um pequeno evaporador, onde a mistura procedente do condensador ou do tanque de líquido é borbulhada no refrigerante líquido. Os modelos comerciais utilizam alguns refinamentos no controle das distintas correntes que servem o condensador exterior, os quais não serão aqui discutidos.

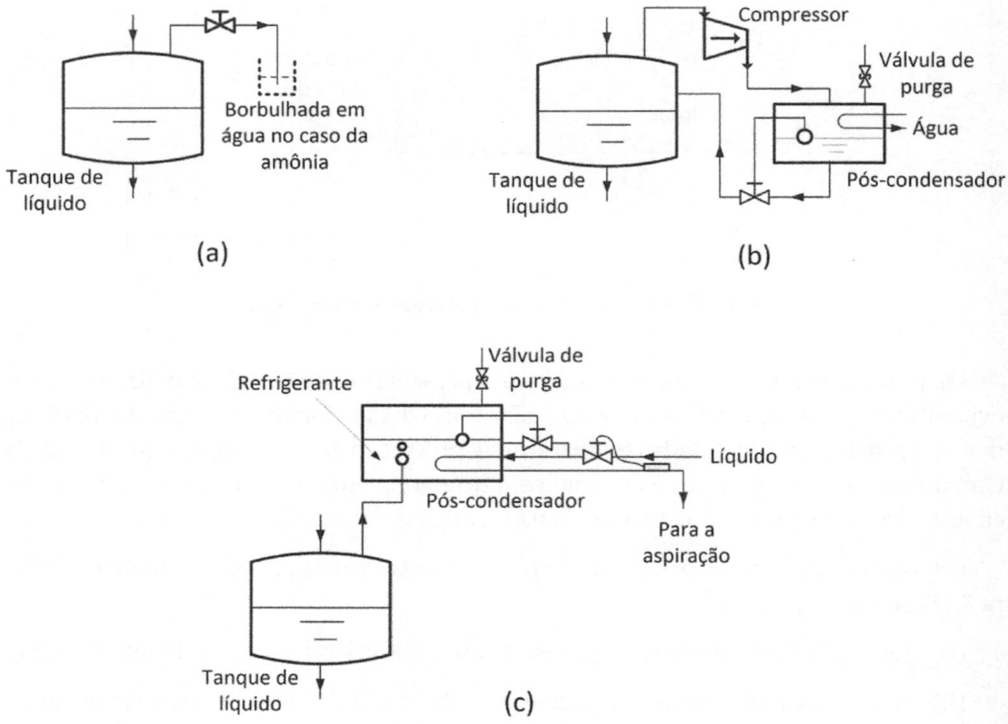

Figura 8.18 – Distintos procedimentos de purga: (a) remoção direta da mistura gasosa; (b) compressão da mistura gasosa seguida de condensação do refrigerante; e (c) condensação de refrigerante por meio de um evaporador.

8.14 TUBULAÇÃO EM INSTALAÇÕES COM UM ÚNICO CONDENSADOR

A presente seção se refere à tubulação de sistemas servidos por um único condensador. Sistemas com condensadores operando em paralelo serão considerados na próxima seção. Inicialmente, é importante lembrar que o objetivo da tubulação do condensador é remover (drenar) o refrigerante condensado e que, portanto, deve ser projetada tendo em vista tal objetivo. Um aspecto importante deve ainda ser considerado com relação à operação invernal de condensadores de sistemas dotados de válvulas termostáticas de expansão, que servem a maioria das instalações comerciais, condição em que o diferencial de pressão através do dispositivo de expansão é reduzido, podendo causar problemas na alimentação do evaporador. Nesses casos recomenda-se limitar inferiormente a pressão de condensação a fim de garantir um diferencial de pressão adequado por meio da válvula. O limite inferior da pressão de condensação pode ser obtido por intermédio de um controle adequado da capacidade do condensador, como ilustrado na Figura 8.19. A válvula reguladora de pressão modula sua abertura em função da pressão de condensação. Assim, quando a temperatura ambiente é tal que a pressão de condensação tende a diminuir, a válvula atua no sentido de fechamento, fazendo com que o líquido ascenda pelos tubos do condensador, reduzindo sua capacidade e permitindo que a pressão permaneça em nível adequado. A válvula de alívio na linha de desvio se abre quando o líquido ocupa uma porção significativa do condensador e a pressão atinge um valor-limite superior previamente estabelecido para sua abertura, permitindo que vapor superaquecido da linha de descarga do compressor seja desviado diretamente ao tanque de líquido. Deve-se notar que, nessas condições, a melhor eficiência do ciclo, propiciada pela operação a baixas pressões de condensação, não pode ser aproveitada. Entretanto, a serpentina de sub-resfriamento do líquido (*sub-resfriador*), instalada junto ao tanque, permite reduzir a temperatura do líquido, aumentando o efeito de refrigeração no evaporador e, consequentemente, a eficiência do ciclo.

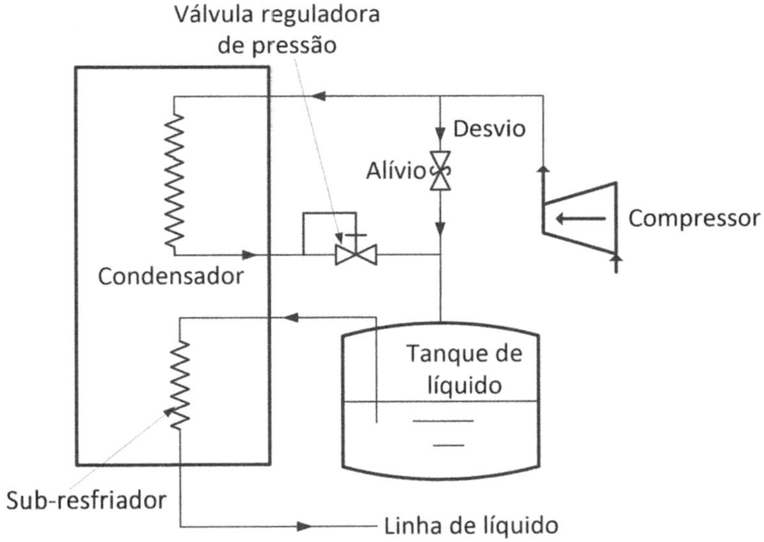

Figura 8.19 – Disposição esquemática da tubulação de condensadores de instalações comerciais com sistemas de controle da pressão mínima de condensação.

Fonte: referência [13].

As instalações de refrigeração industrial são, geralmente, dotadas de dispositivos de expansão do tipo *controlador de nível de líquido*, em que a diferença de pressão através deste não é um parâmetro importante como nas válvulas termostáticas de expansão. Os sistemas com limite inferior de pressão de condensação não serão mais abordados, preferindo-se, em vez disso, concentrar a análise no objetivo fundamental da tubulação do condensador, que é a remoção do condensado.

O desempenho de um condensador está relacionado a três aspectos básicos:

(i) disposição da tubulação em relação ao tanque de líquido;

(ii) queda de pressão do refrigerante no condensador;

(iii) alívio do tanque de líquido.[3]

Em relação ao primeiro aspecto, a Figura 8.20 mostra dois arranjos da tubulação que caracterizam os princípios básicos de operação do tanque de líquido. No primeiro, Figura 8.20(a), o líquido proveniente do condensador é dirigido ao tanque, misturando-se com o líquido que lá estava. No segundo arranjo, em que o reservatório opera como um *tanque de expansão,* Figura 8.20(b), grande parte do condensado escoa diretamente para o evaporador.

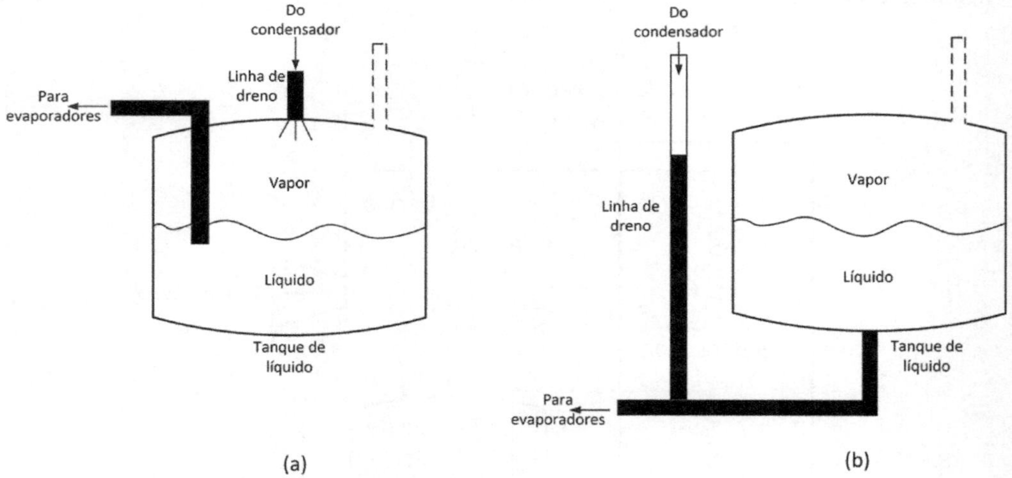

Figura 8.20 – Disposição da tubulação em relação ao tanque de líquido: (a) mistura; (b) tanque de expansão.

O escoamento de líquido, de ou para o tanque, ocorre como resultado da mudança do nível do líquido que pode se dar em virtude de diferenças (transitórias) entre as taxas de condensação e de alimentação do evaporador. Muitos projetistas preferem o arranjo da Figura 8.20(b), associado ao conceito de tanque de expansão, por duas razões principais: (i) a possibilidade de utilizar líquido sub-resfriado, quando disponível no condensador; e (ii) a retenção do líquido (sifonamento), que pode ser utilizada com

[3] O termo *alívio* é aqui utilizado no sentido de remover vapor para reduzir a pressão no tanque de líquido.

vantagens, como se explicará adiante. No conceito *tanque de mistura*, Figura 8.20(a), o refrigerante enviado ao evaporador se encontra no estado de líquido saturado mesmo que o líquido proveniente do condensador esteja sub-resfriado, uma vez que no reservatório a mistura de líquido e vapor de refrigerante se encontra em equilíbrio termodinâmico. Nesse caso, a temperatura de saturação de equilíbrio será influenciada pela temperatura da sala de máquinas, a qual, em geral, é superior à temperatura do líquido sub-resfriado proveniente do condensador.

O segundo aspecto importante na caracterização do desempenho do condensador é o relativo à queda de pressão, cujo valor depende do diâmetro e comprimento dos tubos e da vazão de refrigerante. A queda de pressão de projeto varia com o fabricante. Um valor típico para a amônia é 8 kPa, ao passo que, para os refrigerantes halogenados, valores típicos giram em torno de um múltiplo daquele da amônia.

O último aspecto relacionado ao desempenho do condensador é o alívio do tanque de líquido, necessário durante os períodos em que o nível de líquido se eleva, reduzindo o volume do vapor e incrementando a pressão. Nessas condições, a fim de manter o escoamento, o nível de líquido na linha de drenagem se eleva, compensando o aumento da pressão no tanque. Em alguns casos, a coluna de líquido pode penetrar no próprio condensador, reduzindo a área de condensação e causando uma elevação da pressão de condensação. Nessas condições, a elevação da coluna de líquido no condensador é suficiente para compensar o acréscimo de pressão no tanque. Uma alternativa razoável para evitar a elevação da pressão no tanque de líquido é a purga do vapor por meio dos procedimentos ilustrados na Figura 8.21. No caso da Figura 8.21(a), o diâmetro da linha de drenagem é suficientemente elevado para permitir que vapor em contracorrente ascenda pela tubulação, promovendo o alívio do tanque de líquido. Algumas precauções, relacionadas a seguir, devem ser tomadas no projeto desse tipo de alívio.

- Linhas horizontais devem ser evitadas. Uma inclinação da linha de, no mínimo, 1:50 deve ser prevista.
- O diâmetro da linha de drenagem deve ser dimensionado com base em velocidades do líquido não superiores a 0,5 m/s [11].
- Recomenda-se, quando necessário, a utilização de válvula em ângulo, em vez de globo, em tubulação alinhada, uma vez que esta introduz maior perda de pressão.

No caso da Figura 8.21(b), o alívio do vapor do tanque é realizado por meio da linha de equalização de pressão com a entrada do condensador. Como através do condensador deve ocorrer uma queda de pressão, a elevação de pressão na saída é obtida pela coluna de líquido na linha de drenagem. Se esta não for suficientemente longa, a coluna de líquido poderá se estender aos tubos do condensador, provocando uma elevação da pressão de condensação. Alguns projetistas não recomendam linhas de equalização em instalações onde o reservatório opera segundo o conceito de tanque de mistura [14]. Na Figura 8.21(c), a linha de equalização é instalada com o conceito de tanque de expansão, no qual, novamente, a queda de pressão no condensador é compensada pela coluna de líquido na linha de drenagem. Nesse caso, a altura da coluna de líquido é contada a partir do nível do líquido no tanque, sendo essa uma das vantagens desse conceito em relação ao de tanque de mistura, como foi anteriormente mencionado.

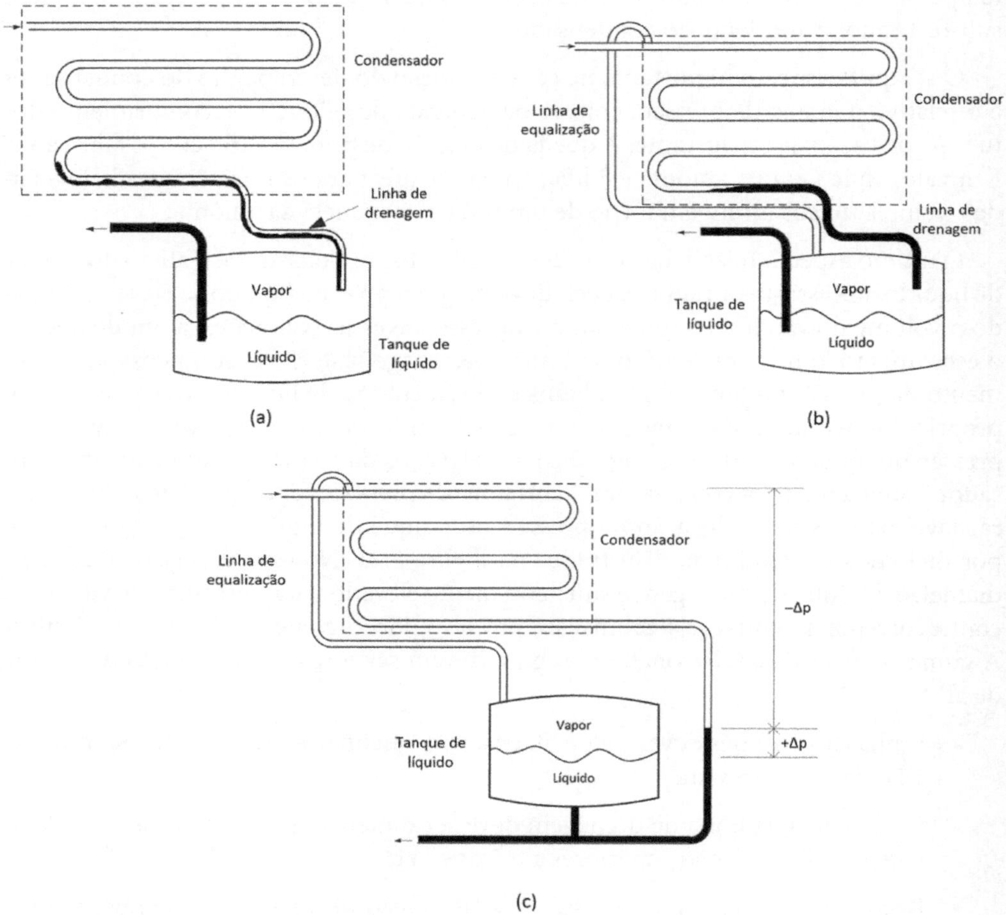

Figura 8.21 – Métodos de alívio do tanque de líquido: (a) por retorno de vapor por meio da linha de drenagem parcialmente ocupada pelo líquido; (b) por uma linha de equalização, com o líquido preenchendo completamente a linha de drenagem; e (c) por uma linha de equalização, com o conceito de tanque de expansão.

EXEMPLO 8.3

Em um condensador do tipo carcaça-tubos, amônia se condensa à temperatura de 35° C e deixa o condensador 5 °C sub-resfriada (Figura 8.22). Admitindo que a perda de carga na linha de drenagem seja igual a 8 kPa e que a pressão no tanque de líquido seja igual à de condensação, determine a altura da coluna de líquido necessária para o escoamento da amônia pela linha de drenagem.

Solução

A zona de drenagem, como sugerido na Figura 8.22, envolve a região que compreende o fundo do condensador, designada por seção 1, até a entrada do tanque de líquido, seção 2. A expressão da perda de carga entre as seções 1 e 2 pode ser escrita como:

$$\underbrace{(p_1+\rho g z_1)}_{C_1}-\underbrace{(p_2+\rho g z_2)}_{C_2}=\Delta C$$

C_1 e C_2 são as *cargas*[4]; e z_1 e z_2, as alturas em relação a um plano de referência arbitrário das seções 1 e 2. ΔC é a perda de carga que, no caso, é igual à variação da pressão entre as seções 1 e 2, $\Delta p = 8$ kPa. Na expressão anterior, a densidade do líquido foi admitida constante na região de interesse, assumindo o valor de 595,3 kg/m³, correspondente à amônia 5 °C sub-resfriada à pressão de condensação. Como as pressões em 1 e em 2 são iguais à pressão de condensação, a expressão se reduz à seguinte:

$$\Delta p=\rho g(z_1-z_2)=\rho g \Delta z \therefore$$

$$\Delta z=\frac{\Delta p}{\rho g}=\frac{8\times 1.000}{595,3\times 9,8}=1,37 \text{ m}$$

Portanto, a altura da coluna de líquido na zona de drenagem atingirá uma altura de 1,37 m.

É interessante observar que, se o refrigerante do Exemplo 8.3 fosse o R-22, a altura da coluna de líquido para as mesmas condições do enunciado seria igual a 0,70 m, inferior em virtude da maior densidade do refrigerante R-22. Entretanto, por causa da maior perda de carga em aplicações do refrigerante R-22 em relação à da amônia, a altura mínima da região de drenagem deve ser superior à da amônia.

---

4 *Carga* é a designação que se aplica à expressão, associada à energia na seção:

$$C(\text{kPa})=p+\rho\frac{V^2}{2}+\rho g z$$

Dividindo por ρg, obtém-se a carga em unidades de altura do fluido escoando:

$$\frac{C}{\rho g}=H(m)=\frac{p}{\rho g}+\frac{V^2}{2g}+z$$

No presente caso, o termo de energia cinética é pequeno e, em consequência, não foi considerado.

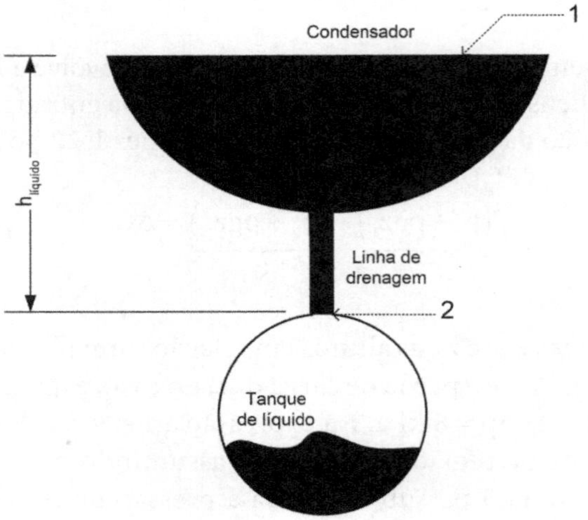

Figura 8.22 – Esquema ilustrativo da linha de drenagem do Exemplo 8.3.

8.15 TUBULAÇÃO EM CONDENSADORES PARALELOS

Os sistemas industriais de refrigeração devem apresentar uma grande flexibilidade de operação, razão pela qual se adotam configurações de compressores e condensadores em paralelo. Uma faixa razoavelmente ampla de cargas de refrigeração pode ser satisfeita pelas distintas combinações daqueles componentes. No caso de operação em paralelo de condensadores, as seguintes regras básicas devem ser obedecidas a fim de garantir uma operação adequada:

(i) as linhas de líquido devem ser dotadas de sifões;

(ii) as linhas de drenagem devem apresentar comprimentos verticais significativos;

(iii) uma linha de equalização deve ser instalada entre o tanque de líquido e a entrada do condensador.

A utilização de sifões é recomendável para garantir uma drenagem adequada do líquido em todos os condensadores. A situação que se mostra na Figura 8.23 ilustra um possível problema resultante da inexistência de purgadores nas linhas de drenagem [15]. O condensador da direita experimenta, pelo menos temporariamente, uma condição de baixa vazão de refrigerante (problema com drenagem) resultante, por exemplo, de projetos diferenciados dos condensadores ou de ventiladores parcial ou totalmente desativados. Como os condensadores apresentam duas regiões em comum, na entrada e na saída, a queda de pressão em ambos deve ser igual. Nessas condições, no condensador da esquerda (ativo) só poderá ocorrer uma queda de pressão baixa, correspondente àquela verificada no da direita (inativo ou parcialmente ativo), se houver um retorno de líquido (subida do líquido pelo condensador), como observado na figura. Se as linhas de drenagem apresentarem um comprimento suficientemente elevado, a coluna de líquido poderá compensar a maior queda de pressão no condensador ativo, preservando a sua capacidade.

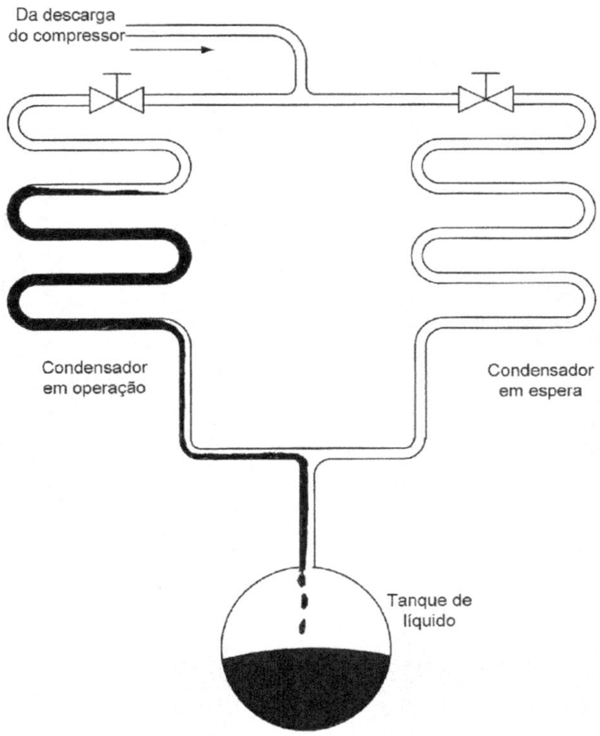

Figura 8.23 – Retorno de líquido em um dos dois condensadores de um sistema paralelo.

Para evitar o retorno de líquido aos condensadores, recomenda-se a instalação de sifões nas linhas de drenagem, como se mostra na Figura 8.24. Como observado anteriormente, os condensadores apresentam dois pontos em comum, razão pela qual a queda de pressão em ambos deve ser igual. Os sifões promovem um selo de líquido nas linhas de drenagem, permitindo que diferenças na queda de pressão sejam compensadas pelas colunas de líquido. Para isso, recomenda-se que as linhas de drenagem sejam suficientemente longas na direção vertical, de modo a preservar a capacidade dos condensadores. O comprimento vertical das linhas de drenagem em instalações de amônia deve ser muito inferior ao daquelas que operam com refrigerantes halogenados, apesar de sua menor densidade, em virtude da menor queda de pressão nos condensadores de amônia. Os comprimentos verticais recomendados variam de 1,2 m, para instalações de amônia, a 2,4 m, no caso de refrigerantes halogenados. É interessante notar que, no conceito de tanque de expansão da Figura 8.24(b), as linhas de drenagem são intrinsecamente sifonadas.

Concluindo, deve-se observar que, no caso de operação em paralelo, o procedimento de alívio da Figura 8.21(a) não seria aplicável, razão pela qual se utiliza linha de equalização.

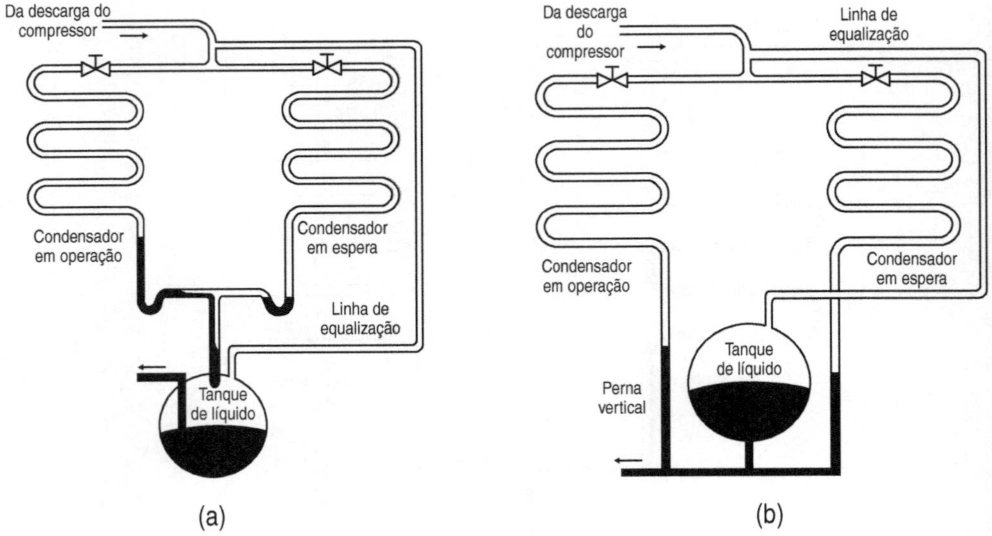

Figura 8.24 – Utilização de sifões nas linhas de drenagem associada a trechos verticais suficientemente longos, para os conceitos: (a) tanque de mistura; (b) tanque de expansão.

8.16 CONDENSADOR EVAPORATIVO COMO MEIO DE RESFRIAMENTO PARA CARGAS EXTERIORES AO CICLO FRIGORÍFICO

Em certos casos, o condensador evaporativo de uma instalação frigorífica é utilizado simultaneamente como meio de resfriamento de cargas exteriores ao ciclo. Uma aplicação em que o condensador evaporativo é frequentemente utilizado é a do resfriamento do óleo dos compressores parafuso. O procedimento adotado é o de bombear a água da bacia do condensador para o resfriador de óleo, retornando à água quente. O efeito da carga adicional sobre o desempenho do condensador evaporativo pode ser avaliado por meio da Figura 8.25, na qual as linhas sólidas correspondem a uma operação normal e as tracejadas a uma operação do condensador com carga exterior adicional. No caso em que nenhuma carga exterior adicional seja imposta, a temperatura da água na bacia, correspondendo ao ponto A do gráfico, é igual àquela da água que é borrifada na parte superior do condensador, associada ao ponto B.

O caso da carga exterior adicional corresponde a um processo em que a água é aquecida e, a seguir, borrifada no topo da torre. Nessas condições, a temperatura naquela região deve ser superior à da bacia, como ilustrado pelo ponto B'. Tal elevação de temperatura deve impor uma consequente elevação da temperatura de condensação e da temperatura (ou entalpia) do ar nas distintas seções do condensador, implicando um aumento de sua capacidade.

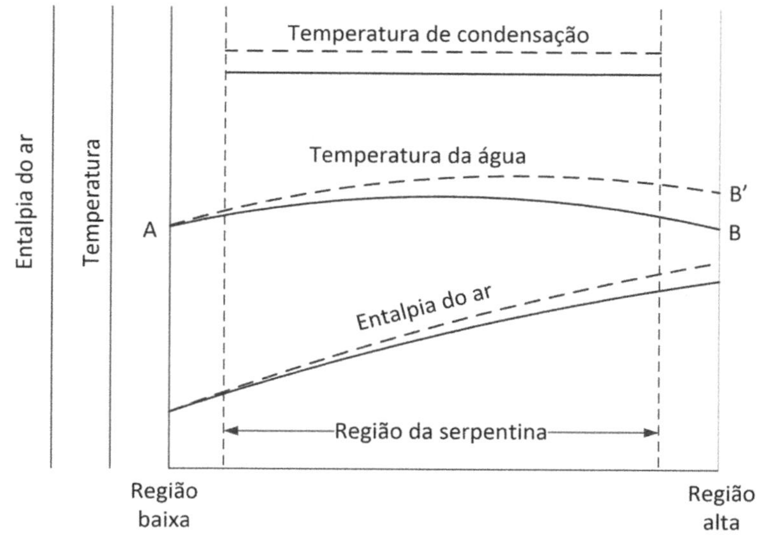

Figura 8.25 – Distribuição das temperaturas do ar, da água e do refrigerante ao longo do condensador. As linhas cheias correspondem a uma operação sem carga exterior, ao passo que as linhas tracejadas correspondem ao caso em que a água da bacia é utilizada em uma carga exterior.

Os fabricantes de condensadores evaporativos sugerem a utilização de circuitos de resfriamento isolados para cargas exteriores, permitindo, com isso, um controle independente da temperatura de condensação e uma operação seca do condensador durante a ocorrência de baixas temperaturas exteriores.

8.17 TRATAMENTO DA ÁGUA EM CONDENSADORES EVAPORATIVOS

A evaporação da água de reposição na bacia do condensador provoca um aumento da concentração dos sólidos nela dissolvidos. Para amenizar tal problema, é necessário efetuar sangrias periódicas da água da bacia. Outro problema associado aos condensadores evaporativos é o da formação de incrustações nos tubos da serpentina, que devem ser periodicamente removidas por meio de um tratamento ácido da superfície. Deve-se evitar o tratamento de tubos de aço galvanizado por ácido clorídrico (HCL).

8.18 CONDENSADOR COMO COMPONENTE DO CICLO FRIGORÍFICO

O desempenho do condensador, embora afetado por características intrínsecas, não pode ser dissociado da operação do ciclo frigorífico como um todo. Como foi amplamente discutido nas seções precedentes, o ideal seria operar a instalação a temperaturas de condensação tão baixas quanto possível, exceto nos casos em que limites mínimos devem ser impostos. A temperatura de condensação aumenta com a carga de refrigeração, Figura 8.26, o que seria de se esperar em face dos argumentos apresentados neste capítulo. A elevação da temperatura de condensação, com o consequente incremento da potência de compressão por unidade de capacidade de refrigeração, ocorre justamente quando as exigências de refrigeração são maiores. Um meio de amenizar tal comportamento seria superdimensionar o condensador, do que resultaria uma redução na temperatura de condensação. Tal procedimento, embora implique uma elevação do custo inicial do condensador, proporciona uma redução na potência de compressão durante a vida útil da instalação. Essa discussão caracteriza os parâmetros e argumentos em que consiste a otimização do projeto de um condensador.

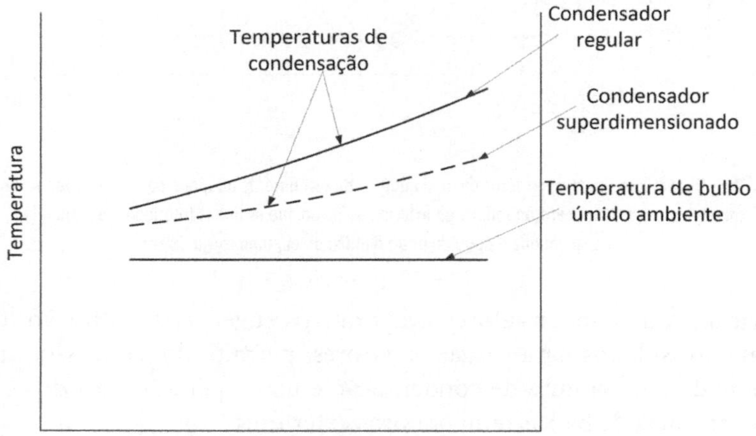

Figura 8.26 – O efeito da carga de refrigeração e do tamanho do condensador sobre a temperatura de condensação.

REFERÊNCIAS

1. NUSSELT, W. Z. Die Oberflaechenkondensation des Wasser dampfes. *Ver. Deutsch. Ing.*, v. 60, p. 541-549, jul. 1916.

2. WHITE, R. E. Condensation of refrigerant vapors: apparatus and film coefficients for F-12. *Refrigerating Engineering*, New York, v. 55, n. 5, p. 375, 1948.

3. GOTO, M.; HOTTA, H.; TEZUKA, S. *Film condensation of refrigerant vapors on a horizontal tube.* XV International Congress of Refrigeration, International Institute of Refrigeration, Veneza Argio B1-20, 1979.

4. MURPHY, R. W.; MICHEL, J. W. Enhancement of refrigerant condensation. *ASHRAE Transactions*, v. 90, part 1B, p. 72-79, 1984.

5. STOECKER, W. F.; MCCARTHY, C. I. *The simulation and performance of a system using an R-12/R-114 Refrigerant Mixture* (relatório). Oak Ridge: Oak Ridge National Laboratory, 1984.

6. LEE, S. H.; KNUDSEN, J. G. Scaling characteristics of cooling tower water. *ASHRAE Transactions*, v. 85, part I, p. 281-302, 1979.

7. HENSLEY, J. C. Cooling tower energy. *Heating, Piping, and Air Conditioning*, v. 53, n. 10, p. 51-59, 1981.

8. TEZUKA, S.; TAKADA, T.; KASAI, S. *Performance of evaporative cooler*. XIII International Congress of Refrigeration, International Institute of Refrigeration, artigo 2.86, Washington, DC, 1971.

9. FINLAY, I. C.; HARRIS. D. Evaporative cooling of tube tanks. *International Journal of Refrigeration*, Guildford, v. 7, n. 4, p. 214-224, 1984.

10. ASHRAE – AMERICAN SOCIETY OF HEATING, REFRIGERATING, AND AIR-CONDITIONING ENGINEERS. *ASHRAE Handbook of HVAC Systems and Equipment 2000*. Atlanta, 2012.

11. BALTIMORE AIRCOIL COMPANY. *Evaporative condenser engineering manual*. Baltimore, 1983.

12. FRICK COMPANY. *High capacity evaporative condensers* (catalog E140-100 ED). Waynesboro, out. 1980.

13. BOHN HEAT TRANSFER GROUP. *The Bohn Limitzer System*. Danville, 1984.

14. GARLAND, M. W. Understanding the condenser-receiver system. *ASHRAE Journal*, New York, p. 41-43, jan. 1979.

15. BRADLEY, W. E. *Piping evaporative condensers*. Palestra apresentada no Encontro Anual do IIAR, International Institute of Ammonia Refrigeration, San Francisco, CA, fev. 1984.

CAPÍTULO 9
TUBULAÇÕES

9.1 CONSIDERAÇÕES GERAIS

Tubulações ou linhas de refrigerante são comuns a todas as instalações frigoríficas, tendo como função básica transportar o refrigerante entre os distintos componentes da instalação. Uma preocupação bastante generalizada no dimensionamento de linhas é a de que o seu tamanho seja suficientemente elevado. Tal preocupação é, de certo modo, conservadora, uma vez que são poucos os casos em que o tamanho pode representar um problema para a operação da instalação, como ocorre na linha de aspiração de sistemas com refrigerantes halogenados, em que, para propiciar um arraste adequado do óleo, a velocidade do vapor deve ser limitada inferiormente. Por outro lado, a redução no tamanho, embora seja atraente sob o ponto de vista econômico e de espaço, pode comprometer a eficiência da instalação.

9.2 FUNÇÕES DAS LINHAS DE REFRIGERANTE

O transporte de refrigerante entre os distintos componentes da instalação frigorífica ocorre em condições variadas, dependendo do estado do refrigerante e do equipamento a que ele serve. A Tabela 9.1 apresenta um sumário das condições e critérios que devem vigorar nas distintas regiões de um circuito frigorífico industrial. Pode ser observado que o refrigerante circula como líquido ou vapor, exceto na linha de retorno do evaporador ao separador de líquido, pela qual escoa uma mistura bifásica.

Tabela 9.1 – Características das linhas de refrigerante

Tipo de linha	Estado do refrigerante	Queda de pressão permitida	Características físicas da linha
Descarga do compressor	Vapor	Moderada	
Linha de líquido	Líquido	Moderada	Elevações devem ser limitadas
Aspiração do compressor	Vapor	Baixa, exceto para permitir o retorno de óleo	Sifonamento para o óleo em sistemas de expansão direta
Linhas de gás quente para degelo	Vapor	Moderada	
Recirculação de líquido • da bomba aos evaporadores • retorno ao separador de líquido	 Líquido Líquido-vapor	 Moderada Baixa	Inclinação descendente

O dimensionamento de tubulações se baseia na premissa de limitar a perda de carga. Esta implica uma redução da pressão, que, em sistemas frigoríficos, corresponde a uma diminuição na temperatura de saturação correspondente. Frequentemente, tubulações frigoríficas são dimensionadas para uma perda de carga dada em termos de uma redução na temperatura de saturação. Mais adiante, apresentar-se-ão os critérios que determinam os limites de redução da temperatura de saturação.

9.3 PERDA DE CARGA EM DUTOS CIRCULARES

O dimensionamento das linhas de instalações frigoríficas é frequentemente realizado com o auxílio de tabelas ou ábacos especialmente preparados para cada refrigerante e tipo de linha. As condições operacionais em que se baseiam esses ábacos ou tabelas são limitadas, razão pela qual o projetista pode deparar com problemas que não satisfaçam essas condições. Nessas circunstâncias, a familiaridade com o procedimento básico de avaliação da perda de carga pode ser de grande utilidade na solução do problema. Além disso, o domínio dos conceitos básicos pode facilitar a avaliação do efeito das propriedades do fluido e da geometria da linha. Essa é a razão pela qual serão a seguir apresentadas noções de cálculo de perda de carga em condutos circulares.

A equação fundamental da perda de carga é a seguinte:

$$\Delta p = f\left(\frac{L}{D}\right)\frac{\rho V^2}{2} \tag{9.1}$$

em que:

Δp: queda de pressão ou perda de carga, Pa;

f: coeficiente de atrito, adimensional;

L: comprimento de tubo, m;

D: diâmetro do tubo, m;

V: velocidade média do fluido, m/s;

ρ: densidade do fluido, kg/m^3.

A velocidade do fluido da Equação (9.1) corresponde à média na seção transversal do tubo, definida como a razão entre a vazão volumétrica e a área da seção, isto é,

$$V[m/s] = \frac{Q[m^3/s]}{(\pi D^2/4)[m^2]} \tag{9.2}$$

O coeficiente de atrito, f, depende do número de Reynolds do escoamento, Re, e da rugosidade da superfície do tubo, podendo ser obtido do diagrama de Moody (Figura 9.1). O número de Reynolds é um grupo adimensional, definido como:

$$Re = \frac{\rho V D}{\mu}; \quad \frac{[kg/m^3][m/s][m]}{[(Pa)(s)]} \tag{9.3}$$

em que μ é a viscosidade dinâmica do fluido, cuja unidade é (Pa)(s) ou $(N/m^2)(s)$.

O número de Reynolds determina o regime de escoamento no tubo, que pode ser laminar, se Re < 2.000, e turbulento, para Re > 3.000. Em capítulos anteriores, foi observado que o coeficiente de transferência de calor depende do número de Reynolds. O mesmo pode-se afirmar em relação ao coeficiente de atrito e, portanto, à perda de carga. Deve-se observar que a relação funcional entre o coeficiente de atrito e o número de Reynolds depende do regime de escoamento, como pode ser observado no diagrama de Moody da Figura 9.1. Os números de Reynolds com que se opera em aplicações frigoríficas são certamente superiores a 2.000, de modo que o regime laminar raramente é encontrado. Os parâmetros físicos de definição do número de Reynolds podem ser obtidos a partir dos argumentos a seguir.

- D é conhecido.
- V é obtida da Equação (9.2).
- ρ pode ser diretamente obtida das tabelas de propriedades termodinâmicas dos refrigerantes no Apêndice B. A densidade, ρ, é igual ao inverso do volume específico.
- μ pode ser obtida das tabelas do Apêndice B.

Voltando ao diagrama de Moody, observa-se que, para escoamentos em regime laminar, a rugosidade da superfície do tubo não afeta o coeficiente de atrito. Entretanto, em escoamento turbulento, o coeficiente de atrito depende da rugosidade, a qual aparece em termos de uma rugosidade específica, ε/D. Os dois materiais mais comuns em tubulações frigoríficas se caracterizam por superfícies com os seguintes valores típicos da rugosidade absoluta, ε:

Material	Rugosidade, ε
cobre	0,0000015 m
aço	0,000046 m

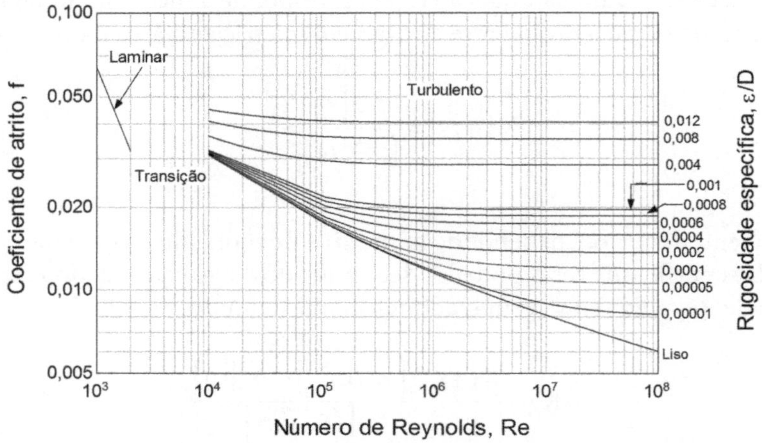

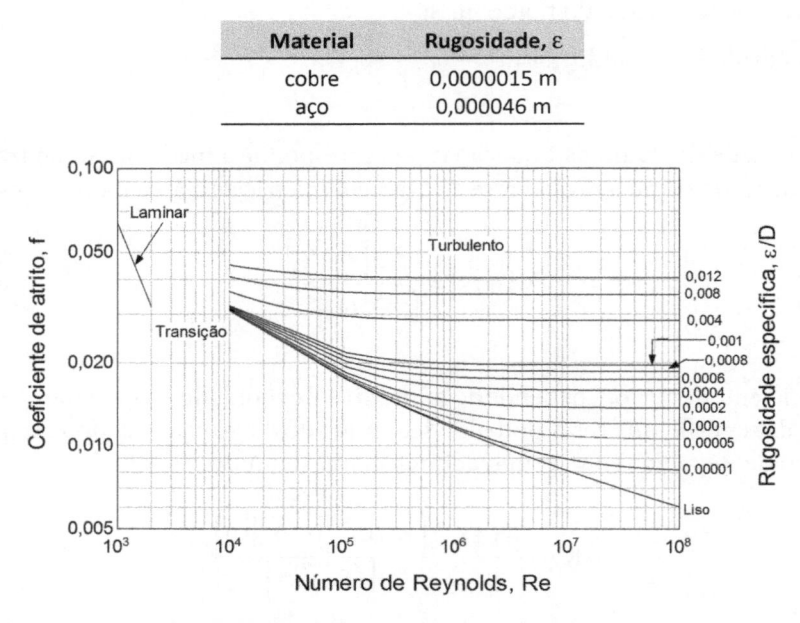

Figura 9.1 – O diagrama de Moody para o coeficiente de atrito.

O uso generalizado de computadores pessoais faz com que cartas e ábacos, como o de Moody, sejam relegados a cálculos rápidos e superficiais, preferindo-se o uso de correlações. Um dos problemas da maioria das correlações mais precisas propostas para o coeficiente de atrito é que se trata de expressões logarítmicas, em que o coeficiente aparece de modo transcendente, o que dificulta o cálculo. Haaland apud White [1] propôs a seguinte correlação explícita para o coeficiente de atrito válida para escoamento turbulento:

$$\frac{1}{f^{1/2}} = -1{,}8\log_{10}\left[\frac{6{,}9}{Re} + \left(\frac{\varepsilon / D}{3{,}7}\right)^{1{,}11}\right] \tag{9.4}$$

A Equação (9.4) representa com boa precisão o diagrama de Moody, inclusive na região de escoamento rugoso.

A seguir, são apresentados dois exemplos ilustrativos dos procedimentos envolvendo o cálculo da perda de carga. O primeiro, Exemplo 9.1, trata do cálculo da perda de carga em um tubo de diâmetro conhecido, ao passo que o Exemplo 9.2 trata do dimensionamento de uma linha de líquido.

EXEMPLO 9.1

Qual deve ser a queda de pressão por metro de comprimento de tubo quando 1,51 kg/s de vapor de R-22 a –10 °C escoam por um tubo de cobre de 74,8 mm de diâmetro interno?

Solução

Como o vapor se encontra a –10 °C e se admite saturado, da Tabela B4a do Apêndice B resulta o seu volume específico, 0,0652 m^3/kg, que é equivalente a uma densidade, ρ, de 15,33 kg/m^3. Nessas condições, a vazão volumétrica de vapor será igual a 1,51 × 0,0652 = 0,0985 m^3/s. Como a área da seção transversal do tubo é igual a $\pi D^2/4$ = 0,00439 m^2, a velocidade média do vapor na seção, V, resultará igual a: 0,0985/0,00439 = 22,42 m/s. Nessas condições, o número de Reynolds poderá ser avaliado se, da Tabela B4d, for extraída a viscosidade dinâmica do vapor de R-22 a –10 °C, que é igual a $1{,}16 \times 10^{-5}$ Pas. Assim,

$$\text{Re} = \frac{(15{,}33)(22{,}42)(0{,}0748)}{(0{,}0000116)} = 2{,}22 \times 10^6$$

Como se trata de um tubo de cobre, cuja rugosidade é igual a 0,0000015 m,

$$\frac{\varepsilon}{D} = \frac{0{,}0000015}{0{,}0748} = 0{,}00002$$

Com os valores de Re e ε/D, o coeficiente de atrito pode ser obtido seja entrando no diagrama de Moody ou pela Equação (9.4), resultando aproximadamente igual a 0,0108. Uma vez conhecido o valor de f, substituindo os termos da Equação (9.1) por seus respectivos valores, resulta:

$$\Delta p = (0{,}0108)\left(\frac{1}{0{,}0748}\right)\frac{15{,}33 \times (22{,}42)^2}{2} = 556{,}6 \text{ Pa/m}$$

EXEMPLO 9.2

Determine o diâmetro da linha de líquido de uma instalação frigorífica para operar com o refrigerante R-404A, a uma temperatura de condensação de 45 °C. O refrigerante entra na linha de líquido 5 °C sub-resfriado. Sabe-se que a linha tem 20 m de comprimento e a vazão de refrigerante é de 0,1 kg/s. Como critério de dimensionamento, sugere-se que a perda de carga, em termos de redução da temperatura de saturação do refrigerante, seja limitada a 2 °C.

Solução

O uso do diagrama de Moody envolve um procedimento iterativo de solução.[1] Utilizando a Equação (9.4), o problema se resume à solução de um sistema de equações não lineares, facilmente realizável por intermédio de um computador pessoal. Neste exemplo indicar-se-ão os passos principais da solução por computador. É interessante notar que a perda de carga foi imposta em termos de uma redução da temperatura de saturação do refrigerante. Assim, na entrada da linha de líquido, o refrigerante está à temperatura de 40 °C (5 °C sub-resfriado) e à pressão de condensação, 2.063 kPa. Como a temperatura de saturação é limitada a uma redução de 2 °C, na extremidade de saída a pressão de saturação do refrigerante deverá ser a correspondente a uma temperatura de 45 – 2 = 43 °C, isto é, 1.969 kPa, verificando-se uma perda de carga real de 94,0 kPa. Assumindo que as propriedades do refrigerante não variem ao longo da tubulação, podem ser avaliadas no estado de entrada por meio das tabelas do Apêndice B para o refrigerante R-404A, resultando os seguintes valores:

$$\mu = 1{,}032 \times 10^{-4} \text{ Pas}$$

$$v = 0{,}0011 \text{ m}^3/\text{kg}$$

$$\rho = 1/v = 928{,}9 \text{ kg/m}^3$$

A seguir, as equações que intervêm na solução do problema são escritas sem maiores comentários, uma vez que já foram anteriormente discutidas.

$$A = \frac{\pi D^2}{4}$$

$$\text{Rugosidade específica} = \frac{0{,}0000015}{D}$$

$$\dot{m} = \rho V D = 0{,}1 \text{ kg/s}$$

[1] O procedimento consistiria em, inicialmente, admitir um diâmetro de tubo e determinar a perda de carga de acordo com o procedimento do Exemplo 9.1. Caso a perda de carga não coincida com o valor estipulado, o procedimento deve ser repetido tantas vezes quanto necessário até que a perda de carga determinada coincida com a estipulada, sendo o diâmetro de tubo o correspondente à solução.

f: diagrama de Moody ou Equação (9.4) = função de (Re; ε/D)

$$\Delta p = f\left(\frac{L}{D}\right)\frac{\rho V^2}{2} = 94.312 \text{ Pa}$$

A solução do sistema de seis equações proporciona os seguintes valores para os distintos parâmetros:

$A = 0{,}000050 \text{ m}^2$

$D = 0{,}0080 \text{ m}$

$f = 0{,}0174$

$Re = 1{,}546 \times 10^5$

$V = 2{,}12 \text{ m/s}$

O procedimento do presente exemplo é utilizado por um sem-número de publicações no desenvolvimento de tabelas e/ou ábacos de dimensionamento de linhas para aplicações frigoríficas [2].

A perda de carga em uma linha se compõe das contribuições dos trechos retos, avaliada de acordo com os procedimentos dos parágrafos precedentes, e de conexões como curvas, tês, válvulas e outros elementos de tubulação, que introduzem as denominadas *perdas de carga localizadas*. Estas são geralmente expressas em termos de perdas equivalentes em trechos retos de tubulação de mesmo diâmetro. Tabelas de comprimentos equivalentes de conexões diversas podem ser encontradas na literatura [2]. A perda de carga total numa linha é, então, avaliada em termos do comprimento total, cujo valor corresponde à soma dos comprimentos de tubo reto e equivalente. O procedimento para a avaliação da perda de carga em válvulas será desenvolvido na Seção 10.2.

Das Equações (9.1) e (9.2), pode-se verificar que a perda de carga (ou, eventualmente, queda de pressão) depende do comprimento do tubo e do seu diâmetro, além da densidade do fluido. A dependência do comprimento é evidente. O efeito dos outros dois parâmetros, entretanto, merece uma análise mais detalhada. O incremento da densidade tende, em princípio, a elevar a queda de pressão, como pode ser concluído do exame da Equação (9.1). Essa dependência, entretanto, não é tão óbvia como parece. Considere-se, por exemplo, dois estados do vapor de refrigerante: na aspiração e na descarga do compressor. A aplicação direta da conclusão para as demais condições iguais sugeriria que a queda de pressão nas linhas de descarga do compressor seria superior àquela verificada nas linhas de aspiração, em virtude da maior densidade do vapor de descarga. Entretanto, essa conclusão não é verdadeira, uma vez que, para a mesma vazão, uma densidade superior implica uma velocidade média do fluido inferior (para o mesmo diâmetro de tubo) e, portanto, uma menor queda de pressão, uma vez que V aparece na forma quadrática na Equação (9.1), ao passo que a dependência de ρ é linear.

O efeito do diâmetro sobre a perda de carga pode ser avaliado combinando as Equações (9.1) e (9.2), como se fez no caso da densidade. Inicialmente, da Equação (9.2) verifica-se que, para mesmas vazão e densidade do fluido,

$$\frac{V_2}{V_1} = \left(\frac{D_1}{D_2}\right)^2$$

Nessas condições, uma redução de 50% no valor do diâmetro implica um incremento da velocidade de quatro vezes o seu valor original. Por outro lado, quando a velocidade é substituída em termos do diâmetro na Equação (9.1), resulta:

$$\frac{\Delta p_2}{\Delta p_1} = \left(\frac{D_1}{D_2}\right)\left(\frac{V_2}{V_1}\right)^2 = \left(\frac{D_1}{D_2}\right)\left(\frac{D_1}{D_2}\right)^4 = \left(\frac{D_1}{D_2}\right)^5$$

A equação anterior foi obtida admitindo constantes, além da vazão e da densidade, o comprimento de tubo e o coeficiente de atrito. Este, como se viu em parágrafos precedentes, depende do número de Reynolds e, portanto, da velocidade. Entretanto, se Re é suficientemente elevado, o seu efeito sobre f é muito reduzido, como se constata no diagrama de Moody. Essa hipótese está implícita na expressão citada. Verifica-se, assim, que a perda de carga varia na razão inversa da quinta potência do diâmetro, de modo que uma redução de 50% do diâmetro implica um acréscimo da perda de carga de 32 vezes o valor original, indicando uma sensibilidade muito grande desta a variações de diâmetro.

9.4 DIÂMETRO ÓTIMO

Até o momento, apenas se tratou da determinação da perda de carga em linhas, o que constitui um passo na avaliação do diâmetro da tubulação, cujo valor poderá resultar, em última análise, de considerações econômicas. Tais considerações envolvem um compromisso entre o custo inicial, que se eleva, e o custo operacional, resultante da potência de compressão, que diminui com o diâmetro. A Figura 9.2 ilustra a variação dos custos, referidos a valores atualizados, em função do diâmetro do tubo. O custo combinado da tubulação pode ser escrito como:

$$(\text{Custo total}) = C = C_1(D)(L) + C_2\Delta p \tag{9.5}$$

A primeira parcela corresponde ao custo inicial, que, evidentemente, depende do diâmetro, D, e do comprimento, L, da tubulação. Ele inclui custos de material e de mão de obra, tendo sido admitido proporcional ao diâmetro. A segunda parcela se refere ao custo total, em valor atualizado, da energia de compressão ao longo da vida útil da tubulação. Evidentemente, a constante C_2 incorpora o número anual de horas de operação e a vida, em anos, além do custo financeiro. Substituindo o valor de Δp dado pela Equação (9.1), a Equação (9.5) se transforma na seguinte:

$$C = C_1(D)(L) + C_3\frac{L}{D^5} \tag{9.6}$$

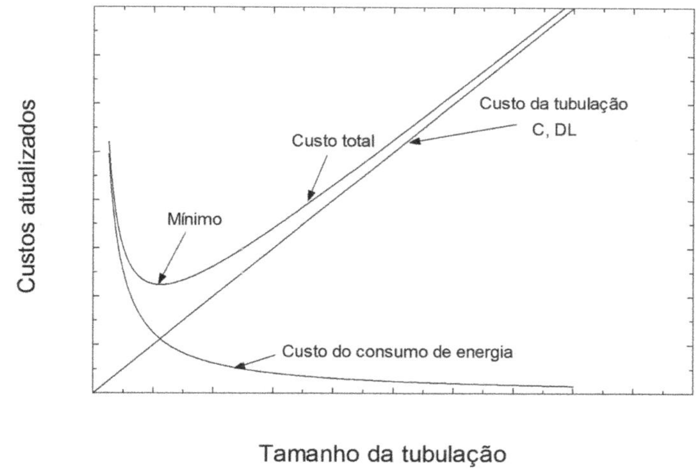

Figura 9.2 – Avaliação do diâmetro ótimo do tubo, correspondendo ao custo mínimo combinado, envolvendo os custos inicial e operacional, referidos a valores atualizados.

Para determinar o diâmetro ótimo da tubulação, basta diferenciar a Equação (9.6) em relação a D e igualar o resultado a zero, isto é,

$$\frac{\partial C}{\partial D} = C_1 (L) - 5C_3 \frac{L}{D^6} = 0 \therefore$$

$$D_{\text{ótimo}} = \left(\frac{5C_3}{C_1} \right)^{1/6} \tag{9.7}$$

É interessante observar que o diâmetro ótimo não depende do comprimento, como observa Richards [3]. Em outras palavras, o resultado expresso pela Equação (9.7) parece contradizer a intuição segundo a qual, para uma vazão dada, o diâmetro ótimo deve aumentar com o comprimento da tubulação.

Na análise precedente, não se incluiu nenhum tipo de vínculo, como exigências de um diâmetro mínimo para satisfazer determinada velocidade ou de um diâmetro máximo para satisfazer limitações de espaço. Tais vínculos poderiam ser incluídos no problema, mas representariam uma complicação adicional sem nenhum efeito prático. Um procedimento que, entretanto, seria recomendável é a atualização do valor do diâmetro ótimo ou as equações de definição dos custos para acomodar variações no custo dos materiais, de mão de obra ou de energia.

9.5 DIMENSIONAMENTO DA TUBULAÇÃO

O dimensionamento da tubulação pelo procedimento do diâmetro ótimo, desenvolvido na seção precedente, seria o ideal. Entretanto, considerações de ordem prática permitem simplificar o projeto sem afetar significativamente os resultados. A seguir, serão discutidos critérios de projeto das distintas linhas de refrigerante da instalação frigorífica. Tais critérios, de larga aplicação industrial, são fundamentalmente de origem prática, aliando simplicidade a resultados satisfatórios.

9.5.1 LINHA DE ASPIRAÇÃO DO COMPRESSOR

O critério de dimensionamento impõe uma queda máxima na temperatura de saturação da ordem de 1 K (1 °C) [2]. A ocorrência de um trecho de linha vertical ascendente em sistemas de refrigerantes halogenados pode determinar o abandono do critério, uma vez que, por questões de retorno do óleo ao compressor, a velocidade do vapor nesses trechos deve apresentar um limite mínimo. A referência [2] fornece o diâmetro máximo permissível para trechos ascendentes, em termos do refrigerante e da capacidade da instalação.

9.5.2 LINHA DE DESCARGA DO COMPRESSOR

Neste caso, a queda na temperatura de saturação não afeta tanto a potência de compressão quanto a da linha de aspiração. Entretanto, propõe-se que não supere 1 K (1 °C) [2].

A Tabela 9.2, extraída da referência [2], ilustra o efeito da perda de carga nas linhas de aspiração e de descarga do compressor em termos da variação da capacidade frigorífica e do consumo de energia para um compressor operando com o refrigerante R-22 para temperaturas de evaporação e condensação iguais a 5 °C e 40 °C. Observa-se que a linha de aspiração é mais sensível a efeitos de perda de carga que a linha de descarga.

Tabela 9.2 – Efeito sobre a capacidade frigorífica e a energia da perda de carga nas linhas de aspiração e de descarga de um compressor operando com refrigerante R-22 às temperaturas de evaporação e condensação iguais a 5 °C e 40 °C

Perda de carga (K)	Capacidade (%)	Energia* (%)
Linha de aspiração		
0	100	100
1	96,8	104,3
2	93,6	107,3
Linha de descarga		
0	100	100
1	99,2	102,7
2	98,4	105,7

* A energia é considerada como a relação entre a potência de compressão (kW) e a capacidade frigorífica (kW) referida à condição de operação sem perda de carga.

Fonte: referência [2].

Na linha de aspiração, mesmo para uma temperatura de evaporação relativamente elevada (5 °C), a perda de carga compromete significativamente a capacidade frigorífica e a energia consumida, chegando a reduzir a primeira da ordem de 6,4% e aumentar a segunda da ordem de 7,3% para uma perda de carga, em termos de variação de temperatura de saturação, de 2 K.

9.5.3 LINHA DE LÍQUIDO DE ALTA PRESSÃO

Em princípio, a perda de carga não constitui um problema, uma vez que a pressão do refrigerante deverá ser reduzida no dispositivo de expansão. Problemas podem aparecer caso a perda de carga seja suficientemente elevada a ponto de saturar o líquido, com consequente formação de vapor. A mistura bifásica não só promove um acréscimo na taxa de redução da pressão na linha, como pode comprometer a operação do dispositivo de expansão. Um critério de dimensionamento toma por base a velocidade do líquido, que deve ser mantida na faixa entre 1 e 2,5 m/s. Por outro lado, a referência [2] recomenda que a perda de carga na linha de líquido não supere um valor entre 0,5 K e 1 K em termos da temperatura de saturação.

9.5.4 LINHA DE RETORNO DA MISTURA BIFÁSICA AO SEPARADOR DE LÍQUIDO

A linha de retorno ao separador de líquido em sistemas com recirculação se caracteriza pelo escoamento de uma mistura bifásica líquido-vapor. O cálculo da perda de carga no escoamento de misturas bifásicas é algo complexo, de modo que o procedimento adotado é dimensionar a tubulação como se só houvesse escoamento de vapor. Para incluir o efeito da presença da mistura líquido-vapor, os projetistas sugerem a adoção de um diâmetro de tubo imediatamente superior àquele dimensionado para o vapor.

9.5.5 LINHAS DE GÁS QUENTE DE DEGELO

Um dimensionamento adequado dessas linhas começa por uma estimativa da vazão de gás quente que deverá circular pelos evaporadores. Uma prática usual consiste em estimar a vazão de gás quente como o *dobro da vazão de refrigerante em operação normal*. A partir desse dado, o dimensionamento pode ser facilmente efetuado se a velocidade do gás quente for conhecida. Hansen [4] recomenda velocidades da ordem de 15 m/s para tubulações de amônia, em que o gás circule a uma temperatura de 21 °C. Em sistemas com múltiplos evaporadores, a vazão de gás pode ser estimada com base na hipótese de que, *no máximo*, a metade deles é degelada de forma simultânea. Recentemente, tem se observado a tendência de reduzir a temperatura de condensação, o que pode inviabilizar o dimensionamento das linhas de gás quente, efetuado de acordo com o procedimento sugerido. Em última análise, o dimensionamento passaria a ser afetado pela temperatura de condensação. Além disso, é importante notar que a densidade do gás aumenta com a temperatura de condensação, e que, portanto, a perda de carga nas linhas também será afetada. Assim, por exemplo, quando a temperatura de condensação passa de 35 °C para 15 °C, a queda na temperatura de saturação nas linhas associada à perda de carga, para alguns refrigerantes, pode dobrar [5] como resultado da redução na densidade do gás, confirmando a afirmação anterior.

EXEMPLO 9.3

Verifique se o critério de dimensionamento da linha de líquido pela velocidade é compatível com o recomendado pela referência [2] para o caso de uma instalação de amônia com capacidade frigorífica de 100 kW operando a temperaturas de evaporação e condensação iguais a –30 °C e 35 °C. Admita uma linha de líquido de 50 m de comprimento pela qual escoa líquido com 5 K de sub-resfriamento.

Solução

A faixa considerada no critério de dimensionamento pela velocidade varia entre 1 m/s e 2,5 m/s. Detalhes da solução somente serão considerados no caso do limite inferior da velocidade, uma vez que o procedimento para o limite superior é semelhante.

Antes de abordar o dimensionamento propriamente dito, é necessário determinar a vazão de refrigerante, cujo valor pode ser obtido admitindo que: (i) o vapor de refrigerante na saída do evaporador se encontra saturado, isto é, x = 1; e (ii) o líquido que entra no dispositivo de expansão se encontra 5 K sub-resfriado à pressão de condensação. Essa hipótese não corresponde propriamente à realidade, uma vez que implica uma linha de líquido sem perda de carga.

A vazão de amônia pode ser obtida pela capacidade frigorífica fornecida no enunciado, uma vez que:

$$\dot{m} = \frac{\dot{Q}_r}{EF} = \frac{\dot{Q}_r}{h_v - h_l}$$

O efeito frigorífico, EF, pode ser determinado conhecendo as entalpias do líquido antes do dispositivo de expansão, hl, e o do vapor na saída do evaporador, hv. Como observado anteriormente, o estado do líquido a montante do dispositivo de expansão depende da perda de carga na linha, cujo valor não é conhecido. O procedimento adequado envolveria um processo iterativo, que não será adotado na presente solução.[2]

---

[2] Na primeira iteração, o estado do líquido na entrada do dispositivo de expansão seria o do enunciado, correspondendo à saída do condensador. Numa segunda iteração, a perda de carga calculada seria incorporada e o estado atualizado a montante do dispositivo de expansão seria considerado na segunda determinação da perda de carga. O procedimento continuaria até que a perda de carga entre duas iterações sucessivas coincidisse.

As referidas entalpias são iguais a: $h_v = 1.423$ kJ/kg e $h_l = 342$ kJ/kg, de modo que a vazão de refrigerante resulta igual a 0,0925 kg/s.

Com a vazão e conhecendo-se a velocidade do refrigerante, a área da seção transversal da tubulação pode ser obtida da expressão:

$$\dot{m} = \rho V A$$

Como a densidade do líquido é igual a 595,4 kg/m³, para a velocidade de 1 m/s, a área resulta igual a $1,553 \times 10^{-4}$ m². Nessas condições, o diâmetro interno da linha de líquido resulta igual a 14,1 mm.

Dispondo do diâmetro da tubulação, a perda de carga pode ser determinada pela Equação (9.1). Na sua aplicação, é necessário conhecer o coeficiente de atrito, que depende do número de Reynolds e da rugosidade específica. Uma estimativa da rugosidade média da superfície do tubo de aço comercial foi anteriormente apresentada, sendo igual a 0,000046 m. A rugosidade específica, ε/D, resulta igual a 0,00327. O valor do número de Reynolds obtém-se da Equação (9.3):

$$Re = \frac{\rho V D}{\mu} = \frac{595,4 \times 1 \times 0,0141}{1,256 \times 10^{-4}} = 6,665 \times 10^4$$

O valor da viscosidade foi obtido na Tabela B6d do apêndice. O coeficiente de atrito pode ser determinado pela Equação (9.4) ou pelo diagrama de Moody, resultando igual a 0,0285. Finalmente, obtém-se a perda de carga pela Equação (9.1):

$$\Delta p = f\left(\frac{L}{d}\right)\frac{\rho V^2}{2} = 30.159 \text{ Pa} = 30,159 \text{ kPa}$$

Como a pressão de condensação correspondente à temperatura de 35 °C é igual a 1.351 kPa, a pressão antes do dispositivo de expansão será igual a (1.351 - 30,159) = 1.321 kPa, correspondendo a uma temperatura de saturação igual a 34,2 °C. Assim, a perda de carga na linha de líquido em termos da variação da temperatura de saturação resulta igual a 0,8 K, dentro da faixa proposta pela referência [2]. Portanto, ambos os procedimentos de dimensionamento são compatíveis.

Repetindo o procedimento para uma velocidade do líquido igual a 2,5 m/s, a perda de carga resultaria igual a 9,5 K, muito acima do limite superior da referência [2] (1 K).

9.6 LINHAS DE LÍQUIDO COM TRECHOS VERTICAIS

A perda de carga independe da orientação da tubulação, uma vez que resulta do efeito do atrito viscoso no fluido. Quando o tubo se estende na direção horizontal, a queda de pressão se dá como resultado exclusivo do efeito do atrito. Nessas condições, a perda de carga e a queda de pressão são iguais, como sugerido anteriormente. Quando a linha se estende em uma direção que não a horizontal, a perda de carga, resultante do atrito, continua a ser calculada do mesmo modo. Entretanto, a queda de pressão é afetada pelo peso da coluna de fluido.[3] A carga do fluido na seção transversal do tubo se compõe dos efeitos da pressão e da gravidade.[4] Considerem-se dois trechos idênticos de tubo, um estendendo-se na direção horizontal e o outro na vertical. Admitindo-se as mesmas condições físicas do fluido e vazões iguais, a perda de carga experimentada em ambos os trechos é a mesma. A queda de pressão, entretanto, não é igual em ambos os casos. Se no trecho vertical o escoamento for ascendente, os efeitos de gravidade aumentam (a energia potencial do fluido se eleva ao longo do escoamento), de modo que a queda de pressão experimentada pelo fluido será superior àquela do trecho horizontal, onde não se verificam os efeitos de gravidade. Se o escoamento se dá no sentido descendente no trecho vertical, a variação de pressão será inferior à horizontal, uma vez que, nesse caso, o peso da coluna de fluido tende a elevar a pressão na região inferior do tubo ou, em outras palavras, os efeitos de atrito são gradativamente reduzidos ao longo do escoamento. Em linhas de gases de alturas moderadas, os efeitos de gravidade são geralmente desprezados. Em escoamento de líquidos, cuja densidade é muito superior, os efeitos de gravidade devem ser considerados. Em alguns casos, como nas linhas de líquido de alta pressão em escoamento ascendente, a redução de pressão em virtude da elevação pode ser suficiente para promover uma formação intensa de vapor.

EXEMPLO 9.4

Uma linha de refrigerante R-22 líquido se eleva de 8 m, como se mostra na Figura 9.3. Na seção 1, antes do trecho em elevação, a temperatura e a pressão do refrigerante são, respectivamente, iguais a 30 °C e 1.250 kPa. Quais devem ser a temperatura e a pressão na seção 2?

Solução

O estado do R-22 na seção 1 é de líquido sub-resfriado a 30 °C e 1.250 kPa. A sua densidade nesse estado pode ser obtida com o auxílio da Tabela B4a (ver Apêndice B), resultando igual a 1.174 kg/m³. Admitindo que o efeito de atrito seja desprezível, a queda de pressão no trecho será resultante da variação dos efeitos de gravidade ou, em outras palavras, dos efeitos da coluna de líquido, os quais podem ser avaliados pela seguinte expressão:

$$\rho gH = (1174)(8)\times(9{,}81) = 92.135 \text{ Pa} \cong 92{,}1 \text{ kPa}$$

---

[3] Ver Exemplo 8.3.

[4] No caso, os efeitos de energia cinética são considerados desprezíveis.

Nessas condições, a queda de pressão no trecho é de 92,1 kPa, de modo que a pressão em 2 será igual a: 1.250 – 92,1=1.157,9 kPa.

A pressão de saturação correspondente à temperatura de 30 °C é de 1.191 kPa, o que indica que no ponto 2 a pressão é inferior à de saturação, e algum líquido deve ter se transformado em vapor, com consequente redução na temperatura. Esta será a temperatura de saturação correspondente à pressão de 1.157,9 kPa, isto é, 28,9 °C. A presença de vapor na linha de líquido pode deteriorar a operação da válvula de expansão, como observado anteriormente, de modo que a linha contendo o trecho em elevação do Exemplo 9.4 deveria ser revista.

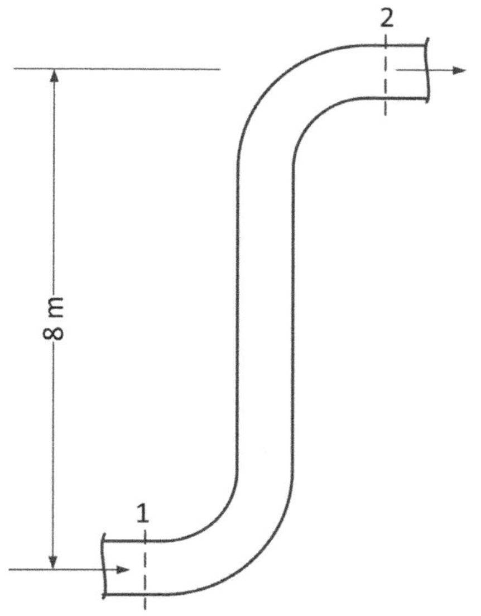

Figura 9.3 – Trecho em elevação do Exemplo 9.4.

O problema dos trechos em elevação nas linhas de líquido está relacionado à redução da temperatura de saturação. A Tabela 9.3 mostra a redução na temperatura de saturação por unidade de elevação para distintos refrigerantes. Observa-se que o refrigerante R-134a é o mais sensível a elevações, ao passo que a amônia é a que apresenta menos sensibilidade para trechos ascendentes.

Os trechos em elevação em instalações frigoríficas são resultado de imposições do arranjo físico das linhas. O único meio disponível para contornar o problema da formação de vapor na linha de líquido é o do sub-resfriamento do líquido.

No caso de escoamentos descendentes, ocorre a tendência inversa: a pressão tende a elevar-se sob o efeito do peso da coluna de líquido. Uma condição-limite ocorreria quando o efeito de coluna fosse equivalente à perda de carga (resultante do atrito), quando, então, a pressão se manteria constante no trecho.

Tabela 9.3 – Redução da temperatura de saturação resultante do escoamento ascendente de distintos refrigerantes no estado líquido a 30 °C

Refrigerante	Redução da temperatura de saturação (°C/m)
R-134a	0,53
R-22	0,37
R-404A	0,28
R-717, amônia	0,17

EXEMPLO 9.5

Qual deve ser a inclinação de uma linha de 50 mm de diâmetro pela qual escoa amônia líquida a 35 °C, com velocidade média de 0,51 m/s, para que o efeito da coluna se iguale à perda de carga?

Solução

A inclinação do tubo deve ser tal que o efeito do peso da coluna de líquido seja igual à perda de carga resultante do efeito do atrito, de modo que a pressão se mantenha constante, como se ilustra na Figura 9.4(a). Para a solução deste exemplo, é interessante transformar a equação da perda de carga, Equação (9.1), de modo a referi-la à unidade de altura de coluna de líquido, em vez de pressão. A equação resultante, obtida pela divisão da Equação (9.1) por (ρg), é a seguinte:

$$\Delta C(\text{m de coluna de líquido}) = f\left(\frac{L}{D}\right)\left(\frac{V^2}{2g}\right)$$

Como a densidade e a viscosidade da amônia líquida são iguais a 587,5 kg/m^3 e 1,196 × 10^{-4} Pas, o número de Reynolds do escoamento pode ser determinado:

$$Re = \frac{0,51 \times 0,05 \times 587,5}{1,196 \times 10^{-4}} = 125.200 = 1,252 \times 10^5$$

A rugosidade específica, ε/D, é igual a 0,00092. Com Re e ε/D disponíveis, o coeficiente de atrito pode ser obtido da Equação (9.4) ou do diagrama de Moody da Figura 9.1, resultando igual a 0,0213. Assim, para 1 m de tubulação:

$$\Delta C(\text{m de coluna de líquido por metro}) = 0,0213 \times \left(\frac{1}{0,050}\right)\left(\frac{0,51^2}{2 \times 9,81}\right) = 0,00564 \text{ m/m}$$

Nessas condições, para cada metro de tubo deve corresponder uma elevação de 0,00564 m, ou 1 m de elevação para 1/0,00564 = 177 m de tubo, como indicado na

Figura 9.4(a). Se a inclinação do tubo for superior (comprimento da hipotenusa inferior a 177), para a mesma vazão, a linha ficará parcialmente preenchida pelo líquido, como se mostra na Figura 9.4(b). A situação ilustrada nessa figura corresponde àquela desejada no caso da drenagem do condensador, Figura 8.21(a), em que, para uma velocidade da amônia de 0,51 m/s, recomendava-se uma inclinação de 1 por 50. Essa inclinação permitia um espaço suficiente para o escoamento do vapor em sentido oposto ao da drenagem do líquido.

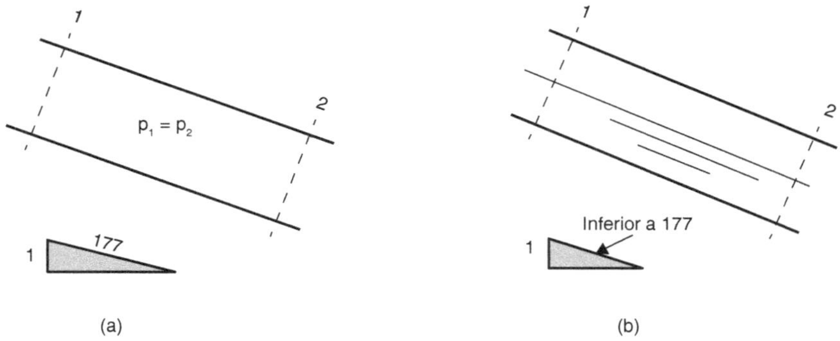

Figura 9.4 – Uma linha inclinada de amônia, de acordo com o Exemplo 9.5: (a) a perda de carga é cancelada; (b) a inclinação é superior àquela de (a) e líquido preenchendo parcialmente o tubo.

9.7 LINHAS HORIZONTAIS E EM ELEVAÇÃO PARA MISTURAS BIFÁSICAS

Misturas bifásicas líquido-vapor de refrigerante ocorrem em evaporadores, condensadores e nas linhas de retorno para o reservatório de baixa pressão em sistemas com recirculação de líquido. O escoamento nos primeiros equipamentos diz respeito ao fabricante. O projetista do sistema deve tratar do escoamento nas linhas de retorno. A perda de carga em escoamento bifásico pode ser influenciada não só pela geometria da interface líquido-vapor, mas também pela orientação da tubulação, que, em última análise, afeta a própria geometria da interface. Na Figura 9.5, são ilustrados três padrões de escoamento bifásico que não estão diretamente associados à orientação das linhas mostradas na figura. Um escoamento horizontal do tipo névoa está representado na Figura 9.5(a), na qual vapor a alta velocidade arrasta gotículas de líquido. O escoamento em névoa poderia ocorrer também em tubo orientado verticalmente. Quando o vapor escoa com velocidades relativamente baixas e a vazão de líquido é suficientemente elevada, o regime estratificado da Figura 9.5(b) pode se estabelecer. Nessa figura, é ilustrada uma possível configuração do escoamento em uma linha de retorno para o separador de líquido. A inclinação descendente da linha implica um maior comprometimento do espaço físico. Ela só é adotada para evitar o retorno de líquido aos evaporadores e facilitar a sua drenagem para o separador de líquido, em caso de interrupção da circulação de vapor. A Figura 9.5(c) ilustra um escoamento em bolhas no interior de um trecho vertical de tubo. A presença do vapor promove uma perda de carga adicional no trecho em elevação que, somada à correspondente na linha de aspiração, pode implicar uma queda acentuada na temperatura de saturação na aspiração do compressor.

O cálculo da perda de carga em escoamentos horizontais de misturas bifásicas é realizado tradicionalmente pelo método proposto por Lockhart e Martinelli [6]. Segundo esse procedimento, a perda de carga pode ser avaliada em termos da que se verificaria caso o vapor da mistura escoasse isoladamente no tubo, corrigindo-a por um fator multiplicativo. Martinelli demonstrou que esse fator era uma função de propriedades físicas do líquido e do vapor e do título da mistura. Na prática, os projetistas evitam as complexidades do método de Martinelli por meio de um procedimento muito simples de dimensionamento da tubulação para escoamento bifásico, embora não tão preciso. Esse método consiste em dimensioná-la como se o vapor escoasse isoladamente pelo tubo (lembra o procedimento de Martinelli). A seguir, escolhe-se um diâmetro imediatamente superior para permitir uma área adicional de escoamento do líquido.

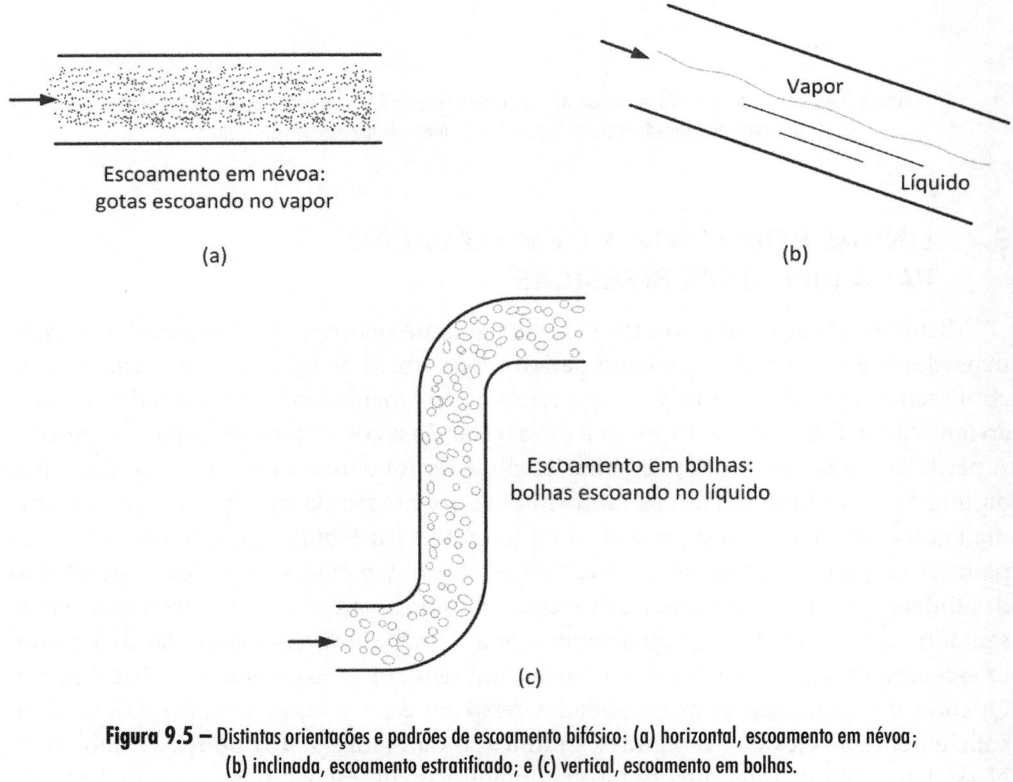

Figura 9.5 – Distintas orientações e padrões de escoamento bifásico: (a) horizontal, escoamento em névoa; (b) inclinada, escoamento estratificado; e (c) vertical, escoamento em bolhas.

Em trechos verticais, como os da Figura 9.6, o escoamento bifásico é tão complexo quanto nos horizontais. Na Figura 9.6(a), a vazão de vapor é relativamente baixa, resultando numa dispersão deste, constituindo o regime em bolhas. Quando se eleva a vazão de vapor, a concentração de bolhas pode aumentar e, para vazões suficientemente elevadas, outros padrões de escoamento bifásico podem ocorrer, inclusive o em névoa. Quando a velocidade do vapor é relativamente baixa, resultando o escoamento em bolhas, como na Figura 9.6(a), o líquido pode se acumular no trecho em elevação. No limite, as bolhas poderiam se deslocar por efeito de empuxo, sem, entretanto, promover o escoamento do líquido. Em todo caso, a redução na velocidade de vapor, por meio de um aumento no diâmetro do tubo, por exemplo, não proporciona uma redução significativa da variação de pressão no trecho em elevação, que é aproximadamente igual ao efeito de coluna.[5] Se nesse trecho de comprimento (altura) h só houvesse líquido, a perda de carga seria expressa pela seguinte expressão:

$$\left(\text{Perda de carga; Pa}\right) = \rho g h$$

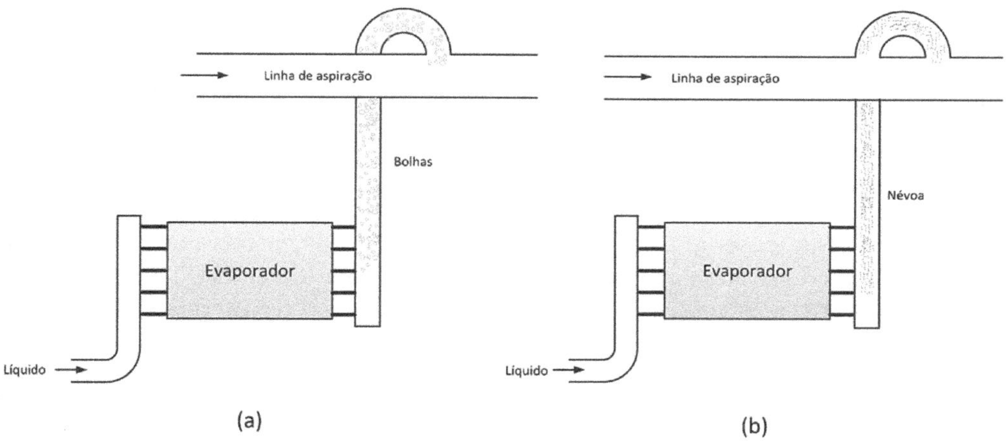

Figura 9.6 – Escoamento bifásico em um trecho em elevação: (a) padrão em bolhas; (b) padrão em névoa.

Em virtude da presença de vapor, a densidade, que nas expressões precedentes correspondia à do líquido, ρ_l, seria inferior. Entretanto, a variação de pressão continuaria elevada, tendo como consequência uma significativa queda na temperatura de saturação, a qual pode ser importante, principalmente para baixas temperaturas de evaporação. A situação relativa ao acúmulo de líquido pode ser melhorada pela elevação da velocidade do vapor (por meio, por exemplo, da redução do diâmetro do tubo), o que propicia um arrasto do líquido.

Richards [7] recomenda diâmetros de linhas em elevação para perda de carga mínima com base em análises de resultados experimentais. Na Tabela 9.4, são apresentados resultados obtidos a partir das recomendações de Richards para sistemas com recirculação de líquido. Uma vez obtido o diâmetro da Tabela 9.4, a perda de carga no trecho

5 No caso, o efeito do atrito na queda de pressão seria desprezível em virtude da reduzida velocidade do refrigerante, resultando a preponderância do efeito de coluna.

pode ser calculada. Richards sugere que, para as condições da tabela, em um trecho vertical de 3 m de altura, com razão de recirculação de 5, a queda na temperatura de saturação deve ser da ordem de 1,6 °C para uma velocidade do vapor correspondente a uma perda de carga mínima.

Tabela 9.4 – Capacidades do evaporador (em kW) para perda de carga mínima em trechos verticais de distintos diâmetros, para diversas razões de recirculação, em sistemas de amônia, operando à temperatura de evaporação de –40 °C

Razão de recirculação	Diâmetro do tubo no trecho em elevação, mm						
	37	50	63	75	100	125	150
2,50	18,6	34,8	53,4	90,0	184,2	324	513
3,15	17,6	32,7	50,3	87,9	173	305	482
4,00	16,9	31,3	48,5	84,4	167	293	464
5,00	16,2	30,2	46,8	81,2	160	282	447

Para finalizar a análise do escoamento bifásico em trechos verticais, cabe enfatizar recomendações no sentido de que o bombeamento do líquido utilizando vapor a velocidade elevada seja evitado, em princípio, pela eliminação desses trechos. Se a disposição das linhas impuser a sua manutenção, uma opção que parece ser atraente é a de bombear o líquido separadamente. Resultados obtidos por Richards [7] indicaram um acréscimo de 10% a 20% na capacidade quando o líquido era transferido isoladamente no trecho vertical. Outras experiências, envolvendo bombas de êmbolo (pistão) para o bombeamento de líquido em congeladores de placas [8], resultaram em acréscimos de 15% a 20% na capacidade de instalações com trechos de altura elevada. As bombas apresentavam um êmbolo hidráulico acionado pelo próprio óleo do compressor.

9.8 TRECHOS EM ELEVAÇÃO NA LINHA DE ASPIRAÇÃO DE SISTEMAS COM EXPANSÃO DIRETA DE REFRIGERANTES HALOGENADOS

O principal fator no projeto de trechos em elevação nas linhas de aspiração de sistemas com expansão direta é a necessidade de permitir um arrasto adequado do óleo de lubrificação, de modo a propiciar seu retorno ao compressor. No caso da amônia, esse problema não aparece, em virtude de sua imiscibilidade com o óleo. Em sistemas de refrigerantes halogenados, o óleo tem acesso ao evaporador em solução com o refrigerante. À medida que este se evapora, a concentração de óleo no líquido se eleva até que, na saída do evaporador, o refrigerante se apresenta na forma de gotículas de elevada concentração de óleo. Como o objetivo é o de promover o retorno do óleo ao compressor, a velocidade do vapor deve ser tal que facilite o arrasto das gotículas. Em trechos verticais, essa velocidade deve depender do tipo de refrigerante e de sua densidade (e, portanto, a temperatura de evaporação e o superaquecimento), da viscosidade do óleo e do diâmetro do tubo. Observa-se que, à medida que a temperatura de evaporação diminui, e com ela a densidade do vapor, a velocidade necessária para o arrasto deve se elevar. Na Figura 9.7, são apresentados gráficos para a velocidade mínima de vapor recomendada em escoamentos verticais, levantados a partir da seguinte equação sugerida na referência [9]:

$$V = 0,723\left[gD\left(\frac{\rho_l}{\rho_v} - 1\right)\right]^{1/2} \tag{9.8}$$

em que:

V: velocidade do vapor, m/s;

D: diâmetro do tubo, m;

g: aceleração normal da gravidade = 9,81 m/s^2;

ρ_l: densidade da solução óleo-refrigerante, kg/m^3;

ρ_v: densidade do vapor de refrigerante, kg/m^3;

Da Figura 9.7 e da Equação (9.8) pode-se concluir que a velocidade do vapor se eleva com o diâmetro do tubo.

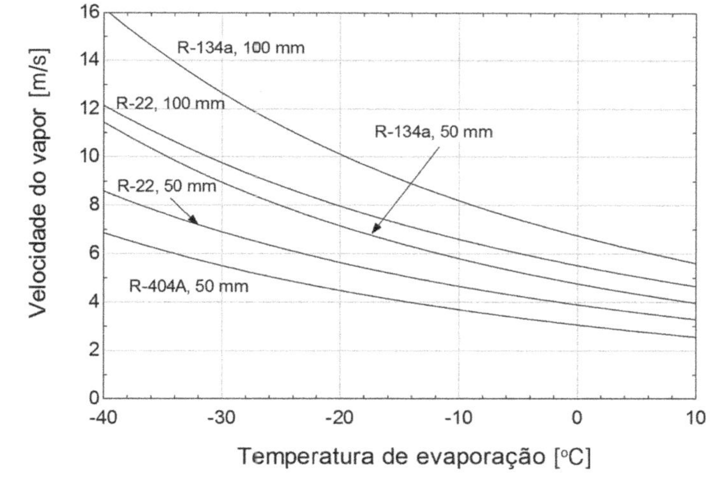

Figura 9.7 – Velocidades de vapor recomendadas em escoamento vertical para permitir o retorno de óleo em tubos de cobre tipo L.

O dimensionamento do tubo vertical deve ser feito com os devidos cuidados. Se dimensionado para condições de plena carga, o diâmetro pode ser muito elevado para permitir o retorno do óleo em cargas parciais. Por outro lado, o dimensionamento para cargas parciais implica uma perda de carga superior em condições de plena carga. Uma possível solução seria dividir o trecho vertical em dois tubos, como ilustrado na Figura 9.8. Assim, em condições de carga parcial, quando a vazão de refrigerante é pequena, a velocidade do vapor pode não alcançar o valor suficiente para o arrasto do óleo, resultando num acúmulo do óleo no sifão, o que interrompe a circulação de vapor pelo tubo da direita, o de maior diâmetro. Quando o sistema volta a trabalhar em cargas elevadas, a vazão de vapor é suficiente para romper o selo de óleo e arrastá-lo de volta para o compressor. Para evitar que o óleo acumulado seja enviado de uma só vez ao compressor, é recomendável a instalação de sifões a jusante do trecho vertical.

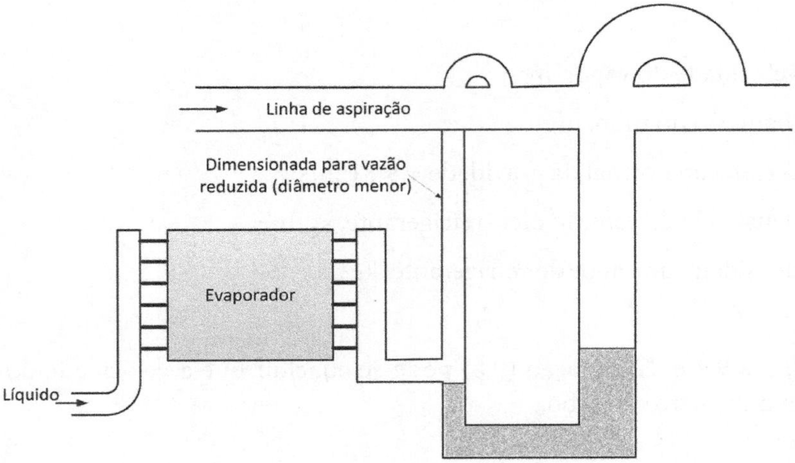

Figura 9.8 – Trecho vertical com dois tubos. Em condições de carga parcial, o selo de óleo se estabelece e o escoamento de vapor se dá pelo tubo da esquerda.

REFERÊNCIAS

1. WHITE, F. M. *Viscous fluid flow*. New York: McGraw-Hill, 1991.

2. ASHRAE - AMERICAN SOCIETY OF HEATING, REFRIGERATING AND AIR-CONDITIONING ENGINEERS. *ASHRAE Handbook of Refrigeration 2014*. Atlanta, 2014.

3. RICHARDS, W. V. Refrigerant vapor line sizing not dependent on length. In: *Proceedings of Commission B2, XVI International Congress of Refrigeration*. International Institute of Refrigeration, 1983. p. 240-244.

4. HANSEN TECHNOLOGIES CORPORATION. *Ammonia valve capacities and sizing*. Burr Ridge, 1984.

5. STOECKER, W. F. Selecting the size of pipes carrying hot gas to defrost evaporators. *International Journal of Refrigeration*, Guildford, v. 7, n. 4, p. 225-228, 1984.

6. LOCKHART, R. W.; MARTINELLI, R. C. Proposed correlation of data for isothermal, two-component flow in pipes. *Chemical Engineering Progress*, v. 45, p. 39-48, 1949.

7. RICHARDS, W. V. *Piping is piping... or is it?* Encontro anual do IIAR, International Institute of Ammonia Refrigeration, 21 a 24 mar. 1982.

8. KRISTAPOVICH, P. J.; KNAPP, M. E. *Refrigerant transfer system* (patente n.º 4, 350, 022), 21 set. 1982.

9. JACOBS, M. J. et al. Oil transport by refrigerant vapor. *ASHRAE Transactions*, v. 86, parte 2, p. 318-328, 1976.

CAPÍTULO 10
VÁLVULAS

10.1 TIPOS DE VÁLVULAS

Todos os dispositivos de controle de vazão descritos neste capítulo são válvulas no sentido de que se trata de elementos de tubulação e podem restringir ou mesmo bloquear o escoamento de refrigerante. As válvulas de bloqueio operam totalmente abertas ou fechadas, ao contrário das outras válvulas, que têm por objetivo modular a vazão de refrigerante em resposta a variações de parâmetros como temperatura, pressão ou nível de líquido. Os tipos de válvula considerados neste capítulo são os seguintes:

- *de bloqueio*, de atuação manual;
- *de expansão*, de atuação manual;
- *de retenção*;
- *de solenoide*;
- *de controle de nível*;
- *automática* ou *reguladora de pressão*;
- *de expansão*, controlada pelo superaquecimento.

As válvulas de segurança serão discutidas mais adiante, no Capítulo 13.

10.2 VÁLVULAS DE BLOQUEIO DE ATUAÇÃO MANUAL

A válvula de bloqueio atuada manualmente é utilizada em diversos pontos das linhas de refrigerante de instalações industriais. Ela opera somente nas condições aberta, quando deve introduzir uma perda de carga mínima, ou fechada, quando bloqueia o escoamento. Sua função é isolar um determinado componente ou região da instalação frigorífica. Os principais tipos, mostrados na Figura 10.1, são: *de globo*, *em ângulo*, *de esfera*, *de gaveta* e *de borboleta*. As três características principais de uma válvula de bloqueio são as seguintes: (i) vedação absoluta quando fechada; (ii) perda de carga reduzida quando aberta; (iii) vedação absoluta para a atmosfera.

As válvulas de gaveta e de borboleta se caracterizam por reduzida perda de carga, mas não vedam adequadamente quando fechadas, razão pela qual são raramente utilizadas na indústria de refrigeração com as funções de bloqueio.

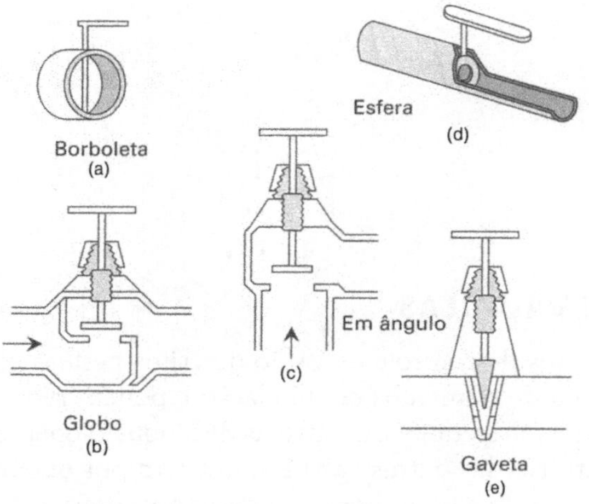

Figura 10.1 – Válvulas manuais de bloqueio: (a) de borboleta; (b) de globo; (c) em ângulo; (d) de esfera; e (e) de gaveta.

Todas as válvulas introduzem alguma perda de carga no escoamento. As perdas nas válvulas são consideradas como *locais* (ou singulares), podendo ser determinadas de acordo com a seguinte expressão:

$$\Delta p = C\frac{\rho V^2}{2} \tag{10.1}$$

em que:

Δp: perda de carga, Pa;

V: velocidade, m/s;

ρ: densidade, kg/m^3.

Valores da constante de proporcionalidade, C, para elementos de tubulação e distintas válvulas são apresentados na Tabela 10.1 em função do diâmetro do tubo.

Tabela 10.1 – Coeficientes da perda de carga localizada em válvulas e conexões

Diâmetro do tubo mm	Cotovelo 90°	(Ramificação) Tê	Válvula de globo	Válvula de gaveta	Válvula em ângulo	Válvula de retenção
25	1,5	1,8	9	0,24	4,6	3,0
50	1,0	1,4	7	0,17	2,1	2,3
67	0,85	1,3	6,5	0,16	1,6	2,2
100	0,7	1,1	5,7	0,12	1,0	2,0

Fonte: referência [1].

Outra maneira comum de caracterizar as perdas em válvulas é por meio do denominado *comprimento de tubo reto equivalente*. Conhecido o comprimento equivalente, a perda de carga pode ser obtida pela aplicação da Equação (9.1). Esse procedimento é conveniente uma vez que a perda de carga total numa tubulação pode ser obtida somando ao comprimento de tubo reto o comprimento equivalente relacionado às perdas localizadas nas válvulas ou outros elementos da tubulação, como cotovelos, tês, curvas em geral, além de expansões e contrações bruscas de tubulação. A referência [2] apresenta tabelas com os comprimentos equivalentes de distintas válvulas e de alguns elementos em função do diâmetro da tubulação. A Tabela 10.2 é uma reprodução parcial da tabela de comprimentos equivalentes de distintas válvulas da referência [2].

Tabela 10.2 – Perdas em válvulas em termos de metros de comprimento equivalente de válvulas abertas

Diâmetro nominal [mm]	Válvula de globo	Válvula em ângulo	Válvula de gaveta
10	5,2	1,8	0,2
15	5,5	2,1	0,2
20	6,7	2,1	0,3
25	8,8	3,7	0,3
32	12	4,6	0,5
40	13	5,5	0,5
50	17	7,3	0,73
65	21	8,8	0,9
80	26	11	1,0
90	30	13	1,2
100	37	14	1,4

Fonte: referência [2].

O tipo de válvula e a conveniência de sua instalação devem ser cuidadosamente examinados pelo projetista da tubulação. Se, por um lado, válvulas que raramente são fechadas podem ser úteis no isolamento de certos componentes ou mesmo de outras válvulas, por outro, o acúmulo de válvulas em uma linha de vapor pode implicar a necessidade de maior potência de compressão para a operação do sistema. De acordo com estimativas de Stamm [3], uma válvula de globo aberta na linha de retorno em um sistema com recirculação de líquido de uma instalação de 2.100 kW promove uma perda de carga tal que o custo operacional adicional é aproximadamente duzentas vezes superior ao custo adicional resultante da utilização de uma válvula de esfera aberta.

De acordo com as Tabelas 10.1 e 10.2, a perda de carga em uma válvula em ângulo é muito inferior à que se verifica em uma válvula de globo, o que sugere que a válvula em ângulo deveria ter preferência, caso o arranjo da tubulação assim o permita.

10.3 VÁLVULAS DE EXPANSÃO MANUAIS OU VÁLVULAS DE BALANCEAMENTO

Ao contrário das válvulas de bloqueio, as de controle são projetadas para regular a vazão ao longo do curso da haste. As válvulas de expansão manuais encontram duas aplicações básicas em instalações frigoríficas industriais: controle de vazão nos evaporadores de sistemas com recirculação de líquido, Figura 10.2(a), e em associação com válvulas de bloqueio de controle de nível, como ilustrado na Figura 10.2(b).

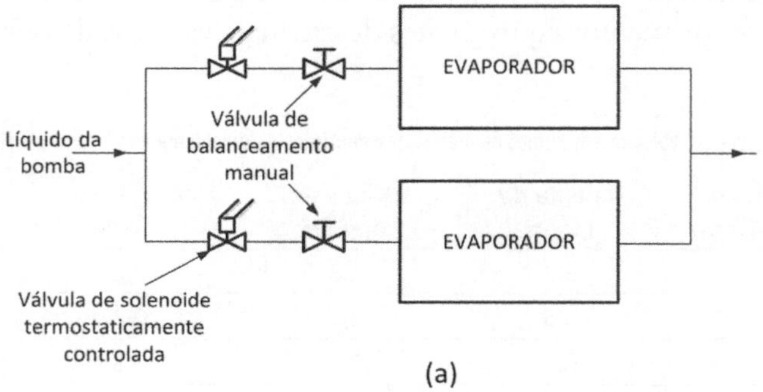

(a)

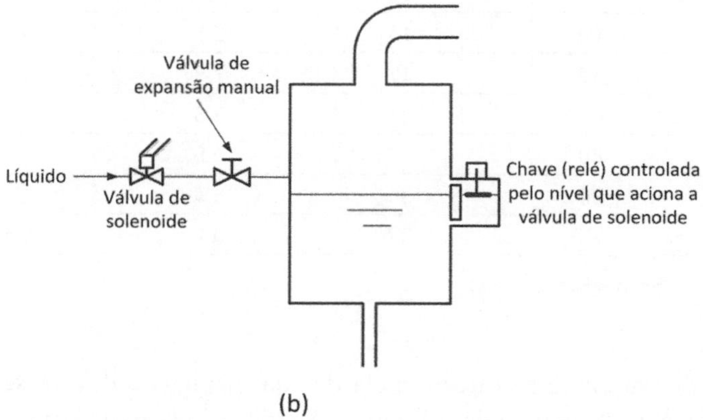

(b)

Figura 10.2 – Válvulas de expansão manuais: (a) em um sistema com recirculação de líquido; (b) associadas a uma válvula de bloqueio para controle de nível.

No sistema com recirculação de líquido da Figura 10.2(a), a válvula em questão realiza a função de balanceamento do sistema, no sentido de que é acionada para impor uma maior perda de carga em evaporadores com menores restrições ao escoamento. Caso contrário, estes apresentariam uma vazão superior, enquanto os demais ficariam subalimentados. Deve-se observar que, em sistemas com recirculação de líquido, a perda de carga nas válvulas de controle de vazão, como as da Figura 10.2(a), é muito inferior às suas congêneres de expansão, que operam entre as pressões de condensação e de evaporação.

As válvulas que regulam a vazão de refrigerante para um reservatório com nível de líquido controlado são geralmente de bloqueio (*on-off*), acionadas eletricamente. Tais válvulas devem ser instaladas em associação com outra de controle manual, como ilustrado na Figura 10.2(b), a fim de evitar flutuações da pressão no reservatório quando a válvula de bloqueio é acionada (para abrir ou fechar). Ambas introduzem perda de carga, sendo a manual responsável por, aproximadamente, 2/3 do total.

10.4 VÁLVULAS DE RETENÇÃO

As válvulas de retenção permitem o escoamento de refrigerante em um único sentido, bloqueando o escoamento no sentido contrário. Os princípios de funcionamento são ilustrados na Figura 10.3. O primeiro, Figura 10.3(a), tem por base a ação da gravidade. Quando a pressão a montante excede em certo valor a de jusante, o efeito do peso do elemento de vedação é superado e a válvula se abre. Caso contrário, a diferença de pressão atua no mesmo sentido do peso do elemento, colaborando, assim, para a vedação da válvula. No caso da Figura 10.3(b), o peso é substituído pela ação da mola.

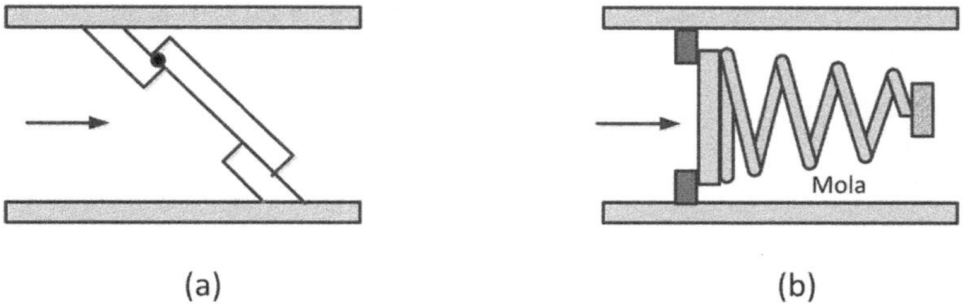

Figura 10.3 – Características construtivas da válvula de retenção.

10.5 VÁLVULAS DE SOLENOIDE

São válvulas de bloqueio acionadas eletricamente, podendo ser classificadas quanto à sua operação em *normalmente fechada*, NF, a mais comum, e *normalmente aberta*, NA [4]. Em ambos os casos, a pressão do sistema opera positivamente no sentido de manter a válvula fechada. Nessas condições, as válvulas de solenoide podem suportar pressões relativamente elevadas a montante, mas não vedam adequadamente quando as pressões positivas se dão a jusante. As válvulas de solenoide podem, ainda, ser classificadas como: (i) de *ação direta*; e (ii) *pilotadas*, que serão tratadas na seção seguinte.

Nas válvulas de solenoide de ação direta, como a da Figura 10.4, a abertura resulta do movimento da haste promovido pela energização do enrolamento (armadura, solenoide) sobre o elemento de vedação. Alguns projetos permitem que, inicialmente, a haste se movimente sem acionar o elemento de vedação, que permanece sobre o assento. O movimento prévio da haste facilita a abertura da válvula. No fechamento, resultante da interrupção da corrente elétrica, o elemento de vedação se desloca por gravidade, apoiando-se sobre o assento, com ou sem a assistência de uma mola.

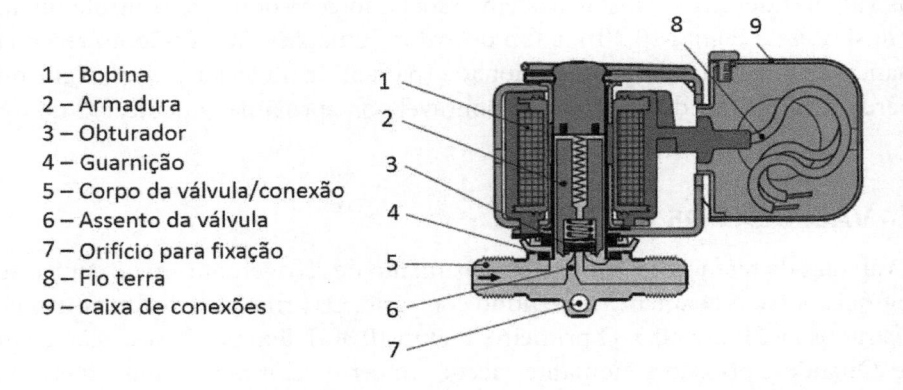

1 – Bobina
2 – Armadura
3 – Obturador
4 – Guarnição
5 – Corpo da válvula/conexão
6 – Assento da válvula
7 – Orifício para fixação
8 – Fio terra
9 – Caixa de conexões

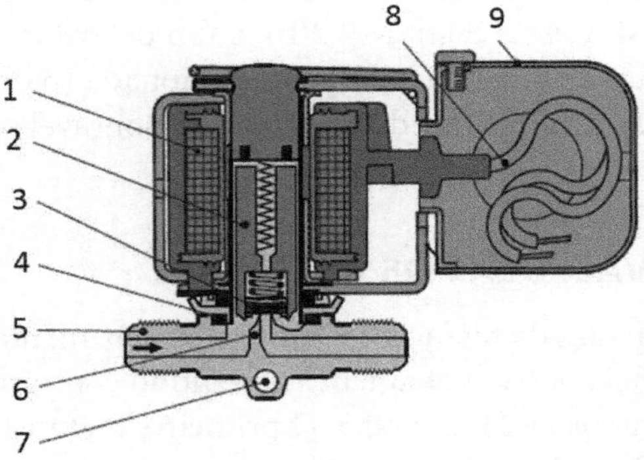

Figura 10.4 – Válvulas de solenoide de ação direta.

Fonte: cortesia Danfoss.

Do exposto, percebe-se que o diferencial de pressão na válvula é de suma importância, de modo que a seleção deve ser feita em termos do denominado *diferencial máximo de pressão de operação*, que o fabricante deve fornecer no catálogo. O tamanho das válvulas de ação direta é limitado a linhas variando de 6 a 25 mm (1/4 a 1 polegada), uma vez que devem produzir uma força suficiente para compensar o efeito da pressão do sistema.

10.6 VÁLVULAS DE SOLENOIDE PILOTADAS E ACIONADAS POR PRESSÃO DE GÁS

Na seção precedente, foi sugerido que a pressão na tubulação afetava a força que deveria ser desenvolvida pela haste como resultado da ação do solenoide, cujo tamanho é proporcional àquela força. Para manter as dimensões da válvula de solenoide dentro de limites práticos, a ação direta sobre o elemento de vedação deve ser evitada em válvulas de tamanho moderado, para as quais outros dispositivos devem ser utilizados. O objetivo da presente seção é a discussão de dois deles: (i) as denominadas *válvulas pilotadas*; e (ii) as *válvulas acionadas por pressão de gás*. Nas válvulas pilotadas, uma pequena válvula de solenoide comunica a linha a montante da válvula com a câmara limitada pelo êmbolo (pistão) de acionamento do elemento de vedação da válvula. Como o êmbolo apresenta uma área superficial superior àquela do elemento de vedação, a força resultante se dá no sentido da abertura da válvula.[1] Um dos projetos de válvula pilotada é ilustrado na Figura 10.5 [5], no qual uma válvula de solenoide piloto comunica a região a montante, M, com o êmbolo de acionamento, por meio do canal N. Esse tipo de válvula exige um mínimo de perda de carga para seu acionamento, o que pode se constituir num fator importante de limitação do seu uso em certos casos, como nas linhas de vapor e nas linhas de líquido ou de retorno de evaporadores inundados, onde perdas de carga reduzidas são desejáveis. Para essas aplicações, a válvula acionada por pressão de gás da Figura 10.6 [5] pode ser a solução. Suas características construtivas são semelhantes às da válvula pilotada, diferenciando-se no sentido de que o êmbolo de acionamento é atuado por gás a alta pressão de uma fonte externa ou do próprio sistema. Um valor típico do excesso de pressão, em relação à pressão a montante da válvula, necessário para o acionamento do êmbolo é 69 kPa. O procedimento de abertura consiste no acionamento da válvula de solenoide piloto que comunica a linha de gás de alta pressão com a câmara A. No fechamento, a válvula de solenoide piloto é desativada e a de alívio é aberta, o que permite que a câmara A seja despressurizada pela abertura da comunicação com a região de baixa pressão. A válvula é, então, fechada pela ação da mola.

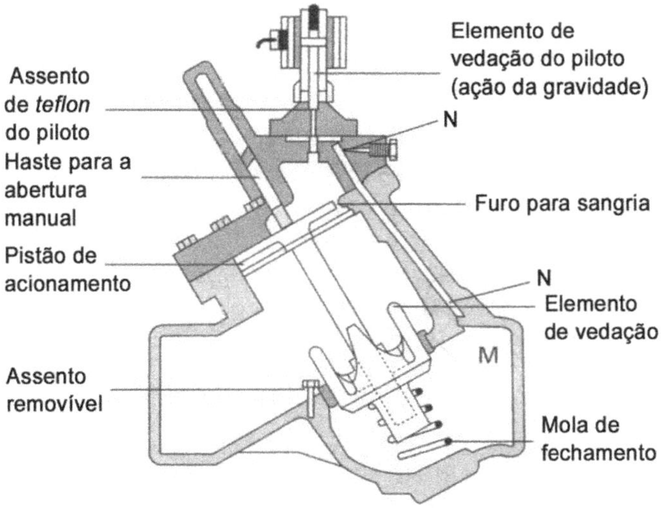

Figura 10.5 – Uma válvula de solenoide pilotada.

Fonte: cortesia Refrigeration Specialties, Divisão da Parker-Hannifin Corp.

---

[1] Deve-se observar que a pressão a montante age sobre ambos, o êmbolo e o elemento de vedação. Neste, a ação da pressão do gás a montante ocorre no sentido de fechamento da válvula, ao contrário da ação sobre o êmbolo.

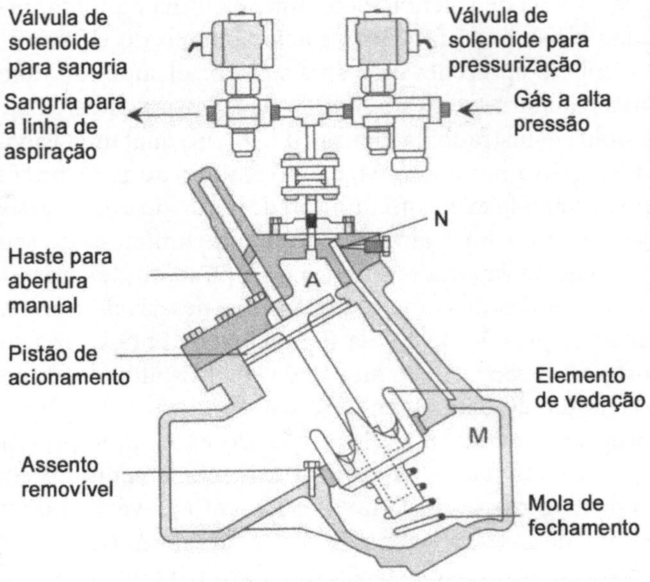

Figura 10.6 – Válvula acionada por pressão de gás.

Fonte: cortesia Refrigeration Specialties, Divisão da Parker-Hannifin Corp.

10.7 VÁLVULAS REGULADORAS DE PRESSÃO: DE AÇÃO DIRETA, PILOTADAS E DE COMPENSAÇÃO EXTERNA

O projetista de instalações frigoríficas frequentemente se depara com situações em que a pressão em um determinado equipamento ou tubulação deve ser controlada. Na Figura 10.7, são ilustradas algumas aplicações de controle da pressão. No caso da Figura 10.7(a), a pressão no evaporador deve ser inferiormente limitada. Esse tipo de controle pode ser necessário quando se deseja impedir que a temperatura de evaporação atinja valores tão reduzidos que poderiam causar danos ao produto armazenado, ou no degelo por gás quente, como sugerido na Seção 6.16. A temperatura no evaporador também pode ser inferiormente limitada pelo procedimento sugerido na Figura 10.7(b), denominado *desvio de gás quente*, consistindo na admissão de vapor superaquecido da descarga do compressor quando a pressão no evaporador tende a assumir valores inferiores a um mínimo prefixado. Nesse caso, a válvula controla a pressão na região a jusante. Função semelhante tem a válvula da Figura 10.7(c) para impedir que a pressão na linha de aspiração do compressor se eleve a valores superiores a um máximo prefixado, evitando, com isso, sobrecargas no motor de acionamento.

O corte de uma pequena válvula de controle da pressão a montante, do tipo *ação direta*, é mostrado na Figura 10.8(a). A pressão da mola mantém a válvula fechada até que a pressão de ajuste seja atingida na região a montante, instante em que o diafragma começa a se elevar, abrindo-a. O processo de abertura continuará na medida em que a pressão a montante supere levemente a pressão de ajuste. Esta pode ser regulada variando a pressão da mola por intermédio do parafuso.

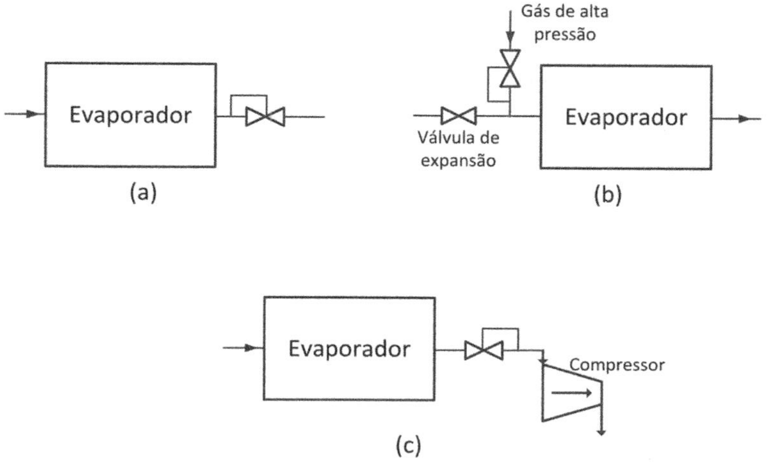

Figura 10.7 – (a) Controle da pressão a montante, a pressão no evaporador deve ser superior a um valor mínimo; (b) controle da pressão a jusante, a pressão no evaporador deve ser superior a um valor mínimo; e (c) controle da pressão a jusante, a pressão na aspiração do compressor deve ser mantida inferior a um valor máximo.

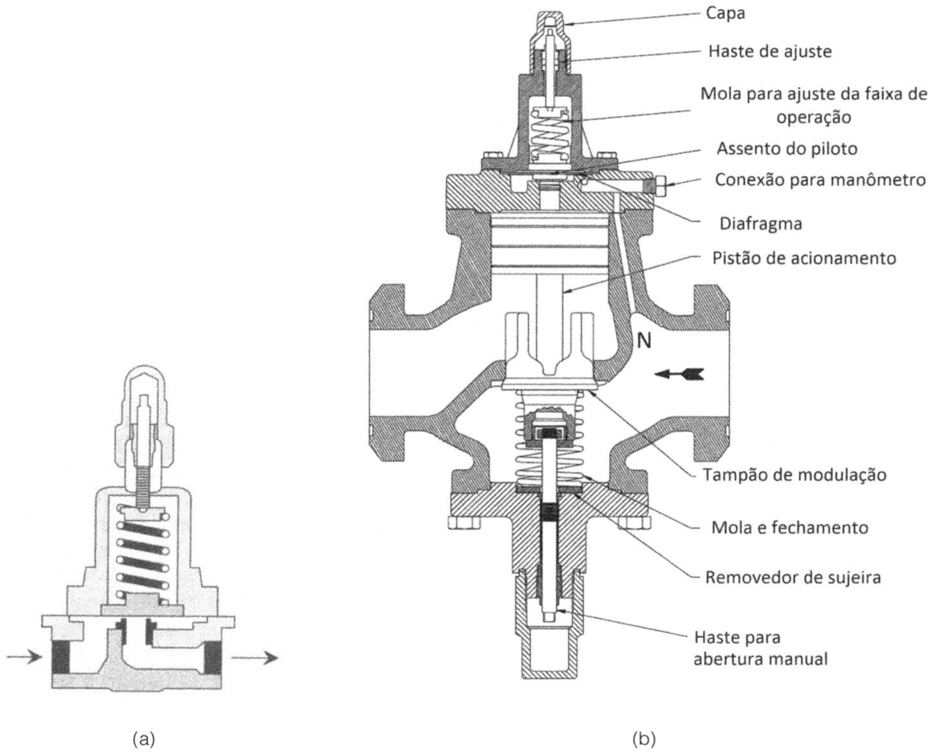

Figura 10.8 – Válvulas para controle da pressão a montante: (a) de ação direta; (b) pilotada.

Fonte: cortesia Refrigeration Specialties, Divisão da Parker-Hannifin Corp.

As válvulas pilotadas usadas em tubulações de maiores dimensões operam de maneira semelhante às suas congêneres de solenoide [5], em que a pressão a montante controla o escoamento do fluido piloto para a câmara do êmbolo de acionamento, como ilustrado na Figura 10.8(b).

As válvulas mostradas na Figura 10.8 são ajustadas manualmente, embora versões com ajuste automático possam ser encontradas no mercado. O ajuste pode ser efetuado por intermédio de um sinal pneumático, por um sinal baseado na temperatura, ou por um sinal elétrico. Algumas formas construtivas permitem o controle alternado de duas pressões, dependendo da válvula piloto que é energizada.

A Figura 10.9 ilustra uma válvula cuja abertura é controlada por múltiplos pilotos, neste caso, três [6]. As aberturas para os pilotos são indicadas por SI, SII e P. A abertura para o piloto SI pode ser vista na parte posterior do esquema da Figura 10.9(a). Uma vista geral da válvula pode ser vista na Figura 10.9(b). Os pilotos SI e SII estão configurados para operar em série entre si e em paralelo com o piloto P, de modo que, para que sua ação se faça efetiva no controle da válvula, é necessário que ambas as aberturas estejam disponíveis. Se um dos pilotos SI ou SII ou ambos estiverem fechados, a atuação deles é anulada, deixando o controle a cargo do piloto P, se estiver aberto.

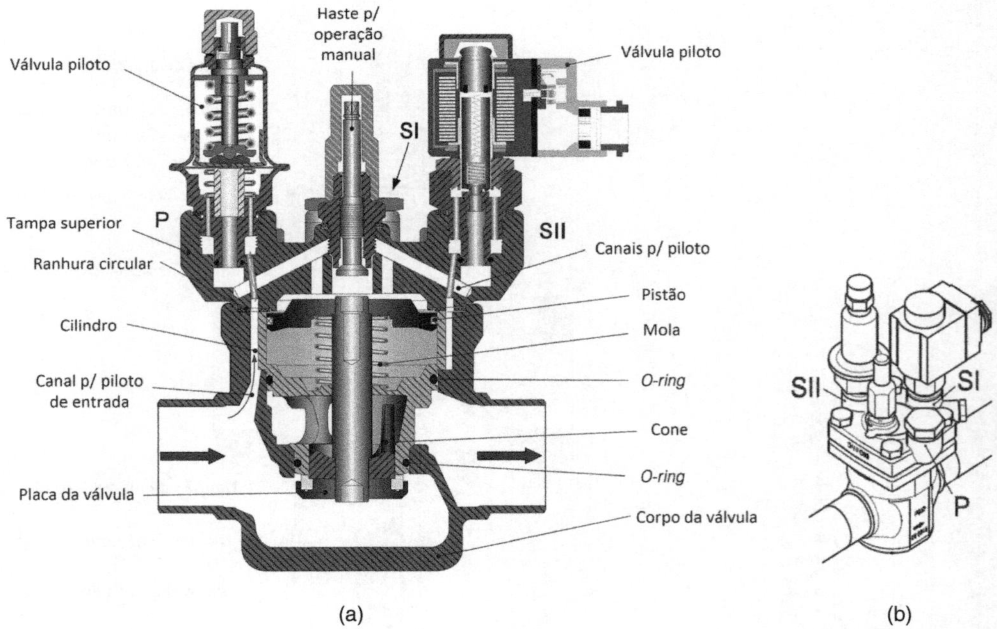

Figura 10.9 – (a) Vista em corte de uma válvula multipilotada; (b) vista geral da válvula ilustrando a posição dos pilotos.

Fonte: cortesia Danfoss.

O grau de abertura da válvula depende da diferença entre as pressões das câmaras superior e inferior do servo pistão. Quando estas são iguais, a válvula permanece fechada pela ação da mola. No caso da Figura 10.9, a abertura máxima da válvula ocorre quando a diferença de pressões pelo servo pistão é da ordem de 200 kPa ou superior. Para diferenças de pressão entre 70 kPa e 200 kPa, o grau de abertura será proporcional. É interessante notar que o obturador apresenta um formato cônico, o que lhe confere uma boa condição de regulagem. A máxima pressão na câmara superior normalmente é a pressão a montante da válvula. Esta atinge a câmara superior por meio de uma série de canais no interior do corpo da válvula, como se indica na Figura 10.9(a). Caso se utilizem pilotos, a pressão a montante poderá ser isolada e a pressão na câmara superior será a determinada pelos pilotos.

O tipo de controle a ser realizado pela válvula (pressão, temperatura ou diferença de pressões, por exemplo) depende dos pilotos utilizados. A válvula da Figura 10.9 pode realizar controle *on/off*, proporcional, integral ou em cascata, dependendo da operação dos pilotos. As Figuras 10.10(a) e 10.10(b) ilustram duas aplicações da válvula multipilotada. O objetivo da aplicação da Figura 10.10(a) é o de controlar a pressão a montante da válvula utilizando um único piloto que poderia ser uma válvula como a da Figura 10.8(a). No caso da Figura 10.10(b), a válvula é dotada de três pilotos tendo por objetivo controlar dois níveis de pressão diferentes. Nesse caso, a válvula poderia ser instalada na saída do evaporador operando com duas funções: (i) durante o degelo, com os pilotos SI e SII abertos, no sentido de manter a pressão em um nível elevado (600 kPa, por exemplo), de modo a impedir a redução da temperatura; e (ii) durante a operação normal, pilotos SI e SII fechados, operando com o piloto P aberto no sentido de impedir que a temperatura de evaporação assuma valores abaixo de um nível mínimo, por exemplo –5 °C. Os pilotos SII e P são válvulas reguladoras de pressão semelhantes à da Figura 10.8(a).

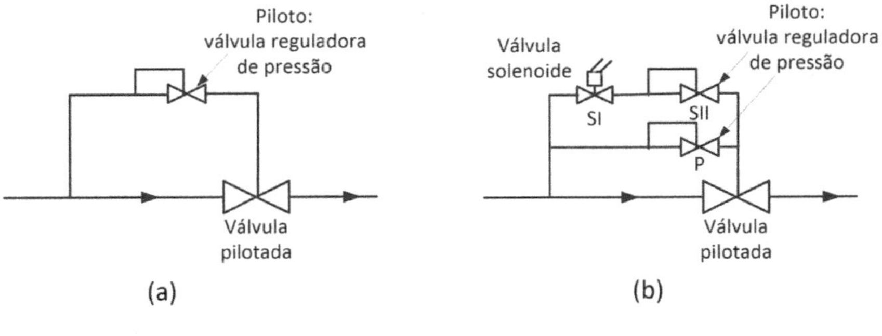

Figura 10.10 – (a) Válvula da Figura 10.9 com um piloto operando no sentido de controlar a pressão a montante; (b) com três pilotos controlando duas pressões.

10.8 CONTROLES DE NÍVEL

Em instalações de refrigeração industrial, é comum se utilizar um ou mais reservatórios em que se procura manter constante o nível de líquido. Entre tais reservatórios podem ser citados o *tanque de flash/resfriador intermediário* de um sistema de duplo estágio de compressão, o *reservatório de baixa pressão* (ou, como também denominado neste texto, separador de líquido) em sistemas com recirculação e, finalmente, o *separador de líquido* em evaporadores inundados. Os controles de nível podem ser realizados de duas maneiras distintas, indicadas na Figura 10.11: controle *a montante* e *a jusante* da válvula. No controle a montante da Figura 10.11(a), somente líquido passa pela válvula. Esse tipo de controle é utilizado na saída do condensador para assegurar uma drenagem exclusiva de líquido. Também é aplicado em evaporadores com degelo por gás quente, instalado na linha de saída para garantir a drenagem do líquido condensado, sem, contudo, permitir a fuga do vapor para a linha de aspiração. O controle a jusante da Figura 10.11(b) opera no sentido de manter o nível no reservatório a jusante da válvula, sendo utilizado nos reservatórios mencionados.

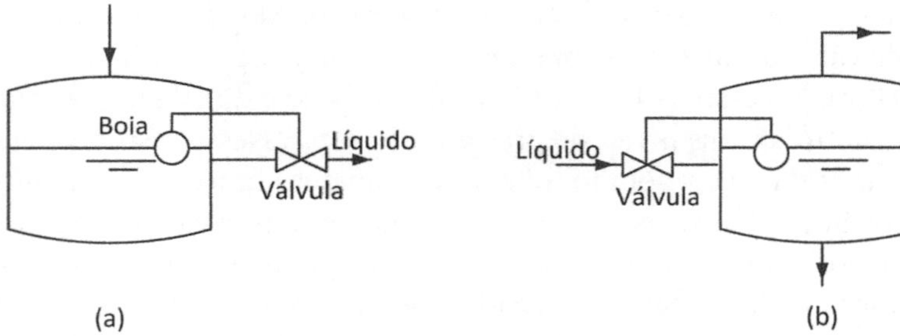

Figura 10.11 – Tipos de controle de nível: (a) a montante da válvula; (b) a jusante da válvula.

Diversos dispositivos controladores de nível são adotados na refrigeração industrial [8, 9, 10], alguns dos quais estão ilustrados na Figura 10.12. O dispositivo da Figura 10.12(a) é sobejamente conhecido, consistindo no acionamento mecânico da válvula pelo movimento da boia, o que propicia uma modulação da vazão em função do nível do reservatório. Um dispositivo muito aplicado é o da Figura 10.12(b), em que o nível é indicado por um sensor magnético acionado pela boia, que comanda uma válvula de solenoide na linha de alimentação do reservatório. O dispositivo da Figura 10.12(c) corresponde a um transdutor capacitivo, que consiste em uma sonda de capacidade elétrica variável com o comprimento mergulhado no líquido. O transdutor atua sobre um circuito elétrico, acionando uma chave liga-desliga (relé), que, em última análise, comandará a válvula de controle de líquido. Tal circuito pode também ativar alarmes de nível máximo e mínimo.

Para evitar o efeito da agitação do líquido no reservatório, é preferível instalar o sensor de nível em uma câmara separada, denominada genericamente *câmara da boia*. Esta deve apresentar duas conexões com o reservatório, uma acima e a outra abaixo do nível que se deseja controlar, como indicado na Figura 10.13(b). As câmaras de boia devem ser instaladas na lateral do reservatório, evitando-se o fundo deste, como na Figura 10.13(a), uma vez que o óleo poderia se acumular na linha de conexão do fundo do tanque, principalmente em instalações de amônia. Outro aspecto que deve ser considerado é a diferença de nível que pode resultar da presença de bolhas no líquido do reservatório, como no resfriador intermediário de sistemas de duplo estágio de compressão, em que o vapor do compressor do estágio de baixa pressão é borbulhado no líquido do reservatório.

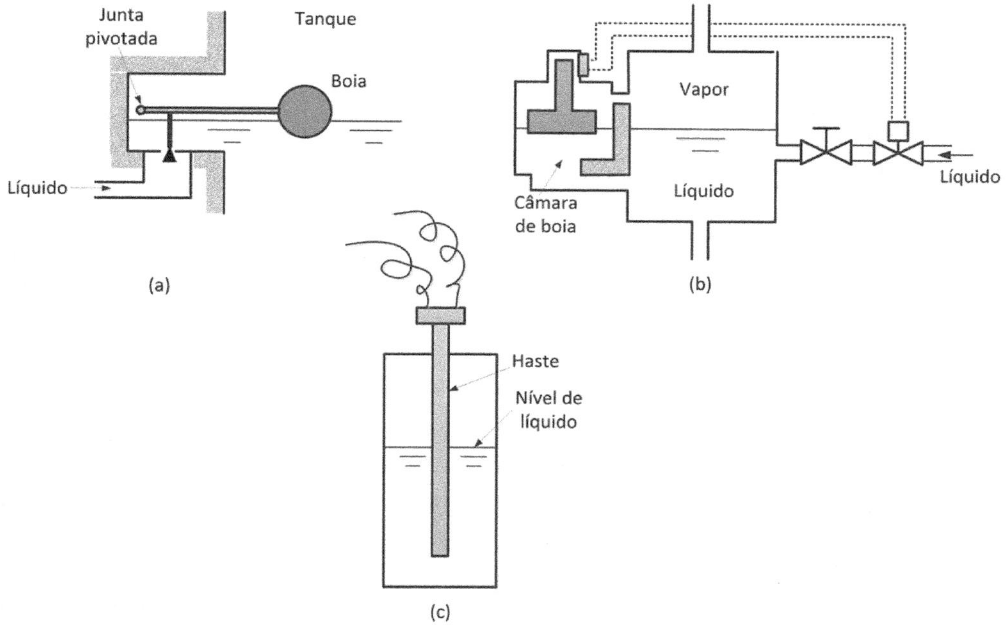

Figura 10.12 – Dispositivos de controle de nível: (a) acionamento mecânico por válvula de boia; (b) sensor de nível magnético, comandando aberturas e fechamentos de uma válvula de solenoide; e (c) sensor capacitivo.

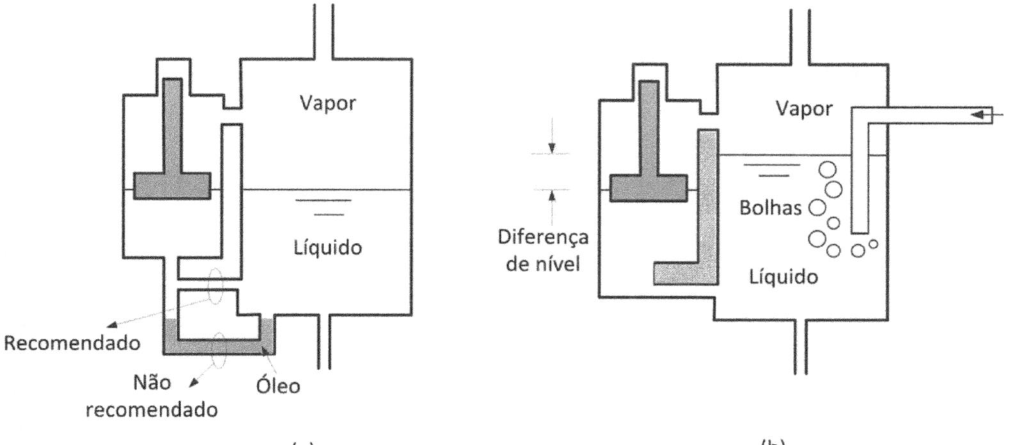

Figura 10.13 – Câmaras de boia: (a) com uma perna em comunicação com o fundo do reservatório, acumulando óleo; (b) ilustrando a diferença de níveis entre a câmara de boia e o reservatório, quando o líquido contém bolhas.

A diferença de nível ocorre em virtude da menor densidade da mistura no reservatório. Um último aspecto está relacionado à possibilidade da câmara de boia localizar-se em um ambiente quente com a mistura líquido-vapor a baixa temperatura. Se a câmara não for isolada termicamente, a ebulição do líquido poderá promover uma elevação de pressão, com consequente abaixamento do nível, caso a conexão na região de vapor não seja adequadamente dimensionada. Recomenda-se para essa linha um diâmetro relativamente grande, a fim de promover um livre escoamento do vapor, além de isolar termicamente as linhas de comunicação com o reservatório e a própria câmara de boia.

10.9 VÁLVULAS DE EXPANSÃO CONTROLADAS POR SUPERAQUECIMENTO

A válvula de expansão mais utilizada em instalações frigoríficas é, sem dúvida alguma, a controlada pelo superaquecimento. Na prática, ela é conhecida como *válvula de expansão termostática*, designação inadequada, uma vez que sugere a manutenção da temperatura de evaporação constante, o que não corresponde à realidade. Um nome mais apropriado seria o de *termo-válvula*, por razões que serão esclarecidas mais adiante. O objetivo desta seção é discutir as características dessa válvula.

Na Figura 10.14, está representado um diagrama esquemático da válvula na sua configuração básica. Sua função é a de regular a vazão de refrigerante líquido para o evaporador de modo a compensar a taxa com que ele se evapora. Tal função é realizada por meio do controle do superaquecimento do refrigerante na saída do evaporador. A haste da válvula se desloca como resultado de diferenças de pressão em ambos os lados de um diafragma localizado na cabeça da válvula. Na superfície inferior deste, atua a pressão reinante no evaporador, ao passo que, na superior, a pressão é a do denominado fluido de acionamento, que constitui a denominada *carga do bulbo*. Esta é composta, para efeito de argumentação, de uma mistura líquido-vapor do refrigerante da instalação.[2] A força da mola atua sobre o diafragma no sentido de fechar a válvula, de modo que, para abri-la, a pressão na câmara superior (da carga) deve ser tal que se equivalha às forças combinadas resultantes da ação da mola e da pressão no evaporador. A válvula só permanecerá aberta se a pressão na câmara acima do diafragma for superior à pressão de evaporação, o que equivale a uma temperatura do refrigerante no bulbo superior à de saturação no evaporador. Em virtude do equilíbrio térmico entre o refrigerante do bulbo e aquele na saída do evaporador, conclui-se que este deve ser superaquecido, justificando o nome dado à válvula no título desta seção.

O controle da válvula de expansão termostática é do tipo proporcional, no sentido de que o deslocamento da haste é proporcional à diferença entre o valor do parâmetro de controle (a temperatura do fluido na saída do evaporador) e o valor de ajuste da válvula. Assim, a posição da haste da válvula guarda uma relação com o superaquecimento, como ilustrado na Figura 10.15, em que se apresenta a denominada *curva característica* da válvula.

---

[2] A carga do bulbo não é necessariamente constituída do mesmo refrigerante da instalação. Na prática, como regra geral, se utiliza outro fluido, constituindo o que se denomina *carga cruzada*.

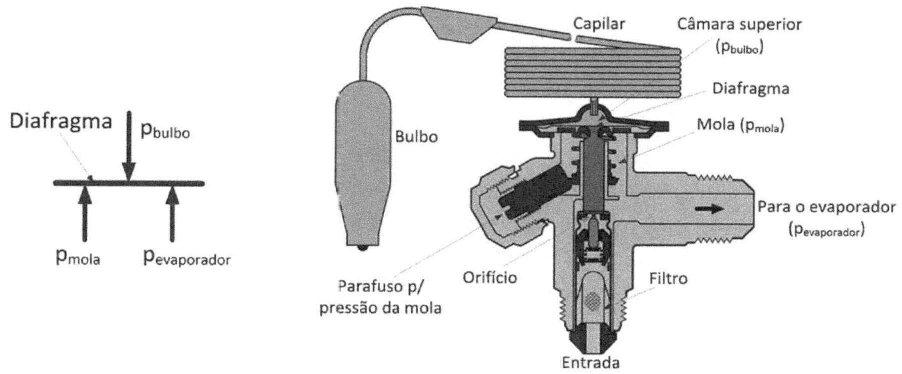

Figura 10.14 – Diagrama esquemático de uma válvula de expansão termostática na sua configuração básica.

Fonte: cortesia Danfoss.

Em princípio, a válvula poderia ser ajustada para um superaquecimento nulo no início de abertura, de modo que, quando totalmente aberta, o superaquecimento fosse da ordem de 3 °C, por exemplo. Essa atitude de controle, entretanto, não propiciaria proteção contra admissões excessivas de refrigerante líquido, o qual poderia passar à linha de aspiração do compressor antes que a válvula pudesse responder, reduzindo a vazão. Como prevenção, adota-se uma pré-compressão da mola de modo a impor um superaquecimento razoável, mesmo com a válvula a ponto de fechar-se. A curva característica da Figura 10.15 reflete essa condição, indicando um superaquecimento de 4 °C quando a válvula se encontra praticamente fechada. Esse superaquecimento é denominado por alguns fabricantes *superaquecimento estático*.

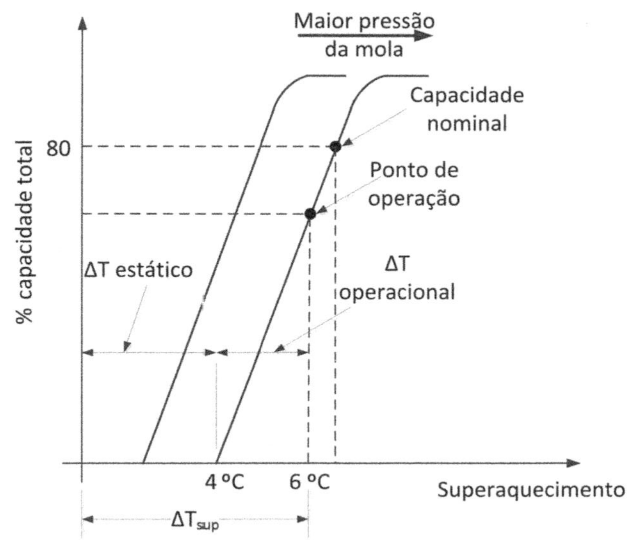

Figura 10.15 – Curva característica da válvula.

Nos evaporadores, ocorrem quedas de pressão do refrigerante que variam com o caso, podendo atingir valores entre 15 kPa e 40 kPa, dependendo da carga de refrigeração. Nessas condições, se o objetivo da válvula é controlar o superaquecimento do refrigerante na saída do evaporador, a pressão lá reinante é a que deveria atuar na superfície inferior do diafragma, em vez da pressão na entrada do evaporador, como na Figura 10.14, o que pode introduzir uma distorção no desempenho. Esse problema pode ser contornado por meio de um equalizador externo de pressão, como indicado na Figura 10.16, consistindo em um tubo de pequeno diâmetro ligando a região de saída do evaporador a uma câmara isolada, logo abaixo do diafragma.

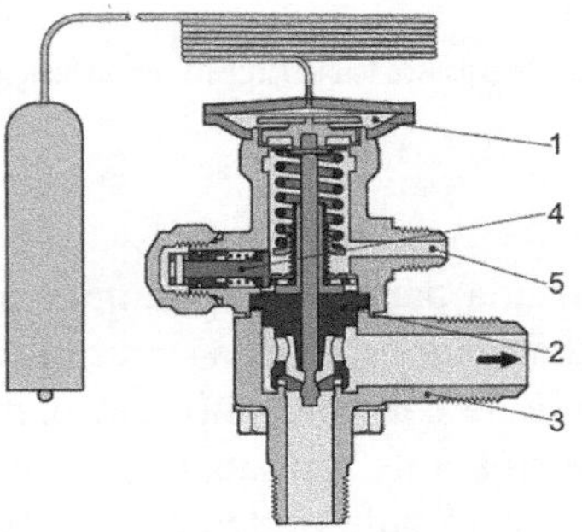

Figura 10.16 – Válvula de expansão termostática com equalizador externo de pressão.

Fonte: cortesia Danfoss.

O efeito da perda de carga no evaporador nos casos em que se utiliza uma válvula de expansão termostática sem equalizador está ilustrado na Figura 10.17(a), na qual se mostram os estados de entrada e de saída do evaporador em um diagrama (p, h) do refrigerante. Observa-se no diagrama que o superaquecimento necessário para compensar a perda de carga aumenta em relação àquele que seria necessário caso não houvesse perda de carga no evaporador. Na Figura 10.17(b), se ilustra o efeito de incluir um equalizador externo de pressão, observando-se que o superaquecimento necessário do refrigerante na saída do evaporador é sensivelmente reduzido em relação ao caso da válvula sem equalizador externo, Figura 10.17(a).

No início desta seção, comentou-se o fato de o nome *válvula de expansão termostática* não ser adequado, em virtude de suas características operacionais. Com efeito, o nome *termostática* indicaria que a válvula tenderia a controlar a temperatura e, portanto, a pressão de evaporação, o que efetivamente não ocorre. Na realidade, se for considerada uma instalação dotada de um compressor de taxa de deslocamento constante, não é difícil demonstrar que a pressão ou a temperatura de evaporação devem oscilar quando o controle da vazão é realizado por uma válvula de expansão termostática. As curvas do gráfico da Figura 10.18 são úteis na interpretação da operação a distintas cargas. A curva superior representa a variação da vazão de refrigerante com a pressão de evaporação para a válvula totalmente aberta.

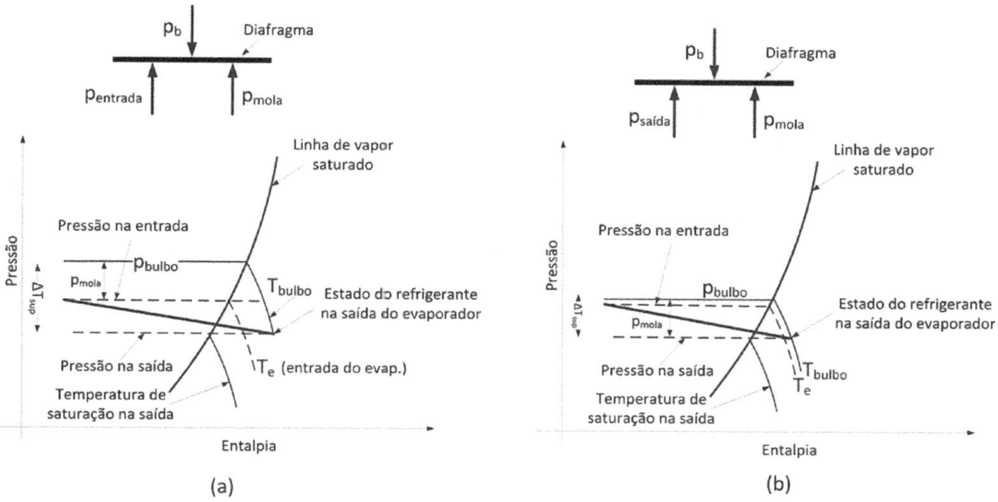

Figura 10.17 – Esquema ilustrativo em um diagrama (p, h) do efeito da perda de carga no evaporador em válvula de expansão termostática: (a) sem equalizador externo de pressão; (b) com equalizador externo de pressão.

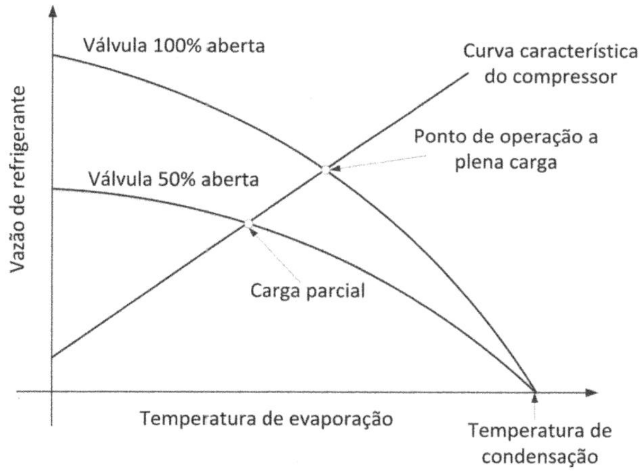

Figura 10.18 – Variações da pressão e da temperatura com a carga térmica em uma instalação com válvula de expansão termostática.

A curva inferior corresponde a 50% de abertura da válvula. Em ambos os casos, a pressão de condensação é mantida constante, o mesmo ocorrendo com a curva da vazão deslocada pelo compressor, que foi superposta às outras duas. Os pontos de operação para as condições de carga parcial (50% abertura) e de plena carga (100% abertura) estão indicados na figura, correspondendo à intersecção das curvas da válvula com a do compressor. A conclusão é que a pressão de evaporação se eleva com a carga, justificando a afirmação feita anteriormente a respeito das oscilações de pressão e do nome inadequado da válvula, uma vez que efetivamente não se controla a temperatura de evaporação.

A análise precedente, que envolve as características da válvula de expansão termostática, permite estabelecer as condições para sua aplicação em sistemas de refrigeração industrial. A conveniência de sua aplicação em sistemas de condicionamento de ar ou de refrigeração comercial é inquestionável. Entretanto, em sistemas de baixa temperatura de evaporação, a válvula de expansão termostática se caracteriza por apresentar alguns aspectos negativos, que serão discutidos a seguir. O primeiro deles está associado a sistemas cuja temperatura de evaporação é reduzida com certa frequência. Para efeito de ilustração, considere-se a Figura 10.19, relativa a uma válvula de expansão termostática operando em um sistema de R-22. Na Figura 10.19(a), a carga do bulbo é constituída do próprio R-22. A válvula foi ajustada para um superaquecimento de 5 °C à temperatura de evaporação de 5 °C, o que corresponde a uma diferença de pressão no diafragma de 100 kPa.[3] Para propiciar a mesma abertura da válvula quando a temperatura de evaporação é de –30 °C, o superaquecimento necessário para a mesma diferença de pressões (que corresponde ao efeito da mola) deverá ser de 12 °C, como ilustrado na figura. Esse superaquecimento excessivo na saída do evaporador penaliza o seu desempenho e deve ser evitado. Felizmente, esse problema pode ser contornado de uma maneira relativamente simples. A solução consiste em selecionar uma válvula cuja carga do bulbo seja do tipo denominado *cruzada*, composta de um fluido cuja curva de saturação (pressão *versus* temperatura) é adequadamente deslocada em relação àquela do refrigerante do sistema, como ilustrado na Figura 10.19(b). Consegue-se, assim, uma relação aproximadamente constante entre Δp e o superaquecimento em uma faixa de temperaturas de evaporação relativamente ampla, como se observa na Figura 10.19(b).

Outro aspecto negativo da válvula de expansão termostática em sistemas de baixa temperatura de evaporação está intimamente relacionado ao superaquecimento na saída do evaporador. Este se torna cada vez mais crítico a baixas temperaturas de evaporação, uma vez que penaliza a capacidade e o coeficiente de eficácia do ciclo. Uma das razões que justificam a adoção de um sistema com recirculação de líquido é a significativa melhora que tais sistemas proporcionam à capacidade do evaporador, como se pode concluir das Figuras 7.5 e 7.6. À medida que se reduz a temperatura de evaporação, cada grau de diferença de temperatura afeta mais significativamente a capacidade de refrigeração e a potência de compressão, razão pela qual, a baixas temperaturas, a diferença entre as temperaturas do ar (ou do líquido) sendo resfriado e de evaporação é mantida suficientemente pequena em relação a sistemas de temperatura mais elevada. Assim, um superaquecimento de 4 °C a 7 °C, como o exigido pelas válvulas termostáticas, pode ser muito elevado em sistemas de baixa temperatura, comprometendo a escolha de tal tipo de válvula.

Outros problemas podem complicar a operação da válvula de expansão termostática em instalações de amônia [7]. A baixa vazão de refrigerante pode dificultar a

---

3 A pressão de saturação correspondente a 5 °C é igual a 583,6 kPa, ao passo que a pressão no bulbo, correspondendo a uma temperatura de 5 + 5 = 10 °C, deve ser igual a 680,5 kPa. A diferença entre as duas, que corresponde à pressão resultante da mola, é de aproximadamente 100 kPa, como sugerido no texto.

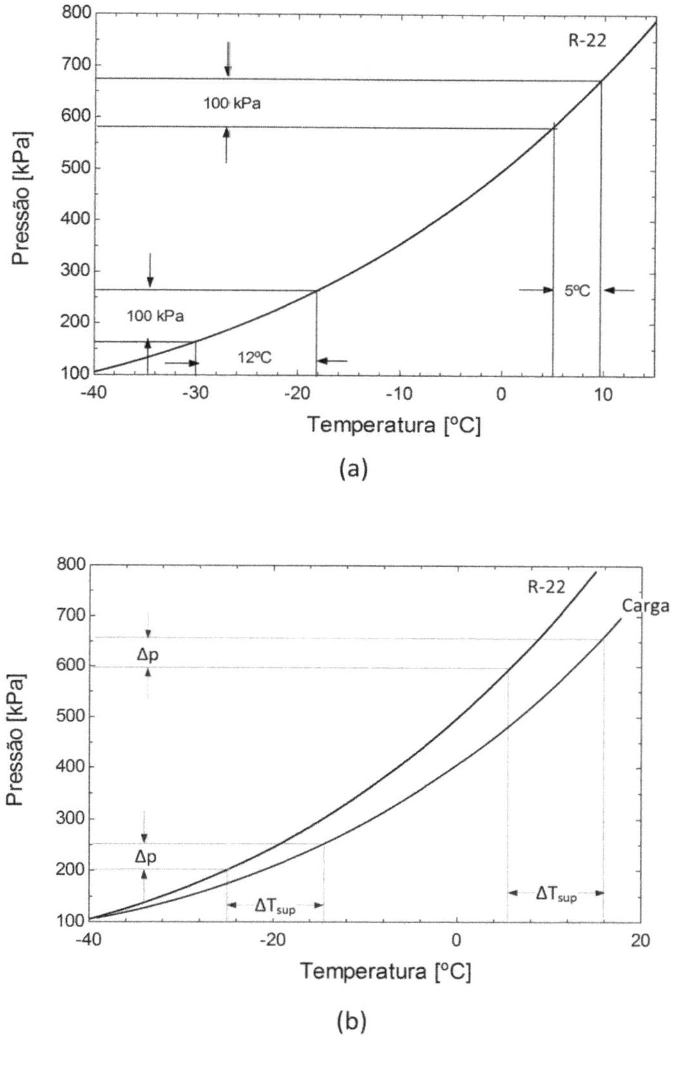

Figura 10.19 – (a) Carga no bulbo constituída do mesmo refrigerante da instalação, resultando elevados superaquecimentos a baixas temperaturas de evaporação; (b) válvula com carga cruzada.

regulagem da válvula de expansão termostática. Outro problema diz respeito à tubulação de aço utilizada em sistemas de amônia. Como a condutividade térmica do aço é relativamente baixa (muito menor que a do cobre utilizado na tubulação de refrigerantes halogenados), a válvula apresentaria dificuldades para propiciar resposta adequada a variações de temperatura do refrigerante, uma vez que o bulbo sensor é fixado na superfície exterior do tubo.[4]

[4] Atualmente, são comuns evaporadores de alumínio em instalações de amônia, o que elimina o problema sugerido com os tubos de aço.

10.10 CONSIDERAÇÕES FINAIS

As válvulas e controles constituem uma pequena parcela do custo total da instalação, mas são imprescindíveis à sua operação. A instalação de válvulas de bloqueio deve ser objeto de uma análise cuidadosa, uma vez que uma opção adequada a respeito da sua conveniência e localização pode trazer vantagens consideráveis no isolamento de um componente para manutenção. Por outro lado, uma válvula supérflua aumenta a perda de carga na linha, com a consequente elevação do custo operacional, ao qual deve ser acrescido o custo da própria válvula. Além de uma instalação adequada, as válvulas de solenoide, as reguladoras de pressão e as de controle de nível devem ser submetidas a um procedimento de manutenção periódico a fim de garantir uma operação prolongada, isenta de problemas.

REFERÊNCIAS

1. THE HYDRAULIC INSTITUTE. *Engineering Data Book 1979*. Cleveland, 1979.

2. ASHRAE - AMERICAN SOCIETY OF HEATING, REFRIGERATING AND AIR-CONDITIONING ENGINEERS. *ASHRAE Handbook of Refrigeration 2014*, Atlanta, 2014.

3. STAMM, R. H. Troubleshooting industrial refrigeration systems. *Heating, Piping, and Air Conditioning*, p. 93-95, mar. 1984.

4. SPORLAN VALVE COMPANY. *Solenoid Valves* (bulletin 30-10)., Washington, DC, 1984.

5. REFRIGERATING SPECIALTIES DIVISION OF PARKER HANNIFIN CORP. *Solenoid Valves and Pressure Regulators* (bulletins 30-05 and 23-04B). Broadview, 1986.

6. DANFOSS. *Product catalog: industrial refrigeration, components and controls*. [S.l.]: 2016.

7. JOHNSON, R. J. *Thermostatic expansion valve liquid feed with ammonia refrigerant*. Apresentado no American Meat Institute Energy Cost Control Workshop, out. 1981.

CAPÍTULO 11
RESERVATÓRIOS

11.1 RESERVATÓRIOS EM INSTALAÇÕES FRIGORÍFICAS INDUSTRIAIS

As funções básicas dos reservatórios[1] em sistemas frigoríficos industriais são as de armazenamento e de separação do refrigerante líquido. O armazenamento de líquido tem por objetivo compensar variações na formação e demanda de refrigerante líquido em condensadores e evaporadores. A separação, por outro lado, é fundamental para evitar a migração de líquido para o compressor. Na Figura 11.1, estão ilustrados os reservatórios mais comuns em instalações industriais e suas funções. O *tanque de líquido* da Figura 11.1(a) foi apresentado na Seção 8.14, tendo como único objetivo armazenar o líquido proveniente do condensador. O tanque de *flash/resfriador intermediário* da Figura 11.1(b) tem por objetivo resfriar o vapor superaquecido proveniente do compressor *booster*, borbulhando-o no líquido, além de funcionar como separador de líquido. No caso da Figura 11.1(c), o reservatório é chamado de *baixa pressão*, sendo sua função separar o líquido do vapor. Ele também opera como reservatório de líquido, compensando as necessidades de refrigerante líquido resultantes de variações de carga. O reservatório da Figura 11.1(d), chamado genericamente de *separador de líquido*, tem as mesmas funções daquele da Figura 11.1(c) em evaporadores inundados. O *acumulador da linha de aspiração* da Figura 11.1(e) protege o compressor contra golpes de líquido.

---

1 Neste texto, o termo *reservatório* tem sido usado indistintamente com *tanque*. Este, para seguir o jargão prático, se usa associado ao reservatório de líquido de alta pressão. O termo *vaso* também é usado na prática.

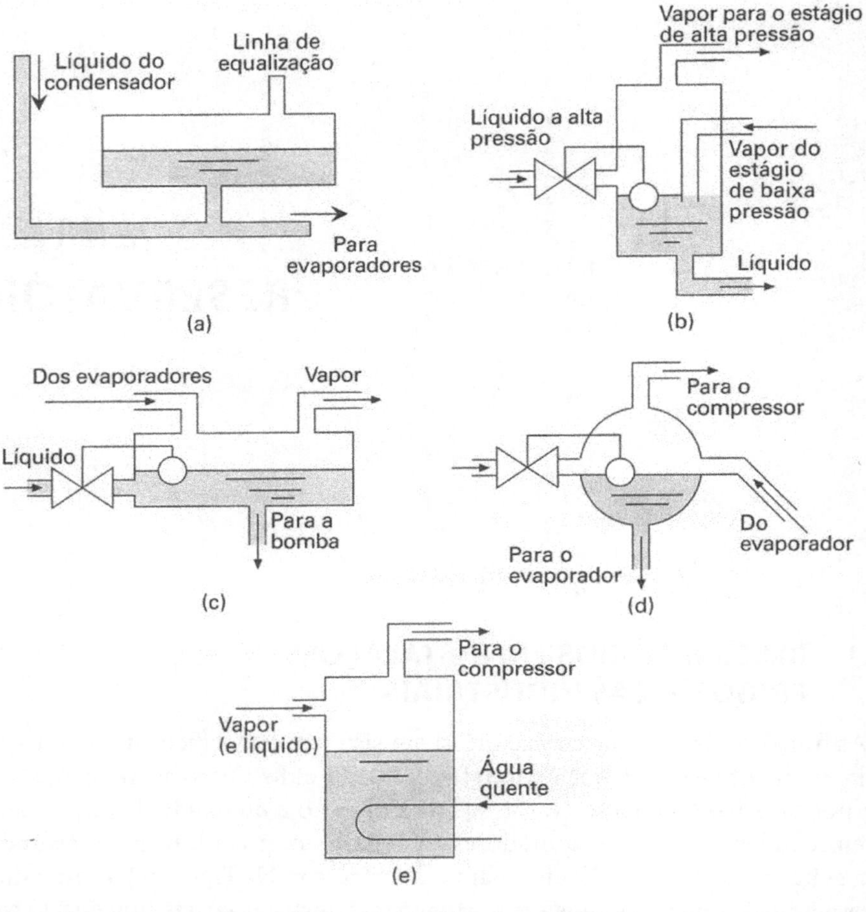

Figura 11.1 – Reservatórios de uso comum em instalações frigoríficas industriais: (a) tanque de líquido de alta pressão; (b) tanque de *flash*/resfriador intermediário em sistemas de duplo estágio de compressão; (c) reservatório de baixa pressão em sistemas com recirculação de líquido; (d) separador de líquido para um evaporador inundado; e (e) acumulador da linha de aspiração.

11.2 RESERVATÓRIOS DE LÍQUIDO – CONSIDERAÇÕES GERAIS

Todos os reservatórios da Figura 11.1 têm por objetivo armazenar líquido, com exceção do tanque de *flash*/resfriador intermediário da Figura 11.1(b). Normalmente, o nível de líquido no interior desses reservatórios deve ser limitado superior e inferiormente, como ilustrado na Figura 11.2. O limite inferior é estabelecido para garantir que somente líquido deixe o reservatório. Por outro lado, para evitar a possibilidade de que líquido seja extraído junto com o vapor, impõe-se o limite superior.

O reservatório de baixa pressão da Figura 11.1(c) deve ter capacidade de armazenamento para acomodar o líquido presente nos evaporadores no momento do início do degelo. Já o separador de líquido da Figura 11.1(d) deve apresentar a capacidade de armazenar um súbito acréscimo na vazão de líquido resultante de uma elevação correspondente da carga térmica.

O tanque de *flash*/resfriador intermediário da Figura 11.1(b) foge à regra dos reservatórios, no sentido de que sua operação não é afetada pelo nível de líquido.

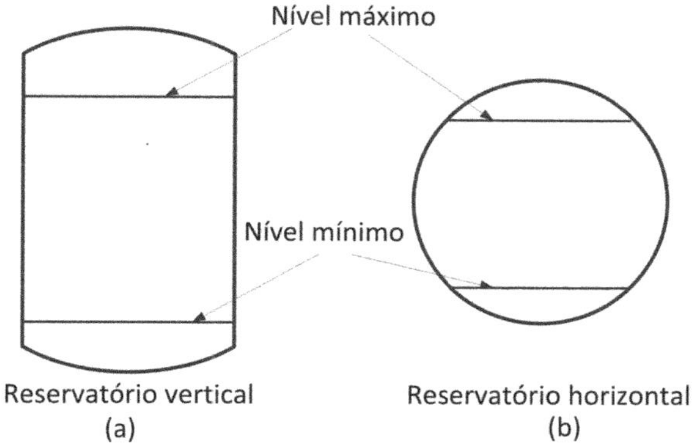

Figura 11.2 – Volume para armazenamento: (a) reservatório vertical; (b) reservatório horizontal.

Uma elevação significativa do nível pode ocorrer quando, por exemplo, a capacidade do compressor do estágio de alta pressão é reduzida em relação àquela do compressor do estágio de baixa pressão. Nessas condições, o nível de líquido no tanque pode se elevar temporariamente até que a elevação da pressão intermediária e, consequentemente, da temperatura de saturação associada estabeleça as novas condições de operação com a vazão de refrigerante alterada.

O projeto de um *reservatório horizontal* passa necessariamente pelo cálculo do volume de vapor do setor cilíndrico ABC da Figura 11.3, por meio do qual a capacidade de armazenamento de líquido pode ser determinada. O volume de vapor pode ser determinado pela seguinte expressão:

$$(\text{Volume de vapor}) = \frac{r^2}{2}(\theta - \text{sen}\theta)L \tag{11.1}$$

em que o ângulo θ deve ser dado em radianos.

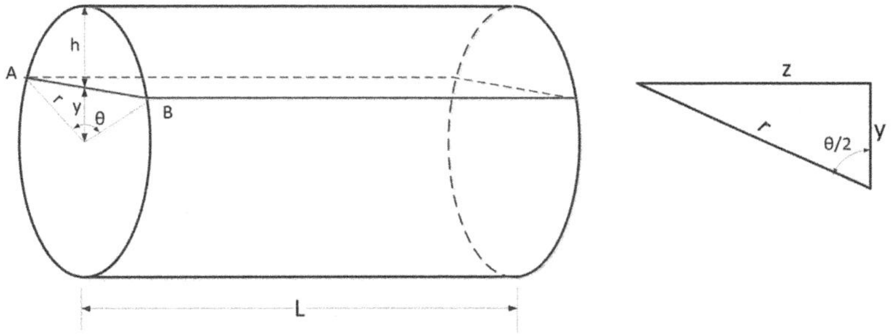

Figura 11.3 – Procedimento para avaliação do volume do setor cilíndrico ABC.

EXEMPLO 11.1

A seção transversal de um reservatório cilíndrico horizontal tem um diâmetro de 1,2 m. Se o comprimento do reservatório é de 3,5 m, para a altura de líquido correspondente a 2/3 do diâmetro:

(a) Qual deve ser o volume de vapor?

(b) Qual deve ser a área superficial do líquido?

Solução

Como a altura de líquido é 2/3 do diâmetro:

$$h = \frac{1}{3}(2r) = 0,4 \text{ m} \therefore$$

$$y = 0,6 - 0,4 = 0,2 \text{ m}$$

Em relação ao triângulo da Figura 11.3,

$$z = \sqrt{r^2 - y^2} = 0,566 \text{ m}$$

$$\text{sen}(\theta/2) = \frac{z}{r} = \frac{0,566}{0,6} = 0,943 \Rightarrow \theta = 140,8° = 2,456 \text{ radianos}$$

a) O volume de vapor será igual a:

$$(\text{Volume vapor}) = \frac{0,6^2}{2} \times (2,456 - 0,632) \times 3,5 = 1,149 \text{ m}^3$$

Como o volume total é igual a $\pi r^2 L = 3,14 \times 0,6^2 \times 3,5 = 3,956 \text{ m}^3$. O volume do líquido resulta $3,956 - 1,149 = 2,807 \text{ m}^3$.

b) A área superficial do líquido é importante no projeto de reservatórios separadores de líquido, razão pela qual foi tratada neste exemplo.

$$(\text{Área superficial}) = 2zL = 2 \times 0,566 \times 3,5 = 3,962 \text{ m}^2$$

A estimativa do volume dos reservatórios de alta e de baixa pressão pode ser feita considerando que estes devem ser capazes de receber todo o líquido presente em condensadores, evaporadores e linhas. A previsão de armazenamento desse líquido deve ser feita levando em consideração a possibilidade de uma mudança nas condições operacionais do sistema, por exemplo, a parada de um dos equipamentos, ocasião em que todo o refrigerante líquido que neles permanece deve ser removido e armazenado. Uma avaliação precisa da quantidade de líquido no sistema é difícil, mas os projetistas seguem algumas regras práticas, úteis no projeto dos reservatórios. São elas:

(i) Evaporadores com recirculação de líquido:

- *alimentação por baixo*: líquido ocupa 80% do volume interno;
- *alimentação por cima*: líquido ocupa 30% do volume interno.

(ii) Condensadores: admite-se que o título varie linearmente com a distância, de modo que o condensador deve conter 50% da capacidade total de líquido na base-massa. Como o título da mistura varia linearmente com a distância, o título médio no condensador é igual a 0,5, de modo que:

$$m_l = m_v = \rho_l V_l = \rho_v V_v$$

em que V_l e V_v são, respectivamente, os volumes de líquido e de vapor, e ρ_l e ρ_v, suas densidades. Como $V_l + V_v$ é o volume interno, V, resulta:

$$V_l = V\left(\frac{\rho_v}{\rho_l + \rho_v}\right) \tag{11.2}$$

(iii) Linhas de mistura bifásica no retorno do evaporador em sistemas com recirculação de líquido:[2]

$$(\text{Volume de líquido}) = (\text{Volume do tubo})\left[\frac{(n-1)\rho_v}{\rho_l + (n-1)\rho_v}\right] \tag{11.3}$$

em que n é a razão entre a taxa de alimentação de líquido na entrada do evaporador e a taxa de evaporação, ou taxa de recirculação, como definida no Capítulo 7.

EXEMPLO 11.2

Determine o volume de líquido numa linha de retorno ao separador de líquido de um sistema com recirculação de líquido, operando com amônia a uma temperatura

[2] A demonstração da expressão é relativamente simples, basta lembrar que n é a relação entre a vazão de líquido que alimenta o evaporador e a taxa de evaporação.

de evaporação de −30 °C, se o diâmetro interno e o comprimento da linha são iguais a, respectivamente, 100 mm e 20 m e a razão de recirculação, n, é igual a 2.

Solução

A solução do problema se reduz a determinar a relação entre o volume de líquido e o total pela aplicação direta da Equação (11.3) e ao cálculo do volume total. As densidades do líquido e do vapor para uma temperatura de evaporação de −30 °C podem ser determinadas da Tabela B6a do Apêndice B, resultando iguais a ρ_l = 677,7 kg/m³ e ρ_V = 1,037 kg/m³.

$$\frac{(\text{Volume de líquido})}{(\text{Volume do tubo})} = \frac{(n-1)\rho_v}{\rho_l + (n-1)\rho_v} = \frac{1{,}037}{677{,}7 + 1{,}037} = 0{,}00153$$

Como se observa, o volume de líquido na tubulação de retorno é reduzido, embora sua massa não o seja, em virtude de sua densidade ser muito superior à do vapor. Como o volume total pode ser determinado pela expressão:

$$(\text{Volume do tubo}) = \left(\frac{\pi D^2}{4}\right) L = \frac{3{,}14 \times 0{,}1^2 \times 20}{4} = 0{,}157 \text{ m}^3$$

O volume de líquido resulta igual a 0,00024 m³ (0,24 litro). Observa-se que, para a razão de recirculação proposta, o tubo de retorno é praticamente ocupado pelo vapor. Dobrando-se o valor de n (n = 4), o volume de líquido presente na linha de retorno passaria a ser igual a 0,000718 m³ (0,718 litro), três vezes superior ao anterior.

Se o refrigerante da instalação fosse o refrigerante R-22, o volume de líquido na linha de retorno para as razões de recirculação anteriores seria, respectivamente, igual a 0,000838 m³ (0,838 litro) e 0,00249 m³ (2,49 litros). Conclui-se que o volume de líquido ocupado pelo R-22 na linha de retorno é muito superior ao da amônia. É interessante observar que as densidades do líquido e do vapor neste caso são, respectivamente, iguais a 1.377 kg/m³ e 7,383 kg/m³. Como seria de se esperar, no caso do R-22, a relação entre as densidades do líquido e do vapor é muito inferior à da amônia, 186,5 kg/m³ para o R-22 comparada a 653,5 kg/m³ para a amônia.

11.3 SEPARADORES DE LÍQUIDO – CONSIDERAÇÕES GERAIS

A gravidade exerce um papel fundamental no mecanismo de separação de líquido. Nesse sentido, os separadores de líquido podem ser divididos em dois tipos, de acordo com a direção de escoamento do vapor: *horizontal* e *vertical*, como ilustrado nas Figuras 11.4(a) e 11.4(b), com princípios de projeto bastante diferenciados, como se verá a seguir.

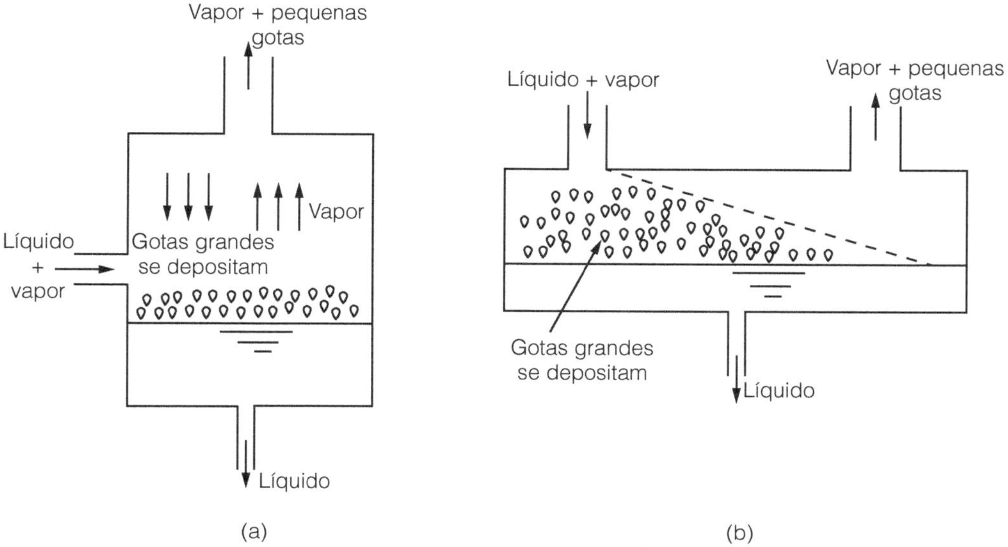

Figura 11.4 – Separação do líquido por efeito gravitacional, para escoamento do vapor nas direções: (a) vertical; (b) horizontal.

Quando o vapor escoa no sentido vertical ascendente, como na Figura 11.4(a), sua velocidade deve ser suficientemente baixa para permitir a deposição por gravidade da maioria das gotas de líquido presente, ocorrendo o arrasto somente daquelas de menor diâmetro. Nesse contexto, é interessante observar que um incremento da velocidade implica uma elevação do diâmetro da maior gota arrastada. Pode-se concluir que, para a faixa de velocidades de interesse prático, uma perfeita separação é impossível. Entretanto, se as gotas carregadas pelo vapor forem suficientemente pequenas, a massa total de líquido arrastado será limitada. Além disso, em virtude do pequeno tamanho das gotas, sua evaporação ocorrerá mais facilmente. O problema, então, fica reduzido a determinar qual deve ser a velocidade de vapor máxima permissível à qual, naturalmente, deve estar associado um diâmetro de gota máximo. A resposta não pode ser encontrada com base em argumentos estritamente analíticos, uma vez que o projetista não dispõe de um espectro de diâmetros de gota. Além disso, é muito difícil adiantar qual o maior diâmetro de gota para arrasto pelo vapor. Evidentemente, a experiência prática fornecerá alguma luz a respeito das velocidades de separação. Entretanto, a análise não poderá ser dispensada quando efeitos como o da temperatura e do refrigerante forem necessários. Nesse sentido, a análise a seguir é muito importante.

A velocidade que uma gota assume ao deslocar-se em queda livre, em um meio gasoso infinito, em repouso, é denominada *velocidade terminal*. Se a velocidade ascendente do vapor em um separador de líquido for igual à velocidade terminal, as gotas de diâmetro crítico permanecerão em repouso, ao passo que as de diâmetro inferior serão arrastadas. As de diâmetro superior se destacarão, depositando-se no fundo do reservatório. Para determinar a velocidade terminal de uma gota de líquido deslocando-se em um meio gasoso de características conhecidas, a condição de equilíbrio entre as forças de gravidade e de arrasto deve ser imposta, de modo que

$$F_{gravidade} = (\text{Volume})(\rho_l - \rho_v)g = \frac{\pi d^3}{6}(\rho_l - \rho_v)g \tag{11.4}$$

$$F_{arrasto} = C_d\,(\text{Área frontal da gota})\frac{\rho_v V^2}{2} = C_d\left(\frac{\pi d^2}{4}\right)\frac{\rho_v V^2}{2} \tag{11.5}$$

em que:

$F_{gravidade}$: força de empuxo (gravidade), N;

$F_{arrasto}$: força de arrasto, N;

ρ_l e ρ_v: densidades do líquido da gota e do meio gasoso, kg/m^3;

d: diâmetro da gota, m;

g: aceleração da gravidade, m/s^2;

C_d: coeficiente de arrasto, adimensional;

V: velocidade da gota, m/s.

É interessante notar que normalmente $\rho_l \gg \rho_v$, de modo que a Equação (11.4) se reduz ao peso da gota, isto é, $(\pi d^3/6)\rho_l g$.

Da igualdade entre as Equações (11.4) e (11.5), resulta a velocidade terminal da gota, designada por V_t,

$$V_t = \sqrt{\frac{4gd(\rho_l - \rho_v)}{3\rho_v C_d}} \tag{11.6}$$

O coeficiente de arrasto, C_d, é função do número de Reynolds do escoamento ao redor da gota, avaliado do modo convencional:

$$Re = \frac{\rho_v d V_t}{\mu_v} \tag{11.7}$$

No caso de gotas esféricas, uma expressão que correlaciona resultados experimentais com razoável precisão é a seguinte [1]:

$$C_d = 0{,}4 + \frac{24}{Re} + \frac{6}{1+\sqrt{Re}} \tag{11.8}$$

válida para $0 < Re \leq 2 \times 10^5$.

A denominada *velocidade de separação* está, assim, associada à máxima velocidade do vapor para a qual uma gota de determinado diâmetro permanece em repouso.

Nessas condições, a velocidade terminal da gota corresponderia, em valor absoluto, à do vapor e, portanto, à velocidade de separação. Velocidades de vapor superiores promovem o arrasto de gotas de diâmetro superior ao que determina a velocidade de separação. Velocidades de separação para distintos refrigerantes podem ser obtidas do gráfico da Figura 11.5, levantado a partir das Equações (11.6) a (11.8) para os seguintes diâmetros de gota (críticos): 0,4 mm para a amônia e 0,25 mm para o refrigerante R-22. Tais diâmetros foram obtidos a partir de velocidades de separação recomendadas pelo *ASHRAE Handbook of Refrigeration* [2], reproduzidas na Tabela 11.1 para o R-22 e a amônia. No gráfico da Figura 11.5, foram superpostas as velocidades de separação da Tabela 11.1 para a distância de separação de 610 mm. De acordo com a Figura 11.5, a velocidade de separação diminui com a temperatura de saturação, efeito resultante da elevação da densidade do vapor, como pode ser comprovado na Equação (11.6). Miller [3] recomendou as velocidades da Figura 11.5 para uma distância percorrida pela gota, denominada *distância de separação*, de 610 mm. Para distâncias menores, as velocidades recomendadas são significativamente inferiores àquelas da figura, ao passo que as velocidades são levemente alteradas para distâncias de separação superiores, como pode ser comprovado na Tabela 11.1.

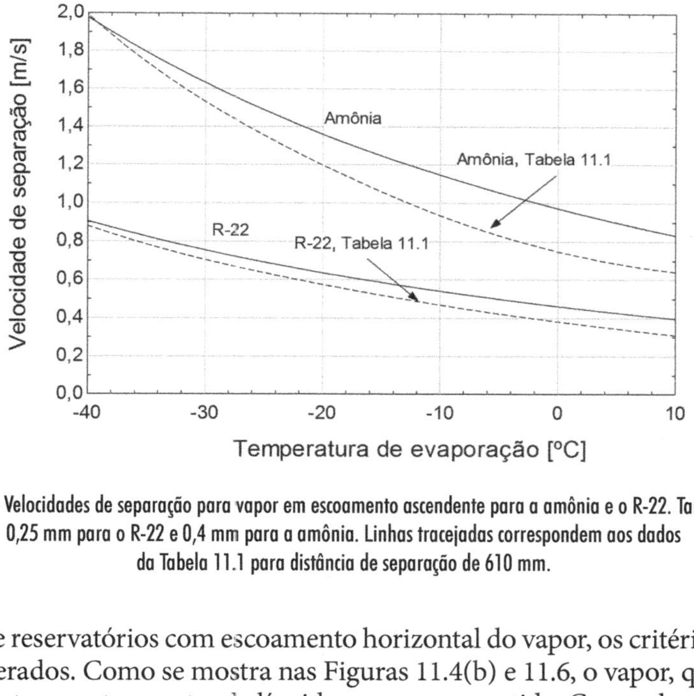

Figura 11.5 – Velocidades de separação para vapor em escoamento ascendente para a amônia e o R-22. Tamanho de gota: 0,25 mm para o R-22 e 0,4 mm para a amônia. Linhas tracejadas correspondem aos dados da Tabela 11.1 para distância de separação de 610 mm.

No caso de reservatórios com escoamento horizontal do vapor, os critérios de projeto devem ser alterados. Como se mostra nas Figuras 11.4(b) e 11.6, o vapor, que se desloca horizontalmente, arrasta as gotas de líquido no mesmo sentido. Como elas estão sujeitas à força da gravidade, o seu movimento resulta de uma composição dos dois efeitos. Se, ao longo de sua trajetória, as gotas atingem a superfície do líquido, elas são capturadas. Se o tempo de deposição (resultante do movimento vertical) for superior ao de deslocamento horizontal, não ocorrerá separação, caso contrário, a gota será capturada pelo líquido. Essa linha de raciocínio leva ao denominado projeto pelo *tempo mínimo de residência*, de acordo com o qual o reservatório deve ser projetado de tal modo que as gotas de diâmetro superior ao crítico cubram a distância vertical y da Figura 11.6 antes que o vapor, à velocidade V, se desloque ao longo da distância horizontal L.

Tabela 11.1 – Velocidades de separação em condições de regime permanente para distintas temperaturas de saturação e distâncias verticais de separação

	Distância vertical de separação (mm)	T_{sat}				
		10 °C	–7 °C	–23 °C	–40 °C	–57 °C
R-717	250	0,15	0,21	0,31	0,48	0,80
	610	0,64	0,87	1,29	1,99	3,30
	910	0,71	0,99	1,43	2,17	3,54
R-22	250	0,07	0,10	0,14	0,21	0,33
	610	0,31	0,44	0,61	0,88	1,36
	910	0,39	0,52	0,72	1,04	1,57

Fonte: referência [2].

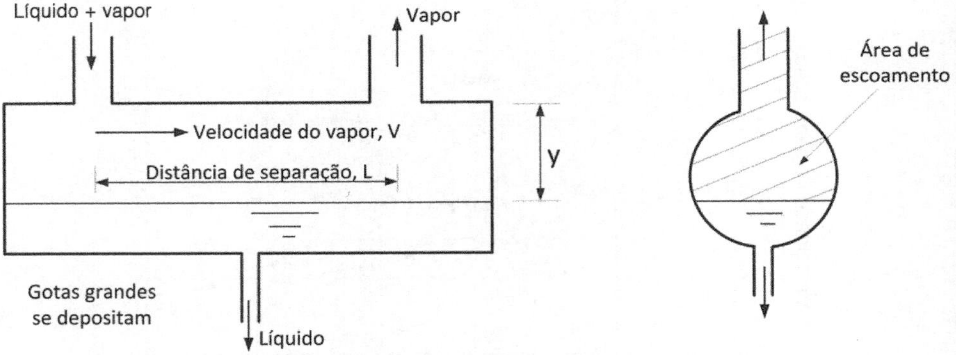

Figura 11.6 – Separação em um reservatório horizontal com escoamento horizontal de vapor.

A distância vertical de deslocamento das gotas pode ser obtida a partir de considerações analíticas envolvendo o cálculo da aceleração a partir das forças gravitacional e de arrasto. Os resultados são ilustrados pelos gráficos da Figura 11.7, obtidos a partir das Equações (11.6) a (11.8), admitindo que o tempo para atingir a velocidade terminal no movimento vertical das gotas é desprezível. O tempo de residência resultante da aplicação do procedimento aqui indicado é comparável àquele sugerido por Richards [4], de 0,7 s a –1 °C e 0,5 s a –18 °C.

Em suma, reservatórios com funções de armazenamento e separação de líquido devem ser dimensionados pelo critério que exigir o maior volume. Para a maioria das aplicações, o reservatório que proporciona um volume adequado de armazenamento certamente apresentará tamanho adequado para satisfazer quaisquer dos critérios de dimensionamento de separadores de líquido discutidos nos parágrafos precedentes.

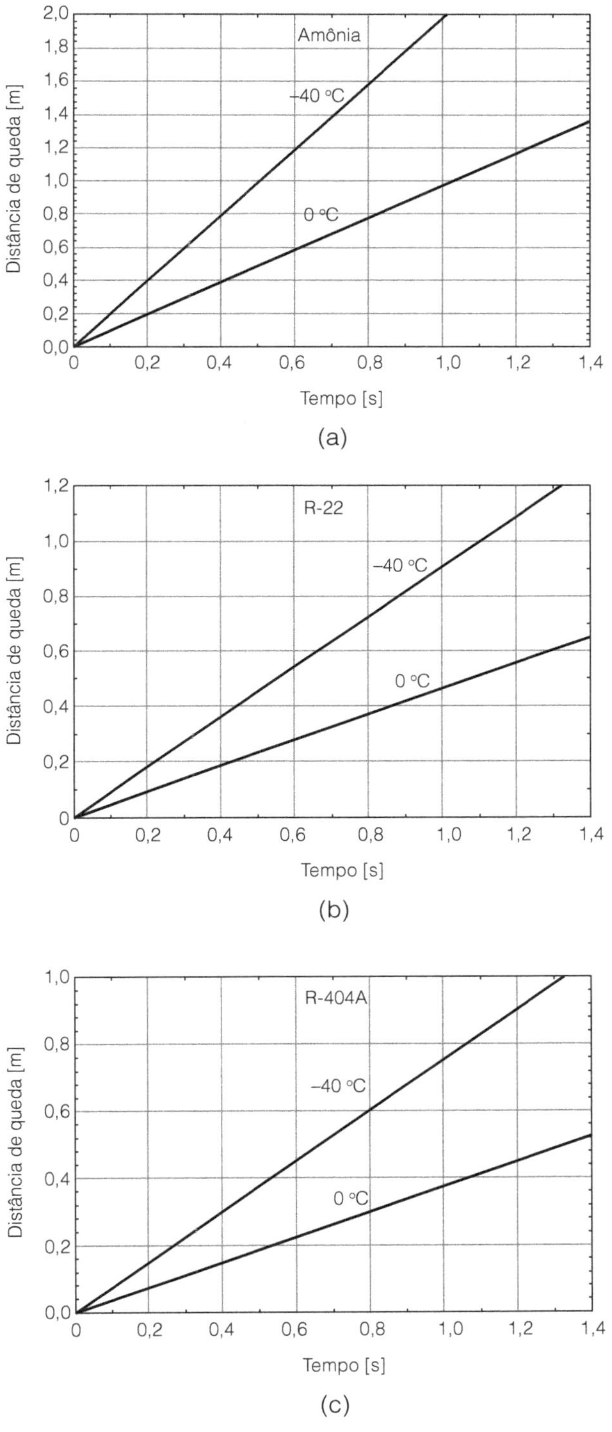

Figura 11.7 – Distâncias verticais percorridas por gotas: (a) gotas de amônia de 0,4 mm de diâmetro; (b) gotas de R-22 de 0,25 mm de diâmetro; e (c) gotas de R-404A de 0,25 mm de diâmetro.

11.4 RESERVATÓRIOS DE ALTA PRESSÃO

O reservatório de alta pressão em pequenas instalações é dimensionado para conter a carga de refrigerante total do sistema. Durante a operação de recolhimento do refrigerante, a válvula de bloqueio na linha de líquido, Figura 11.8, permanece fechada enquanto o compressor continua em operação. Nessas condições, o refrigerante que permanece no restante da linha de líquido, nos evaporadores e nas linhas de aspiração, é progressivamente comprimido, condensado e armazenado no tanque de líquido. Uma vez concluído o recolhimento do refrigerante, a válvula de bloqueio na entrada do tanque, não mostrada na Figura 11.8, é fechada, confinando a carga de refrigerante do sistema no tanque de líquido, entre os níveis superior e inferior, como ilustrado na Figura 11.8. Como regra geral, um espaço de vapor deve ser deixado acima do nível superior do líquido, bem como uma reserva de líquido deve ser prevista, mesmo quando o sistema opera com carga adequada de refrigerante.

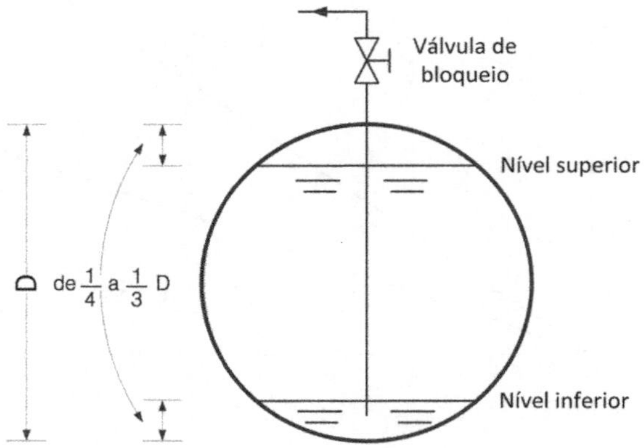

Figura 11.8 – Volume de armazenamento de líquido em um reservatório de alta pressão.

Nas grandes instalações, o tanque de líquido não é projetado para conter a carga de refrigerante do sistema. Nesse caso, os reservatórios de alta pressão são projetados com base em alguns preceitos, entre os quais os dois mais importantes são:

(i) o volume armazenado deve ser suficiente para servir o evaporador ou conjunto de evaporadores instalados no maior recinto refrigerado da instalação;

(ii) o volume armazenado deve ser suficiente para conter o líquido correspondente à maior vazão de refrigerante durante certo período de tempo, 30 minutos, por exemplo.

O primeiro critério está relacionado à necessidade de recolher o gás durante períodos de manutenção, mesmo das regiões de maior volume servidas pela instalação. O segundo está associado à necessidade de armazenar o refrigerante contido na instalação durante períodos de bloqueio, em que o compressor continua a operar.

11.5 SEPARADORES DE LÍQUIDO PARA EVAPORADORES INUNDADOS

Os evaporadores inundados, descritos no Capítulo 6, são alimentados por meio de *separadores de líquido*,[3] situados acima do nível dos evaporadores, como se ilustra na Figura 11.9. Dependendo do espaço físico disponível, eles podem ser do tipo horizontal ou vertical. As funções do separador de líquido são armazenar e separar refrigerante líquido.

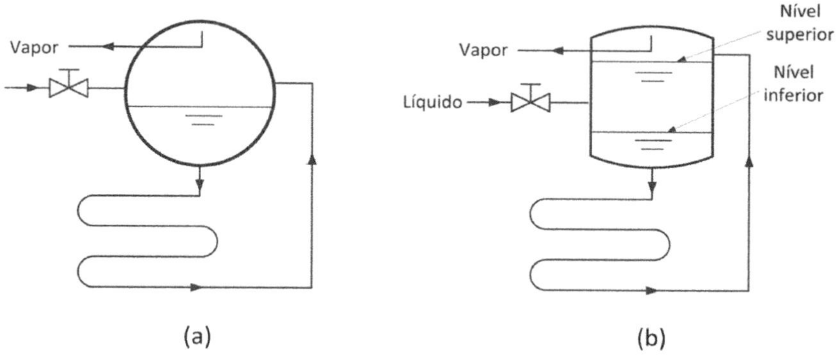

Figura 11.9 – Separadores de líquido para evaporadores inundados, orientados nas direções: (a) horizontal; (b) vertical.

As características de armazenamento estão associadas a duas condições distintas de operação: durante o degelo por gás quente e quando ocorre uma súbita elevação da carga térmica. No primeiro caso, quando o gás quente é introduzido pela parte superior do evaporador, o líquido presente neste é desalojado, devendo ser armazenado no separador de líquido para evitar que se desloque até o compressor. Outra possibilidade seria a instalação de um acumulador na linha de aspiração, permitindo a adoção de um separador de dimensões inferiores, uma vez que este não mais armazenaria líquido. No segundo caso, o separador opera como reservatório de armazenamento em uma condição operacional em que o evaporador experimenta uma súbita elevação de carga térmica. De início, em virtude da reduzida carga, o evaporador é predominantemente preenchido pelo refrigerante líquido. Com a elevação repentina da carga, o líquido muda bruscamente de fase, ocorrendo, como resultado, a expulsão de boa parte do líquido presente no início, o qual é recolhido no separador.

A outra função do separador de líquido, como o próprio nome sugere, é a de separar o líquido do vapor, sendo válidas, portanto, as considerações da Seção 11.3, a respeito dos mecanismos de separação. Comparados aos reservatórios de baixa pressão associados aos sistemas com recirculação, os separadores de líquido acoplados a evaporadores inundados são relativamente pequenos. Isso se deve ao fato de servirem

[3] Na literatura em inglês, denominado *surge tank*, distinguindo-o do reservatório de baixa pressão para sistemas com recirculação de líquido.

a um único evaporador, ao passo que os reservatórios de baixa pressão alimentam uma série de evaporadores. Como os separadores são relativamente pequenos, os orientados na direção horizontal devem apresentar um tamanho comparativamente grande para propiciar um tempo de residência adequado. Um fabricante [5] recomenda que separadores horizontais sejam dimensionados com o dobro do tamanho que os correspondentes verticais, para a mesma carga de refrigeração. Outra recomendação relativa ao tamanho dos separadores de líquido [6] para evaporadores do tipo serpentinas aletadas é a de que aqueles orientados horizontalmente apresentem um volume de *espaço livre* equivalente ao volume interior da serpentina. O espaço livre no separador é considerado como aquele entre o nível controlado e o nível a partir do qual o líquido seria arrastado. Considerações adicionais sobre as características dos separadores de líquido serão feitas na próxima seção.

11.6 RESERVATÓRIOS DE BAIXA PRESSÃO[4]

Como no caso da seção anterior, o reservatório de baixa pressão exerce as funções de armazenamento e separação de refrigerante líquido. O nível controlado, como se mostra na Figura 11.10, situa-se normalmente na região próxima ao fundo, servindo como referência para o controlador de admissão de líquido. Um volume adicional deve ser deixado entre o nível controlado e o nível superior, para permitir o armazenamento do líquido adicional proveniente dos evaporadores em processo de degelo ou da linha bifásica de retorno, quando inclinada, de tal modo que o líquido escoe por gravidade para o reservatório. Nesse caso, a capacidade de armazenamento do reservatório é necessária a fim de permitir o recolhimento do líquido presente na linha de retorno quando da parada da bomba de recirculação, no caso, por exemplo, de um corte de energia elétrica, resultando na interrupção da extração de líquido. Com relação à separação de líquido, o nível a ser considerado é o superior, como seria de se esperar em face das considerações da Seção 11.3. Por outro lado, o nível controlado não deve ser o inferior do reservatório, uma vez que, durante as partidas da instalação ou entrada em operação de um ou mais evaporadores, a bomba de recirculação pode extrair refrigerante líquido a uma taxa superior àquela com que as linhas de retorno e de líquido suprem o reservatório. Nessas condições, se não houvesse um volume de reserva, poderia ocorrer o esgotamento de líquido do reservatório, com consequente extração de vapor.

De acordo com Richards [4], a recomendação de Lorentzen [7] de se projetar a linha de alimentação de líquido para os evaporadores com base em uma velocidade de 1 m/s, como mostrado na Figura 11.10, é razoável. Além disso, ele sugere que se dimensione o reservatório de baixa pressão com um volume igual ao combinado dos evaporadores e das linhas de retorno. Ele sugere ainda que, desse volume, 25% seja destinado à reserva (entre o nível controlado e o inferior) e 30% para armazenamento (entre o nível controlado e o superior). Nessas condições, para efeitos práticos, o vo-

[4] Também denominado genericamente separador de líquido.

lume de reservatório até o nível superior corresponderia a aproximadamente 55% do volume total.

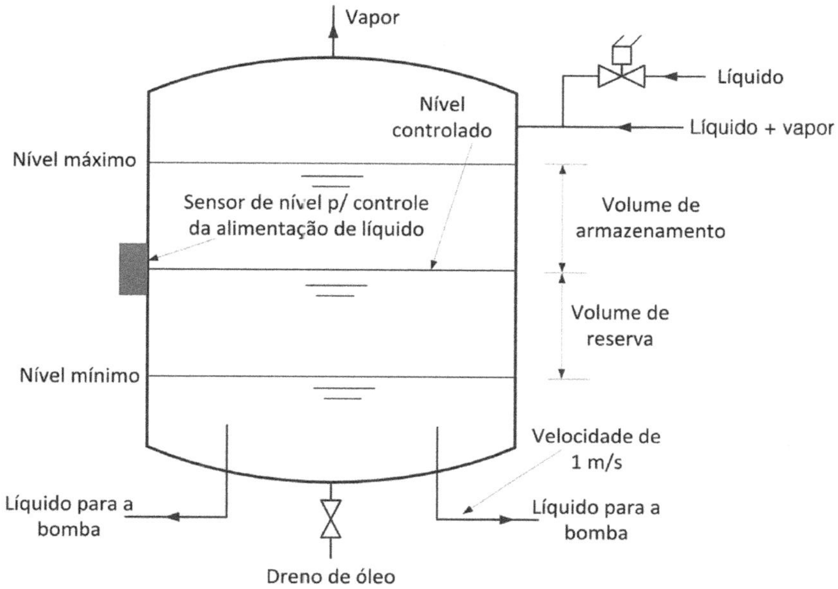

Figura 11.10 – Representação esquemática de um reservatório de baixa pressão.

11.7 TANQUE DE *FLASH*/RESFRIADOR INTERMEDIÁRIO

Na Seção 11.2 foi sugerido que a função exclusiva do tanque de *flash*/resfriador intermediário é de separação do líquido. Tal afirmação é correta se o referido reservatório opera como único componente à pressão intermediária. Há situações, entretanto, em que evaporadores podem operar àquela pressão, fazendo com que o tanque de *flash*/resfriador intermediário, além de sua função específica, também opere como reservatório de líquido, a exemplo dos separadores de líquido ou dos reservatórios de baixa pressão das seções precedentes.

Uma das funções mais importantes do tanque de *flash*/resfriador intermediário é a de reduzir o superaquecimento do vapor de descarga do compressor do estágio de baixa pressão (*booster*). O procedimento utilizado consiste em borbulhar esse vapor no líquido do tanque de *flash*, como ilustrado na Figura 11.11(a). Se, por um lado, o efeito de borbulhamento e agitação intensa são interessantes pois melhoram a transferência de calor, por outro, podem induzir um arrasto maior de líquido, comprometendo a função de separador do tanque de *flash*. Uma solução alternativa seria a indicada na Figura 11.11(b), na qual líquido é injetado na corrente de vapor superaquecido que se dirige ao tanque de *flash* por meio de uma válvula do tipo termostático, por exemplo, controlada pelo superaquecimento do vapor que deixa o reservatório.

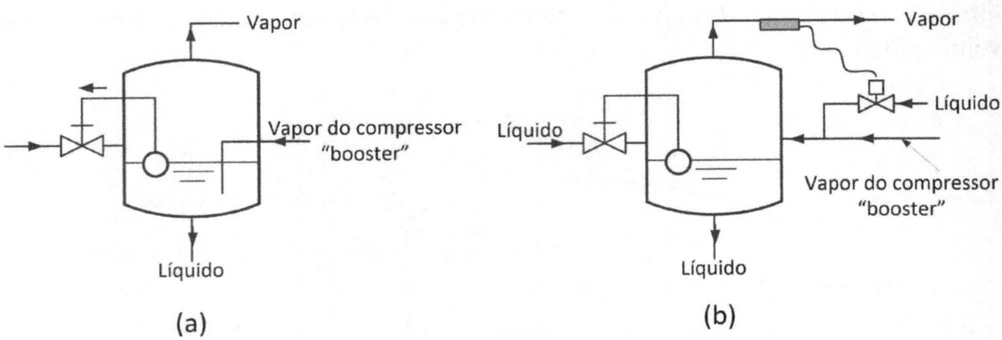

Figura 11.11 – Redução do superaquecimento do vapor de descarga do compressor do estágio de baixa pressão no tanque de *flash*/resfriador intermediário por: (a) borbulhamento no líquido; (b) injeção de líquido no vapor, a montante do tanque.

11.8 ACUMULADOR DE ASPIRAÇÃO

O acumulador de aspiração (sucção) ilustrado na Figura 11.1(e) é um componente desnecessário na maioria das instalações, uma vez que os reservatórios de baixa pressão devem ser dimensionados de modo a não permitir o transporte de líquido para a linha de aspiração, da mesma maneira que os tanques de *flash* em sistemas de duplo estágio de compressão. Um acumulador da linha de aspiração pode ser necessário em um sistema constituído de múltiplos evaporadores inundados com um separador de líquido subdimensionado, caso em que pode ocorrer o transbordamento de líquido para a linha de aspiração. A fim de acelerar a evaporação do líquido recolhido pelo acumulador, frequentemente são instaladas serpentinas de água quente, como sugerido na Figura 11.1(e). Outra possibilidade seria bombear periodicamente o líquido acumulado até o tanque de líquido (alta pressão).

11.9 TÉCNICAS PARA MELHORAR O DESEMPENHO DOS RESERVATÓRIOS

Algumas técnicas simples e de fácil aplicação relacionadas às entradas e saídas dos reservatórios podem, em certos casos, melhorar a separação do líquido. Uma delas [8], ilustrada na Figura 11.12(a), consiste na admissão tangencial da mistura bifásica de modo a forçar as gotas de líquido a se separarem por ação da força centrífuga e aderirem à superfície interior do reservatório. O vapor é extraído pela região central da tampa superior do reservatório. Outra técnica é a de induzir a coalescência de gotas pequenas, promovendo trajetórias sinuosas da mistura líquido-vapor pela instalação de chicanas ou malhas antes da saída, como mostrado nas Figuras 11.12(b) e 11.12(c). Esses dispositivos são frequentemente adotados em reservatórios para a indústria química [9, 10], permitindo a redução do seu volume. Eles apresentam a desvantagem de introduzirem uma perda de carga adicional, que pode ser crítica sob o ponto de vista operacional da instalação, razão pela qual alguns projetistas preferem adotar reservatórios maiores, com menor perda de carga.

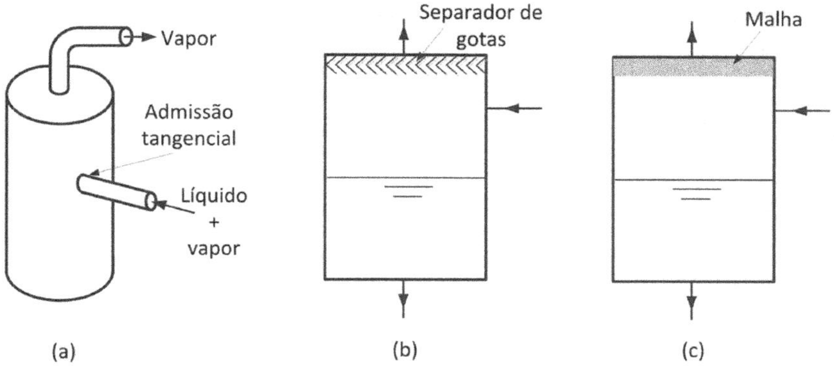

Figura 11.12 – Técnicas para melhorar a separação de líquido: (a) admissão tangencial; (b) separador de gotas; e (c) malha.

As saídas do reservatório também podem ser melhoradas pela aplicação de técnicas simples, como as da Figura 11.13. No caso da Figura 11.13(a), o transporte para a linha de aspiração, pelo arrasto de líquido aderido à superfície interior, é eliminado por uma leve extensão da linha de saída para o interior do reservatório [11]. Em sistemas com recirculação de líquido, vapor deve ser impedido de adentrar a bomba, onde pode provocar a ocorrência de cavitação e mesmo bloqueio do escoamento. No reservatório de baixa pressão, a saída para a linha de alimentação de líquido pode promover a formação de um vórtice (como no esgotamento de uma pia), com uma depressão no seu centro. Nessas condições, bolhas podem introduzir-se na linha, sendo transportadas para a bomba, o que pode ser evitado pela instalação de uma placa em forma de estrela na saída do reservatório, como ilustrado na Figura 11.13(b).

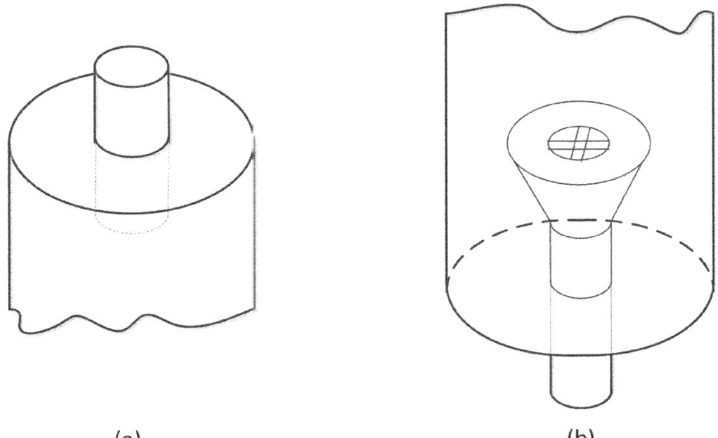

Figura 11.13 – (a) Dispositivo para evitar que líquido acumulado na superfície interior do reservatório seja arrastado para a linha de aspiração; (b) dispositivo para romper o vórtice e o consequente nível inferior de líquido no seu centro, na saída para a linha de líquido, em sistemas com recirculação.

11.10 CONSIDERAÇÕES FINAIS SOBRE O DIMENSIONAMENTO DE LINHAS E RESERVATÓRIOS

O objetivo do presente capítulo foi apresentar de maneira sucinta os critérios e procedimentos de dimensionamento de reservatórios. As dimensões obtidas podem ser consideradas as mínimas que satisfazem os critérios estabelecidos. Valores superiores a esses mínimos tendem a melhorar a operação do sistema. O aumento das dimensões, por outro lado, eleva o custo inicial e o de instalação. Além disso, maiores dimensões implicam um incremento do espaço físico ocupado, exigindo uma carga superior de refrigerante. As vantagens que resultam de dimensões superiores às mínimas são: melhor separação de líquido, o que evita danos potenciais ao compressor, e maior flexibilidade para responder a diferentes demandas de líquido em distintos equipamentos. Um aspecto interessante associado à adoção de dimensões superiores às mínimas é a possibilidade de expansão da instalação após algum tempo de operação caso haja necessidade e oportunidade para tanto.

REFERÊNCIAS

1. WHITE, F. M. *Viscous fluid flow*. New York: McGraw-Hill, 1991.

2. ASHRAE - AMERICAN SOCIETY OF HEATING, REFRIGERATING AND AIR-CONDITIONING ENGINEERS. *ASHRAE Handbook of Refrigeration 2014.*, Atlanta, 2014.

3. MILLER, D. K. *Recent methods for sizing liquid overfeed piping suction accumulator receivers*. International Congress of Refrigeration, International Institute of Refrigeration, Washington, DC, 1971.

4. RICHARDS, W. V. Old habits in ammonia vessel specification. *Air Conditioning, Heating and Refrigeration News*, p. 28, 13 maio 1985.

5. NIAGARA BLOWER COMPANY. *Pressure Vessel Sizing* (Automatic Refrigerante Control, Section 1). Buffalo, 1980.

6. STOECKER, W. F. How to design and operate flooded evaporators for cooling air and liquids. *Heating, Piping, and Air Conditioning*, v. 32, n. 12, p. 144-158, 1960.

7. LORENTZEN, G. How to design piping for refrigerant recirculation. *Heating, Piping, and Air Conditioning*, v. 37, n. 6, p. 152-193, 1965.

8. RAMSEY, A. *Tested solutions to: design problems in air conditioning and refrigeration*. New York: Industrial Press, 1966.

9. GERUNDA, A. How to size liquid-vapor separators. *Chemical Engineering*, p. 81-84, 4 maio 1981.

10. WU, F. H. Drum separator design – a new approach. *Chemical Engineering*, p. 74-80, 2 abr. 1984.

11. SMILEY, A. S. 1984, comunicação pessoal.

CAPÍTULO 12
REFRIGERANTES

12.1 INTRODUÇÃO

A história da refrigeração registra alguns momentos importantes, entre os quais podem ser citados: (i) a introdução do ciclo de compressão a vapor e o uso de compressores acionados por motores elétricos, a partir de meados do século XIX, eventos que impulsionaram as aplicações frigoríficas; (ii) o desenvolvimento de refrigerantes da família de compostos halogenados e sua introdução no mercado no fim da década de 1920, o que viabilizou a refrigeração doméstica; (iii) a substituição dos refrigerantes conhecidos como CFC (hidrocarbonetos à base de flúor e cloro), determinada pelo Protocolo de Montreal de 1986, em virtude de seu efeito sobre a camada de ozônio estratosférico; e (iv) a fase atual de substituição dos compostos HFC pelo seu potencial de efeito estufa por refrigerantes compatíveis com o meio ambiente. Embora esses eventos estejam associados a períodos de significativas transformações, os dois últimos são responsáveis por uma verdadeira revolução na indústria frigorífica. Com efeito, a substituição dos compostos utilizados como refrigerantes vem se combinando com o desafio de produzir equipamentos eficientes para satisfazer demandas da sociedade em um mercado cada vez mais competitivo. O resultado tem sido uma significativa dinâmica de aparecimento de novos componentes e equipamentos e a introdução intensiva de novas tecnologias, especialmente aquelas relacionadas à eletrônica e à informática.

No que diz respeito aos refrigerantes, os últimos vinte anos têm se caracterizado pelo aparecimento de inúmeros substitutos dos CFC, a maioria ainda no âmbito da família dos hidrocarbonetos halogenados, quer como substâncias puras ou como misturas binárias ou ternárias. Por outro lado, recentemente, com o aumento dos alertas relativos ao efeito estufa, refrigerantes naturais, como o CO_2 e hidrocarbonetos, têm sido introduzidos no mercado com sucesso. Nessa conjuntura, a amônia tem sido adotada na maioria das instalações industriais de construção recente, dominando o setor. Os produtores de compostos halogenados para aplicações como refrigerantes têm colocado no mercado uma extensa gama de produtos alternativos, o que torna difícil ao projetista menos avisado decidir quanto ao refrigerante que melhor se ajusta à particular instalação. Em suma, a situação do momento é de um significativo dinamismo no que diz respeito aos refrigerantes, sendo difícil prever as tendências a médio prazo.

O presente capítulo tem como objetivo introduzir o leitor, de maneira sumária, aos refrigerantes, apresentando sua nomenclatura, características físicas e desempenho no ciclo de compressão a vapor. Finalmente, no sentido de orientar o projetista, será feita uma análise comparativa do desempenho dos refrigerantes potencialmente interessantes para aplicações industriais.

12.2 CONSIDERAÇÕES PRELIMINARES

As questões relativas ao ataque à camada de ozônio estratosférico e ao efeito estufa associadas aos compostos artificiais têm sido objeto de inúmeras publicações e debates nas últimas duas décadas. Assim, este não seria o contexto para uma análise mais detalhada do problema. O objetivo desta seção é a análise das características físicas, como refrigerantes, de certas substâncias com potencial para afetar a camada de ozônio e/ou estar associadas ao efeito estufa. Entre essas substâncias estão compostos halogenados derivados de hidrocarbonetos (os CFC, HCFC e HFC – o significado das siglas será abordado mais adiante). Esses compostos se caracterizam por apresentarem cloro, flúor ou ambos na molécula, entre outros halogênios possíveis.

O afinamento da camada de ozônio estratosférico, de acordo com modelos das reações fotoquímicas envolvendo a irradiação solar ultravioleta, é resultado de um efeito em cadeia promovido por átomos de cloro (e bromo), entre outros. Os átomos de cloro atingem a estratosfera transportados por compostos clorados emitidos na biosfera. Para que as moléculas desses compostos mantenham sua integridade durante o período em que permanecem na atmosfera, antes de atingirem a estratosfera, é necessário que apresentem uma significativa estabilidade química. Curiosamente, foi essa estabilidade uma das características que credenciou os CFC como refrigerantes. Assim, por exemplo, uma molécula de refrigerante R-12, um CFC, apresenta uma vida útil na atmosfera da ordem de cem anos, tempo suficiente para que, eventualmente, atinja a estratosfera transportada por correntes atmosféricas.

A ação dos CFC sobre a camada de ozônio estratosférico precipitou a assinatura do Protocolo de Montreal, o que, por sua vez, deu origem às atividades de desenvolvimento de substitutos. Entretanto, o problema do afinamento da camada de ozônio estratosférico tem se composto com o do efeito estufa. Este consiste na retenção de parte da energia solar incidente, pelo fato de certos gases presentes na atmosfera atuarem de maneira semelhante a um vidro. Nesse sentido, são transparentes à irradiação solar na faixa de comprimentos de onda que sensibilizam a retina (*irradiação visível*), que varia entre 0,4 μm e 0,7 μm, mas são opacos à radiação infravermelha, caracterizada por comprimentos de onda superiores a 0,7 μm. Acontece que boa parte da energia solar se compõe de fótons na faixa visível de comprimentos de onda, ao passo que a superfície terrestre emite energia radiante na faixa de comprimentos de onda que corresponde à radiação infravermelha. Assim, pela ação desses gases, parte da irradiação solar incidente seria progressivamente armazenada, contribuindo para a elevação da temperatura da superfície terrestre. Tal efeito é conhecido como *efeito estufa*, por assemelhar-se ao processo que ocorre numa estufa. A maioria dos compostos halogenados utilizada em instalações frigoríficas, inclusive os halogenados substitutos dos CFC, como os HFC não nocivos à camada de ozônio estratosférico, apresenta, em maior ou menor grau, caráter seletivo quanto à irradiação solar incidente. Embora suas emissões sejam muito inferiores às do CO_2, o principal responsável pelo efeito estufa, sua ação é muito mais intensa.

Para caracterizar o nível da ação sobre a camada de ozônio estratosférico ou o efeito estufa dos compostos químicos, foram introduzidos dois índices. O primeiro, relativo à camada de ozônio, quantifica o potencial de destruição dessa camada que o particular composto apresenta com relação ao refrigerante R-11, ao qual se atribui um valor 1. Esse índice é denominado *potencial de destruição da camada de ozônio*, designado pelas iniciais do nome em inglês, ODP (*ozone depleting potential*). A Tabela 12.1, mais adiante, apresenta uma relação de refrigerantes com seu ODP. O segundo índice é relativo ao efeito estufa. Este é resultado de dois efeitos: um direto, causado pela presença física do composto na atmosfera, e outro indireto, resultante da emissão de CO_2 pela queima de um combustível fóssil para produzir a energia elétrica necessária para acionar a instalação frigorífica que opera com o particular refrigerante. Na Tabela 12.1 também foram incluídos valores do índice GWP (*global warming potential*) para distintos refrigerantes relativo ao efeito estufa direto do refrigerante R-11, ao qual se atribui arbitrariamente o valor 1. É interessante notar que esse refrigerante apresenta um potencial para o efeito estufa da ordem de 5.000, relativamente àquele do CO_2, para um horizonte de cem anos.

Concluindo, seria interessante especular sobre que propriedades um composto químico deveria ter para se credenciar como refrigerante. Idealmente, um refrigerante deveria apresentar todas as características enumeradas a seguir:

(i) *Características termodinâmicas favoráveis*: este aspecto é um dos que serão exaustivamente discutidos neste capítulo.

(ii) *Estabilidade química*: a estabilidade química é importante para que o refrigerante não seja susceptível à ação das pressões e temperaturas, além dos compostos químicos a que se expõe ao longo do circuito frigorífico.

(iii) *Não ser tóxico*: apesar dos circuitos frigoríficos se caracterizarem por instalações herméticas (não abertas à atmosfera), a possibilidade de fugas impõe que os compostos utilizados como refrigerantes apresentem um nível reduzido de toxicidade, o que a maioria dos halogenados satisfaz. Mais adiante esse aspecto será detalhado.

(iv) *Não ser inflamável*: a possibilidade de fugas também impõe que, na medida do possível, os refrigerantes não sejam inflamáveis. Essa característica foi objeto de disputas na comunidade técnica, com a possibilidade de substituir o R-12 por hidrocarbonetos, especialmente misturas de propano e isobutano para refrigeração doméstica.

(v) *Ser compatível com o óleo de lubrificação do compressor*: a compatibilidade com o óleo de lubrificação é uma característica desejável em instalações automáticas, nas quais se deve prever um adequado retorno do óleo de lubrificação ao compressor. Os refrigerantes halogenados sem cloro na molécula (HFC) são incompatíveis com os óleos usados em instalações frigoríficas que operam com refrigerantes da família dos CFC, o que exigiu a introdução de óleos sintéticos, especialmente aqueles à base de glicóis polialcalinos (PAG) e ésteres poliólicos (POE).

(vi) *Apresentar certo grau de compatibilidade com materiais*: na medida do possível, os refrigerantes devem ser compatíveis com os materiais usados em circuitos de refrigeração. Como se sabe, os refrigerantes halogenados são, de maneira geral, solventes, e o uso de materiais para contato com eles deve ser objeto de análise prévia.

(vii) *Ser de fácil detecção*: a detecção é importante em instalações de grande porte, caracterizadas por significativos inventários de refrigerante. A rápida detecção pode evitar a perda completa da carga de refrigerante da instalação.

(viii) *Não ser pernicioso ao meio ambiente*: a consciência com a preservação do meio ambiente tem crescido significativamente nas últimas décadas, o que impõe aos projetistas cuidados redobrados na seleção do tipo de refrigerante e no uso e aplicação de procedimentos de instalação e manutenção que limitem ao máximo as emissões. A questão da camada de ozônio se compõe com aquela do efeito estufa no sentido de impor à indústria frigorífica o desafio de desenvolver instalações mais estanques, operando com refrigerantes compatíveis com o meio ambiente.

(ix) *Estar disponível comercialmente a um custo razoável*: a disponibilidade comercial do refrigerante está intimamente associada a seu preço. Um refrigerante ideal que apresente um custo elevado seria impraticável. O refrigerante R-502 é constituído de uma mistura azeotrópica (ver mais adiante) dos refrigerantes R-115 (CFC) e R-22 (HCFC). Era um refrigerante adequado a aplicações comerciais de baixa temperatura. Na década de 1990, em virtude da futura retirada do mercado nacional, sua disponibilidade foi significativamente reduzida, ocorrendo uma consequente elevação do preço no varejo. A indústria reagiu convertendo as instalações para o refrigerante R-22, que pode ser utilizado com segurança em baixas temperaturas de evaporação, sendo até hoje utilizado tanto em aplicações de condicionamento de ar como em refrigeração de baixa temperatura, em que pese a sua futura retirada por tratar-se de um composto da família dos halogenados (HCFC) com cloro na molécula.

As propriedades enumeradas são mais ou menos óbvias. A maioria dos halogenados as satisfaz em quase sua totalidade, sendo essa a razão pela qual se popularizaram como refrigerantes.

Numa pesquisa feita pelo National Institute of Standards and Technology (NIST), dos Estados Unidos [1], mais de oitocentos fluidos industriais foram examinados quanto ao seu potencial para uso como refrigerantes, devendo satisfazer as seguintes condições termodinâmicas:

(i) temperatura de fusão inferior a –40 °C;

(ii) temperatura crítica superior a 80 °C;

(iii) pressão de saturação a 80 °C inferior a 50 Mpa;

(iv) valor do parâmetro (h_{lv}/v_v) superior a 1,0 kJ/litro.

As duas primeiras condições visam eliminar fluidos com ponto de fusão e temperatura crítica próximas da faixa de operação típica das aplicações frigoríficas. A terceira condição elimina fluidos excessivamente voláteis, associados a pressões de condensação elevadas, ao passo que a quarta está relacionada ao tamanho do compressor. Fluidos com valores reduzidos do grupo h_{lv}/v_v exigem compressores de volume avantajado.

A pesquisa revelou que 51 compostos satisfaziam as condições impostas, apresentando o seguinte perfil:

- 15 hidrocarbonetos;
- 5 compostos oxigenados (éteres, aldeídos etc.);
- 5 compostos nitrogenados (NH_3, metilamina etc.);
- 3 compostos de enxofre (SO_2 etc.);
- 4 diversos;
- 19 hidrocarbonetos halogenados (R-12, R-22, R-11 etc.).

É interessante observar que alguns dos compostos com perfil termodinâmico satisfatório podem apresentar outras características desfavoráveis, como certo grau de toxicidade ou inflamabilidade, o que os tornaria inadequados. Os fluidos da pesquisa não envolveram misturas, que têm se popularizado nos últimos anos com a necessidade de refrigerantes alternativos aos CFC para satisfazer determinadas condições operacionais. A combinação de duas ou mais espécies químicas em proporções adequadas pode resultar num composto com as características desejadas.

12.3 NOMENCLATURA

De maneira geral, os refrigerantes podem ser classificados nas seguintes categorias:

- derivados halogenados de hidrocarbonetos saturados;
- misturas não azeotrópicas de hidrocarbonetos halogenados;
- misturas azeotrópicas de hidrocarbonetos halogenados;
- compostos orgânicos;
- compostos inorgânicos;
- derivados halogenados de hidrocarbonetos não saturados.

Uma classificação alternativa pode ser encontrada na norma AHRI-700 de 2016, feita pelo Air Conditioning, Heating and Refrigeration Institute (AHRI), dos Estados Unidos [2].

Os refrigerantes são designados por números, de acordo com a norma ASHRAE 34-2013 [3]. O uso de números é interessante em virtude da complexidade do nome científico de alguns refrigerantes, especialmente os derivados halogenados dos hidrocarbonetos. Os números são constituídos de, no máximo, quatro algarismos, de acordo com a regra a seguir.

- *Primeiro algarismo da direita*: número de átomos de flúor na molécula.
- *Segundo algarismo*: número de átomos de hidrogênio mais 1.
- *Terceiro algarismo*: número de átomos de carbono menos 1.
- *Quarto algarismo* a partir da direita: utilizado para designar compostos derivados de hidrocarbonetos não saturados, incluindo compostos como os "hálons", utilizados no passado no controle de incêndios. Neste grupo, encontram-se os compostos HFO, como o R-1234yf.

Uma forma sumária da regra de numeração dos refrigerantes é a seguinte:

$$(C-1)\ \ (H+1)\ \ (F)$$

As valências não preenchidas correspondem aos átomos de cloro na molécula. Por convenção, o primeiro algarismo nulo a partir da esquerda não se escreve. Tal é o caso da série do metano, em que (C – 1) é nulo, correspondendo a refrigerantes designados por números de dois algarismos. De acordo com a regra, o refrigerante 12 é um derivado do metano, não incluindo átomos de hidrogênio, pois H + 1 = 1, e apresentando dois átomos de flúor. As duas valências restantes são ocupadas por átomos de cloro. Cientificamente, é designado por *diclorodifluorometano*.

Os isômeros são designados por sufixos "a", "b", "c" etc., em ordem crescente de assimetria espacial. Assim, o refrigerante R-134a, um composto da série do etano (dois átomos de carbono), é composto por quatro átomos de flúor e dois de hidrogênio, constituindo-se num dos isômeros espaciais do composto 134.

A série 400 é reservada para as misturas não azeotrópicas, designadas em ordem crescente por cronologia de aparecimento. A série 500 designa as misturas azeotrópicas, a 600, os compostos orgânicos; e a 700, os inorgânicos, em ordem crescente, de acordo com a massa molecular. Assim, o refrigerante 717 designa a amônia, NH_3 (massa molecular 17), e o 718, a água, H_2O (massa molecular 18).

É interessante notar que as misturas são designadas pelas expressões *azeotrópicas* e *não azeotrópicas*, de acordo com seu comportamento durante a mudança de fase. As primeiras se comportam como uma substância pura, isto é, durante a mudança de fase a pressão constante a temperatura permanece constante. No caso das misturas não azeotrópicas, o comportamento durante a mudança de fase é o típico das misturas, com variações da temperatura para pressão constante, além de mudança de composição das fases líquido e vapor. A Figura 12.1 ilustra o comportamento das misturas durante a mudança de fase. No caso da Figura 12.1(a), pode-se notar que, mantendo a pressão constante, aquecimentos sucessivos do líquido levam ao estado denominado *ponto de ebulição*, condição em que a primeira bolha de vapor se forma. Pela denominada *regra da alavanca*, a composição dessa bolha pode ser encontrada traçando um segmento horizontal até encontrar a linha de vapor saturado. Continuando o aquecimento, a mistura bifásica passaria por estados ao longo da linha vertical, como A. A composição do líquido e do vapor nesse estado é a dos pontos B e C, respectivamente. Aquecimentos posteriores levam ao *ponto de orvalho*, em que a última gota de líquido se evapora. A composição dessa gota pode ser encontrada traçando um segmento horizontal até a linha de líquido saturado, como indicado na figura.

As misturas não azeotrópicas (série 400) apresentam excursões relativamente pequenas de temperatura durante a mudança de fase (*temperature glide*), em geral, inferiores a 6 °C. As misturas azeotrópicas (série 500) ocorrem para concentrações definidas de uma mistura, como indicado na Figura 12.1(b). Para concentrações distintas da azeotrópica, a mistura se comporta como não azeotrópica.

Os compostos designados por HFO derivam de hidrocarbonetos não saturados, sendo reservada a numeração com quatro algarismos, como no caso dos hálons, com o primeiro da esquerda sendo o 1. Os seguintes seguem a mesma regra dos demais refrigerantes. Assim, no caso do refrigerante R-1234yf, cuja fórmula é $C_3H_2F_4$, o 1 está relacionado ao fato de ser derivado de um hidrocarboneto não saturado, o 2 por apresentar três átomos de carbono, o 3 pelos dois átomos de hidrogênio e o 4 em razão dos quatro átomos de flúor. As letras estão relacionadas à isomeria espacial.

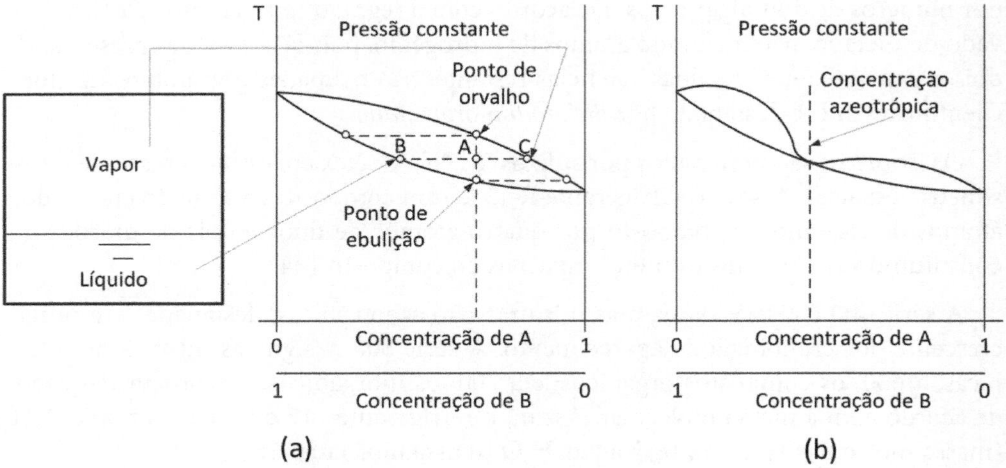

Figura 12.1 – Diagramas de equilíbrio de misturas binárias: (a) não azeotrópica; (b) azeotrópica para uma dada composição da mistura.

A Tabela 12.1 apresenta alguns refrigerantes, sua designação, nome científico e composição, além dos índices ODP e GWP. Os refrigerantes da família dos hidrocarbonetos halogenados se caracterizam por moléculas com átomos dos halogêneos flúor e cloro (e, eventualmente, bromo), além de carbono e hidrogênio. Nesse sentido, podem ser classificados em três grupos: os hidrocarbonetos puros, CH; os derivados de hidrocarbonetos completamente halogenados, que não apresentam nenhum átomo de hidrogênio, como os CFC (com átomos de cloro e flúor na molécula); e os hidrocarbonetos parcialmente halogenados, incluindo os HCFC (com átomos de hidrogênio, cloro e flúor na molécula) e os HFC (átomos de hidrogênio e flúor na molécula). Os triângulos da Figura 12.2 ilustram as séries de hidrocarbonetos halogenados derivados do metano e do etano. O vértice superior corresponde ao hidrocarboneto puro (metano, etano) e os vértices inferiores à esquerda e à direita correspondem aos compostos em que os átomos de hidrogênio do hidrocarboneto foram substituídos, respectivamente, por átomos de cloro e flúor. É interessante notar que os CFC se localizam nos lados inferiores, os HFC nos lados à direita e os HCFC na região central dos triângulos.

Curiosamente, as distintas regiões nos triângulos estão associadas a determinadas características físicas dos compostos que as ocupam. Assim, deslocando-se no sentido do vértice superior, o número de átomos de hidrogênio na molécula aumenta e os compostos se tornam mais inflamáveis. Por outro lado, deslocando-se da esquerda para a direita, a temperatura normal de ebulição (à pressão normal, 101,325 kPa) diminui e da direita para a esquerda aumenta a toxicidade. Finalmente, deslocando-se da esquerda para a direita, o número de átomos de cloro na molécula diminui em favor de átomos de flúor, o que implica uma redução no valor do índice ODP. Os compostos do lado direito, HFC, não apresentam cloro na molécula e, portanto, seu ODP é nulo. Os HFC ou suas misturas seriam, assim, os substitutos ideais para os CFC em relação ao efeito sobre a camada de ozônio.

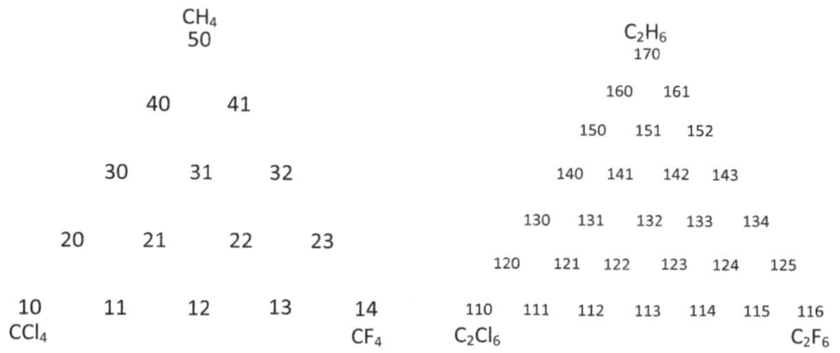

Figura 12.2 – Séries de hidrocarbonetos halogenados derivados do metano e etano.

Tabela 12.1 – Relação de alguns refrigerantes, sua designação, nome, composição química e índices relacionados ao ozônio estratosférico (ODP) e ao efeito estufa (GWP)

Família	N.º	Nome	Composição química*	ODP	GWP
Hidrocarbonetos halogenados					
	11	Tricloromonofluormetano	CCl_3F (CFC)	1	1**
	12	Biclorobifluormetano	CCl_2F_2 (CFC)	0,73	2,33
	13	Monoclorotrifluormetano	$CClF_3$ (CFC)	1	2,98
	22	Hidrobicloromonofluormetano	$CHClF_2$ (HCFC)	0,034	0,38
	23	Hidrotrifluormetano	CHF_3 (HFC)	0	2,66
	32	Bi-hidrobifluormetano	CH_2F_2 (HFC)	0	0,15
	123	Hidrobiclorobifluoretano	$C_2HCl_2F_3$ (HCFC)	0,01	0,017
	125	Hidropentafluoretano	C_2HF_5 (HFC)	0	0,68
	134a	Bi-hidrotetrafluoretano	$C_2H_2F_4$ (HFC)	0	0,28
	152a	Tetra-hidrobifluoretano	$C_2H_4F_2$ (HFC)	0	0,03
Misturas não azeotrópicas*					
	401A		22/152a/124 (53%/13%/34%)	0,02	0,25
	402A		125/290/22 (60%/2%/38%)	0,01	0,60
	403A		290/22/218 (5%/75%/20%)	0,03	0,67
	404A		125/143a/134a (44%/52%/4%)	0	0,84
	407C		32/125/134a (23%/25%/52%)	0	0,38
	409A		22/124/142b (60%/25%/15%)	0,03	0,34

(continua)

Tabela 12.1 – Relação de alguns refrigerantes, sua designação, nome, composição química e índices relacionados ao ozônio estratosférico (ODP) e ao efeito estufa (GWP) *(continuação)*

Família	N°	Nome	Composição química*	ODP	GWP
	410A		32/125 (50%/50%)	0	0,45
Misturas azeotrópicas*					
	500		12/152a (73,8%/26,2%)	0,5	1,73
	502		22/115 (48,8%/51,2%)	0,2	1,00
	507A		125/143a (50%/50%)	0	0,86
Hidrocarbonetos					
	170	Etano	C_2H_6	0	≈ 0 (1)***
	290	Propano	C_3H_8	0	≈ 0 (5)
	600	Butano	C_4H_{10}	0	≈ 0 (4)
	600a	Butano normal (isobutano)	C_4H_{10}	0	≈ 0 (20)
Compostos inorgânicos					
	717	Amônia	NH_3	0	0
	718	Água	H_2O	0	0
	744	Dióxido de carbono (gás carbônico)	CO_2	0	≈ 0 (1)
Orgânicos não saturados					
	1150	Etileno	C_2H_4	0	0
	1234yf	Tetrafluorpropeno	$C_3H_2F_4$ (HFO)	0	0 (<1)
	1270	Propeno	C_3H_6	0	0

* Na coluna da composição química, é indicada a designação dos componentes e, entre parênteses, a composição da mistura na base-massa.

** O valor absoluto do GWP do R-11 é igual a 4.660 para um horizonte de cem anos. Os valores de GWP da tabela se referem ao valor do R-11.

*** Valores entre parênteses correspondem aos absolutos segundo a referência [4].

Fonte: referência [4].

12.4 PROPRIEDADES FÍSICAS

As pressões exercidas podem ser o fator determinante na seleção do refrigerante para dada instalação frigorífica. Com efeito, se, por um lado, pressões elevadas tendem a exigir tubulações e reservatórios de espessuras superiores às normais, por outro, refrigerantes de baixa pressão podem ser inadequados para aplicações de reduzida temperatura de evaporação em virtude da possibilidade de ocorrência de pressões subatmosféricas em determinadas regiões do circuito, deixando-as expostas à penetração de ar atmosférico, o que, como regra geral, deve ser evitado. Na Figura 12.3, estão representadas as curvas da pressão de saturação em função da temperatura de alguns dos refrigerantes da Tabela 12.1. Observa-se que o refrigerante R-404A se caracteriza por pressões superiores aos demais, com exceção do gás carbônico (CO_2), razão pela qual se utiliza em baixas temperaturas de evaporação. O refrigerante R-404A foi desenvolvido para substituir o R-502 em aplicações comerciais de baixa temperatura de evaporação, como balcões e câmaras de produtos congelados. Como se observa na Tabela 12.1, trata-se de uma mistura de três compostos da família dos HFC e, portanto, não é nocivo à camada de ozônio, embora apresente um GWP não nulo. O refrigerante R-134a, da família dos HFC, se caracteriza por pressões menores, razão pela qual é utilizado em aplicações de temperatura de evaporação mais elevada, tipicamente entre −20 °C e 0 °C, tendo sido utilizado nos últimos trinta anos em aplicações anteriormente servidas pelo refrigerante R-12. Recentemente, com a intensificação da questão do aquecimento global, novas restrições têm sido impostas por tratados internacionais e regionais, especialmente, no âmbito da União Europeia, a refrigerantes com características associadas ao efeito estufa, como é o caso da maioria dos HFC, cujo GWP não é desprezível. Em consequência, os fabricantes têm desenvolvido refrigerantes com características termodinâmicas e operacionais próximas à dos HFC, mas apresentando valores de GWP nulos. Tal é o caso do refrigerante R-1234yf, potencial substituto do R-134a, cujo comportamento (p *versus* T_{sat}) é muito próximo ao do refrigerante R-134a, como se observa na Figura 12.3.

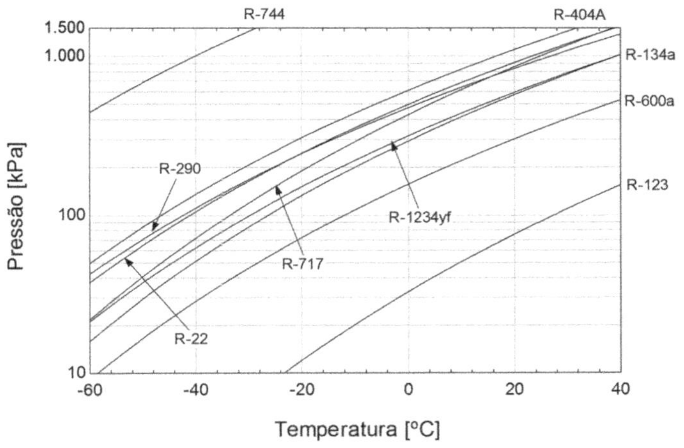

Figura 12.3 – Curvas de pressão de saturação em função da temperatura para alguns refrigerantes da Tabela 12.1.

As pressões exercidas pelos refrigerantes estão associadas à sua pressão crítica. Quanto maior essa pressão, menos volátil é o refrigerante e, portanto, exerce menores pressões a uma dada temperatura. A Tabela 12.2 apresenta a *pressão crítica* dos refrigerantes da Tabela 12.1, além de outros parâmetros característicos, como *temperatura crítica, ponto de ebulição normal*[1] e *ponto de fusão*. É interessante observar que refrigerantes com temperaturas críticas mais elevadas apresentam pontos de fusão e de ebulição normal superiores. Curiosamente, a relação entre as temperaturas absolutas (escala Kelvin) de ebulição normal e crítica, conhecida por *temperatura de ebulição normal reduzida*, excluídos os compostos da série 400 de misturas não azeotrópicas, apresenta um valor médio igual a 0,630, com mínimo de 0,577 (desvio de –8,41% relativamente à média) para a água e máximo de 0,661 (desvio de 4,92%) para o R-125. A média para os refrigerantes halogenados (excluídas as misturas não azeotrópicas) é de 0,641, com mínimo de 0,629 (desvio de –1,87% com relação à média) para o R-22 e máximo de 0,661 para o R-125 (desvio de 3,12%). Em suma, a temperatura de ebulição normal reduzida dos refrigerantes pode ser aproximada por um valor constante e igual a 0,630.

Na tabela também foi incluído o *calor latente de vaporização molar*,[2] que, como regra geral, tende a aumentar com a temperatura crítica. Na realidade, verifica-se que há uma relação aproximadamente linear entre o calor latente molar e a temperatura crítica. A Figura 12.4 ilustra tal comportamento para os refrigerantes da Tabela 12.2. O ponto mais afastado à direita corresponde à água.

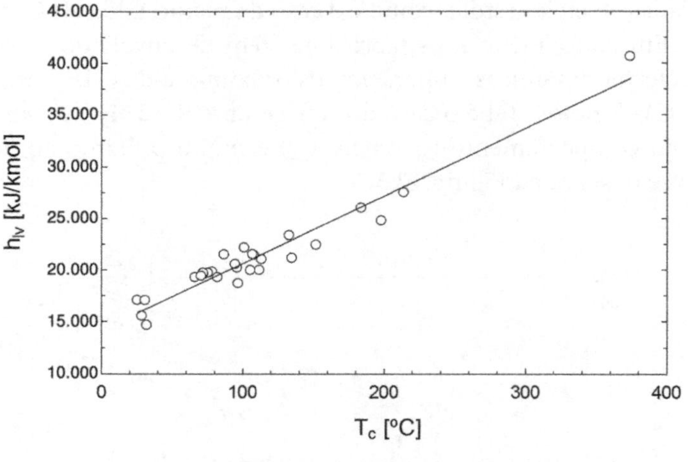

Figura 12.4 – Variação do calor de vaporização molar em função da temperatura crítica dos refrigerantes da Tabela 12.2.

As temperaturas de fusão à pressão normal dos refrigerantes da Tabela 12.2 são adequadamente baixas, não sendo motivo de preocupação para a maioria das aplicações frigoríficas. Com efeito, excetuando-se a água, que apresenta um ponto de fusão elevado, os demais refrigerantes apresentam pontos de fusão inferiores a –77,7 °C.

---

[1] O ponto de ebulição normal é a temperatura de saturação correspondente à pressão atmosférica normal, 101,325 kPa.

[2] O calor latente molar é definido como a diferença entre as entalpias molares do vapor e do líquido saturados, isto é, $h_{lv} = h_v - h_v$, em kJ/kmol.

Tabela 12.2 – Algumas propriedades físicas dos refrigerantes da Tabela 12.1

Refrigerante	Massa molecular	Temperatura crítica (°C)	Pressão crítica (kPa)	Ponto de ebulição normal (°C)	h_{lv} (kJ/kmol) (pressão normal)	Ponto de fusão (°C)
R-11	137,38	198,0	4.406	23,8	24.768	-110,5
R-12	120,9	112,0	4.113	-29,8	19.982	-157,0
R-13	104,5	28,80	3.865	-81,4	15.515	-181,2
R-22	86,48	96,00	4.974	-40,8	20.207	-157,4
R-23	70,02	25,60	4.833	-82,1	17.039	-155,1
R-32	52,02	78,40	5.830	-51,7	19.834	-136,8
R-113	187,39	214,1	3.437	47,6	27.513	-36,2
R-123	152,9	183,8	3.674	+27,9	26.005	-107,2
R-125	120,0	66,30	3.631	-48,6	19.276	-100,6
R-134a	102,3	101,1	4.067	-26,2	22.160	-103,3
R-152a	66,05	113,5	4.492	-25,0	21.039	-118,6
R-401A*	94,44	108,0	4.604	-33,1	21.457	–
R-402A*	101,6	75,50	4.135	-49,2	19.721	–
R-404A*	97,6	72,15	3.735	-46,55	19.555	–
R-407C*	86,2	86,79	4.597	-43,9	21.486	–
R-409A*	97,4	107,0	4.600	-34,2	21.525	–
R-410A*	72,58	72,13	4.925	-51,54	19.718	–
R-500	99,31	105,5	4.423	-33,5	19.975	–
R-502	111,6	82,20	4.075	-45,5	19.258	–
R-507A	98,86	70,74	3.714	-47,1	19.408	–
R-170	30,07	32,20	4.891	-88,8	14.645	-182,8
R-290	44,10	96,70	4.284	-42,1	18.669	-187,6
R-600	58,13	152,0	3.794	-0,50	22.425	-138,3
R-600a	58,13	135,0	3.645	-11,7	21.174	-159,41
R-717	17,03	133,0	11.417	-33,3	23.343	-77,7
R-718	18,02	374,0	22.064	100	40.664	0
R-744	44,01	31,1	7.372	-88,1	17.006	-56,6
R-1234yf	114,0	94,7	3.382	-29,5	20.564	–

* A temperatura de ebulição normal das misturas não azeotrópicas corresponde àquela de formação da primeira bolha de vapor à pressão atmosférica normal (*boiling point*).

Fonte: referência [4].

Concluindo, é importante enfatizar que as temperaturas-limite, de evaporação e condensação, constituem os parâmetros que determinam o tipo de refrigerante da instalação. Refrigerantes de baixa temperatura crítica e, portanto, de reduzida temperatura de ebulição normal devem ser utilizados em aplicações de baixa temperatura de evaporação.

O CO_2 (R-744) se caracteriza por apresentar uma temperatura crítica relativamente baixa, da ordem da temperatura ambiente (31,1 °C), apesar de sua pressão crítica ser elevada (7.372 kPa). Como nas aplicações frigoríficas a temperatura de condensação pode atingir valores superiores, o ciclo frigorífico nessas condições é denominado *transcrítico*, não havendo condensação, e sim uma variação da temperatura do refrigerante a pressão constante. Em consequência, o desempenho térmico do ciclo é afetado negativamente. Apesar desse inconveniente, o setor de condicionamento de ar automotivo cogita a utilização do CO_2 como refrigerante natural substituto do R-134a, que vem operando nessa indústria nos últimos vinte anos. Uma alternativa promissora para a utilização do gás carbônico é sua operação como refrigerante de baixa temperatura em ciclos em cascata, combinado com amônia, nesse caso, operando como refrigerante do circuito de alta temperatura. O setor de refrigeração comercial, em especial, tem optado pela aplicação do CO_2 em ciclos em cascata operando em combinação com outro refrigerante, como um HFC ou uma mistura de HFC.

Refrigerantes de elevada temperatura crítica seriam adequados para aplicações de alta temperatura de evaporação, como em bombas de calor para aquecimento de água, por exemplo. Os refrigerantes poderiam assim ser agrupados em três faixas de temperaturas críticas em função das aplicações: baixas, médias e altas. Considerando os refrigerantes da Tabela 12.2, o R-23 faria parte do primeiro grupo; o R-404A e a amônia (R-717), do segundo; e o R-123, do terceiro.

12.5 CARACTERÍSTICAS DE DESEMPENHO NO CICLO DE COMPRESSÃO A VAPOR

O desempenho do ciclo de Carnot não depende do particular fluido de trabalho utilizado como refrigerante, como se observou no Capítulo 2. Entretanto, os ciclos reais, mesmo o básico de compressão a vapor, se caracterizam por apresentar um desempenho que depende do particular refrigerante. Nessas condições, além dos critérios sugeridos na seção anterior, parece razoável incorporar aos parâmetros de seleção do refrigerante para uma particular aplicação o seu desempenho termodinâmico. Este pode ser determinante em termos do consumo de energia da instalação e do tamanho do compressor, entre outros aspectos. A Tabela 12.3 apresenta uma relação de parâmetros de desempenho termodinâmico de alguns dos refrigerantes mais utilizados na atualidade em aplicações frigoríficas em geral, inclusive as industriais. Para o levantamento da tabela, foi admitido um ciclo básico de compressão a vapor operando entre as temperaturas de evaporação e condensação iguais a, respectivamente, –15 °C e 30 °C. Não houve a preocupação em escolher uma faixa característica de temperaturas para algum tipo específico de aplicação; procurou-se simplesmente ilustrar o efeito do tipo de refrigerante nos parâmetros de desempenho termodinâmico.

Tabela 12.3 – Características de desempenho relativo ao ciclo básico de compressão a vapor de diversos refrigerantes com temperaturas de evaporação e condensação iguais a, respectivamente, –15 °C e 30 °C

	R-134a	R-1234yf	R-744	R-22	R-404A*	R-717
Pressão de evaporação (kPa)	164,0	183,7	2.291	296,3	361,0	236,2
Pressão de condensação (kPa)	770,6	783,5	7.214	1.192	1.428	1.167
Relação entre pressões	4,698	4,264	3,149	4,024	3,96	4,942
Efeito frigorífico (kJ/kg)	147,9	112,9	131,7	162,3	114,1	1.103
Vazão de refrigerante (kg/s/kW)	0,00676	0,00886	0,00759	0,00616	0,00876	0,000907
Volume específico do líquido (l/kg)	0,8421	0,9316	1,686	0,8538	0,9809	1,68
Vazão volumétrica de líquido (l/s/kW)	0,00569	0,00825	0,0128	0,00526	0,00860	0,00152
Diâmetro da linha de líquido para 1 kW de refrigeração e perda de carga de 0,02 K/m (mm)	4,67	5,26	3,429	4,18	4,67	2,30
Volume específico do vapor na aspiração do compressor (l/kg)	120,6	95,28	16,47	77,47	54,28	508,6
Vazão volumétrica de vapor de aspiração no compressor (l/s/kW)	0,815	0,844	0,125	0,477	0,476	0,461
COP	4,61	4,37	2,69	4,66	4,17	4,77

* As pressões de evaporação e de condensação são determinadas assumindo que as temperaturas são as de ebulição e de orvalho, ambas determinadas para títulos 0 e 1, respectivamente.

Inicialmente, é interessante considerar as pressões de evaporação e de condensação, além de sua relação. Os refrigerantes menos voláteis, de pressões inferiores, são o R-134a e seu potencial substituto, o R-1234yf, ao passo que os mais voláteis são o R-744 (CO_2), como seria de se esperar, e os derivados halogenados, o R-404A e o R-22, nessa ordem inversa. Entretanto, estes apresentam a menor relação entre pressões, aspecto interessante sob o ponto de vista operacional, uma vez que proporciona melhor rendimento volumétrico do compressor, além de potencialmente reduzir o trabalho de compressão. A amônia, por seu turno, apresenta um elevado valor da relação entre pressões, 4,94.

O efeito frigorífico, caracterizado pela diferença entre as entalpias do refrigerante na saída e entrada do evaporador, determina a vazão de refrigerante no circuito. Os refrigerantes halogenados apresentam valores significativamente inferiores ao da amônia, razão pela qual se caracterizam por vazões (massa) superiores. Essa vantagem da amônia é compensada nos refrigerantes halogenados pelo menor volume específico do vapor, resultando vazões volumétricas da mesma ordem de grandeza para todos os refrigerantes. Entretanto, como se observa na Tabela 12.3, as vazões volumétricas de vapor na aspiração do compressor nos casos da amônia e dos refrigerantes halogenados, R-22 e R-404A, são significativamente inferiores àquelas dos refrigerantes R-134a e R-1234yf, o que propicia o uso de compressores menos volumosos e, portanto, de menor cilindrada no caso de compressores alternativos.

A vazão volumétrica de refrigerante no estado de líquido saturado apresenta significativas variações entre os refrigerantes, sendo a amônia e o CO_2 os refrigerantes com menores valores. O efeito desse parâmetro fica, entretanto, circunscrito ao tamanho da linha de líquido, não devendo variar significativamente entre os refrigerantes, como se observa na Tabela 12.3. Os diâmetros da linha de líquido indicados foram avaliados para uma carga frigorífica de 1 kW e operação entre as temperaturas de evaporação e condensação que serviram de base para o desenvolvimento da tabela. Admitiu-se, além disso, uma perda de carga de 0,02 K de redução na temperatura de saturação por metro de comprimento de tubo. Verifica-se que os diâmetros associados aos refrigerantes halogenados variam pouco, com o R-1234yf apresentando o valor máximo de 5,26 mm. A amônia e o CO_2, entretanto, requerem diâmetros significativamente inferiores, da ordem da metade dos refrigerantes halogenados.

Uma inspeção superficial dos valores do coeficiente de eficácia, COP, dos refrigerantes da Tabela 12.3 poderia levar o leitor a concluir que as variações são limitadas. De fato, a diferença entre os COP máximo (amônia) e mínimo dos halogenados (R--404A) é da ordem de 14,4%, relativamente ao valor inferior. Entretanto, essa porcentagem é da mesma ordem daquela que alguns governos têm exigido de redução no consumo energético de determinados equipamentos frigoríficos, especialmente os de menor porte (domésticos), de uso extensivo a grandes camadas da população. Como seria de se esperar, o COP do gás carbônico é significativamente inferior pelo fato de a temperatura de condensação admitida para a Tabela 12.3 ser muito próxima da crítica, o que acaba por afetar negativamente o desempenho. Tal resultado, entretanto, não invalida a operação do CO_2 em aplicações frigoríficas. Como observado anteriormente, o uso desse refrigerante tem se generalizado recentemente tanto em ciclos *transcríticos*, de uma única etapa de compressão com temperaturas de condensação supercríticas, conforme se cogita no setor de condicionamento de ar automotivo, quanto em aplicações com ciclos em cascata, operando como refrigerante no circuito de baixa temperatura. As aplicações do CO_2 em ciclos em cascata na refrigeração comercial têm se estendido por todo o globo.

12.6 ASPECTOS RELACIONADOS À SEGURANÇA NA UTILIZAÇÃO E MANUSEIO DE REFRIGERANTES

A segurança na utilização e manuseio dos refrigerantes está relacionada a quatro aspectos básicos: a toxicidade, os potenciais carcinogênico e mutagênico e a flamabilidade. Recomendações a respeito da adequação dos distintos refrigerantes e a especificação dos níveis de toxicidade, bem como dos limites de inflamabilidade, podem ser encontradas em diversas publicações, embora os dados nem sempre coincidam. Apesar disso, podem ser úteis na obtenção de algumas conclusões gerais sobre, por exemplo, a toxicidade e a flamabilidade relativas dos refrigerantes.

A norma ASHRAE 34-2013 [3] classifica os refrigerantes quanto ao seu nível de toxicidade e inflamabilidade. Segundo essa norma, cada refrigerante é designado por um código de dois caracteres alfanuméricos, sendo o primeiro uma letra maiúscula, que caracteriza seu nível de toxicidade, e o segundo um algarismo, que indica o grau de inflamabilidade. Os compostos são classificados em dois grupos, de acordo com sua toxicidade para concentrações abaixo de 400 ppm:[3]

- *Classe A*: compostos cuja toxicidade não foi identificada.
- *Classe B*: foram identificadas evidências de toxicidade.

Quanto ao nível de inflamabilidade, os refrigerantes são divididos em três grupos, designados pelos algarismos 1, 2 e 3, de acordo com os seguintes critérios:

- *Classe 1*: refrigerantes nos quais não se observa propagação de chama em ar a 60 °C e 101,325 kPa.
- *Classe 2*: refrigerantes que apresentam propagação da chama em ar a 60 °C e 101,325 kPa; *limite inferior de inflamabilidade, LII*, superior a 0,10 kg/m^3 a 21 °C e 101,325 kPa; e *poder calorífico inferior, PCI*, inferior a 19.000 kJ/kg. A classe 2L corresponde a refrigerantes em que a velocidade de combustão não supera 100 mm/s a 23 °C e 101,325 kPa.
- *Classe 3*: refrigerantes de inflamabilidade elevada, caracterizando-se por LII inferior ou igual a 0,10 kg/m^3 a 21 °C e 101,325 kPa ou PCI superior a 19.000 kJ/kg.

A Tabela 12.4 apresenta a classificação de alguns refrigerantes quanto à sua toxicidade e inflamabilidade. Observa-se que os refrigerantes CFC são do grupo A1, não inflamáveis sem serem tóxicos. É interessante notar que o dióxido de carbono, o R-12 e o R-22 não são considerados inflamáveis, embora tenha se verificado que a combustão de uma mistura de 50% de ar e 50% de R-22, a pressões superiores a 1.380 kPa, pode ser induzida por elevadas temperaturas [5]. O R-123, um HCFC, substituto imediato do R-11 em aplicações frigoríficas, foi submetido a testes intensivos na década de 1990, tendo se concluído que certos cuidados devem ser tomados no seu manuseio, razão pela qual foi classificado como B1. Os HFC, substitutos ideais dos CFC, não são tóxicos, embora alguns, como o R-32 e o R-152a, com elevado número de átomos de hidrogênio na molécula, possam apresentar certo grau de inflamabilidade. A amônia, classificada como B2, apresenta certo nível de toxicidade e grau médio de inflamabilidade. As faixas de concentrações volumétricas em ar que constituem os limites de explosão de alguns refrigerantes industriais são dadas a seguir [6].

- Butano: 1,6% a 6,5%.
- Propano: 2,3% a 7,3%.
- Amônia: 16,0% a 25%.

---

[3] *ppm*: partes por milhão em volume de ar; a conversão para mg de substância por m^3 de ar pode ser feita pela seguinte equação: mg/m^3 = ppm × (massa molecular da substância) / 24,45.

Os refrigerantes halogenados podem se decompor a altas temperaturas, resultantes, por exemplo, da exposição a chamas ou a aquecedores elétricos [7]. Certos produtos da decomposição, como o ácido clorídrico e o fluorídrico, podem ser irritantes e mesmo tóxicos.

Tabela 12.4 – Classificação dos refrigerantes quanto aos padrões de segurança da norma ASHRAE 34-2013

Refrigerante	Classe	Refrigerante	Classe
R-11	A1	R-404A	A1
R-12	A1	R-407C	A1
R-13	A1	R-410A	A1
R-22	A1	R-500	A1
R-23	A1	R-502	A1
R-32	A2L*	R-507A	A1
R-113	A1	R-170	A3
R-123	B1	R-290	A3
R-125	A1	R-600	A3
R-134a	A1	R-600a	A3
R-152a	A2	R-717	B2L*
R-401A	A1	R-718	A1
R-402A	A1	R-744	A1
		R-1234yf	A2L*

* Refrigerantes com baixa inflamabilidade, caracterizados por uma velocidade de combustão inferior a 10 cm/s a 23ºC e 101,325 kPa.

Fonte: referências [3, 4].

O Underwriters Laboratory (UL)[4] classifica os refrigerantes quanto aos efeitos sobre a saúde, propondo os grupos a seguir [6].

- *Grupo 2* – gases ou vapores que, em concentrações de 0,5% a 1% (5.000 ppm a 10.000 ppm), para períodos de exposição de aproximadamente meia hora, são letais ou produzem sérios distúrbios: amônia.
- *Grupo 5* – gases ou vapores que, em concentrações entre 2% e 20% em volume, para períodos de exposição de aproximadamente 2 horas, são letais ou produzem sérios distúrbios: R-22 e dióxido de carbono.
- *Grupo 6* – gases ou vapores que, em concentrações de 20% em volume, para períodos de exposição de aproximadamente 2 horas, não parecem produzir qualquer distúrbio: R-12.

[4] O Underwriters Laboratory (UL) é um laboratório norte-americano especializado em segurança.

A American Conference of Governmental Industrial Hygienists (ACGIH) define dois valores-limite, ambos denominados TLV (*threshold limit values*). O primeiro, denominado TLV-TWA (*time-weighted average*), considera a concentração média, ponderada pelo tempo, para um dia normal de 8 horas e uma semana de 40 horas, à qual é possível uma exposição continuada sem o desenvolvimento de efeitos adversos. O outro, denominado TLV-STEL (*short-term exposure limit*), constitui o limite máximo de concentração à qual é possível uma exposição durante um período de 15 minutos, não mais que quatro vezes ao dia, sem o desenvolvimento de efeitos adversos.[5] A Tabela 12.5 apresenta valores de TLV para alguns refrigerantes considerados neste capítulo sugeridos pela ACGIH e pelo PAFT,[6] além da referência [7]. Os TLV dos demais refrigerantes halogenados não estão disponíveis.

Tabela 12.5 – Valor-limite para diversos refrigerantes

Refrigerante	TLV (ppm)	
	TWA	STEL
R-12	10	–
R-22	1.000	–
R-32*	1.000	–
R-123*	10 a 30	–
R-125*	1.000	–
R-134a*	1.000	–
R-502**	1.000	–
Amônia	25	35
Butano	800	–
Dióxido de carbono	9.000	30.000

* Sugerido pelo PAFT.
** Sugerido pela referência [7].
Fonte: referência [8].

No caso da amônia, uma série de recomendações relativamente antigas é apresentada na Tabela 12.6, impondo limites menos severos que os das duas normas anteriores.

Concluindo, recomenda-se o manuseio cuidadoso de todos os refrigerantes. Mesmo os halogenados, considerados os mais seguros, podem ser perigosos em concentrações elevadas.

5 De acordo com a ACGIH, tais efeitos consistem em: (1) irritação; (2) danos crônicos ou irreversíveis nos tecidos; (3) narcose em um nível capaz de acarretar um acidente pessoal, de impedir um autossalvamento ou mesmo de reduzir a eficiência no trabalho.

6 *Program for Alternative Fluorocarbon Toxicology Testing*, patrocinado pelos principais produtores de CFC.

Tabela 12.6 – Resposta fisiológica ao vapor de amônia

Exposição	Quantidade (ppm)
Concentração mínima percebida pelo cheiro	53
Concentração máxima para exposição prolongada	100
Concentração máxima para 1/2 a 1 hora de exposição	300-500
Concentração mínima que provoca irritação na garganta	408
Concentração mínima que provoca irritação nos olhos	698
Concentração mínima que provoca tosse	1.720
Concentração perigosa para 1/2 hora de exposição	2.500-4.500
Concentração fatal em curto período de exposição	5.000-10.000

Fonte: referência [9].

Os hidrocarbonetos, por outro lado, são combustíveis, recomendando-se o seu uso em instalações adequadamente preparadas para evitar chamas e faíscas. A amônia é o mais tóxico dos refrigerantes industriais, apresentando limites de inflamabilidade intermediários entre os dos compostos halogenados e os dos hidrocarbonetos. Entretanto, limites de inflamabilidade da ordem de 16% a 25% em volume no ar correspondem a concentrações de 160.000 ppm a 250.000 ppm, o que implica concentrações de 500 a 1.000 vezes a concentração tóxica. Em outras palavras, nenhum ser humano resistiria a uma atmosfera de amônia capaz de provocar uma explosão, razão pela qual alguns profissionais ligados à refrigeração industrial acreditam que alguns acidentes considerados como explosões de amônia foram, na realidade, rupturas de tubulações ou de reservatórios.

12.7 COMPATIBILIDADE COM MATERIAIS

Ao longo do circuito frigorífico, o refrigerante fica exposto a materiais diversos, como elastômeros, plásticos, metais, vernizes do enrolamento do motor de acionamento do compressor e o próprio óleo de lubrificação. Pela sua importância, a interação com o óleo de lubrificação será objeto de análise em separado na Seção 12.8. Esse tema foi largamente discutido durante o período de substituição dos CFC por novos compostos (HFC), que, em virtude de sua incompatibilidade com os óleos minerais, impuseram a introdução de novos óleos sintéticos em aplicações frigoríficas. A seguir, será analisada de maneira sumária a interação dos refrigerantes com os materiais anteriormente relacionados. Uma discussão razoavelmente pormenorizada pode ser encontrada na referência [4] e, principalmente, na [10].

METAIS

Com algumas exceções, refrigerantes halogenados podem ser usados com a maioria dos metais mais comuns, como aço, ferro fundido, latão, cobre etc. Alguns metais podem catalisar reações como a hidrólise e a decomposição térmica dos refrigerantes em determinadas condições. Não se recomenda magnésio, zinco e ligas de alumínio contendo mais de 2% de magnésio em sistemas que operem com refrigerantes halogenados, mesmo com a presença de somente traços de água [4]. Não se deve utilizar cobre, latão ou outra liga de cobre em instalações de amônia.

ELASTÔMEROS

O contato de refrigerantes, óleo de lubrificação ou de soluções de ambos pode alterar significativamente as propriedades físicas ou químicas de elastômeros. Alguns elastômeros não são adequados para uso em contato com refrigerantes em virtude da excessiva variação dimensional (aumento ou diminuição de volume). Assim, por exemplo, alguns elastômeros à base de neoprene tendem a "inchar" na presença de HFC. O refrigerante R-123, um HCFC, afeta os nitrilos no mesmo sentido [3, 10]. Como os elastômeros são frequentemente empregados em vedações, sugere-se que o fabricante ou o fornecedor do refrigerante seja consultado antes da aplicação de um elastômero em circuito frigorífico.

PLÁSTICOS E VERNIZES

Como regra geral, o efeito de refrigerantes sobre plásticos diminui com a redução de átomos de cloro na molécula ou, em outras palavras, com o aumento de átomos de flúor. Assim, por exemplo, o refrigerante R-11 afeta mais os plásticos em geral que o R-12, e este, mais que o R-13. Antes de usar um plástico, recomenda-se um teste de compatibilidade com o refrigerante particular. No limite, duas amostras diferentes do mesmo plástico podem apresentar efeitos distintos em virtude de diferenças na sua estrutura molecular [10].

Vernizes são usados como aplicações ao enrolamento (estatores) dos motores elétricos de compressores herméticos e semi-herméticos. Os vernizes são curados a temperaturas entre 135 °C e 180 °C, conferindo certa rigidez e isolamento elétrico ao enrolamento. Os mais variados compostos químicos são usados como vernizes, sendo importante verificar sua compatibilidade com os refrigerantes com que entrarão em contato.

12.8 INTERAÇÃO COM O ÓLEO DE LUBRIFICAÇÃO

O óleo de lubrificação do compressor em sistemas frigoríficos entra em contato com o refrigerante, sendo arrastado para as distintas regiões do circuito. Assim, dado que a interação do óleo com o refrigerante e misturas de ambos com os distintos materiais com que entram em contato pode afetar a integridade da instalação, a seleção do óleo mais adequado deve ser cuidadosamente considerada. Embora esse seja um aspecto da alçada dos fabricantes de compressores, o projetista e o operador de uma instalação frigorífica devem ter conhecimentos básicos do comportamento das misturas refrigerante/óleo, como modo de entender alguns critérios e procedimentos de projeto ou interpretar certas situações de emergência durante a operação da instalação. A substituição dos CFC envolveu um processo de procura e desenvolvimento de óleos adequados aos novos refrigerantes, razão pela qual a comunidade técnica foi exposta a um sem-número de publicações técnicas cuja correta interpretação exigia certo nível de conhecimento sobre o tema. O presente texto, dirigido às aplicações industriais, não é o contexto adequado para uma discussão mais detalhada da físico-química das soluções refrigerante/óleo. Esta seção abordará de maneira sucinta alguns temas considerados importantes, como os tipos de óleo de lubrificação, suas características, solubilidade com os refrigerantes e reações químicas.

As funções do óleo em um compressor, além da lubrificação das partes móveis, são o resfriamento e, em alguns casos, a vedação entre regiões de alta e baixa pressão, como nos compressores alternativos e parafuso. Dois tipos básicos podem ser encontrados no mercado: os *minerais* (OM), com suas distintas composições, e os *sintéticos*. Destes, devem ser destacados os *alquilbenzenos* (AB), os glicóis polialcalinos, popularmente conhecidos pelas iniciais do seu nome em inglês, *PAG*, e os ésteres poliólicos, também conhecidos pelas iniciais do nome em inglês, *POE*. Os óleos minerais se caracterizam por três composições básicas, dependendo da cadeia de sua molécula: os *naftênicos*, os *parafínicos* e os *aromáticos*. A Tabela 12.7, extraída da referência [10], apresenta uma relação dos distintos lubrificantes compatíveis com refrigerantes utilizados em aplicações frigoríficas e os compressores a eles associados.

Tabela 12.7 – Relação de refrigerantes, os lubrificantes compatíveis e os compressores que usualmente operam com os refrigerantes

Refrigerante	Compressor	Lubrificante	Viscosidade (ISO)*
R-22; R-123; R-502	Alternativo; rotativo; *scroll*; centrífugo; parafuso	OM; POE; AB	32 a 320
R-134a	Alternativo; rotativo; *scroll*; centrífugo; parafuso	POE; PVE**; PAG	7 a 220
R-407C	*Scroll*; alternativo	POE	
R-404A; R-507	Alternativo; *scroll*; rotativo	POE	32 a 68
R-410A	*Scroll*; alternativo; rotativo	POE; PVE; PAG	32 a 68
R-600; R-600a	Alternativo; rotativo; *scroll*	OM; POE; AB; PAO***; PAG	7 a 68
R-290	Alternativo; *scroll*	OM; POE; AB	32 a 68
R-717 (amônia)	Centrífugo; alternativo; parafuso	PAG; AB; OM; PAO	32 a 220
R-744 (CO_2)	Alternativo; rotativo; *scroll*	Subcrítico: PAO; POE; PAG Transcrítico: POE; PAG	68 a 120

* O grau de viscosidade ISO é a viscosidade cinemática em mm^2/s a 40 °C ± 10%. O valor da tabela é o médio. Exemplo: ISO 32 corresponde a uma viscosidade cinemática média de 32 mm^2/s, com mínimo de 28,8 mm^2/s e máximo de 35,2 mm^2/s.

** Polivinileteres.

*** Polialfaolefinas

Fonte: referência [10].

Em virtude de apresentarem moléculas aromáticas, os óleos alquilbenzenos se caracterizam por uma boa solubilidade com os refrigerantes R-22 e R-502. Em certos casos, utilizam-se misturas dos óleos alquilbenzenos com os minerais de base naftênica, constituindo os denominados óleos semissintéticos. Estes são compatíveis com os refrigerantes da família dos HCFC. Os refrigerantes da família dos HFC, caracterizados por moléculas polares, não são compatíveis com os óleos minerais (não polares) e os alquilbenzenos. Óleos sintéticos compatíveis com os refrigerantes dessa família foram introduzidos, destacando-se os POE e os PAG, que se caracterizam por elevada higroscopicidade, o que prejudica seu manuseio. Em virtude de sua elevada higroscopicidade, os PAG tendem a concentrar significativas quantidades de água quando expostos ao ar (alguns milhares de ppm), podendo, com isso, causar problemas ao circuito frigorífico relacionados à corrosão e à formação de placas de cobre (*copper plating*) em locais inadequados. Além disso, os óleos PAG tendem a se oxidar e são sensíveis a contaminantes contendo cloro, por exemplo, resíduos de R-12 em um sistema frigorífico. Apesar disso, como observado anteriormente, a indústria de condicionamento de ar automotivo optou pelo uso desses óleos. A indústria frigorífica, em geral, optou pelos óleos POE para a operação com refrigerantes da família dos HFC. Esses óleos são menos higroscópicos que os PAG e apresentam alguma tendência à hidrólise, além de serem incompatíveis com certos elastômeros.

A seleção do óleo de lubrificação do compressor de um sistema frigorífico requer o conhecimento de alguns de seus parâmetros físico-químicos, especialmente de sua viscosidade e do grau de miscibilidade com o refrigerante. O tipo de óleo e sua viscosidade devem ser claramente especificados pelo fabricante do compressor. A viscosidade do óleo varia com o tipo de compressor e o tipo de distribuição deste (por salpico ou bomba), além, é claro, da temperatura de operação. No que diz respeito à miscibilidade com o refrigerante, de início é importante esclarecer que, neste texto, esse termo será considerado sinônimo da solubilidade, ambos indicando o grau com que o refrigerante e o óleo podem formar soluções. A miscibilidade com o refrigerante é uma característica importante para garantir o adequado retorno do óleo ao cárter do compressor em circuitos que operam com refrigerantes halogenados. A amônia e o gás carbônico se caracterizam por reduzida solubilidade nos óleos minerais, razão pela qual, em sistemas industriais, procedimentos especiais de coleta do óleo acumulado nas regiões inferiores de separadores de líquido e seu adequado retorno ao cárter do compressor devem ser previstos.

Quanto à sua miscibilidade com o refrigerante, os óleos podem ser classificados como:

- *miscíveis* (ou solúveis): miscíveis em todas as proporções e temperaturas;
- *parcialmente miscíveis*: miscíveis acima de determinada temperatura, denominada *temperatura crítica*, para determinada composição; e
- *imiscíveis* (ou insolúveis): não formam soluções homogêneas.

Os refrigerantes R-22 e R-502 são parcialmente miscíveis em óleos minerais. Assim, para temperaturas inferiores à crítica e certas concentrações, formam-se duas fases-líquido, uma rica em refrigerante e a outra em óleo de lubrificação. A Tabela 12.8 apresenta temperaturas críticas para distintas misturas refrigerante/óleo.

Tabela 12.8 – Temperaturas críticas para misturas refrigerante/óleo e viscosidades* de alguns lubrificantes para aplicações frigoríficas

Lubrificante	Tipo	Viscosidade (mm^2/s)	Temperatura crítica a 10% em volume do óleo no refrigerante (°C)		
			R-22	R-134a	R-410A
OM	Naftênica	33,1	−4	–	–
	Parafínico	34,2	27	–	–
AB		31,7	−73	–	–
POE**		32,0	−48	−40	−25
PAG***		33,0	–	−51	−51
PVE		32,4	–	−55	−55

* Viscosidade a 40 °C, grau ISO 32.
** Valores da tabela correspondem a um dos lubrificantes POE considerado como referência.
*** Valores da tabela correspondem a um dos lubrificantes PAG considerado como referência.
Fonte: referência [10].

A miscibilidade parcial entre o refrigerante e o óleo de lubrificação pode afetar a composição da solução, do que podem resultar efeitos indesejáveis em certas partes do circuito. Em evaporadores de expansão seca, as duas fases líquido podem formar emulsões promovidas pela turbulência do escoamento, o que não acarretaria maiores consequências. Entretanto, em evaporadores inundados ou em separadores de líquido, a solução rica em óleo tende a acumular-se na parte superior, dificultando seu retorno ao compressor no caso dos refrigerantes halogenados. O mesmo tipo de separação das fases líquido pode ocorrer no cárter do compressor durante paradas prolongadas. A fase rica em refrigerante se deposita no fundo envolvendo o girabrequim. Nessas condições, durante a partida do compressor, a lubrificação de mancais e bielas ficaria comprometida. Há, ainda, a considerar a possibilidade daquela solução rica em refrigerante vir a ser deslocada para outras regiões onde promoveria a lavagem do óleo, comprometendo a lubrificação.

12.9 ANÁLISE COMPARATIVA ENTRE A AMÔNIA E OS REFRIGERANTES HALOGENADOS

A opção entre a amônia e os refrigerantes halogenados pode ser imediata, dependendo da aplicação. Com efeito, a amônia, pelas suas características de toxicidade, pode ser proibida ou ter seu uso desaconselhado. Em certos casos, a legislação municipal regulamenta o uso da amônia, limitando-a a certos tipos de instalações. Como regra geral, sua utilização é restrita a localidades afastadas de áreas densamente povoadas. Pode-se ainda afirmar que, mesmo quando não existe legislação regulamentando o uso da amônia, não é prudente aplicá-la, por exemplo, nas cercanias de escolas, hospitais ou edifícios públicos. A amônia deve ter o seu uso restrito a instalações industriais onde a operação seja supervisionada por pessoal técnico especializado. Uma vez vencidas as barreiras da regulamentação, ela é um sério concorrente para os refrigerantes halogenados.

O primeiro aspecto a ser considerado na análise comparativa é o custo. O preço dos refrigerantes oscila e depende da quantidade adquirida. Entretanto, pode-se afirmar que o preço da amônia é significativamente inferior, numa proporção que pode variar entre 10 e 40, dependendo do refrigerante halogenado. O fator custo pode ser importante em instalações de grande porte, com cargas de refrigerante da ordem de dezenas de toneladas. A comparação em termos de custo é mais significativa na base volumétrica quando se considera que a instalação deve ser preenchida por um volume (não massa) de refrigerante. Nesse caso, a amônia é ainda mais vantajosa, pois sua densidade é aproximadamente a metade daquela dos halogenados.

A Tabela 12.3 mostra a comparação em termos das vazões. Em virtude de apresentar um calor latente de vaporização superior, a vazão, para uma dada capacidade de refrigeração, de uma instalação de amônia é da ordem de 1/7 a 1/10 daquela correspondente aos refrigerantes halogenados. Essa característica é importante em sistemas com recirculação de líquido, implicando menores potências de bombeamento para instalações de amônia. Em relação à vazão volumétrica de vapor a baixa pressão, todos os refrigerantes apresentam valores próximos. Apesar da vazão (massa) da amônia ser inferior, sua vazão volumétrica é da mesma ordem em virtude do volume específico de seu vapor ser superior ao dos demais refrigerantes, como anteriormente observado. Nessas condições, seria possível concluir que o tamanho das linhas de vapor deve ser aproximadamente o mesmo para todos os refrigerantes. Tal não se verifica em virtude de o tamanho ser afetado por um fator adicional, a perda de carga, que é tradicionalmente relacionada à queda na temperatura de saturação. A Tabela 12.9 ilustra essa queda para os distintos refrigerantes, para uma capacidade de refrigeração de 100 kW. A menor redução na temperatura de saturação se dá com o CO_2, seguido da amônia, o que implica linhas de vapor de menor diâmetro para esses refrigerantes caso a queda na temperatura de saturação seja adotada como critério de dimensionamento. Observa-se que os refrigerantes de volatilidade intermediária, R-12, R-134a e R-1234yf, se caracterizam por perda de carga elevada comparada à dos demais refrigerantes, especialmente em relação aos refrigerantes naturais, amônia e CO_2, cuja perda de carga é reduzida.

A amônia se caracteriza por apresentar elevadas temperaturas de descarga, o que constitui uma desvantagem. A fim de aliviar esse problema, compressores alternativos de amônia incorporam um resfriamento do cabeçote por circulação forçada de água. Compressores parafuso, com injeção automática de óleo, não apresentam diferenças na temperatura de descarga dos refrigerantes aqui considerados.

Tabela 12.9 – Redução da temperatura de saturação na linha de aspiração para uma instalação operando a temperaturas de evaporação e condensação iguais a, respectivamente, –20 °C e 35 °C, para uma capacidade de refrigeração de 100 kW*

Refrigerante	Queda da temperatura de saturação (°C por 100 m de tubo de aço)	
	Diâmetro: 75 mm	Diâmetro: 100 mm
R-12	11,2	2,2
R-22	2,6	0,6
R-502	3,9	0,8
R-134a	9,8	1,9
R-404A	3,4	0,7
R-1234yf	13,6	2,6
Amônia	0,4	0,1
R-744**	0,04	0,01

* Os valores da tabela foram obtidos com base na correlação de Haaland para o coeficiente de atrito e uma rugosidade do aço de 0,000046 m (Capítulo 9). As propriedades do refrigerante foram admitidas como as do vapor saturado à temperatura de evaporação.

** Ciclo transcrítico. Valores determinados com um efeito frigorífico determinado com base num título igual a 20% na entrada do evaporador.

A remoção de óleo do sistema se processa de maneira diferente em instalações de amônia em comparação com as de refrigerantes halogenados. No caso da amônia, não miscível com o óleo, este pode ser removido em regiões de baixa velocidade, onde se deposita. Em instalações de refrigerantes halogenados, o óleo está sempre em solução com o refrigerante líquido, de modo que sua remoção se processa junto com o refrigerante, o qual deve ser evaporado e devolvido ao sistema na linha de aspiração, ao passo que o óleo é enviado automaticamente de volta ao compressor.

A questão da água no refrigerante também apresenta diferenças significativas. Enquanto sistemas de amônia podem admitir pequenas quantidades de água, sua presença em refrigerantes halogenados pode causar o bloqueio, por congelamento, de válvulas de expansão e controladoras de nível. Em sistemas de amônia, a água permanece em solução de maneira semelhante aos sistemas de absorção. Evidentemente, a presença de água não é isenta de problemas, uma vez que ela tende a migrar para o evaporador, onde ocorrem temperaturas baixas que podem causar o seu congelamento. Apesar disso, sistemas de amônia ainda podem tolerar pequenas quantidades de água, como observado.

Para concluir esta análise comparativa, uma referência deve ser feita à questão do odor, ao qual estão relacionadas concentrações tais que sensibilizam o olfato de indivíduos, mas em níveis suficientemente baixos para não atingir os limites de toxicidade. A amônia apresenta um odor característico, ao passo que os compostos halogenados são praticamente inodoros. O odor pode ser utilizado com vantagens na detecção de vazamentos. Instalações industriais de grande porte operando com refrigerantes halogenados podem perder toneladas de refrigerante por vazamentos, antes que os operadores se apercebam da fuga. No caso da amônia, embora a reação instintiva seja a de deixar o local no momento de um vazamento, este pode ser rapidamente controlado desde que o pessoal de manutenção utilize vestimenta adequada.

Concluindo, pode-se afirmar que a amônia apresenta diversas vantagens em relação aos refrigerantes halogenados, sendo a toxicidade sua principal desvantagem.

REFERÊNCIAS

1. MCLINDEN, M. O.; DIDION, D. A. The search for alternative refrigerants – a molecular approach. International Institute of Refrigeration Conference, Purdue University, p. 91-100, 1988.

2. AHRI – AIR CONDITIONING, HEATING, AND REFRIGERATION INSTITUTE. *Norma AHRI 700-2016 – Specifications for Refrigerants.* Arlington, 2016.

3. ASHRAE; ANSI – AMERICAN SOCIETY OF HEATING, REFRIGERATING; AIR-CONDITIONING ENGINEERS. *Norma ANSI/ASHRAE 34-2013 – Number Designation of Refrigerants and Safety Classification of Refrigerants.* Atlanta, 1992.

4. AMERICAN SOCIETY OF HEATING, REFRIGERATING AND AIR-CONDITIONING ENGINEERS. *ASHRAE Handbook of Fundamentals 2017.* Atlanta, GA, 2013.

5. SAND, J. R.; ANDRJESKI, D. L. Combustibility of chlorodifluoromethane. *ASHRAE Journal*, p. 38-40, maio 1982.

6. NUCKOLLS, A. H. The Comparative Life, Fire, and Explosion Hazards of Common Refrigerants. In: *Miscellaneous Hazard,* n.º 2375, Northbrook, IL, Underwriters Laboratory, 1933.

7. E. I. DU PONT DE NEMOURS & CO. *Safety of Freon®, "Refrigerants", Bulletin S-38.* Wilmington, DE, 1985.

8. AMERICAN CONFERENCE OF GOVERNMENTAL INDUSTRIAL HYGIENISTS. *Threshold Limit Values and Biological Exposure Indices for 1985-86.* Cincinnati, OH, 1998.

9. WALLACE, D. P. Atmospheric emissions and control. *Ammonia Plant Safety*, v. 21, p. 51-56, 1979.

10. AMERICAN SOCIETY OF HEATING, REFRIGERATING AND AIR-CONDITIONING ENGINEERS. *ASHRAE Handbook of Refrigeration 2014.* Atlanta, GA, 1998.

CAPÍTULO 13
SEGURANÇA

13.1 INTRODUÇÃO

O projeto e a operação de uma instalação frigorífica envolvem aspectos entre os quais a segurança certamente é o mais importante. A eficiência só deve ser considerada uma vez satisfeitas as premissas de segurança, cujo principal objetivo é a proteção do pessoal de operação e manutenção, bem como das pessoas que circulam ou habitam nas vizinhanças. Deve-se, ainda, considerar que acidentes que comprometam a segurança apresentam o potencial de interromper a operação, além de exigirem reparos, o que implica perdas materiais e econômicas.

Uma instalação segura resulta da combinação de três aspectos: *projeto cuidadoso*, *manutenção periódica e adequada* e, finalmente, *operação eficaz*. Muitos acidentes ocorrem em instalações antigas, afetadas por diversas violações das normas de segurança e operando com equipamentos inadequados. Em certos casos, os proprietários não têm consciência do estado da instalação, entretanto, é inadmissível que a segurança dos funcionários seja colocada em risco para propiciar um lucro maior.

Uma responsabilidade inerente ao projetista do sistema é a de observar as normas de segurança. Além disso, ele deve procurar dispor o equipamento de modo a permitir fácil acesso para manutenção. A esse respeito, pode-se afirmar que uma boa manutenção consiste em observar componentes e equipamentos, além de reparar ou substituir aqueles que apresentem uma operação deficiente. Programas de manutenção são adotados em certas instalações, prevendo-se inspeções com determinada frequência, esta referida a certo número de horas de operação em determinados equipamentos.

O técnico responsável pela operação é o que corre maior risco de ser afetado por um acidente, que frequentemente acontece durante trabalhos de reparação. Acidentes ocorrem mesmo que as devidas precauções tenham sido tomadas, incluindo o uso de ferramentas apropriadas e a adoção de procedimentos corretos. Infelizmente, certos acidentes são provocados por procedimentos inadequados, podendo ser evitados por um adequado treinamento do pessoal técnico, aspecto que é de responsabilidade do supervisor.

O projeto e operação de uma instalação segura devem, certamente, referir-se a algum tipo de norma, cujo principal objetivo deve ser a proteção das pessoas. Um número significativo de normas tratando da segurança de instalações frigoríficas pode ser encontrado em nível internacional, destacando-se aquelas elaboradas em países como os Estados Unidos e outros da União Europeia, como França e Inglaterra. Nessa região, a tendência é a de unificação das normas regionais em europeias, que, em linhas gerais, não diferem das normas ISO correspondentes. A Tabela 13.1 apresenta uma relação de normas relativas à segurança de instalações frigoríficas publicadas por alguns países. As distintas normas apresentam pequenas diferenças entre si, sendo, de modo geral, muito similares em escopo e procedimentos. No Brasil, cabe destacar a norma ABNT NBR 13598-2011, "Vasos de pressão para refrigeração", referida na Tabela 13.1 [1].

O presente capítulo será desenvolvido com base na norma norte-americana ANSI/ASHRAE 15-2013, "Safety Code for Mechanical Refrigeration" [2], uma das mais completas, que, por sinal, foi tomada como referência para o desenvolvimento do capítulo sobre segurança das edições anteriores deste livro e da ABNT NBR 13598-2011.

Tabela 13.1 – Relação de normas relativas à segurança de instalações frigoríficas publicadas em distintos países

País	Código da norma	Título
Brasil	NBR 13598-2011 [1]	"Vasos de pressão para refrigeração"
Estados Unidos	ANSI/ASHRAE 15-2013 [2]	"Safety Code for Mechanical Refrigeration"
	ANSI/IIAR 2-2014 [3]	"Equipment, Design, and Installation of Ammonia Mechanical Refrigerating Systems"
	ASME Boiler and Pressure Vessel Code, Section VIII [4]	"Rules for Construction of Pressure Vessels, Division 1, 1989"
Inglaterra	BSEN 378-2000	"Specification for refrigerating systems and heat pumps. Safety and environmental requirements", constituída de quatro normas específicas
França	NF EN 378-1/IN2, julho 2012 NF EN 378-1+A2, julho 2012*	"Systèmes de réfrigération et pompes à chaleur-Exigences de sécurité et d'environnement – Partie 1: exigences de base, définitions, classification et critères de choix"
Canadá	B52-13	"Mechanical Refrigeration Code"
Internacional	ISO 5149- 2014 [5]	"Requerimentos de Segurança – Sistemas Mecânicos de Refrigeração Usados para Arrefecimento e Aquecimento" (tradução pelo grupo de Componentes para Refrigeração e Condicionamento de Ar, ABIMAQ, 1995), é constituída de quatro normas específicas

* NF: norma francesa (AFNOR); EN: norma europeia.

13.2 NORMA ANSI/ASHRAE 15-2013

As seções introdutórias tratam do escopo e definições de termos. Segue-se a caracterização do local da instalação frigorífica, Seção 4, cuja classificação está relacionada à habilidade de pessoas responderem a situações de exposição ao refrigerante. Definem-se sete locais distintos, incluindo os *institucionais*, *residenciais*, *comerciais*, *industriais* etc. A Seção 5 trata da caracterização dos sistemas frigoríficos, dividindo-os nos seguintes tipos: (1) *direto*; (2) *indireto fechado*; (3) *indireto fechado com respiro no circuito secundário*; (4) *indireto com fluido secundário em contato com ar ou outra substância*; (5) *indireto com dois circuitos secundários, um deles aberto*. Outra classificação introduzida na seção se refere à probabilidade de fugas de refrigerante afetarem a área ocupada de acordo com a classificação da Seção 4. Nesse sentido, são definidos dois sistemas excludentes entre si: o de *alta* e o de *baixa probabilidade*. A seção seguinte se refere à norma ANSI/ASHRAE 34-2013, "Number Designation and Safety Classification of Refrigerants", referida no Capítulo 12, abordando a classificação dos refrigerantes quanto aos aspectos de segurança. A Seção 7 é uma das mais importantes, envolvendo critérios relacionados à segurança para a seleção dos refrigerantes. Nesse sentido, apresenta-se uma tabela indicando a máxima massa recomendada para distintas aplicações. O ponto alto da Seção 7 são as regras para aplicação, estabelecendo condições e limites quanto à quantidade de refrigerante.

As seções seguintes abordam temas relacionados a componentes e equipamentos, alguns dos quais serão considerados neste capítulo, além de procedimentos de instalação. A seguir, são citados de maneira sumária os distintos tópicos abordados nessas seções.

- *Seção 8.* Restrições de instalação, incluindo acessos, conexões para água, segurança elétrica, localização das linhas de refrigerante e casa de máquinas.
- *Seção 9.* Sistemas e projeto e construção de equipamentos, tratando de: (i) material de construção; (ii) pressão de projeto; (iii) recipientes de refrigerante; (iv) alívio de pressão e ajuste dos sistemas de alívio; (v) proteção dos recipientes; (vi) descargas de amônia; (vii) proteção de compressores de deslocamento positivo; (viii) dispositivos de limitação da pressão; (ix) linhas de refrigerante, válvulas conexões e componentes associados; (x) componentes exceto recipientes e tubulações; (xi) dispositivos de controle da pressão; (xii) prescrições para manutenção; (xiii) fabricação; (xiv) testes de fábrica; (xv) placas de identificação dos componentes.
- *Seção 10.* Operação e testes de campo.
- *Seção 11.* Exigências gerais: (i) restrições gerais; (ii) sinais e identificação; (iii) recipientes; (iv) armazenamento de refrigerantes; (v) manutenção; (vi) válvulas de bloqueio; (vii) calibração de manômetros; (viii) responsabilidades durante a operação e parada da instalação.
- *Seção 12.* Precedência em caso de exigências conflitantes entre normas ou regulamentos.

13.3 VASOS DE PRESSÃO (RESERVATÓRIOS)

As seções precedentes foram dedicadas a uma análise sumária das normas internacionais sobre segurança de instalações frigoríficas. O material que será apresentado a seguir incorpora a essência dessas normas, atendo-se, na maioria dos casos, ao próprio texto da norma. Inicialmente serão considerados os reservatórios pressurizados, ou vasos de pressão de acordo com a norma ABNT NBR 13598-2011, abordando certos procedimentos relacionados com a segurança sem, entretanto, dar excessiva ênfase a detalhes de fabricação.

Um vaso de pressão é definido pela norma ANSI/ASHRAE 15-2013 como *um invólucro destinado a armazenar refrigerante na instalação frigorífica*. Essa definição *exclui* evaporadores compartimentados com volumes individuais inferiores a 14 litros, serpentinas (evaporadores ou condensadores), compressores, controles, cabeceiras (distribuidores), bombas e tubulação. A ABNT NBR 13598-2011 adota definição semelhante. Como os vasos de pressão são regulamentados pela norma brasileira, esta será referida nas considerações apresentadas a seguir.

A *pressão de projeto* é o principal parâmetro característico de um vaso de pressão. Segundo a ABNT NBR 13598-2011, a pressão de projeto não deve ser inferior a 100 kPa manométricos e às pressões máximas de operação, incluindo o transporte e a inatividade da instalação. Depende, portanto, do tipo e localização do refrigerante, isto é, na região de baixa ou de alta pressão da instalação. Nas Tabelas 13.2(a) e 13.2(b) são apresentadas as pressões de projeto mínimas para alguns dos refrigerantes mais comuns, segundo recomendações da norma ABNT NBR 13598-2011. No caso da Tabela 13.2(a), a pressão sugerida é a de saturação correspondente à temperatura indicada. Na versão de 2011 da norma, incluem-se duas pressões distintas no lado de baixa pressão com o fim de considerar situações com equipamento coberto ou exposto ("ao sol"). No caso do lado de alta pressão, para condensação a ar, consideram-se pressões para distintas faixas de temperaturas do ar exterior. A Tabela 13.2(b) inclui refrigerantes com temperatura crítica relativamente baixa, como o CO_2 (R-744), o etano e o R-23. Neste caso, não se consideram temperaturas de projeto, apresentando-se diretamente as pressões.

Como se observa na tabela, a pressão de projeto de reservatórios do lado de baixa pressão é relativamente reduzida. Entretanto, certos projetistas preferem especificar pressões de projeto típicas de reservatórios da região de alta pressão. Tal prática se justifica em virtude da possibilidade de utilização do reservatório no armazenamento de refrigerante da instalação em períodos de interrupção da operação, caso em que a pressão de projeto deve corresponder à região de alta pressão. Como regra geral, os projetistas arredondam para cima os valores sugeridos pela norma. Os fabricantes, por seu turno, trabalham com espessuras-padrão (comerciais) do material, as quais, quando combinadas ao diâmetro do reservatório, determinam os limites de pressão. Nessas condições, a espessura final da parede do reservatório pode resultar algo superior àquela correspondente à pressão de projeto, aspecto que favorece a segurança.

A norma ABNT NBR 13598-2011 determina que, durante sua fabricação, o reservatório seja submetido a ensaios previstos de acordo com as exigências de sua norma de projeto, os quais deverão ser testemunhados por um profissional qualificado, com a consequente apresentação de certificado. Além disso, todo reservatório deve ser submetido a um teste de pressão para efeitos de comprovação de sua estanqueidade. Finalmente, os reservatórios devem atender aos requisitos da Norma Regulamentadora NR-13.

Tabela 13.2 – Pressões absolutas de projeto mínimas segundo recomendações da norma ABNT NBR 13598-2011

(a) Grupo 1 de refrigerantes

	Pressão mínima de projeto (kPa)					
	Baixa pressão – coberto	Baixa pressão – ao sol	Alta pressão – condensação a água	Alta pressão – condensação a ar $TBS_{máx}$ < 38 °C*	Alta pressão – condensação a ar $TBS_{máx}$ < 43 °C	Alta pressão – condensação a ar $TBS_{máx}$ < 55 °C
Refrigerante	35 °C	43 °C	47 °C	59 °C	63 °C	67 °C
R-717 (amônia)	1.350	1.689	1.879	2.551	2.811	3.089
R-290	1.214	1.464	1.602	2.074	2.253	2.443
R-600	327	407	453	616	679	746
R-1270	1.473	1.764	1.929	2.478	2.685	2.906
R-134a	887	1.094	1.221	1.642	1.804	1.978
R-152a	796	988	1.096	1.474	1.619	1.775
R-404A	1.621	1.965	2.156	2.816	3.066	3.333
R-407C	1.524	1.855	2.039	2.670	2.908	3.162
R-408A	1.502	1.825	2.005	2.625	2.860	3.111
R-410A	2.131	2.588	2.842	3.721	4.056	4.470
R-417A	1.120	1.504	1.529	2.179	2.378	2.591
R-507	1.665	2.020	2.217	2.923	3.194	3.486
R-22	1.355	1.649	1.812	2.374	2.588	2.816
R-123	131	171	194	279	313	350

* TBS: temperatura de bulbo seco do ambiente externo.

(b) Grupo 2 de refrigerantes

	Pressão mínima de projeto (kPa)		
Refrigerante	Baixa pressão	Alta pressão	
R-744 (CO_2) Ciclos subcríticos*	2.500	4.000 (cascata)	5.200 (gás quente)
R-744 (CO_2) Ciclos transcríticos	6.000	12.000 (resfriador de gás e água)	13.000 (resfriador de gás e ar)
R-170	2.500	4.000 (cascata)	
R-23	2.500	4.000 (cascata)	

* Se o sistema não apresentar um controle para evitar que a pressão ultrapasse a de projeto no momento da parada, um fator de segurança de 1,25 deve ser considerado e aplicado aos valores da tabela.

Os reservatórios podem ser qualificados pelo trabalho de solda, rigidamente regulamentado por norma, envolvendo tanto os procedimentos quanto o soldador. Para que os procedimentos sejam considerados adequados não basta, por exemplo, que os materiais de solda recomendados sejam adotados. O soldador deve também ser qualificado para o tipo de solda utilizado (tubulações, conexões, carcaças etc.).

Outro aspecto regulamentado pelas normas é o que diz respeito às placas de identificação. A norma ABNT NBR 13598-2011 não foge à regra, apresentando uma série de requisitos para sua fixação, entre eles, a exigência de que seja visível e instalada em uma área de fácil acesso. No caso de vasos dotados de isolamento térmico, a norma sugere a aplicação da placa em suportes, de modo a permitir a remoção do isolamento sem danificá-la.

13.4 TUBULAÇÕES E VÁLVULAS

No projeto e instalação de tubulações, recomenda-se a adoção da norma ASME "Code for Pressure Piping" [6], que sugere as precauções a seguir, discutidas em detalhe mais adiante.

- A retenção de líquido entre duas válvulas fechadas deve ser cuidadosamente considerada, em virtude da expansão volumétrica resultante de sua dilatação ou mesmo evaporação. Dispositivos de alívio devem ser previstos para esses trechos de tubulação.
- Golpes de aríete ou de líquido, resultantes de condições internas ou externas, devem ser considerados no projeto da tubulação e seus acessórios.
- A tubulação deve ser disposta e ancorada de modo a suportar vibrações.
- A tubulação deve ser projetada de modo a resistir às forças de reação resultantes da carga ou descarga de fluidos.

A primeira precaução foi sugerida em virtude das frequentes rupturas da tubulação resultantes da retenção de líquido entre duas válvulas fechadas e sua consequente expansão quando aquecido. As pressões desenvolvidas podem atingir valores suficientemente elevados para causar tanto a ruptura da tubulação quanto das válvulas. A Figura 13.1 ilustra algumas situações em que o líquido pode ser retido entre duas válvulas. No caso da Figura 13.1(a), as válvulas são de bloqueio, sendo necessária a instalação de um dispositivo de alívio com descarga direta ou indireta para a atmosfera, como indicado. Uma situação mais sutil é a da Figura 13.1(b), típica de instalações com bombas em paralelo, em que cada uma delas é dotada de uma válvula de retenção na descarga, como nos sistemas com recirculação de líquido. Se a válvula de solenoide, que controla a alimentação das serpentinas, for fechada, líquido pode ficar retido entre as válvulas durante os períodos de inatividade da serpentina. Outro exemplo é o ilustrado na Figura 13.1(c), em que a válvula da direita controla a pressão a jusante. Quando esta assume valores elevados, a válvula permanece fechada, comportando-se como uma de bloqueio.

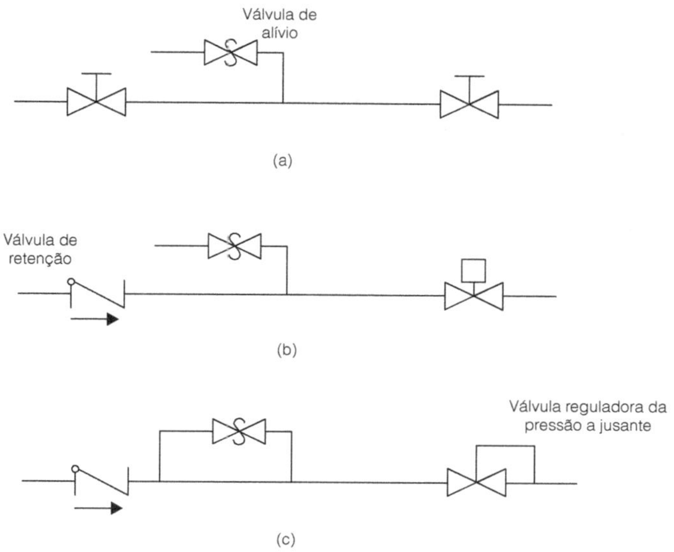

Figura 13.1 – Retenção de líquido entre duas válvulas: (a) de bloqueio; (b) uma de retenção e a outra de bloqueio manual ou de solenoide; e (c) uma de retenção e a outra reguladora da pressão a jusante.

Uma situação especial envolvendo a retenção de líquido é a que se verifica numa válvula de esfera, na qual líquido fica retido na cavidade esférica durante o fechamento. Essa é a razão pela qual algumas dessas válvulas são dotadas de um selo ou de um pequeno furo que permite o alívio do interior da esfera para a região a montante quando a pressão se eleva a níveis incompatíveis com a integridade da válvula.

Golpes de aríete ou de líquido, também conhecidos como *forças de impacto*, estão relacionados a elevações súbitas de pressão resultantes de uma interrupção repentina do escoamento, como a que ocorreria, por exemplo, durante o fechamento de uma válvula. Uma estimativa do pulso de pressão pode ser obtida considerando o líquido como um pistão em movimento, como ilustrado na Figura 13.2. Quando a válvula se fecha, ocorre uma súbita elevação da pressão que se propaga rapidamente a montante, resultando uma força (na direção axial) igual à taxa de variação da quantidade de movimento do pistão, isto é,

$$(\text{p})(\text{A}) = \frac{(\text{massa})(\text{velocidade original})}{(\text{tempo necessário para parar o líquido})}$$

em que A é a área da seção transversal do tubo, e p a pressão final do fluido em repouso. Como a massa é igual ao produto da densidade do líquido pelo volume do pistão e este o produto da área da seção transversal pelo comprimento da região ocupada pelo líquido, L, a expressão anterior se reduz à seguinte:

$$\text{p} = \frac{\rho \text{LV}}{(\text{tempo})} \tag{13.1}$$

EXEMPLO 13.1

Refrigerante 22 líquido a 0 °C se desloca a uma velocidade de 2 m/s no interior de um tubo de 20 m de comprimento, sendo levado ao repouso pelo fechamento de uma válvula de solenoide em 0,02 s. Qual deve ser a pressão desenvolvida no tubo?

Solução

A densidade do líquido a 0 °C é igual a 1.282 kg/m³. Aplicando a Equação (13.1), resulta:

$$p = \frac{(1.282)\times(20)\times(2)}{(0,02)} = 2,563\times 10^{6} \text{ Pa} = 2.563 \text{ kPa}$$

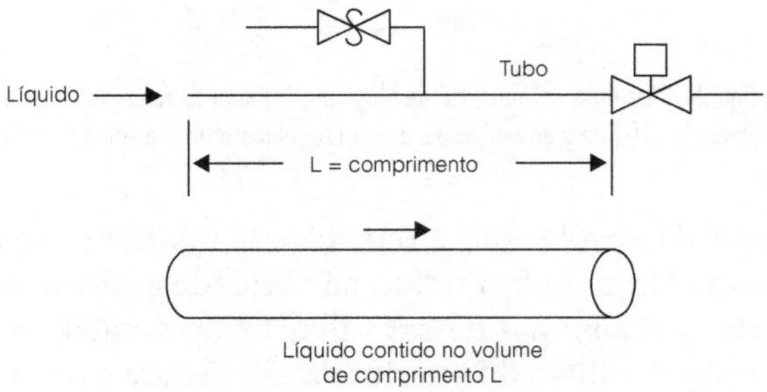

Figura 13.2 – Fechamento de uma válvula em uma tubulação de líquido, com consequente elevação súbita de pressão (golpe de aríete).

O pulso de pressão resultante no Exemplo 13.1 não é suficiente para causar a ruptura da tubulação. Entretanto, em aplicações nas quais a velocidade do líquido possa assumir valores mais elevados ou o fechamento da válvula ocorra em um intervalo de tempo menor, a tubulação pode ser abalada a cada fechamento de válvula. Deve-se ainda observar que, além da inconveniência causada à tubulação, o golpe de aríete pode danificar a própria válvula. Uma solução mais razoável para esse problema seria a adoção de velocidades inferiores de líquido, uma vez que a instalação de uma válvula de alívio, como indicado na figura, acarreta um vazamento de refrigerante a cada pulso de pressão.

A última precaução sugerida no início da seção está relacionada aos efeitos dinâmicos resultantes de alívios de pressão. O exemplo da Figura 13.3 ilustra tais efeitos para o caso da linha bifásica (líquido-vapor) de retorno em um sistema com recirculação de líquido, no instante em que o degelo por gás quente é concluído. Nesse instante, a pressão do vapor na serpentina é, geralmente, superior àquela reinante na linha bifásica de retorno. Em consequência, ocorre uma descarga de vapor misturado a refrigerante líquido da serpentina para a linha de retorno. A elevada velocidade do vapor na linha de retorno faz com que refrigerante líquido seja arrastado, projetando-o, por exemplo, contra um tê ou um cotovelo. Nessas condições, a velocidade adquirida pelo líquido pode atingir valores muito superiores ao do Exemplo 13.1, comprometendo a parede da tubulação. Esse mecanismo parece ser o responsável por um significativo número de rupturas de tubulação.

A Figura 13.3 ilustra o caso de uma serpentina inundada no instante em que o degelo é concluído. Situação semelhante pode ocorrer em serpentinas de expansão direta, em que líquido pode ser arrastado a velocidade elevada na linha de aspiração em consequência da descarga de vapor da serpentina. Uma maneira de contornar tal problema é a instalação de uma válvula de alívio de abertura lenta, sendo acionada antes da abertura da válvula principal, como ilustrado na Figura 13.3. Embora a instalação dessa válvula em cada serpentina não obedeça a critérios práticos, recomenda-se prever conexões para sua eventual utilização.

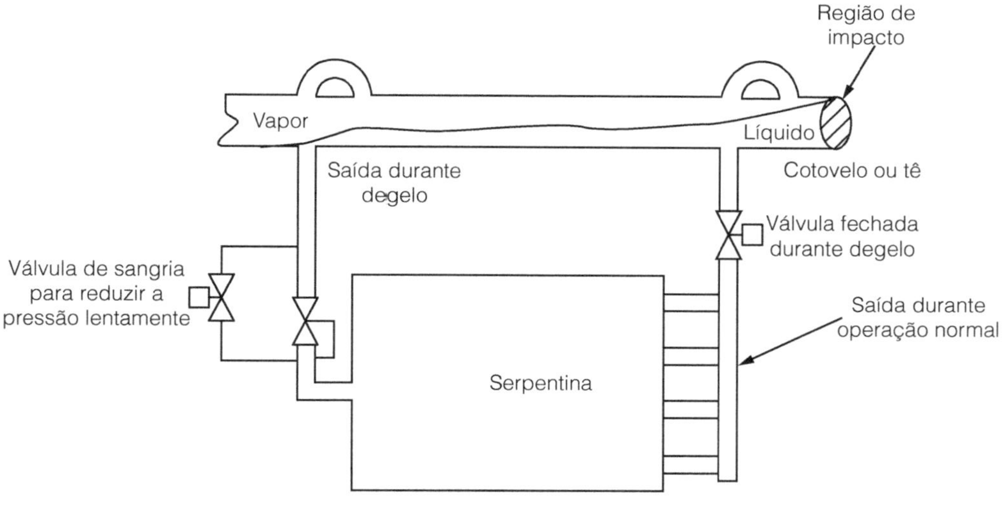

Figura 13.3 – Líquido projetado à alta velocidade contra o cotovelo de uma tubulação por vapor aliviado de uma região à pressão mais elevada.

13.5 DISPOSITIVOS DE ALÍVIO

A instalação de dispositivos de alívio deve obedecer a critérios que satisfaçam os seguintes quesitos: onde instalá-lo, tipo mais adequado, número, região de alívio, pressão de ajuste, capacidade de descarga e diâmetro da tubulação de descarga, caso necessária.

A norma ABNT NBR 13598-2011 determina que todo dispositivo de alívio seja do tipo de *ação direta por pressão* ou *operado por válvula piloto*. Esta deve ser do tipo auto-operada, sendo que a válvula principal deve abrir automaticamente na pressão de ajuste e, se alguma parte essencial do piloto falhar, a descarga deve ser feita à plena capacidade nominal. Nesse sentido, são considerados dispositivos de alívio *válvulas de segurança* e *de alívio*, *discos de ruptura* e *plugues* (ou "tampões") *fusíveis*. A Figura 13.4 apresenta alguns exemplos de dispositivos e sua instalação. Há, entretanto, uma clara diferença entre dispositivos limitadores de pressão e de alívio. Um exemplo dos primeiros pode ser encontrado na Figura 13.4(a), na qual se mostra um limitador, conhecido como *pressostato de alta pressão*, normalmente instalado na descarga de compressores. Sua atuação consiste em parar o compressor sempre que a pressão de descarga supere um valor predeterminado. Nesse caso, não há liberação de refrigerante. A Figura 13.4(b) ilustra a instalação de um plugue fusível, que consiste em uma abertura selada por uma liga de baixo ponto de fusão. Quando instalado em um reservatório, a liga se funde quando a temperatura atinge um determinado valor correspondente à de saturação à pressão reinante no reservatório. O plugue fusível não é recomendado para depósitos de grande porte, pois, uma vez acionado, permite a fuga da carga de refrigerante. De acordo com a norma ABNT NBR 13.598-2011, o plugue fusível usado no lado de alta pressão pode ser instalado acima ou abaixo da linha de refrigerante líquido.

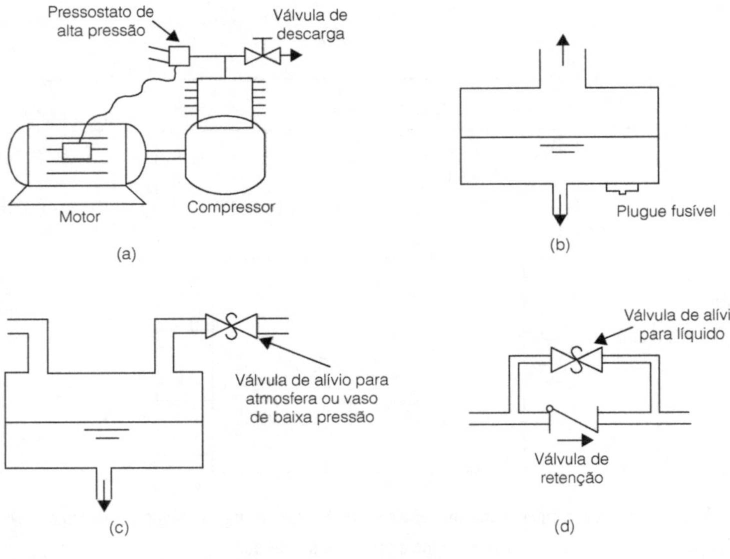

Figura 13.4 – Alguns dispositivos de segurança, controladores da pressão: (a) limitador de alta pressão; (b) plugue fusível, não utilizado em instalações industriais; (c) válvula de alívio para vapor; e (d) válvula de alívio para líquido.

Os dispositivos de alívio mais populares são aqueles constituídos por válvulas atuadas por molas, dos quais uma aplicação é ilustrada nas Figuras 13.4(c) e 13.4(d), nas quais o alívio é realizado nas regiões de vapor e de líquido, respectivamente. A ABNT NBR 13598-2011 sugere que as válvulas de segurança ou discos de ruptura sejam instaladas acima do nível de líquido. Por outro lado, o efeito de alívio pode ser conseguido com quantidades reduzidas de líquido. Válvulas de alívio de vapor devem ser instaladas em todos os reservatórios, incluindo condensadores e evaporadores do tipo carcaça-tubos. As conexões de ligação com o vaso devem ser instaladas acima da linha de líquido, sem a presença de válvulas de bloqueio, exceto válvulas de três vias associadas a dispositivo de duas saídas de alívio, como no caso da Figura 13.5. A válvula de três vias deve operar de modo que somente uma saída de alívio de segurança permaneça aberta, nunca as duas simultaneamente. Sua utilização tem por objetivo proporcionar segurança mesmo quando um dos dispositivos de alívio esteja inoperante em virtude, por exemplo, da realização de testes ou de manutenção.

O alívio de líquido de uma região entre válvulas deve se realizar para outra região dotada de dispositivo de alívio. É comum o alívio de vapor para a atmosfera, embora seja possível realizá-lo de um reservatório de alta para outro de baixa pressão dotado de alívio para a atmosfera, do que se conclui que pelo menos uma região do sistema deve estar comunicada com o meio exterior.

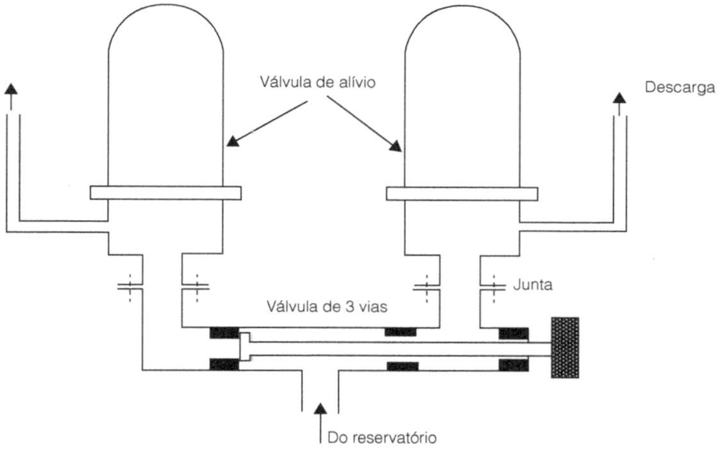

Figura 13.5 – Válvula de três vias para um dispositivo de alívio com duas saídas.

A vazão liberada por um dispositivo depende do comprimento e diâmetro da linha de alívio. De acordo com a ABNT NBR 13.598-2011, o diâmetro não deve ser inferior ao da conexão do dispositivo. Em casos em que a linha de alívio é muito comprida, recomenda-se a adoção de um diâmetro superior àquele da conexão da válvula. A norma brasileira recomenda que a perda de pressão na linha de alívio, incluída a perda em uma válvula de três vias, se for esse o caso, não exceda 3% da pressão de ajuste para a máxima capacidade de descarga do dispositivo.

O número de dispositivos de alívio depende do tamanho do reservatório. A ABNT NBR 13.598-2011 contempla três situações, descritas a seguir.

(1) Depósitos com volume interno inferior ou igual a 85 litros devem utilizar um ou mais dispositivos de alívio ou um plugue fusível.

(2) Depósitos com volume interno superior a 85 litros e inferior a 285 litros devem utilizar um ou mais dispositivos de alívio. Plugues fusíveis não podem ser utilizados.

(3) Depósitos com volume interno superior a 285 litros com descarga para a atmosfera devem utilizar um ou mais elementos de ruptura ou válvula de três vias para permitir inspeções e manutenção. Caso se utilizem duas válvulas de alívio, as duas devem atender às condições de descarga resultantes da Equação (13.2). Uma única válvula de alívio é permitida se as condições a seguir forem atendidas.

(i) A válvula estiver localizada no lado de baixa pressão.

(ii) O reservatório estiver dotado de válvulas de bloqueio com o fim de recolher a carga de refrigerante no reservatório.

(iii) Outros reservatórios do sistema estiverem protegidos separadamente.

A capacidade de descarga dos dispositivos de alívio, segundo a norma brasileira ABNT NBR 13598-2011, pode ser determinada de acordo com o estabelecido pela norma ANSI/ASHRAE 15-2013, segundo a qual,

$$C = fDL \tag{13.2}$$

em que:

C: capacidade de descarga mínima do dispositivo de alívio, kg de ar/segundo;

D: diâmetro externo do reservatório, m;

L: comprimento do reservatório, m;

f: coeficiente que depende do refrigerante.

Valores do coeficiente f são apresentados na Tabela 13.3 para distintos refrigerantes. Tais valores não se aplicam caso combustíveis sejam usados a uma distância inferior a 6,0 m do reservatório. Se a distância for inferior a 6,0 m, os valores da Tabela 13.3 devem ser corrigidos por um fator de segurança igual a 2,5.

Na Equação (13.2), verifica-se que a capacidade do dispositivo é proporcional ao produto do diâmetro, D, pelo comprimento do reservatório, L, quando seria de se esperar que a proporcionalidade se estabelecesse em relação ao volume do tanque, isto é, (constante) $(\pi D^2/4)L$. A expressão proposta assume que o dimensionamento da válvula deve ser feito para controlar a pressão no interior do reservatório durante um incêndio, condição na qual o calor irradiado do exterior é diretamente proporcional à área exterior, que é proporcional ao produto LD. A válvula de alívio deve liberar o refrigerante a uma razão tal que o efeito de resfriamento promovido pela evaporação de líquido seja suficiente para manter a pressão de saturação interna em níveis adequados. A taxa de transferência de calor admitida no desenvolvimento da Equação (13.2) é de 10 kW/m^2. O coeficiente f leva em consideração o fator de conversão da vazão de ar em vazão de refrigerante, além de incluir o efeito do calor latente de vaporização dos distintos refrigerantes. Justifica-se, assim, o fato de a amônia (e a água) apresentar um valor de f inferior ao dos outros refrigerantes, uma vez que seu calor latente é muito superior, proporcionando uma taxa de resfriamento superior e, em consequência, a necessidade de uma vazão de descarga inferior por meio da válvula de alívio.

Tabela 13.3 – Valores do coeficiente f da Equação (13.2)

Refrigerante	f
(A) Região de baixa pressão, carga de refrigerante limitada, sistema em cascata	
R-23; R-170; R-508A; R-508B; R-744; R-1150	0,082
R-13; R-13B1; R-503	0,163
R-14	0,203
(B) Outras aplicações	
R-718 (água)	0,016
R-717 (amônia)	0,041
R-11; R-32; R-113; R-123; R-142b; R-152a; R-290; R-600; R-600a; R-764	0,082
R-12; R-22; R-114; E-124; R-134a; R-401A, B, C; R-405A; R-406A; R-407C, D, E; R-409A, B; R-411A, B, C; R-412A; R-414A, B; R-500; R-1270; R-500; R-1270	0,131
R-143a; R-402B; R403A; R-407A; R-408A; R-413A	0,163
R-115; R-402A; R-403B; R-404A; R-407B; R410A, B; R-502; R-507A; R-509A	0,203

Fonte: referências [1, 2].

A Norma ISO 4.126-1-1991 recomenda a seguinte expressão:

$$\dot{m}_d = \frac{10A}{h_{lv}} \tag{13.3}$$

em que:

$\dot{m}_d$: capacidade mínima de descarga requerida para o dispositivo, kg/s;

A: superfície externa do vaso, m^2;

h_{lv}: calor latente de vaporização do refrigerante à pressão de abertura do dispositivo de alívio, kJ/kg.

Finalmente, a norma brasileira determina a identificação de válvulas de alívio de pressão apresentando uma lista das características que devem ser informadas pelo fabricante. Cada válvula deve ter uma identificação individual gerada pelo fabricante relacionando-a ao produto do tanque de acordo com a Norma Regulamentadora NR-13.

13.6 VENTILAÇÃO DA SALA DE MÁQUINAS

Todas as normas de segurança citadas na introdução fazem recomendações sobre o projeto das salas de máquinas e sua ventilação. Uma delas é a de que as portas devem selar hermeticamente a sala, que não deve apresentar quaisquer aberturas de comunicação com outras partes do edifício, impedindo-se, com isso, a fuga de refrigerante. Chamas não são permitidas, com exceção daquelas produzidas por fósforos, acendedores de cigarros ou lamparinas de detecção de vazamentos. A norma ANSI/ASHRAE 15-2013 não recomenda a presença permanente na sala de máquinas de dispositivos que produzam chamas ou superfícies aquecidas a temperaturas superiores a 427 °C. De acordo com essa norma, salas de máquinas que operam com refrigerantes do grupo A1 devem ser dotadas de um sensor para detectar níveis de oxigênio inferiores a 19,5% em volume. O sensor deve ser instalado em local adequado, além de atuar um sinal de alarme e a ventilação mecânica. Para os demais refrigerantes, um sensor detector de refrigerante deve ser instalado em local adequado, devendo necessariamente atuar um alarme caso a concentração de refrigerante no recinto assuma um valor superior a um mínimo preestabelecido, que, no caso da presente norma, é o correspondente ao TLV do refrigerante (ver Capítulo 12).

A ventilação de salas de máquinas pode ser efetuada por meio de ventiladores (*forçada* ou *mecânica*, termo utilizado na literatura norte-americana) ou *natural*, por meio de áreas livres em portas ou janelas. Durante operação normal, a vazão de ar pode ser reduzida em relação àquela necessária em situações de emergência. Para tanto, recomenda-se a utilização de múltiplos ventiladores ou um único dotado de controle de rotação. A exaustão deve ser realizada para o exterior, de modo a não causar inconvenientes nas regiões vizinhas. Dutos de suprimento e exaustão de ar devem servir exclusivamente a sala de máquinas.

Um dos aspectos de maior interesse é a avaliação da vazão de ar necessária para ventilar adequadamente uma sala de máquinas. As normas se referem de alguma maneira a esse tema. Nesse sentido, a norma ANSI/ASHRAE 15-2013 é razoavelmente completa e explícita. Entretanto, no sentido de proporcionar uma visão mais abrangente dos requisitos de ventilação, a Tabela 13.4 apresenta correlações para a taxa mínima de ventilação de salas de máquinas sugeridas por distintas normas. Percebe-se que há uma relativa unanimidade quanto à taxa de ventilação da sala de máquinas.

Tabela 13.4 – Correlações para a taxa de ventilação forçada de salas de máquinas

Norma	Correlação
ANSI/ASHRAE 15-2013	$$Q_{ventilação} = 70M_r^{0,5} \quad (13.4)$$ em que: $Q_{ventilação}$ é a vazão de ar mínima necessária, litros/s; M_r é a massa de refrigerante no componente de maior porte na instalação, uma parte do qual localizada na sala de máquinas, kg.

(continua)

Tabela 13.4 – Correlações para a taxa de ventilação forçada de salas de máquinas *(continuação)*

Norma	Correlação
ISO 5149-2014	Equação (13.4)
ANSI/IIAR 2-2014 (amônia)	(1) Ventilação mecânica operando continuamente; adotar taxa de ventilação de situações de emergência. Esta pode ser obtida pelo maior valor proporcionado pelos seguintes critérios: (a) Equação (13.4) (b) $Q_{ventilação} = 3V$ (13.5) em que V é o volume do recinto, m³. (2) Ventilação em operação normal (não emergencial); adotar o maior dos valores proporcionados pelos seguintes critérios: (a) 3 l/s por m² de área da sala de máquinas; (b) vazão necessária para limitar a 10 °C a elevação da temperatura do ar em relação à do ambiente com base na carga interna da sala de máquinas.

A norma ANSI/ASHRAE 15-2013 contempla situações em que a ventilação natural da sala de máquinas pode ser empregada. Nesse caso, a norma sugere que a área de aberturas seja avaliada pela seguinte expressão:

$$A_{livre} = 0{,}138M_r^{0,5} \tag{13.6}$$

em que A_{livre} é a área livre recomendada das aberturas de ventilação em m^2. As aberturas devem estar localizadas de acordo com a densidade do refrigerante em relação à do ar.

No caso de instalações de amônia, recomenda-se a adoção de algumas precauções adicionais, por exemplo, a manutenção de todos os componentes no interior da sala de máquinas, com exceção, evidentemente, daqueles que devem ser exteriores, como tubulações e serpentinas. O ventilador da sala de máquinas deve operar continuamente, sendo dotado de um sistema de alarme para aviso por ocasião de paradas. Outra possibilidade seria a de o ventilador atuar por meio de um detector de amônia, ajustado, por exemplo, para uma concentração de 40.000 ppm. Esse mesmo detector também se encarregaria de acionar o alarme. A exaustão de ar deve ser realizada de modo a garantir uma boa dispersão na atmosfera, levando-se em consideração o escoamento do ar ao redor do edifício, ventos predominantes e estruturas vizinhas. Caso a dispersão direta na atmosfera não seja possível, o ar exaurido deve ser "lavado" em água. A norma ANSI/IIAR 2-2014 recomenda o uso de um sistema de aspersão (*spray*), prevendo-se uma vazão de água de 1 m^3/s para cada 750 m^3/s de ar exaurido.

13.7 PROTEÇÃO CONTRA INCÊNDIOS EM CÂMARAS REFRIGERADAS

Incêndios em ambientes refrigerados são raros, mas, quando ocorrem, podem ter sérias implicações econômicas. A perda mais significativa pode ser a do produto, cujo custo, em alguns casos, pode atingir valores de cinco a dez vezes o do edifício. À primeira vista pode parecer que câmaras refrigeradas de baixa temperatura não contenham material inflamável suficiente para causar um incêndio. Entretanto, tal conclusão é precipitada, a julgar pelo que se constata no campo. Um levantamento realizado em câmaras frigorificadas constatou que, em uma delas, de 20.000 m^3 de volume, havia 100.000 kg de madeira em estrados (assoalho), 150.000 kg em caixas de papelão e 7.000 kg de material plástico para empacotamento [12]. Além disso, deve-se considerar que muitos isolantes térmicos são combustíveis, inclusive os constituídos de espumas celulares. Entre estas se encontra o poliuretano e o poliestireno, que queimam com emissão de fumaça e gases tóxicos. Essas espumas são denominadas "autoextintoras", pois em sua composição foram adicionados aditivos extintores. Entretanto, experiências têm demonstrado que tais aditivos se vaporizam sob a ação do fogo, fazendo com que o poliestireno se torne uma massa fundida em combustão [13]. Alguns inconvenientes das espumas tradicionais foram eliminados com a introdução de isolantes térmicos resistentes ao fogo, como as resinas fenólicas.

A principal preocupação de projetistas e operadores deve ser a de prevenir o incêndio, cujas causas mais prováveis, segundo Toole [12] e Duiven e Twilt [14], são as seguintes:

- soldas;
- fiação de aquecimento elétrico de portas ou de degelo;
- avarias em outros equipamentos elétricos, como transformadores, carregadores de bateria ou solenoides;
- asfalto quente durante a instalação do teto;
- limpeza inadequada (cita-se, por exemplo, o caso de um incêndio iniciado por um toco de cigarro arremessado em detritos acumulados).

A estratégia na prevenção de incêndios exige uma atenção especial em relação aos processos e equipamentos anteriormente citados. Um projetista, por exemplo, propôs a utilização do poliestireno somente quando encapsulado em concreto [13]. Algumas apólices de seguro exigem a adoção de *sprinklers*,[1] que, no caso de temperaturas abaixo do ponto de congelamento da água, devem ser do tipo seco, como ilustrado na Figura 13.6. O princípio de funcionamento consiste em enviar ar comprimido para a rede de *sprinklers* durante a operação normal. Se um elemento fusível se derrete, o ar pressurizado da rede é liberado, reduzindo a pressão e permitindo a abertura de uma válvula de água, ao mesmo tempo que se dá partida à bomba. Em muitos casos, o elemento fusível não veda adequadamente, permitindo a fuga de ar, o que dá início à aspersão de água, mesmo que não haja um princípio de incêndio. Alguns engenheiros afirmam que os *sprinklers* secos causam mais problemas do que ajudam a resolver, razão pela

[1] Dispositivo automático para extinção de incêndios, pelo borrifamento abundante de água. O nome em inglês é de uso comum no nosso país.

qual só os recomendam quando absolutamente necessários (por exemplo, por imposição de um contrato).

Extintores são utilizados com frequência, devendo ser instalados, na medida do possível, no exterior. Não se recomenda sua instalação no ambiente refrigerado.

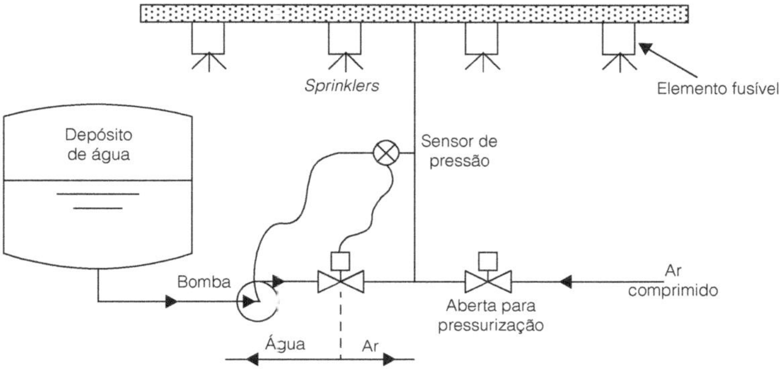

Figura 13.6 – Um sistema de *sprinklers* secos para proteção contra incêndios.

13.8 DETECÇÃO DE VAZAMENTOS

Dispositivos automáticos de detecção de vazamentos podem ser um investimento atraente. Sob o ponto de vista econômico, deve-se levar em consideração que o inventário de refrigerante pode ser perdido antes da detecção de um vazamento, uma vez que os refrigerantes halogenados são inodoros. Por outro lado, a perda significativa de refrigerante para um ambiente confinado pode elevar sua concentração a níveis perigosos para os operadores. No caso da amônia, o seu odor característico pode alertar os operadores sobre a ocorrência de um vazamento. Entretanto, como muitas instalações operam sem uma supervisão direta, o detector automático também se justifica.

Diversos são os princípios para a detecção de vazamentos. Na atualidade, os detectores que mais se destacam são aqueles constituídos de sensores de material semicondutor. Seu princípio de funcionamento consiste na variação da resistência elétrica do semicondutor com a quantidade de refrigerante absorvido, que depende da concentração no ambiente. A variação da resistência é transmitida ao centro de alarme automático. Lindborg [15] relata excelentes resultados na detecção de amônia em câmaras de temperatura variando entre –30 °C e 6 °C. Os sensores eram calibrados para ativar o alarme quando a concentração de amônia atingia 50 ppm. Em virtude de sua degradação quando operando em ambientes refrigerados, os sensores tinham de ser recalibrados depois de alguns meses de operação. Verificou-se, além disso, que ar quente produzia uma indicação errática do detector. Assim, não se recomenda a instalação do sensor na vizinhança de portas ou evaporadores com degelo.

13.9 DESCARGA DA AMÔNIA

Fugas podem ocorrer em uma instalação de amônia em virtude do alívio de uma linha ou reservatório durante uma manutenção, ocasião em que quantidades relativamente elevadas poderão ser liberadas ao ambiente. A amônia poderia ser eliminada pelo esgoto, de modo a diluí-la, ou diretamente para a atmosfera. No passado, ambos os métodos foram utilizados, em certos casos de maneira indiscriminada. Atualmente, emissões de amônia são submetidas a normas e regulamentos de proteção do meio ambiente em virtude dos problemas que uma descarga inadequada pode acarretar. Assim, por exemplo, a descarga por meio do esgoto implica as seguintes consequências:

- comprometimento da vida aquática;
- danos às instalações de tratamento de esgotos;
- liberação de odor por meio da rede de esgoto, o que pode ser causa de alarme.

A regra básica a ser seguida na eliminação da amônia pelo esgoto é diluí-la o máximo possível em água abundante. Em caso de acidente, não haveria tempo de acionar a água de diluição, razão pela qual alguns projetistas sugerem a vedação de todos os ralos na sala de máquinas, de modo que a amônia não tenha acesso direto à rede de esgotos.

No passado, a amônia era diretamente liberada para a atmosfera. Quando a dispersão é adequada, a concentração de amônia se mantém em níveis baixos sem representar uma ameaça a pessoas ou plantas. Na presença da água, a amônia forma o hidróxido de amônia, NH_4OH, que pode neutralizar ácidos que porventura estejam presentes no ar. Tanto a norma ANSI/ASHRAE 15-2013 quanto a ANSI/IIAR 2-2014 recomenda uma alternativa para a liberação da amônia, consistindo em descarregá-la por meio de um banho de água, como observado em seção precedente. Sugere-se que a massa de água no tanque seja oito vezes superior à prevista de amônia. O projeto do tanque de absorção tem sido objeto de algumas propostas [16], o mesmo ocorrendo com o procedimento de eliminação da solução resultante [17].

13.10 RECOMENDAÇÕES COMPLEMENTARES

As recomendações sobre o projeto e operação de instalações frigoríficas enumeradas e discutidas neste capítulo foram extraídas de normas e regulamentos de segurança, amplamente referidos no texto. Entretanto, algumas recomendações adicionais, listadas a seguir, devem ser feitas para efeito de complemento do texto apresentado.

- Os reservatórios devem ser adequadamente dimensionados (Capítulo 11), de modo a não permitir o arraste de refrigerante líquido para o compressor.
- Um ramal de tubulação, sem comunicação com qualquer região do sistema, deve ter sua extremidade vedada por um tampão.

- Richards [17] recomenda o uso exclusivo de solda em tubulações de amônia líquida de diâmetro superior a 25 mm e em linhas de vapor de diâmetro superior a 37 mm.
- Juntas flangeadas devem ser evitadas.
- As linhas de acesso a evaporadores devem ser estendidas na região exterior ao ambiente refrigerado a fim de evitar danos ou mesmo sua ruptura.
- A tubulação deve ser visível e de fácil acesso.
- Tanto as linhas horizontais quanto as verticais devem ser convenientemente ancoradas.
- As válvulas de bloqueio nas linhas de líquido ou de gás quente que se dirigem para os evaporadores devem ser instaladas de modo a permitir seu acionamento direto desde o piso ou desde uma plataforma fixa.

13.11 PLANO DE SEGURANÇA DA INSTALAÇÃO

A gerência de uma instalação tem a responsabilidade de assegurar que o pessoal encarregado da operação esteja adequadamente treinado a respeito dos procedimentos de segurança, além de permitir e incentivar ensaios periódicos daqueles procedimentos. Além disso, um plano de emergência deve ser desenvolvido [18], de modo a permitir que os operadores adotem as medidas adequadas de autoproteção e de proteção às demais pessoas envolvidas e ao equipamento, quando necessário. Assim, por exemplo, no caso da ocorrência de um vazamento de amônia em determinado ambiente, os operadores devem estar preparados para, rapidamente, fechar ou abrir as válvulas adequadas e decidir sobre que equipamento elétrico deve ser desativado. Os operadores devem, ainda, conhecer perfeitamente a localização das máscaras e dos extintores de incêndio, bem como o seu uso. Em certos países, é comum que instalações frigoríficas mantenham contato permanente com o corpo de bombeiros. Este deve promover visitas periódicas ao local para familiarizar seu pessoal com a instalação, o que permitiria uma rápida ação em caso de incêndio.

Uma vez desenvolvidos os planos e as especificações de acordo com as normas de segurança e com os procedimentos práticos complementares, cabe ao instalador desenvolver o projeto com fidelidade. Superada a etapa de instalação, a responsabilidade fica a cargo dos operadores e da gerência, a quem cabe dar prioridade à segurança.

REFERÊNCIAS

1. ABNT – ASSOCIAÇÃO BRASILEIRA DE NORMAS TÉCNICAS. *Norma ABNT NBR 13.598-2011, Vasos de Pressão para Refrigeração*. Rio de Janeiro, 2011.

2. ASHRAE; ACE – AMERICAN SOCIETY OF HEATING, REFRIGERATING; AIR CONDITIONING ENGINEERS. *Norma ANSI/ASHRAE 15-2013, Safety Code for Mechanical Refrigeration.* Atlanta, 1992.

3. IIAR – INTERNATIONAL INSTITUTE OF AMMONIA REFRIGERATION. *Norma ANSI/IIAR-2-2014, Equipment, Design, and Installation of Ammonia Mechanical Refrigeration Systems*. Arlington, 1999.

4. ASME – AMERICAN SOCIETY OF MECHANICAL ENGINEERS. *ASME Boiler and Pressure Vessel Code, Section VIII, Rules for Construction of Pressure Vessels, Division I, 1989*. New York, 1989.

5. ISO – INTERNATIONAL ORGANIZATION FOR STANDARDIZATION. *Norma ISO 5.149-2014, Refrigerating systems and heat pumps – Safety and environmental requirements.*

6. ASME – AMERICAN SOCIETY OF MECHANICAL ENGINEERS. *Norma ANSI/ASME B31.5-1987, Refrigeration Piping* (com o adendo B31.5A-1989). New York, 1987 e 1989.

6. ANS; NFPA – AMERICAN NATIONAL STANDARD; NATIONAL FIRE PROTECTION ASSOCIATION. *Norma ANSI/NFPA 70-1990, National Electrical Code.* Quincy, 1990.

8. UL – UNDERWRITERS LABORATORIES. *Norma ANSI/UL 207-1986, Safety for Refrigerant-Containing Components and Accessories, Non-electrical.* Northbrook, 1986.

9. BOCA – BUILDING OFFICIALS AND CODE ADMINISTRATORS. *BOCA, Basic National Mechanical Code.* Country Club Hills, 1987.

10. THE INSTITUTE OF REFRIGERATION. *Mechanical Integrity of Vapour Compression Refrigerating Systems for Plant and Equipment Supplied and Used in the United Kingdom, Part I-Design and Construction of Systems Using Ammonia as the Refrigerant*. Surrey, 1979.

11. HENRY VALVE COMPANY. *Safety Relief Devices for Refrigerant Pressure Vessels*. Melrose Park, 1975.

12. TOOLE, C. W. Fire Prevention and Safety in Refrigerated Warehouses. In: *Anais da reunião da Comissão D1, International Institute of Refrigeration*. Paris, 1982. p. 21-16.

13. WEBBER, J. F. *Special Design Considerations Regarding Fire Protection for High-Rise Cold Stores*. Seminário ASHRAE, American Society of Heating, Refrigerating, and Air Conditioning Engineers, San Francisco, 19 Jan. 1986.

14. DUIVEN, J. E.; TWILT, L. Policies for Fire Safety of Cold Stores in The Netherlands. In: *Anais da reunião da Comissão D1, International Institute of Refrigeration*. Paris, 1982. p. 39-45.

15. LINDBORG, A. Ammonia Safety in Refrigerated Warehouses. In: *Anais da reunião da Comissão D1, International Institute of Refrigeration*. Paris, 1982. p. 153-157.

16. SAYE, H. A. Water Dilution Ammonia Tanks. In: *Anais do encontro anual do International Institute of Ammonia Refrigeration*. Tarpon Springs, maio 1986. p. 5-16.

17. RICHARDS, W. V. How Codes and Regulations Affect the Design of Your Plant. In: *Anais do encontro anual do International Institute of Ammonia Refrigeration*. Tarpon Springs, 1986. p. 73-85. Reimpresso em *Air Conditioning, Heating, and Refrigeration News*, 7 Jul. 1986.

18. IIAR ORG – INTERNATIONAL INSTITUTE OF AMMONIA REFRIGERATION. *A Guide to Good Practices for the Operation of an Ammonia Refrigeration System.* Chicago, 1983.

APÊNDICE A
SISTEMAS DE UNIDADES E CONVERSÃO

O Sistema Internacional de Unidades, popularmente designado por SI, é adotado em praticamente todos os países do mundo na atualidade. Mesmo os mais reticentes, como os Estados Unidos, estão progressivamente se convertendo ao sistema SI. O meio acadêmico desse país já opera com esse sistema de unidades há algum tempo. No nosso país, há uma legislação específica segundo a qual o sistema oficial de unidades é o SI. Infelizmente, o meio técnico é obrigado a conviver com equipamentos, especificações e normas desenvolvidos em outros sistemas, mormente o inglês[1] e o técnico. A transição para o SI no nosso país tem sido gradual, especialmente em atividades de operação e manutenção, em que os usos e costumes estão muito arraigados. Entretanto, o meio técnico se ajustou à nova realidade na medida em que novos sistemas frigoríficos projetados e especificados no sistema SI foram introduzidos.

GRANDEZAS FUNDAMENTAIS E DERIVADAS NO SISTEMA INTERNACIONAL

A Tabela A1 apresenta algumas grandezas fundamentais do sistema SI: comprimento, massa e tempo, MKS, às quais foram adicionadas a corrente elétrica e a temperatura absoluta, também denominada termodinâmica. Algumas grandezas derivadas são relacionadas na Tabela A2.

---

[1] Conhecido como *inch-pound*, I-P, correspondendo a "polegada-libra".

Tabela A1 – Grandezas fundamentais no sistema SI

Grandeza	Unidade de medida	Símbolo
Comprimento	Metro	m
Massa	Quilograma	kg
Tempo	Segundo	s
Corrente elétrica	Ampère	A
Temperatura termodinâmica	Kelvin	K

Tabela A2 – Grandezas derivadas no sistema SI e suas unidades

Grandeza	Nome	Símbolo	Expressão em termos de outras unidades	Expressão em termos de grandezas fundamentais do SI
Frequência	Hertz	Hz	–	s^{-1}
Força	Newton	N	–	$m.kg/s^2$
Pressão	Pascal	Pa	N/m^2	$kg.(m/s)^2$
Energia	Joule	J	N.m	$m^2.kg/s^2$
Potência	Watt	W	J/s	$m^2.kg/s^3$
Potencial elétrico	Volt	V	W/A	$m^2.kg/(s^3A)$
Resistência elétrica	Ohm	Ω	V/A	$m^2.kg/(s^3A^2)$
Calor específico	–	c	J/(kgK)	$m^2/(s^2K)$
Condutividade térmica	–	k	W/(mK)	$m.kg/(s^3K)$

A unidade de força é o newton, definido pela segunda lei de Newton:

$$\text{Força} = (\text{massa}) \times (\text{aceleração})$$
$$1\ \text{N} = (1\ \text{kg}) \times (1\ \text{m/s}^2)$$

A unidade de energia é o joule, resultado da aplicação de uma força de 1 N através de uma distância de 1 m:

$$1\ \text{J} = (1\ \text{N}) \times (1\ \text{m})$$

No SI definem-se prefixos para múltiplos e submúltiplos das unidades, como indicado na Tabela A3. Assim, por exemplo, 1/1.000 de um ampère é um miliampère, representado abreviadamente por mA.

Tabela A3 – Múltiplos e submúltiplos de acordo com o sistema SI

Fator multiplicativo		Prefixo	Símbolo
1.000.000.000.000	$= 10^{12}$	tera	T
1.000.000.000	$= 10^{9}$	giga	G
1.000.000	$= 10^{6}$	mega	M
1.000	$= 10^{3}$	kilo	k
0,001	$= 10^{-3}$	mili	m
0,000001	$= 10^{-6}$	micro	μ
0,000000001	$= 10^{-9}$	nano	n
0,000000000001	$= 10^{-12}$	pico	p

O emprego ortodoxo do sistema SI envolveria somente as unidades e múltiplos relacionados nas Tabelas A1 e A3, excetuando-se o grau Celsius (°C), para a temperatura, e o litro (l), para o volume. Exceções são feitas para permitir a utilização de magnitudes mais convenientes para a temperatura e o volume, de acordo com as seguintes relações:

$$(\text{Temperatura, °C}) = (\text{Temperatura, K}) - 273{,}15$$

$$(\text{Volume, l}) = 1.000 \times (\text{Volume, m}^3)$$

CONVERSÃO DE UNIDADES

Para a maioria das grandezas, a multiplicação por um fator é suficiente para transformar unidades de um sistema nas do outro. As exceções estão relacionadas com grandezas referidas a uma dada condição de referência, como temperatura, entalpia e entropia. As grandezas usualmente encontradas na refrigeração industrial são relacionadas na Tabela A4; os fatores de conversão entre os sistemas SI e I-P para aquelas grandezas e outras de uso comum podem ser encontrados nas Tabelas A6 a A14.

Tabela A4 – Unidades correspondentes nos sistemas SI e I-P

Grandeza	Unidade SI	Unidade I-P
Comprimento	m	in (polegada); ft (pé)
Área	m^2	in^2; ft^2
Volume	m^3	in^3; ft^3
Massa	kg	lb (libra massa)
Densidade	kg/m^3	lb/ft^3

(continua)

Tabela A4 – Unidades correspondentes nos sistemas SI e I-P *(continuação)*

Grandeza	Unidade SI	Unidade I-P
Volume específico	m^3/kg	ft^3/lb
Velocidade	m/s	fps (pés por segundo) fpm (pés por minuto) fph (pés por hora)
Aceleração	m/s^2	ft/s^2
Força	N	lb_f (libra-força)
Pressão	$Pa = N/m^2$	psi (lbf/in^2); pés de água; polegadas de água; polegadas de mercúrio
Vazão volumétrica	m^3/s; l/s	cfm (ft^3/minuto); cfs (ft^3/s); gpm (galões/minuto)
Vazão	kg/s	lb/s; lb/m; lb/h
Temperatura	°C ou K	F (Fahrenheit) ou R (Reaumur)
Energia	J = N m	ft-lbf; BTU
Potência	W	BTU/h; hp; TR (toneladas de refrigeração)
Entalpia	J/kg; kJ/kg	BTU/lb
Calor específico	J/kgK	BTU/lb F
Entropia	J/kgK	BTU/lb R
Viscosidade	Pa.s	lb/ft.s; lb/ft.h; centipoise
Condutividade térmica	W/mK	BTU/h ft F
Coeficiente de transferência de calor	W/m^2K	BTU/h ft^2 F

A maioria das grandezas relacionadas na Tabela A4 apresenta uma conversão simples entre os sistemas SI e I-P, bastando a multiplicação por um fator constante. As exceções são a temperatura, a entalpia e a entropia. Essas propriedades termodinâmicas são avaliadas a partir de um valor de referência, com o que a conversão entre sistemas de unidades envolve um procedimento mais complicado. No caso da temperatura absoluta, a conversão é simples, uma vez que o valor de referência é nulo, de modo que:

$$(\text{Temperatura, K}) = (5/9) \times (\text{Temperatura, R})$$

$$(\text{Temperatura, R}) = (9/5) \times (\text{Temperatura, K})$$

Por outro lado, a conversão entre °C e F envolve o seguinte procedimento:

$$(\text{Temperatura, °C}) = [(\text{Temperatura, F}) - 32] \times (5/9)$$

$$(\text{Temperatura, F}) = (\text{Temperatura, °C}) \times (9/5) + 32$$

O estado de referência para a entalpia de refrigerantes (designada por h) no sistema I-P é o de líquido saturado a –40 F. Nessas condições, as tabelas de propriedades termodinâmicas dos refrigerantes admitem que a entalpia do líquido saturado a –40 F é nula. O sistema SI adota como estado de referência o proposto pelo IIR,[2] o de líquido saturado a 0 °C, para o qual a entalpia do refrigerante é admitida igual a 200 kJ/kg. Nessas condições, a conversão da entalpia deve ser feita aplicando um fator multiplicativo a uma diferença de entalpia. Assim,

$$\left[(\text{h, BTU/lb})-(\text{h, líquido saturado a 32 F})\right]\times 2{,}326=(\text{h, kJ/kg})-200$$

A transformação da entalpia pode ser obtida da equação anterior:

$$(\text{h, kJ/kg})=\left[(\text{h, BTU/lb})\quad(\text{h, líquido saturado a 32 F})\right]\times 2{,}326\quad 200$$

ou

$$(\text{h, BTU/lb})=0{,}4299\times\left[(\text{h, kJ/kg})-200\right]+(\text{h, líquido saturado a 32 F})$$

Na Tabela A5, são apresentados os valores da entalpia no sistema I-P do líquido saturado a 32 F para alguns refrigerantes.

Tabela A5 – Entalpia do líquido saturado a 32 F

Refrigerante	h_{32F}, BTU/lb
R-22	19,55
R-134a	22,29
R-404A	22,73
R-717 (amônia)	77,58
R-744 (CO_2)	37,46
R-1234yf	21,00

Fonte: extraída do *ASHRAE Handbook of Fundamentals*, 2017.

A entropia, como a entalpia, apresenta estados de referência distintos nos dois sistemas. No SI, a entropia é admitida igual a 1,0 kJ/kgK no estado líquido saturado a 0 °C. No sistema I-P, o estado de referência é o de líquido saturado a –40 F, para o qual a entropia é admitida nula. O procedimento de conversão nesse caso é o mesmo adotado na entalpia.

[2] IIR: Instituto Internacional de Refrigeração, com sede em Paris, França.

Tabela A6 – Conversão de comprimento, área e volume

Para converter	de	para	multiplique por
comprimento	polegada	metro	0,0254
comprimento	pé	metro	0,3048
comprimento	metro	polegada	39,3701
comprimento	metro	pé	3,28084
área	polegada quadrada	metro quadrado	$6,4516 \times 10^{-4}$
área	pé quadrado	metro quadrado	0,0929030
área	metro quadrado	polegada quadrada	1.550,00
área	metro quadrado	pé quadrado	10,7639
volume	polegada cúbica	metro cúbico	$1,63871 \times 10^{-5}$
volume	pé cúbico	metro cúbico	0,028317
volume	galão	metro cúbico	0,0037854
volume	metro cúbico	litro	1.000
volume	metro cúbico	polegada cúbica	61.023,74
volume	metro cúbico	pé cúbico	35,315
volume	metro cúbico	galão	264,173

Tabela A7 – Conversão de massa, densidade e volume específico

Para converter	de	para	multiplique por
massa	lb	kg	0,453592
massa	kg	lb	2,20462
densidade	lb/ft^3	kg/m^3	16,0185
densidade	kg/m^3	lb/ft^3	0,0624280
volume específico	ft^3/lb	m^3/kg	0,0624280
volume específico	m^3/kg	ft^3/lb	16,0185

Tabela A8 – Conversão de velocidade, aceleração e força

Para converter	de	para	multiplique por
velocidade	fps	m/s	0,304800
velocidade	fpm	m/s	0,00508
velocidade	mph	m/s	0,447040
velocidade	m/s	fps	3,28084
velocidade	m/s	fpm	196,850
velocidade	m/s	mph	2,23694
aceleração	ft/s^2	m/s^2	0,304800
aceleração	m/s^2	ft/s^2	3,28084
força	lbf*	newton, N	4,44822
força	newton, N	lbf*	0,224809

* lbf: libra-força

Tabela A9 – Conversão de pressão e vazão

Para converter	de	para	multiplique por
pressão	psi	Pa (N/m^2)	6.894,76
pressão	ft de água (4°C)	Pa (N/m^2)	2.988,98
pressão	in. de água (4 °C)	Pa (N/m^2)	249,082
pressão	in. de Hg (15.6 °C)	Pa (N/m^2)	3.376,85
pressão	Pa (N/m^2)	psi	1,45038 x 10^{-4}
pressão	Pa (N/m^2)	ft. de água (4 °C)	3,34562 x 10^{-4}
pressão	Pa (N/m^2)	in. de água (4 °C)	0,00401474
pressão	Pa(N/m^2)	inHg (15,6 ºC)	2,96134 x 10^{-4}
vazão volumétrica	cfm	m^3/s	0,000471947
vazão volumétrica	cfs	m^3/s	0,02831685
vazão volumétrica	gpm	m^3/s	6,30902 x 10^{-5}
vazão volumétrica	gpm	l/s	0,0630902
vazão volumétrica	m^3/s	cfm	2.118,88
vazão volumétrica	m^3/s	cfs	35,3147
vazão volumétrica	m^3/s	gpm	15.850,3
vazão volumétrica	l/s	gpm	15,8503
vazão	lb/s	kg/s	0,453592
vazão	lb/min	kg/s	0,00755987
vazão	lb/hr	kg/s	1,25998 x 10^{-4}
vazão	kg/s	lb/s	2,20462
vazão	kg/s	lb/min	132,277
vazão	kg/s	lb/hr	7.936,64

Tabela A10 – Conversão de temperatura

De	Para	
°F	°R	somar 459,67
°R	°F	subtrair 459,67
°C	K	somar 273,15
K	°C	subtrair 273,15
°C	°F	multiplicar por 9/5 e adicionar 32
°F	°C	subtrair 32 e multiplicar por 5/9

Tabela A11 – Conversão de energia e potência

Para converter	de	para	multiplique por
energia	lbf-ft	J	1,355818
energia	BTU (Int. Steam Table)	J	1.055,06
energia	J	lbf-ft	0,73756212
energia	J	BTU	$9{,}478133 \times 10^{-4}$
potência	BTU/h	W	0,2930667
potência	hp (550 lbf-ft/s)	W	745,6999
potência	TR*	W	3.516,867
potência	boiler hp	W	9.809,5
potência	W	BTU/h	3,41219
potência	W	hp (550 lbf-ft/s)	0,001341022
potência	W	TR	$2{,}843494 \times 10^{-4}$
potência	W	boiler hp	$1{,}019 \times 10^{-4}$

* No meio técnico, utiliza-se com frequência a *tonelada de refrigeração*, designada por *TR*, para a capacidade frigorífica de uma instalação, sendo definida como: 1 TR =12.000 BTU/h = 200 BTU/min.

A origem do termo *tonelada de refrigeração* remonta aos primórdios da refrigeração. Na indústria de produção de gelo, uma instalação que produzisse uma tonelada de gelo por dia exigiria uma taxa de refrigeração correspondente ao congelamento de 2.000 libras de água em um dia, o que corresponde a uma taxa média de refrigeração de:

$$\frac{(2.000\ \text{lb}) \times (144\ \text{BTU/lb})}{(24\ \text{h})} = 12.000\ \text{BTU/h}$$

Tabela A12 – Conversão de entalpia, calor específico e entropia

Para converter	de	para	multiplique por
entalpia	BTU/lb	J/kg	2.326,009
entalpia	J/kg	BTU/lb	$4{,}29921 \times 10^{-4}$
calor específico	BTU/(lb°F)	J/(kgK)	4.186,816
calor específico	J/(kgK)	BTU/(lb°F)	$2{,}38845 \times 10^{-4}$
entropia	BTU/(lb°R)	J/(kgK)	4.186,816
entropia	J/(kgK)	BTU/(lb°R)	$2{,}38845 \times 10^{-4}$

Tabela A13 – Conversão de viscosidade

Para converter	de	para	multiplique por
viscosidade	lb/(ft.s)	Pas	1,48816
viscosidade	lb/(ft.h)	Pas	$4{,}1338 \times 10^{-4}$
viscosidade	lbf.h/ft²	Pas	$1{,}72369 \times 10^{5}$
viscosidade	centipoise	Pas	0,001
viscosidade	Pas	lb/(ft.s)	0,671971
viscosidade	Pas	lb/(ft.hr)	2.419,09
viscosidade	Pas	lbf.h/ft²	$5{,}80151 \times 10^{-6}$
viscosidade	Pas	centipoise	1.000
viscosidade cinemática	ft^2/s	m^2/s	0,092903
viscosidade cinemática	m^2/s	ft^2/s	10,7639

Tabela A14 – Conversão de transferência de calor

Para converter	de	para	multiplique por
condutividade	BTU/(hrft°F)	W/(mK)	1,730742
condutividade	BTU.in/(hrft²°F)	W/(mK)	0,1442285
condutividade	W/(mK)	BTU/(hrft°F)	0,577787
condutividade	W/(mK)	BTU.in/(hrft²°F)	6,93344242
coeficiente de transferência	BTU/(hrft²°F)	W/(m²K)	5,678286
calor e valor de U	W/(m²K)	BTU/(hrft²°F)	0,176109481

CONSTANTES IMPORTANTES E PROPRIEDADES-PADRÃO DA ÁGUA

Tabela A15 – Constantes importantes em unidades SI

Aceleração normal da gravidade: 9,80665 m/s^2
Pressão atmosférica normal: 101.325 Pa
Constante universal dos gases, R: 8.314 J/kmol.K
Constante de gás para o ar: 287 J/kg.K

Tabela A16 – Propriedades-padrão do ar e da água

Densidade da água: 1.000 kg/m^3
Densidade do ar: 1,2 kg/m^3
Calor específico da água líquida: 4,19 kJ/kg.K
Calor específico do ar a pressão constante: 1,004 kJ/kg.K
Calor específico do ar a volume constante: 0,717 kJ/kg.K

APÊNDICE B
PROPRIEDADES

ÍNDICE DAS TABELAS

NOMENCLATURA PARA AS TABELAS*

cp	Calor específico à pressão constante (kJ/kgK)
h	Entalpia (kJ/kg)
k	Condutividade térmica (W/mK)
p	Pressão (kPa)
Pr	Número de Prandtl, µcp/k (adimensional)
s	Entropia (kJ/kgK)
T	Temperatura (ºC)
u	Energia interna (kJ/kg)
v	Volume específico (m^3/kg ou l/kg)
w	Umidade absoluta (kg H2O/kg ar seco)
µ	Viscosidade dinâmica (Pas)
ρ	Densidade (kg/m^3)
	Índices
l	Líquido saturado
lv	Refere-se à diferença entre as propriedades do vapor saturado e do líquido saturado. Exemplo: $h_{lv} = h_v - h_l$
v	Vapor saturado

* As propriedades termodinâmicas do ar úmido se referem sempre à massa de ar seco.
Exemplo: h (kJ/kg de ar seco).

Nota: as tabelas foram geradas com base no programa informático Engineering Equation Solver (EES), da empresa norte-americana F-Chart.

Tabela B1a – Propriedades termodinâmicas do ar úmido saturado à pressão atmosférica normal (101,325 kPa)

T [°C]	p_v [kPa]	w [kg H_2O/kg ar seco]	v [m³/kg ar seco]	h [kJ/kg ar seco]	s [kJ/(K kg ar seco)]
-40	0,0129	0,0000788	0,6606	-39,93	5,450
-39	0,0144	0,0000882	0,6634	-38,91	5,454
-38	0,0161	0,0000986	0,6663	-37,88	5,459
-37	0,0180	0,000110	0,6691	-36,85	5,463
-36	0,0200	0,000123	0,6720	-35,81	5,467
-35	0,0224	0,000137	0,6748	-34,78	5,472
-34	0,0249	0,000153	0,6777	-33,73	5,476
-33	0,0277	0,000170	0,6805	-32,69	5,480
-32	0,0308	0,000189	0,6834	-31,64	5,485
-31	0,0342	0,000210	0,6862	-30,58	5,489
-30	0,0380	0,000233	0,6891	-29,52	5,493
-29	0,0422	0,000259	0,6919	-28,46	5,498
-28	0,0467	0,000287	0,6948	-27,39	5,502
-27	0,0517	0,000318	0,6977	-26,31	5,507
-26	0,0573	0,000351	0,7005	-25,22	5,511
-25	0,0633	0,000388	0,7034	-24,13	5,515
-24	0,0699	0,000429	0,7063	-23,02	5,520
-23	0,0772	0,000474	0,7092	-21,91	5,524
-22	0,0851	0,000522	0,7121	-20,79	5,529
-21	0,0938	0,000576	0,7150	-19,65	5,533
-20	0,1033	0,000634	0,7179	-18,50	5,538
-19	0,1136	0,000698	0,7208	-17,34	5,543
-18	0,1249	0,000767	0,7237	-16,17	5,547
-17	0,1372	0,000843	0,7266	-14,97	5,552
-16	0,1507	0,000925	0,7296	-13,76	5,557
-15	0,1653	0,00102	0,7325	-12,54	5,561
-14	0,1812	0,00111	0,7355	-11,29	5,566
-13	0,1985	0,00122	0,7384	-10,02	5,571
-12	0,2173	0,00134	0,7414	-8,728	5,576
-11	0,2377	0,00146	0,7444	-7,409	5,581
-10	0,2599	0,00160	0,7474	-6,064	5,586
-9	0,2839	0,00175	0,7504	-4,689	5,591
-8	0,3100	0,00191	0,7534	-3,283	5,597
-7	0,3382	0,00208	0,7565	-1,842	5,602
-6	0,3687	0,00227	0,7596	-0,3652	5,608
-5	0,4018	0,00247	0,7627	1,152	5,613

(continua)

Tabela B1a – Propriedades termodinâmicas do ar úmido saturado à pressão atmosférica normal (101,325 kPa) *(continuação)*

T [°C]	p_v [kPa]	w [kg H_2O/kg ar seco]	v [m³/kg ar seco]	h [kJ/kg ar seco]	s [kJ/(K kg ar seco)]
-4	0,4375	0,00269	0,7658	2,711	5,619
-3	0,4761	0,00293	0,7689	4,316	5,625
-2	0,5177	0,00319	0,7721	5,969	5,631
-1	0,5627	0,00347	0,7753	7,676	5,638
0	0,6113	0,00377	0,7785	9,440	5,644
1	0,6572	0,00406	0,7817	11,16	5,650
2	0,7060	0,00436	0,7849	12,94	5,657
3	0,7581	0,00468	0,7882	14,76	5,663
4	0,8136	0,00503	0,7915	16,64	5,670
5	0,8726	0,00540	0,7948	18,58	5,677
6	0,9354	0,00579	0,7982	20,58	5,684
7	1,002	0,00621	0,8016	22,64	5,692
8	1,073	0,00665	0,8050	24,77	5,699
9	1,148	0,00712	0,8085	26,98	5,707
10	1,228	0,00762	0,8120	29,26	5,715
11	1,313	0,00816	0,8155	31,63	5,723
12	1,403	0,00872	0,8191	34,07	5,732
13	1,498	0,00932	0,8228	36,61	5,741
14	1,599	0,00996	0,8265	39,25	5,750
15	1,706	0,0106	0,8303	41,98	5,760
16	1,819	0,0114	0,8341	44,83	5,769
17	1,938	0,0121	0,8380	47,78	5,780
18	2,064	0,0129	0,8419	50,85	5,790
19	2,198	0,0138	0,8460	54,05	5,801
20	2,339	0,0147	0,8501	57,38	5,813
21	2,488	0,0156	0,8543	60,85	5,824
22	2,645	0,0167	0,8585	64,46	5,837
23	2,810	0,0177	0,8629	68,23	5,849
24	2,985	0,0189	0,8673	72,16	5,863
25	3,169	0,0201	0,8719	76,26	5,876
26	3,363	0,0213	0,8766	80,54	5,891
27	3,567	0,0227	0,8813	85,01	5,906
28	3,782	0,0241	0,8862	89,69	5,921
29	4,008	0,0256	0,8912	94,57	5,937
30	4,246	0,0272	0,8964	99,68	5,954
31	4,495	0,0289	0,9016	105,0	5,972

(continua)

Tabela B1a – Propriedades termodinâmicas do ar úmido saturado à pressão atmosférica normal (101,325 kPa) *(continuação)*

T [°C]	p_v [kPa]	w [kg H_2O/kg ar seco]	v [m³/kg ar seco]	h [kJ/kg ar seco]	s [kJ/(K kg ar seco)]
32	4,758	0,0306	0,9071	110,6	5,990
33	5,033	0,0325	0,9126	116,5	6,010
34	5,323	0,0345	0,9184	122,6	6,030
35	5,627	0,0365	0,9243	129,0	6,050
36	5,945	0,0387	0,9304	135,7	6,072
37	6,280	0,0411	0,9367	142,8	6,095
38	6,630	0,0435	0,9432	150,2	6,119
39	6,997	0,0461	0,9499	157,9	6,144
40	7,381	0,0488	0,9568	166,1	6,170
41	7,784	0,0517	0,9640	174,6	6,197
42	8,205	0,0548	0,9715	183,6	6,226
43	8,646	0,0580	0,9792	193,0	6,256
44	9,108	0,0614	0,9872	202,9	6,287
45	9,590	0,0650	0,9955	213,3	6,320
46	10,09	0,0688	1,004	224,3	6,354
47	10,62	0,0728	1,013	235,8	6,391
48	11,17	0,0770	1,023	247,9	6,429
49	11,74	0,0815	1,032	260,7	6,468
50	12,34	0,0862	1,043	274,2	6,510
51	12,97	0,0913	1,053	288,4	6,554
52	13,62	0,0966	1,064	303,4	6,601
53	14,30	0,1022	1,076	319,2	6,649
54	15,01	0,1081	1,088	335,9	6,701
55	15,75	0,1144	1,101	353,5	6,755
56	16,52	0,1211	1,114	372,2	6,812
57	17,32	0,1282	1,128	391,9	6,872
58	18,16	0,1357	1,143	412,9	6,936
59	19,03	0,1437	1,159	435,0	7,003
60	19,93	0,1522	1,175	458,6	7,074
61	20,87	0,1613	1,192	483,6	7,150
62	21,85	0,1709	1,211	510,1	7,229
63	22,87	0,1812	1,230	538,4	7,314
64	23,92	0,1922	1,251	568,5	7,404
65	25,02	0,2039	1,272	600,7	7,500
66	26,16	0,2164	1,296	635,0	7,602
67	27,35	0,2298	1,320	671,7	7,711

(continua)

Tabela B1a – Propriedades termodinâmicas do ar úmido saturado à pressão atmosférica normal (101,325 kPa) *(continuação)*

T [°C]	p_v [kPa]	w [kg H_2O/kg ar seco]	v [m³/kg ar seco]	h [kJ/kg ar seco]	s [kJ/(K kg ar seco)]
68	28,58	0,2442	1,346	711,0	7,827
69	29,85	0,2597	1,375	753,2	7,952
70	31,18	0,2763	1,405	798,6	8,085
71	32,55	0,2942	1,437	847,4	8,228
72	33,97	0,3136	1,472	900,1	8,383
73	35,45	0,3346	1,509	957,1	8,549
74	36,98	0,3573	1,549	1.019	8,729
75	38,56	0,3820	1,593	1.086	8,924
76	40,20	0,4090	1,641	1.159	9,135
77	41,90	0,4385	1,692	1.239	9,366
78	43,67	0,4709	1,749	1.327	9,619
79	45,49	0,5065	1,812	1.423	9,896
80	47,37	0,5459	1,880	1.530	10,20

Tabela B1b – Propriedades termodinâmicas do ar úmido saturado a uma altitude de 750 m acima do nível do mar

T [°C]	p_v [kPa]	w [kg H_2O/kg ar seco]	v [m³/kg ar seco]	h [kJ/kg ar seco]	s [kJ/(K kg ar seco)]
-40	0,01285	0,000086	0,7226	-39,91	5,476
-39	0,01438	0,000096	0,7257	-38,89	5,480
-38	0,01608	0,000108	0,7288	-37,86	5,484
-37	0,01796	0,000121	0,7319	-36,82	5,489
-36	0,02004	0,000135	0,7350	-35,78	5,493
-35	0,02235	0,000150	0,7381	-34,74	5,498
-34	0,02490	0,000167	0,7412	-33,70	5,502
-33	0,02771	0,000186	0,7444	-32,65	5,506
-32	0,03082	0,000207	0,7475	-31,60	5,511
-31	0,03424	0,000230	0,7506	-30,54	5,515
-30	0,03802	0,000255	0,7538	-29,47	5,519
-29	0,04217	0,000283	0,7569	-28,40	5,524
-28	0,04673	0,000314	0,7600	-27,32	5,528
-27	0,05174	0,000347	0,7632	-26,24	5,533
-26	0,05725	0,000384	0,7663	-25,14	5,537
-25	0,06329	0,000425	0,7695	-24,04	5,542
-24	0,06991	0,000469	0,7726	-22,92	5,546
-23	0,07716	0,000518	0,7758	-21,80	5,551
-22	0,08510	0,000571	0,7789	-20,67	5,555
-21	0,09378	0,000630	0,7821	-19,52	5,560
-20	0,1033	0,000693	0,7853	-18,36	5,564
-19	0,1136	0,000763	0,7885	-17,18	5,569
-18	0,1249	0,000839	0,7917	-15,99	5,574
-17	0,1372	0,000922	0,7949	-14,78	5,578
-16	0,1507	0,00101	0,7981	-13,55	5,583
-15	0,1653	0,00111	0,8014	-12,30	5,588
-14	0,1812	0,00122	0,8046	-11,03	5,593
-13	0,1985	0,00133	0,8079	-9,736	5,598
-12	0,2173	0,00146	0,8111	-8,416	5,603
-11	0,2377	0,00160	0,8144	-7,068	5,608
-10	0,2599	0,00175	0,8177	-5,691	5,613
-9	0,2839	0,00191	0,8210	-4,281	5,619
-8	0,3100	0,00209	0,8244	-2,836	5,624
-7	0,3382	0,00228	0,8277	-1,354	5,630

(continua)

Tabela B1b – Propriedades termodinâmicas do ar úmido saturado a uma altitude de 750 m acima do nível do mar *(continuação)*

T [°C]	p_v [kPa]	w [kg H_2O/kg ar seco]	v [m³/kg ar seco]	h [kJ/kg ar seco]	s [kJ/(K kg ar seco)]
-6	0,3687	0,00248	0,8311	0,1676	5,636
-5	0,4018	0,00271	0,8345	1,733	5,641
-4	0,4375	0,00295	0,8380	3,345	5,647
-3	0,4761	0,00321	0,8414	5,007	5,654
-2	0,5177	0,00349	0,8449	6,722	5,660
-1	0,5627	0,00380	0,8485	8,495	5,666
0	0,6113	0,00413	0,8520	10,33	5,673
1	0,6572	0,00444	0,8556	12,12	5,680
2	0,7060	0,00477	0,8592	13,97	5,686
3	0,7581	0,00513	0,8628	15,87	5,693
4	0,8136	0,00551	0,8664	17,84	5,700
5	0,8726	0,00591	0,8701	19,86	5,708
6	0,9354	0,00634	0,8738	21,96	5,715
7	1,002	0,00679	0,8776	24,12	5,723
8	1,073	0,00728	0,8814	26,36	5,731
9	1,148	0,00780	0,8853	28,69	5,739
10	1,228	0,00835	0,8892	31,09	5,748
11	1,313	0,00893	0,8931	33,59	5,756
12	1,403	0,00955	0,8972	36,17	5,766
13	1,498	0,01021	0,9013	38,86	5,775
14	1,599	0,01091	0,9054	41,65	5,785
15	1,706	0,01165	0,9096	44,56	5,795
16	1,819	0,01244	0,9139	47,58	5,805
17	1,938	0,01328	0,9183	50,72	5,816
18	2,064	0,01416	0,9227	54,00	5,827
19	2,198	0,01510	0,9273	57,41	5,839
20	2,339	0,01609	0,9319	60,97	5,851
21	2,488	0,01715	0,9366	64,68	5,864
22	2,645	0,01826	0,9415	68,55	5,877
23	2,810	0,01944	0,9464	72,60	5,891
24	2,985	0,02069	0,9514	76,82	5,905
25	3,169	0,02201	0,9566	81,23	5,920
26	3,363	0,02341	0,9619	85,84	5,935
27	3,567	0,02489	0,9673	90,67	5,951
28	3,782	0,02645	0,9729	95,71	5,968

(continua)

Tabela B1b – Propriedades termodinâmicas do ar úmido saturado a uma altitude de 750 m acima do nível do mar *(continuação)*

T [°C]	p_v [kPa]	w [kg H_2O/kg ar seco]	v [m³/kg ar seco]	h [kJ/kg ar seco]	s [kJ/(K kg ar seco)]
29	4,008	0,02810	0,9786	101,0	5,986
30	4,246	0,02985	0,9845	106,5	6,004
31	4,495	0,03169	0,9905	112,3	6,023
32	4,758	0,03365	0,9968	118,4	6,043
33	5,033	0,03571	1,003	124,7	6,064
34	5,323	0,03789	1,010	131,4	6,085
35	5,627	0,04019	1,017	138,4	6,108
36	5,945	0,04262	1,024	145,7	6,132
37	6,280	0,04519	1,031	153,4	6,157
38	6,630	0,04791	1,039	161,5	6,183
39	6,997	0,05078	1,046	170,0	6,210
40	7,381	0,05381	1,054	178,9	6,239
41	7,784	0,05702	1,063	188,3	6,269
42	8,205	0,06040	1,071	198,2	6,300
43	8,646	0,06398	1,081	208,5	6,333
44	9,108	0,06777	1,090	219,4	6,368
45	9,590	0,07177	1,100	230,9	6,404
46	10,09	0,07601	1,110	243,0	6,442
47	10,62	0,08049	1,121	255,8	6,482
48	11,17	0,08523	1,132	269,3	6,524
49	11,74	0,09025	1,143	283,5	6,569
50	12,34	0,09557	1,155	298,4	6,615
51	12,97	0,1012	1,168	314,3	6,664
52	13,62	0,1072	1,181	331,0	6,716
53	14,30	0,1135	1,195	348,7	6,771
54	15,01	0,1202	1,210	367,4	6,828
55	15,75	0,1274	1,225	387,2	6,889
56	16,52	0,1349	1,241	408,3	6,953
57	17,32	0,1430	1,259	430,6	7,021
58	18,16	0,1516	1,277	454,2	7,093
59	19,03	0,1607	1,295	479,4	7,170
60	19,93	0,1704	1,316	506,2	7,250
61	20,87	0,1808	1,337	534,7	7,336
62	21,85	0,1919	1,359	565,1	7,428
63	22,87	0,2038	1,383	597,6	7,525

(continua)

Tabela B1b – Propriedades termodinâmicas do ar úmido saturado a uma altitude de 750 m acima do nível do mar *(continuação)*

T [°C]	p_v [kPa]	w [kg H_2O/kg ar seco]	v [m^3/kg ar seco]	h [kJ/kg ar seco]	s [kJ/(K kg ar seco)]
64	23,92	0,2165	1,409	632,3	7,629
65	25,02	0,2301	1,436	669,5	7,740
66	26,16	0,2447	1,465	709,4	7,858
67	27,35	0,2604	1,496	752,2	7,985
68	28,58	0,2773	1,529	798,2	8,122
69	29,85	0,2956	1,565	847,9	8,268
70	31,18	0,3154	1,603	901,6	8,426
71	32,55	0,3368	1,645	959,7	8,597
72	33,97	0,3601	1,690	1.023	8,781
73	35,45	0,3854	1,738	1.091	8,982
74	36,98	0,4131	1,791	1.166	9,200
75	38,56	0,4434	1,849	1.248	9,438
76	40,20	0,4768	1,913	1.339	9,699
77	41,90	0,5136	1,983	1.438	9,987
78	43,67	0,5544	2,060	1.549	10,30
79	45,49	0,5999	2,146	1.671	10,66
80	47,37	0,6508	2,242	1.809	11,05

Tabela B2a – Propriedades termodinâmicas da água saturada, entrada por temperatura

T [°C]	p_{sat} [kPa]	v_l [l/kg]	v_v [m³/kg]	u_l [kJ/kg]	u_{lv} [kJ/kg]	u_v [kJ/kg]	h_l [kJ/kg]	h_{lv} [kJ/kg]	h_v [kJ/kg]	s_l [kJ/kgK]	s_v [kJ/kgK]
0,01	0,6117	1,00022	206,0	0,000	2.375	2.375	0,001	2.501	2.501	0,00000	9,154
1	0,6572	1,00015	192,4	4,183	2.372	2.376	4,183	2.498	2.502	0,01528	9,128
3	0,7581	1,00007	168,0	12,61	2.366	2.379	12,61	2.493	2.506	0,04592	9,075
5	0,8726	1,00006	147,0	21,02	2.360	2.381	21,02	2.489	2.510	0,07626	9,024
7	1,002	1,00011	128,9	29,41	2.355	2.384	29,42	2.484	2.513	0,1063	8,973
9	1,148	1,00023	113,3	37,80	2.349	2.387	37,80	2.479	2.517	0,1361	8,923
11	1,313	1,00040	99,81	46,17	2.344	2.390	46,18	2.475	2.521	0,1657	8,874
13	1,498	1,00063	88,09	54,55	2.338	2.392	54,55	2.470	2.524	0,1951	8,826
15	1,706	1,00091	77,90	62,92	2.332	2.395	62,92	2.465	2.528	0,2242	8,779
17	1,938	1,00124	69,02	71,28	2.327	2.398	71,28	2.460	2.532	0,2532	8,733
19	2,198	1,00161	61,28	79,65	2.321	2.401	79,65	2.456	2.535	0,2819	8,688
21	2,488	1,00203	54,50	88,02	2.315	2.403	88,02	2.451	2.539	0,3104	8,643
23	2,810	1,00249	48,57	96,38	2.310	2.406	96,39	2.446	2.543	0,3388	8,599
25	3,169	1,00299	43,36	104,7	2.304	2.409	104,8	2.442	2.546	0,3670	8,556
27	3,567	1,00353	38,77	113,1	2.298	2.412	113,1	2.437	2.550	0,3949	8,513
29	4,008	1,00411	34,73	121,5	2.293	2.414	121,5	2.432	2.554	0,4227	8,472
31	4,495	1,00472	31,17	129,8	2.287	2.417	129,9	2.427	2.557	0,4503	8,431
33	5,033	1,00537	28,01	138,2	2.282	2.420	138,2	2.423	2.561	0,4777	8,391
35	5,627	1,00605	25,22	146,6	2.276	2.422	146,6	2.418	2.564	0,5050	8,351
37	6,280	1,00676	22,74	154,9	2.270	2.425	155,0	2.413	2.568	0,5320	8,312
39	6,997	1,00751	20,54	163,3	2.265	2.428	163,3	2.408	2.572	0,5589	8,274
41	7,784	1,00829	18,58	171,7	2.259	2.431	171,7	2.403	2.575	0,5856	8,236
43	8,646	1,00909	16,83	180,0	2.253	2.433	180,1	2.399	2.579	0,6122	8,199
45	9,590	1,00993	15,26	188,4	2.248	2.436	188,4	2.394	2.582	0,6385	8,163
47	10,62	1,01080	13,87	196,8	2.242	2.439	196,8	2.389	2.586	0,6647	8,127
49	11,74	1,01170	12,61	205,1	2.236	2.441	205,1	2.384	2.589	0,6908	8,092
51	12,97	1,01262	11,49	213,5	2.230	2.444	213,5	2.379	2.593	0,7167	8,057
53	14,30	1,01357	10,48	221,9	2.225	2.447	221,9	2.375	2.596	0,7424	8,023
55	15,75	1,01455	9,573	230,2	2.219	2.449	230,2	2.370	2.600	0,7679	7,990
57	17,32	1,01556	8,754	238,6	2.213	2.452	238,6	2.365	2.604	0,7934	7,957
59	19,03	1,01660	8,016	247,0	2.208	2.455	247,0	2.360	2.607	0,8186	7,924
61	20,87	1,01766	7,349	255,3	2.202	2.457	255,3	2.355	2.611	0,8437	7,892
63	22,87	1,01875	6,746	263,7	2.196	2.460	263,7	2.350	2.614	0,8687	7,861
65	25,02	1,01986	6,200	272,1	2.190	2.462	272,1	2.345	2.617	0,8935	7,830
67	27,35	1,02100	5,704	280,4	2.185	2.465	280,4	2.340	2.621	0,9182	7,799
69	29,85	1,02216	5,254	288,8	2.179	2.468	288,8	2.336	2.624	0,9427	7,769
71	32,55	1,02336	4,845	297,2	2.173	2.470	297,2	2.331	2.628	0,9671	7,739

(continua)

Tabela B2a – Propriedades termodinâmicas da água saturada, entrada por temperatura *(continuação)*

T	p_{sat}	v_l	v_v	u_l	u_{lv}	u_v	h_l	h_{lv}	h_v	s_l	s_v
[°C]	[kPa]	[l/kg]	[m³/kg]	[kJ/kg]	[kJ/kg]	[kJ/kg]	[kJ/kg]	[kJ/kg]	[kJ/kg]	[kJ/kgK]	[kJ/kgK]
73	35,45	1,02457	4,473	305,5	2.167	2.473	305,6	2.326	2.631	0,9914	7,710
75	38,56	1,02581	4,133	313,9	2.161	2.475	314,0	2.321	2.635	1,016	7,681
77	41,90	1,02708	3,824	322,3	2.155	2.478	322,3	2.316	2.638	1,040	7,653
79	45,49	1,02837	3,541	330,7	2.150	2.480	330,7	2.311	2.641	1,063	7,625
81	49,32	1,02969	3,282	339,1	2.144	2.483	339,1	2.306	2.645	1,087	7,597
83	53,43	1,03103	3,046	347,5	2.138	2.485	347,5	2.301	2.648	1,111	7,570
85	57,81	1,03239	2,829	355,9	2.132	2.488	355,9	2.295	2.651	1,134	7,544
87	62,50	1,03378	2,630	364,3	2.126	2.490	364,3	2.290	2.655	1,158	7,517
89	67,50	1,03520	2,447	372,7	2.120	2.493	372,7	2.285	2.658	1,181	7,491
91	72,82	1,03664	2,279	381,1	2.114	2.495	381,1	2.280	2.661	1,204	7,466
93	78,49	1,03810	2,125	389,5	2.108	2.498	389,6	2.275	2.665	1,227	7,440
95	84,53	1,03959	1,983	397,9	2.102	2.500	398,0	2.270	2.668	1,250	7,415
97	90,94	1,04110	1,852	406,3	2.096	2.503	406,4	2.265	2.671	1,273	7,391
99	97,76	1,04264	1,731	414,7	2.090	2.505	414,8	2.259	2.674	1,296	7,366
101	105,0	1,04420	1,619	423,2	2.084	2.507	423,3	2.254	2.677	1,318	7,343
103	112,7	1,04578	1,516	431,6	2.078	2.510	431,7	2.249	2.680	1,341	7,319
105	120,8	1,04739	1,420	440,1	2.072	2.512	440,2	2.243	2.684	1,363	7,296
107	129,4	1,04903	1,331	448,5	2.066	2.514	448,6	2.238	2.687	1,385	7,273
109	138,5	1,05069	1,249	457,0	2.060	2.517	457,1	2.233	2.690	1,408	7,250
111	148,1	1,05238	1,173	465,4	2.054	2.519	465,6	2.227	2.693	1,430	7,227
113	158,3	1,05409	1,103	473,9	2.047	2.521	474,1	2.222	2.696	1,452	7,205
115	169,0	1,05582	1,037	482,4	2.041	2.524	482,5	2.216	2.699	1,473	7,183
117	180,3	1,05758	0,9759	490,8	2.035	2.526	491,0	2.211	2.702	1,495	7,162
119	192,3	1,05937	0,9191	499,3	2.029	2.528	499,5	2.205	2.705	1,517	7,140
121	204,9	1,06118	0,8662	507,8	2.022	2.530	508,0	2.200	2.708	1,539	7,119
123	218,1	1,06302	0,8169	516,3	2.016	2.532	516,5	2.194	2.711	1,560	7,098
125	232,0	1,06488	0,7709	524,8	2.010	2.535	525,1	2.188	2.713	1,581	7,078
127	246,7	1,06677	0,7279	533,3	2.003	2.537	533,6	2.183	2.716	1,603	7,057
129	262,0	1,06869	0,6878	541,9	1.997	2.539	542,1	2.177	2.719	1,624	7,037
131	278,2	1,07063	0,6503	550,4	1.991	2.541	550,7	2.171	2.722	1,645	7,017
133	295,1	1,07260	0,6152	558,9	1.984	2.543	559,2	2.165	2.725	1,666	6,998
135	312,9	1,07459	0,5824	567,5	1.978	2.545	567,8	2.159	2.727	1,687	6,978
137	331,6	1,07661	0,5516	576,0	1.971	2.547	576,4	2.154	2.730	1,708	6,959
139	351,1	1,07866	0,5227	584,6	1.964	2.549	585,0	2.148	2.733	1,729	6,940
141	371,5	1,08074	0,4957	593,1	1.958	2.551	593,5	2.142	2.735	1,750	6,921

(continua)

Tabela B2a – Propriedades termodinâmicas da água saturada, entrada por temperatura *(continuação)*

T [°C]	p_{sat} [kPa]	v_l [l/kg]	v_v [m³/kg]	u_l [kJ/kg]	u_{lv} [kJ/kg]	u_v [kJ/kg]	h_l [kJ/kg]	h_{lv} [kJ/kg]	h_v [kJ/kg]	s_l [kJ/kgK]	s_v [kJ/kgK]
143	392,9	1,08285	0,4703	601,7	1.951	2.553	602,1	2.136	2.738	1,770	6,902
145	415,3	1,08498	0,4464	610,3	1.945	2.555	610,7	2.129	2.740	1,791	6,884
147	438,7	1,08715	0,4240	618,9	1.938	2.557	619,4	2.123	2.743	1,811	6,865
149	463,1	1,08934	0,4029	627,5	1.931	2.559	628,0	2.117	2.745	1,832	6,847
151	488,6	1,09156	0,3831	636,1	1.924	2.560	636,6	2.111	2.748	1,852	6,829
153	515,2	1,09381	0,3644	644,7	1.917	2.562	645,3	2.105	2.750	1,873	6,811
155	543,0	1,09609	0,3468	653,4	1.911	2.564	653,9	2.098	2.752	1,893	6,794
157	571,9	1,09840	0,3302	662,0	1.904	2.566	662,6	2.092	2.755	1,913	6,776
159	602,1	1,10074	0,3146	670,6	1.897	2.567	671,3	2.086	2.757	1,933	6,759
161	633,5	1,10312	0,2998	679,3	1.890	2.569	680,0	2.079	2.759	1,953	6,742
163	666,2	1,10552	0,2859	688,0	1.883	2.571	688,7	2.073	2.761	1,973	6,725
165	700,3	1,10796	0,2727	696,7	1.876	2.572	697,4	2.066	2.763	1,993	6,708
167	735,7	1,11043	0,2603	705,3	1.869	2.574	706,2	2.059	2.765	2,012	6,691
169	772,5	1,11293	0,2485	714,0	1.861	2.575	714,9	2.053	2.767	2,032	6,674
171	810,8	1,11547	0,2373	722,8	1.854	2.577	723,7	2.046	2.769	2,052	6,658
173	850,5	1,11804	0,2268	731,5	1.847	2.578	732,4	2.039	2.771	2,072	6,642
175	891,8	1,12065	0,2168	740,2	1.840	2.580	741,2	2.032	2.773	2,091	6,625
177	934,6	1,12329	0,2073	749,0	1.832	2.581	750,0	2.025	2.775	2,111	6,609
179	979,1	1,12596	0,1983	757,7	1.825	2.583	758,8	2.018	2.777	2,130	6,593
181	1.025	1,12868	0,1898	766,5	1.818	2.584	767,7	2.011	2.779	2,149	6,577
183	1.073	1,13143	0,1817	775,3	1.810	2.585	776,5	2.004	2.780	2,169	6,562
185	1.122	1,13422	0,1741	784,1	1.802	2.587	785,4	1.997	2.782	2,188	6,546
187	1.174	1,13704	0,1668	792,9	1.795	2.588	794,2	1.989	2.784	2,207	6,530
189	1.227	1,13991	0,1598	801,7	1.787	2.589	803,1	1.982	2.785	2,226	6,515
191	1.282	1,14282	0,1533	810,6	1.780	2.590	812,1	1.975	2.787	2,245	6,499
193	1.339	1,14576	0,1470	819,5	1.772	2.591	821,0	1.967	2.788	2,264	6,484
195	1.398	1,14875	0,1410	828,3	1.764	2.592	829,9	1.959	2.789	2,283	6,469
197	1.459	1,15178	0,1353	837,2	1.756	2.593	838,9	1.952	2.791	2,302	6,454
199	1.521	1,15486	0,1299	846,1	1.748	2.594	847,9	1.944	2.792	2,321	6,439
201	1.586	1,15798	0,1248	855,0	1.740	2.595	856,9	1.936	2.793	2,340	6,424
203	1.654	1,16114	0,1199	864,0	1.732	2.596	865,9	1.928	2.794	2,359	6,409
205	1.723	1,16435	0,1152	872,9	1.724	2.597	875,0	1.920	2.795	2,378	6,394
207	1.794	1,16761	0,1107	881,9	1.716	2.598	884,0	1.912	2.796	2,397	6,379
209	1.868	1,17091	0,1064	890,9	1.707	2.598	893,1	1.904	2.797	2,415	6,365
211	1.945	1,17427	0,1024	899,9	1.699	2.599	902,2	1.896	2.798	2,434	6,350

(continua)

Tabela B2a – Propriedades termodinâmicas da água saturada, entrada por temperatura *(continuação)*

T [°C]	p_{sat} [kPa]	v_l [l/kg]	v_v [m³/kg]	u_l [kJ/kg]	u_{lv} [kJ/kg]	u_v [kJ/kg]	h_l [kJ/kg]	h_{lv} [kJ/kg]	h_v [kJ/kg]	s_l [kJ/kgK]	s_v [kJ/kgK]
213	2.023	1,17767	0,09847	909,0	1.691	2.600	911,4	1.888	2.799	2,453	6,335
215	2.104	1,18113	0,09475	918,0	1.682	2.600	920,5	1.879	2.800	2,471	6,321
217	2.188	1,18464	0,09120	927,1	1.674	2.601	929,7	1.871	2.800	2,490	6,306
219	2.274	1,18820	0,08780	936,2	1.665	2.601	938,9	1.862	2.801	2,508	6,292
221	2.363	1,19182	0,08455	945,3	1.656	2.602	948,1	1.853	2.802	2,527	6,277
223	2.454	1,19549	0,08144	954,5	1.648	2.602	957,4	1.845	2.802	2,545	6,263
225	2.548	1,19922	0,07846	963,6	1.639	2.602	966,7	1.836	2.802	2,564	6,249
227	2.645	1,20301	0,07561	972,8	1.630	2.603	976,0	1.827	2.803	2,582	6,235
229	2.744	1,20687	0,07288	982,0	1.621	2.603	985,3	1.818	2.803	2,601	6,220
231	2.847	1,21078	0,07026	991,2	1.612	2.603	994,7	1.808	2.803	2,619	6,206
233	2.952	1,21476	0,06775	1.001	1.603	2.603	1.004	1.799	2.803	2,637	6,192
235	3.060	1,21881	0,06534	1.010	1.594	2.603	1.014	1.790	2.803	2,656	6,178
237	3.172	1,22292	0,06303	1.019	1.584	2.603	1.023	1.780	2.803	2,674	6,163
239	3.286	1,22710	0,06082	1.028	1.575	2.603	1.032	1.771	2.803	2,692	6,149
241	3.404	1,23136	0,05869	1.038	1.565	2.603	1.042	1.761	2.803	2,710	6,135
243	3.525	1,23569	0,05665	1.047	1.556	2.603	1.052	1.751	2.803	2,729	6,121
245	3.649	1,24009	0,05469	1.057	1.546	2.603	1.061	1.741	2.802	2,747	6,107
247	3.776	1,24458	0,05280	1.066	1.536	2.602	1.071	1.731	2.802	2,765	6,093
249	3.907	1,24914	0,05099	1.076	1.526	2.602	1.080	1.721	2.801	2,784	6,079
251	4.041	1,25379	0,04925	1.085	1.516	2.601	1.090	1.710	2.800	2,802	6,065
253	4.179	1,25852	0,04757	1.095	1.506	2.601	1.100	1.700	2.800	2,820	6,050
255	4.320	1,26334	0,04596	1.104	1.496	2.600	1.110	1.689	2.799	2,838	6,036
257	4.465	1,26825	0,04441	1.114	1.486	2.600	1.120	1.678	2.798	2,856	6,022
259	4.614	1,27325	0,04292	1.124	1.475	2.599	1.129	1.667	2.797	2,875	6,008
261	4.766	1,27836	0,04148	1.133	1.465	2.598	1.139	1.656	2.796	2,893	5,994
263	4.922	1,28356	0,04010	1.143	1.454	2.597	1.149	1.645	2.794	2,911	5,980
265	5.082	1,28887	0,03876	1.153	1.443	2.596	1.159	1.634	2.793	2,929	5,965
267	5.246	1,29429	0,03748	1.163	1.432	2.595	1.169	1.622	2.792	2,948	5,951
269	5.414	1,29981	0,03624	1.172	1.421	2.594	1.179	1.610	2.790	2,966	5,937
271	5.586	1,30546	0,03504	1.182	1.410	2.593	1.190	1.599	2.788	2,984	5,922
273	5.763	1,31122	0,03389	1.192	1.399	2.591	1.200	1.587	2.786	3,003	5,908
275	5.943	1,31711	0,03278	1.202	1.387	2.590	1.210	1.574	2.785	3,021	5,893
277	6.128	1,32313	0,03171	1.212	1.376	2.588	1.220	1.562	2.782	3,039	5,879
279	6.317	1,32929	0,03067	1.222	1.364	2.587	1.231	1.549	2.780	3,058	5,864
281	6.510	1,33558	0,02967	1.233	1.352	2.585	1.241	1.537	2.778	3,076	5,849

(continua)

Tabela B2a – Propriedades termodinâmicas da água saturada, entrada por temperatura *(continuação)*

T [°C]	p_{sat} [kPa]	v_l [l/kg]	v_v [m³/kg]	u_l [kJ/kg]	u_{lv} [kJ/kg]	u_v [kJ/kg]	h_l [kJ/kg]	h_{lv} [kJ/kg]	h_v [kJ/kg]	s_l [kJ/kgK]	s_v [kJ/kgK]
283	6.708	1,34202	0,02870	1.243	1.340	2.583	1.252	1.524	2.776	3,095	5,834
285	6.911	1,34862	0,02777	1.253	1.328	2.581	1.262	1.511	2.773	3,113	5,819
287	7.118	1,35537	0,02686	1.263	1.316	2.579	1.273	1.497	2.770	3,132	5,804
289	7.330	1,36229	0,02599	1.274	1.303	2.577	1.284	1.484	2.767	3,150	5,789
291	7.547	1,36938	0,02514	1.284	1.290	2.575	1.295	1.470	2.764	3,169	5,774
293	7.769	1,37666	0,02433	1.295	1.277	2.572	1.305	1.456	2.761	3,187	5,759
295	7.995	1,38412	0,02354	1.305	1.264	2.570	1.316	1.441	2.758	3,206	5,743
297	8.227	1,39179	0,02277	1.316	1.251	2.567	1.327	1.427	2.754	3,225	5,728
299	8.463	1,39967	0,02203	1.327	1.238	2.564	1.338	1.412	2.751	3,244	5,712
301	8.705	1,40777	0,02131	1.337	1.224	2.561	1.350	1.397	2.747	3,263	5,696
303	8.953	1,41610	0,02061	1.348	1.210	2.558	1.361	1.382	2.743	3,282	5,680
305	9.205	1,42467	0,01994	1.359	1.196	2.555	1.372	1.366	2.739	3,301	5,664
307	9.463	1,43351	0,01929	1.370	1.181	2.552	1.384	1.350	2.734	3,320	5,648
309	9.727	1,44262	0,01865	1.381	1.167	2.548	1.395	1.334	2.729	3,339	5,631
311	9.996	1,45202	0,01803	1.393	1.152	2.544	1.407	1.317	2.725	3,359	5,614
313	10.271	1,46173	0,01744	1.404	1.137	2.540	1.419	1.301	2.719	3,378	5,597
315	10.551	1,47176	0,01686	1.415	1.121	2.536	1.431	1.283	2.714	3,398	5,580
317	10.838	1,48215	0,01629	1.427	1.105	2.532	1.443	1.266	2.709	3,418	5,562
319	11.131	1,49291	0,01574	1.438	1.089	2.528	1.455	1.248	2.703	3,438	5,545
321	11.429	1,50406	0,01521	1.450	1.073	2.523	1.467	1.229	2.697	3,458	5,526
323	11.734	1,51565	0,01469	1.462	1.056	2.518	1.480	1.210	2.690	3,478	5,508
325	12.046	1,52769	0,01419	1.474	1.038	2.513	1.493	1.191	2.684	3,498	5,489
327	12.364	1,54024	0,01370	1.486	1.021	2.507	1.505	1.171	2.676	3,519	5,470
329	12.688	1,55332	0,01322	1.499	1.003	2.501	1.518	1.151	2.669	3,540	5,451
331	13.019	1,56698	0,01275	1.511	984,2	2.495	1.532	1.130	2.661	3,561	5,431
333	13.357	1,58128	0,01230	1.524	965,1	2.489	1.545	1.108	2.653	3,582	5,410
335	13.701	1,59627	0,01185	1.537	945,5	2.482	1.559	1.086	2.645	3,603	5,389
337	14.053	1,61203	0,01142	1.550	925,4	2.475	1.573	1.063	2.636	3,625	5,368
339	14.412	1,62863	0,01100	1.563	904,6	2.468	1.587	1.040	2.626	3,648	5,346
341	14.778	1,64616	0,01058	1.577	883,1	2.460	1.601	1.015	2.616	3,670	5,323
343	15.152	1,66474	0,01018	1.591	860,9	2.452	1.616	989,9	2.606	3,693	5,300
345	15.533	1,68448	0,009778	1.605	837,9	2.443	1.631	963,6	2.595	3,716	5,275
347	15.922	1,70556	0,009387	1.619	814	2.433	1.646	936,3	2.583	3,740	5,250
349	16.320	1,72815	0,009002	1.634	789,1	2.423	1.662	907,8	2.570	3,765	5,224
351	16.725	1,75248	0,008623	1.649	763	2.412	1.679	877,9	2.557	3,790	5,197

(continua)

Tabela B2a – Propriedades termodinâmicas da água saturada, entrada por temperatura *(continuação)*

T [°C]	p_{sat} [kPa]	v_l [l/kg]	v_v [m³/kg]	u_l [kJ/kg]	u_{lv} [kJ/kg]	u_v [kJ/kg]	h_l [kJ/kg]	h_{lv} [kJ/kg]	h_v [kJ/kg]	s_l [kJ/kgK]	s_v [kJ/kgK]
353	17.138	1,77884	0,008249	1.665	735,7	2.401	1.696	846,6	2.542	3,816	5,168
355	17.561	1,80760	0,007879	1.682	706,8	2.388	1.713	813,5	2.527	3,843	5,138
357	17.992	1,83924	0,007512	1.699	676,3	2.375	1.732	778,3	2.510	3,871	5,106
359	18.432	1,87440	0,007145	1.716	643,7	2.360	1.751	740,8	2.492	3,900	5,072
361	18.881	1,91396	0,006778	1.735	608,6	2.344	1.771	700,5	2.472	3,931	5,036
363	19.340	1,95920	0,006407	1.755	570,5	2.326	1.793	656,5	2.450	3,964	4,996
365	19.809	2,01205	0,006029	1.777	528,3	2.305	1.817	607,9	2.425	3,999	4,952
367	20.289	2,07572	0,005636	1.801	480,7	2.281	1.843	552,9	2.396	4,039	4,902
369	20.780	2,15631	0,005218	1.828	424,7	2.252	1.873	488,3	2.361	4,084	4,844
371	21.283	2,26894	0,004748	1.861	353,8	2.215	1.909	406,5	2.316	4,139	4,770
373	21.799	2,48514	0,004121	1.912	240,8	2.153	1.967	276,4	2.243	4,226	4,654
373,9	22.039	2,86210	0,003397	1.980	80,71	2.060	2.043	92,5	2.135	4,342	4,485

Tabela B2b – Propriedades termodinâmicas da água saturada, entrada por pressão

p [kPa]	T_{sat} [°C]	v_l [l/kg]	v_v [m³/kg]	u_l [kJ/kg]	u_{lv} [kJ/kg]	u_v [kJ/kg]	h_l [kJ/kg]	h_{lv} [kJ/kg]	h_v [kJ/kg]	s_l [kJ/kgK]	s_v [kJ/kgK]
0,612	0,016	1,00022	205,9	0,02559	2.375	2.375	0,0262	2.501	2.501	0	9,154
2	17,497	1,00133	67,00	73,36	2.325	2.399	73,37	2.459	2.533	0,2603	8,722
4	28,966	1,0041	34,80	121,3	2.293	2.414	121,3	2.432	2.553	0,4222	8,473
6	36,167	1,00646	23,74	151,5	2.273	2.424	151,5	2.415	2.566	0,5208	8,328
8	41,518	1,00849	18,10	173,8	2.257	2.431	173,9	2.402	2.576	0,5925	8,227
10	45,817	1,01028	14,67	191,8	2.245	2.437	191,8	2.392	2.584	0,6493	8,148
20	60,073	1,01716	7,650	251,4	2.204	2.456	251,5	2.357	2.609	0,8321	7,907
30	69,114	1,02223	5,230	289,3	2.178	2.468	289,3	2.335	2.625	0,9441	7,767
40	75,877	1,02636	3,994	317,6	2.159	2.476	317,6	2.318	2.636	1,026	7,669
50	81,339	1,02991	3,241	340,5	2.143	2.483	340,5	2.305	2.645	1,091	7,593
60	85,949	1,03305	2,732	359,8	2.129	2.489	359,9	2.293	2.653	1,145	7,531
70	89,956	1,03588	2,365	376,7	2.117	2.494	376,7	2.283	2.660	1,192	7,479
80	93,511	1,03848	2,088	391,6	2.107	2.498	391,7	2.274	2.665	1,233	7,434
90	96,713	1,04088	1,870	405,1	2.097	2.502	405,2	2.265	2.670	1,270	7,394
100	99,632	1,04313	1,694	417,4	2.088	2.506	417,5	2.258	2.675	1,303	7,359
120	104,811	1,04724	1,429	439,3	2.073	2.512	439,4	2.244	2.683	1,361	7,298
140	109,32	1,05096	1,237	458,3	2.059	2.517	458,5	2.232	2.690	1,411	7,246
160	113,327	1,05437	1,092	475,3	2.046	2.522	475,4	2.221	2.696	1,455	7,202
180	116,941	1,05753	0,9777	490,6	2.035	2.526	490,8	2.211	2.702	1,495	7,162
200	120,241	1,06049	0,8859	504,6	2.025	2.529	504,8	2.202	2.707	1,530	7,127
220	123,281	1,06328	0,8102	517,5	2.015	2.533	517,7	2.193	2.711	1,563	7,095
240	126,103	1,06592	0,7468	529,5	2.006	2.536	529,8	2.185	2.715	1,593	7,066
260	128,74	1,06843	0,6929	540,7	1.998	2.539	541	2.178	2.719	1,621	7,040
280	131,217	1,07084	0,6464	551,3	1.990	2.541	551,6	2.170	2.722	1,648	7,015
300	133,555	1,07315	0,6059	561,3	1.982	2.544	561,6	2.164	2.725	1,672	6,992
320	135,77	1,07537	0,5703	570,8	1.975	2.546	571,1	2.157	2.728	1,695	6,971
340	137,875	1,07751	0,5387	579,8	1.968	2.548	580,1	2.151	2.731	1,717	6,950
360	139,883	1,07958	0,5106	588,4	1.962	2.550	588,7	2.145	2.734	1,738	6,931
380	141,803	1,08158	0,4853	596,6	1.955	2.552	597	2.139	2.736	1,758	6,913
400	143,643	1,08353	0,4625	604,5	1.949	2.554	604,9	2.134	2.739	1,777	6,896
420	145,41	1,08542	0,4417	612,1	1.943	2.555	612,5	2.128	2.741	1,795	6,880
440	147,111	1,08727	0,4228	619,4	1.937	2.557	619,8	2.123	2.743	1,813	6,864
460	148,751	1,08906	0,4055	626,4	1.932	2.558	626,9	2.118	2.745	1,829	6,849
480	150,335	1,09082	0,3896	633,2	1.927	2.560	633,8	2.113	2.747	1,845	6,835
500	151,866	1,09253	0,3749	639,8	1.921	2.561	640,4	2.108	2.749	1,861	6,821

(continua)

Tabela B2b – Propriedades termodinâmicas da água saturada, entrada por pressão *(continuação)*

p [kPa]	T_{sat} [°C]	v_l [l/kg]	v_v [m³/kg]	u_l [kJ/kg]	u_{lv} [kJ/kg]	u_v [kJ/kg]	h_l [kJ/kg]	h_{lv} [kJ/kg]	h_v [kJ/kg]	s_l [kJ/kgK]	s_v [kJ/kgK]
520	153,35	1,09421	0,3613	646,2	1.916	2.563	646,8	2.104	2.750	1,876	6,808
540	154,788	1,09585	0,3486	652,4	1.911	2.564	653	2.099	2.752	1,891	6,796
560	156,185	1,09746	0,3369	658,5	1.907	2.565	659,1	2.095	2.754	1,905	6,783
580	157,542	1,09903	0,3259	664,3	1.902	2.566	665	2.090	2.755	1,918	6,771
600	158,863	1,10058	0,3156	670,0	1.897	2.567	670,7	2.086	2.757	1,932	6,760
620	160,149	1,1021	0,3060	675,6	1.893	2.568	676,3	2.082	2.758	1,944	6,749
640	161,402	1,1036	0,2970	681,0	1.888	2.569	681,7	2.078	2.759	1,957	6,738
660	162,624	1,10507	0,2884	686,3	1.884	2.570	687,1	2.074	2.761	1,969	6,728
680	163,817	1,10651	0,2804	691,5	1.880	2.571	692,3	2.070	2.762	1,981	6,718
700	164,983	1,10794	0,2728	696,6	1.876	2.572	697,4	2.066	2.763	1,993	6,708
720	166,123	1,10934	0,2656	701,5	1.872	2.573	702,3	2.062	2.765	2,004	6,698
740	167,237	1,11072	0,2588	706,4	1.868	2.574	707,2	2.058	2.766	2,015	6,689
760	168,328	1,11209	0,2524	711,1	1.864	2.575	712	2.055	2.767	2,026	6,680
780	169,397	1,11343	0,2462	715,8	1.860	2.576	716,6	2.051	2.768	2,036	6,671
800	170,444	1,11476	0,2404	720,3	1.856	2.577	721,2	2.048	2.769	2,046	6,663
820	171,47	1,11607	0,2348	724,8	1.853	2.577	725,7	2.044	2.770	2,057	6,654
840	172,477	1,11736	0,2295	729,2	1.849	2.578	730,1	2.041	2.771	2,066	6,646
860	173,465	1,11864	0,2244	733,5	1.845	2.579	734,5	2.037	2.772	2,076	6,638
880	174,436	1,11991	0,2196	737,8	1.842	2.580	738,7	2.034	2.773	2,086	6,630
900	175,388	1,12116	0,2149	741,9	1.838	2.580	742,9	2.031	2.774	2,095	6,622
920	176,325	1,12239	0,2105	746,0	1.835	2.581	747	2.027	2.774	2,104	6,615
940	177,245	1,12361	0,2062	750,0	1.831	2.582	751,1	2.024	2.775	2,113	6,607
960	178,15	1,12482	0,2021	754,0	1.828	2.582	755,1	2.021	2.776	2,122	6,600
980	179,04	1,12602	0,1982	757,9	1.825	2.583	759	2.018	2.777	2,130	6,593
1.000	179,916	1,1272	0,1944	761,8	1.822	2.583	762,9	2.015	2.778	2,139	6,586
1.100	184,1	1,13296	0,1775	780,1	1.806	2.586	781,4	2.000	2.781	2,179	6,553
1.200	187,996	1,13847	0,1633	797,3	1.791	2.588	798,7	1.986	2.784	2,217	6,523
1.300	191,644	1,14376	0,1512	813,4	1.777	2.590	814,9	1.972	2.787	2,252	6,494
1.400	195,079	1,14887	0,1408	828,7	1.764	2.592	830,3	1.959	2.789	2,284	6,468
1.500	198,327	1,15382	0,1317	843,1	1.751	2.594	844,9	1.947	2.792	2,315	6,444
1.600	201,41	1,15862	0,1237	856,9	1.738	2.595	858,7	1.935	2.793	2,344	6,421
1.700	204,346	1,1633	0,1167	870,0	1.727	2.597	872	1.923	2.795	2,372	6,399
1.800	207,151	1,16786	0,1104	882,6	1.715	2.598	884,7	1.912	2.796	2,398	6,378
1.900	209,838	1,17231	0,1047	894,7	1.704	2.599	896,9	1.901	2.798	2,423	6,358
2.000	212,417	1,17667	0,09959	906,3	1.693	2.600	908,7	1.890	2.799	2,447	6,340

(continua)

Tabela B2b – Propriedades termodinâmicas da água saturada, entrada por pressão *(continuação)*

p [kPa]	T_{sat} [°C]	v_l [l/kg]	v_v [m³/kg]	u_l [kJ/kg]	u_{lv} [kJ/kg]	u_v [kJ/kg]	h_l [kJ/kg]	h_{lv} [kJ/kg]	h_v [kJ/kg]	s_l [kJ/kgK]	s_v [kJ/kgK]
2.100	214,897	1,18095	0,09494	917,6	1.683	2.600	920	1.880	2.800	2,470	6,322
2.200	217,288	1,18515	0,09070	928,4	1.673	2.601	931	1.869	2.800	2,492	6,304
2.300	219,596	1,18927	0,08682	938,9	1.663	2.601	941,6	1.860	2.801	2,514	6,288
2.400	221,828	1,19333	0,08324	949,1	1.653	2.602	952	1.850	2.802	2,534	6,272
2.500	223,989	1,19733	0,07995	959,0	1.643	2.602	962	1.840	2.802	2,554	6,256
2.600	226,085	1,20127	0,07690	958,6	1.634	2.603	971,7	1.831	2.803	2,574	6,241
2.700	228,119	1,20516	0,07406	977,9	1.625	2.603	981,2	1.822	2.803	2,592	6,227
2.800	230,096	1,209	0,07143	937,1	1.616	2.603	990,4	1.813	2.803	2,611	6,212
2.900	232,019	1,2128	0,06897	996	1.607	2.603	999,5	1.804	2.803	2,628	6,199
3.000	233,892	1,21656	0,06666	1.005	1.599	2.603	1.008	1.795	2.803	2,645	6,186
3.100	235,717	1,22028	0,06450	1.013	1.590	2.603	1.017	1.786	2.803	2,662	6,173
3.200	237,498	1,22396	0,06247	1.021	1.582	2.603	1.025	1.778	2.803	2,678	6,160
3.300	239,236	1,2276	0,06056	1.030	1.574	2.603	1.034	1.769	2.803	2,694	6,148
3.400	240,935	1,23122	0,05876	1.038	1.566	2.603	1.042	1.761	2.803	2,710	6,136
3.500	242,595	1,23481	0,05705	1.045	1.558	2.603	1.050	1.753	2.803	2,725	6,124
3.600	244,22	1,23837	0,05544	1.053	1.550	2.603	1.057	1.745	2.802	2,740	6,112
3.700	245,81	1,2419	0,05391	1.060	1.542	2.602	1.065	1.737	2.802	2,754	6,101
3.800	247,368	1,24541	0,05246	1.068	1.534	2.602	1.073	1.729	2.802	2,769	6,090
3.900	248,895	1,2489	0,05108	1.075	1.527	2.602	1.080	1.721	2.801	2,783	6,079
4.000	250,392	1,25236	0,04977	1.082	1.519	2.602	1.087	1.713	2.801	2,796	6,069
4.100	251,86	1,25581	0,04852	1.089	1.512	2.601	1.094	1.706	2.800	2,810	6,059
4.200	253,302	1,25924	0,04733	1.096	1.505	2.601	1.101	1.698	2.800	2,823	6,048
4.300	254,717	1,26265	0,04619	1.103	1.497	2.600	1.108	1.691	2.799	2,836	6,038
4.400	256,107	1,26605	0,04510	1.110	1.490	2.600	1.115	1.683	2.798	2,848	6,028
4.500	257,474	1,26943	0,04405	1.116	1.483	2.599	1.122	1.676	2.798	2,861	6,019
4.600	258,817	1,27279	0,04305	1.123	1.476	2.599	1.129	1.668	2.797	2,873	6,009
4.700	260,138	1,27615	0,04209	1.129	1.469	2.598	1.135	1.661	2.796	2,885	6,000
4.800	261,438	1,27949	0,04117	1.135	1.462	2.598	1.142	1.654	2.795	2,897	5,991
4.900	262,718	1,28282	0,04029	1.142	1.456	2.597	1.148	1.647	2.795	2,909	5,982
5.000	263,977	1,28614	0,03944	1.148	1.449	2.597	1.154	1.640	2.794	2,920	5,973
5.100	265,218	1,28945	0,03862	1.154	1.442	2.596	1.160	1.632	2.793	2,931	5,964
5.200	266,44	1,29276	0,03783	1.160	1.435	2.595	1.167	1.625	2.792	2,943	5,955
5.300	267,644	1,29605	0,03707	1.166	1.429	2.595	1.173	1.618	2.791	2,954	5,946
5.400	268,831	1,29934	0,03634	1.172	1.422	2.594	1.179	1.611	2.790	2,964	5,938
5.500	270,001	1,30263	0,03564	1.177	1.416	2.593	1.185	1.605	2.789	2,975	5,929

(continua)

Tabela B2b – Propriedades termodinâmicas da água saturada, entrada por pressão *(continuação)*

p [kPa]	T_{sat} [°C]	v_l [l/kg]	v_v [m³/kg]	u_l [kJ/kg]	u_{lv} [kJ/kg]	u_v [kJ/kg]	h_l [kJ/kg]	h_{lv} [kJ/kg]	h_v [kJ/kg]	s_l [kJ/kgK]	s_v [kJ/kgK]
5.600	271,156	1,3059	0,03495	1.183	1.409	2.592	1.190	1.598	2.788	2,986	5,921
5.700	272,294	1,30917	0,03429	1.189	1.403	2.592	1.196	1.591	2.787	2,996	5,913
5.800	273,418	1,31244	0,03366	1.194	1.396	2.591	1.202	1.584	2.786	3,006	5,905
5.900	274,526	1,31571	0,03304	1.200	1.390	2.590	1.208	1.577	2.785	3,017	5,897
6.000	275,621	1,31897	0,03244	1.205	1.384	2.589	1.213	1.571	2.784	3,027	5,889
6.100	276,701	1,32222	0,03186	1.211	1.378	2.588	1.219	1.564	2.783	3,037	5,881
6.200	277,768	1,32548	0,03130	1.216	1.371	2.588	1.224	1.557	2.782	3,046	5,873
6.300	278,823	1,32873	0,03076	1.222	1.365	2.587	1.230	1.551	2.781	3,056	5,865
6.400	279,864	1,33199	0,03023	1.227	1.359	2.586	1.235	1.544	2.779	3,066	5,858
6.500	280,893	1,33524	0,02972	1.232	1.353	2.585	1.241	1.537	2.778	3,075	5,850
6.600	281,91	1,33849	0,02922	1.237	1.347	2.584	1.246	1.531	2.777	3,085	5,842
6.700	282,915	1,34175	0,02874	1.242	1.341	2.583	1.251	1.524	2.776	3,094	5,835
6.800	283,909	1,345	0,02827	1.247	1.335	2.582	1.257	1.518	2.774	3,103	5,828
6.900	284,892	1,34826	0,02782	1.253	1.329	2.581	1.262	1.511	2.773	3,112	5,820
7.000	285,864	1,35151	0,02737	1.258	1.323	2.580	1.267	1.505	2.772	3,121	5,813
7.100	286,825	1,35477	0,02694	1.262	1.317	2.579	1.272	1.498	2.770	3,130	5,806
7.200	287,776	1,35803	0,02652	1.267	1.311	2.578	1.277	1.492	2.769	3,139	5,799
7.300	288,717	1,3613	0,02611	1.272	1.305	2.577	1.282	1.486	2.768	3,148	5,792
7.400	289,649	1,36457	0,02571	1.277	1.299	2.576	1.287	1.479	2.766	3,156	5,784
7.500	290,57	1,36784	0,02532	1.282	1.293	2.575	1.292	1.473	2.765	3,165	5,777
7.600	291,482	1,37112	0,02494	1.287	1.287	2.574	1.297	1.466	2.764	3,173	5,770
7.700	292,386	1,3744	0,02458	1.291	1.281	2.573	1.302	1.460	2.762	3,182	5,764
7.800	293,28	1,37769	0,02421	1.296	1.276	2.572	1.307	1.454	2.761	3,190	5,757
7.900	294,165	1,38098	0,02386	1.301	1.270	2.571	1.312	1.447	2.759	3,198	5,750
8.000	295,042	1,38428	0,02352	1.305	1.264	2.570	1.317	1.441	2.758	3,207	5,743
8.100	295,911	1,38759	0,02318	1.310	1.258	2.568	1.321	1.435	2.756	3,215	5,736
8.200	296,771	1,3909	0,02286	1.315	1.253	2.567	1.326	1.429	2.755	3,223	5,730
8.300	297,623	1,39422	0,02254	1.319	1.247	2.566	1.331	1.422	2.753	3,231	5,723
8.400	298,468	1,39755	0,02222	1.324	1.241	2.565	1.336	1.416	2.752	3,239	5,716
8.500	299,305	1,40089	0,02192	1.328	1.236	2.564	1.340	1.410	2.750	3,247	5,710
8.600	300,134	1,40423	0,02162	1.333	1.230	2.563	1.345	1.404	2.748	3,255	5,703
8.700	300,956	1,40758	0,02133	1.337	1.224	2.561	1.349	1.397	2.747	3,262	5,697
8.800	301,771	1,41095	0,02104	1.342	1.219	2.560	1.354	1.391	2.745	3,270	5,690
8.900	302,578	1,41432	0,02076	1.346	1.213	2.559	1.359	1.385	2.744	3,278	5,684
9.000	303,379	1,4177	0,02048	1.350	1.207	2.558	1.363	1.379	2.742	3,285	5,677

(continua)

Tabela B2b – Propriedades termodinâmicas da água saturada, entrada por pressão *(continuação)*

p [kPa]	T_{sat} [°C]	v_l [l/kg]	v_v [m³/kg]	u_l [kJ/kg]	u_{lv} [kJ/kg]	u_v [kJ/kg]	h_l [kJ/kg]	h_{lv} [kJ/kg]	h_v [kJ/kg]	s_l [kJ/kgK]	s_v [kJ/kgK]
9.100	304,173	1,42109	0,02022	1.355	1.202	2.556	1.368	1.373	2.740	3,293	5,671
9.200	304,96	1,4245	0,01995	1.359	1.196	2.555	1.372	1.367	2.739	3,301	5,664
9.300	305,74	1,42791	0,01969	1.363	1.190	2.554	1.377	1.360	2.737	3,308	5,658
9.400	306,515	1,43134	0,01944	1.368	1.185	2.552	1.381	1.354	2.735	3,315	5,652
9.500	307,282	1,43478	0,01919	1.372	1.179	2.551	1.385	1.348	2.733	3,323	5,645
9.600	308,044	1,43823	0,01895	1.376	1.174	2.550	1.390	1.342	2.732	3,330	5,639
9.700	308,8	1,44169	0,01871	1.380	1.168	2.548	1.394	1.336	2.730	3,337	5,633
9.800	309,549	1,44517	0,01848	1.384	1.163	2.547	1.399	1.330	2.728	3,345	5,626
9.900	310,293	1,44866	0,01825	1.389	1.157	2.546	1.403	1.323	2.726	3,352	5,620
10.000	311,031	1,45216	0,01803	1.393	1.151	2.544	1.407	1.317	2.725	3,359	5,614
10.200	312,489	1,45922	0,01759	1.401	1.140	2.541	1.416	1.305	2.721	3,373	5,602
10.400	313,926	1,46633	0,01717	1.409	1.129	2.539	1.424	1.293	2.717	3,387	5,589
10.600	315,342	1,47351	0,01676	1.417	1.118	2.536	1.433	1.280	2.713	3,401	5,577
10.800	316,737	1,48076	0,01637	1.425	1.107	2.533	1.441	1.268	2.709	3,415	5,565
11.000	318,112	1,48808	0,01599	1.433	1.096	2.530	1.450	1.256	2.705	3,429	5,553
11.200	319,468	1,49548	0,01562	1.441	1.085	2.526	1.458	1.243	2.701	3,442	5,540
11.400	320,805	1,50295	0,01526	1.449	1.074	2.523	1.466	1.231	2.697	3,456	5,528
11.600	322,123	1,51052	0,01492	1.457	1.063	2.520	1.474	1.219	2.693	3,469	5,516
11.800	323,425	1,51817	0,01459	1.465	1.052	2.517	1.483	1.206	2.689	3,482	5,504
12.000	324,709	1,52591	0,01426	1.472	1.041	2.513	1.491	1.194	2.685	3,495	5,492
12.200	325,976	1,53375	0,01395	1.480	1.030	2.510	1.499	1.181	2.680	3,508	5,480
12.400	327,227	1,54169	0,01364	1.488	1.019	2.507	1.507	1.169	2.676	3,521	5,468
12.600	328,463	1,54975	0,01335	1.495	1.008	2.503	1.515	1.156	2.671	3,534	5,456
12.800	329,683	1,55791	0,01306	1.503	996,4	2.499	1.523	1.144	2.667	3,547	5,444
13.000	330,888	1,5662	0,01278	1.510	985,2	2.496	1.531	1.131	2.662	3,559	5,432
13.200	332,078	1,5746	0,01251	1.518	974,0	2.492	1.539	1.118	2.657	3,572	5,420
13.400	333,254	1,58315	0,01224	1.526	962,6	2.488	1.547	1.105	2.652	3,585	5,408
13.600	334,417	1,59182	0,01198	1.533	951,3	2.484	1.555	1.093	2.647	3,597	5,396
13.800	335,566	1,60065	0,01173	1.540	939,9	2.480	1.563	1.080	2.642	3,610	5,383
14.000	336,701	1,60962	0,01148	1.548	928,4	2.476	1.570	1.067	2.637	3,622	5,371
14.200	337,824	1,61876	0,01124	1.555	916,9	2.472	1.578	1.054	2.632	3,634	5,359
14.400	338,934	1,62807	0,01101	1.563	905,3	2.468	1.586	1.040	2.627	3,647	5,347
14.600	340,032	1,63755	0,01078	1.570	893,6	2.464	1.594	1.027	2.621	3,659	5,334
14.800	341,118	1,64723	0,01056	1.578	881,8	2.459	1.602	1.014	2.616	3,671	5,322
15.000	342,192	1,6571	0,01034	1.585	870,0	2.455	1.610	1.000	2.610	3,684	5,309

(continua)

Tabela B2b – Propriedades termodinâmicas da água saturada, entrada por pressão *(continuação)*

p [kPa]	T_{sat} [°C]	v_l [l/kg]	v_v [m³/kg]	u_l [kJ/kg]	u_{lv} [kJ/kg]	u_v [kJ/kg]	h_l [kJ/kg]	h_{lv} [kJ/kg]	h_v [kJ/kg]	s_l [kJ/kgK]	s_v [kJ/kgK]
15.200	343,255	1,66718	0,01012	1.592	858,1	2.450	1.618	986,6	2.604	3,696	5,297
15.400	344,306	1,67749	0,00992	1.600	846,0	2.446	1.626	972,9	2.598	3,708	5,284
15.600	345,346	1,68803	0,00971	1.607	833,8	2.441	1.634	959	2.593	3,721	5,271
15.800	346,375	1,69883	0,00951	1.615	821,6	2.436	1.642	945	2.586	3,733	5,258
16.000	347,394	1,70988	0,00931	1.622	809,2	2.431	1.649	930,8	2.580	3,745	5,245
16.200	348,402	1,72123	0,00912	1.630	796,6	2.426	1.658	916,4	2.574	3,757	5,232
16400	349,4	1,73287	0,00893	1.637	783,9	2.421	1.666	901,9	2.567	3,770	5,219
16.600	350,389	1,74484	0,00874	1.645	771,1	2.416	1.674	887,2	2.561	3,782	5,205
16.800	351,367	1,75715	0,00855	1.652	758,1	2.410	1.682	872,3	2.554	3,795	5,192
17.000	352,335	1,76983	0,00837	1.660	744,9	2.405	1.690	857,2	2.547	3,807	5,178
17.200	353,294	1,78291	0,00820	1.668	731,5	2.399	1.698	841,8	2.540	3,820	5,164
17.400	354,244	1,79642	0,00802	1.675	717,9	2.393	1.707	826,2	2.533	3,833	5,150
17.600	355,184	1,81039	0,00785	1.683	704,1	2.387	1.715	810,3	2.525	3,845	5,135
17.800	356,116	1,82486	0,00767	1.691	690,0	2.381	1.723	794,1	2.518	3,858	5,120
18.000	357,038	1,83988	0,00751	1.699	675,7	2.375	1.732	777,7	2.510	3,871	5,105
18.200	357,952	1,85549	0,00734	1.707	661,1	2.368	1.741	760,8	2.502	3,885	5,090
18.400	358,857	1,87176	0,00717	1.715	646,1	2.361	1.750	743,6	2.493	3,898	5,075
18.600	359,754	1,88874	0,00701	1.723	630,8	2.354	1.758	726	2.484	3,912	5,059
18.800	360,642	1,90651	0,00684	1.732	615,1	2.347	1.768	707,9	2.476	3,925	5,042
19.000	361,522	1,92515	0,00668	1.740	599,0	2.339	1.777	689,4	2.466	3,939	5,026
19.200	362,393	1,94478	0,00652	1.749	582,4	2.331	1.786	670,3	2.457	3,954	5,008
19.400	363,257	1,96551	0,00636	1.758	565,3	2.323	1.796	650,6	2.447	3,968	4,990
19.600	364,113	1,98749	0,00620	1.767	547,6	2.315	1.806	630,1	2.436	3,983	4,972
19.800	364,96	2,0109	0,00604	1.776	529,2	2.306	1.816	608,9	2.425	3,999	4,953
20.000	365,8	2,03596	0,00587	1.786	510,1	2.296	1.827	586,8	2.414	4,015	4,933
20.200	366,632	2,06296	0,00571	1.796	490,0	2.286	1.838	563,6	2.401	4,031	4,912
18.200	357,952	1,85549	0,00734	1.707	661,1	2.368	1.741	760,8	2.502	3,885	5,090
20.600	368,272	2,1244	0,00538	1.817	446,3	2.264	1.861	513,2	2.374	4,066	4,867
20.800	369,081	2,16006	0,00520	1.829	422,2	2.251	1.874	485,4	2.359	4,086	4,841
21.000	369,881	2,20035	0,00502	1.841	396,0	2.237	1.888	455,2	2.343	4,106	4,814
21.200	370,674	2,24705	0,00483	1.855	366,9	2.222	1.903	421,7	2.324	4,129	4,784
21.400	371,459	2,30335	0,00463	1.870	333,7	2.204	1.919	383,4	2.303	4,154	4,749
21.600	372,236	2,37606	0,00440	1.888	293,8	2.182	1.940	337,5	2.277	4,185	4,708
21.800	373,004	2,48597	0,00412	1.913	240,4	2.153	1.967	276	2.243	4,226	4,653
22.000	373,753	2,74435	0,00358	1.960	125,0	2.085	2.021	143,3	2.164	4,308	4,530
22.064	373,992	3,10559	0,00311	2.017	0	2.017	2.086	0	2.086	4,409	4,409

Tabela B3a – Propriedades termodinâmicas do refrigerante R-134a saturado, entrada por temperatura

T	P_{sat}	v_l	v_v	u_l	u_{lv}	u_v	h_l	h_{lv}	h_v	s_l	s_v
[°C]	[kPa]	[l/kg]	[l/kg]	[kJ/kg]	[kJ/kg]	[kJ/kg]	[kJ/kg]	[kJ/kg]	[kJ/kg]	[kJ/kgK]	[kJ/kgK]
-40	51,25	0,7054	360,6	148,1	207,4	355,5	148,1	225,8	374,0	0,7956	1,764
-39	53,99	0,7068	343,4	149,4	206,7	356,1	149,4	225,2	374,6	0,8010	1,763
-38	56,86	0,7083	327,3	150,6	206,0	356,7	150,7	224,6	375,3	0,8063	1,761
-37	59,84	0,7097	311,9	151,9	205,4	357,2	151,9	224,0	375,9	0,8117	1,760
-36	62,95	0,7112	297,4	153,1	204,7	357,8	153,2	223,3	376,5	0,8170	1,759
-35	66,19	0,7127	283,8	154,4	204,0	358,4	154,4	222,7	377,2	0,8223	1,757
-34	69,56	0,7142	270,8	155,7	203,3	359,0	155,7	222,1	377,8	0,8276	1,756
-33	73,06	0,7157	258,7	156,9	202,6	359,5	157,0	221,4	378,4	0,8329	1,755
-32	76,71	0,7172	247,1	158,2	201,9	360,1	158,2	220,8	379,1	0,8381	1,754
-31	80,49	0,7187	236,1	159,5	201,2	360,7	159,5	220,2	379,7	0,8434	1,753
-30	84,43	0,7203	225,8	160,7	200,5	361,3	160,8	219,5	380,3	0,8486	1,751
-29	88,52	0,7218	216,0	162,0	199,8	361,8	162,1	218,9	380,9	0,8538	1,750
-28	92,76	0,7234	206,7	163,3	199,1	362,4	163,3	218,2	381,6	0,8591	1,749
-27	97,16	0,7249	197,8	164,6	198,4	363,0	164,6	217,6	382,2	0,8643	1,748
-26	101,7	0,7265	189,5	165,8	197,7	363,5	165,9	216,9	382,8	0,8694	1,747
-25	106,5	0,7281	181,5	167,1	197,0	364,1	167,2	216,3	383,4	0,8746	1,746
-24	111,4	0,7297	174,0	168,4	196,3	364,7	168,5	215,6	384,1	0,8798	1,745
-23	116,5	0,7313	166,8	169,7	195,6	365,3	169,8	214,9	384,7	0,8849	1,744
-22	121,7	0,7329	160,0	171,0	194,9	365,8	171,1	214,3	385,3	0,8900	1,743
-21	127,2	0,7346	153,5	172,2	194,2	366,4	172,3	213,6	385,9	0,8951	1,742
-20	132,8	0,7362	147,3	173,5	193,4	367,0	173,6	212,9	386,6	0,9002	1,741
-19	138,7	0,7379	141,5	174,8	192,7	367,6	174,9	212,2	387,2	0,9053	1,740
-18	144,7	0,7396	135,8	176,1	192,0	368,1	176,2	211,6	387,8	0,9104	1,740
-17	150,9	0,7413	130,6	177,4	191,3	368,7	177,5	210,9	388,4	0,9155	1,739
-16	157,4	0,7430	125,4	178,7	190,6	369,3	178,8	210,2	389,0	0,9205	1,738
-15	164,0	0,7447	120,7	180,0	189,8	369,8	180,1	209,5	389,6	0,9256	1,737
-14	170,9	0,7464	116,0	181,3	189,1	370,4	181,4	208,8	390,2	0,9306	1,736
-13	178,0	0,7482	111,6	182,6	188,4	371,0	182,8	208,1	390,9	0,9356	1,736
-12	185,4	0,7499	107,4	183,9	187,6	371,6	184,1	207,4	391,5	0,9407	1,735
-11	192,9	0,7517	103,3	185,2	186,9	372,1	185,4	206,7	392,1	0,9457	1,734
-10	200,7	0,7535	99,60	186,5	186,1	372,7	186,7	206,0	392,7	0,9506	1,733
-9	208,8	0,7553	95,94	187,9	185,4	373,3	188,0	205,3	393,3	0,9556	1,733
-8	217,1	0,7571	92,35	189,2	184,6	373,8	189,3	204,5	393,9	0,9606	1,732
-7	225,6	0,7590	89,00	190,5	183,9	374,4	190,7	203,8	394,5	0,9656	1,731
-6	234,4	0,7608	85,89	191,8	183,1	374,9	192,0	203,1	395,1	0,9705	1,731

(continua)

Tabela B3a – Propriedades termodinâmicas do refrigerante R-134a saturado, entrada por temperatura *(continuação)*

T [°C]	p_{sat} [kPa]	v_l [l/kg]	v_v [l/kg]	u_l [kJ/kg]	u_{lv} [kJ/kg]	u_v [kJ/kg]	h_l [kJ/kg]	h_{lv} [kJ/kg]	h_v [kJ/kg]	s_l [kJ/kgK]	s_v [kJ/kgK]
-5	243,5	0,7627	82,74	193,1	182,4	375,5	193,3	202,3	395,7	0,9754	1,730
-4	252,9	0,7646	79,80	194,5	181,6	376,1	194,6	201,6	396,2	0,9804	1,729
-3	262,5	0,7665	77,00	195,8	180,8	376,6	196,0	200,9	396,8	0,9853	1,729
-2	272,4	0,7684	74,30	197,1	180,1	377,2	197,3	200,1	397,4	0,9902	1,728
-1	282,5	0,7704	71,81	198,4	179,3	377,8	198,7	199,4	398,0	0,9951	1,728
0	293,0	0,7723	69,25	199,8	178,5	378,3	200,0	198,6	398,6	1,000	1,727
1	303,8	0,7743	66,96	201,1	177,8	378,9	201,3	197,9	399,2	1,005	1,727
2	314,8	0,7763	64,61	202,4	177,0	379,4	202,7	197,1	399,8	1,010	1,726
3	326,2	0,7783	62,43	203,8	176,2	380,0	204,0	196,3	400,3	1,015	1,725
4	337,9	0,7804	60,41	205,1	175,4	380,5	205,4	195,5	400,9	1,019	1,725
5	349,9	0,7824	58,33	206,5	174,6	381,1	206,8	194,7	401,5	1,024	1,724
6	362,2	0,7845	56,47	207,8	173,8	381,6	208,1	194,0	402,1	1,029	1,724
7	374,9	0,7866	54,54	209,2	173,0	382,2	209,5	193,1	402,6	1,034	1,723
8	387,9	0,7887	52,83	210,5	172,2	382,7	210,8	192,4	403,2	1,039	1,723
9	401,2	0,7909	51,05	211,9	171,4	383,3	212,2	191,5	403,7	1,044	1,722
10	414,9	0,7930	49,47	213,2	170,6	383,8	213,6	190,8	404,3	1,048	1,722
11	428,9	0,7952	47,82	214,6	169,7	384,4	215,0	189,9	404,9	1,053	1,722
12	443,3	0,7975	46,35	216,0	168,9	384,9	216,3	189,1	405,5	1,058	1,721
13	458,1	0,7997	44,83	217,3	168,1	385,4	217,7	188,3	406,0	1,063	1,721
14	473,2	0,8020	43,47	218,7	167,3	386,0	219,1	187,5	406,6	1,068	1,720
15	488,7	0,8042	42,06	220,1	166,4	386,5	220,5	186,6	407,1	1,072	1,720
16	504,6	0,8066	40,80	221,5	165,6	387,1	221,9	185,8	407,6	1,077	1,720
17	520,9	0,8089	39,53	222,8	164,7	387,6	223,3	184,9	408,2	1,082	1,719
18	537,5	0,8113	38,32	224,2	163,9	388,1	224,7	184,1	408,7	1,087	1,719
19	554,6	0,8137	37,14	225,6	163,0	388,6	226,1	183,2	409,2	1,091	1,718
20	572,1	0,8161	36,01	227,0	162,2	389,2	227,5	182,3	409,8	1,096	1,718
21	590,0	0,8186	34,88	228,4	161,3	389,7	228,9	181,4	410,3	1,101	1,718
22	608,3	0,8210	33,87	229,8	160,4	390,2	230,3	180,5	410,8	1,106	1,717
23	627,0	0,8236	32,85	231,2	159,5	390,7	231,7	179,6	411,3	1,110	1,717
24	646,2	0,8261	31,87	232,6	158,7	391,3	233,1	178,7	411,8	1,115	1,717
25	665,8	0,8287	30,92	234,0	157,8	391,8	234,5	177,8	412,4	1,120	1,716
26	685,8	0,8313	29,98	235,4	156,9	392,3	236,0	176,9	412,8	1,125	1,716
27	706,3	0,8340	29,12	236,8	156,0	392,8	237,4	176,0	413,4	1,129	1,716
28	727,3	0,8366	28,27	238,2	155,1	393,3	238,8	175,0	413,9	1,134	1,715
29	748,7	0,8394	27,45	239,6	154,1	393,8	240,3	174,1	414,3	1,139	1,715

(continua)

Tabela B3a – Propriedades termodinâmicas do refrigerante R-134a saturado, entrada por temperatura *(continuação)*

T [°C]	p_{sat} [kPa]	v_l [l/kg]	v_v [l/kg]	u_l [kJ/kg]	u_{lv} [kJ/kg]	u_v [kJ/kg]	h_l [kJ/kg]	h_{lv} [kJ/kg]	h_v [kJ/kg]	s_l [kJ/kgK]	s_v [kJ/kgK]
30	770,6	0,8421	26,65	241,1	153,2	394,3	241,7	173,1	414,8	1,143	1,715
31	793,0	0,8449	25,85	242,5	152,3	394,8	243,2	172,1	415,3	1,148	1,714
32	815,9	0,8478	25,11	243,9	151,4	395,3	244,6	171,1	415,8	1,153	1,714
33	839,2	0,8506	24,41	245,4	150,4	395,8	246,1	170,2	416,3	1,158	1,713
34	863,1	0,8536	23,69	246,3	149,5	396,3	247,5	169,2	416,7	1,162	1,713
35	887,5	0,8565	23,02	248,2	148,5	396,7	249,0	168,2	417,2	1,167	1,713
36	912,4	0,8595	22,38	249,7	147,5	397,2	250,5	167,2	417,7	1,172	1,712
37	937,8	0,8626	21,73	251,1	146,6	397,7	252,0	166,1	418,1	1,176	1,712
38	963,7	0,8657	21,14	252,5	145,6	398,2	253,4	165,1	418,6	1,181	1,712
39	990,1	0,8688	20,53	254,1	144,6	398,7	254,9	164,1	419,0	1,186	1,711
40	1.017	0,8720	19,95	255,5	143,6	399,1	256,4	163,0	419,4	1,190	1,711
41	1.045	0,8753	19,39	257,0	142,6	399,6	257,9	161,9	419,8	1,195	1,711
42	1.073	0,8786	18,87	258,5	141,6	400,1	259,4	160,9	420,3	1,200	1,710
43	1.101	0,8820	18,35	259,9	140,6	400,5	260,9	159,8	420,7	1,205	1,710
44	1.131	0,8854	17,82	261,4	139,5	400,9	262,4	158,7	421,1	1,209	1,710
45	1.161	0,8888	17,34	262,9	138,5	401,4	263,9	157,6	421,5	1,214	1,709
46	1.191	0,8924	16,87	264,4	137,4	401,8	265,5	156,5	421,9	1,219	1,709
47	1.222	0,8960	16,39	265,9	136,4	402,3	267,0	155,3	422,3	1,223	1,708
48	1.254	0,8996	15,95	267,4	135,3	402,7	268,5	154,2	422,7	1,228	1,708
49	1.286	0,9034	15,50	268,9	134,2	403,1	270,1	153,0	423,0	1,233	1,708
50	1.319	0,9072	15,08	270,4	133,1	403,5	271,6	151,8	423,4	1,237	1,707
51	1.352	0,9111	14,68	271,9	132,0	404,0	273,2	150,6	423,8	1,242	1,707
52	1.386	0,9150	14,28	273,5	130,9	404,4	274,7	149,4	424,2	1,247	1,706
53	1.421	0,9190	13,89	275,0	129,8	404,8	276,3	148,2	424,5	1,252	1,706
54	1.456	0,9232	13,51	276,5	128,6	405,2	277,9	147,0	424,8	1,256	1,705
55	1.492	0,9274	13,14	278,1	127,5	405,6	279,5	145,7	425,2	1,261	1,705
56	1.529	0,9317	12,77	279,6	126,3	405,9	281,1	144,4	425,4	1,266	1,704
57	1.566	0,9360	12,42	281,2	125,1	406,3	282,7	143,1	425,7	1,271	1,704
58	1.605	0,9405	12,08	282,8	123,9	406,7	284,3	141,8	426,0	1,275	1,703
59	1.643	0,9451	11,76	284,3	122,7	407,0	285,9	140,5	426,4	1,280	1,703
60	1.683	0,9498	11,43	285,9	121,5	407,4	287,5	139,1	426,6	1,285	1,702
61	1.723	0,9546	11,12	287,5	120,2	407,7	289,1	137,7	426,9	1,290	1,702
62	1.764	0,9595	10,82	289,1	118,9	408,0	290,8	136,3	427,1	1,294	1,701
63	1.805	0,9645	10,52	290,7	117,7	408,4	292,4	134,9	427,3	1,299	1,701
64	1.848	0,9697	10,23	292,3	116,4	408,7	294,1	133,5	427,6	1,304	1,700

(continua)

Tabela B3a – Propriedades termodinâmicas do refrigerante R-134a saturado, entrada por temperatura *(continuação)*

T	p_{sat}	v_l	v_v	u_l	u_{lv}	u_v	h_l	h_{lv}	h_v	s_l	s_v
[°C]	[kPa]	[l/kg]	[l/kg]	[kJ/kg]	[kJ/kg]	[kJ/kg]	[kJ/kg]	[kJ/kg]	[kJ/kg]	[kJ/kgK]	[kJ/kgK]
65	1.891	0,9750	9,950	293,9	115,1	409,0	295,8	132,0	427,8	1,309	1,699
66	1.935	0,9804	9,675	295,5	113,7	409,3	297,4	130,5	428,0	1,314	1,699
67	1.980	0,9860	9,407	297,2	112,4	409,5	299,1	129,0	428,2	1,319	1,698
68	2.025	0,9917	9,146	298,8	111,0	409,8	300,8	127,5	428,3	1,323	1,697
69	2.071	0,9977	8,891	300,5	109,6	410,1	302,6	125,9	428,5	1,328	1,696
70	2.118	1,004	8,642	302,2	108,1	410,3	304,3	124,3	428,6	1,333	1,695
71	2.166	1,010	8,399	303,8	106,7	410,5	306,0	122,7	428,7	1,338	1,695
72	2.215	1,016	8,161	305,5	105,2	410,7	307,8	121,0	428,8	1,343	1,694
73	2.264	1,023	7,929	307,2	103,7	410,9	309,5	119,3	428,9	1,348	1,693
74	2.315	1,030	7,702	308,9	102,2	411,1	311,3	117,6	428,9	1,353	1,692
75	2.366	1,037	7,480	310,7	100,6	411,3	313,1	115,8	429,0	1,358	1,691
76	2.418	1,045	7,262	312,4	99,00	411,4	314,9	114,0	429,0	1,363	1,690
77	2.471	1,052	7,050	314,2	97,37	411,5	316,8	112,2	429,0	1,368	1,689
78	2.525	1,060	6,841	315,9	95,70	411,6	318,6	110,3	428,9	1,373	1,687
79	2.580	1,069	6,637	317,7	93,98	411,7	320,5	108,3	428,8	1,378	1,686
80	2.635	1,077	6,439	319,5	92,24	411,8	322,4	106,4	428,8	1,384	1,685
81	2.692	1,086	6,240	321,4	90,42	411,8	324,3	104,3	428,6	1,389	1,683
82	2.750	1,096	6,047	323,2	88,57	411,8	326,2	102,2	428,4	1,394	1,682
83	2.808	1,106	5,857	325,1	86,67	411,8	328,2	100,0	428,2	1,399	1,680
84	2.868	1,116	5,670	327,0	84,70	411,7	330,2	97,76	428,0	1,405	1,679
85	2.928	1,127	5,486	328,9	82,67	411,6	332,2	95,44	427,7	1,410	1,677
86	2.990	1,139	5,305	330,9	80,57	411,4	334,3	93,03	427,3	1,416	1,675
87	3.052	1,151	5,126	332,8	78,39	411,2	336,4	90,53	426,9	1,421	1,673
88	3.116	1,164	4,949	334,9	76,13	411,0	338,5	87,92	426,4	1,427	1,671
89	3.181	1,178	4,773	336,9	73,77	410,7	340,7	85,20	425,9	1,433	1,668
90	3.247	1,193	4,599	339,0	71,29	410,3	342,9	82,35	425,3	1,439	1,666
91	3.314	1,210	4,426	341,2	68,69	409,9	345,2	79,35	424,5	1,445	1,663
92	3.382	1,227	4,253	343,4	65,94	409,3	347,6	76,17	423,7	1,451	1,660
93	3.452	1,247	4,079	345,7	63,01	408,7	350,0	72,79	422,8	1,458	1,656
94	3.522	1,269	3,904	348,1	59,87	407,9	352,5	69,15	421,7	1,464	1,653
95	3.594	1,293	3,726	350,5	56,47	407,0	355,2	65,21	420,4	1,471	1,649
96	3.667	1,321	3,543	353,2	52,72	405,9	358,0	60,87	418,9	1,479	1,644
97	3.742	1,355	3,353	356,0	48,51	404,5	361,0	55,99	417,0	1,487	1,638
98	3.818	1,395	3,149	359,0	43,63	402,7	364,4	50,33	414,7	1,495	1,631
99	3.896	1,448	2,920	362,5	37,63	400,1	368,2	43,36	411,5	1,505	1,622
100	3.975	1,527	2,630	366,9	29,19	396,1	372,9	33,58	406,5	1,518	1,608
101,03	4.059	1,969	1,969	374,3	0,00	374,3	381,2	0,00	381,2	1,540	1,540

Tabela B3b – Propriedades termodinâmicas do refrigerante R-134a saturado, entrada por pressão

p [kPa]	T_{sat} [°C]	v_l [l/kg]	v_v [l/kg]	u_l [kJ/kg]	u_{lv} [kJ/kg]	u_v [kJ/kg]	h_l [kJ/kg]	h_{lv} [kJ/kg]	h_v [kJ/kg]	s_l [kJ/kgK]	s_v [kJ/kgK]
50	-40,5	0,7047	369,2	147,5	207,7	355,2	147,6	226,1	373,7	0,7931	1,765
100	-26,4	0,7259	192,5	165,4	198,0	363,3	165,4	217,2	382,6	0,8675	1,747
150	-17,2	0,7410	131,3	177,2	191,4	368,6	177,3	211,0	388,3	0,9147	1,739
200	-10,1	0,7533	99,87	186,4	186,2	372,6	186,6	206,0	392,6	0,9502	1,733
250	-4,3	0,7640	80,68	194,1	181,8	375,9	194,2	201,8	396,1	0,9789	1,730
300	0,7	0,7736	67,78	200,6	178,0	378,7	200,9	198,1	399,0	1,003	1,727
350	5,0	0,7824	58,38	206,5	174,6	381,1	206,8	194,8	401,5	1,024	1,724
400	8,9	0,7907	51,20	211,8	171,5	383,2	212,1	191,6	403,7	1,043	1,723
450	12,5	0,7985	45,68	216,6	168,6	385,2	217,0	188,7	405,7	1,060	1,721
500	15,7	0,8059	41,12	221,1	165,8	386,9	221,5	186,0	407,4	1,076	1,720
550	18,7	0,8130	37,45	225,2	163,3	388,5	225,7	183,4	409,1	1,090	1,719
600	21,6	0,8199	34,30	229,2	160,8	390,0	229,7	180,9	410,5	1,104	1,717
650	24,2	0,8266	31,68	232,9	158,5	391,4	233,4	178,5	411,9	1,116	1,717
700	26,7	0,8331	29,39	236,4	156,3	392,6	237,0	176,2	413,2	1,128	1,716
750	29,1	0,8395	27,40	239,7	154,1	393,8	240,4	174,0	414,4	1,139	1,715
800	31,3	0,8458	25,65	242,9	152,0	395,0	243,6	171,9	415,5	1,150	1,714
850	33,5	0,8520	24,07	246,0	150,0	396,0	246,7	169,7	416,5	1,160	1,713
900	35,5	0,8580	22,70	249,0	148,0	397,0	249,7	167,7	417,4	1,169	1,713
950	37,5	0,8641	21,46	251,8	146,1	397,9	252,7	165,7	418,3	1,179	1,712
1.000	39,4	0,8700	20,31	254,6	144,2	398,8	255,5	163,7	419,1	1,188	1,711
1.050	41,2	0,8759	19,31	257,3	142,4	399,7	258,2	161,8	420,0	1,196	1,711
1.100	43,0	0,8818	18,36	259,9	140,6	400,5	260,8	159,8	420,7	1,204	1,710
1.150	44,7	0,8876	17,50	262,4	138,8	401,2	263,4	157,9	421,4	1,212	1,709
1.200	46,3	0,8934	16,72	264,8	137,1	402,0	265,9	156,1	422,0	1,220	1,709
1.250	47,9	0,8992	16,00	267,2	135,4	402,7	268,4	154,3	422,7	1,228	1,708
1.300	49,4	0,9050	15,33	269,6	133,7	403,3	270,7	152,5	423,2	1,235	1,707
1.350	50,9	0,9108	14,69	271,9	132,1	403,9	273,1	150,7	423,8	1,242	1,707
1.400	52,4	0,9166	14,12	274,1	130,4	404,5	275,4	148,9	424,3	1,249	1,706
1.450	53,8	0,9224	13,56	276,3	128,8	405,1	277,6	147,1	424,7	1,255	1,705
1.500	55,2	0,9283	13,05	278,4	127,2	405,6	279,8	145,4	425,2	1,262	1,705
1.550	56,6	0,9341	12,57	280,5	125,6	406,1	282,0	143,7	425,6	1,268	1,704
1.600	57,9	0,9400	12,12	282,6	124,0	406,6	284,1	141,9	426,0	1,275	1,703
1.650	59,2	0,9459	11,70	284,6	122,5	407,1	286,2	140,2	426,4	1,281	1,703
1.700	60,4	0,9518	11,30	286,6	120,9	407,5	288,2	138,5	426,7	1,287	1,702
1.750	61,7	0,9578	10,92	288,5	119,4	407,9	290,2	136,8	427,0	1,293	1,701

(continua)

Tabela B3b – Propriedades termodinâmicas do refrigerante R-134a saturado, entrada por pressão *(continuação)*

p [kPa]	T_{sat} [°C]	v_l [l/kg]	v_v [l/kg]	u_l [kJ/kg]	u_{lv} [kJ/kg]	u_v [kJ/kg]	h_l [kJ/kg]	h_{lv} [kJ/kg]	h_v [kJ/kg]	s_l [kJ/kgK]	s_v [kJ/kgK]
1.800	62,9	0,9639	10,56	290,5	117,8	408,3	292,2	135,1	427,3	1,299	1,701
1.850	64,1	0,9699	10,22	292,4	116,3	408,7	294,2	133,4	427,6	1,304	1,700
1.900	65,2	0,9761	9,892	294,3	114,8	409,0	296,1	131,7	427,8	1,310	1,699
1.950	66,3	0,9823	9,583	296,1	113,3	409,4	298,0	130,0	428,0	1,315	1,698
2.000	67,5	0,9886	9,288	297,9	111,7	409,7	299,9	128,3	428,2	1,321	1,697
2.050	68,5	0,9949	9,006	299,7	110,2	409,9	301,8	126,6	428,4	1,326	1,697
2.100	69,6	1,001	8,737	301,5	108,7	410,2	303,6	124,9	428,6	1,331	1,696
2.150	70,7	1,008	8,479	303,3	107,2	410,5	305,4	123,2	428,7	1,336	1,695
2.200	71,7	1,015	8,232	305,0	105,7	410,7	307,2	121,5	428,8	1,342	1,694
2.250	72,7	1,021	7,995	306,7	104,1	410,9	309,0	119,8	428,9	1,347	1,693
2.300	73,7	1,028	7,767	308,4	102,6	411,1	310,8	118,1	428,9	1,352	1,692
2.350	74,7	1,035	7,547	310,1	101,1	411,2	312,6	116,4	429,0	1,356	1,691
2.400	75,7	1,042	7,336	311,8	99,56	411,4	314,3	114,7	429,0	1,361	1,690
2.450	76,6	1,049	7,132	313,5	98,01	411,5	316,0	112,9	429,0	1,366	1,689
2.500	77,5	1,057	6,936	315,1	96,47	411,6	317,8	111,2	428,9	1,371	1,688
2.550	78,5	1,064	6,746	316,8	94,91	411,7	319,5	109,4	428,9	1,376	1,687
2.600	79,4	1,072	6,562	318,4	93,34	411,7	321,2	107,6	428,8	1,380	1,686
2.650	80,3	1,080	6,387	320,0	91,77	411,8	322,9	105,8	428,7	1,385	1,684
2.700	81,1	1,088	6,214	321,6	90,18	411,8	324,6	104,0	428,6	1,390	1,683
2.750	82,0	1,096	6,046	323,2	88,56	411,8	326,3	102,2	428,4	1,394	1,682
2.800	82,9	1,104	5,883	324,8	86,93	411,8	327,9	100,3	428,2	1,399	1,680
2.850	83,7	1,113	5,725	326,4	85,29	411,7	329,6	98,43	428,0	1,403	1,679
2.900	84,5	1,122	5,570	328,0	83,61	411,6	331,3	96,51	427,8	1,408	1,678
2.950	85,4	1,131	5,421	329,6	81,94	411,5	332,9	94,59	427,5	1,412	1,676
3.000	86,2	1,141	5,275	331,2	80,22	411,4	334,6	92,63	427,2	1,417	1,675
3.050	87,0	1,150	5,133	332,8	78,48	411,3	336,3	90,63	426,9	1,421	1,673
3.100	87,8	1,161	4,993	334,4	76,71	411,1	338,0	88,59	426,5	1,426	1,671
3.150	88,5	1,171	4,857	335,9	74,90	410,8	339,6	86,51	426,1	1,430	1,669
3.200	89,3	1,182	4,723	337,5	73,06	410,6	341,3	84,39	425,7	1,435	1,668
3.250	90,1	1,194	4,591	339,1	71,17	410,3	343,0	82,21	425,2	1,439	1,666
3.300	90,8	1,206	4,462	340,7	69,24	410,0	344,7	79,98	424,7	1,444	1,664
3.350	91,5	1,219	4,334	342,4	67,25	409,6	346,4	77,69	424,1	1,448	1,661
3.400	92,3	1,232	4,208	344,0	65,20	409,2	348,2	75,32	423,5	1,453	1,659
3.450	93,0	1,247	4,083	345,6	63,08	408,7	349,9	72,86	422,8	1,458	1,657
3.500	93,7	1,262	3,959	347,3	60,88	408,2	351,7	70,32	422,1	1,462	1,654

(continua)

Tabela B3b – Propriedades termodinâmicas do refrigerante R-134a saturado, entrada por pressão *(continuação)*

p [kPa]	T_{sat} [°C]	v_l [l/kg]	v_v [l/kg]	u_l [kJ/kg]	u_{lv} [kJ/kg]	u_v [kJ/kg]	h_l [kJ/kg]	h_{lv} [kJ/kg]	h_v [kJ/kg]	s_l [kJ/kgK]	s_v [kJ/kgK]
3.550	94,4	1,278	3,835	349,0	58,58	407,6	353,6	67,66	421,2	1,467	1,651
3.600	95,1	1,295	3,711	350,3	56,18	406,9	355,4	64,88	420,3	1,472	1,648
3.650	95,8	1,314	3,587	352,5	53,64	406,2	357,3	61,93	419,3	1,477	1,645
3.700	96,4	1,335	3,461	354,4	50,94	405,3	359,3	58,80	418,1	1,482	1,641
3.750	97,1	1,359	3,332	356,3	48,03	404,3	361,4	55,43	416,8	1,488	1,637
3.800	97,8	1,385	3,199	358,3	44,86	403,1	363,5	51,75	415,3	1,493	1,633
3.850	98,4	1,415	3,059	360,4	41,32	401,7	365,9	47,65	413,5	1,499	1,628
3.900	99,1	1,452	2,907	362,7	37,25	400,0	368,4	42,92	411,3	1,506	1,621
3.950	99,7	1,498	2,733	365,4	32,28	397,6	371,3	37,16	408,4	1,513	1,613
4.000	100,3	1,562	2,505	368,6	25,34	393,9	374,8	29,11	403,9	1,523	1,601
4.059	101,0	1,969	1,969	374,3	0,00	374,3	381,2	0,00	381,2	1,540	1,540

Tabela B3c – Propriedades termodinâmicas do refrigerante R-134a superaquecido

p = 50 kPa					p = 100 kPa					p = 150 kPa				
T [°C]	v [m³/kg]	u [kJ/kg]	h [kJ/kg]	s [kJ/kgK]	T [°C]	v [m³/kg]	u [kJ/kg]	h [kJ/kg]	s [kJ/kgK]	T [°C]	v [m³/kg]	u [kJ/kg]	h [kJ/kg]	s [kJ/kgK]
-40,47	0,3700	355,3	373,7	1,765	-26,37	0,1927	363,4	382,6	1,748	-17,15	0,1314	368,7	388,3	1,739
-40	0,3708	355,6	374,1	1,767	-25	0,1940	364,3	383,7	1,752	-15	0,1327	370,2	390,1	1,746
-35	0,3796	358,9	377,8	1,783	-20	0,1986	367,8	387,7	1,768	-10	0,1359	373,9	394,2	1,762
-30	0,3884	362,2	381,6	1,798	-15	0,2032	371,4	391,7	1,784	-5	0,1390	377,5	398,4	1,777
-25	0,3971	365,6	385,4	1,814	-10	0,2076	374,9	395,7	1,799	0	0,1421	381,2	402,5	1,793
-20	0,4057	369,0	389,3	1,829	-5	0,2121	378,5	399,7	1,814	5	0,1452	384,9	406,7	1,808
-15	0,4143	372,5	393,1	1,844	0	0,2165	382,1	403,8	1,829	10	0,1482	388,7	410,9	1,823
-10	0,4228	375,9	397,0	1,859	5	0,2209	385,8	407,9	1,844	15	0,1512	392,5	415,1	1,837
-5	0,4314	379,5	401,0	1,874	10	0,2253	389,5	412,0	1,859	20	0,1542	396,3	419,4	1,852
0	0,4399	383,0	405,0	1,889	15	0,2296	393,2	416,2	1,873	25	0,1571	400,1	423,7	1,867
5	0,4483	386,6	409,0	1,903	20	0,2340	397,0	420,4	1,888	30	0,1601	404,0	428,0	1,881
10	0,4568	390,3	413,1	1,918	25	0,2383	400,8	424,6	1,902	35	0,1630	407,9	432,3	1,895
15	0,4652	393,9	417,2	1,932	30	0,2426	404,6	428,9	1,916	40	0,1659	411,9	436,7	1,909
20	0,4736	397,7	421,3	1,947	35	0,2469	408,5	433,2	1,930	45	0,1688	415,8	441,1	1,923
25	0,4820	401,4	425,5	1,961	40	0,2511	412,4	437,5	1,944	50	0,1717	419,9	445,6	1,937
30	0,4904	405,3	429,7	1,975	45	0,2554	416,4	441,9	1,958	55	0,1746	423,9	450,1	1,951
35	0,4988	409,1	434,0	1,989	50	0,2596	420,4	446,3	1,972	60	0,1774	428,0	454,6	1,965
40	0,5071	413,0	438,3	2,003	55	0,2639	424,4	450,8	1,986	65	0,1803	432,2	459,2	1,978
45	0,5155	416,9	442,7	2,016	60	0,2681	428,5	455,3	1,999	70	0,1832	436,4	463,8	1,992
50	0,5238	420,9	447,1	2,030	65	0,2723	432,7	459,9	2,013	75	0,1860	440,6	468,5	2,005
55	0,5321	425,0	451,5	2,044	70	0,2765	436,8	464,4	2,026	80	0,1888	444,9	473,2	2,019
60	0,5404	429,0	456,0	2,057	75	0,2807	441,0	469,1	2,040	85	0,1917	449,2	477,9	2,032
65	0,5487	433,1	460,5	2,071	80	0,2849	445,3	473,7	2,053	90	0,1945	453,5	482,6	2,045
70	0,5570	437,3	465,1	2,084	85	0,2891	449,6	478,4	2,066	95	0,1973	457,9	487,4	2,058
75	0,5653	441,5	469,7	2,098	90	0,2933	453,9	483,2	2,079	100	0,2001	462,3	492,3	2,071
80	0,5736	445,7	474,3	2,111	95	0,2975	458,2	488,0	2,092	105	0,2030	466,7	497,2	2,084
85	0,5819	449,9	479,0	2,124	100	0,3017	462,6	492,8	2,105	110	0,2058	471,2	502,1	2,097
90	0,5901	454,3	483,7	2,137	105	0,3059	467,1	497,6	2,118	115	0,2086	475,8	507,0	2,110
95	0,5984	458,6	488,5	2,150	110	0,3100	471,6	502,5	2,131	120	0,2114	480,3	512,0	2,123
100	0,6067	463,0	493,3	2,163	115	0,3142	476,1	507,5	2,144	125	0,2142	484,9	517,1	2,136
105	0,6149	467,4	498,1	2,176	120	0,3183	480,7	512,5	2,157	130	0,2170	489,6	522,1	2,148
110	0,6232	471,9	503,0	2,189	125	0,3225	485,3	517,5	2,170	135	0,2198	494,3	527,2	2,161
115	0,6314	476,4	507,9	2,201	130	0,3267	489,9	522,5	2,182	140	0,2225	499,0	532,4	2,173
120	0,6397	481,0	512,9	2,214	135	0,3308	494,6	527,6	2,195	145	0,2253	503,8	537,5	2,186
125	0,6479	485,6	517,9	2,227	140	0,3350	499,3	532,7	2,207	150	0,2281	508,6	542,8	2,198

(continua)

Tabela B3c – Propriedades termodinâmicas do refrigerante R-134a superaquecido *(continuação)*

p = 200 kPa					p = 250 kPa					p = 300 kPa				
T	v	u	h	s	T	v	u	h	s	T	v	u	h	s
[°C]	[m³/kg]	[kJ/kg]	[kJ/kg]	[kJ/kgK]	[°C]	[m³/kg]	[kJ/kg]	[kJ/kg]	[kJ/kgK]	[°C]	[m³/kg]	[kJ/kg]	[kJ/kg]	[kJ/kgK]
-10,09	0,09992	372,6	392,6	1,733	-4,302	0,08071	375,8	396,0	1,729	0,6527	0,06772	378,6	398,9	1,726
-10	0,1000	372,7	392,7	1,734	0	0,08247	379,3	399,9	1,744	5	0,06925	382,1	402,9	1,741
-5	0,1024	376,5	397,0	1,750	5	0,08447	383,1	404,2	1,759	10	0,07096	386,1	407,4	1,757
0	0,1049	380,3	401,2	1,766	10	0,08644	387,0	408,6	1,775	15	0,07263	390,0	411,8	1,772
5	0,1073	384,1	405,5	1,781	15	0,08837	390,9	413,0	1,790	20	0,07428	394,0	416,3	1,788
10	0,1096	387,9	409,8	1,796	20	0,09028	394,8	417,3	1,805	25	0,07590	398,0	420,7	1,803
15	0,1119	391,7	414,1	1,811	25	0,09216	398,7	421,7	1,820	30	0,07751	402,0	425,2	1,818
20	0,1142	395,5	418,4	1,826	30	0,09403	402,7	426,2	1,835	35	0,07909	406,0	429,7	1,832
25	0,1165	399,4	422,7	1,841	35	0,09588	406,6	430,6	1,849	40	0,08066	410,0	434,2	1,847
30	0,1188	403,3	427,1	1,855	40	0,09772	410,7	435,1	1,864	45	0,08221	414,1	438,8	1,861
35	0,1211	407,3	431,5	1,870	45	0,09954	414,7	439,6	1,878	50	0,08375	418,2	443,3	1,876
40	0,1233	411,3	435,9	1,884	50	0,1013	418,8	444,1	1,892	55	0,08528	422,4	447,9	1,890
45	0,1255	415,3	440,4	1,898	55	0,1031	422,9	448,7	1,906	60	0,08680	426,5	452,6	1,904
50	0,1277	419,3	444,9	1,912	60	0,1049	427,0	453,3	1,920	65	0,08831	430,7	457,2	1,918
55	0,1299	423,4	449,4	1,926	65	0,1067	431,2	457,9	1,934	70	0,08981	435,0	461,9	1,931
60	0,1321	427,5	454,0	1,940	70	0,1085	435,5	462,6	1,948	75	0,09130	439,3	466,6	1,945
65	0,1343	431,7	458,6	1,954	75	0,1102	439,7	467,3	1,961	80	0,09279	443,6	471,4	1,959
70	0,1365	435,9	463,2	1,967	80	0,1120	444,0	472,0	1,975	85	0,09426	447,9	476,2	1,972
75	0,1387	440,2	467,9	1,981	85	0,1137	448,3	476,8	1,988	90	0,09574	452,3	481,0	1,985
80	0,1408	444,4	472,6	1,994	90	0,1155	452,7	481,6	2,001	95	0,09720	456,7	485,9	1,999
85	0,1430	448,7	477,3	2,007	95	0,1172	457,1	486,4	2,015	100	0,09866	461,2	490,8	2,012
90	0,1451	453,1	482,1	2,021	100	0,1190	461,6	491,3	2,028	105	0,1001	465,7	495,7	2,025
95	0,1473	457,5	486,9	2,034	105	0,1207	466,0	496,2	2,041	110	0,1016	470,2	500,7	2,038
100	0,1494	461,9	491,8	2,047	110	0,1224	470,6	501,1	2,054	115	0,1030	474,8	505,7	2,051
105	0,1515	466,4	496,7	2,060	115	0,1241	475,1	506,1	2,067	120	0,1045	479,4	510,7	2,064
110	0,1537	470,9	501,6	2,073	120	0,1258	479,7	511,1	2,080	125	0,1059	484,0	515,8	2,077
115	0,1558	475,4	506,6	2,086	125	0,1275	484,3	516,2	2,092	130	0,1073	488,7	520,9	2,090
120	0,1579	480,0	511,6	2,099	130	0,1293	489,0	521,3	2,105	135	0,1088	493,4	526,0	2,102
125	0,1600	484,6	516,6	2,111	135	0,1310	493,7	526,4	2,118	140	0,1102	498,2	531,2	2,115
130	0,1621	489,3	521,7	2,124	140	0,1327	498,4	531,6	2,130	145	0,1116	502,9	536,4	2,127
135	0,1643	494,0	526,8	2,137	145	0,1344	503,2	536,8	2,143	150	0,1130	507,8	541,7	2,140
140	0,1664	498,7	532,0	2,149	150	0,1361	508,0	542,0	2,155	155	0,1145	512,6	547,0	2,152
145	0,1685	503,5	537,2	2,162	155	0,1377	512,9	547,3	2,168	160	0,1159	517,5	552,3	2,165
150	0,1706	508,3	542,4	2,174	160	0,1394	517,8	552,6	2,180	165	0,1173	522,5	557,6	2,177
155	0,1727	513,2	547,7	2,187	165	0,1411	522,7	558,0	2,192	170	0,1187	527,4	563,0	2,189

(continua)

Tabela B3c – Propriedades termodinâmicas do refrigerante R-134a superaquecido *(continuação)*

p = 350 kPa					p =400 kPa					p = 450 kPa				
T [°C]	v [m³/kg]	u [kJ/kg]	h [kJ/kg]	s [kJ/kgK]	T [°C]	v [m³/kg]	u [kJ/kg]	h [kJ/kg]	s [kJ/kgK]	T [°C]	v [m³/kg]	u [kJ/kg]	h [kJ/kg]	s [kJ/kgK]
5,008	0,05833	381,0	401,4	1,724	8,91	0,05122	383,1	403,6	1,722	12,46	0,04563	385,0	405,6	1,721
10	0,05987	385,2	406,1	1,741	10	0,05152	384,2	404,8	1,726	15	0,04628	387,3	408,1	1,730
15	0,06137	389,2	410,6	1,757	15	0,05289	388,3	409,4	1,743	20	0,04752	391,5	412,9	1,746
20	0,06283	393,2	415,2	1,772	20	0,05423	392,4	414,0	1,759	25	0,04872	395,6	417,6	1,762
25	0,06427	397,2	419,7	1,788	25	0,05553	396,4	418,7	1,774	30	0,04989	399,8	422,2	1,777
30	0,06569	401,3	424,2	1,803	30	0,05681	400,5	423,3	1,789	35	0,05105	403,9	426,9	1,793
35	0,06708	405,3	428,8	1,818	35	0,05807	404,6	427,9	1,805	40	0,05218	408,1	431,6	1,808
40	0,06846	409,4	433,4	1,832	40	0,05931	408,8	432,5	1,819	45	0,05329	412,3	436,3	1,822
45	0,06983	413,5	438,0	1,847	45	0,06053	412,9	437,1	1,834	50	0,05439	416,5	441,0	1,837
50	0,07118	417,7	442,6	1,861	50	0,06174	417,1	441,8	1,849	55	0,05548	420,7	445,7	1,852
55	0,07252	421,8	447,2	1,876	55	0,06294	421,3	446,4	1,863	60	0,05655	425,0	450,4	1,866
60	0,07384	426,0	451,9	1,890	60	0,06412	425,5	451,1	1,877	65	0,05762	429,3	455,2	1,880
65	0,07516	430,3	456,6	1,904	65	0,06530	429,8	455,9	1,891	70	0,05867	433,6	460,0	1,894
70	0,07647	434,5	461,3	1,917	70	0,06646	434,0	460,6	1,905	75	0,05972	437,9	464,8	1,908
75	0,07777	438,8	466,0	1,931	75	0,06762	438,4	465,4	1,919	80	0,06075	442,3	469,6	1,922
80	0,07906	443,1	470,8	1,945	80	0,06877	442,7	470,2	1,933	85	0,06178	446,7	474,5	1,936
85	0,08035	447,5	475,6	1,958	85	0,06991	447,1	475,0	1,946	90	0,06281	451,1	479,4	1,949
90	0,08163	451,9	480,5	1,972	90	0,07104	451,5	479,9	1,960	95	0,06382	455,6	484,3	1,963
95	0,08290	456,3	485,4	1,985	95	0,07217	456,0	484,8	1,973	100	0,06483	460,1	489,2	1,976
100	0,08417	460,8	490,3	1,998	100	0,07329	460,4	489,8	1,987	105	0,06584	464,6	494,2	1,989
105	0,08543	465,3	495,2	2,012	105	0,07441	465,0	494,7	2,000	110	0,06684	469,2	499,2	2,002
110	0,08669	469,9	500,2	2,025	110	0,07552	469,5	499,7	2,013	115	0,06784	473,8	504,3	2,015
115	0,08794	474,4	505,2	2,038	115	0,07663	474,1	504,8	2,026	120	0,06883	478,4	509,4	2,028
120	0,08919	479,1	510,3	2,051	120	0,07774	478,7	509,8	2,039	125	0,06982	483,1	514,5	2,041
125	0,09044	483,7	515,4	2,063	125	0,07884	483,4	514,9	2,052	130	0,07080	487,8	519,6	2,054
130	0,09168	488,4	520,5	2,076	130	0,07993	488,1	520,1	2,065	135	0,07178	492,5	524,8	2,067
135	0,09292	493,1	525,6	2,089	135	0,08103	492,8	525,2	2,077	140	0,07276	497,3	530,0	2,080
140	0,09415	497,9	530,8	2,102	140	0,08212	497,6	530,4	2,090	145	0,07373	502,1	535,3	2,092
145	0,09538	502,7	536,0	2,114	145	0,08320	502,4	535,7	2,103	150	0,07470	507,0	540,6	2,105
150	0,09661	507,5	541,3	2,127	150	0,08429	507,2	540,9	2,115	155	0,07567	511,8	545,9	2,117
155	0,09784	512,4	546,6	2,139	155	0,08537	512,1	546,3	2,128	160	0,07664	516,8	551,2	2,130
160	0,09906	517,3	551,9	2,152	160	0,08645	517,0	551,6	2,140	165	0,07760	521,7	556,6	2,142
165	0,1003	522,2	557,3	2,164	165	0,08753	522,0	557,0	2,152	170	0,07856	526,7	562,1	2,155
170	0,1015	527,2	562,7	2,176	170	0,08860	527,0	562,4	2,165	175	0,07952	531,7	567,5	2,167
175	0,1027	532,2	568,2	2,188	175	0,08967	532,0	567,8	2,177	180	0,08048	536,8	573,0	2,179

(continua)

Tabela B3c – Propriedades termodinâmicas do refrigerante R-134a superaquecido *(continuação)*

p = 500 kPa					p = 550 kPa					p = 600 kPa				
T	v	u	h	s	T	v	u	h	s	T	v	u	h	s
[°C]	[m³/kg]	[kJ/kg]	[kJ/kg]	[kJ/kgK]	[°C]	[m³/kg]	[kJ/kg]	[kJ/kg]	[kJ/kgK]	[°C]	[m³/kg]	[kJ/kg]	[kJ/kg]	[kJ/kgK]
15,71	0,04113	386,7	407,3	1,719	18,73	0,03741	388,4	408,9	1,718	21,55	0,03430	389,9	410,4	1,717
20	0,04212	390,6	411,6	1,734	20	0,03769	389,6	410,4	1,723	25	0,03501	393,1	414,0	1,729
25	0,04325	394,8	416,4	1,750	25	0,03876	394,0	415,3	1,739	30	0,03599	397,4	419,0	1,746
30	0,04435	399,0	421,2	1,766	30	0,03980	398,2	420,1	1,756	35	0,03694	401,7	423,9	1,762
35	0,04542	403,2	425,9	1,782	35	0,04080	402,5	424,9	1,771	40	0,03787	406,0	428,8	1,777
40	0,04647	407,4	430,7	1,797	40	0,04178	406,8	429,7	1,787	45	0,03878	410,4	433,6	1,793
45	0,04750	411,7	435,4	1,812	45	0,04274	411,0	434,5	1,802	50	0,03967	414,7	438,5	1,808
50	0,04851	415,9	440,2	1,827	50	0,04369	415,3	439,3	1,817	55	0,04054	419,0	443,3	1,823
55	0,04951	420,2	444,9	1,841	55	0,04462	419,6	444,1	1,832	60	0,04140	423,3	448,2	1,837
60	0,05050	424,4	449,7	1,856	60	0,04554	423,9	448,9	1,846	65	0,04224	427,7	453,0	1,852
65	0,05147	428,7	454,5	1,870	65	0,04644	428,2	453,8	1,861	70	0,04308	432,1	457,9	1,866
70	0,05244	433,1	459,3	1,884	70	0,04733	432,6	458,6	1,875	75	0,04390	436,5	462,8	1,880
75	0,05339	437,4	464,1	1,898	75	0,04822	437,0	463,5	1,889	80	0,04472	440,9	467,7	1,894
80	0,05434	441,8	469,0	1,912	80	0,04909	441,4	468,4	1,903	85	0,04553	445,4	472,7	1,908
85	0,05528	446,2	473,9	1,926	85	0,04996	445,8	473,3	1,917	90	0,04633	449,9	477,6	1,922
90	0,05622	450,7	478,8	1,939	90	0,05082	450,3	478,2	1,930	95	0,04712	454,4	482,6	1,936
95	0,05714	455,2	483,7	1,953	95	0,05168	454,8	483,2	1,944	100	0,04791	458,9	487,7	1,949
100	0,05807	459,7	488,7	1,966	100	0,05253	459,3	488,2	1,957	105	0,04869	463,5	492,7	1,963
105	0,05898	464,2	493,7	1,980	105	0,05337	463,9	493,2	1,971	110	0,04947	468,1	497,8	1,976
110	0,05989	468,8	498,8	1,993	110	0,05421	468,5	498,3	1,984	115	0,05024	472,7	502,9	1,989
115	0,06080	473,4	503,8	2,006	115	0,05504	473,1	503,3	1,997	120	0,05101	477,4	508,0	2,002
120	0,06170	478,1	508,9	2,019	120	0,05587	477,7	508,5	2,010	125	0,05177	482,1	513,2	2,016
125	0,06260	482,8	514,1	2,032	125	0,05669	482,4	513,6	2,023	130	0,05253	486,9	518,4	2,028
130	0,06349	487,5	519,2	2,045	130	0,05751	487,2	518,8	2,036	135	0,05328	491,6	523,6	2,041
135	0,06438	492,2	524,4	2,058	135	0,05833	491,9	524,0	2,049	140	0,05404	496,4	528,8	2,054
140	0,06527	497,0	529,6	2,070	140	0,05914	496,7	529,2	2,062	145	0,05479	501,3	534,1	2,067
145	0,06615	501,8	534,9	2,083	145	0,05995	501,6	534,5	2,075	150	0,05553	506,1	539,5	2,080
150	0,06704	506,7	540,2	2,096	150	0,06076	506,4	539,8	2,087	155	0,05627	511,1	544,8	2,092
155	0,06791	511,6	545,5	2,108	155	0,06157	511,3	545,2	2,100	160	0,05702	516,0	550,2	2,105
160	0,06879	516,5	550,9	2,121	160	0,06237	516,3	550,5	2,112	165	0,05775	521,0	555,6	2,117
165	0,06966	521,5	556,3	2,133	165	0,06317	521,2	556,0	2,125	170	0,05849	526,0	561,1	2,129
170	0,07053	526,5	561,7	2,145	170	0,06396	526,2	561,4	2,137	175	0,05922	531,0	566,6	2,142
175	0,07140	531,5	567,2	2,158	175	0,06476	531,3	566,9	2,149	180	0,05995	536,1	572,1	2,154
180	0,07227	536,6	572,7	2,170	180	0,06555	536,3	572,4	2,162	185	0,06068	541,2	577,6	2,166
185	0,07314	541,7	578,2	2,182	185	0,06634	541,5	577,9	2,174					

(continua)

Tabela B3c – Propriedades termodinâmicas do refrigerante R-134a superaquecido *(continuação)*

p = 650 kPa					p = 700 kPa					p = 750 kPa				
T [°C]	v [m³/kg]	u [kJ/kg]	h [kJ/kg]	s [kJ/kgK]	T [°C]	v [m³/kg]	u [kJ/kg]	h [kJ/kg]	s [kJ/kgK]	T [°C]	v [m³/kg]	u [kJ/kg]	h [kJ/kg]	s [kJ/kgK]
24,2	0,03165	391,3	411,9	1,716	26,69	0,02937	392,6	413,2	1,716	29,06	0,02738	393,7	414,2	1,714
25	0,03181	392,1	412,7	1,719	30	0,02997	395,6	416,6	1,727	30	0,02754	394,7	415,3	1,718
30	0,03276	396,5	417,8	1,736	35	0,03085	400,1	421,7	1,744	35	0,02840	399,3	420,6	1,735
35	0,03367	400,9	422,8	1,752	40	0,03170	404,5	426,7	1,760	40	0,02922	403,8	425,7	1,752
40	0,03455	405,3	427,7	1,768	45	0,03252	408,9	431,7	1,776	45	0,03001	408,2	430,7	1,768
45	0,03542	409,6	432,7	1,784	50	0,03333	413,3	436,7	1,791	50	0,03078	412,7	435,8	1,783
50	0,03626	414,0	437,6	1,799	55	0,03411	417,7	441,6	1,806	55	0,03153	417,1	440,8	1,799
55	0,03708	418,4	442,5	1,814	60	0,03488	422,2	446,6	1,821	60	0,03227	421,6	445,8	1,814
60	0,03789	422,7	447,4	1,829	65	0,03564	426,6	451,5	1,836	65	0,03299	426,0	450,8	1,829
65	0,03869	427,1	452,3	1,844	70	0,03638	431,0	456,5	1,851	70	0,03370	430,5	455,8	1,843
70	0,03947	431,5	457,2	1,858	75	0,03711	435,5	461,4	1,865	75	0,03439	435,0	460,8	1,858
75	0,04025	436,0	462,1	1,872	80	0,03783	439,9	466,4	1,879	80	0,03508	439,5	465,8	1,872
80	0,04101	440,4	467,1	1,886	85	0,03855	444,4	471,4	1,893	85	0,03576	444,0	470,8	1,886
85	0,04177	444,9	472,0	1,900	90	0,03926	449,0	476,4	1,907	90	0,03642	448,5	475,8	1,900
90	0,04252	449,4	477,0	1,914	95	0,03996	453,5	481,5	1,921	95	0,03709	453,1	480,9	1,914
95	0,04326	453,9	482,0	1,928	100	0,04065	458,1	486,5	1,934	100	0,03774	457,7	486,0	1,928
100	0,04400	458,5	487,1	1,942	105	0,04133	462,7	491,6	1,948	105	0,03839	462,3	491,1	1,941
105	0,04473	463,1	492,1	1,955	110	0,04202	467,3	496,7	1,961	110	0,03903	467,0	496,2	1,955
110	0,04546	467,7	497,2	1,968	115	0,04269	472,0	501,9	1,975	115	0,03967	471,6	501,4	1,968
115	0,04618	472,4	502,4	1,982	120	0,04336	476,7	507,0	1,988	120	0,04031	476,4	506,6	1,982
120	0,04689	477,0	507,5	1,995	125	0,04403	481,4	512,2	2,001	125	0,04094	481,1	511,8	1,995
125	0,04760	481,8	512,7	2,008	130	0,04470	486,2	517,5	2,014	130	0,04156	485,9	517,0	2,008
130	0,04831	486,5	517,9	2,021	135	0,04535	491,0	522,7	2,027	135	0,04218	490,7	522,3	2,021
135	0,04901	491,3	523,1	2,034	140	0,04601	495,8	528,0	2,040	140	0,04280	495,5	527,6	2,034
140	0,04972	496,1	528,4	2,047	145	0,04666	500,7	533,3	2,053	145	0,04341	500,4	532,9	2,046
145	0,05041	500,9	533,7	2,060	150	0,04731	505,6	538,7	2,066	150	0,04403	505,3	538,3	2,059
150	0,05111	505,8	539,0	2,072	155	0,04796	510,5	544,0	2,078	155	0,04463	510,2	543,7	2,072
155	0,05180	510,7	544,4	2,085	160	0,04860	515,4	549,5	2,091	160	0,04524	515,2	549,1	2,084
160	0,05249	515,7	549,8	2,097	165	0,04925	520,4	554,9	2,103	165	0,04584	520,2	554,5	2,097
165	0,05317	520,7	555,2	2,110	170	0,04989	525,5	560,4	2,116	170	0,04644	525,2	560,0	2,109
170	0,05386	525,7	560,7	2,122	175	0,05052	530,5	565,9	2,128	175	0,04704	530,3	565,5	2,122
175	0,05454	530,8	566,2	2,135	180	0,05116	535,6	571,4	2,140	180	0,04764	535,4	571,1	2,134
180	0,05522	535,8	571,7	2,147	185	0,05179	540,7	577,0	2,152	185	0,04823	540,5	576,7	2,146
185	0,05590	541,0	577,3	2,159										

(continua)

Tabela B3c – Propriedades termodinâmicas do refrigerante R-134a superaquecido *(continuação)*

p = 800 kPa					p = 850 kPa					p = 900 kPa				
T	v	u	h	s	T	v	u	h	s	T	v	u	h	s
[°C]	[m³/kg]	[kJ/kg]	[kJ/kg]	[kJ/kgK]	[°C]	[m³/kg]	[kJ/kg]	[kJ/kg]	[kJ/kgK]	[°C]	[m³/kg]	[kJ/kg]	[kJ/kg]	[kJ/kgK]
31,31	0,02563	394,9	415,4	1,714	33,45	0,02407	395,9	416,3	1,713	35,51	0,02269	397,0	417,4	1,713
35	0,02624	398,4	419,4	1,727	35	0,02432	397,5	418,1	1,719	40	0,02338	401,3	422,3	1,728
40	0,02704	403,0	424,6	1,744	40	0,02511	402,1	423,5	1,736	45	0,02411	406,0	427,7	1,745
45	0,02781	407,5	429,7	1,760	45	0,02585	406,7	428,7	1,753	50	0,02481	410,6	432,9	1,762
50	0,02855	412,0	434,8	1,776	50	0,02658	411,3	433,9	1,769	55	0,02549	415,2	438,1	1,778
55	0,02927	416,5	439,9	1,791	55	0,02727	415,8	439,0	1,784	60	0,02615	419,7	443,3	1,793
60	0,02998	421,0	445,0	1,807	60	0,02795	420,4	444,1	1,800	65	0,02679	424,3	448,4	1,809
65	0,03067	425,5	450,0	1,822	65	0,02862	424,9	449,2	1,815	70	0,02742	428,9	453,5	1,824
70	0,03134	430,0	455,0	1,836	70	0,02927	429,4	454,3	1,830	75	0,02803	433,4	458,7	1,838
75	0,03201	434,5	460,1	1,851	75	0,02990	434,0	459,4	1,845	80	0,02863	438,0	463,8	1,853
80	0,03266	439,0	465,1	1,865	80	0,03053	438,5	464,4	1,859	85	0,02923	442,6	468,9	1,867
85	0,03331	443,5	470,2	1,880	85	0,03115	443,1	469,5	1,873	90	0,02981	447,2	474,0	1,882
90	0,03395	448,1	475,2	1,894	90	0,03176	447,7	474,6	1,888	95	0,03039	451,8	479,2	1,896
95	0,03458	452,7	480,3	1,908	95	0,03236	452,3	479,8	1,902	100	0,03095	456,5	484,3	1,910
100	0,03520	457,3	485,4	1,921	100	0,03295	456,9	484,9	1,915	105	0,03152	461,2	489,5	1,923
105	0,03581	461,9	490,6	1,935	105	0,03354	461,5	490,0	1,929	110	0,03207	465,8	494,7	1,937
110	0,03642	466,6	495,7	1,949	110	0,03412	466,2	495,2	1,943	115	0,03262	470,6	499,9	1,951
115	0,03703	471,3	500,9	1,962	115	0,03470	470,9	500,4	1,956	120	0,03317	475,3	505,2	1,964
120	0,03763	476,0	506,1	1,975	120	0,03527	475,7	505,6	1,970	125	0,03371	480,1	510,4	1,977
125	0,03823	480,8	511,3	1,989	125	0,03583	480,4	510,9	1,983	130	0,03424	484,9	515,7	1,990
130	0,03882	485,5	516,6	2,002	130	0,03640	485,2	516,2	1,996	135	0,03478	489,7	521,0	2,004
135	0,03941	490,4	521,9	2,015	135	0,03696	490,1	521,5	2,009	140	0,03531	494,6	526,4	2,017
140	0,03999	495,2	527,2	2,028	140	0,03751	494,9	526,8	2,022	145	0,03583	499,5	531,7	2,030
145	0,04057	500,1	532,5	2,041	145	0,03806	499,8	532,1	2,035	150	0,03635	504,4	537,1	2,042
150	0,04115	505,0	537,9	2,053	150	0,03861	504,7	537,5	2,048	155	0,03687	509,4	542,6	2,055
155	0,04172	509,9	543,3	2,066	155	0,03916	509,7	542,9	2,060	160	0,03739	514,4	548,0	2,068
160	0,04230	514,9	548,7	2,079	160	0,03970	514,6	548,4	2,073	165	0,03790	519,4	553,5	2,080
165	0,04287	519,9	554,2	2,091	165	0,04024	519,7	553,9	2,086	170	0,03841	524,5	559,0	2,093
170	0,04343	525,0	559,7	2,104	170	0,04077	524,7	559,4	2,098	175	0,03892	529,5	564,6	2,105
175	0,04400	530,0	565,2	2,116	175	0,04131	529,8	564,9	2,111	180	0,03943	534,7	570,1	2,118
180	0,04456	535,1	570,8	2,128	180	0,04184	534,9	570,5	2,123	185	0,03993	539,8	575,8	2,130
185	0,04512	540,3	576,4	2,141	185	0,04237	540,0	576,1	2,135					

(continua)

Tabela B3c – Propriedades termodinâmicas do refrigerante R-134a superaquecido *(continuação)*

p = 950 kPa					p = 1.000 kPa					p = 1.200 kPa				
T	v	u	h	s	T	v	u	h	s	T	v	u	h	s
[°C]	[m³/kg]	[kJ/kg]	[kJ/kg]	[kJ/kgK]	[°C]	[m³/kg]	[kJ/kg]	[kJ/kg]	[kJ/kgK]	[°C]	[m³/kg]	[kJ/kg]	[kJ/kg]	[kJ/kgK]
37,48	0,02144	397,9	418,3	1,712	39,37	0,02037	398,9	419,2	1,711	46,29	0,01672	402,0	422,0	1,709
40	0,02182	400,4	421,1	1,721	40	0,02046	399,5	419,9	1,714	50	0,01720	405,8	426,4	1,722
45	0,02254	405,2	426,6	1,738	45	0,02117	404,4	425,5	1,731	55	0,01782	410,8	432,2	1,740
50	0,02323	409,8	431,9	1,755	50	0,02185	409,1	430,9	1,748	60	0,01841	415,7	437,8	1,757
55	0,02389	414,5	437,2	1,771	55	0,02250	413,8	436,3	1,765	65	0,01897	420,6	443,3	1,773
60	0,02453	419,1	442,4	1,787	60	0,02312	418,5	441,6	1,781	70	0,01950	425,4	448,8	1,789
65	0,02515	423,7	447,6	1,802	65	0,02373	423,1	446,8	1,796	75	0,02003	430,1	454,2	1,805
70	0,02576	428,3	452,8	1,817	70	0,02432	427,8	452,0	1,812	80	0,02053	434,9	459,5	1,820
75	0,02635	432,9	457,9	1,832	75	0,02489	432,4	457,2	1,827	85	0,02103	439,7	464,9	1,835
80	0,02693	437,5	463,1	1,847	80	0,02546	437,0	462,4	1,842	90	0,02151	444,4	470,2	1,850
85	0,02750	442,1	468,2	1,862	85	0,02601	441,7	467,6	1,856	95	0,02198	449,2	475,5	1,865
90	0,02807	446,8	473,4	1,876	90	0,02655	446,3	472,8	1,871	100	0,02245	453,9	480,9	1,879
95	0,02862	451,4	478,6	1,890	95	0,02709	451,0	478,0	1,885	105	0,02290	458,7	486,2	1,893
100	0,02917	456,1	483,8	1,904	100	0,02761	455,7	483,2	1,899	110	0,02335	463,5	491,5	1,907
105	0,02971	460,8	489,0	1,918	105	0,02813	460,4	488,5	1,913	115	0,02379	468,3	496,9	1,921
110	0,03024	465,5	494,2	1,932	110	0,02865	465,1	493,7	1,927	120	0,02423	473,2	502,3	1,935
115	0,03077	470,2	499,4	1,945	115	0,02915	469,9	498,9	1,940	125	0,02466	478,0	507,6	1,949
120	0,03129	475,0	504,7	1,959	120	0,02966	474,6	504,2	1,954	130	0,02509	482,9	513,0	1,962
125	0,03181	479,8	510,0	1,972	125	0,03015	479,4	509,5	1,967	135	0,02551	487,8	518,4	1,975
130	0,03232	484,6	515,3	1,985	130	0,03065	484,3	514,8	1,980	140	0,02593	492,8	523,9	1,989
135	0,03283	489,4	520,6	1,998	135	0,03114	489,1	520,2	1,994	145	0,02635	497,7	529,3	2,002
140	0,03333	494,3	526,0	2,011	140	0,03162	494,0	525,6	2,007	150	0,02676	502,7	534,8	2,015
145	0,03383	499,2	531,3	2,024	145	0,03210	498,9	531,0	2,020	155	0,02716	507,7	540,3	2,028
150	0,03433	504,1	536,8	2,037	150	0,03258	503,9	536,4	2,033	160	0,02757	512,8	545,8	2,041
155	0,03483	509,1	542,2	2,050	155	0,03306	508,8	541,8	2,045	165	0,02797	517,8	551,4	2,053
160	0,03532	514,1	547,7	2,063	160	0,03353	513,9	547,3	2,058	170	0,02837	522,9	557,0	2,066
165	0,03581	519,1	553,2	2,075	165	0,03400	518,9	552,8	2,071	175	0,02877	528,1	562,6	2,079
170	0,03630	524,2	558,7	2,088	170	0,03446	524,0	558,4	2,083	180	0,02916	533,2	568,2	2,091
175	0,03678	529,3	564,2	2,100	175	0,03493	529,1	563,9	2,096	185	0,02955	538,4	573,9	2,103
180	0,03727	534,4	569,8	2,113	180	0,03539	534,2	569,5	2,108					
185	0,03775	539,6	575,4	2,125	185	0,03585	539,4	575,1	2,121					

(continua)

Tabela B3c – Propriedades termodinâmicas do refrigerante R-134a superaquecido *(continuação)*

p = 1.400 kPa					p = 1.600 kPa					p = 1.800 kPa				
T [°C]	v [m³/kg]	u [kJ/kg]	h [kJ/kg]	s [kJ/kgK]	T [°C]	v [m³/kg]	u [kJ/kg]	h [kJ/kg]	s [kJ/kgK]	T [°C]	v [m³/kg]	u [kJ/kg]	h [kJ/kg]	s [kJ/kgK]
52,4	0,01411	404,5	424,3	1,706	57,83	0,01212	406,6	426,0	1,703	62,87	0,01056	408,3	427,3	1,701
55	0,01443	407,3	427,5	1,716	60	0,01237	409,0	428,8	1,712	65	0,01080	410,9	430,3	1,710
60	0,01501	412,6	433,6	1,735	65	0,01292	414,6	435,2	1,731	70	0,01133	416,7	437,1	1,729
65	0,01555	417,7	439,5	1,752	70	0,01343	419,9	441,4	1,749	75	0,01181	422,2	443,5	1,748
70	0,01606	422,8	445,2	1,769	75	0,01391	425,1	447,4	1,766	80	0,01226	427,6	449,7	1,766
75	0,01655	427,7	450,9	1,785	80	0,01436	430,2	453,2	1,783	85	0,01268	432,9	455,7	1,782
80	0,01702	432,7	456,5	1,801	85	0,01480	435,3	459,0	1,799	90	0,01309	438,1	461,6	1,799
85	0,01748	437,5	462,0	1,817	90	0,01522	440,3	464,7	1,815	95	0,01348	443,2	467,5	1,815
90	0,01792	442,4	467,5	1,832	95	0,01562	445,3	470,3	1,830	100	0,01385	448,3	473,2	1,830
95	0,01836	447,3	473,0	1,847	100	0,01602	450,3	475,9	1,846	105	0,01421	453,4	479,0	1,846
100	0,01878	452,2	478,4	1,862	105	0,01640	455,3	481,5	1,860	110	0,01457	458,5	484,7	1,861
105	0,01919	457,0	483,9	1,876	110	0,01677	460,2	487,1	1,875	115	0,01491	463,5	490,4	1,875
110	0,01960	461,9	489,3	1,890	115	0,01714	465,2	492,6	1,889	120	0,01525	468,6	496,0	1,890
115	0,02000	466,8	494,8	1,905	120	0,01750	470,2	498,2	1,904	125	0,01558	473,6	501,7	1,904
120	0,02039	471,7	500,2	1,919	125	0,01785	475,1	503,7	1,918	130	0,01590	478,7	507,3	1,918
125	0,02078	476,6	505,7	1,932	130	0,01820	480,1	509,3	1,932	135	0,01622	483,8	513,0	1,932
130	0,02116	481,6	511,2	1,946	135	0,01855	485,2	514,8	1,945	140	0,01653	488,9	518,6	1,946
135	0,02153	486,5	516,7	1,960	140	0,01888	490,2	520,4	1,959	145	0,01684	494,0	524,3	1,960
140	0,02191	491,5	522,2	1,973	145	0,01922	495,2	526,0	1,972	150	0,01714	499,1	529,9	1,973
145	0,02227	496,5	527,7	1,986	150	0,01955	500,3	531,6	1,986	155	0,01744	504,2	535,6	1,986
150	0,02264	501,5	533,2	1,999	155	0,01987	505,4	537,2	1,999	160	0,01773	509,4	541,3	2,000
155	0,02300	506,6	538,8	2,012	160	0,02020	510,5	542,8	2,012	165	0,01803	514,6	547,0	2,013
160	0,02336	511,7	544,3	2,025	165	0,02052	515,7	548,5	2,025	170	0,01832	519,8	552,7	2,026
165	0,02371	516,8	550,0	2,038	170	0,02083	520,8	554,2	2,038	175	0,01860	525,0	558,5	2,039
170	0,02406	521,9	555,6	2,051	175	0,02115	526,0	559,9	2,051	180	0,01889	530,2	564,2	2,051
175	0,02441	527,1	561,2	2,064	180	0,02146	531,3	565,6	2,063	185	0,01917	535,5	570,0	2,064
180	0,02476	532,2	566,9	2,076	185	0,02177	536,5	571,3	2,076					
185	0,02510	537,5	572,6	2,089										

(continua)

Tabela B3c – Propriedades termodinâmicas do refrigerante R-134a superaquecido *(continuação)*

p = 2.000 kPa					p = 2.200 kPa					p = 2.400 kPa				
T	v	u	h	s	T	v	u	h	s	T	v	u	h	s
[°C]	[m³/kg]	[kJ/kg]	[kJ/kg]	[kJ/kgK]	[°C]	[m³/kg]	[kJ/kg]	[kJ/kg]	[kJ/kgK]	[°C]	[m³/kg]	[kJ/kg]	[kJ/kg]	[kJ/kgK]
67,45	0,00929	409,7	428,2	1,697	71,7	0,00823	410,7	428,8	1,694	75,66	0,00734	411,4	429,0	1,690
70	0,00957	412,9	432,1	1,709	75	0,00860	415,1	434,0	1,709	80	0,00782	417,6	436,3	1,711
75	0,01008	419,0	439,1	1,729	80	0,00909	421,4	441,4	1,730	85	0,00829	424,1	443,9	1,732
80	0,01054	424,7	445,8	1,748	85	0,00952	427,3	448,3	1,749	90	0,00871	430,2	451,0	1,752
85	0,01097	430,2	452,2	1,766	90	0,00993	433,0	454,9	1,768	95	0,00909	436,0	457,8	1,771
90	0,01136	435,7	458,4	1,783	95	0,01030	438,6	461,3	1,785	100	0,00945	441,7	464,3	1,788
95	0,01174	441,0	464,5	1,800	100	0,01066	444,0	467,5	1,802	105	0,00978	447,2	470,7	1,805
100	0,01211	446,2	470,4	1,816	105	0,01100	449,4	473,6	1,818	110	0,01010	452,7	476,9	1,821
105	0,01245	451,4	476,4	1,832	110	0,01133	454,7	479,6	1,834	115	0,01041	458,1	483,1	1,837
110	0,01279	456,6	482,2	1,847	115	0,01164	460,0	485,6	1,850	120	0,01071	463,4	489,1	1,853
115	0,01312	461,8	488,0	1,862	120	0,01195	465,2	491,5	1,865	125	0,01099	468,8	495,1	1,868
120	0,01344	466,9	493,8	1,877	125	0,01225	470,4	497,4	1,880	130	0,01127	474,1	501,1	1,883
125	0,01375	472,1	499,6	1,892	130	0,01253	475,7	503,2	1,894	135	0,01154	479,4	507,1	1,898
130	0,01405	477,2	505,3	1,906	135	0,01282	480,9	509,1	1,909	140	0,01181	484,7	513,0	1,912
135	0,01435	482,3	511,0	1,920	140	0,01309	486,1	514,9	1,923	145	0,01206	489,9	518,9	1,926
140	0,01464	487,5	516,8	1,934	145	0,01336	491,3	520,7	1,937	150	0,01232	495,2	524,8	1,940
145	0,01493	492,7	522,5	1,948	150	0,01363	496,5	526,5	1,951	155	0,01257	500,5	530,7	1,954
150	0,01521	497,8	528,2	1,961	155	0,01389	501,8	532,3	1,964	160	0,01281	505,8	536,5	1,968
155	0,01549	503,0	534,0	1,975	160	0,01415	507,0	538,1	1,978	165	0,01305	511,1	542,4	1,981
160	0,01576	508,2	539,7	1,988	165	0,01440	512,3	544,0	1,991	170	0,01329	516,4	548,3	1,995
165	0,01604	513,4	545,5	2,002	170	0,01466	517,6	549,8	2,004	175	0,01352	521,8	554,2	2,008
170	0,01630	518,7	551,3	2,015	175	0,01490	522,9	555,7	2,017	180	0,01375	527,1	560,1	2,021
175	0,01657	523,9	557,1	2,028	180	0,01515	528,2	561,5	2,030	185	0,01398	532,5	566,1	2,034
180	0,01683	529,2	562,9	2,041	185	0,01539	533,5	567,4	2,043					
185	0,01709	534,5	568,7	2,053										

(continua)

Tabela B3c – Propriedades termodinâmicas do refrigerante R-134a superaquecido *(continuação)*

p = 2.600 kPa					p = 2.800 kPa					p = 3.000 kPa				
T	v	u	h	s	T	v	u	h	s	T	v	u	h	s
[°C]	[m³/kg]	[kJ/kg]	[kJ/kg]	[kJ/kgK]	[°C]	[m³/kg]	[kJ/kg]	[kJ/kg]	[kJ/kgK]	[°C]	[m³/kg]	[kJ/kg]	[kJ/kg]	[kJ/kgK]
79,37	0,00656	411,7	428,8	1,686	82,86	0,00589	411,8	428,3	1,681	86,16	0,00529	411,5	427,3	1,675
80	0,00664	412,8	430,0	1,689	85	0,00615	415,5	432,7	1,693	90	0,00576	418,6	435,8	1,698
85	0,00718	420,2	438,9	1,714	90	0,00666	423,1	441,8	1,718	95	0,00624	426,3	445,0	1,724
90	0,00763	426,9	446,7	1,736	95	0,00709	429,9	449,8	1,740	100	0,00665	433,2	453,1	1,745
95	0,00803	433,1	454,0	1,756	100	0,00747	436,3	457,2	1,760	105	0,00701	439,7	460,7	1,765
100	0,00839	439,1	460,9	1,774	105	0,00782	442,4	464,2	1,779	110	0,00734	445,8	467,8	1,784
105	0,00873	444,9	467,6	1,792	110	0,00814	448,2	471,0	1,797	115	0,00764	451,8	474,7	1,802
110	0,00905	450,5	474,0	1,809	115	0,00844	454,0	477,6	1,814	120	0,00792	457,6	481,3	1,819
115	0,00935	456,1	480,4	1,825	120	0,00872	459,6	484,0	1,830	125	0,00820	463,3	487,9	1,836
120	0,00964	461,6	486,6	1,841	125	0,00900	465,2	490,4	1,846	130	0,00846	468,9	494,3	1,852
125	0,00992	467,0	492,8	1,857	130	0,00926	470,7	496,6	1,862	135	0,00870	474,5	500,6	1,867
130	0,01019	472,4	498,9	1,872	135	0,00952	476,2	502,8	1,877	140	0,00894	480,1	506,9	1,882
135	0,01045	477,8	505,0	1,887	140	0,00976	481,6	509,0	1,892	145	0,00918	485,6	513,1	1,897
140	0,01070	483,2	511,0	1,902	145	0,01000	487,1	515,1	1,907	150	0,00940	491,1	519,3	1,912
145	0,01095	488,5	517,0	1,916	150	0,01024	492,5	521,1	1,921	155	0,00963	496,5	525,4	1,926
150	0,01119	493,9	523,0	1,930	155	0,01046	497,9	527,2	1,935	160	0,00984	502,0	531,5	1,941
155	0,01143	499,2	528,9	1,944	160	0,01069	503,3	533,2	1,949	165	0,01005	507,5	537,6	1,955
160	0,01166	504,6	534,9	1,958	165	0,01091	508,7	539,2	1,963	170	0,01026	512,9	543,7	1,969
165	0,01189	509,9	540,8	1,972	170	0,01112	514,1	545,3	1,977	175	0,01046	518,4	549,8	1,982
170	0,01212	515,3	546,8	1,986	175	0,01133	519,6	551,3	1,990	180	0,01066	523,9	555,9	1,996
175	0,01234	520,7	552,7	1,999	180	0,01154	525,0	557,3	2,004	185	0,01086	529,4	561,9	2,009
180	0,01256	526,1	558,7	2,012	185	0,01175	530,4	563,3	2,017					
185	0,01277	531,5	564,7	2,025										

Tabela B3d – Propriedades de transporte do refrigerante R-134a saturado

T [°C]	ρ_l [kg/m³]	ρ_v [kg/m³]	cp_l [kJ/kgK]	cp_v [kJ/kgK]	k_l [W/mK]	k_v [W/mK]	μ_l [Pas]	μ_v [Pas]	Pr_l	Pr_v
-40	1.418,0	2,7720	1,255	0,749	0,1101	0,00811	4,65E-4*	9,34E-6	5,30	0,86
-39	1.415,0	2,9110	1,256	0,752	0,1097	0,00822	4,58E-4	9,37E-6	5,24	0,86
-38	1.412,0	3,0550	1,258	0,755	0,1094	0,00832	4,51E-4	9,41E-6	5,19	0,85
-37	1.409,0	3,2050	1,260	0,758	0,1090	0,00842	4,44E-4	9,45E-6	5,13	0,85
-36	1.406,0	3,3610	1,262	0,761	0,1087	0,00852	4,37E-4	9,49E-6	5,08	0,85
-35	1.403,0	3,5230	1,264	0,765	0,1083	0,00863	4,31E-4	9,53E-6	5,02	0,85
-34	1.400,0	3,6910	1,265	0,768	0,1080	0,00873	4,24E-4	9,57E-6	4,97	0,84
-33	1.397,0	3,8660	1,267	0,771	0,1076	0,00883	4,18E-4	9,61E-6	4,92	0,84
-32	1.394,0	4,0470	1,269	0,774	0,1073	0,00893	4,11E-4	9,65E-6	4,87	0,84
-31	1.391,0	4,2340	1,271	0,778	0,1069	0,00903	4,05E-4*	9,69E-6	4,82	0,83
-30	1.388,0	4,429	1,273	0,781	0,1065	0,00913	3,99E-4	9,73E-6	4,77	0,83
-29	1.385,0	4,630	1,275	0,784	0,1062	0,00923	3,94E-4	9,77E-6	4,73	0,83
-28	1.382,0	4,839	1,277	0,788	0,1058	0,00933	3,88E-4	9,81E-6	4,68	0,83
-27	1.379,0	5,055	1,279	0,791	0,1054	0,00943	3,82E-4	9,85E-6	4,64	0,83
-26	1.376,0	5,278	1,281	0,795	0,1051	0,00953	3,77E-4	9,88E-6	4,59	0,82
-25	1.373,0	5,510	1,283	0,798	0,1047	0,00963	3,71E-4	9,92E-6	4,55	0,82
-24	1.370,0	5,749	1,285	0,802	0,1043	0,00973	3,66E-4	9,96E-6	4,51	0,82
-23	1.367,0	5,996	1,287	0,805	0,1039	0,00983	3,61E-4	1,00E-5	4,47	0,82
-22	1.364,0	6,252	1,289	0,809	0,1035	0,00993	3,56E-4	1,00E-5	4,43	0,82
-21	1.361,0	6,516	1,291	0,812	0,1032	0,01003	3,51E-4	1,01E-5	4,39	0,82
-20	1.358,0	6,789	1,293	0,816	0,1028	0,01013	3,46E-4	1,01E-5	4,36	0,81
-19	1.355,0	7,071	1,295	0,820	0,1024	0,01023	3,41E-4	1,02E-5	4,32	0,81
-18	1.352,0	7,362	1,297	0,823	0,1020	0,01033	3,37E-4	1,02E-5	4,28	0,81
-17	1.349,0	7,663	1,300	0,827	0,1016	0,01043	3,32E-4*	1,02E-5	4,25	0,81
-16	1.346,0	7,973	1,302	0,831	0,1012	0,01053	3,28E-4	1,03E-5	4,21	0,81
-15	1.343,0	8,293	1,304	0,835	0,1008	0,01063	3,23E-4	1,03E-5	4,18	0,81
-14	1.340,0	8,623	1,306	0,839	0,1004	0,01073	3,19E-4	1,04E-5	4,15	0,81
-13	1.337,0	8,963	1,309	0,842	0,1000	0,01082	3,15E-4	1,04E-5	4,12	0,81
-12	1.333,0	9,314	1,311	0,846	0,0996	0,01092	3,11E-4	1,04E-5	4,09	0,81
-11	1.330,0	9,676	1,313	0,850	0,0992	0,01102	3,06E-4	1,05E-5	4,06	0,81
-10	1.327,0	10,050	1,316	0,854	0,0988	0,01112	3,02E-4	1,05E-5	4,03	0,81
-9	1.324,0	10,430	1,318	0,859	0,0984	0,01122	2,98E-4	1,06E-5	4,00	0,81
-8	1.321,0	10,830	1,320	0,863	0,0980	0,01132	2,95E-4	1,06E-5	3,97	0,81
-7	1.318,0	11,240	1,323	0,867	0,0976	0,01141	2,91E-4	1,06E-5	3,94	0,81
-6	1.314,0	11,650	1,325	0,871	0,0972	0,01151	2,87E-4	1,07E-5	3,91	0,81
-5	1.311,0	12,090	1,328	0,875	0,0967	0,01161	2,83E-4	1,07E-5	3,89	0,81

(continua)

Tabela B3d – Propriedades de transporte do refrigerante R-134a saturado *(continuação)*

T [°C]	ρ_l [kg/m³]	ρ_v [kg/m³]	cp_l [kJ/kgK]	cp_v [kJ/kgK]	k_l [W/mK]	k_v [W/mK]	μ_l [Pas]	μ_v [Pas]	Pr_l	Pr_v
-4	1.308,0	12,530	1,330	0,880	0,0963	0,01171	2,80E-4	1,08E-5	3,86	0,81
-3	1.305,0	12,990	1,333	0,884	0,0959	0,01181	2,76E-4	1,08E-5	3,84	0,81
-2	1.301,0	13,460	1,336	0,888	0,0955	0,01190	2,72E-4	1,08E-5	3,81	0,81
-1	1.298,0	13,940	1,338	0,893	0,0951	0,01200	2,69E-4	1,09E-5	3,79	0,81
0	1.295,0	14,440	1,341	0,897	0,0946	0,01210	2,66E-4	1,09E-5	3,76	0,81
1	1.291,0	14,950	1,344	0,902	0,0942	0,01220	2,62E-4	1,10E-5	3,74	0,81
2	1.288,0	15,480	1,347	0,907	0,0938	0,01229	2,59E-4	1,10E-5	3,72	0,81
3	1.285,0	16,020	1,349	0,911	0,0933	0,01239	2,56E-4	1,10E-5	3,70	0,81
4	1.281,0	16,570	1,352	0,916	0,0929	0,01249	2,52E-4	1,11E-5	3,67	0,81
5	1.278,0	17,140	1,355	0,921	0,0925	0,01259	2,49E-4	1,11E-5	3,65	0,81
6	1.275,0	17,730	1,358	0,926	0,0920	0,01269	2,46E-4	1,12E-5	3,63	0,81
7	1.271,0	18,330	1,361	0,931	0,0916	0,01278	2,43E-4	1,12E-5	3,61	0,82
8	1.268,0	18,950	1,364	0,936	0,0911	0,01288	2,40E-4	1,12E-5	3,59	0,82
9	1.264,0	19,590	1,367	0,941	0,0907	0,01298	2,37E-4	1,13E-5	3,57	0,82
10	1.261,0	20,240	1,370	0,946	0,0902	0,01308	2,34E-4	1,13E-5	3,56	0,82
11	1.257,0	20,910	1,374	0,951	0,0898	0,01318	2,31E-4	1,14E-5	3,54	0,82
12	1.254,0	21,600	1,377	0,956	0,0893	0,01327	2,28E-4	1,14E-5	3,52	0,82
13	1.250,0	22,310	1,380	0,961	0,0889	0,01337	2,26E-4	1,15E-5	3,50	0,82
14	1.247,0	23,030	1,383	0,967	0,0884	0,01347	2,23E-4	1,15E-5	3,49	0,82
15	1.243,0	23,780	1,387	0,972	0,0880	0,01357	2,20E-4	1,15E-5	3,47	0,83
16	1.240,0	24,540	1,390	0,978	0,0875	0,01367	2,17E-4	1,16E-5	3,45	0,83
17	1.236,0	25,320	1,394	0,983	0,0870	0,01377	2,15E-4	1,16E-5	3,44	0,83
18	1.233,0	26,130	1,397	0,989	0,0866	0,01386	2,12E-4	1,17E-5	3,42	0,83
19	1.229,0	26,950	1,401	0,995	0,0861	0,01396	2,09E-4	1,17E-5	3,41	0,83
20	1.225,0	27,800	1,405	1,001	0,0856	0,01406	2,07E-4	1,18E-5	3,39	0,84
21	1.222,0	28,670	1,409	1,007	0,0851	0,01416	2,04E-4	1,18E-5	3,38	0,84
22	1.218,0	29,560	1,413	1,013	0,0847	0,01426	2,02E-4	1,18E-5	3,37	0,84
23	1.214,0	30,480	1,416	1,019	0,0842	0,01436	1,99E-4	1,19E-5	3,35	0,84
24	1.210,0	31,410	1,420	1,025	0,0837	0,01446	1,97E-4	1,19E-5	3,34	0,85
25	1.207,0	32,370	1,425	1,032	0,0832	0,01456	1,94E-4	1,20E-5	3,33	0,85
26	1.203,0	33,360	1,429	1,038	0,0828	0,01466	1,92E-4	1,20E-5	3,32	0,85
27	1.199,0	34,370	1,433	1,045	0,0823	0,01476	1,90E-4	1,21E-5	3,30	0,85
28	1.195,0	35,410	1,437	1,052	0,0818	0,01486	1,87E-4	1,21E-5	3,29	0,86
29	1.191,0	36,470	1,442	1,059	0,0813	0,01497	1,85E-4	1,22E-5	3,28	0,86
30	1.187,0	37,560	1,446	1,066	0,0808	0,01507	1,83E-4	1,22E-5	3,27	0,86
31	1.184,0	38,680	1,451	1,073	0,0803	0,01517	1,80E-4	1,22E-5	3,26	0,87

(continua)

Tabela B3d – Propriedades de transporte do refrigerante R-134a saturado *(continuação)*

T [°C]	ρ_l [kg/m³]	ρ_v [kg/m³]	cp_l [kJ/kgK]	cp_v [kJ/kgK]	k_l [W/mK]	k_v [W/mK]	μ_l [Pas]	μ_v [Pas]	Pr_l	Pr_v
32	1.180,0	39,830	1,456	1,080	0,0798	0,01527	1,78E-4	1,23E-5	3,25	0,87
33	1.176,0	41,000	1,461	1,088	0,0793	0,01537	1,76E-4	1,23E-5	3,24	0,87
34	1.172,0	42,21	1,466	1,095	0,0788	0,01548	1,74E-4	1,24E-5	3,23	0,88
35	1.168,0	43,45	1,471	1,103	0,0783	0,01558	1,72E-4	1,24E-5	3,23	0,88
36	1.163,0	44,72	1,476	1,111	0,0778	0,01568	1,70E-4	1,25E-5	3,22	0,88
37	1.159,0	46,02	1,481	1,119	0,0773	0,01579	1,67E-4	1,25E-5	3,21	0,89
38	1.155,0	47,35	1,487	1,128	0,0768	0,01589	1,65E-4	1,26E-5	3,20	0,89
39	1.151,0	48,72	1,493	1,136	0,0762	0,01600	1,63E-4	1,26E-5	3,20	0,90
40	1.147,0	50,12	1,498	1,145	0,0757	0,01610	1,61E-4	1,27E-5	3,19	0,90
41	1.142,0	51,56	1,504	1,154	0,0752	0,01621	1,59E-4	1,27E-5	3,18	0,91
42	1.138,0	53,04	1,510	1,163	0,0747	0,01632	1,57E-4	1,28E-5	3,18	0,91
43	1.134,0	54,55	1,517	1,172	0,0742	0,01643	1,55E-4	1,28E-5	3,17	0,92
44	1.129,0	56,11	1,523	1,182	0,0736	0,01653	1,53E-4	1,29E-5	3,17	0,92
45	1.125,0	57,70	1,530	1,192	0,0731	0,01664	1,51E-4	1,30E-5	3,17	0,93
46	1.121,0	59,34	1,537	1,202	0,0726	0,01675	1,49E-4	1,30E-5	3,16	0,93
47	1.116,0	61,02	1,544	1,213	0,0720	0,01686	1,47E-4	1,31E-5	3,16	0,94
48	1.112,0	62,74	1,551	1,224	0,0715	0,01697	1,45E-4	1,31E-5	3,16	0,95
49	1.107,0	64,51	1,558	1,235	0,0709	0,01708	1,44E-4	1,32E-5	3,15	0,95
50	1.102,0	66,32	1,566	1,247	0,0704	0,01720	1,42E-4	1,32E-5	3,15	0,96
51	1.098,0	68,19	1,574	1,259	0,0698	0,01731	1,40E-4	1,33E-5	3,15	0,97
52	1.093,0	70,10	1,582	1,271	0,0693	0,01743	1,38E-4	1,34E-5	3,15	0,97
53	1.088,0	72,07	1,591	1,284	0,0687	0,01754	1,36E-4	1,34E-5	3,15	0,98
54	1.083,0	74,09	1,600	1,297	0,0682	0,01766	1,34E-4	1,35E-5	3,15	0,99
55	1.078,0	76,17	1,609	1,311	0,0676	0,01778	1,33E-4	1,36E-5	3,15	1,00
56	1.073,0	78,30	1,618	1,325	0,0670	0,01789	1,31E-4	1,36E-5	3,15	1,01
57	1.068,0	80,50	1,628	1,340	0,0665	0,01801	1,29E-4	1,37E-5	3,16	1,02
58	1.063,0	82,75	1,638	1,355	0,0659	0,01814	1,27E-4	1,38E-5	3,16	1,03
59	1.058,0	85,07	1,649	1,371	0,0653	0,01826	1,25E-4	1,38E-5	3,16	1,04
60	1.053,0	87,46	1,660	1,388	0,0647	0,01838	1,24E-4	1,39E-5	3,17	1,05
61	1.048,0	89,92	1,672	1,405	0,0642	0,01851	1,22E-4	1,40E-5	3,18	1,06
62	1.042,0	92,45	1,684	1,423	0,0636	0,01863	1,20E-4	1,41E-5	3,18	1,07
63	1.037,0	95,05	1,696	1,443	0,0630	0,01876	1,18E-4	1,41E-5	3,19	1,09
64	1.031,0	97,74	1,709	1,463	0,0624	0,01889	1,17E-4	1,42E-5	3,20	1,10
65	1.026,0	100,50	1,723	1,484	0,0618	0,01903	1,15E-4	1,43E-5	3,21	1,12
66	1.020,0	103,40	1,738	1,506	0,0612	0,01916	1,13E-4	1,44E-5	3,22	1,13
67	1.014,0	106,30	1,753	1,529	0,0606	0,01930	1,12E-4	1,45E-5	3,23	1,15

(continua)

Tabela B3d – Propriedades de transporte do refrigerante R-134a saturado *(continuação)*

T [°C]	ρ_l [kg/m³]	ρ_v [kg/m³]	cp_l [kJ/kgK]	cp_v [kJ/kgK]	k_l [W/mK]	k_v [W/mK]	μ_l [Pas]	μ_v [Pas]	Pr_l	Pr_v
68	1.008,0	109,30	1,769	1,554	0,0600	0,01943	1,10E-4	1,46E-5	3,24	1,17
69	1.002,0	112,50	1,786	1,580	0,0593	0,01958	1,08E-4	1,47E-5	3,26	1,18
70	996,3	115,70	1,804	1,607	0,0587	0,01972	1,07E-4	1,48E-5	3,27	1,20
71	990,1	119,10	1,823	1,636	0,0581	0,01986	1,05E-4	1,49E-5	3,29	1,23
72	983,8	122,50	1,843	1,668	0,0574	0,02001	1,03E-4	1,50E-5	3,31	1,25
73	977,4	126,10	1,864	1,701	0,0568	0,02016	1,02E-4	1,51E-5	3,33	1,27
74	970,8	129,80	1,887	1,737	0,0561	0,02032	9,99E-5	1,52E-5	3,36	1,30
75	964,1	133,70	1,911	1,775	0,0555	0,02048	9,82E-5	1,53E-5	3,38	1,33
76	957,3	137,70	1,937	1,816	0,0548	0,02064	9,66E-5	1,55E-5	3,41	1,36
77	950,3	141,90	1,965	1,860	0,0542	0,02081	9,49E-5	1,56E-5	3,44	1,39
78	943,2	146,20	1,996	1,908	0,0535	0,02098	9,33E-5	1,57E-5	3,48	1,43
79	935,8	150,70	2,028	1,961	0,0528	0,02115	9,16E-5	1,59E-5	3,52	1,47
80	928,3	155,40	2,064	2,018	0,0521	0,02133	8,99E-5	1,60E-5	3,56	1,52
81	920,6	160,30	2,103	2,081	0,0514	0,02152	8,83E-5	1,62E-5	3,61	1,56
82	912,7	165,40	2,146	2,150	0,0507	0,02171	8,66E-5	1,63E-5	3,67	1,62
83	904,5	170,70	2,193	2,227	0,0499	0,02191	8,49E-5	1,65E-5	3,73	1,68
84	896,0	176,40	2,246	2,312	0,0492	0,02212	8,32E-5	1,67E-5	3,80	1,75
85	887,3	182,30	2,305	2,409	0,0485	0,02233	8,15E-5	1,69E-5	3,88	1,83
86	878,2	188,50	2,371	2,517	0,0477	0,02255	7,97E-5	1,71E-5	3,96	1,91
87	868,8	195,10	2,447	2,641	0,0469	0,02279	7,80E-5	1,74E-5	4,07	2,01
88	859,0	202,10	2,533	2,784	0,0461	0,02303	7,62E-5	1,76E-5	4,19	2,13
89	848,8	209,50	2,633	2,951	0,0453	0,02329	7,44E-5	1,79E-5	4,33	2,27
90	838,1	217,40	2,751	3,148	0,0444	0,02356	7,25E-5	1,82E-5	4,49	2,43
91	826,7	225,90	2,892	3,384	0,0435	0,02385	7,06E-5	1,85E-5	4,69	2,63
92	814,7	235,10	3,064	3,673	0,0426	0,02416	6,87E-5	1,89E-5	4,94	2,87
93	801,9	245,20	3,278	4,035	0,0417	0,02450	6,67E-5	1,93E-5	5,25	3,17
94	788,2	256,20	3,552	4,502	0,0407	0,02491	6,46E-5	1,97E-5	5,64	3,56
95	773,2	268,40	3,916	5,126	0,0396	0,02540	6,24E-5	2,02E-5	6,17	4,08
96	756,7	282,20	4,424	6,008	0,0385	0,02597	6,01E-5	2,08E-5	6,91	4,82

* E-4, E-5 e E-6 são representações simplificadas de 10^{-4}, 10^{-5} e 10^{-6}.

Tabela B4a – Propriedades termodinâmicas do refrigerante R-22 saturado, entrada por temperatura

T [°C]	p_{sat} [kPa]	v_l [l/kg]	v_v [l/kg]	u_l [kJ/kg]	u_v [kJ/kg]	h_l [kJ/kg]	h_{lv} [kJ/kg]	h_v [kJ/kg]	s_l [kJ/kgK]	s_v [kJ/kgK]
-40	105,2	0,7110	205,1	154,5	366,3	154,5	233,4	387,9	0,8213	1,822
-39	110,2	0,7124	196,4	155,6	366,7	155,6	232,7	388,4	0,8260	1,820
-38	115,4	0,7139	188,2	156,7	367,1	156,7	232,1	388,9	0,8307	1,818
-37	120,7	0,7154	180,4	157,8	367,5	157,8	231,5	389,3	0,8354	1,816
-36	126,3	0,7169	172,9	158,9	367,9	159,0	230,8	389,8	0,8401	1,813
-35	132,0	0,7185	165,9	160,0	368,3	160,1	230,2	390,2	0,8447	1,811
-34	138,0	0,7200	159,2	161,1	368,7	161,2	229,5	390,7	0,8494	1,809
-33	144,1	0,7216	152,8	162,2	369,1	162,3	228,9	391,2	0,8540	1,807
-32	150,5	0,7231	146,7	163,3	369,5	163,4	228,2	391,6	0,8586	1,805
-31	157,1	0,7247	140,9	164,4	369,9	164,5	227,5	392,1	0,8632	1,803
-30	163,9	0,7263	135,4	165,5	370,3	165,6	226,9	392,5	0,8678	1,801
-29	170,9	0,7278	130,2	166,6	370,7	166,7	226,2	393,0	0,8723	1,799
-28	178,2	0,7295	125,2	167,7	371,1	167,9	225,5	393,4	0,8769	1,797
-27	185,7	0,7311	120,4	168,9	371,5	169,0	224,9	393,9	0,8814	1,795
-26	193,5	0,7327	115,9	170,0	371,9	170,1	224,2	394,3	0,8860	1,793
-25	201,5	0,7343	111,6	171,1	372,3	171,2	223,5	394,7	0,8905	1,791
-24	209,7	0,7360	107,4	172,2	372,7	172,4	222,8	395,2	0,8950	1,789
-23	218,2	0,7377	103,5	173,3	373,0	173,5	222,1	395,6	0,8995	1,787
-22	227,0	0,7393	99,69	174,5	373,4	174,6	221,4	396,1	0,9040	1,786
-21	236,0	0,7410	96,08	175,6	373,8	175,8	220,7	396,5	0,9084	1,784
-20	245,4	0,7427	92,63	176,7	374,2	176,9	220,0	396,9	0,9129	1,782
-19	255,0	0,7445	89,33	177,8	374,6	178,0	219,3	397,4	0,9173	1,780
-18	264,8	0,7462	86,17	179,0	375,0	179,2	218,6	397,8	0,9218	1,779
-17	275,0	0,7480	83,14	180,1	375,3	180,3	217,9	398,2	0,9262	1,777
-16	285,5	0,7497	80,25	181,2	375,7	181,4	217,2	398,6	0,9306	1,775
-15	296,3	0,7515	77,47	182,4	376,1	182,6	216,5	399,0	0,9350	1,774
-14	307,4	0,7533	74,81	183,5	376,5	183,7	215,7	399,5	0,9394	1,772
-13	318,7	0,7551	72,27	184,6	376,8	184,9	215,0	399,9	0,9438	1,770
-12	330,5	0,7569	69,82	185,8	377,2	186,0	214,3	400,3	0,9482	1,769
-11	342,5	0,7588	67,48	186,9	377,6	187,2	213,5	400,7	0,9525	1,767
-10	354,9	0,7607	65,23	188,1	377,9	188,3	212,8	401,1	0,9569	1,765
-9	367,6	0,7625	63,07	189,2	378,3	189,5	212,0	401,5	0,9613	1,764
-8	380,6	0,7644	61,00	190,4	378,7	190,6	211,2	401,9	0,9656	1,762
-7	394,0	0,7663	59,01	191,5	379,0	191,8	210,5	402,3	0,9699	1,761
-6	407,8	0,7683	57,10	192,7	379,4	193,0	209,7	402,7	0,9742	1,759
-5	421,9	0,7702	55,26	193,8	379,8	194,1	208,9	403,1	0,9786	1,758

(continua)

Tabela B4a – Propriedades termodinâmicas do refrigerante R-22 saturado, entrada por temperatura *(continuação)*

T [°C]	p_{sat} [kPa]	v_l [l/kg]	v_v [l/kg]	u_l [kJ/kg]	u_v [kJ/kg]	h_l [kJ/kg]	h_{lv} [kJ/kg]	h_v [kJ/kg]	s_l [kJ/kgK]	s_v [kJ/kgK]
-4	436,4	0,7722	53,50	195,0	380,1	195,3	208,2	403,5	0,9829	1,756
-3	451,3	0,7742	51,80	196,1	380,5	196,5	207,4	403,8	0,9872	1,755
-2	466,5	0,7762	50,17	197,3	380,8	197,6	206,6	404,2	0,9914	1,753
-1	482,1	0,7782	48,60	198,4	381,2	198,8	205,8	404,6	0,9957	1,752
0	498,1	0,7803	47,08	199,6	381,5	200,0	205,0	405,0	1,000	1,750
1	514,5	0,7823	45,63	200,8	381,9	201,2	204,2	405,4	1,004	1,749
2	531,4	0,7844	44,22	201,9	382,2	202,4	203,4	405,7	1,009	1,748
3	548,6	0,7865	42,87	203,1	382,6	203,5	202,5	406,1	1,013	1,746
4	566,2	0,7887	41,57	204,3	382,9	204,7	201,7	406,4	1,017	1,745
5	584,3	0,7908	40,32	205,5	383,2	205,9	200,9	406,8	1,021	1,743
6	602,8	0,7930	39,11	206,6	383,6	207,1	200,0	407,2	1,025	1,742
7	621,7	0,7952	37,94	207,8	383,9	208,3	199,2	407,5	1,030	1,741
8	641,1	0,7974	36,82	209,0	384,2	209,5	198,3	407,8	1,034	1,739
9	660,9	0,7997	35,73	210,2	384,6	210,7	197,5	408,2	1,038	1,738
10	681,2	0,8020	34,68	211,4	384,9	211,9	196,6	408,5	1,042	1,737
11	701,9	0,8043	33,67	212,6	385,2	213,1	195,7	408,9	1,047	1,735
12	723,1	0,8066	32,70	213,8	385,5	214,3	194,8	409,2	1,051	1,734
13	744,8	0,8089	31,75	215,0	385,9	215,6	193,9	409,5	1,055	1,733
14	766,9	0,8113	30,84	216,2	386,2	216,8	193,1	409,8	1,059	1,731
15	789,6	0,8137	29,96	217,4	386,5	218,0	192,1	410,1	1,063	1,730
16	812,7	0,8162	29,11	218,6	386,8	219,2	191,2	410,5	1,067	1,729
17	836,3	0,8186	28,29	219,8	387,1	220,5	190,3	410,8	1,072	1,728
18	860,5	0,8211	27,49	221,0	387,4	221,7	189,4	411,1	1,076	1,726
19	885,1	0,8237	26,72	222,2	387,7	222,9	188,4	411,4	1,080	1,725
20	910,3	0,8262	25,98	223,4	388,0	224,2	187,5	411,7	1,084	1,724
21	936,0	0,8288	25,26	224,6	388,3	225,4	186,5	411,9	1,088	1,722
22	962,3	0,8315	24,56	225,8	388,6	226,6	185,6	412,2	1,092	1,721
23	989,1	0,8341	23,88	227,1	388,9	227,9	184,6	412,5	1,097	1,720
24	1.016	0,8368	23,23	228,3	389,2	229,1	183,6	412,8	1,101	1,719
25	1.044	0,8395	22,60	229,5	389,4	230,4	182,6	413,0	1,105	1,717
26	1.073	0,8423	21,98	230,8	389,7	231,7	181,6	413,3	1,109	1,716
27	1.102	0,8451	21,39	232,0	390,0	232,9	180,6	413,6	1,113	1,715
28	1.131	0,8480	20,81	233,2	390,3	234,2	179,6	413,8	1,117	1,714
29	1.162	0,8509	20,25	234,5	390,5	235,5	178,6	414,0	1,121	1,712
30	1.192	0,8538	19,71	235,7	390,8	236,8	177,5	414,3	1,126	1,711
31	1.224	0,8568	19,19	237,0	391,0	238,0	176,5	414,5	1,130	1,710

(continua)

Tabela B4a – Propriedades termodinâmicas do refrigerante R-22 saturado, entrada por temperatura *(continuação)*

T [°C]	p_{sat} [kPa]	v_l [l/kg]	v_v [l/kg]	u_l [kJ/kg]	u_v [kJ/kg]	h_l [kJ/kg]	h_{lv} [kJ/kg]	h_v [kJ/kg]	s_l [kJ/kgK]	s_v [kJ/kgK]
32	1.256	0,8598	18,68	238,2	391,3	239,3	175,4	414,7	1,134	1,709
33	1.288	0,8629	18,18	239,5	391,5	240,6	174,3	415,0	1,138	1,707
34	1.321	0,8660	17,70	240,8	391,8	241,9	173,3	415,2	1,142	1,706
35	1.355	0,8691	17,24	242,0	392,0	243,2	172,2	415,4	1,146	1,705
36	1.390	0,8723	16,78	243,3	392,2	244,5	171,0	415,6	1,150	1,704
37	1.425	0,8756	16,34	244,6	392,5	245,8	169,9	415,8	1,155	1,702
38	1.461	0,8789	15,92	245,9	392,7	247,2	168,8	415,9	1,159	1,701
39	1.497	0,8823	15,50	247,2	392,9	248,5	167,6	416,1	1,163	1,700
40	1.534	0,8857	15,10	248,4	393,1	249,8	166,5	416,3	1,167	1,699
41	1.572	0,8892	14,71	249,7	393,3	251,1	165,3	416,4	1,171	1,697
42	1.610	0,8927	14,33	251,0	393,5	252,5	164,1	416,6	1,175	1,696
43	1.649	0,8963	13,96	252,3	393,7	253,8	162,9	416,7	1,179	1,695
44	1.689	0,9000	13,60	253,6	393,9	255,2	161,7	416,9	1,184	1,693
45	1.730	0,9038	13,24	255,0	394,1	256,5	160,5	417,0	1,188	1,692
46	1.771	0,9076	12,90	256,3	394,3	257,9	159,2	417,1	1,192	1,691
47	1.813	0,9115	12,57	257,6	394,4	259,3	158,0	417,2	1,196	1,689
48	1.856	0,9154	12,25	258,9	394,6	260,6	156,7	417,3	1,200	1,688
49	1.899	0,9195	11,93	260,3	394,7	262,0	155,4	417,4	1,204	1,687
50	1.943	0,9236	11,63	261,6	394,9	263,4	154,1	417,5	1,209	1,685
51	1.988	0,9278	11,33	263,0	395,0	264,8	152,7	417,6	1,213	1,684
52	2.034	0,9321	11,04	264,3	395,2	266,2	151,4	417,6	1,217	1,683
53	2.080	0,9365	10,75	265,7	395,3	267,6	150,0	417,7	1,221	1,681
54	2.128	0,9410	10,48	267,1	395,4	269,1	148,6	417,7	1,225	1,680
55	2.176	0,9456	10,21	268,4	395,5	270,5	147,2	417,7	1,230	1,678
56	2.225	0,9503	9,945	269,8	395,6	271,9	145,8	417,7	1,234	1,677
57	2.274	0,9551	9,688	271,2	395,7	273,4	144,3	417,7	1,238	1,675
58	2.325	0,9600	9,438	272,6	395,7	274,8	142,9	417,7	1,242	1,674
59	2.376	0,9651	9,194	274,0	395,8	276,3	141,4	417,7	1,247	1,672
60	2.428	0,9703	8,955	275,4	395,9	277,8	139,8	417,6	1,251	1,671
61	2.481	0,9756	8,722	276,8	395,9	279,3	138,3	417,5	1,255	1,669
62	2.535	0,9810	8,495	278,3	395,9	280,8	136,7	417,5	1,260	1,667
63	2.590	0,9867	8,272	279,7	395,9	282,3	135,1	417,4	1,264	1,666
64	2.645	0,9924	8,055	281,2	395,9	283,8	133,4	417,3	1,268	1,664
65	2.702	0,9984	7,842	282,6	395,9	285,3	131,8	417,1	1,273	1,662
66	2.759	1,005	7,634	284,1	395,9	286,9	130,1	417,0	1,277	1,661
67	2.817	1,011	7,431	285,6	395,9	288,5	128,3	416,8	1,282	1,659

(continua)

Tabela B4a – Propriedades termodinâmicas do refrigerante R-22 saturado, entrada por temperatura *(continuação)*

T [°C]	p_{sat} [kPa]	v_l [l/kg]	v_v [l/kg]	u_l [kJ/kg]	u_v [kJ/kg]	h_l [kJ/kg]	h_{lv} [kJ/kg]	h_v [kJ/kg]	s_l [kJ/kgK]	s_v [kJ/kgK]
68	2.876	1,017	7,231	287,1	395,8	290,0	126,6	416,6	1,286	1,657
69	2.937	1,024	7,036	288,6	395,7	291,6	124,8	416,4	1,290	1,655
70	2.998	1,031	6,845	290,1	395,6	293,2	122,9	416,1	1,295	1,653
71	3.060	1,038	6,658	291,7	395,5	294,9	121,0	415,9	1,300	1,651
72	3.123	1,046	6,474	293,2	395,4	296,5	119,1	415,6	1,304	1,649
73	3.187	1,054	6,294	294,8	395,2	298,2	117,1	415,3	1,309	1,647
74	3.252	1,062	6,117	296,4	395,0	299,9	115,1	414,9	1,313	1,645
75	3.318	1,070	5,943	298,0	394,8	301,6	113,0	414,5	1,318	1,643
76	3.385	1,079	5,772	299,6	394,6	303,3	110,8	414,1	1,323	1,640
77	3.453	1,089	5,604	301,3	394,3	305,1	108,6	413,7	1,328	1,638
78	3.522	1,098	5,438	303,0	394,0	306,8	106,3	413,2	1,333	1,635
79	3.592	1,109	5,275	304,7	393,7	308,7	104,0	412,6	1,338	1,633
80	3.663	1,119	5,114	306,4	393,3	310,5	101,5	412,0	1,343	1,630
81	3.736	1,131	4,955	308,2	392,9	312,4	99,0	411,4	1,348	1,627
82	3.809	1,143	4,798	310,0	392,4	314,3	96,4	410,7	1,353	1,624
83	3.884	1,156	4,642	311,8	391,9	316,3	93,7	409,9	1,358	1,621
84	3.960	1,170	4,488	313,7	391,3	318,3	90,8	409,1	1,364	1,618
85	4.037	1,185	4,334	315,6	390,7	320,4	87,8	408,2	1,369	1,614
86	4.115	1,201	4,181	317,6	390,0	322,5	84,7	407,2	1,375	1,611
87	4.195	1,218	4,028	319,6	389,2	324,7	81,3	406,1	1,381	1,607
88	4.276	1,237	3,874	321,7	388,3	327,0	77,8	404,8	1,387	1,602
89	4.358	1,258	3,718	323,9	387,2	329,4	74,0	403,4	1,393	1,597
90	4.441	1,282	3,560	326,3	386,0	332,0	69,9	401,8	1,400	1,592
91	4.526	1,310	3,398	328,7	384,6	334,7	65,4	400,0	1,407	1,586
92	4.613	1,342	3,229	331,4	383,0	337,6	60,3	397,9	1,415	1,580
93	4.701	1,381	3,049	334,3	380,9	340,8	54,4	395,3	1,423	1,572
94	4.791	1,432	2,850	337,7	378,3	344,6	47,3	391,9	1,433	1,562
95	4.882	1,509	2,610	342,1	374,4	349,5	37,7	387,1	1,446	1,548
96	4.976	1,716	2,190	351,0	365,4	359,5	16,7	376,3	1,473	1,518

Tabela B4b – Propriedades termodinâmicas do refrigerante R-22 saturado, entrada por pressão

p [kPa]	T [ºC]	v_l [l/kg]	v_v [l/kg]	u_l [kJ/kg]	u_v [kJ/kg]	h_l [kJ/kg]	h_{lv} [kJ/kg]	h_v [kJ/kg]	s_l [kJ/kgK]	s_v [kJ/kgK]
50	-54,8	0,6901	410,4	138,3	360,3	138,3	242,5	380,8	0,7497	1,860
100	-41,1	0,7094	215,1	153,3	365,9	153,3	234,1	387,4	0,8162	1,825
150	-32,1	0,7230	147,2	163,2	369,5	163,3	228,3	391,6	0,8582	1,805
200	-25,2	0,7340	112,3	170,9	372,2	171,0	223,6	394,7	0,8897	1,792
250	-19,5	0,7436	91,00	177,3	374,4	177,4	219,7	397,1	0,9150	1,781
300	-14,7	0,7521	76,56	182,7	376,2	183,0	216,2	399,2	0,9365	1,773
350	-10,4	0,7599	66,10	187,6	377,8	187,9	213,1	400,9	0,9552	1,766
400	-6,6	0,7672	58,17	192,0	379,2	192,3	210,2	402,5	0,9718	1,760
450	-3,1	0,7740	51,94	196,0	380,4	196,4	207,4	403,8	0,9868	1,755
500	0,1	0,7805	46,91	199,7	381,6	200,1	204,9	405,0	1,000	1,750
550	3,1	0,7867	42,77	203,2	382,6	203,6	202,5	406,1	1,013	1,746
600	5,9	0,7927	39,29	206,5	383,5	206,9	200,2	407,1	1,025	1,742
650	8,5	0,7984	36,32	209,5	384,4	210,1	197,9	408,0	1,036	1,739
700	10,9	0,8040	33,76	212,5	385,2	213,0	195,8	408,8	1,046	1,735
750	13,2	0,8095	31,53	215,2	385,9	215,9	193,7	409,6	1,056	1,732
800	15,5	0,8148	29,57	217,9	386,6	218,6	191,7	410,3	1,065	1,730
850	17,6	0,8201	27,83	220,5	387,3	221,2	189,8	410,9	1,074	1,727
900	19,6	0,8252	26,28	222,9	387,9	223,7	187,9	411,5	1,082	1,724
950	21,5	0,8302	24,88	225,3	388,5	226,1	186,0	412,1	1,091	1,722
1000	23,4	0,8352	23,62	227,6	389,0	228,4	184,2	412,6	1,098	1,719
1050	25,2	0,8401	22,47	229,8	389,5	230,7	182,4	413,1	1,106	1,717
1100	26,9	0,8450	21,42	231,9	390,0	232,9	180,7	413,5	1,113	1,715
1150	28,6	0,8498	20,46	234,0	390,4	235,0	179,0	414,0	1,120	1,713
1200	30,3	0,8545	19,58	236,0	390,8	237,1	177,3	414,3	1,127	1,711
1250	31,8	0,8593	18,77	238,0	391,2	239,1	175,6	414,7	1,133	1,709
1300	33,4	0,8640	18,01	240,0	391,6	241,1	173,9	415,0	1,140	1,707
1350	34,9	0,8686	17,31	241,8	392,0	243,0	172,3	415,3	1,146	1,705
1400	36,3	0,87333	16,65	243,7	392,3	244,9	170,7	415,6	1,152	1,703
1450	37,7	0,8779	16,04	245,5	392,6	246,8	169,1	415,9	1,157	1,702
1500	39,1	0,8826	15,47	247,3	392,9	248,6	167,5	416,1	1,163	1,700
1550	40,4	0,8872	14,93	249,0	393,2	250,4	166,0	416,4	1,169	1,698
1600	41,7	0,8918	14,43	250,7	393,5	252,1	164,4	416,6	1,174	1,696
1650	43,0	0,8964	13,95	252,4	393,7	253,8	162,9	416,7	1,179	1,695
1700	44,3	0,9010	13,50	254,0	394,0	255,5	161,4	416,9	1,185	1,693
1750	45,5	0,9056	13,08	255,6	394,2	257,2	159,9	417,1	1,190	1,691
1800	46,7	0,9103	12,67	257,2	394,4	258,8	158,4	417,2	1,195	1,690
1850	47,9	0,9149	12,29	258,8	394,6	260,5	156,9	417,3	1,200	1,688
1900	49,0	0,9195	11,93	260,3	394,7	262,0	155,4	417,4	1,205	1,687
1950	50,2	0,9242	11,58	261,8	394,9	263,6	153,9	417,5	1,209	1,685
2000	51,3	0,9289	11,25	263,3	395,1	265,2	152,4	417,6	1,214	1,684

(continua)

Tabela B4b – Propriedades termodinâmicas do refrigerante R-22 saturado, entrada por pressão *(continuação)*

p [kPa]	T [ºC]	v_l [l/kg]	v_v [l/kg]	u_l [kJ/kg]	u_v [kJ/kg]	h_l [kJ/kg]	h_{lv} [kJ/kg]	h_v [kJ/kg]	s_l [kJ/kgK]	s_v [kJ/kgK]
2050	52,4	0,9336	10,94	264,8	395,2	266,7	150,9	417,6	1,218	1,682
2100	53,4	0,9383	10,64	266,3	395,3	268,2	149,4	417,7	1,223	1,681
2150	54,5	0,9431	10,35	267,7	395,4	269,7	148,0	417,7	1,227	1,679
2200	55,5	0,9479	10,08	269,1	395,5	271,2	146,5	417,7	1,232	1,678
2250	56,5	0,9527	9,812	270,5	395,6	272,7	145,0	417,7	1,236	1,676
2300	57,5	0,9576	9,559	271,9	395,7	274,1	143,6	417,7	1,240	1,675
2350	58,5	0,9625	9,316	273,3	395,8	275,6	142,1	417,7	1,245	1,673
2400	59,5	0,9675	9,082	274,7	395,8	277,0	140,6	417,6	1,249	1,672
2450	60,4	0,9724	8,858	276,0	395,9	278,4	139,2	417,6	1,253	1,670
2500	61,4	0,9775	8,641	277,4	395,9	279,8	137,7	417,5	1,257	1,668
2550	62,3	0,9826	8,432	278,7	395,9	281,2	136,3	417,4	1,261	1,667
2600	63,2	0,9877	8,231	280,0	395,9	282,6	134,8	417,3	1,265	1,665
2650	64,1	0,9930	8,036	281,3	395,9	283,9	133,3	417,2	1,269	1,664
2700	65,0	0,9982	7,848	282,6	395,9	285,3	131,8	417,1	1,273	1,662
2750	65,8	1,004	7,666	283,9	395,9	286,6	130,3	417,0	1,276	1,661
2800	66,7	1,009	7,490	285,2	395,9	288,0	128,9	416,8	1,280	1,659
2850	67,6	1,014	7,319	286,4	395,8	289,3	127,4	416,7	1,284	1,658
2900	68,4	1,020	7,154	287,7	395,8	290,7	125,9	416,5	1,288	1,656
2950	69,2	1,026	6,994	289,0	395,7	292,0	124,4	416,3	1,291	1,655
3000	70,0	1,031	6,838	290,2	395,6	293,3	122,8	416,1	1,295	1,653
3050	70,8	1,037	6,687	291,4	395,5	294,6	121,3	415,9	1,299	1,651
3100	71,6	1,043	6,539	292,7	395,4	295,9	119,8	415,7	1,302	1,650
3150	72,4	1,049	6,396	293,9	395,3	297,2	118,2	415,5	1,306	1,648
3200	73,2	1,055	6,257	295,1	395,2	298,5	116,7	415,2	1,310	1,647
3250	74,0	1,062	6,121	296,4	395,0	299,8	115,1	414,9	1,313	1,645
3300	74,7	1,068	5,989	297,6	394,9	301,1	113,5	414,6	1,317	1,643
3350	75,5	1,075	5,860	298,8	394,7	302,4	111,9	414,3	1,320	1,641
3400	76,2	1,081	5,734	300,0	394,5	303,7	110,3	414,0	1,324	1,640
3450	77,0	1,088	5,611	301,2	394,3	305,0	108,7	413,7	1,328	1,638
3500	77,7	1,095	5,490	302,4	394,1	306,3	107,1	413,3	1,331	1,636
3550	78,4	1,102	5,372	303,7	393,9	307,6	105,4	413,0	1,335	1,634
3600	79,1	1,110	5,257	304,9	393,6	308,9	103,7	412,6	1,338	1,632
3650	79,8	1,117	5,144	306,1	393,4	310,2	102,0	412,2	1,342	1,631
3700	80,5	1,125	5,033	307,3	393,1	311,5	100,3	411,7	1,345	1,629
3750	81,2	1,133	4,925	308,5	392,8	312,8	98,5	411,3	1,349	1,627
3800	81,9	1,141	4,818	309,7	392,5	314,1	96,7	410,8	1,352	1,625
3850	82,6	1,150	4,713	311,0	392,2	315,4	94,9	410,3	1,356	1,623
3900	83,2	1,159	4,610	312,2	391,8	316,7	93,1	409,8	1,359	1,620
3950	83,9	1,168	4,508	313,4	391,4	318,0	91,2	409,2	1,363	1,618
4000	84,5	1,177	4,408	314,7	391,0	319,4	89,3	408,6	1,366	1,616

(continua)

Tabela B4b – Propriedades termodinâmicas do refrigerante R-22 saturado, entrada por pressão *(continuação)*

p [kPa]	T [ºC]	v_l [l/kg]	v_v [l/kg]	u_l [kJ/kg]	u_v [kJ/kg]	h_l [kJ/kg]	h_{lv} [kJ/kg]	h_v [kJ/kg]	s_l [kJ/kgK]	s_v [kJ/kgK]
4050	85,2	1,187	4,309	315,9	390,6	320,7	87,3	408,0	1,370	1,614
4100	85,8	1,197	4,211	317,2	390,1	322,1	85,3	407,4	1,374	1,611
4150	86,4	1,208	4,114	318,5	389,6	323,5	83,2	406,7	1,377	1,609
4200	87,1	1,219	4,018	319,7	389,1	324,9	81,1	406,0	1,381	1,606
4250	87,7	1,231	3,923	321,1	388,6	326,3	79,0	405,2	1,385	1,604
4300	88,3	1,243	3,828	322,4	388,0	327,7	76,7	404,4	1,389	1,601
4350	88,9	1,256	3,733	323,7	387,3	329,2	74,4	403,6	1,393	1,598
4400	89,5	1,270	3,639	325,1	386,6	330,7	72,0	402,6	1,396	1,595
4450	90,1	1,285	3,544	326,5	385,9	332,2	69,4	401,7	1,401	1,592
4500	90,7	1,301	3,449	327,9	385,1	333,8	66,8	400,6	1,405	1,588
4550	91,3	1,318	3,353	329,4	384,2	335,4	64,0	399,5	1,409	1,585
4600	91,9	1,337	3,255	331,0	383,2	337,1	61,1	398,2	1,413	1,581
4650	92,4	1,357	3,155	332,6	382,2	338,9	57,9	396,8	1,418	1,577
4700	93,0	1,381	3,051	334,3	380,9	340,8	54,5	395,3	1,423	1,572
4750	93,6	1,407	2,943	336,1	379,6	342,8	50,7	393,5	1,428	1,567
4800	94,1	1,439	2,828	338,1	377,9	345,0	46,5	391,5	1,434	1,561
4850	94,7	1,478	2,702	340,4	376,0	347,6	41,5	389,1	1,441	1,554
4900	95,2	1,530	2,555	343,2	373,4	350,7	35,2	385,9	1,449	1,545
4950	95,7	1,616	2,359	347,1	369,3	355,1	25,9	381,0	1,461	1,531

Tabela B4c – Propriedades termodinâmicas do refrigerante R-22 superaquecido

p = 105,2 kPa					p = 150 kPa					p = 200 kPa				
T	v	u	h	s	T	v	u	h	s	T	v	u	h	s
[°C]	[l/kg]	[kJ/kg]	[kJ/kg]	[kJ/kgK]	[°C]	[l/kg]	[kJ/kg]	[kJ/kg]	[kJ/kgK]	[°C]	[l/kg]	[kJ/kg]	[kJ/kg]	[kJ/kgK]
-40	205,1	366,3	387,9	1,822	-32,07	147,2	369,5	391,6	1,805	-25,17	112,3	372,2	394,7	1,792
-35	210,2	368,9	391	1,836	-30	148,7	370,6	392,9	1,811	-25	112,4	372,3	394,8	1,792
-30	215,2	371,5	394,1	1,848	-25	152,3	373,3	396,1	1,824	-20	115,2	375	398,1	1,805
-25	220,2	374,1	397,3	1,861	-20	155,9	375,9	399,3	1,836	-15	118	377,8	401,4	1,818
-20	225,1	376,7	400,4	1,874	-15	159,4	378,6	402,5	1,849	-10	120,7	380,5	404,7	1,831
-15	230	379,3	403,5	1,886	-10	162,9	381,3	405,7	1,861	-5	123,4	383,3	407,9	1,843
-10	234,8	381,9	406,6	1,898	-5	166,4	384	408,9	1,873	0	126,1	386	411,2	1,855
-5	239,7	384,6	409,8	1,91	0	169,9	386,7	412,2	1,885	5	128,7	388,8	414,5	1,867
0	244,5	387,3	413	1,922	5	173,3	389,4	415,4	1,897	10	131,3	391,6	417,8	1,879
5	249,3	390	416,2	1,933	10	176,8	392,2	418,7	1,909	15	134	394,4	421,2	1,89
10	254,1	392,7	419,4	1,945	15	180,2	394,9	422	1,92	20	136,6	397,2	424,5	1,902
15	258,9	395,4	422,7	1,956	20	183,6	397,7	425,3	1,932	25	139,1	400	427,9	1,913
20	263,6	398,2	425,9	1,967	25	186,9	400,6	428,6	1,943	30	141,7	402,9	431,2	1,925
25	268,4	401	429,2	1,978	30	190,3	403,4	431,9	1,954	35	144,3	405,8	434,6	1,936
30	273,1	403,8	432,6	1,99	35	193,7	406,3	435,3	1,965	40	146,8	408,7	438,1	1,947
35	277,8	406,7	435,9	2	40	197	409,2	438,7	1,976	45	149,4	411,6	441,5	1,958
40	282,5	409,6	439,3	2,011	45	200,4	412,1	442,1	1,987	50	151,9	414,6	445	1,969
45	287,3	412,5	442,7	2,022	50	203,7	415	445,6	1,997	55	154,5	417,6	448,5	1,979
50	292	415,4	446,1	2,033	55	207,1	418	449,1	2,008	60	157	420,6	452	1,99
55	296,7	418,3	449,6	2,043	60	210,4	421	452,5	2,019	65	159,5	423,6	455,5	2
60	301,3	421,3	453	2,054	65	213,7	424	456,1	2,029	70	162	426,7	459,1	2,011
65	306	424,3	456,5	2,064	70	217	427,1	459,6	2,04	75	164,5	429,8	462,7	2,021
70	310,7	427,4	460,1	2,075	75	220,3	430,1	463,2	2,05	80	167	432,9	466,3	2,032
75	315,4	430,4	463,6	2,085	80	223,6	433,2	466,8	2,06	85	169,5	436	469,9	2,042
80	320	433,5	467,2	2,095	85	226,9	436,4	470,4	2,07	90	172	439,2	473,6	2,052
85	324,7	436,6	470,8	2,105	90	230,2	439,5	474	2,08	95	174,5	442,4	477,3	2,062
90	329,4	439,8	474,4	2,115	95	233,5	442,7	477,7	2,09	100	177	445,6	481	2,072
95	334	442,9	478,1	2,125	100	236,8	445,9	481,4	2,1	105	179,5	448,8	484,7	2,082
100	338,7	446,1	481,8	2,135	105	240,1	449,1	485,1	2,11	110	181,9	452,1	488,5	2,092
105	343,3	449,4	485,5	2,145	110	243,3	452,3	488,8	2,12	115	184,4	455,4	492,2	2,102

(continua)

Tabela B4c – Propriedades termodinâmicas do refrigerante R-22 superaquecido *(continuação)*

p = 250 kPa					p = 300 kPa					p = 350 kPa				
T [°C]	v [l/kg]	u [kJ/kg]	h [kJ/kg]	s [kJ/kgK]	T [°C]	v [l/kg]	u [kJ/kg]	h [kJ/kg]	s [kJ/kgK]	T [°C]	v [l/kg]	u [kJ/kg]	h [kJ/kg]	s [kJ/kgK]
-19,5	91,01	374,4	397,1	1,781	-14,6	76,58	376,3	399,2	1,773	-10,3	66,13	377,9	401	1,766
-15	93,07	376,9	400,2	1,793	-10	78,37	378,9	402,4	1,785	-10	66,24	378	401,2	1,767
-10	95,32	379,7	403,5	1,806	-5	80,29	381,8	405,8	1,798	-5	67,94	381	404,7	1,78
-5	97,55	382,5	406,9	1,819	0	82,18	384,6	409,3	1,811	0	69,61	383,9	408,2	1,793
0	99,74	385,3	410,3	1,831	5	84,04	387,5	412,7	1,823	5	71,25	386,8	411,7	1,806
5	101,9	388,1	413,6	1,843	10	85,88	390,3	416,1	1,835	10	72,87	389,7	415,2	1,818
10	104,1	390,9	417	1,855	15	87,7	393,2	419,5	1,847	15	74,47	392,6	418,6	1,83
15	106,2	393,8	420,3	1,867	20	89,51	396,1	422,9	1,859	20	76,05	395,5	422,1	1,842
20	108,3	396,6	423,7	1,879	25	91,3	399	426,4	1,871	25	77,62	398,4	425,6	1,854
25	110,4	399,5	427,1	1,89	30	93,08	401,9	429,8	1,882	30	79,18	401,4	429,1	1,866
30	112,5	402,4	430,5	1,901	35	94,85	404,8	433,3	1,894	35	80,72	404,3	432,6	1,877
35	114,6	405,3	434	1,913	40	96,61	407,8	436,8	1,905	40	82,25	407,3	436,1	1,888
40	116,7	408,2	437,4	1,924	45	98,36	410,8	440,3	1,916	45	83,78	410,3	439,6	1,9
45	118,8	411,2	440,9	1,935	50	100,1	413,8	443,8	1,927	50	85,29	413,3	443,2	1,911
50	120,8	414,2	444,4	1,946	55	101,8	416,8	447,3	1,938	55	86,8	416,4	446,7	1,922
55	122,9	417,2	447,9	1,957	60	103,6	419,8	450,9	1,949	60	88,29	419,4	450,3	1,932
60	124,9	420,2	451,4	1,967	65	105,3	422,9	454,5	1,959	65	89,79	422,5	453,9	1,943
65	127	423,3	455	1,978	70	107	426	458,1	1,97	70	91,27	425,6	457,5	1,954
70	129	426,3	458,6	1,988	75	108,7	429,1	461,7	1,98	75	92,75	428,7	461,2	1,964
75	131	429,4	462,2	1,999	80	110,4	432,2	465,3	1,991	80	94,23	431,9	464,9	1,975
80	133,1	432,6	465,8	2,009	85	112,1	435,4	469	2,001	85	95,7	435	468,5	1,985
85	135,1	435,7	469,5	2,019	90	113,8	438,6	472,7	2,011	90	97,16	438,2	472,2	1,995
90	137,1	438,9	473,1	2,03	95	115,5	441,8	476,4	2,021	95	98,62	441,4	476	2,006
95	139,1	442,1	476,8	2,04	100	117,2	445	480,1	2,031	100	100,1	444,7	479,7	2,016
100	141,1	445,3	480,6	2,05	105	118,9	448,2	483,9	2,041	105	101,5	447,9	483,5	2,026
105	143,1	448,5	484,3	2,06	110	120,5	451,5	487,7	2,051	110	103	451,2	487,3	2,036
110	145,1	451,8	488,1	2,07	115	122,2	454,8	491,5	2,061	115	104,4	454,5	491,1	2,046
115	147,1	455,1	491,9	2,079	120	123,9	458,1	495,3	2,071	120	105,9	457,9	494,9	2,055
120	149,1	458,4	495,7	2,089	125	125,5	461,5	499,1	2,081	125	107,3	461,2	498,8	2,065
125	151,1	461,7	499,5	2,099	130	127,2	464,8	503	2,09	130	108,7	464,6	502,7	2,075

(continua)

Tabela B4c – Propriedades termodinâmicas do refrigerante R-22 superaquecido *(continuação)*

p = 400 kPa					p = 450 kPa					p = 500 kPa				
T	v	u	h	s	T	v	u	h	s	T	v	u	h	s
[°C]	[l/kg]	[kJ/kg]	[kJ/kg]	[kJ/kgK]	[°C]	[l/kg]	[kJ/kg]	[kJ/kg]	[kJ/kgK]	[°C]	[l/kg]	[kJ/kg]	[kJ/kg]	[kJ/kgK]
-6,56	58,17	379,2	402,5	1,76	-3,08	51,94	380,4	403,8	1,755	0,12	46,91	381,6	405	1,75
-5	58,65	380,1	403,6	1,764	0	52,8	382,3	406,1	1,763	5	48,15	384,6	408,7	1,763
0	60,16	383,1	407,2	1,778	5	54,15	385,3	409,7	1,776	10	49,38	387,6	412,3	1,777
5	61,64	386,1	410,7	1,79	10	55,49	388,3	413,3	1,789	15	50,59	390,7	416	1,789
10	63,1	389	414,3	1,803	15	56,8	391,3	416,9	1,802	20	51,78	393,7	419,6	1,802
15	64,53	392	417,8	1,815	20	58,08	394,3	420,5	1,814	25	52,95	396,7	423,2	1,814
20	65,95	394,9	421,3	1,827	25	59,36	397,3	424	1,826	30	54,11	399,8	426,8	1,826
25	67,35	397,9	424,8	1,839	30	60,61	400,3	427,6	1,838	35	55,25	402,8	430,4	1,838
30	68,74	400,8	428,3	1,851	35	61,86	403,3	431,2	1,85	40	56,38	405,9	434	1,849
35	70,11	403,8	431,9	1,863	40	63,09	406,3	434,7	1,861	45	57,5	408,9	437,7	1,861
40	71,48	406,8	435,4	1,874	45	64,31	409,4	438,3	1,873	50	58,6	412	441,3	1,872
45	72,83	409,8	439	1,885	50	65,53	412,4	441,9	1,884	55	59,7	415,1	444,9	1,883
50	74,18	412,9	442,6	1,896	55	66,73	415,5	445,5	1,895	60	60,8	418,2	448,6	1,894
55	75,51	415,9	446,1	1,908	60	67,93	418,6	449,2	1,906	65	61,88	421,3	452,3	1,905
60	76,84	419	449,8	1,918	65	69,12	421,7	452,8	1,917	70	62,96	424,5	456	1,916
65	78,16	422,1	453,4	1,929	70	70,3	424,9	456,5	1,927	75	64,03	427,6	459,7	1,927
70	79,48	425,2	457	1,94	75	71,48	428	460,2	1,938	80	65,09	430,8	463,4	1,938
75	80,79	428,4	460,7	1,951	80	72,65	431,2	463,9	1,949	85	66,15	434	467,1	1,948
80	82,09	431,5	464,4	1,961	85	73,81	434,4	467,6	1,959	90	67,21	437,3	470,9	1,958
85	83,39	434,7	468,1	1,971	90	74,98	437,6	471,3	1,97	95	68,26	440,5	474,6	1,969
90	84,68	437,9	471,8	1,982	95	76,13	440,8	475,1	1,98	100	69,3	443,8	478,4	1,979
95	85,97	441,1	475,5	1,992	100	77,28	444,1	478,9	1,99	105	70,35	447,1	482,2	1,989
100	87,26	444,4	479,3	2,002	105	78,43	447,4	482,7	2	110	71,39	450,4	486,1	1,999
105	88,54	447,7	483,1	2,012	110	79,58	450,7	486,5	2,01	115	72,42	453,7	489,9	2,009
110	89,82	451	486,9	2,022	115	80,72	454	490,3	2,02	120	73,45	457,1	493,8	2,019
115	91,09	454,3	490,7	2,032	120	81,86	457,3	494,2	2,03	125	74,48	460,4	497,7	2,029
120	92,36	457,6	494,6	2,042	125	82,99	460,7	498,1	2,04	130	75,51	463,8	501,6	2,039
125	93,63	461	498,4	2,052	130	84,13	464,1	502	2,049	135	76,53	467,3	505,5	2,048
130	94,9	464,3	502,3	2,061	135	85,26	467,5	505,9	2,059	140	77,55	470,7	509,5	2,058
135	96,16	467,8	506,2	2,071	140	86,38	470,9	509,8	2,069	145	78,57	474,2	513,5	2,068

(continua)

Tabela B4c – Propriedades termodinâmicas do refrigerante R-22 superaquecido *(continuação)*

p = 550 kPa					p = 600 kPa					p = 650 kPa				
T [°C]	v [l/kg]	u [kJ/kg]	h [kJ/kg]	s [kJ/kgK]	T [°C]	v [l/kg]	u [kJ/kg]	h [kJ/kg]	s [kJ/kgK]	T [°C]	v [l/kg]	u [kJ/kg]	h [kJ/kg]	s [kJ/kgK]
3,09	42,77	382,6	406,1	1,746	5,86	39,29	383,5	407,1	1,742	8,46	36,32	384,4	408	1,739
5	43,22	383,8	407,6	1,751	10	40,19	386,2	410,3	1,754	10	36,64	385,4	409,2	1,743
10	44,38	386,9	411,3	1,765	15	41,26	389,3	414,1	1,767	15	37,66	388,6	413,1	1,757
15	45,51	390	415	1,778	20	42,3	392,4	417,8	1,78	20	38,65	391,8	416,9	1,77
20	46,62	393,1	418,7	1,79	25	43,33	395,5	421,5	1,792	25	39,61	394,9	420,7	1,782
25	47,71	396,1	422,4	1,803	30	44,33	398,6	425,2	1,805	30	40,56	398,1	424,4	1,795
30	48,78	399,2	426	1,815	35	45,32	401,7	428,9	1,817	35	41,49	401,2	428,2	1,807
35	49,84	402,3	429,7	1,827	40	46,29	404,8	432,6	1,829	40	42,41	404,3	431,9	1,819
40	50,88	405,4	433,3	1,839	45	47,26	408	436,3	1,84	45	43,31	407,5	435,6	1,831
45	51,91	408,4	437	1,85	50	48,21	411,1	440	1,852	50	44,21	410,6	439,4	1,843
50	52,94	411,5	440,7	1,862	55	49,15	414,2	443,7	1,863	55	45,09	413,8	443,1	1,854
55	53,95	414,7	444,3	1,873	60	50,09	417,4	447,4	1,874	60	45,97	416,9	446,8	1,865
60	54,96	417,8	448	1,884	65	51,02	420,5	451,1	1,885	65	46,83	420,1	450,6	1,877
65	55,95	420,9	451,7	1,895	70	51,93	423,7	454,9	1,896	70	47,69	423,3	454,3	1,888
70	56,95	424,1	455,4	1,906	75	52,85	426,9	458,6	1,907	75	48,55	426,5	458,1	1,898
75	57,93	427,3	459,1	1,917	80	53,76	430,1	462,4	1,918	80	49,39	429,8	461,9	1,909
80	58,91	430,5	462,9	1,927	85	54,66	433,4	466,1	1,929	85	50,23	433	465,7	1,92
85	59,88	433,7	466,6	1,938	90	55,55	436,6	469,9	1,939	90	51,07	436,3	469,5	1,93
90	60,85	436,9	470,4	1,948	95	56,45	439,9	473,7	1,95	95	51,9	439,6	473,3	1,941
95	61,82	440,2	474,2	1,959	100	57,33	443,2	477,6	1,96	100	52,73	442,9	477,1	1,951
100	62,78	443,5	478	1,969	105	58,22	446,5	481,4	1,97	105	53,55	446,2	481	1,962
105	63,73	446,8	481,8	1,979	110	59,1	449,8	485,3	1,98	110	54,37	449,5	484,9	1,972
110	64,68	450,1	485,7	1,989	115	59,97	453,2	489,1	1,99	115	55,18	452,9	488,7	1,982
115	65,63	453,4	489,5	1,999	120	60,84	456,5	493	2	120	55,99	456,3	492,7	1,992
120	66,58	456,8	493,4	2,009	125	61,71	459,9	496,9	2,01	125	56,8	459,7	496,6	2,002
125	67,52	460,2	497,3	2,019	130	62,58	463,3	500,9	2,02	130	57,61	463,1	500,5	2,012
130	68,46	463,6	501,2	2,029	135	63,44	466,8	504,8	2,03	135	58,41	466,5	504,5	2,021
135	69,39	467	505,2	2,039	140	64,31	470,2	508,8	2,039	140	59,21	470	508,5	2,031
140	70,33	470,5	509,1	2,048	145	65,16	473,7	512,8	2,049	145	60,01	473,5	512,5	2,041
145	71,26	473,9	513,1	2,058	150	66,02	477,2	516,8	2,058	150	60,8	477	516,5	2,05

(continua)

Tabela B4c – Propriedades termodinâmicas do refrigerante R-22 superaquecido *(continuação)*

p = 700 kPa					p = 750 kPa					p = 850 kPa				
T [°C]	v [l/kg]	u [kJ/kg]	h [kJ/kg]	s [kJ/kgK]	T [°C]	v [l/kg]	u [kJ/kg]	h [kJ/kg]	s [kJ/kgK]	T [°C]	v [l/kg]	u [kJ/kg]	h [kJ/kg]	s [kJ/kgK]
10,92	33,76	385,2	408,8	1,736	13,25	31,54	385,9	409,6	1,732	15,46	29,57	386,6	410,3	1,73
20	35,5	391,1	416	1,76	15	31,86	387,1	411	1,737	20	30,37	389,7	414	1,742
25	36,42	394,3	419,8	1,773	20	32,77	390,4	415	1,751	25	31,22	393	418	1,756
30	37,33	397,5	423,6	1,786	25	33,65	393,7	418,9	1,764	30	32,05	396,3	421,9	1,769
35	38,21	400,6	427,4	1,798	30	34,51	396,9	422,8	1,777	35	32,86	399,5	425,8	1,782
40	39,08	403,8	431,2	1,81	35	35,36	400,1	426,6	1,79	40	33,65	402,7	429,7	1,794
45	39,93	407	434,9	1,822	40	36,18	403,3	430,4	1,802	45	34,42	406	433,5	1,806
50	40,77	410,1	438,7	1,834	45	37	406,5	434,2	1,814	50	35,19	409,2	437,3	1,818
55	41,61	413,3	442,4	1,846	50	37,8	409,7	438	1,826	55	35,94	412,4	441,2	1,83
60	42,43	416,5	446,2	1,857	55	38,59	412,9	441,8	1,838	60	36,68	415,6	445	1,841
65	43,25	419,7	450	1,868	60	39,37	416,1	445,6	1,849	65	37,41	418,9	448,8	1,853
70	44,06	422,9	453,8	1,879	65	40,14	419,3	449,4	1,86	70	38,14	422,1	452,6	1,864
75	44,86	426,2	457,6	1,89	70	40,9	422,5	453,2	1,871	75	38,86	425,4	456,5	1,875
80	45,65	429,4	461,4	1,901	75	41,66	425,8	457	1,882	80	39,57	428,7	460,3	1,886
85	46,44	432,7	465,2	1,912	80	42,41	429	460,8	1,893	85	40,27	431,9	464,2	1,897
90	47,22	435,9	469	1,922	85	43,15	432,3	464,7	1,904	90	40,97	435,3	468	1,908
95	48	439,2	472,8	1,933	90	43,89	435,6	468,5	1,915	95	41,67	438,6	471,9	1,918
100	48,78	442,5	476,7	1,943	95	44,62	438,9	472,4	1,925	100	42,36	441,9	475,8	1,929
105	49,55	445,9	480,6	1,954	100	45,35	442,2	476,2	1,936	105	43,04	445,3	479,7	1,939
110	50,31	449,2	484,4	1,964	105	46,08	445,6	480,1	1,946	110	43,72	448,6	483,6	1,949
115	51,08	452,6	488,3	1,974	110	46,8	448,9	484	1,956	115	44,4	452	487,5	1,96
120	51,84	456	492,3	1,984	115	47,52	452,3	487,9	1,967	120	45,08	455,4	491,5	1,97
125	52,59	459,4	496,2	1,994	120	48,23	455,7	491,9	1,977	125	45,75	458,9	495,5	1,98
130	53,34	462,8	500,2	2,004	125	48,94	459,1	495,8	1,987	130	46,42	462,3	499,4	1,99
135	54,09	466,3	504,1	2,014	130	49,65	462,6	499,8	1,997	135	47,08	465,8	503,4	2
140	54,84	469,7	508,1	2,023	135	50,35	466	503,8	2,006	140	47,74	469,2	507,4	2,009
145	55,59	473,2	512,1	2,033	140	51,06	469,5	507,8	2,016	145	48,4	472,8	511,5	2,019
150	56,33	476,7	516,2	2,043	145	51,75	473	511,8	2,026	150	49,06	476,3	515,5	2,029
155	57,07	480,3	520,2	2,052	150	52,45	476,5	515,8	2,035	155	49,71	479,8	519,6	2,038

(continua)

Tabela B4c – Propriedades termodinâmicas do refrigerante R-22 superaquecido *(continuação)*

p = 850 kPa					p = 900 kPa					p = 950 kPa				
T	v	u	h	s	T	v	u	h	s	T	v	u	h	s
[°C]	[l/kg]	[kJ/kg]	[kJ/kg]	[kJ/kgK]	[°C]	[l/kg]	[kJ/kg]	[kJ/kg]	[kJ/kgK]	[°C]	[l/kg]	[kJ/kg]	[kJ/kg]	[kJ/kgK]
17,58	27,83	387,3	410,9	1,727	19,6	26,28	387,9	411,5	1,724	21,54	24,88	388,5	412,1	1,722
20	28,24	388,9	412,9	1,734	20	26,35	388,2	411,9	1,725	25	25,42	390,9	415	1,732
25	29,07	392,3	417	1,747	25	27,15	391,6	416	1,739	30	26,18	394,3	419,2	1,746
30	29,87	395,6	421	1,761	30	27,92	395	420,1	1,753	35	26,91	397,7	423,3	1,759
35	30,65	398,9	425	1,774	35	28,68	398,3	424,1	1,766	40	27,62	401	427,3	1,772
40	31,41	402,2	428,9	1,786	40	29,41	401,6	428,1	1,779	45	28,31	404,4	431,3	1,784
45	32,15	405,4	432,8	1,799	45	30,13	404,9	432	1,791	50	28,99	407,7	435,2	1,797
50	32,88	408,7	436,6	1,811	50	30,83	408,2	435,9	1,804	55	29,65	411	439,2	1,809
55	33,6	411,9	440,5	1,823	55	31,52	411,5	439,8	1,816	60	30,31	414,3	443,1	1,821
60	34,31	415,2	444,4	1,834	60	32,2	414,7	443,7	1,827	65	30,95	417,6	447	1,832
65	35,01	418,5	448,2	1,846	65	32,87	418	447,6	1,839	70	31,59	420,9	450,9	1,844
70	35,7	421,7	452,1	1,857	70	33,53	421,3	451,5	1,85	75	32,22	424,2	454,8	1,855
75	36,38	425	455,9	1,868	75	34,18	424,6	455,4	1,862	80	32,84	427,5	458,7	1,866
80	37,06	428,3	459,8	1,879	80	34,83	427,9	459,3	1,873	85	33,45	430,9	462,6	1,877
85	37,73	431,6	463,7	1,89	85	35,47	431,2	463,2	1,884	90	34,06	434,2	466,6	1,888
90	38,4	434,9	467,5	1,901	90	36,11	434,6	467,1	1,894	95	34,66	437,6	470,5	1,899
95	39,06	438,2	471,4	1,912	95	36,74	437,9	471	1,905	100	35,26	440,9	474,4	1,91
100	39,71	441,6	475,3	1,922	100	37,36	441,3	474,9	1,916	105	35,85	444,3	478,4	1,92
105	40,36	445	479,3	1,932	105	37,98	444,6	478,8	1,926	110	36,44	447,7	482,3	1,931
110	41,01	448,3	483,2	1,943	110	38,6	448	482,8	1,937	115	37,02	451,2	486,3	1,941
115	41,65	451,7	487,1	1,953	115	39,21	451,4	486,7	1,947	120	37,6	454,6	490,3	1,951
120	42,29	455,2	491,1	1,963	120	39,82	454,9	490,7	1,957	125	38,18	458	494,3	1,961
125	42,93	458,6	495,1	1,973	125	40,42	458,3	494,7	1,967	130	38,75	461,5	498,3	1,971
130	43,56	462	499,1	1,983	130	41,02	461,8	498,7	1,977	135	39,33	465	502,4	1,981
135	44,19	465,5	503,1	1,993	135	41,62	465,3	502,7	1,987	140	39,89	468,5	506,4	1,991
140	44,82	469	507,1	2,003	140	42,22	468,8	506,8	1,997	145	40,46	472	510,5	2,001
145	45,44	472,5	511,1	2,013	145	42,81	472,3	510,8	2,007	150	41,02	475,6	514,5	2,01
150	46,07	476	515,2	2,022	150	43,4	475,8	514,9	2,016	155	41,58	479,1	518,6	2,02
155	46,69	479,6	519,3	2,032	155	43,99	479,4	519	2,026	160	42,14	482,7	522,8	2,03
160	47,3	483,2	523,4	2,041	160	44,58	482,9	523,1	2,035	165	42,7	486,3	526,9	2,039

(continua)

Tabela B4c – Propriedades termodinâmicas do refrigerante R-22 superaquecido *(continuação)*

p = 1.000 kPa					p = 1.200 kPa					p = 1.400 kPa				
T	v	u	h	s	T	v	u	h	s	T	v	u	h	s
[°C]	[l/kg]	[kJ/kg]	[kJ/kg]	[kJ/kgK]	[°C]	[l/kg]	[kJ/kg]	[kJ/kg]	[kJ/kgK]	[°C]	[l/kg]	[kJ/kg]	[kJ/kg]	[kJ/kgK]
23,45	23,63	389	412,6	1,72	30,26	19,58	390,8	414,3	1,711	36,3	16,65	392,3	415,6	1,703
25	23,86	390,1	414	1,724	35	20,21	394,4	418,6	1,725	40	17,11	395,2	419,1	1,715
30	24,6	393,6	418,2	1,738	40	20,85	398	423	1,739	45	17,69	399	423,7	1,729
35	25,31	397,1	422,4	1,752	45	21,46	401,5	427,3	1,752	50	18,25	402,7	428,2	1,743
40	26	400,5	426,5	1,765	50	22,06	405	431,5	1,766	55	18,78	406,3	432,6	1,757
45	26,68	403,8	430,5	1,778	55	22,63	408,5	435,6	1,778	60	19,3	409,9	436,9	1,77
50	27,33	407,2	434,5	1,79	60	23,19	411,9	439,7	1,791	65	19,8	413,4	441,1	1,782
55	27,97	410,5	438,5	1,802	65	23,74	415,3	443,8	1,803	70	20,3	416,9	445,3	1,795
60	28,61	413,8	442,4	1,814	70	24,28	418,7	447,9	1,815	75	20,78	420,4	449,5	1,807
65	29,23	417,1	446,4	1,826	75	24,81	422,2	451,9	1,827	80	21,25	423,9	453,7	1,819
70	29,84	420,5	450,3	1,838	80	25,34	425,6	456	1,838	85	21,71	427,4	457,8	1,83
75	30,44	423,8	454,2	1,849	85	25,85	429	460	1,85	90	22,16	430,9	462	1,842
80	31,04	427,1	458,2	1,86	90	26,36	432,4	464	1,861	95	22,61	434,4	466,1	1,853
85	31,63	430,5	462,1	1,871	95	26,86	435,8	468,1	1,872	100	23,06	437,9	470,2	1,864
90	32,21	433,9	466,1	1,882	100	27,35	439,3	472,1	1,883	105	23,49	441,4	474,3	1,875
95	32,79	437,2	470	1,893	105	27,85	442,7	476,2	1,893	110	23,92	444,9	478,4	1,886
100	33,36	440,6	474	1,904	110	28,33	446,2	480,2	1,904	115	24,35	448,5	482,5	1,896
105	33,93	444	477,9	1,914	115	28,81	449,7	484,2	1,914	120	24,77	452	486,7	1,907
110	34,49	447,4	481,9	1,925	120	29,29	453,2	488,3	1,925	125	25,19	455,5	490,8	1,917
115	35,05	450,9	485,9	1,935	125	29,77	456,7	492,4	1,935	130	25,61	459,1	494,9	1,928
120	35,61	454,3	489,9	1,945	130	30,24	460,2	496,5	1,945	135	26,02	462,6	499,1	1,938
125	36,16	457,8	493,9	1,956	135	30,7	463,7	500,5	1,955	140	26,43	466,2	503,2	1,948
130	36,71	461,2	498	1,966	140	31,17	467,3	504,7	1,965	145	26,83	469,8	507,4	1,958
135	37,26	464,7	502	1,976	145	31,63	470,8	508,8	1,975	150	27,24	473,4	511,6	1,968
140	37,8	468,3	506,1	1,985	150	32,09	474,4	512,9	1,985	155	27,64	477	515,7	1,978
145	38,34	471,8	510,1	1,995	155	32,55	478	517	1,995	160	28,03	480,7	519,9	1,988
150	38,88	475,3	514,2	2,005	160	33	481,6	521,2	2,005	165	28,43	484,3	524,1	1,997
155	39,41	478,9	518,3	2,015	165	33,45	485,2	525,4	2,014	170	28,82	488	528,4	2,007
160	39,95	482,5	522,4	2,024	170	33,9	488,9	529,6	2,024	175	29,22	491,7	532,6	2,016
165	40,48	486,1	526,6	2,034	175	34,35	492,5	533,8	2,033	180	29,61	495,4	536,8	2,026

(continua)

Tabela B4c – Propriedades termodinâmicas do refrigerante R-22 superaquecido *(continuação)*

p = 1.600 kPa					p = 1.800 kPa					p = 2.000 kPa				
T	v	u	h	s	T	v	u	h	s	T	v	u	h	s
[°C]	[l/kg]	[kJ/kg]	[kJ/kg]	[kJ/kgK]	[°C]	[l/kg]	[kJ/kg]	[kJ/kg]	[kJ/kgK]	[°C]	[l/kg]	[kJ/kg]	[kJ/kg]	[kJ/kgK]
41,74	14,43	393,5	416,6	1,696	46,7	12,67	394,4	417,2	1,69	51,27	11,25	395,1	417,6	1,684
45	14,8	396,1	419,8	1,707	50	13,03	397,2	420,7	1,701	55	11,64	398,4	421,7	1,696
50	15,34	400,1	424,6	1,722	55	13,54	401,3	425,7	1,716	60	12,12	402,7	426,9	1,712
55	15,86	403,9	429,3	1,736	60	14,02	405,3	430,5	1,731	65	12,58	406,8	431,9	1,727
60	16,35	407,7	433,8	1,75	65	14,48	409,2	435,2	1,745	70	13	410,8	436,8	1,741
65	16,82	411,4	438,3	1,763	70	14,92	413	439,8	1,758	75	13,41	414,7	441,5	1,755
70	17,28	415	442,7	1,776	75	15,34	416,7	444,3	1,771	80	13,81	418,5	446,1	1,768
75	17,73	418,6	447	1,788	80	15,75	420,4	448,8	1,784	85	14,19	422,3	450,7	1,781
80	18,17	422,2	451,3	1,801	85	16,15	424,1	453,2	1,796	90	14,56	426,1	455,2	1,793
85	18,59	425,8	455,5	1,813	90	16,54	427,8	457,5	1,808	95	14,92	429,8	459,6	1,806
90	19,01	429,4	459,8	1,824	95	16,92	431,4	461,9	1,82	100	15,27	433,5	464,1	1,817
95	19,42	432,9	464	1,836	100	17,3	435	466,2	1,832	105	15,62	437,2	468,5	1,829
100	19,82	436,5	468,2	1,847	105	17,67	438,7	470,5	1,843	110	15,96	440,9	472,8	1,841
105	20,22	440,1	472,4	1,858	110	18,03	442,3	474,7	1,855	115	16,29	444,6	477,2	1,852
110	20,61	443,6	476,6	1,869	115	18,38	445,9	479	1,866	120	16,62	448,3	481,5	1,863
115	21	447,2	480,8	1,88	120	18,74	449,5	483,3	1,876	125	16,94	452	485,8	1,874
120	21,38	450,8	485	1,891	125	19,08	453,2	487,5	1,887	130	17,26	455,6	490,1	1,885
125	21,76	454,4	489,2	1,902	130	19,43	456,8	491,8	1,898	135	17,57	459,3	494,5	1,895
130	22,13	458	493,4	1,912	135	19,76	460,5	496	1,908	140	17,88	463	498,8	1,906
135	22,5	461,6	497,6	1,922	140	20,1	464,1	500,3	1,919	145	18,19	466,7	503,1	1,916
140	22,87	465,2	501,8	1,933	145	20,43	467,8	504,5	1,929	150	18,49	470,4	507,4	1,927
145	23,23	468,8	506	1,943	150	20,76	471,4	508,8	1,939	155	18,79	474,1	511,7	1,937
150	23,59	472,4	510,2	1,953	155	21,09	475,1	513,1	1,949	160	19,09	477,9	516,1	1,947
155	23,95	476,1	514,4	1,963	160	21,41	478,8	517,4	1,959	165	19,38	481,6	520,4	1,957
160	24,31	479,8	518,7	1,973	165	21,73	482,5	521,7	1,969	170	19,68	485,4	524,7	1,966
165	24,66	483,4	522,9	1,982	170	22,05	486,3	525,9	1,979	175	19,97	489,1	529,1	1,976
170	25,01	487,1	527,2	1,992	175	22,37	490	530,3	1,988	180	20,26	492,9	533,4	1,986
175	25,36	490,8	531,4	2,002	180	22,68	493,7	534,6	1,998	185	20,54	496,7	537,8	1,995
180	25,71	494,6	535,7	2,011	185	22,99	497,5	538,9	2,007	190	20,83	500,5	542,1	2,005
185	26,06	498,3	540	2,021	190	23,31	501,3	543,2	2,017	195	21,11	504,3	546,5	2,014

Tabela B4d – Propriedades de transporte do refrigerante R-22 saturado

T [°C]	ρ_l [kg/m³]	ρ_v [kg/m³]	cp_l [kJ/kgK]	cp_v [kJ/kgK]	k_l [W/mK]	k_v [W/mK]	μ_l [Pas]	μ_v [Pas]	Pr_l	Pr_v
-40	1.407	4,876	1,101	0,6246	0,1147	0,00710	3,32E-4*	1,02E-5	3,186	0,8951
-39	1.404	5,091	1,102	0,6269	0,1142	0,00717	3,28E-4	1,02E-5	3,161	0,8943
-38	1.401	5,314	1,103	0,6293	0,1137	0,00723	3,23E-4	1,03E-5	3,137	0,8936
-37	1.398	5,545	1,105	0,6317	0,1133	0,00730	3,19E-4	1,03E-5	3,113	0,8929
-36	1.395	5,783	1,106	0,6341	0,1128	0,00736	3,15E-4	1,04E-5	3,090	0,8923
-35	1.392	6,028	1,107	0,6366	0,1124	0,00743	3,11E-4	1,04E-5	3,068	0,8918
-34	1.389	6,282	1,109	0,6391	0,1119	0,00749	3,07E-4	1,05E-5	3,046	0,8913
-33	1.386	6,545	1,110	0,6416	0,1114	0,00756	3,04E-4	1,05E-5	3,025	0,8909
-32	1.383	6,815	1,112	0,6442	0,1110	0,00763	3,00E-4	1,05E-5	3,004	0,8906
-31	1.380	7,095	1,113	0,6468	0,1105	0,00769	2,96E-4	1,06E-5	2,984	0,8903
-30	1.377	7,383	1,115	0,6494	0,1100	0,00776	2,93E-4	1,06E-5	2,965	0,8901
-29	1.374	7,680	1,116	0,6521	0,1096	0,00783	2,89E-4	1,07E-5	2,946	0,8900
-28	1.371	7,987	1,118	0,6548	0,1091	0,00789	2,86E-4	1,07E-5	2,927	0,8900
-27	1.368	8,303	1,120	0,6575	0,1087	0,00796	2,82E-4	1,08E-5	2,909	0,8900
-26	1.365	8,628	1,121	0,6603	0,1082	0,00803	2,79E-4	1,08E-5	2,892	0,8900
-25	1.362	8,964	1,123	0,6631	0,1077	0,00809	2,76E-4	1,09E-5	2,875	0,8902
-24	1.359	9,309	1,125	0,6660	0,1073	0,00816	2,73E-4	1,09E-5	2,858	0,8904
-23	1.356	9,665	1,126	0,6689	0,1068	0,00823	2,70E-4	1,10E-5	2,842	0,8907
-22	1.353	10,03	1,128	0,6718	0,1064	0,00830	2,67E-4	1,10E-5	2,826	0,8910
-21	1.349	10,41	1,130	0,6748	0,1059	0,00837	2,64E-4	1,11E-5	2,811	0,8914
-20	1.346	10,80	1,132	0,6778	0,1055	0,00844	2,61E-4	1,11E-5	2,796	0,8919
-19	1.343	11,19	1,134	0,6809	0,1050	0,00851	2,58E-4	1,12E-5	2,781	0,8924
-18	1.340	11,61	1,135	0,6840	0,1046	0,00858	2,55E-4	1,12E-5	2,767	0,8930
-17	1.337	12,03	1,137	0,6871	0,1041	0,00865	2,52E-4*	1,12E-5	2,753	0,8936
-16	1.334	12,46	1,139	0,6903	0,1037	0,00872	2,49E-4	1,13E-5	2,740	0,8944
-15	1.331	12,91	1,141	0,6936	0,1032	0,00879	2,47E-4	1,13E-5	2,727	0,8952
-14	1.327	13,37	1,143	0,6969	0,1027	0,00886	2,44E-4	1,14E-5	2,714	0,8960
-13	1.324	13,84	1,145	0,7002	0,1023	0,00893	2,41E-4	1,14E-5	2,701	0,8969
-12	1.321	14,32	1,147	0,7036	0,1018	0,00900	2,39E-4	1,15E-5	2,689	0,8979
-11	1.318	14,82	1,150	0,7070	0,1014	0,00907	2,36E-4	1,15E-5	2,678	0,8990
-10	1.315	15,33	1,152	0,7105	0,1009	0,00914	2,34E-4	1,16E-5	2,666	0,9001
-9	1.311	15,85	1,154	0,7141	0,1005	0,00921	2,31E-4	1,16E-5	2,655	0,9013
-8	1.308	16,39	1,156	0,7177	0,1000	0,00929	2,29E-4	1,17E-5	2,644	0,9025
-7	1.305	16,95	1,158	0,7213	0,09958	0,00936	2,26E-4	1,17E-5	2,634	0,9038
-6	1.302	17,51	1,161	0,7250	0,09913	0,00943	2,24E-4	1,18E-5	2,623	0,9052
-5	1.298	18,09	1,163	0,7288	0,09868	0,00951	2,22E-4	1,18E-5	2,613	0,9067

(continua)

Tabela B4d – Propriedades de transporte do refrigerante R-22 saturado *(continuação)*

T [°C]	ρ_l [kg/m³]	ρ_v [kg/m³]	cp_l [kJ/kgK]	cp_v [kJ/kgK]	k_l [W/mK]	k_v [W/mK]	μ_l [Pas]	μ_v [Pas]	Pr_l	Pr_v
-4	1.295	18,69	1,165	0,7326	0,09823	0,00958	2,19E-4	1,19E-5	2,604	0,9082
-3	1.292	19,30	1,168	0,7365	0,09778	0,00965	2,17E-4	1,19E-5	2,594	0,9098
-2	1.288	19,93	1,170	0,7405	0,09733	0,00973	2,15E-4	1,20E-5	2,585	0,9115
-1	1.285	20,58	1,173	0,7445	0,09687	0,00980	2,13E-4	1,20E-5	2,576	0,9132
0	1.282	21,24	1,176	0,7486	0,09642	0,00988	2,11E-4	1,21E-5	2,567	0,9150
1	1.278	21,92	1,178	0,7527	0,09597	0,00995	2,09E-4	1,21E-5	2,559	0,9169
2	1.275	22,61	1,181	0,7569	0,09552	0,01003	2,06E-4	1,22E-5	2,551	0,9189
3	1.271	23,32	1,184	0,7612	0,09507	0,01011	2,04E-4	1,22E-5	2,543	0,9209
4	1.268	24,05	1,186	0,7656	0,09462	0,01018	2,02E-4	1,23E-5	2,535	0,9230
5	1.265	24,80	1,189	0,7700	0,09416	0,01026	2,00E-4	1,23E-5	2,528	0,9252
6	1.261	25,57	1,192	0,7745	0,09371	0,01034	1,98E-4	1,24E-5	2,521	0,9275
7	1.258	26,36	1,195	0,7791	0,09326	0,01042	1,96E-4	1,24E-5	2,514	0,9298
8	1.254	27,16	1,198	0,7838	0,09280	0,01050	1,94E-4	1,25E-5	2,507	0,9323
9	1.250	27,99	1,201	0,7885	0,09235	0,01058	1,92E-4	1,25E-5	2,501	0,9348
10	1.247	28,83	1,204	0,7933	0,09189	0,01066	1,90E-4	1,26E-5	2,495	0,9374
11	1.243	29,70	1,207	0,7983	0,09144	0,01074	1,89E-4	1,26E-5	2,489	0,9401
12	1.240	30,58	1,211	0,8033	0,09098	0,01082	1,87E-4	1,27E-5	2,483	0,9429
13	1.236	31,49	1,214	0,8084	0,09052	0,01090	1,85E-4	1,28E-5	2,477	0,9458
14	1.233	32,42	1,217	0,8136	0,09007	0,01098	1,83E-4	1,28E-5	2,472	0,9488
15	1.229	33,38	1,221	0,8189	0,08961	0,01106	1,81E-4	1,29E-5	2,467	0,9518
16	1.225	34,35	1,224	0,8243	0,08915	0,01115	1,79E-4	1,29E-5	2,462	0,9550
17	1.222	35,35	1,228	0,8299	0,08869	0,01123	1,78E-4	1,30E-5	2,457	0,9583
18	1.218	36,37	1,232	0,8355	0,08823	0,01131	1,76E-4	1,30E-5	2,453	0,9617
19	1.214	37,42	1,235	0,8413	0,08777	0,01140	1,74E-4	1,31E-5	2,449	0,9652
20	1.210	38,49	1,239	0,8471	0,08731	0,01148	1,72E-4	1,31E-5	2,445	0,9688
21	1.207	39,59	1,243	0,8531	0,08684	0,01157	1,71E-4	1,32E-5	2,441	0,9725
22	1.203	40,72	1,247	0,8592	0,08638	0,01166	1,69E-4	1,32E-5	2,437	0,9764
23	1.199	41,87	1,251	0,8655	0,08591	0,01174	1,67E-4	1,33E-5	2,434	0,9803
24	1.195	43,05	1,256	0,8719	0,08544	0,01183	1,65E-4	1,34E-5	2,431	0,9844
25	1.191	44,25	1,260	0,8785	0,08498	0,01192	1,64E-4	1,34E-5	2,428	0,9887
26	1.187	45,49	1,264	0,8852	0,08451	0,01201	1,62E-4	1,35E-5	2,426	0,9930
27	1.183	46,75	1,269	0,8920	0,08404	0,01210	1,61E-4	1,35E-5	2,423	0,9976
28	1.179	48,05	1,274	0,8990	0,08356	0,01219	1,59E-4	1,36E-5	2,421	1,002
29	1.175	49,37	1,278	0,9062	0,08309	0,01228	1,57E-4	1,37E-5	2,419	1,007
30	1.171	50,73	1,283	0,9136	0,08261	0,01238	1,56E-4	1,37E-5	2,418	1,012
31	1.167	52,12	1,288	0,9211	0,08214	0,01247	1,54E-4	1,38E-5	2,416	1,017

(continua)

Tabela B4d – Propriedades de transporte do refrigerante R-22 saturado *(continuação)*

T [°C]	ρ_l [kg/m³]	ρ_v [kg/m³]	cp_l [kJ/kgK]	cp_v [kJ/kgK]	k_l [W/mK]	k_v [W/mK]	μ_l [Pas]	μ_v [Pas]	Pr_l	Pr_v
32	1.163	53,54	1,294	0,9289	0,08166	0,01256	1,53E-4	1,38E-5	2,415	1,022
33	1.159	55,00	1,299	0,9369	0,08118	0,01266	1,51E-4	1,39E-5	2,414	1,028
34	1.155	56,49	1,304	0,9450	0,08069	0,01275	1,49E-4	1,40E-5	2,414	1,033
35	1.151	58,02	1,310	0,9534	0,08021	0,01285	1,48E-4	1,40E-5	2,413	1,039
36	1.146	59,58	1,316	0,9621	0,07972	0,01295	1,46E-4	1,41E-5	2,413	1,045
37	1.142	61,18	1,322	0,9709	0,07923	0,01305	1,45E-4	1,41E-5	2,414	1,051
38	1.138	62,83	1,328	0,9801	0,07874	0,01315	1,43E-4	1,42E-5	2,414	1,058
39	1.133	64,51	1,334	0,9895	0,07825	0,01325	1,42E-4	1,43E-5	2,415	1,065
40	1.129	66,23	1,341	0,9992	0,07775	0,01335	1,40E-4	1,43E-5	2,417	1,072
41	1.125	67,99	1,348	1,009	0,07725	0,01345	1,39E-4	1,44E-5	2,418	1,079
42	1.120	69,80	1,355	1,020	0,07675	0,01356	1,37E-4	1,45E-5	2,420	1,087
43	1.116	71,66	1,362	1,030	0,07625	0,01366	1,36E-4	1,45E-5	2,423	1,095
44	1.111	73,55	1,369	1,041	0,07574	0,01377	1,34E-4	1,46E-5	2,425	1,103
45	1.106	75,50	1,377	1,053	0,07523	0,01388	1,33E-4	1,47E-5	2,429	1,112
46	1.102	77,50	1,385	1,064	0,07472	0,01399	1,31E-4	1,47E-5	2,432	1,121
47	1.097	79,54	1,393	1,077	0,07420	0,01410	1,30E-4	1,48E-5	2,436	1,130
48	1.092	81,64	1,402	1,089	0,07368	0,01421	1,28E-4	1,49E-5	2,441	1,140
49	1.088	83,80	1,411	1,103	0,07316	0,01432	1,27E-4	1,49E-5	2,446	1,150
50	1.083	86,01	1,420	1,116	0,07263	0,01444	1,25E-4	1,50E-5	2,451	1,161
51	1.078	88,27	1,430	1,130	0,07210	0,01455	1,24E-4	1,51E-5	2,457	1,172
52	1.073	90,60	1,440	1,145	0,07157	0,01467	1,23E-4	1,52E-5	2,464	1,184
53	1.068	92,99	1,450	1,161	0,07103	0,01479	1,21E-4	1,53E-5	2,471	1,197
54	1.063	95,44	1,461	1,177	0,07049	0,01491	1,20E-4	1,53E-5	2,479	1,210
55	1.058	97,96	1,473	1,194	0,06994	0,01504	1,18E-4	1,54E-5	2,487	1,223
56	1.052	100,600	1,484	1,211	0,06939	0,01516	1,17E-4	1,55E-5	2,497	1,238
57	1.047	103,200	1,497	1,230	0,06883	0,01529	1,15E-4	1,56E-5	2,507	1,253
58	1.042	106,000	1,510	1,249	0,06827	0,01542	1,14E-4	1,57E-5	2,518	1,269
59	1.036	108,800	1,524	1,269	0,06770	0,01555	1,12E-4	1,58E-5	2,530	1,286
60	1.031	111,700	1,538	1,291	0,06713	0,01568	1,11E-4	1,59E-5	2,543	1,304
61	1.025	114,700	1,554	1,313	0,06655	0,01582	1,10E-4	1,59E-5	2,557	1,323
62	1.019	117,700	1,570	1,337	0,06597	0,01596	1,08E-4	1,60E-5	2,572	1,344
63	1.014	120,900	1,587	1,362	0,06538	0,01610	1,07E-4	1,61E-5	2,588	1,365
64	1.008	124,200	1,605	1,389	0,06478	0,01625	1,05E-4	1,62E-5	2,606	1,388
65	1.002	127,500	1,624	1,417	0,06418	0,01639	1,04E-4	1,63E-5	2,625	1,413
66	995,5	131,000	1,644	1,447	0,06356	0,01654	1,02E-4	1,65E-5	2,646	1,439
67	989,2	134,600	1,666	1,479	0,06294	0,01670	1,01E-4	1,66E-5	2,669	1,467

(continua)

Tabela B4d – Propriedades de transporte do refrigerante R-22 saturado *(continuação)*

T	ρ_l	ρ_v	cp_l	cp_v	k_l	k_v	μ_l	μ_v	Pr_l	Pr_v
[°C]	[kg/m³]	[kg/m³]	[kJ/kgK]	[kJ/kgK]	[W/mK]	[W/mK]	[Pas]	[Pas]		
68	982,9	138,300	1,689	1,513	0,06232	0,01685	9,94E-5	1,67E-5	2,694	1,497
69	976,4	142,100	1,714	1,550	0,06168	0,01702	9,79E-5	1,68E-5	2,721	1,529
70	969,8	146,100	1,740	1,589	0,06103	0,01718	9,65E-5	1,69E-5	2,750	1,564
71	963	150,200	1,769	1,632	0,06038	0,01735	9,50E-5	1,70E-5	2,782	1,602
72	956,1	154,500	1,800	1,678	0,05971	0,01752	9,35E-5	1,72E-5	2,818	1,643
73	949	158,900	1,833	1,727	0,05903	0,01770	9,20E-5	1,73E-5	2,856	1,688
74	941,7	163,500	1,869	1,781	0,05835	0,01788	9,05E-5	1,74E-5	2,899	1,737
75	934,2	168,300	1,909	1,840	0,05764	0,01807	8,90E-5	1,76E-5	2,946	1,790
76	926,5	173,300	1,952	1,905	0,05693	0,01827	8,74E-5	1,77E-5	2,998	1,850
77	918,6	178,400	2,000	1,977	0,05620	0,01847	8,59E-5	1,79E-5	3,057	1,915
78	910,5	183,900	2,053	2,056	0,05546	0,01868	8,43E-5	1,81E-5	3,122	1,988
79	902	189,600	2,112	2,144	0,05470	0,01890	8,27E-5	1,82E-5	3,195	2,069
80	893,3	195,500	2,178	2,244	0,05392	0,01912	8,11E-5	1,84E-5	3,277	2,161
81	884,3	201,800	2,252	2,356	0,05312	0,01936	7,95E-5	1,86E-5	3,371	2,265
82	874,9	208,400	2,336	2,484	0,05230	0,01960	7,79E-5	1,88E-5	3,478	2,384
83	865,1	215,400	2,433	2,631	0,05146	0,01986	7,62E-5	1,90E-5	3,602	2,522
84	854,9	222,800	2,545	2,802	0,05059	0,02013	7,45E-5	1,93E-5	3,747	2,682
85	844,2	230,700	2,677	3,004	0,04969	0,02042	7,27E-5	1,95E-5	3,919	2,872
86	832,9	239,200	2,834	3,246	0,04876	0,02073	7,10E-5	1,98E-5	4,124	3,100
87	821	248,300	3,025	3,541	0,04780	0,02105	6,91E-5	2,01E-5	4,374	3,378
88	808,3	258,100	3,261	3,907	0,04679	0,02140	6,72E-5	2,04E-5	4,687	3,726
89	794,6	268,900	3,564	4,377	0,04572	0,02188	6,53E-5	2,08E-5	5,087	4,154
90	779,8	280,900	3,965	5,000	0,04460	0,02239	6,32E-5	2,12E-5	5,619	4,726
91	763,5	294,300	4,523	5,866	0,04339	0,02297	6,10E-5	2,16E-5	6,362	5,521
92	745,2	309,700	5,356	7,154	0,04208	0,02364	5,87E-5	2,22E-5	7,472	6,705
93	724	327,900	6,740	9,273	0,04061	0,02443	5,61E-5	2,28E-5	9,316	8,654
94	698,1	350,800	9,493	13,41	0,03890	0,02544	5,32E-5	2,36E-5	12,98	12,5
95	662,6	383,100	17,57	25,10	0,03669	0,02688	4,94E-5	2,49E-5	23,68	23,2
96	582,9	456,600	201,30	227,10	0,03231	0,03031	4,22E-5	2,78E-5	262,8	208,5

* E-4, E-5 e E-6 são representações simplificadas de 10^{-4}, 10^{-5} e 10^{-6}.

Tabela B5a – Propriedades termodinâmicas do refrigerante R-404A saturado, entrada por pressão

p [kPa]	T_b [°C]	T_o [°C]	v_l [l/kg]	v_v [l/kg]	u_l [kJ/kg]	u_v [kJ/kg]	h_l [kJ/kg]	h_{lv} [kJ/kg]	h_v [kJ/kg]	s_l [kJ/kgK]	s_v [kJ/kgK]
60	-56,6	-55,8	0,7475	298,2	126,4	316,1	126,4	207,5	333,9	0,7006	1,658
80	-51,0	-50,3	0,7570	227,7	133,2	319,1	133,3	204,0	337,3	0,7318	1,649
100	-46,5	-45,7	0,7650	184,7	138,9	321,6	138,9	201,1	340,0	0,7570	1,643
120	-42,6	-41,9	0,7721	155,5	143,7	323,7	143,8	198,5	342,4	0,7782	1,639
140	-39,2	-38,5	0,7785	134,5	148,0	325,6	148,1	196,3	344,4	0,7966	1,635
160	-36,2	-35,5	0,7843	118,5	151,8	327,2	152,0	194,2	346,2	0,8129	1,632
180	-33,5	-32,8	0,7898	106,0	155,3	328,7	155,5	192,3	347,8	0,8277	1,629
200	-30,9	-30,3	0,7949	95,86	158,6	330,1	158,7	190,5	349,3	0,8411	1,627
220	-28,6	-27,9	0,7997	87,52	161,6	331,4	161,7	188,9	350,6	0,8534	1,625
240	-26,4	-25,8	0,8043	80,52	164,4	332,5	164,6	187,3	351,9	0,8648	1,623
260	-24,4	-23,8	0,8088	74,57	167,0	333,6	167,2	185,8	353,0	0,8755	1,622
280	-22,5	-21,8	0,8130	69,43	169,5	334,7	169,7	184,4	354,1	0,8855	1,62
300	-20,6	-20,0	0,8171	64,96	171,9	335,7	172,1	183,0	355,1	0,8950	1,619
320	-18,9	-18,3	0,8210	61,02	174,2	336,6	174,4	181,7	356,1	0,9039	1,618
340	-17,2	-16,7	0,8249	57,54	176,3	337,5	176,6	180,4	357,0	0,9125	1,617
360	-15,7	-15,1	0,8286	54,42	178,4	338,3	178,7	179,2	357,9	0,9206	1,616
380	-14,2	-13,6	0,8323	51,62	180,4	339,1	180,7	178,0	358,7	0,9283	1,615
400	-12,7	-12,1	0,8358	49,10	182,4	339,9	182,7	176,8	359,5	0,9358	1,614
420	-11,3	-10,7	0,8393	46,80	184,2	340,6	184,6	175,7	360,3	0,9429	1,613
440	-9,9	-9,4	0,8427	44,70	186,0	341,3	186,4	174,6	361,0	0,9498	1,613
460	-8,6	-8,1	0,8461	42,79	187,8	342,0	188,2	173,5	361,7	0,9564	1,612
480	-7,4	-6,8	0,8494	41,02	189,5	342,6	189,9	172,5	362,3	0,9628	1,611
500	-6,2	-5,6	0,8526	39,39	191,1	343,3	191,5	171,4	363,0	0,9690	1,61
520	-5,0	-4,4	0,8558	37,89	192,7	343,9	193,2	170,4	363,6	0,9750	1,61
540	-3,8	-3,3	0,8590	36,48	194,3	344,5	194,7	169,4	364,2	0,9808	1,609
560	-2,7	-2,2	0,8621	35,18	195,8	345,0	196,3	168,4	364,7	0,9865	1,609
580	-1,6	-1,1	0,8651	33,96	197,3	345,6	197,8	167,5	365,3	0,9920	1,608
600	-0,5	0,0	0,8681	32,83	198,7	346,1	199,3	166,5	365,8	0,9973	1,608
620	0,5	1,0	0,8711	31,76	200,2	346,6	200,7	165,6	366,3	1,003	1,607
640	1,5	2,0	0,8741	30,75	201,6	347,1	202,1	164,7	366,8	1,008	1,607
660	2,5	3,0	0,8770	29,81	202,9	347,6	203,5	163,8	367,3	1,013	1,606
680	3,5	4,0	0,8800	28,92	204,2	348,1	204,8	162,9	367,7	1,017	1,606
700	4,4	4,9	0,8828	28,08	205,6	348,5	206,2	162,0	368,2	1,022	1,605
720	5,3	5,8	0,8857	27,28	206,8	349,0	207,5	161,2	368,6	1,027	1,605
740	6,3	6,7	0,8885	26,52	208,1	349,4	208,8	160,3	369,1	1,031	1,605
760	7,1	7,6	0,8914	25,81	209,3	349,9	210,0	159,4	369,5	1,036	1,604

(continua)

Tabela B5a – Propriedades termodinâmicas do refrigerante R-404A saturado, entrada por pressão *(continuação)*

p [kPa]	T_b [°C]	T_o [°C]	v_l [l/kg]	v_v [l/kg]	u_l [kJ/kg]	u_v [kJ/kg]	h_l [kJ/kg]	h_{lv} [kJ/kg]	h_v [kJ/kg]	s_l [kJ/kgK]	s_v [kJ/kgK]
780	8,0	8,5	0,8942	25,12	210,6	350,3	211,3	158,6	369,9	1,040	1,604
800	8,9	9,3	0,8969	24,47	211,8	350,7	212,5	157,8	370,2	1,044	1,603
820	9,7	10,2	0,8997	23,86	212,9	351,1	213,7	157,0	370,6	1,049	1,603
840	10,5	11,0	0,9025	23,27	214,1	351,4	214,9	156,1	371,0	1,053	1,603
860	11,3	11,8	0,9052	22,70	215,2	351,8	216,0	155,3	371,3	1,057	1,602
880	12,1	12,6	0,9079	22,16	216,4	352,2	217,2	154,5	371,7	1,061	1,602
900	12,9	13,4	0,9107	21,65	217,5	352,5	218,3	153,7	372,0	1,064	1,602
920	13,7	14,1	0,9134	21,15	218,6	352,9	219,4	153,0	372,4	1,068	1,601
940	14,4	14,9	0,9161	20,68	219,6	353,2	220,5	152,2	372,7	1,072	1,601
960	15,2	15,6	0,9187	20,22	220,7	353,6	221,6	151,4	373,0	1,076	1,600
980	15,9	16,4	0,9214	19,78	221,7	353,9	222,7	150,6	373,3	1,079	1,600
1.000	16,6	17,1	0,9241	19,36	222,8	354,2	223,7	149,9	373,6	1,083	1,600
1.020	17,4	17,8	0,9268	18,96	223,8	354,5	224,8	149,1	373,9	1,087	1,599
1.040	18,1	18,5	0,9294	18,57	224,8	354,8	225,8	148,4	374,1	1,090	1,599
1.060	18,7	19,2	0,9321	18,19	225,8	355,1	226,8	147,6	374,4	1,093	1,599
1.080	19,4	19,9	0,9347	17,83	226,8	355,4	227,8	146,9	374,7	1,097	1,598
1.100	20,1	20,5	0,9374	17,48	227,8	355,7	228,8	146,1	374,9	1,100	1,598
1.120	20,8	21,2	0,9400	17,14	228,7	356,0	229,8	145,4	375,2	1,103	1,598
1.140	21,4	21,8	0,9427	16,82	229,7	356,3	230,8	144,7	375,4	1,107	1,597
1.160	22,1	22,5	0,9453	16,50	230,6	356,5	231,7	143,9	375,7	1,110	1,597
1.180	22,7	23,1	0,9480	16,20	231,6	356,8	232,7	143,2	375,9	1,113	1,597
1.200	23,3	23,7	0,9506	15,90	232,5	357,0	233,6	142,5	376,1	1,116	1,596
1.220	23,9	24,4	0,9532	15,61	233,4	357,3	234,6	141,8	376,3	1,119	1,596
1.240	24,6	25,0	0,9559	15,33	234,3	357,5	235,5	141,0	376,5	1,122	1,596
1.260	25,2	25,6	0,9585	15,07	235,2	357,8	236,4	140,3	376,7	1,125	1,596
1.280	25,8	26,2	0,9612	14,80	236,1	358,0	237,3	139,6	376,9	1,128	1,595
1.300	26,4	26,8	0,9638	14,55	237,0	358,2	238,2	138,9	377,1	1,131	1,595
1.320	26,9	27,3	0,9665	14,30	237,8	358,5	239,1	138,2	377,3	1,134	1,595
1.340	27,5	27,9	0,9691	14,06	238,7	358,7	240,0	137,5	377,5	1,137	1,594
1.360	28,1	28,5	0,9718	13,83	239,6	358,9	240,9	136,8	377,7	1,140	1,594
1.380	28,7	29,0	0,9744	13,61	240,4	359,1	241,8	136,1	377,9	1,143	1,594
1.400	29,2	29,6	0,9771	13,39	241,3	359,3	242,6	135,4	378,0	1,146	1,593
1.420	29,8	30,2	0,9798	13,17	242,1	359,5	243,5	134,7	378,2	1,148	1,593
1.440	30,3	30,7	0,9824	12,96	242,9	359,7	244,3	134,0	378,4	1,151	1,593
1.460	30,9	31,2	0,9851	12,76	243,7	359,9	245,2	133,3	378,5	1,154	1,592
1.480	31,4	31,8	0,9878	12,56	244,5	360,1	246,0	132,7	378,7	1,157	1,592

(continua)

Tabela B5a – Propriedades termodinâmicas do refrigerante R-404A saturado, entrada por pressão *(continuação)*

p [kPa]	T_b [°C]	T_o [°C]	v_l [l/kg]	v_v [l/kg]	u_l [kJ/kg]	u_v [kJ/kg]	h_l [kJ/kg]	h_{lv} [kJ/kg]	h_v [kJ/kg]	s_l [kJ/kgK]	s_v [kJ/kgK]
1.500	31,9	32,3	0,9905	12,37	245,4	360,3	246,8	132,0	378,8	1,159	1,591
1.520	32,5	32,8	0,9932	12,18	246,2	360,4	247,7	131,3	378,9	1,162	1,591
1.540	33,0	33,3	0,9959	12,00	247,0	360,6	248,5	130,6	379,1	1,164	1,591
1.560	33,5	33,9	0,9986	11,82	247,7	360,8	249,3	129,9	379,2	1,167	1,590
1.580	34,0	34,4	1,001	11,64	248,5	360,9	250,1	129,2	379,3	1,170	1,590
1.600	34,5	34,9	1,004	11,47	249,3	361,1	250,9	128,5	379,5	1,172	1,590
1.620	35,0	35,4	1,007	11,30	250,1	361,3	251,7	127,9	379,6	1,175	1,589
1.640	35,5	35,9	1,010	11,14	250,8	361,4	252,5	127,2	379,7	1,177	1,589
1.660	36,0	36,4	1,012	10,98	251,6	361,6	253,3	126,5	379,8	1,180	1,589
1.680	36,5	36,8	1,015	10,82	252,4	361,7	254,1	125,8	379,9	1,182	1,588
1.700	37,0	37,3	1,018	10,67	253,1	361,9	254,8	125,2	380,0	1,185	1,588
1.720	37,5	37,8	1,021	10,52	253,9	362,0	255,6	124,5	380,1	1,187	1,588
1.740	37,9	38,3	1,024	10,38	254,6	362,1	256,4	123,8	380,2	1,189	1,587
1.760	38,4	38,7	1,026	10,23	255,3	362,3	257,2	123,1	380,3	1,192	1,587
1.780	38,9	39,2	1,029	10,09	256,1	362,4	257,9	122,4	380,4	1,194	1,586
1.800	39,3	39,7	1,032	9,956	256,8	362,5	258,7	121,8	380,4	1,197	1,586
1.820	39,8	40,1	1,035	9,822	257,5	362,6	259,4	121,1	380,5	1,199	1,586
1.840	40,2	40,6	1,038	9,690	258,3	362,8	260,2	120,4	380,6	1,201	1,585
1.860	40,7	41,0	1,041	9,561	259,0	362,9	260,9	119,7	380,6	1,204	1,585
1.880	41,1	41,5	1,044	9,434	259,7	363,0	261,6	119,1	380,7	1,206	1,584
1.900	41,6	41,9	1,047	9,310	260,4	363,1	262,4	118,4	380,8	1,208	1,584
1.920	42,0	42,3	1,050	9,188	261,1	363,2	263,1	117,7	380,8	1,210	1,584
1.940	42,5	42,8	1,052	9,068	261,8	363,3	263,8	117,0	380,9	1,213	1,583
1.960	42,9	43,2	1,055	8,951	262,5	363,4	264,6	116,4	380,9	1,215	1,583
1.980	43,3	43,6	1,058	8,836	263,2	363,5	265,3	115,7	381,0	1,217	1,582
2.000	43,8	44,1	1,062	8,723	263,9	363,6	266,0	115,0	381,0	1,219	1,582
2.020	44,2	44,5	1,065	8,611	264,6	363,6	266,7	114,3	381,0	1,221	1,581
2.040	44,6	44,9	1,068	8,502	265,3	363,7	267,4	113,6	381,1	1,224	1,581
2.060	45,0	45,3	1,071	8,395	265,9	363,8	268,1	112,9	381,1	1,226	1,581
2.080	45,4	45,7	1,074	8,289	266,6	363,9	268,8	112,3	381,1	1,228	1,580
2.100	45,8	46,1	1,077	8,186	267,3	363,9	269,5	111,6	381,1	1,230	1,580
2.120	46,2	46,5	1,080	8,084	268,0	364,0	270,2	110,9	381,1	1,232	1,579
2.140	46,7	47,0	1,083	7,984	268,6	364,1	270,9	110,2	381,1	1,234	1,579
2.160	47,1	47,4	1,087	7,885	269,3	364,1	271,6	109,5	381,2	1,236	1,578
2.180	47,5	47,8	1,090	7,788	270,0	364,2	272,3	108,8	381,2	1,239	1,578
2.200	47,9	48,1	1,093	7,692	270,6	364,2	273,0	108,1	381,2	1,241	1,577

(continua)

Tabela B5a – Propriedades termodinâmicas do refrigerante R-404A saturado, entrada por pressão *(continuação)*

p [kPa]	T_b [°C]	T_o [°C]	v_l [l/kg]	v_v [l/kg]	u_l [kJ/kg]	u_v [kJ/kg]	h_l [kJ/kg]	h_{lv} [kJ/kg]	h_v [kJ/kg]	s_l [kJ/kgK]	s_v [kJ/kgK]
2.220	48,2	48,5	1,096	7,598	271,3	364,3	273,7	107,4	381,1	1,243	1,577
2.240	48,6	48,9	1,100	7,506	271,9	364,3	274,4	106,7	381,1	1,245	1,576
2.260	49,0	49,3	1,103	7,415	272,6	364,4	275,1	106,0	381,1	1,247	1,576
2.280	49,4	49,7	1,106	7,325	273,2	364,4	275,8	105,3	381,1	1,249	1,575
2.300	49,8	50,1	1,110	7,236	273,9	364,4	276,4	104,6	381,1	1,251	1,575
2.320	50,2	50,5	1,113	7,149	274,5	364,5	277,1	103,9	381,0	1,253	1,574
2.340	50,6	50,8	1,117	7,063	275,2	364,5	277,8	103,2	381,0	1,255	1,574
2.360	50,9	51,2	1,120	6,979	275,8	364,5	278,5	102,5	381,0	1,257	1,573
2.380	51,3	51,6	1,124	6,895	276,5	364,5	279,1	101,8	380,9	1,259	1,572
2.400	51,7	51,9	1,127	6,813	277,1	364,5	279,8	101,1	380,9	1,261	1,572
2.420	52,0	52,3	1,131	6,732	277,7	364,5	280,5	100,4	380,8	1,263	1,571
2.440	52,4	52,7	1,135	6,652	278,4	364,5	281,1	99,7	380,8	1,265	1,571
2.460	52,8	53,0	1,138	6,572	279,0	364,5	281,8	98,9	380,7	1,267	1,570
2.480	53,1	53,4	1,142	6,494	279,6	364,5	282,5	98,2	380,7	1,269	1,570
2.500	53,5	53,8	1,146	6,417	280,2	364,5	283,1	97,5	380,6	1,271	1,569
2.520	53,9	54,1	1,150	6,341	280,9	364,5	283,8	96,7	380,5	1,273	1,568
2.540	54,2	54,5	1,154	6,266	281,5	364,5	284,4	96,0	380,4	1,275	1,568
2.560	54,6	54,8	1,157	6,192	282,1	364,5	285,1	95,3	380,3	1,277	1,567
2.580	54,9	55,2	1,161	6,119	282,7	364,5	285,7	94,5	380,3	1,279	1,566
2.600	55,3	55,5	1,165	6,047	283,4	364,4	286,4	93,8	380,2	1,281	1,566
2.620	55,6	55,9	1,170	5,975	284,0	364,4	287,1	93,0	380,1	1,283	1,565
2.640	55,9	56,2	1,174	5,904	284,6	364,4	287,7	92,3	380,0	1,284	1,564
2.660	56,3	56,5	1,178	5,834	285,2	364,3	288,4	91,5	379,8	1,286	1,564
2.680	56,6	56,9	1,182	5,765	285,8	364,3	289,0	90,7	379,7	1,288	1,563
2.700	57,0	57,2	1,186	5,697	286,5	364,2	289,7	89,9	379,6	1,290	1,562
2.720	57,3	57,5	1,191	5,629	287,1	364,2	290,3	89,2	379,5	1,292	1,562
2.740	57,6	57,9	1,195	5,562	287,7	364,1	291,0	88,4	379,3	1,294	1,561
2.760	58,0	58,2	1,200	5,496	288,3	364,0	291,6	87,6	379,2	1,296	1,560
2.780	58,3	58,5	1,204	5,430	288,9	364,0	292,3	86,8	379,1	1,298	1,559
2.800	58,6	58,9	1,209	5,365	289,5	363,9	292,9	86,0	378,9	1,300	1,559
2.820	59,0	59,2	1,214	5,301	290,1	363,8	293,6	85,2	378,7	1,302	1,558
2.840	59,3	59,5	1,219	5,237	290,8	363,7	294,2	84,4	378,6	1,303	1,557
2.860	59,6	59,8	1,223	5,174	291,4	363,6	294,9	83,5	378,4	1,305	1,556
2.880	59,9	60,1	1,228	5,111	292,0	363,5	295,5	82,7	378,2	1,307	1,555
2.900	60,2	60,5	1,233	5,049	292,6	363,4	296,2	81,9	378,0	1,309	1,554
2.920	60,6	60,8	1,239	4,988	293,2	363,3	296,8	81,0	377,8	1,311	1,554

(continua)

Tabela B5a – Propriedades termodinâmicas do refrigerante R-404A saturado, entrada por pressão *(continuação)*

p [kPa]	T_b [°C]	T_o [°C]	v_l [l/kg]	v_v [l/kg]	u_l [kJ/kg]	u_v [kJ/kg]	h_l [kJ/kg]	h_{lv} [kJ/kg]	h_v [kJ/kg]	s_l [kJ/kgK]	s_v [kJ/kgK]
2.940	60,9	61,1	1,244	4,926	293,8	363,2	297,5	80,2	377,6	1,313	1,553
2.960	61,2	61,4	1,249	4,866	294,4	363,0	298,1	79,3	377,4	1,315	1,552
2.980	61,5	61,7	1,255	4,806	295,1	362,9	298,8	78,4	377,2	1,317	1,551
3.000	61,8	62,0	1,260	4,746	295,7	362,7	299,5	77,5	377,0	1,319	1,550
3.020	62,1	62,3	1,266	4,686	296,3	362,6	300,1	76,6	376,7	1,321	1,549
3.040	62,4	62,6	1,272	4,627	296,9	362,4	300,8	75,7	376,5	1,322	1,548

Tabela B5b – Propriedades termodinâmicas do refrigerante R-404A superaquecido

p = 100 kPa; T_o = -45,74 °C					p = 150 kPa; T_o = -37,0 °C					p = 200 kPa; T_o = -30,3 °C				
T	v	u	h	s	T	v	u	h	s	T	v	u	h	s
[°C]	[l/kg]	[kJ/kg]	[kJ/kg]	[kJ/kgK]	[°C]	[l/kg]	[kJ/kg]	[kJ/kg]	[kJ/kgK]	[°C]	[l/kg]	[kJ/kg]	[kJ/kg]	[kJ/kgK]
-40	190,2	325,5	344,6	1,663	-35	127,2	327,8	346,9	1,64	-30	95,95	330,3	349,5	1,628
-35	195	329	348,5	1,68	-30	130,6	331,4	351	1,657	-25	98,54	334	353,7	1,645
-30	199,7	332,5	352,5	1,696	-25	133,9	335	355,1	1,674	-20	101,1	337,7	357,9	1,662
-25	204,4	336,1	356,5	1,712	-20	137,1	338,7	359,3	1,69	-15	103,6	341,5	362,2	1,678
-20	209,1	339,6	360,5	1,729	-15	140,3	342,4	363,4	1,706	-10	106,1	345,2	366,4	1,695
-15	213,7	343,3	364,6	1,745	-10	143,5	346,1	367,6	1,723	-5	108,5	349	370,7	1,711
-10	218,3	346,9	368,7	1,76	-5	146,6	349,8	371,8	1,738	0	110,9	352,8	375	1,727
-5	222,8	350,6	372,9	1,776	0	149,8	353,6	376	1,754	5	113,3	356,7	379,3	1,742
0	227,4	354,3	377	1,791	5	152,9	357,4	380,3	1,769	10	115,7	360,5	383,7	1,758
5	231,9	358,1	381,2	1,807	10	155,9	361,2	384,6	1,785	15	118,1	364,5	388,1	1,773
10	236,4	361,9	385,5	1,822	15	159	365,1	388,9	1,8	20	120,4	368,4	392,5	1,788
15	240,9	365,7	389,8	1,837	20	162,1	369	393,3	1,815	25	122,7	372,4	396,9	1,804
20	245,3	369,6	394,1	1,852	25	165,1	372,9	397,7	1,83	30	125	376,4	401,4	1,818
25	249,8	373,5	398,5	1,866	30	168,1	376,9	402,1	1,845	35	127,4	380,5	405,9	1,833
30	254,2	377,5	402,9	1,881	35	171,1	381	406,6	1,859	40	129,6	384,5	410,5	1,848
35	258,6	381,5	407,3	1,896	40	174,1	385	411,1	1,874	45	131,9	388,7	415,1	1,862
40	263,1	385,5	411,8	1,91	45	177,1	389,1	415,7	1,888	50	134,2	392,8	419,7	1,877
45	267,5	389,6	416,3	1,924	50	180,1	393,3	420,3	1,903	55	136,5	397	424,3	1,891
50	271,9	393,7	420,9	1,939	55	183,1	397,5	424,9	1,917	60	138,7	401,3	429	1,905
55	276,3	397,9	425,5	1,953	60	186	401,7	429,6	1,931	65	141	405,6	433,8	1,919
60	280,6	402,1	430,2	1,967	65	189	406	434,3	1,945	70	143,2	409,9	438,5	1,933
65	285	406,4	434,9	1,981	70	191,9	410,3	439,1	1,959	75	145,4	414,3	443,4	1,947
70	289,4	410,7	439,6	1,995	75	194,9	414,6	443,9	1,973	80	147,7	418,7	448,2	1,961
75	293,8	415	444,4	2,008	80	197,8	419	448,7	1,987	85	149,9	423,1	453,1	1,975
80	298,1	419,4	449,2	2,022	85	200,8	423,4	453,6	2	90	152,1	427,6	458	1,989

(continua)

Tabela B5b – Propriedades termodinâmicas do refrigerante R-404A superaquecido *(continuação)*

p = 250 kPa; T_o = -24,8 °C					p = 300 kPa; T_o = -20,0 °C					p = 350 kPa; T_o = -15,9 °C				
T	v	u	h	s	T	v	u	h	s	T	v	u	h	s
[°C]	[l/kg]	[kJ/kg]	[kJ/kg]	[kJ/kgK]	[°C]	[l/kg]	[kJ/kg]	[kJ/kg]	[kJ/kgK]	[°C]	[l/kg]	[kJ/kg]	[kJ/kg]	[kJ/kgK]
-20	79,43	336,7	356,6	1,639	-20	64,95	335,7	355,2	1,619	-15	56,21	338,6	358,2	1,619
-15	81,52	340,5	360,9	1,656	-15	66,78	339,6	359,6	1,636	-10	57,81	342,5	362,8	1,637
-10	83,58	344,3	365,2	1,672	-10	68,57	343,5	364	1,653	-5	59,38	346,5	367,3	1,654
-5	85,61	348,2	369,6	1,689	-5	70,32	347,4	368,5	1,67	0	60,91	350,5	371,8	1,67
0	87,61	352,1	374	1,705	0	72,05	351,3	372,9	1,686	5	62,42	354,5	376,3	1,687
5	89,59	356	378,4	1,721	5	73,75	355,2	377,4	1,703	10	63,9	358,5	380,9	1,703
10	91,55	359,9	382,8	1,737	10	75,43	359,2	381,8	1,719	15	65,36	362,5	385,4	1,719
15	93,49	363,8	387,2	1,752	15	77,09	363,2	386,3	1,734	20	66,8	366,6	390	1,734
20	95,41	367,8	391,7	1,767	20	78,73	367,2	390,8	1,75	25	68,23	370,7	394,5	1,75
25	97,31	371,8	396,1	1,783	25	80,35	371,2	395,3	1,765	30	69,64	374,8	399,1	1,765
30	99,2	375,9	400,7	1,798	30	81,96	375,3	399,9	1,78	35	71,04	378,9	403,8	1,78
35	101,1	379,9	405,2	1,812	35	83,56	379,4	404,5	1,795	40	72,42	383,1	408,4	1,795
40	102,9	384,1	409,8	1,827	40	85,15	383,6	409,1	1,81	45	73,8	387,3	413,1	1,81
45	104,8	388,2	414,4	1,842	45	86,72	387,7	413,7	1,825	50	75,16	391,5	417,8	1,825
50	106,7	392,4	419,1	1,856	50	88,29	391,9	418,4	1,839	55	76,52	395,7	422,5	1,839
55	108,5	396,6	423,7	1,871	55	89,85	396,2	423,1	1,854	60	77,87	400	427,3	1,854
60	110,3	400,9	428,5	1,885	60	91,4	400,5	427,9	1,868	65	79,21	404,4	432,1	1,868
65	112,2	405,2	433,2	1,899	65	92,94	404,8	432,7	1,882	70	80,54	408,8	436,9	1,882
70	114	409,5	438	1,913	70	94,47	409,1	437,5	1,897	75	81,87	413,2	441,8	1,896
75	115,8	413,9	442,8	1,927	75	96	413,5	442,3	1,911	80	83,19	417,6	446,7	1,91
80	117,6	418,3	447,7	1,941	80	97,53	418	447,2	1,925	85	84,51	422,1	451,7	1,924
85	119,4	422,8	452,6	1,955	85	99,05	422,4	452,1	1,938	90	85,82	426,6	456,6	1,938
90	121,2	427,3	457,6	1,969	90	100,6	426,9	457,1	1,952	95	87,13	431,1	461,6	1,952
95	123	431,8	462,5	1,982	95	102,1	431,5	462,1	1,966	100	88,43	435,7	466,7	1,965
100	124,8	436,3	467,5	1,996	100	103,6	436	467,1	1,979	105	89,73	440,3	471,8	1,979

(continua)

Tabela B5b – Propriedades termodinâmicas do refrigerante R-404A superaquecido *(continuação)*

p = 400 kPa; T_o = -12,1 °C					p = 450 kPa; T_o = -8,7 °C					p = 500 kPa; T_o = -5,6 °C				
T	v	u	h	s	T	v	u	h	s	T	v	u	h	s
[°C]	[l/kg]	[kJ/kg]	[kJ/kg]	[kJ/kgK]	[°C]	[l/kg]	[kJ/kg]	[kJ/kg]	[kJ/kgK]	[°C]	[l/kg]	[kJ/kg]	[kJ/kg]	[kJ/kgK]
-10	49,72	341,6	361,5	1,622	-5	44,72	344,7	364,8	1,625	-5	39,56	343,8	363,6	1,613
-5	51,15	345,6	366,1	1,639	0	46,01	348,8	369,5	1,643	0	40,77	348	368,3	1,63
0	52,54	349,7	370,7	1,656	5	47,27	352,9	374,2	1,66	5	41,94	352,1	373,1	1,648
5	53,9	353,7	375,3	1,673	10	48,49	357	378,9	1,676	10	43,08	356,3	377,8	1,665
10	55,24	357,8	379,9	1,689	15	49,7	361,2	383,5	1,693	15	44,2	360,5	382,6	1,681
15	56,56	361,9	384,5	1,705	20	50,88	365,3	388,2	1,709	20	45,29	364,6	387,3	1,697
20	57,85	365,9	389,1	1,721	25	52,04	369,4	392,9	1,724	25	46,37	368,8	392	1,713
25	59,13	370,1	393,7	1,737	30	53,19	373,6	397,6	1,74	30	47,43	373	396,8	1,729
30	60,39	374,2	398,3	1,752	35	54,33	377,8	402,3	1,755	35	48,47	377,3	401,5	1,745
35	61,64	378,4	403	1,767	40	55,45	382	407	1,771	40	49,5	381,5	406,3	1,76
40	62,88	382,5	407,7	1,782	45	56,56	386,3	411,7	1,786	45	50,52	385,8	411	1,775
45	64,1	386,8	412,4	1,797	50	57,66	390,6	416,5	1,801	50	51,52	390,1	415,8	1,79
50	65,32	391	417,1	1,812	55	58,74	394,9	421,3	1,815	55	52,52	394,4	420,7	1,805
55	66,52	395,3	421,9	1,827	60	59,83	399,2	426,1	1,83	60	53,51	398,8	425,5	1,82
60	67,72	399,6	426,7	1,841	65	60,9	403,6	431	1,844	65	54,49	403,2	430,4	1,834
65	68,91	404	431,5	1,856	70	61,97	408	435,9	1,859	70	55,46	407,6	435,3	1,849
70	70,1	408,4	436,4	1,87	75	63,03	412,4	440,8	1,873	75	56,43	412	440,2	1,863
75	71,27	412,8	441,3	1,884	80	64,08	416,9	445,7	1,887	80	57,39	416,5	445,2	1,877
80	72,44	417,2	446,2	1,898	85	65,13	421,4	450,7	1,901	85	58,34	421	450,2	1,891
85	73,61	421,7	451,2	1,912	90	66,17	425,9	455,7	1,915	90	59,29	425,6	455,2	1,905
90	74,77	426,3	456,2	1,926	95	67,21	430,5	460,7	1,929	95	60,23	430,2	460,3	1,919
95	75,93	430,8	461,2	1,94	100	68,24	435,1	465,8	1,942	100	61,17	434,8	465,4	1,932
100	77,08	435,4	466,2	1,953	105	69,27	439,7	470,9	1,956	105	62,11	439,4	470,5	1,946
105	78,23	440	471,3	1,967	110	70,3	444,4	476,1	1,969	110	63,04	444,1	475,6	1,96
110	79,37	444,7	476,5	1,98	115	71,32	449,1	481,2	1,983	115	63,97	448,8	480,8	1,973

(continua)

Tabela B5b – Propriedades termodinâmicas do refrigerante R-404A superaquecido *(continuação)*

p = 550 kPa; T_o = -2,7 °C					p = 600 kPa; T_o = -0,01 °C					p = 650 kPa; T_o = 2,5 °C				
T	v	u	h	s	T	v	u	h	s	T	v	u	h	s
[°C]	[l/kg]	[kJ/kg]	[kJ/kg]	[kJ/kgK]	[°C]	[l/kg]	[kJ/kg]	[kJ/kg]	[kJ/kgK]	[°C]	[l/kg]	[kJ/kg]	[kJ/kg]	[kJ/kgK]
0	36,46	347,1	367,1	1,619	0	32,85	346,1	365,8	1,608	5	30,8	349,6	369,6	1,616
5	37,57	351,3	372	1,636	5	33,91	350,4	370,8	1,626	10	31,78	353,9	374,6	1,633
10	38,64	355,5	376,8	1,654	10	34,93	354,7	375,7	1,643	15	32,73	358,3	379,5	1,651
15	39,69	359,8	381,6	1,67	15	35,92	359	380,6	1,66	20	33,65	362,6	384,5	1,668
20	40,71	364	386,4	1,687	20	36,89	363,3	385,4	1,677	25	34,54	366,9	389,4	1,684
25	41,72	368,2	391,1	1,703	25	37,83	367,6	390,3	1,693	30	35,42	371,2	394,3	1,701
30	42,7	372,4	395,9	1,719	30	38,76	371,8	395,1	1,71	35	36,28	375,6	399,1	1,717
35	43,67	376,7	400,7	1,735	35	39,67	376,1	399,9	1,725	40	37,12	379,9	404	1,732
40	44,63	381	405,5	1,75	40	40,56	380,4	404,8	1,741	45	37,95	384,3	408,9	1,748
45	45,57	385,3	410,3	1,765	45	41,44	384,8	409,6	1,756	50	38,77	388,6	413,8	1,763
50	46,5	389,6	415,2	1,78	50	42,31	389,1	414,5	1,772	55	39,57	393	418,7	1,778
55	47,42	394	420	1,795	55	43,17	393,5	419,4	1,787	60	40,37	397,4	423,7	1,793
60	48,33	398,3	424,9	1,81	60	44,02	397,9	424,3	1,801	65	41,16	401,9	428,6	1,808
65	49,24	402,7	429,8	1,825	65	44,86	402,3	429,2	1,816	70	41,94	406,4	433,6	1,823
70	50,13	407,2	434,7	1,839	70	45,7	406,8	434,2	1,831	75	42,71	410,9	438,6	1,837
75	51,02	411,6	439,7	1,854	75	46,52	411,2	439,2	1,845	80	43,48	415,4	443,6	1,851
80	51,91	416,1	444,7	1,868	80	47,34	415,8	444,2	1,859	85	44,24	419,9	448,7	1,866
85	52,79	420,7	449,7	1,882	85	48,16	420,3	449,2	1,873	90	44,99	424,5	453,8	1,88
90	53,66	425,2	454,7	1,896	90	48,97	424,9	454,3	1,887	95	45,74	429,2	458,9	1,894
95	54,53	429,8	459,8	1,91	95	49,77	429,5	459,4	1,901	100	46,49	433,8	464	1,908
100	55,39	434,5	464,9	1,923	100	50,57	434,1	464,5	1,915	105	47,23	438,5	469,2	1,921
105	56,25	439,1	470,1	1,937	105	51,36	438,8	469,6	1,929	110	47,97	443,2	474,4	1,935
110	57,1	443,8	475,2	1,951	110	52,16	443,5	474,8	1,943	115	48,7	448	479,6	1,948
115	57,96	448,6	480,4	1,964	115	52,94	448,3	480	1,956	120	49,43	452,8	484,9	1,962
120	58,8	453,3	485,7	1,978	120	53,73	453	485,3	1,969	125	50,16	457,6	490,2	1,975

(continua)

Tabela B5b – Propriedades termodinâmicas do refrigerante R-404A superaquecido *(continuação)*

p = 700 kPa; T_o = 4,9 °C					p = 750 kPa; T_o = 7,2 °C					p = 800 kPa; T_o = 9,3 °C				
T [°C]	v [l/kg]	u [kJ/kg]	h [kJ/kg]	s [kJ/kgK]	T [°C]	v [l/kg]	u [kJ/kg]	h [kJ/kg]	s [kJ/kgK]	T [°C]	v [l/kg]	u [kJ/kg]	h [kJ/kg]	s [kJ/kgK]
5	28,12	348,6	368,3	1,606	10	26,7	352,2	372,2	1,615	10	24,61	351,3	371	1,606
10	29,07	353,1	373,4	1,624	15	27,58	356,7	377,4	1,633	15	25,48	355,9	376,2	1,624
15	29,98	357,5	378,5	1,642	20	28,43	361,1	382,5	1,65	20	26,3	360,4	381,4	1,642
20	30,86	361,9	383,5	1,659	25	29,26	365,6	387,5	1,667	25	27,1	364,9	386,5	1,659
25	31,71	366,2	388,4	1,676	30	30,06	370	392,5	1,684	30	27,87	369,3	391,6	1,676
30	32,55	370,6	393,4	1,692	35	30,84	374,4	397,5	1,7	35	28,62	373,8	396,7	1,693
35	33,36	375	398,3	1,708	40	31,6	378,8	402,5	1,716	40	29,35	378,2	401,7	1,709
40	34,16	379,3	403,3	1,724	45	32,35	383,2	407,5	1,732	45	30,07	382,7	406,7	1,725
45	34,95	383,7	408,2	1,74	50	33,08	387,6	412,4	1,748	50	30,77	387,1	411,7	1,741
50	35,72	388,1	413,1	1,755	55	33,81	392,1	417,4	1,763	55	31,46	391,6	416,8	1,756
55	36,48	392,6	418,1	1,77	60	34,52	396,5	422,4	1,778	60	32,14	396,1	421,8	1,771
60	37,24	397	423,1	1,785	65	35,22	401	427,4	1,793	65	32,81	400,6	426,8	1,786
65	37,98	401,5	428	1,8	70	35,92	405,5	432,5	1,808	70	33,47	405,1	431,9	1,801
70	38,71	405,9	433	1,815	75	36,61	410,1	437,5	1,823	75	34,13	409,7	437	1,816
75	39,44	410,5	438,1	1,83	80	37,29	414,6	442,6	1,837	80	34,77	414,2	442,1	1,83
80	40,16	415	443,1	1,844	85	37,97	419,2	447,7	1,851	85	35,42	418,8	447,2	1,845
85	40,88	419,6	448,2	1,858	90	38,63	423,8	452,8	1,866	90	36,05	423,5	452,3	1,859
90	41,59	424,2	453,3	1,872	95	39,3	428,5	458	1,88	95	36,68	428,1	457,5	1,873
95	42,29	428,8	458,4	1,886	100	39,96	433,2	463,1	1,894	100	37,3	432,8	462,7	1,887
100	42,99	433,5	463,6	1,9	105	40,61	437,9	468,3	1,907	105	37,92	437,5	467,9	1,901
105	43,69	438,2	468,8	1,914	110	41,26	442,6	473,6	1,921	110	38,54	442,3	473,1	1,915
110	44,38	442,9	474	1,928	115	41,91	447,4	478,8	1,935	115	39,15	447,1	478,4	1,928
115	45,06	447,7	479,2	1,941	120	42,55	452,2	484,1	1,948	120	39,76	451,9	483,7	1,942
120	45,75	452,5	484,5	1,955	125	43,19	457	489,4	1,962	125	40,37	456,7	489	1,956
125	46,43	457,3	489,8	1,968	130	43,83	461,9	494,8	1,975	130	40,97	461,6	494,4	1,969

(continua)

Tabela B5b – Propriedades termodinâmicas do refrigerante R-404A superaquecido *(continuação)*

p = 850 kPa; T_o = 11,4 °C 11,4					p = 900 kPa; T_o = 13,4 °C					p = 950 kPa; T_o = 15,3 °C				
T	v	u	h	s	T	v	u	h	s	T	v	u	h	s
[°C]	[l/kg]	[kJ/kg]	[kJ/kg]	[kJ/kgK]	[°C]	[l/kg]	[kJ/kg]	[kJ/kg]	[kJ/kgK]	[°C]	[l/kg]	[kJ/kg]	[kJ/kg]	[kJ/kgK]
15	23,61	355	375,1	1,616	15	21,93	354,1	373,8	1,608	20	21,21	357,9	378,1	1,619
20	24,41	359,6	380,3	1,634	20	22,73	358,8	379,2	1,626	25	21,95	362,6	383,5	1,637
25	25,19	364,1	385,5	1,652	25	23,48	363,4	384,5	1,644	30	22,66	367,3	388,8	1,655
30	25,93	368,6	390,7	1,669	30	24,21	368	389,7	1,662	35	23,34	371,8	394	1,672
35	26,66	373,1	395,8	1,686	35	24,91	372,5	394,9	1,679	40	24	376,4	399,2	1,689
40	27,36	377,6	400,9	1,702	40	25,59	377	400,1	1,695	45	24,65	381	404,4	1,705
45	28,05	382,1	406	1,718	45	26,26	381,5	405,2	1,711	50	25,28	385,5	409,5	1,721
50	28,73	386,6	411	1,734	50	26,91	386,1	410,3	1,727	55	25,89	390,1	414,7	1,737
55	29,39	391,1	416,1	1,749	55	27,54	390,6	415,4	1,743	60	26,5	394,7	419,8	1,752
60	30,04	395,6	421,1	1,765	60	28,17	395,1	420,5	1,758	65	27,09	399,2	425	1,768
65	30,68	400,1	426,2	1,78	65	28,79	399,7	425,6	1,774	70	27,67	403,8	430,1	1,783
70	31,31	404,7	431,3	1,795	70	29,39	404,3	430,7	1,789	75	28,24	408,4	435,3	1,798
75	31,94	409,3	436,4	1,81	75	29,99	408,9	435,8	1,803	80	28,81	413,1	440,4	1,812
80	32,55	413,9	441,5	1,824	80	30,58	413,5	441	1,818	85	29,37	417,7	445,6	1,827
85	33,16	418,5	446,7	1,839	85	31,16	418,1	446,1	1,833	90	29,92	422,4	450,8	1,841
90	33,77	423,1	451,8	1,853	90	31,74	422,8	451,3	1,847	95	30,47	427,1	456	1,856
95	34,37	427,8	457	1,867	95	32,31	427,4	456,5	1,861	100	31,02	431,8	461,3	1,87
100	34,96	432,5	462,2	1,881	100	32,88	432,2	461,8	1,875	105	31,55	436,6	466,6	1,884
105	35,55	437,2	467,4	1,895	105	33,44	436,9	467	1,889	110	32,09	441,4	471,8	1,898
110	36,14	442	472,7	1,909	110	34	441,7	472,3	1,903	115	32,62	446,2	477,2	1,911
115	36,72	446,8	478	1,923	115	34,55	446,5	477,6	1,917	120	33,14	451	482,5	1,925
120	37,3	451,6	483,3	1,936	120	35,1	451,3	482,9	1,931	125	33,66	455,9	487,9	1,939
125	37,87	456,5	488,6	1,95	125	35,65	456,2	488,3	1,944	130	34,18	460,8	493,3	1,952
130	38,44	461,3	494	1,963	130	36,19	461,1	493,6	1,957	135	34,7	465,7	498,7	1,966
135	39,01	466,2	499,4	1,976	135	36,73	466	499	1,971	140	35,21	470,7	504,1	1,979

(continua)

Tabela B5b – Propriedades termodinâmicas do refrigerante R-404A superaquecido *(continuação)*

p = 1.000 kPa; T_o = 17,1 °C					p = 1.100 kPa; T_o = 20,5 °C					p = 1.200 kPa; T_o = 23,7 °C				
T	v	u	h	s	T	v	u	h	s	T	v	u	h	s
[°C]	[l/kg]	[kJ/kg]	[kJ/kg]	[kJ/kgK]	[°C]	[l/kg]	[kJ/kg]	[kJ/kg]	[kJ/kgK]	[°C]	[l/kg]	[kJ/kg]	[kJ/kg]	[kJ/kgK]
20	19,83	357,1	376,9	1,611	25	18,14	360,2	380,1	1,616	25	16,09	358,3	377,6	1,602
25	20,56	361,8	382,4	1,63	30	18,82	365	385,7	1,634	30	16,76	363,4	383,5	1,621
30	21,26	366,5	387,8	1,648	35	19,47	369,8	391,2	1,652	35	17,4	368,3	389,2	1,64
35	21,93	371,2	393,1	1,665	40	20,09	374,5	396,6	1,67	40	18	373,2	394,8	1,658
40	22,57	375,8	398,4	1,682	45	20,68	379,2	402	1,687	45	18,57	378	400,3	1,675
45	23,2	380,4	403,6	1,699	50	21,26	383,9	407,3	1,703	50	19,13	382,7	405,7	1,692
50	23,81	385	408,8	1,715	55	21,82	388,5	412,5	1,719	55	19,67	387,4	411	1,708
55	24,4	389,6	414	1,731	60	22,37	393,2	417,8	1,735	60	20,19	392,2	416,4	1,725
60	24,99	394,2	419,2	1,746	65	22,91	397,8	423	1,751	65	20,7	396,9	421,7	1,741
65	25,56	398,8	424,3	1,762	70	23,44	402,5	428,3	1,766	70	21,2	401,6	427	1,756
70	26,12	403,4	429,5	1,777	75	23,96	407,2	433,5	1,781	75	21,69	406,3	432,3	1,771
75	26,67	408	434,7	1,792	80	24,47	411,9	438,8	1,796	80	22,17	411	437,6	1,787
80	27,22	412,7	439,9	1,807	85	24,97	416,6	444	1,811	85	22,64	415,8	442,9	1,801
85	27,76	417,3	445,1	1,821	90	25,46	421,3	449,3	1,826	90	23,11	420,5	448,3	1,816
90	28,29	422	450,3	1,836	95	25,95	426	454,6	1,84	95	23,56	425,3	453,6	1,831
95	28,82	426,7	455,6	1,85	100	26,44	430,8	459,9	1,855	100	24,02	430,1	458,9	1,845
100	29,34	431,5	460,8	1,865	105	26,92	435,6	465,2	1,869	105	24,47	434,9	464,3	1,859
105	29,85	436,3	466,1	1,879	110	27,39	440,4	470,5	1,883	110	24,91	439,8	469,7	1,874
110	30,36	441	471,4	1,893	115	27,86	445,3	475,9	1,897	115	25,35	444,6	475,1	1,888
115	30,87	445,9	476,7	1,906	120	28,33	450,1	481,3	1,91	120	25,78	449,5	480,5	1,901
120	31,38	450,7	482,1	1,92	125	28,79	455	486,7	1,924	125	26,21	454,4	485,9	1,915
125	31,88	455,6	487,5	1,934	130	29,25	460	492,1	1,938	130	26,64	459,4	491,4	1,929
130	32,37	460,5	492,9	1,947	135	29,7	464,9	497,6	1,951	135	27,06	464,4	496,8	1,942
135	32,87	465,4	498,3	1,961	140	30,15	469,9	503,1	1,964	140	27,48	469,4	502,3	1,956
140	33,36	470,4	503,8	1,974	145	30,6	474,9	508,6	1,978	145	27,9	474,4	507,9	1,969

(continua)

Tabela B5b – Propriedades termodinâmicas do refrigerante R-404A superaquecido *(continuação)*

p = 1.300 kPa; T_o = 26,8 °C					p = 1.400 kPa; T_o = 29,6 °C					p = 1.500 kPa; T_o = 32,3 °C				
T	v	u	h	s	T	v	u	h	s	T	v	u	h	s
[°C]	[l/kg]	[kJ/kg]	[kJ/kg]	[kJ/kgK]	[°C]	[l/kg]	[kJ/kg]	[kJ/kg]	[kJ/kgK]	[°C]	[l/kg]	[kJ/kg]	[kJ/kg]	[kJ/kgK]
30	14,99	361,7	381,1	1,608	30	13,44	359,7	378,6	1,595	35	12,71	363,3	382,3	1,603
35	15,62	366,8	387,1	1,628	35	14,08	365,1	384,8	1,615	40	13,31	368,7	388,6	1,623
40	16,21	371,8	392,8	1,646	40	14,67	370,3	390,8	1,635	45	13,86	373,9	394,7	1,642
45	16,78	376,7	398,5	1,664	45	15,22	375,3	396,6	1,653	50	14,38	379	400,5	1,661
50	17,31	381,5	404	1,681	50	15,75	380,3	402,3	1,671	55	14,87	384	406,3	1,678
55	17,83	386,3	409,5	1,698	55	16,25	385,2	407,9	1,688	60	15,35	388,9	411,9	1,695
60	18,34	391,1	415	1,715	60	16,74	390	413,5	1,705	65	15,8	393,8	417,5	1,712
65	18,82	395,9	420,4	1,731	65	17,21	394,9	419	1,721	70	16,25	398,7	423,1	1,728
70	19,3	400,7	425,7	1,746	70	17,67	399,7	424,4	1,737	75	16,68	403,6	428,6	1,744
75	19,76	405,4	431,1	1,762	75	18,11	404,5	429,9	1,753	80	17,09	408,5	434,1	1,76
80	20,22	410,2	436,5	1,777	80	18,55	409,3	435,3	1,768	85	17,5	413,3	439,6	1,775
85	20,67	415	441,8	1,792	85	18,97	414,2	440,7	1,784	90	17,91	418,2	445,1	1,791
90	21,11	419,8	447,2	1,807	90	19,39	419	446,1	1,799	95	18,3	423,1	450,5	1,806
95	21,54	424,6	452,6	1,822	95	19,81	423,8	451,6	1,814	100	18,69	428	456	1,82
100	21,97	429,4	458	1,836	100	20,21	428,7	457	1,828	105	19,07	432,9	461,5	1,835
105	22,39	434,2	463,4	1,851	105	20,61	433,6	462,4	1,843	110	19,44	437,8	467	1,849
110	22,81	439,1	468,8	1,865	110	21,01	438,5	467,9	1,857	115	19,81	442,7	472,4	1,864
115	23,22	444	474,2	1,879	115	21,4	443,4	473,3	1,871	120	20,18	447,7	478	1,878
120	23,63	448,9	479,6	1,893	120	21,78	448,3	478,8	1,885	125	20,54	452,7	483,5	1,892
125	24,03	453,9	485,1	1,907	125	22,16	453,3	484,3	1,899	130	20,9	457,7	489	1,905
130	24,43	458,8	490,6	1,921	130	22,54	458,3	489,8	1,913	135	21,26	462,7	494,6	1,919
135	24,83	463,8	496,1	1,934	135	22,92	463,3	495,3	1,926	140	21,61	467,8	500,2	1,933
140	25,23	468,8	501,6	1,948	140	23,29	468,3	500,9	1,94	145	21,96	472,8	505,8	1,946
145	25,62	473,9	507,2	1,961	145	23,66	473,4	506,5	1,953	150	22,3	477,9	511,4	1,96
150	26,01	478,9	512,8	1,974	150	24,02	478,4	512,1	1,967	155	22,65	483,1	517	1,973

(continua)

Tabela B5b – Propriedades termodinâmicas do refrigerante R-404A superaquecido *(continuação)*

p = 1.600 kPa; T_o = 34,9 °C					p = 1.700 kPa; T_o = 37,3 °C					p = 1.800 kPa; T_o = 39,7 °C				
T [°C]	v [l/kg]	u [kJ/kg]	h [kJ/kg]	s [kJ/kgK]	T [°C]	v [l/kg]	u [kJ/kg]	h [kJ/kg]	s [kJ/kgK]	T [°C]	v [l/kg]	u [kJ/kg]	h [kJ/kg]	s [kJ/kgK]
35	11,48	361,2	379,6	1,59	40	11	365	383,7	1,6	40	9,986	362,9	380,9	1,587
40	12,09	366,9	386,3	1,612	45	11,57	370,7	390,4	1,621	45	10,58	368,9	388	1,61
45	12,65	372,3	392,6	1,632	50	12,09	376,1	396,7	1,641	50	11,11	374,6	394,6	1,63
50	13,17	377,6	398,6	1,651	55	12,58	381,4	402,8	1,659	55	11,6	380	400,9	1,65
55	13,66	382,7	404,6	1,669	60	13,03	386,5	408,7	1,677	60	12,06	385,3	407	1,668
60	14,12	387,7	410,3	1,686	65	13,47	391,6	414,5	1,695	65	12,49	390,5	412,9	1,686
65	14,57	392,7	416,1	1,703	70	13,89	396,7	420,3	1,711	70	12,9	395,6	418,8	1,703
70	15	397,7	421,7	1,72	75	14,3	401,7	426	1,728	75	13,3	400,7	424,6	1,72
75	15,41	402,6	427,3	1,736	80	14,69	406,6	431,6	1,744	80	13,69	405,7	430,3	1,736
80	15,82	407,6	432,9	1,752	85	15,07	411,6	437,2	1,76	85	14,06	410,7	436	1,752
85	16,21	412,5	438,4	1,767	90	15,45	416,6	442,8	1,775	90	14,42	415,7	441,7	1,768
90	16,6	417,4	443,9	1,783	95	15,81	421,5	448,4	1,791	95	14,77	420,7	447,3	1,783
95	16,98	422,3	449,5	1,798	100	16,17	426,5	454	1,806	100	15,12	425,7	452,9	1,799
100	17,35	427,2	455	1,813	105	16,52	431,4	459,5	1,82	105	15,46	430,7	458,5	1,814
105	17,72	432,2	460,5	1,828	110	16,87	436,4	465,1	1,835	110	15,79	435,7	464,2	1,828
110	18,08	437,1	466	1,842	115	17,21	441,4	470,7	1,849	115	16,12	440,8	469,8	1,843
115	18,43	442,1	471,6	1,856	120	17,54	446,4	476,2	1,864	120	16,44	445,8	475,4	1,857
120	18,78	447,1	477,1	1,871	125	17,87	451,5	481,8	1,878	125	16,76	450,8	481	1,871
125	19,13	452,1	482,7	1,885	130	18,2	456,5	487,4	1,892	130	17,07	455,9	486,6	1,886
130	19,47	457,1	488,2	1,899	135	18,52	461,6	493,1	1,906	135	17,38	461	492,3	1,899
135	19,8	462,1	493,8	1,912	140	18,84	466,7	498,7	1,919	140	17,69	466,1	497,9	1,913
140	20,14	467,2	499,4	1,926	145	19,16	471,8	504,3	1,933	145	17,99	471,2	503,6	1,927
145	20,47	472,3	505,1	1,939	150	19,47	476,9	510	1,947	150	18,29	476,4	509,3	1,94
150	20,8	477,4	510,7	1,953	155	19,78	482,1	515,7	1,96	155	18,59	481,6	515	1,954
155	21,13	482,6	516,4	1,966	160	20,09	487,2	521,4	1,973	160	18,88	486,8	520,8	1,967

(continua)

Tabela B5b – Propriedades termodinâmicas do refrigerante R-404A superaquecido *(continuação)*

p = 1.900 kPa; T_o = 41,9 °C					p = 2.000 kPa; T_o = 44,1 °C				
T [°C]	v [l/kg]	u [kJ/kg]	h [kJ/kg]	s [kJ/kgK]	T [°C]	v [l/kg]	u [kJ/kg]	h [kJ/kg]	s [kJ/kgK]
45	9,674	367	385,3	1,598	45	8,824	364,8	382,4	1,586
50	10,22	372,9	392,3	1,62	50	9,403	371,1	389,9	1,61
55	10,72	378,5	398,9	1,64	55	9,912	376,9	396,8	1,631
60	11,18	384	405,2	1,659	60	10,37	382,6	403,3	1,651
65	11,61	389,3	411,3	1,678	65	10,81	388	409,6	1,669
70	12,02	394,5	417,3	1,695	70	11,21	393,3	415,7	1,687
75	12,41	399,6	423,2	1,712	75	11,6	398,6	421,8	1,705
80	12,78	404,7	429	1,729	80	11,97	403,7	427,7	1,722
85	13,15	409,8	434,8	1,745	85	12,32	408,9	433,5	1,738
90	13,5	414,9	440,5	1,761	90	12,67	414	439,3	1,754
95	13,84	419,9	446,2	1,777	95	13	419,1	445,1	1,77
100	14,18	424,9	451,9	1,792	100	13,33	424,2	450,8	1,785
105	14,51	430	457,5	1,807	105	13,65	429,2	456,5	1,801
110	14,83	435	463,2	1,822	110	13,96	434,3	462,2	1,816
115	15,14	440,1	468,9	1,836	115	14,27	439,4	467,9	1,83
120	15,46	445,1	474,5	1,851	120	14,57	444,5	473,6	1,845
125	15,76	450,2	480,2	1,865	125	14,86	449,6	479,3	1,859
130	16,06	455,3	485,8	1,879	130	15,16	454,7	485	1,873
135	16,36	460,4	491,5	1,893	135	15,44	459,8	490,7	1,888
140	16,66	465,5	497,2	1,907	140	15,73	465	496,4	1,901
145	16,95	470,7	502,9	1,921	145	16,01	470,1	502,2	1,915
150	17,24	475,9	508,6	1,935	150	16,29	475,3	507,9	1,929
155	17,52	481,1	514,3	1,948	155	16,56	480,5	513,7	1,942
160	17,8	486,3	520,1	1,961	160	16,83	485,8	519,4	1,956

Tabela B5c – Propriedades de transporte do refrigerante R-404A saturado

p [kPa]	ρ_l [kg/m³]	ρ_v [kg/m³]	cp_l [kJ/kgK]	cp_v [kJ/kgK]	k_l [W/mK]	k_v [W/mK]	μ_l [Pas]	μ_v [Pas]	Pr_l	Pr_v
60	1.338	3,353	1,235	0,7514	0,0962	0,00749	3,74E-4*	9,12E-6	4,797	0,9151
80	1.321	4,391	1,244	0,7697	0,0942	0,00792	3,48E-4	9,33E-6	4,592	0,9063
100	1.307	5,415	1,252	0,7853	0,0925	0,00829	3,28E-4	9,51E-6	4,434	0,9006
120	1.295	6,429	1,259	0,7990	0,0911	0,00860	3,12E-4	9,66E-6	4,304	0,8967
140	1.285	7,436	1,267	0,8115	0,0899	0,00889	2,98E-4	9,79E-6	4,195	0,8941
160	1.275	8,438	1,273	0,8229	0,0889	0,00914	2,86E-4	9,91E-6	4,100	0,8923
180	1.266	9,437	1,280	0,8337	0,0879	0,00937	2,76E-4	1,00E-5	4,017	0,8911
200	1.258	10,43	1,286	0,8438	0,0871	0,00959	2,67E-4	1,01E-5	3,943	0,8905
220	1.250	11,43	1,292	0,8535	0,0863	0,00980	2,59E-4	1,02E-5	3,876	0,8902
240	1.243	12,42	1,298	0,8628	0,0855	0,00999	2,51E-4	1,03E-5	3,816	0,8902
260	1.236	13,41	1,304	0,8717	0,0848	0,0102	2,45E-4	1,04E-5	3,760	0,8905
280	1.230	14,40	1,309	0,8803	0,0842	0,0103	2,38E-4	1,05E-5	3,709	0,8911
300	1.224	15,39	1,314	0,8887	0,0835	0,0105	2,33E-4	1,06E-5	3,662	0,8918
320	1.218	16,39	1,320	0,8968	0,0830	0,0107	2,27E-4	1,06E-5	3,618	0,8927
340	1.212	17,38	1,325	0,9048	0,0824	0,0108	2,22E-4	1,07E-5	3,577	0,8938
360	1.207	18,38	1,330	0,9126	0,0819	0,0110	2,18E-4	1,08E-5	3,539	0,8950
380	1.202	19,37	1,335	0,9203	0,0814	0,0111	2,13E-4	1,08E-5	3,502	0,8963
400	1.196	20,37	1,340	0,9278	0,0809	0,0113	2,09E-4	1,09E-5	3,468	0,8977
420	1.191	21,37	1,345	0,9352	0,0804	0,0114	2,05E-4	1,10E-5	3,436	0,8992
440	1.187	22,37	1,350	0,9426	0,0800	0,0115	2,02E-4	1,10E-5	3,406	0,9008
460	1.182	23,37	1,354	0,9498	0,0795	0,0117	1,98E-4	1,11E-5	3,377	0,9026
480	1.177	24,38	1,359	0,9570	0,0791	0,0118	1,95E-4	1,11E-5	3,350	0,9044
500	1.173	25,39	1,364	0,9640	0,0787	0,0119	1,92E-4	1,12E-5	3,324	0,9063
520	1.168	26,40	1,369	0,9711	0,0783	0,0120	1,89E-4	1,12E-5	3,300	0,9082
540	1.164	27,41	1,373	0,9781	0,0779	0,0121	1,86E-4	1,13E-5	3,276	0,9103
560	1.160	28,42	1,378	0,9850	0,0775	0,0123	1,83E-4	1,14E-5	3,254	0,9124
580	1.156	29,44	1,383	0,9919	0,0772	0,0124	1,80E-4	1,14E-5	3,233	0,9146
600	1.152	30,46	1,387	0,9987	0,0768	0,0125	1,78E-4	1,15E-5	3,212	0,9168
620	1.148	31,49	1,392	1,006	0,0765	0,0126	1,75E-4	1,15E-5	3,193	0,9192
640	1.144	32,52	1,397	1,012	0,0761	0,0127	1,73E-4	1,16E-5	3,174	0,9216
660	1.140	33,55	1,401	1,019	0,0758	0,0128	1,71E-4	1,16E-5	3,156	0,9240
680	1.136	34,58	1,406	1,026	0,0755	0,0129	1,69E-4	1,17E-5	3,139	0,9266
700	1.133	35,62	1,411	1,033	0,0752	0,0130	1,66E-4	1,17E-5	3,123	0,9292
720	1.129	36,66	1,415	1,039	0,0749	0,0131	1,64E-4	1,18E-5	3,107	0,9318
740	1.125	37,70	1,420	1,046	0,0746	0,0132	1,62E-4	1,18E-5	3,092	0,9346
760	1.122	38,75	1,425	1,053	0,0743	0,0133	1,60E-4	1,19E-5	3,078	0,9374

(continua)

Tabela B5c – Propriedades de transporte do refrigerante R-404A saturado *(continuação)*

p [kPa]	ρ_l [kg/m³]	ρ_v [kg/m³]	cp_l [kJ/kgK]	cp_v [kJ/kgK]	k_l [W/mK]	k_v [W/mK]	μ_l [Pas]	μ_v [Pas]	Pr_l	Pr_v
780	1.118	39,80	1,429	1,060	0,0740	0,0134	1,59E-4	1,19E-5	3,064	0,9402
800	1.115	40,86	1,434	1,067	0,0737	0,0135	1,57E-4	1,20E-5	3,051	0,9431
820	1.111	41,92	1,439	1,073	0,0734	0,0136	1,55E-4	1,20E-5	3,038	0,9461
840	1.108	42,98	1,443	1,080	0,0731	0,0137	1,53E-4	1,21E-5	3,026	0,9492
860	1.105	44,05	1,448	1,087	0,0729	0,0138	1,52E-4	1,21E-5	3,014	0,9523
880	1.101	45,12	1,453	1,094	0,0726	0,0139	1,50E-4	1,22E-5	3,003	0,9555
900	1.098	46,20	1,458	1,101	0,0723	0,0140	1,48E-4	1,22E-5	2,992	0,9588
920	1.095	47,28	1,463	1,108	0,0721	0,0141	1,47E-4	1,23E-5	2,982	0,9621
940	1.092	48,36	1,467	1,115	0,0718	0,0142	1,45E-4	1,23E-5	2,972	0,9655
960	1.088	49,45	1,472	1,122	0,0716	0,0143	1,44E-4	1,23E-5	2,962	0,9690
980	1.085	50,54	1,477	1,129	0,0713	0,0144	1,43E-4	1,24E-5	2,953	0,9725
1.000	1.082	51,64	1,482	1,136	0,0711	0,0145	1,41E-4	1,24E-5	2,944	0,9761
1.020	1.079	52,75	1,487	1,143	0,0708	0,0146	1,40E-4	1,25E-5	2,936	0,9798
1.040	1.076	53,85	1,492	1,150	0,0706	0,0147	1,39E-4	1,25E-5	2,928	0,9836
1.060	1.073	54,97	1,497	1,157	0,0703	0,0147	1,37E-4	1,26E-5	2,921	0,9874
1.080	1.070	56,08	1,502	1,164	0,0701	0,0148	1,36E-4	1,26E-5	2,913	0,9913
1.100	1.067	57,21	1,508	1,172	0,0699	0,0149	1,35E-4	1,27E-5	2,906	0,9953
1.120	1.064	58,33	1,513	1,179	0,0696	0,0150	1,34E-4	1,27E-5	2,900	0,9994
1.140	1.061	59,47	1,518	1,186	0,0694	0,0151	1,32E-4	1,28E-5	2,894	1,004
1.160	1.058	60,60	1,523	1,194	0,0692	0,0152	1,31E-4	1,28E-5	2,888	1,008
1.180	1.055	61,75	1,529	1,201	0,0690	0,0153	1,30E-4	1,29E-5	2,882	1,012
1.200	1.052	62,90	1,534	1,209	0,0688	0,0154	1,29E-4	1,29E-5	2,877	1,017
1.220	1.049	64,05	1,540	1,217	0,0685	0,0154	1,28E-4	1,30E-5	2,872	1,021
1.240	1.046	65,21	1,545	1,224	0,0683	0,0155	1,27E-4	1,30E-5	2,867	1,026
1.260	1.043	66,38	1,551	1,232	0,0681	0,0156	1,26E-4	1,31E-5	2,863	1,030
1.280	1.040	67,55	1,556	1,240	0,0679	0,0157	1,25E-4	1,31E-5	2,859	1,035
1.300	1.038	68,73	1,562	1,248	0,0677	0,0158	1,24E-4	1,32E-5	2,855	1,040
1.320	1.035	69,91	1,568	1,256	0,0675	0,0159	1,23E-4	1,32E-5	2,851	1,045
1.340	1.032	71,10	1,574	1,264	0,0673	0,0160	1,22E-4	1,32E-5	2,848	1,050
1.360	1.029	72,30	1,580	1,273	0,0671	0,0160	1,21E-4	1,33E-5	2,845	1,055
1.380	1.026	73,50	1,586	1,281	0,0669	0,0161	1,20E-4	1,33E-5	2,842	1,060
1.400	1.023	74,71	1,592	1,289	0,0667	0,0162	1,19E-4	1,34E-5	2,840	1,066
1.420	1.021	75,92	1,598	1,298	0,0665	0,0163	1,18E-4	1,34E-5	2,838	1,071
1.440	1.018	77,15	1,604	1,307	0,0663	0,0164	1,17E-4	1,35E-5	2,836	1,077
1.460	1.015	78,38	1,611	1,315	0,0661	0,0165	1,16E-4	1,35E-5	2,834	1,083
1.480	1.012	79,61	1,617	1,324	0,0659	0,0165	1,15E-4	1,36E-5	2,833	1,089

(continua)

Tabela B5c – Propriedades de transporte do refrigerante R-404A saturado *(continuação)*

p [kPa]	ρ_l [kg/m³]	ρ_v [kg/m³]	cp_l [kJ/kgK]	cp_v [kJ/kgK]	k_l [W/mK]	k_v [W/mK]	μ_l [Pas]	μ_v [Pas]	Pr_l	Pr_v
1.500	1.010	80,86	1,623	1,333	0,0657	0,0166	1,15E-4	1,36E-5	2,831	1,095
1.520	1.007	82,11	1,630	1,343	0,0655	0,0167	1,14E-4	1,37E-5	2,831	1,101
1.540	1.004	83,36	1,637	1,352	0,0653	0,0168	1,13E-4	1,37E-5	2,830	1,107
1.560	1.001	84,63	1,643	1,361	0,0651	0,0169	1,12E-4	1,38E-5	2,829	1,113
1.580	998,6	85,90	1,650	1,371	0,0649	0,0170	1,11E-4	1,39E-5	2,829	1,120
1.600	995,9	87,18	1,657	1,381	0,0647	0,0170	1,11E-4	1,39E-5	2,830	1,126
1.620	993,2	88,47	1,664	1,390	0,0646	0,0171	1,10E-4	1,40E-5	2,830	1,133
1.640	990,5	89,77	1,672	1,400	0,0644	0,0172	1,09E-4	1,40E-5	2,831	1,140
1.660	987,8	91,07	1,679	1,411	0,0642	0,0173	1,08E-4	1,41E-5	2,831	1,147
1.680	985,1	92,38	1,686	1,421	0,0640	0,0174	1,08E-4	1,41E-5	2,833	1,155
1.700	982,4	93,70	1,694	1,431	0,0638	0,0175	1,07E-4	1,42E-5	2,834	1,162
1.720	979,7	95,03	1,702	1,442	0,0636	0,0175	1,06E-4	1,42E-5	2,836	1,170
1.740	977,0	96,37	1,709	1,453	0,0634	0,0176	1,05E-4	1,43E-5	2,838	1,177
1.760	974,3	97,72	1,717	1,464	0,0633	0,0177	1,05E-4	1,43E-5	2,840	1,185
1.780	971,6	99,08	1,725	1,475	0,0631	0,0178	1,04E-4	1,44E-5	2,842	1,193
1.800	968,9	100,4	1,733	1,487	0,0629	0,0179	1,03E-4	1,44E-5	2,845	1,202
1.820	966,2	101,8	1,742	1,498	0,0627	0,0180	1,03E-4	1,45E-5	2,848	1,210
1.840	963,6	103,2	1,750	1,510	0,0626	0,0180	1,02E-4	1,46E-5	2,851	1,219
1.860	960,9	104,6	1,759	1,523	0,0624	0,0181	1,01E-4	1,46E-5	2,855	1,228
1.880	958,2	106,0	1,768	1,535	0,0622	0,0182	1,01E-4	1,47E-5	2,859	1,237
1.900	955,5	107,4	1,777	1,548	0,0620	0,0183	9,99E-5	1,47E-5	2,863	1,247
1.920	952,8	108,8	1,786	1,560	0,0618	0,0184	9,93E-5	1,48E-5	2,867	1,256
1.940	950,1	110,3	1,795	1,574	0,0617	0,0185	9,87E-5	1,49E-5	2,872	1,266
1.960	947,4	111,7	1,804	1,587	0,0615	0,0186	9,80E-5	1,49E-5	2,877	1,276
1.980	944,7	113,2	1,814	1,601	0,0613	0,0186	9,74E-5	1,50E-5	2,882	1,287
2.000	942,0	114,6	1,824	1,615	0,0611	0,0187	9,68E-5	1,50E-5	2,888	1,297
2.020	939,3	116,1	1,834	1,629	0,0610	0,0188	9,62E-5	1,51E-5	2,894	1,308
2.040	936,6	117,6	1,844	1,644	0,0608	0,0189	9,56E-5	1,52E-5	2,900	1,320
2.060	933,9	119,1	1,855	1,659	0,0606	0,0190	9,50E-5	1,52E-5	2,906	1,331
2.080	931,2	120,6	1,865	1,674	0,0605	0,0191	9,44E-5	1,53E-5	2,913	1,343
2.100	928,5	122,2	1,876	1,690	0,0603	0,0192	9,38E-5	1,54E-5	2,920	1,355
2.120	925,8	123,7	1,887	1,706	0,0601	0,0192	9,33E-5	1,54E-5	2,928	1,368
2.140	923,1	125,3	1,898	1,723	0,0599	0,0193	9,27E-5	1,55E-5	2,935	1,381
2.160	920,4	126,8	1,910	1,740	0,0598	0,0194	9,21E-5	1,56E-5	2,943	1,394
2.180	917,6	128,4	1,921	1,757	0,0596	0,0195	9,16E-5	1,56E-5	2,952	1,408
2.200	914,9	130,0	1,933	1,775	0,0594	0,0196	9,10E-5	1,57E-5	2,960	1,422

(continua)

Tabela B5c – Propriedades de transporte do refrigerante R-404A saturado *(continuação)*

p [kPa]	ρ_l [kg/m³]	ρ_v [kg/m³]	cp_l [kJ/kgK]	cp_v [kJ/kgK]	k_l [W/mK]	k_v [W/mK]	μ_l [Pas]	μ_v [Pas]	Pr_l	Pr_v
2.220	912,1	131,6	1,945	1,793	0,0593	0,0197	9,04E-5	1,58E-5	2,970	1,436
2.240	909,4	133,2	1,958	1,812	0,0591	0,0198	8,99E-5	1,58E-5	2,979	1,451
2.260	906,6	134,9	1,971	1,832	0,0589	0,0199	8,93E-5	1,59E-5	2,989	1,467
2.280	903,9	136,5	1,984	1,852	0,0587	0,0200	8,88E-5	1,60E-5	2,999	1,482
2.300	901,1	138,2	1,997	1,872	0,0586	0,0200	8,83E-5	1,61E-5	3,009	1,499
2.320	898,3	139,9	2,010	1,893	0,0584	0,0201	8,77E-5	1,61E-5	3,020	1,516
2.340	895,5	141,6	2,024	1,915	0,0582	0,0202	8,72E-5	1,62E-5	3,031	1,533
2.360	892,7	143,3	2,038	1,938	0,0581	0,0203	8,67E-5	1,63E-5	3,043	1,551
2.380	889,9	145,0	2,052	1,961	0,0579	0,0204	8,61E-5	1,64E-5	3,055	1,570
2.400	887,0	146,8	2,067	1,985	0,0577	0,0205	8,56E-5	1,64E-5	3,067	1,590
2.420	884,2	148,6	2,082	2,009	0,0575	0,0206	8,51E-5	1,65E-5	3,080	1,610
2.440	881,3	150,3	2,097	2,035	0,0574	0,0207	8,46E-5	1,66E-5	3,093	1,630
2.460	878,5	152,1	2,113	2,061	0,0572	0,0208	8,41E-5	1,67E-5	3,106	1,652
2.480	875,6	154,0	2,129	2,089	0,0570	0,0209	8,36E-5	1,68E-5	3,120	1,674
2.500	872,7	155,8	2,145	2,117	0,0568	0,0210	8,31E-5	1,68E-5	3,134	1,698
2.520	869,8	157,7	2,161	2,146	0,0567	0,0211	8,26E-5	1,69E-5	3,148	1,722
2.540	866,9	159,6	2,178	2,177	0,0565	0,0212	8,21E-5	1,70E-5	3,163	1,747
2.560	863,9	161,5	2,195	2,208	0,0563	0,0213	8,16E-5	1,71E-5	3,178	1,773
2.580	861,0	163,4	2,212	2,241	0,0562	0,0214	8,11E-5	1,72E-5	3,194	1,800
2.600	858,0	165,4	2,230	2,275	0,0560	0,0215	8,06E-5	1,73E-5	3,209	1,828
2.620	855,0	167,4	2,248	2,311	0,0558	0,0216	8,01E-5	1,74E-5	3,225	1,858
2.640	852,0	169,4	2,266	2,348	0,0556	0,0217	7,96E-5	1,75E-5	3,242	1,889
2.660	849,0	171,4	2,285	2,386	0,0554	0,0218	7,91E-5	1,76E-5	3,258	1,921
2.680	845,9	173,5	2,304	2,427	0,0553	0,0219	7,86E-5	1,76E-5	3,275	1,954
2.700	842,9	175,5	2,323	2,469	0,0551	0,0220	7,81E-5	1,77E-5	3,293	1,990
2.720	839,8	177,6	2,342	2,513	0,0549	0,0221	7,76E-5	1,78E-5	3,310	2,027
2.740	836,7	179,8	2,361	2,559	0,0547	0,0222	7,71E-5	1,79E-5	3,327	2,065
2.760	833,5	182,0	2,381	2,607	0,0545	0,0223	7,66E-5	1,80E-5	3,345	2,106
2.780	830,3	184,2	2,401	2,658	0,0544	0,0225	7,61E-5	1,82E-5	3,363	2,149
2.800	827,2	186,4	2,421	2,712	0,0542	0,0226	7,56E-5	1,83E-5	3,380	2,194
2.820	823,9	188,6	2,441	2,768	0,0540	0,0227	7,52E-5	1,84E-5	3,398	2,242
2.840	820,7	190,9	2,461	2,828	0,0538	0,0228	7,47E-5	1,85E-5	3,416	2,292
2.860	817,4	193,3	2,482	2,890	0,0536	0,0229	7,42E-5	1,86E-5	3,433	2,346
2.880	814,1	195,6	2,502	2,957	0,0534	0,0230	7,37E-5	1,87E-5	3,451	2,402
2.900	810,7	198,1	2,522	3,027	0,0532	0,0231	7,32E-5	1,88E-5	3,468	2,462
2.920	807,4	200,5	2,542	3,102	0,0531	0,0233	7,27E-5	1,89E-5	3,484	2,526

(continua)

Tabela B5c – Propriedades de transporte do refrigerante R-404A saturado *(continuação)*

p [kPa]	ρ_l [kg/m³]	ρ_v [kg/m³]	cp_l [kJ/kgK]	cp_v [kJ/kgK]	k_l [W/mK]	k_v [W/mK]	μ_l [Pas]	μ_v [Pas]	Pr_l	Pr_v
2.940	803,9	203,0	2,562	3,182	0,0529	0,0234	7,22E-5	1,91E-5	3,501	2,594
2.960	800,5	205,5	2,582	3,267	0,0527	0,0235	7,17E-5	1,92E-5	3,517	2,667
2.980	797,0	208,1	2,601	3,358	0,0525	0,0236	7,12E-5	1,93E-5	3,532	2,745
3.000	793,5	210,7	2,621	3,456	0,0523	0,0238	7,07E-5	1,95E-5	3,546	2,828
3.020	789,9	213,4	2,639	3,561	0,0521	0,0239	7,02E-5	1,96E-5	3,560	2,918

* E-4, E-5 e E-6 são representações simplificadas de 10^{-4}, 10^{-5} e 10^{-6}.

Tabela B6a – Propriedades termodinâmicas da amônia saturada, entrada por temperatura

T	p_{sat}	v_l	v_v	u_l	u_{lv}	u_v	h_l	h_{lv}	h_v	s_l	s_v
[°C]	[kPa]	[l/kg]	[l/kg]	[kJ/kg]	[kJ/kg]	[kJ/kg]	[kJ/kg]	[kJ/kg]	[kJ/kg]	[kJ/kgK]	[kJ/kgK]
-40	71,66	1,449	1.554	19,44	1.277	1.297	19,54	1.388	1.408	0,2882	6,243
-39	75,59	1,452	1.478	23,85	1.274	1.298	23,96	1.386	1.410	0,3071	6,225
-38	79,68	1,454	1.407	28,26	1.271	1.299	28,38	1.383	1.411	0,3259	6,206
-37	83,96	1,457	1.340	32,68	1.267	1.300	32,80	1.380	1.413	0,3447	6,188
-36	88,42	1,460	1.277	37,10	1.264	1.301	37,23	1.377	1.414	0,3634	6,170
-35	93,07	1,462	1.217	41,53	1.261	1.303	41,67	1.374	1.416	0,3820	6,152
-34	97,92	1,465	1.161	45,96	1.258	1.304	46,11	1.371	1.417	0,4005	6,135
-33	103,0	1,468	1.107	50,40	1.254	1.305	50,55	1.368	1.419	0,4191	6,117
-32	108,2	1,470	1.057	54,84	1.251	1.306	55,00	1.365	1.420	0,4375	6,100
-31	113,7	1,473	1.009	59,28	1.248	1.307	59,45	1.363	1.422	0,4559	6,083
-30	119,4	1,476	964,2	63,73	1.245	1.308	63,91	1.360	1.423	0,4742	6,066
-29	125,3	1,478	921,4	68,19	1.241	1.309	68,37	1.357	1.425	0,4925	6,049
-28	131,5	1,481	881,0	72,64	1.238	1.311	72,84	1.354	1.426	0,5107	6,032
-27	137,9	1,484	842,6	77,11	1.235	1.312	77,31	1.351	1.428	0,5289	6,016
-26	144,6	1,487	806,2	81,57	1.231	1.313	81,79	1.348	1.429	0,5470	5,999
-25	151,5	1,489	771,7	86,04	1.228	1.314	86,27	1.345	1.431	0,5650	5,983
-24	158,6	1,492	739,0	90,52	1.224	1.315	90,75	1.341	1.432	0,5830	5,967
-23	166,1	1,495	707,9	95,00	1.221	1.316	95,25	1.338	1.434	0,6010	5,951
-22	173,8	1,498	678,4	99,48	1.218	1.317	99,74	1.335	1.435	0,6189	5,936
-21	181,8	1,501	650,4	104,0	1.214	1.318	104,2	1.332	1.436	0,6367	5,920
-20	190,1	1,504	623,7	108,5	1.211	1.319	108,7	1.329	1.438	0,6545	5,905
-19	198,7	1,506	598,4	113,0	1.207	1.320	113,3	1.326	1.439	0,6722	5,889
-18	207,6	1,509	574,2	117,5	1.204	1.321	117,8	1.323	1.441	0,6899	5,874
-17	216,8	1,512	551,3	122,0	1.200	1.322	122,3	1.320	1.442	0,7076	5,859
-16	226,3	1,515	529,4	126,5	1.197	1.323	126,8	1.316	1.443	0,7251	5,844
-15	236,2	1,518	508,6	131,0	1.193	1.324	131,4	1.313	1.445	0,7427	5,829
-14	246,4	1,521	488,8	135,5	1.190	1.325	135,9	1.310	1.446	0,7601	5,815
-13	257,0	1,524	469,8	140,0	1.186	1.326	140,4	1.307	1.447	0,7776	5,800
-12	267,9	1,527	451,8	144,6	1.183	1.327	145,0	1.303	1.448	0,7950	5,786
-11	279,1	1,530	434,6	149,1	1.179	1.328	149,5	1.300	1.450	0,8123	5,771
-10	290,8	1,534	418,2	153,7	1.176	1.329	154,1	1.297	1.451	0,8296	5,757
-9	302,8	1,537	402,5	158,2	1.172	1.330	158,7	1.293	1.452	0,8468	5,743
-8	315,2	1,540	387,5	162,7	1.168	1.331	163,2	1.290	1.453	0,8640	5,729
-7	328,0	1,543	373,2	167,3	1.165	1.332	167,8	1.287	1.454	0,8812	5,715
-6	341,2	1,546	359,6	171,9	1.161	1.333	172,4	1.283	1.456	0,8983	5,702
-5	354,9	1,549	346,5	176,4	1.157	1.334	177,0	1.280	1.457	0,9154	5,688

(continua)

Tabela B6a – Propriedades termodinâmicas da amônia saturada, entrada por temperatura *(continuação)*

T [°C]	p_{sat} [kPa]	v_l [l/kg]	v_v [l/kg]	u_l [kJ/kg]	u_{lv} [kJ/kg]	u_v [kJ/kg]	h_l [kJ/kg]	h_{lv} [kJ/kg]	h_v [kJ/kg]	s_l [kJ/kgK]	s_v [kJ/kgK]
-4	368,9	1,553	334,0	181,0	1.154	1.335	181,6	1.276	1.458	0,9324	5,674
-3	383,4	1,556	322,1	185,6	1.150	1.336	186,2	1.273	1.459	0,9493	5,661
-2	398,3	1,559	310,6	190,2	1.146	1.336	190,8	1.269	1.460	0,9663	5,648
-1	413,7	1,562	299,7	194,7	1.143	1.337	195,4	1.266	1.461	0,9832	5,634
0	429,6	1,566	289,2	199,3	1.139	1.338	200,0	1.262	1.462	1,000	5,621
1	445,9	1,569	279,1	203,9	1.135	1.339	204,6	1.259	1.463	1,017	5,608
2	462,6	1,572	269,5	208,5	1.131	1.340	209,3	1.255	1.464	1,034	5,595
3	479,9	1,576	260,3	213,1	1.127	1.341	213,9	1.252	1.466	1,050	5,583
4	497,7	1,579	251,4	217,7	1.124	1.341	218,5	1.248	1.467	1,067	5,570
5	516,0	1,583	242,9	222,4	1.120	1.342	223,2	1.244	1.468	1,084	5,557
6	534,8	1,586	234,8	227,0	1.116	1.343	227,8	1.241	1.469	1,100	5,544
7	554,1	1,590	227,0	231,6	1.112	1.344	232,5	1.237	1.469	1,117	5,532
8	573,9	1,593	219,5	236,2	1.108	1.344	237,2	1.233	1.470	1,133	5,520
9	594,3	1,597	212,3	240,9	1.104	1.345	241,8	1.229	1.471	1,150	5,507
10	615,3	1,601	205,3	245,5	1.100	1.346	246,5	1.226	1.472	1,166	5,495
11	636,8	1,604	198,7	250,2	1.096	1.347	251,2	1.222	1.473	1,183	5,483
12	658,9	1,608	192,3	254,8	1.092	1.347	255,9	1.218	1.474	1,199	5,471
13	681,6	1,612	186,1	259,5	1.088	1.348	260,6	1.214	1.475	1,215	5,459
14	704,9	1,615	180,2	264,2	1.084	1.349	265,3	1.210	1.476	1,232	5,447
15	728,8	1,619	174,5	268,9	1.080	1.349	270,0	1.206	1.477	1,248	5,435
16	753,3	1,623	169,1	273,5	1.076	1.350	274,8	1.203	1.477	1,264	5,423
17	778,5	1,627	163,8	278,2	1.072	1.351	279,5	1.199	1.478	1,280	5,411
18	804,2	1,631	158,7	282,9	1.068	1.351	284,2	1.195	1.479	1,297	5,399
19	830,7	1,634	153,8	287,6	1.064	1.352	289,0	1.191	1.480	1,313	5,388
20	857,8	1,638	149,1	292,3	1.060	1.352	293,7	1.187	1.480	1,329	5,376
21	885,5	1,642	144,6	297,0	1.056	1.353	298,5	1.182	1.481	1,345	5,365
22	914,0	1,646	140,2	301,8	1.052	1.353	303,3	1.178	1.482	1,361	5,353
23	943,1	1,650	136,0	306,5	1.048	1.354	308,1	1.174	1.482	1,377	5,342
24	972,9	1,655	132,0	311,2	1.043	1.355	312,8	1.170	1.483	1,393	5,331
25	1.003	1,659	128,1	316,0	1.039	1.355	317,6	1.166	1.484	1,409	5,319
26	1.035	1,663	124,3	320,7	1.035	1.356	322,4	1.162	1.484	1,425	5,308
27	1.067	1,667	120,6	325,5	1.031	1.356	327,3	1.157	1.485	1,441	5,297
28	1.100	1,671	117,1	330,2	1.026	1.357	332,1	1.153	1.485	1,456	5,286
29	1.133	1,676	113,7	335,0	1.022	1.357	336,9	1.149	1.486	1,472	5,275
30	1.167	1,680	110,4	339,8	1.018	1.357	341,8	1.145	1.486	1,488	5,264
31	1.202	1,684	107,3	344,6	1.013	1.358	346,6	1.140	1.487	1,504	5,253

(continua)

Tabela B6a – Propriedades termodinâmicas da amônia saturada, entrada por temperatura *(continuação)*

T [°C]	p_{sat} [kPa]	v_l [l/kg]	v_v [l/kg]	u_l [kJ/kg]	u_{lv} [kJ/kg]	u_v [kJ/kg]	h_l [kJ/kg]	h_{lv} [kJ/kg]	h_v [kJ/kg]	s_l [kJ/kgK]	s_v [kJ/kgK]
32	1.238	1,689	104,2	349,4	1.009	1.358	351,5	1.136	1.487	1,520	5,242
33	1.275	1,693	101,3	354,2	1.004	1.359	356,3	1.131	1.488	1,535	5,231
34	1.312	1,698	98,39	359,0	1.000	1.359	361,2	1.127	1.488	1,551	5,220
35	1.351	1,702	95,63	363,8	995,5	1.359	366,1	1.122	1.488	1,567	5,209
36	1.390	1,707	92,96	368,6	991,0	1.360	371,0	1.118	1.489	1,582	5,198
37	1.430	1,711	90,37	373,5	986,5	1.360	375,9	1.113	1.489	1,598	5,188
38	1.471	1,716	87,87	378,3	981,9	1.360	380,9	1.109	1.490	1,614	5,177
39	1.513	1,721	85,45	383,2	977,4	1.361	385,8	1.104	1.490	1,629	5,166
40	1.555	1,726	83,11	388,0	972,8	1.361	390,7	1.099	1.490	1,645	5,156
41	1.599	1,731	80,84	392,9	968,1	1.361	395,7	1.095	1.490	1,660	5,145
42	1.643	1,735	78,65	397,8	963,5	1.361	400,7	1.090	1.491	1,676	5,134
43	1.689	1,740	76,52	402,7	958,8	1.361	405,6	1.085	1.491	1,692	5,124
44	1.735	1,745	74,46	407,6	954,1	1.362	410,6	1.080	1.491	1,707	5,113
45	1.782	1,750	72,47	412,5	949,3	1.362	415,6	1.075	1.491	1,723	5,103
46	1.831	1,756	70,53	417,4	944,6	1.362	420,6	1.070	1.491	1,738	5,092
47	1.880	1,761	68,66	422,4	939,8	1.362	425,7	1.066	1.491	1,753	5,082
48	1.930	1,766	66,84	427,3	934,9	1.362	430,7	1.061	1.491	1,769	5,071
49	1.981	1,771	65,08	432,2	930,1	1.362	435,8	1.056	1.491	1,784	5,061
50	2.033	1,777	63,37	437,2	925,2	1.362	440,8	1.050	1.491	1,800	5,050
51	2.087	1,782	61,72	442,2	920,3	1.362	445,9	1.045	1.491	1,815	5,040
52	2.141	1,788	60,11	447,2	915,3	1.362	451,0	1.040	1.491	1,831	5,030
53	2.196	1,793	58,55	452,2	910,3	1.362	456,1	1.035	1.491	1,846	5,019
54	2.253	1,799	57,03	457,2	905,3	1.362	461,2	1.030	1.491	1,861	5,009
55	2.310	1,805	55,56	462,2	900,2	1.362	466,4	1.024	1.491	1,877	4,999
56	2.369	1,810	54,14	467,2	895,1	1.362	471,5	1.019	1.491	1,892	4,988
57	2.429	1,816	52,75	472,3	890,0	1.362	476,7	1.014	1.490	1,907	4,978
58	2.489	1,822	51,40	477,3	884,8	1.362	481,9	1.008	1.490	1,923	4,968
59	2.551	1,828	50,10	482,4	879,6	1.362	487,1	1.003	1.490	1,938	4,957
60	2.614	1,834	48,83	487,5	874,4	1.362	492,3	997,2	1.489	1,953	4,947
61	2.679	1,841	47,59	492,6	869,1	1.362	497,5	991,6	1.489	1,969	4,936
62	2.744	1,847	46,39	497,7	863,8	1.361	502,7	986,0	1.489	1,984	4,926
63	2.811	1,853	45,22	502,8	858,4	1.361	508,0	980,3	1.488	1,999	4,916
64	2.879	1,860	44,09	507,9	853,0	1.361	513,3	974,5	1.488	2,015	4,905
65	2.948	1,866	42,98	513,1	847,5	1.361	518,6	968,7	1.487	2,030	4,895
66	3.018	1,873	41,91	518,3	842,0	1.360	523,9	962,9	1.487	2,045	4,884
67	3.090	1,880	40,86	523,5	836,5	1.360	529,3	956,9	1.486	2,061	4,874

(continua)

Tabela B6a – Propriedades termodinâmicas da amônia saturada, entrada por temperatura *(continuação)*

T [°C]	p_{sat} [kPa]	v_l [l/kg]	v_v [l/kg]	u_l [kJ/kg]	u_{lv} [kJ/kg]	u_v [kJ/kg]	h_l [kJ/kg]	h_{lv} [kJ/kg]	h_v [kJ/kg]	s_l [kJ/kgK]	s_v [kJ/kgK]
68	3.162	1,887	39,85	528,7	830,9	1.360	534,6	951,0	1.486	2,076	4,864
69	3.237	1,894	38,86	533,9	825,3	1.359	540,0	944,9	1.485	2,091	4,853
70	3.312	1,901	37,89	539,1	819,6	1.359	545,4	938,8	1.484	2,107	4,843
71	3.389	1,908	36,96	544,4	813,9	1.358	550,8	932,6	1.483	2,122	4,832
72	3.467	1,915	36,04	549,6	808,1	1.358	556,3	926,4	1.483	2,137	4,821
73	3.546	1,923	35,15	554,9	802,2	1.357	561,7	920,1	1.482	2,153	4,811
74	3.627	1,930	34,29	560,2	796,4	1.357	567,2	913,7	1.481	2,168	4,800
75	3.709	1,938	33,44	565,5	790,4	1.356	572,7	907,3	1.480	2,183	4,790
76	3.792	1,946	32,62	570,9	784,4	1.355	578,3	900,7	1.479	2,199	4,779
77	3.877	1,953	31,81	576,3	778,4	1.355	583,8	894,1	1.478	2,214	4,768
78	3.964	1,962	31,03	581,6	772,2	1.354	589,4	887,5	1.477	2,230	4,757
79	4.051	1,970	30,27	587,1	766,1	1.353	595,0	880,7	1.476	2,245	4,746
80	4.141	1,978	29,53	592,5	759,8	1.352	600,7	873,9	1.475	2,261	4,735
81	4.231	1,987	28,80	597,9	753,5	1.351	606,3	867,0	1.473	2,276	4,724
82	4.323	1,995	28,09	603,4	747,1	1.351	612,0	860,0	1.472	2,292	4,713
83	4.417	2,004	27,40	608,9	740,7	1.350	617,8	852,9	1.471	2,307	4,702
84	4.512	2,013	26,73	614,5	734,2	1.349	623,5	845,7	1.469	2,323	4,691
85	4.609	2,023	26,07	620,0	727,6	1.348	629,3	838,4	1.468	2,339	4,680
86	4.707	2,032	25,43	625,6	720,9	1.347	635,2	831,1	1.466	2,354	4,668
87	4.807	2,042	24,80	631,2	714,2	1.345	641,0	823,6	1.465	2,370	4,657
88	4.909	2,051	24,18	636,8	707,4	1.344	646,9	816,0	1.463	2,386	4,645
89	5.012	2,061	23,59	642,5	700,5	1.343	652,8	808,3	1.461	2,402	4,634
90	5.116	2,072	23,00	648,2	693,5	1.342	658,8	800,5	1.459	2,418	4,622
91	5.223	2,082	22,43	654,0	686,4	1.340	664,8	792,6	1.457	2,433	4,610
92	5.331	2,093	21,87	659,7	679,2	1.339	670,9	784,6	1.456	2,449	4,598
93	5.440	2,104	21,32	665,5	671,9	1.337	677,0	776,5	1.453	2,465	4,586
94	5.552	2,115	20,79	671,4	664,5	1.336	683,1	768,2	1.451	2,482	4,574
95	5.665	2,127	20,26	677,3	657,1	1.334	689,3	759,8	1.449	2,498	4,562
96	5.780	2,139	19,75	683,2	649,5	1.333	695,5	751,3	1.447	2,514	4,549
97	5.896	2,151	19,25	689,1	641,8	1.331	701,8	742,6	1.444	2,530	4,536
98	6.015	2,163	18,76	695,1	633,9	1.329	708,2	733,8	1.442	2,547	4,524
99	6.135	2,176	18,28	701,2	626,0	1.327	714,6	724,8	1.439	2,563	4,511
100	6.257	2,189	17,81	707,3	617,9	1.325	721,0	715,6	1.437	2,580	4,498
101	6.381	2,203	17,35	713,5	609,7	1.323	727,5	706,3	1.434	2,597	4,484
102	6.507	2,217	16,90	719,7	601,3	1.321	734,1	696,8	1.431	2,613	4,471
103	6.634	2,231	16,45	725,9	592,8	1.319	740,7	687,1	1.428	2,630	4,457

(continua)

Tabela B6a – Propriedades termodinâmicas da amônia saturada, entrada por temperatura *(continuação)*

T [°C]	p_{sat} [kPa]	v_l [l/kg]	v_v [l/kg]	u [kJ/kg]	u_{lv} [kJ/kg]	u_v [kJ/kg]	h_l [kJ/kg]	h_{lv} [kJ/kg]	h_v [kJ/kg]	s_l [kJ/kgK]	s_v [kJ/kgK]
104	6.764	2,246	16,02	732,3	584,1	1.316	747,5	677,3	1.425	2,647	4,443
105	6.895	2,262	15,59	738,7	575,3	1.314	754,2	667,2	1.421	2,665	4,429
106	7.029	2,278	15,17	745,1	566,2	1.311	761,1	656,9	1.418	2,682	4,414
107	7.164	2,294	14,76	751,6	557,0	1.309	768,1	646,4	1.414	2,699	4,400
108	7.302	2,312	14,36	758,2	547,6	1.306	775,1	635,6	1.411	2,717	4,384
109	7.441	2,330	13,96	764,9	538,0	1.303	782,3	624,6	1.407	2,735	4,369
110	7.583	2,348	13,58	771,7	528,1	1.300	789,5	613,3	1.403	2,753	4,353
111	7.726	2,367	13,19	778,6	518,0	1.297	796,9	601,7	1.399	2,771	4,337
112	7.872	2,388	12,81	785,6	507,7	1.293	804,4	589,8	1.394	2,790	4,321
113	8.020	2,409	12,44	792,6	497,0	1.290	812,0	577,5	1.389	2,809	4,304
114	8.170	2,431	12,08	799,9	486,1	1.286	819,7	564,9	1.385	2,828	4,287
115	8.322	2,454	11,72	807,2	474,9	1.282	827,6	551,9	1.380	2,847	4,269
116	8.476	2,479	11,36	814,7	463,2	1.278	835,7	538,5	1.374	2,867	4,251
117	8.633	2,505	11,01	822,3	451,2	1.274	843,9	524,7	1.369	2,887	4,232
118	8.792	2,533	10,66	830,1	438,8	1.269	852,4	510,3	1.363	2,908	4,212
119	8.953	2,562	10,32	838,1	425,9	1.264	861,1	495,3	1.356	2,929	4,192
120	9.116	2,594	9,976	846,4	412,5	1.259	870,0	479,8	1.350	2,951	4,171
121	9.282	2,628	9,636	854,9	398,5	1.253	879,3	463,5	1.343	2,973	4,149
122	9.450	2,664	9,299	863,7	383,8	1.247	888,8	446,5	1.335	2,996	4,126
123	9.621	2,705	8,962	872,8	368,3	1.241	898,8	428,5	1.327	3,020	4,102
124	9.794	2,749	8,625	882,3	351,9	1.234	909,2	409,4	1.319	3,045	4,076
125	9.970	2,798	8,286	892,4	334,4	1.227	920,2	389,1	1.309	3,072	4,049
126	10.148	2,853	7,944	903,0	315,6	1.219	932,0	367,3	1.299	3,100	4,020
127	10.328	2,917	7,597	914,4	295,2	1.210	944,6	343,6	1.288	3,130	3,989
128	10.512	2,992	7,240	926,9	272,6	1.200	958,4	317,3	1.276	3,163	3,954
129	10.697	3,084	6,870	940,9	247,1	1.188	973,9	287,6	1.262	3,201	3,916
130	10.886	3,203	6,479	957,4	217,2	1.175	992,3	252,8	1.245	3,245	3,872
131	11.077	3,379	6,054	978,6	179,5	1.158	1.016	209,1	1.225	3,302	3,819
132	11.271	3,764	5,572	1.017	120,3	1.137	1.059	140,7	1.200	3,407	3,754
132,2	11.318	4,192	5,447	1.051	80,02	1.131	1.098	94,23	1.193	3,503	3,736

Tabela B6b – Propriedades termodinâmicas da amônia saturada, entrada por pressão

p [kPa]	T_{sat} [°C]	v_l [l/kg]	v_v [l/kg]	u_l [kJ/kg]	u_{lv} [kJ/kg]	u_v [kJ/kg]	h_l [kJ/kg]	h_{lv} [kJ/kg]	h_v [kJ/kg]	s_l [kJ/kgK]	s_v [kJ/kgK]
50	-46,5	1,433	2.175	-9,173	1.298	1.288	-9,102	1.406	1.397	0,1638	6,369
100	-33,6	1,466	1.138	47,81	1.256	1.304	47,96	1.370	1.418	0,4083	6,127
150	-25,2	1,489	778,8	85,11	1.229	1.314	85,33	1.345	1.431	0,5613	5,987
200	-18,9	1,507	594,6	113,6	1.207	1.320	113,9	1.325	1.439	0,6749	5,887
250	-13,7	1,522	482,2	137,1	1.189	1.326	137,5	1.309	1.446	0,7661	5,810
300	-9,2	1,536	406,1	157,1	1.173	1.330	157,6	1.294	1.452	0,8429	5,746
350	-5,4	1,548	351,1	174,8	1.159	1.334	175,4	1.281	1.456	0,9093	5,693
400	-1,9	1,559	309,4	190,7	1.146	1.337	191,3	1.269	1.460	0,9681	5,646
450	1,2	1,570	276,7	205,1	1.134	1.339	205,8	1.258	1.464	1,021	5,605
500	4,1	1,580	250,3	218,3	1.123	1.341	219,1	1.248	1.467	1,069	5,568
550	6,8	1,589	228,6	230,6	1.113	1.344	231,5	1.238	1.469	1,113	5,535
600	9,3	1,598	210,3	242,2	1.103	1.345	243,1	1.228	1.472	1,154	5,504
650	11,6	1,606	194,8	253,0	1.094	1.347	254,0	1.220	1.474	1,192	5,475
700	13,8	1,615	181,4	263,2	1.085	1.349	264,3	1.211	1.476	1,228	5,449
750	15,9	1,622	169,8	272,9	1.077	1.350	274,1	1.203	1.477	1,262	5,424
800	17,8	1,630	159,5	282,2	1.069	1.351	283,5	1.195	1.479	1,294	5,401
850	19,7	1,637	150,5	291,0	1.061	1.352	292,4	1.188	1.480	1,324	5,379
900	21,5	1,644	142,4	299,5	1.054	1.353	300,9	1.180	1.481	1,353	5,359
950	23,2	1,651	135,1	307,6	1.047	1.354	309,2	1.173	1.482	1,381	5,339
1.000	24,9	1,658	128,5	315,4	1.040	1.355	317,1	1.166	1.483	1,407	5,320
1.050	26,5	1,665	122,5	323,0	1.033	1.356	324,8	1.160	1.484	1,432	5,303
1.100	28,0	1,671	117,1	330,3	1.026	1.357	332,2	1.153	1.485	1,457	5,286
1.150	29,5	1,678	112,1	337,4	1.020	1.357	339,3	1.147	1.486	1,480	5,269
1.200	30,9	1,684	107,5	344,3	1.014	1.358	346,3	1.140	1.487	1,503	5,253
1.250	32,3	1,690	103,2	350,9	1.007	1.358	353,0	1.134	1.487	1,525	5,238
1.300	33,7	1,696	99,33	357,4	1.001	1.359	359,6	1.128	1.488	1,546	5,223
1.350	35,0	1,702	95,69	363,7	995,6	1.359	366,0	1.122	1.488	1,566	5,209
1.400	36,3	1,708	92,30	369,9	989,9	1.360	372,3	1.117	1.489	1,586	5,196
1.450	37,5	1,714	89,13	375,9	984,2	1.360	378,3	1.111	1.489	1,606	5,182
1.500	38,7	1,719	86,17	381,7	978,7	1.360	384,3	1.105	1.490	1,625	5,169
1.550	39,9	1,725	83,39	387,4	973,3	1.361	390,1	1.100	1.490	1,643	5,157
1.600	41,0	1,731	80,78	393,0	968,0	1.361	395,8	1.095	1.490	1,661	5,145
1.650	42,2	1,736	78,33	398,5	962,8	1.361	401,4	1.089	1.491	1,678	5,133
1.700	43,3	1,742	76,01	403,9	957,6	1.362	406,9	1.084	1.491	1,695	5,121
1.750	44,3	1,747	73,82	409,2	952,6	1.362	412,2	1.079	1.491	1,712	5,110
1.800	45,4	1,752	71,75	414,3	947,6	1.362	417,5	1.074	1.491	1,728	5,099

(continua)

Tabela B6b – Propriedades termodinâmicas da amônia saturada, entrada por pressão *(continuação)*

p [kPa]	T_{sat} [°C]	v_l [l/kg]	v_v [l/kg]	u_l [kJ/kg]	u_{lv} [kJ/kg]	u_v [kJ/kg]	h_l [kJ/kg]	h_{lv} [kJ/kg]	h_v [kJ/kg]	s_l [kJ/kgK]	s_v [kJ/kgK]
1.850	46,4	1,758	69,78	419,4	942,7	1.362	422,6	1.069	1.491	1,744	5,088
1.900	47,4	1,763	67,92	424,3	937,8	1.362	427,7	1.064	1.491	1,760	5,078
1.950	48,4	1,768	66,15	429,2	933,0	1.362	432,7	1.059	1.491	1,775	5,067
2.000	49,4	1,773	64,46	434,0	928,3	1.362	437,6	1.054	1.491	1,790	5,057
2.050	50,3	1,778	62,85	438,8	923,7	1.362	442,4	1.049	1.491	1,805	5,047
2.100	51,3	1,784	61,32	443,4	919,0	1.362	447,2	1.044	1.491	1,819	5,038
2.150	52,2	1,789	59,85	448,0	914,5	1.362	451,8	1.039	1.491	1,833	5,028
2.200	53,1	1,794	58,45	452,5	910,0	1.362	456,4	1.035	1.491	1,847	5,019
2.250	54,0	1,799	57,11	456,9	905,5	1.362	461,0	1.030	1.491	1,861	5,009
2.300	54,8	1,804	55,82	461,3	901,1	1.362	465,4	1.025	1.491	1,874	5,000
2.350	55,7	1,809	54,59	465,6	896,8	1.362	469,9	1.021	1.491	1,887	4,992
2.400	56,5	1,814	53,41	469,9	892,4	1.362	474,2	1.016	1.490	1,900	4,983
2.450	57,4	1,818	52,27	474,1	888,2	1.362	478,5	1.012	1.490	1,913	4,974
2.500	58,2	1,823	51,18	478,2	883,9	1.362	482,7	1.007	1.490	1,925	4,966
2.550	59,0	1,828	50,13	482,3	879,7	1.362	486,9	1.003	1.490	1,938	4,957
2.600	59,8	1,833	49,11	486,3	875,6	1.362	491,1	998,5	1.490	1,950	4,949
2.650	60,6	1,838	48,14	490,3	871,4	1.362	495,2	994,1	1.489	1,962	4,941
2.700	61,3	1,843	47,19	494,2	867,4	1.362	499,2	989,8	1.489	1,974	4,933
2.750	62,1	1,847	46,29	498,1	863,3	1.361	503,2	985,5	1.489	1,985	4,925
2.800	62,8	1,852	45,41	502,0	859,3	1.361	507,2	981,2	1.488	1,997	4,917
2.850	63,6	1,857	44,56	505,8	855,3	1.361	511,1	977,0	1.488	2,008	4,910
2.900	64,3	1,862	43,74	509,5	851,3	1.361	514,9	972,7	1.488	2,019	4,902
2.950	65,0	1,867	42,95	513,3	847,4	1.361	518,8	968,5	1.487	2,030	4,895
3.000	65,7	1,871	42,18	516,9	843,4	1.360	522,6	964,4	1.487	2,041	4,887
3.050	66,5	1,876	41,44	520,6	839,6	1.360	526,3	960,2	1.487	2,052	4,880
3.100	67,1	1,881	40,72	524,2	835,7	1.360	530,0	956,1	1.486	2,063	4,873
3.150	67,8	1,885	40,02	527,8	831,9	1.360	533,7	952,0	1.486	2,073	4,865
3.200	68,5	1,890	39,34	531,3	828,0	1.359	537,4	947,9	1.485	2,084	4,858
3.250	69,2	1,895	38,68	534,8	824,3	1.359	541,0	943,8	1.485	2,094	4,851
3.300	69,8	1,900	38,04	538,3	820,5	1.359	544,5	939,8	1.484	2,104	4,844
3.350	70,5	1,904	37,42	541,7	816,7	1.358	548,1	935,7	1.484	2,114	4,837
3.400	71,2	1,909	36,82	545,1	813,0	1.358	551,6	931,7	1.483	2,124	4,830
3.450	71,8	1,914	36,23	548,5	809,3	1.358	555,1	927,7	1.483	2,134	4,824
3.500	72,4	1,918	35,66	551,9	805,6	1.357	558,6	923,7	1.482	2,144	4,817
3.550	73,1	1,923	35,11	555,2	802,0	1.357	562,0	919,8	1.482	2,153	4,810
3.600	73,7	1,928	34,57	558,5	798,3	1.357	565,4	915,8	1.481	2,163	4,804

(continua)

Tabela B6b – Propriedades termodinâmicas da amônia saturada, entrada por pressão *(continuação)*

p [kPa]	T_{sat} [°C]	v_l [l/kg]	v_v [l/kg]	u_l [kJ/kg]	u_{lv} [kJ/kg]	u_v [kJ/kg]	h_l [kJ/kg]	h_{lv} [kJ/kg]	h_v [kJ/kg]	s_l [kJ/kgK]	s_v [kJ/kgK]
3.650	74,3	1,932	34,04	561,7	794,7	1.356	568,8	911,9	1.481	2,172	4,797
3.700	74,9	1,937	33,53	565,0	791,1	1.356	572,1	908,0	1.480	2,182	4,791
3.750	75,5	1,942	33,03	568,2	787,5	1.356	575,5	904,0	1.480	2,191	4,784
3.800	76,1	1,946	32,54	571,4	783,9	1.355	578,8	900,1	1.479	2,200	4,778
3.850	76,7	1,951	32,07	574,5	780,3	1.355	582,1	896,3	1.478	2,209	4,771
3.900	77,3	1,956	31,61	577,7	776,7	1.354	585,3	892,4	1.478	2,218	4,765
3.950	77,8	1,960	31,15	580,8	773,2	1.354	588,5	888,5	1.477	2,227	4,759
4.000	78,4	1,965	30,71	583,9	769,7	1.354	591,8	884,7	1.476	2,236	4,753
4.050	79,0	1,970	30,28	587,0	766,2	1.353	595,0	880,8	1.476	2,245	4,746
4.100	79,6	1,974	29,86	590,0	762,7	1.353	598,1	877,0	1.475	2,254	4,740
4.150	80,1	1,979	29,45	593,1	759,2	1.352	601,3	873,2	1.474	2,262	4,734
4.200	80,7	1,984	29,05	596,1	755,7	1.352	604,4	869,3	1.474	2,271	4,728
4.250	81,2	1,988	28,65	599,1	752,2	1.351	607,5	865,5	1.473	2,279	4,722
4.300	81,8	1,993	28,27	602,0	748,8	1.351	610,6	861,7	1.472	2,288	4,716
4.350	82,3	1,998	27,89	605,0	745,3	1.350	613,7	858,0	1.472	2,296	4,710
4.400	82,8	2,003	27,52	607,9	741,9	1.350	616,7	854,2	1.471	2,305	4,704
4.450	83,4	2,007	27,16	610,8	738,4	1.349	619,8	850,4	1.470	2,313	4,698
4.500	83,9	2,012	26,81	613,7	735,0	1.349	622,8	846,6	1.469	2,321	4,692
4.550	84,4	2,017	26,47	616,6	731,6	1.348	625,8	842,9	1.469	2,329	4,687
4.600	84,9	2,022	26,13	619,5	728,2	1.348	628,8	839,1	1.468	2,337	4,681
4.650	85,4	2,026	25,80	622,3	724,8	1.347	631,8	835,4	1.467	2,345	4,675
4.700	85,9	2,031	25,47	625,2	721,4	1.347	634,7	831,6	1.466	2,353	4,669
4.750	86,4	2,036	25,15	628,0	718,1	1.346	637,7	827,9	1.466	2,361	4,663
4.800	86,9	2,041	24,84	630,8	714,7	1.345	640,6	824,1	1.465	2,369	4,658
4.850	87,4	2,046	24,54	633,6	711,3	1.345	643,5	820,4	1.464	2,377	4,652
4.900	87,9	2,051	24,24	636,4	707,9	1.344	646,4	816,7	1.463	2,384	4,646
4.950	88,4	2,055	23,94	639,1	704,6	1.344	649,3	812,9	1.462	2,392	4,641
5.000	88,9	2,060	23,65	641,9	701,2	1.343	652,2	809,2	1.461	2,400	4,635
5.050	89,4	2,065	23,37	644,6	697,9	1.343	655,0	805,5	1.461	2,407	4,629
5.100	89,8	2,070	23,09	647,3	694,6	1.342	657,9	801,8	1.460	2,415	4,624
5.150	90,3	2,075	22,82	650,0	691,2	1.341	660,7	798,0	1.459	2,423	4,618
5.200	90,8	2,080	22,55	652,7	687,9	1.341	663,6	794,3	1.458	2,430	4,613
5.250	91,3	2,085	22,28	655,4	684,6	1.340	666,4	790,6	1.457	2,437	4,607
5.300	91,7	2,090	22,03	658,1	681,2	1.339	669,2	786,9	1.456	2,445	4,602
5.350	92,2	2,095	21,77	660,8	677,9	1.339	672,0	783,2	1.455	2,452	4,596
5.400	92,6	2,100	21,52	663,4	674,6	1.338	674,7	779,5	1.454	2,460	4,591

(continua)

Tabela B6b – Propriedades termodinâmicas da amônia saturada, entrada por pressão *(continuação)*

p [kPa]	T_{sat} [°C]	v_l [l/kg]	v_v [l/kg]	u_l [kJ/kg]	u_{lv} [kJ/kg]	u_v [kJ/kg]	h_l [kJ/kg]	h_{lv} [kJ/kg]	h_v [kJ/kg]	s_l [kJ/kgK]	s_v [kJ/kgK]
5.450	93,1	2,105	21,28	666,0	671,3	1.337	677,5	775,8	1.453	2,467	4,585
5.500	93,5	2,110	21,03	668,7	668,0	1.337	680,3	772,1	1.452	2,474	4,580
5.550	94,0	2,115	20,80	671,3	664,7	1.336	683,0	768,3	1.451	2,481	4,574
5.600	94,4	2,120	20,56	673,9	661,4	1.335	685,8	764,6	1.450	2,488	4,569
5.650	94,9	2,125	20,33	676,5	658,1	1.335	688,5	760,9	1.449	2,496	4,563
5.700	95,3	2,130	20,11	679,1	654,7	1.334	691,2	757,2	1.448	2,503	4,558
5.750	95,7	2,136	19,88	681,6	651,4	1.333	693,9	753,5	1.447	2,510	4,552
5.800	96,2	2,141	19,66	684,2	648,1	1.332	696,6	749,8	1.446	2,517	4,547
5.850	96,6	2,146	19,45	686,8	644,8	1.332	699,3	746,0	1.445	2,524	4,541
5.900	97,0	2,151	19,24	689,3	641,5	1.331	702,0	742,3	1.444	2,531	4,536
5.950	97,5	2,156	19,03	691,9	638,2	1.330	704,7	738,6	1.443	2,538	4,531
6.000	97,9	2,162	18,82	694,4	634,9	1.329	707,4	734,9	1.442	2,545	4,525
6.050	98,3	2,167	18,62	696,9	631,6	1.329	710,0	731,1	1.441	2,552	4,520
6.100	98,7	2,172	18,42	699,4	628,3	1.328	712,7	727,4	1.440	2,558	4,514
6.150	99,1	2,178	18,22	702,0	625,0	1.327	715,3	723,7	1.439	2,565	4,509
6.200	99,5	2,183	18,03	704,5	621,7	1.326	718,0	719,9	1.438	2,572	4,504
6.250	99,9	2,189	17,84	707,0	618,4	1.325	720,6	716,2	1.437	2,579	4,498
6.300	100,3	2,194	17,65	709,4	615,0	1.324	723,3	712,4	1.436	2,586	4,493
6.350	100,8	2,200	17,46	711,9	611,7	1.324	725,9	708,6	1.435	2,592	4,488
6.400	101,2	2,205	17,28	714,4	608,4	1.323	728,5	704,9	1.433	2,599	4,482
6.450	101,6	2,211	17,10	716,9	605,1	1.322	731,1	701,1	1.432	2,606	4,477
6.500	101,9	2,216	16,92	719,3	601,7	1.321	733,7	697,3	1.431	2,612	4,471
6.550	102,3	2,222	16,74	721,8	598,4	1.320	736,4	693,5	1.430	2,619	4,466
6.600	102,7	2,228	16,57	724,3	595,1	1.319	739,0	689,7	1.429	2,626	4,461
6.650	103,1	2,233	16,40	726,7	591,7	1.318	741,6	685,9	1.427	2,632	4,455
6.700	103,5	2,239	16,23	729,1	588,4	1.318	744,1	682,1	1.426	2,639	4,450
6.750	103,9	2,245	16,07	731,6	585,0	1.317	746,7	678,3	1.425	2,645	4,444
6.800	104,3	2,251	15,90	734,0	581,7	1.316	749,3	674,5	1.424	2,652	4,439
6.850	104,7	2,257	15,74	736,4	578,3	1.315	751,9	670,7	1.423	2,659	4,434
6.900	105,0	2,262	15,58	738,9	574,9	1.314	754,5	666,8	1.421	2,665	4,428
6.950	105,4	2,268	15,42	741,3	571,6	1.313	757,1	663,0	1.420	2,672	4,423
7.000	105,8	2,274	15,26	743,7	568,2	1.312	759,6	659,1	1.419	2,678	4,417
7.050	106,2	2,280	15,11	746,1	564,8	1.311	762,2	655,2	1.417	2,685	4,412
7.100	106,5	2,287	14,96	748,5	561,4	1.310	764,8	651,4	1.416	2,691	4,407
7.150	106,9	2,293	14,81	751,0	558,0	1.309	767,3	647,5	1.415	2,698	4,401
7.200	107,3	2,299	14,66	753,4	554,6	1.308	769,9	643,6	1.413	2,704	4,396

(continua)

Tabela B6b – Propriedades termodinâmicas da amônia saturada, entrada por pressão *(continuação)*

p [kPa]	T_{sat} [°C]	v_l [l/kg]	v_v [l/kg]	u_l [kJ/kg]	u_{lv} [kJ/kg]	u_v [kJ/kg]	h_l [kJ/kg]	h_{lv} [kJ/kg]	h_v [kJ/kg]	s_l [kJ/kgK]	s_v [kJ/kgK]
7.250	107,6	2,305	14,51	755,8	551,2	1.307	772,5	639,7	1.412	2,710	4,390
7.300	108,0	2,311	14,37	758,2	547,7	1.306	775,0	635,7	1.411	2,717	4,385
7.350	108,3	2,318	14,22	760,6	544,3	1.305	777,6	631,8	1.409	2,723	4,379
7.400	108,7	2,324	14,08	763,0	540,8	1.304	780,2	627,8	1.408	2,730	4,374
7.450	109,1	2,331	13,94	765,4	537,4	1.303	782,7	623,9	1.407	2,736	4,368
7.500	109,4	2,337	13,80	767,8	533,9	1.302	785,3	619,9	1.405	2,742	4,363
7.550	109,8	2,344	13,66	770,1	530,4	1.301	787,8	615,9	1.404	2,749	4,357
7.600	110,1	2,350	13,53	772,5	526,9	1.299	790,4	611,9	1.402	2,755	4,352
7.650	110,5	2,357	13,39	774,9	523,4	1.298	793,0	607,8	1.401	2,762	4,346
7.700	110,8	2,364	13,26	777,3	519,9	1.297	795,5	603,8	1.399	2,768	4,340
7.750	111,2	2,371	13,13	779,7	516,4	1.296	798,1	599,7	1.398	2,774	4,335
7.800	111,5	2,378	13,00	782,1	512,8	1.295	800,7	595,7	1.396	2,781	4,329
7.850	111,8	2,385	12,87	784,5	509,3	1.294	803,2	591,6	1.395	2,787	4,323
7.900	112,2	2,392	12,74	786,9	505,7	1.293	805,8	587,5	1.393	2,793	4,318
7.950	112,5	2,399	12,62	789,3	502,1	1.291	808,4	583,3	1.392	2,800	4,312
8.000	112,9	2,406	12,49	791,7	498,5	1.290	810,9	579,2	1.390	2,806	4,306
8.050	113,2	2,413	12,37	794,1	494,9	1.289	813,5	575,0	1.389	2,813	4,301
8.100	113,5	2,421	12,25	796,5	491,2	1.288	816,1	570,8	1.387	2,819	4,295
8.150	113,9	2,428	12,13	798,9	487,6	1.286	818,7	566,6	1.385	2,825	4,289
8.200	114,2	2,436	12,01	801,3	483,9	1.285	821,3	562,4	1.384	2,832	4,283
8.250	114,5	2,443	11,89	803,7	480,2	1.284	823,9	558,1	1.382	2,838	4,278
8.300	114,9	2,451	11,77	806,1	476,5	1.283	826,5	553,8	1.380	2,844	4,272
8.350	115,2	2,459	11,65	808,5	472,8	1.281	829,1	549,5	1.379	2,851	4,266
8.400	115,5	2,467	11,54	811,0	469,0	1.280	831,7	545,2	1.377	2,857	4,260
8.450	115,8	2,475	11,42	813,4	465,2	1.279	834,3	540,8	1.375	2,864	4,254
8.500	116,2	2,483	11,31	815,8	461,4	1.277	836,9	536,5	1.373	2,870	4,248
8.550	116,5	2,491	11,19	818,3	457,6	1.276	839,6	532,0	1.372	2,876	4,242
8.600	116,8	2,500	11,08	820,7	453,8	1.274	842,2	527,6	1.370	2,883	4,236
8.650	117,1	2,508	10,97	823,1	449,9	1.273	844,8	523,1	1.368	2,889	4,230
8.700	117,4	2,517	10,86	825,6	446,0	1.272	847,5	518,6	1.366	2,896	4,224
8.750	117,7	2,525	10,75	828,1	442,1	1.270	850,2	514,1	1.364	2,902	4,217
8.800	118,1	2,534	10,64	830,5	438,2	1.269	852,8	509,5	1.362	2,909	4,211
8.850	118,4	2,543	10,54	833,0	434,2	1.267	855,5	504,9	1.360	2,915	4,205
8.900	118,7	2,552	10,43	835,5	430,2	1.266	858,2	500,3	1.359	2,922	4,199
8.950	119,0	2,562	10,32	838,0	426,2	1.264	860,9	495,6	1.357	2,929	4,192
9.000	119,3	2,571	10,22	840,5	422,1	1.263	863,6	490,9	1.355	2,935	4,186

(continua)

Tabela B6b – Propriedades termodinâmicas da amônia saturada, entrada por pressão *(continuação)*

p [kPa]	T_{sat} [°C]	v_l [l/kg]	v_v [l/kg]	u_l [kJ/kg]	u_{lv} [kJ/kg]	u_v [kJ/kg]	h_l [kJ/kg]	h_{lv} [kJ/kg]	h_v [kJ/kg]	s_l [kJ/kgK]	s_v [kJ/kgK]
9.050	119,6	2,581	10,11	843,0	418,0	1.261	866,4	486,2	1.353	2,942	4,180
9.100	119,9	2,591	10,01	845,5	413,9	1.259	869,1	481,4	1.350	2,948	4,173
9.150	120,2	2,601	9,906	848,1	409,7	1.258	871,9	476,5	1.348	2,955	4,167
9.200	120,5	2,611	9,804	850,6	405,5	1.256	874,7	471,6	1.346	2,962	4,160
9.250	120,8	2,621	9,702	853,2	401,2	1.254	877,5	466,7	1.344	2,969	4,153
9.300	121,1	2,632	9,601	855,8	396,9	1.253	880,3	461,7	1.342	2,975	4,147
9.350	121,4	2,642	9,500	858,4	392,6	1.251	883,1	456,7	1.340	2,982	4,140
9.400	121,7	2,653	9,399	861,0	388,2	1.249	885,9	451,6	1.338	2,989	4,133
9.450	122,0	2,664	9,300	863,6	383,8	1.247	888,8	446,5	1.335	2,996	4,126
9.500	122,3	2,676	9,200	866,3	379,3	1.246	891,7	441,3	1.333	3,003	4,119
9.550	122,6	2,687	9,102	869,0	374,8	1.244	894,6	436,1	1.331	3,010	4,112
9.600	122,9	2,699	9,003	871,6	370,2	1.242	897,6	430,7	1.328	3,017	4,105
9.650	123,2	2,712	8,905	874,4	365,6	1.240	900,5	425,4	1.326	3,024	4,098
9.700	123,5	2,724	8,808	877,1	360,9	1.238	903,5	419,9	1.323	3,032	4,090
9.750	123,7	2,737	8,710	879,9	356,1	1.236	906,6	414,4	1.321	3,039	4,083
9.800	124,0	2,750	8,613	882,7	351,3	1.234	909,6	408,8	1.318	3,046	4,075
9.850	124,3	2,764	8,517	885,5	346,4	1.232	912,7	403,1	1.316	3,054	4,068
9.900	124,6	2,778	8,420	888,3	341,5	1.230	915,8	397,3	1.313	3,061	4,060
9.950	124,9	2,792	8,324	891,2	336,4	1.228	919,0	391,5	1.310	3,069	4,052
10.000	125,2	2,807	8,228	894,1	331,3	1.225	922,2	385,5	1.308	3,076	4,044
10.050	125,5	2,822	8,132	897,1	326,1	1.223	925,5	379,5	1.305	3,084	4,036
10.100	125,7	2,838	8,036	900,1	320,8	1.221	928,8	373,3	1.302	3,092	4,028
10.150	126,0	2,854	7,940	903,1	315,4	1.219	932,1	367,0	1.299	3,100	4,020
10.200	126,3	2,871	7,844	906,2	309,9	1.216	935,5	360,6	1.296	3,108	4,011
10.250	126,6	2,888	7,748	909,4	304,3	1.214	939,0	354,1	1.293	3,117	4,003
10.300	126,8	2,906	7,651	912,6	298,5	1.211	942,5	347,4	1.290	3,125	3,994
10.350	127,1	2,925	7,555	915,9	292,7	1.209	946,1	340,6	1.287	3,134	3,985
10.400	127,4	2,945	7,458	919,2	286,6	1.206	949,8	333,6	1.283	3,143	3,976
10.450	127,7	2,965	7,361	922,6	280,5	1.203	953,6	326,4	1.280	3,152	3,966
10.500	127,9	2,987	7,263	926,1	274,1	1.200	957,5	319,0	1.276	3,161	3,956
10.550	128,2	3,009	7,165	929,7	267,6	1.197	961,4	311,5	1.273	3,171	3,947
10.600	128,5	3,033	7,066	933,4	260,9	1.194	965,5	303,6	1.269	3,180	3,936
10.650	128,7	3,058	6,966	937,2	253,9	1.191	969,8	295,6	1.265	3,191	3,926
10.700	129,0	3,085	6,865	941,1	246,7	1.188	974,2	287,2	1.261	3,201	3,915
10.750	129,3	3,114	6,763	945,2	239,3	1.184	978,7	278,5	1.257	3,212	3,904
10.800	129,5	3,144	6,660	949,5	231,5	1.181	983,5	269,4	1.253	3,223	3,893

(continua)

Tabela B6b – Propriedades termodinâmicas da amônia saturada, entrada por pressão *(continuação)*

p [kPa]	T_{sat} [°C]	v_l [l/kg]	v_v [l/kg]	u_l [kJ/kg]	u_{lv} [kJ/kg]	u_v [kJ/kg]	h_l [kJ/kg]	h_{lv} [kJ/kg]	h_v [kJ/kg]	s_l [kJ/kgK]	s_v [kJ/kgK]
10.850	129,8	3,178	6,556	954,0	223,3	1.177	988,5	259,9	1.248	3,236	3,881
10.900	130,1	3,214	6,449	958,8	214,7	1.173	993,8	250,0	1.244	3,248	3,868
10.950	130,3	3,254	6,341	963,8	205,6	1.169	999,4	239,4	1.239	3,262	3,855
11.000	130,6	3,298	6,230	969,2	195,9	1.165	1.005	228,2	1.234	3,276	3,842
11.050	130,9	3,348	6,117	975,1	185,5	1.161	1.012	216,1	1.228	3,292	3,828
11.100	131,1	3,407	6,000	981,7	174,2	1.156	1.020	203,0	1.222	3,310	3,813
11.150	131,4	3,477	5,880	989,2	161,6	1.151	1.028	188,4	1.216	3,331	3,797
11.200	131,6	3,565	5,756	998,2	147,2	1.145	1.038	171,8	1.210	3,355	3,780
11.250	131,9	3,689	5,628	1.010	129,7	1.140	1.051	151,5	1.203	3,388	3,762
11.300	132,1	3,919	5,496	1.030	103,6	1.133	1.074	121,4	1.195	3,443	3,743

Tabela B6c – Propriedades termodinâmicas da amônia superaquecida

71,66 kPa					100 kPa					150 kPa				
T	v	u	h	s	T	v	u	h	s	T	v	u	h	s
[°C]	[m³/kg]	[kJ/kg]	[kJ/kg]	[kJ/kgK]	[°C]	[m³/kg]	[kJ/kg]	[kJ/kg]	[kJ/kgK]	[°C]	[m³/kg]	[kJ/kg]	[kJ/kg]	[kJ/kgK]
-40	1,554	1.297	1.408	6,243	-30	1,157	1.310	1.426	6,161	-25,21	0,7788	1.314	1.431	5,987
-35	1,591	1.305	1.419	6,291	-25	1,184	1.319	1.438	6,207	-25	0,7795	1.314	1.431	5,989
-30	1,627	1.314	1.430	6,337	-20	1,210	1.328	1.449	6,252	-20	0,7978	1.323	1.443	6,036
-25	1,663	1.322	1.441	6,381	-15	1,236	1.336	1.460	6,295	-15	0,8158	1.332	1.454	6,081
-20	1,699	1.330	1.452	6,425	-10	1,262	1.345	1.471	6,337	-10	0,8337	1.341	1.466	6,125
-15	1,735	1.338	1.463	6,467	-5	1,288	1.353	1.482	6,379	-5	0,8514	1.349	1.477	6,167
-10	1,770	1.347	1.474	6,508	0	1,314	1.361	1.493	6,419	0	0,8689	1.358	1.488	6,209
-5	1,806	1.355	1.484	6,549	5	1,339	1.370	1.504	6,458	5	0,8864	1.367	1.500	6,250
0	1,841	1.363	1.495	6,588	10	1,365	1.378	1.514	6,497	10	0,9037	1.375	1.511	6,289
5	1,876	1.371	1.506	6,627	15	1,390	1.386	1.525	6,535	15	0,9209	1.384	1.522	6,328
10	1,911	1.379	1.516	6,665	20	1,415	1.394	1.536	6,572	20	0,9381	1.392	1.533	6,366
15	1,946	1.388	1.527	6,703	25	1,440	1.403	1.547	6,609	25	0,9552	1.401	1.544	6,403
20	1,981	1.396	1.538	6,740	30	1,466	1.411	1.558	6,645	30	0,9722	1.409	1.555	6,440
25	2,016	1.404	1.549	6,776	35	1,491	1.419	1.568	6,680	35	0,9892	1.417	1.566	6,476
30	2,051	1.412	1.559	6,812	40	1,516	1.428	1.579	6,715	40	1,006	1.426	1.577	6,511
35	2,086	1.421	1.570	6,847	45	1,541	1.436	1.590	6,750	45	1,023	1.434	1.588	6,546
40	2,120	1.429	1.581	6,881	50	1,566	1.444	1.601	6,783	50	1,040	1.443	1.599	6,580
45	2,155	1.437	1.592	6,915	55	1,591	1.453	1.612	6,817	55	1,057	1.451	1.610	6,614
50	2,190	1.445	1.602	6,949	60	1,616	1.461	1.623	6,850	60	1,073	1.460	1.621	6,647
55	2,224	1.454	1.613	6,982	65	1,640	1.470	1.634	6,882	65	1,090	1.468	1.632	6,680
60	2,259	1.462	1.624	7,015	70	1,665	1.478	1.645	6,915	70	1,107	1.477	1.643	6,713
65	2,293	1.471	1.635	7,048	75	1,690	1.487	1.656	6,946	75	1,123	1.485	1.654	6,745
70	2,328	1.479	1.646	7,080	80	1,715	1.495	1.667	6,978	80	1,140	1.494	1.665	6,776
75	2,362	1.488	1.657	7,111	85	1,740	1.504	1.678	7,009	85	1,157	1.503	1.676	6,808
80	2,397	1.496	1.668	7,143	90	1,764	1.513	1.689	7,040	90	1,173	1.511	1.687	6,839
85	2,431	1.505	1.679	7,174	95	1,789	1.521	1.700	7,070	95	1,190	1.520	1.699	6,869
90	2,466	1.513	1.690	7,204	100	1,814	1.530	1.711	7,100	100	1,206	1.529	1.710	6,900
95	2,500	1.522	1.701	7,235	105	1,838	1.539	1.722	7,130	105	1,223	1.538	1.721	6,930
100	2,534	1.530	1.712	7,265	110	1,863	1.547	1.734	7,160	110	1,240	1.546	1.732	6,959
105	2,569	1.539	1.723	7,294	115	1,888	1.556	1.745	7,189	115	1,256	1.555	1.744	6,989

(continua)

Tabela B6c – Propriedades termodinâmicas da amônia superaquecida *(continuação)*

200 kPa					250 kPa					300 kPa				
T	v	u	h	s	T	v	u	h	s	T	v	u	h	s
[°C]	[m³/kg]	[kJ/kg]	[kJ/kg]	[kJ/kgK]	[°C]	[m³/kg]	[kJ/kg]	[kJ/kg]	[kJ/kgK]	[°C]	[m³/kg]	[kJ/kg]	[kJ/kg]	[kJ/kgK]
-18,85	0,5946	1.320	1.439	5,887	-13,66	0,4822	1.326	1.446	5,810	-9,23	0,4061	1.330	1.452	5,746
-15	0,6054	1.328	1.449	5,923	-10	0,4905	1.333	1.455	5,844	-5	0,4143	1.338	1.462	5,787
-10	0,6193	1.337	1.461	5,969	-5	0,5018	1.342	1.467	5,890	0	0,4238	1.348	1.475	5,832
-5	0,6330	1.346	1.472	6,013	0	0,5129	1.351	1.479	5,935	5	0,4332	1.357	1.487	5,877
0	0,6465	1.355	1.484	6,056	5	0,5239	1.360	1.491	5,977	10	0,4425	1.366	1.499	5,919
5	0,6599	1.363	1.495	6,098	10	0,5348	1.369	1.503	6,019	15	0,4517	1.375	1.511	5,961
10	0,6732	1.372	1.507	6,139	15	0,5456	1.378	1.515	6,060	20	0,4607	1.384	1.523	6,001
15	0,6864	1.381	1.518	6,178	20	0,5562	1.387	1.526	6,099	25	0,4697	1.393	1.534	6,041
20	0,6995	1.390	1.529	6,217	25	0,5669	1.396	1.538	6,138	30	0,4786	1.402	1.546	6,079
25	0,7125	1.398	1.541	6,255	30	0,5774	1.405	1.549	6,176	35	0,4875	1.411	1.557	6,117
30	0,7255	1.407	1.552	6,292	35	0,5879	1.413	1.560	6,213	40	0,4963	1.420	1.569	6,154
35	0,7384	1.415	1.563	6,329	40	0,5983	1.422	1.572	6,249	45	0,5051	1.429	1.580	6,190
40	0,7512	1.424	1.574	6,364	45	0,6087	1.431	1.583	6,285	50	0,5138	1.438	1.592	6,225
45	0,7640	1.432	1.585	6,400	50	0,6190	1.439	1.594	6,320	55	0,5224	1.446	1.603	6,260
50	0,7768	1.441	1.596	6,434	55	0,6293	1.448	1.605	6,354	60	0,5311	1.455	1.614	6,295
55	0,7895	1.450	1.608	6,468	60	0,6395	1.457	1.617	6,388	65	0,5397	1.464	1.626	6,328
60	0,8022	1.458	1.619	6,502	65	0,6498	1.465	1.628	6,422	70	0,5482	1.473	1.637	6,362
65	0,8149	1.467	1.630	6,535	70	0,6600	1.474	1.639	6,455	75	0,5568	1.481	1.648	6,395
70	0,8275	1.475	1.641	6,568	75	0,6701	1.483	1.650	6,487	80	0,5653	1.490	1.660	6,427
75	0,8401	1.484	1.652	6,600	80	0,6803	1.491	1.662	6,520	85	0,5738	1.499	1.671	6,459
80	0,8527	1.493	1.663	6,632	85	0,6904	1.500	1.673	6,551	90	0,5823	1.508	1.682	6,490
85	0,8653	1.501	1.674	6,664	90	0,7005	1.509	1.684	6,583	95	0,5907	1.517	1.694	6,522
90	0,8778	1.510	1.686	6,695	95	0,7106	1.518	1.695	6,614	100	0,5992	1.526	1.705	6,552
95	0,8903	1.519	1.697	6,726	100	0,7206	1.527	1.707	6,644	105	0,6076	1.534	1.717	6,583
100	0,9028	1.528	1.708	6,756	105	0,7307	1.535	1.718	6,675	110	0,6160	1.543	1.728	6,613
105	0,9153	1.537	1.720	6,786	110	0,7407	1.544	1.730	6,705	115	0,6244	1.552	1.740	6,643
110	0,9278	1.545	1.731	6,816	115	0,7507	1.553	1.741	6,734	120	0,6328	1.561	1.751	6,672
115	0,9403	1.554	1.742	6,846	120	0,7608	1.562	1.752	6,764	125	0,6412	1.570	1.763	6,701
120	0,9527	1.563	1.754	6,875	125	0,7708	1.571	1.764	6,793	130	0,6495	1.579	1.774	6,730
125	0,9651	1.572	1.765	6,904	130	0,7807	1.580	1.776	6,822	135	0,6579	1.589	1.786	6,759

(continua)

Tabela B6c – Propriedades termodinâmicas da amônia superaquecida *(continuação)*

350 kPa					400 kPa					450 kPa				
T [°C]	v [m³/kg]	u [kJ/kg]	h [kJ/kg]	s [kJ/kgK]	T [°C]	v [m³/kg]	u [kJ/kg]	h [kJ/kg]	s [kJ/kgK]	T [°C]	v [m³/kg]	u [kJ/kg]	h [kJ/kg]	s [kJ/kgK]
-5,35	0,3511	1.334	1.456	5,693	-1,89	0,3094	1.337	1.460	5,646	1,25	0,2767	1.339	1.464	5,605
-5	0,3517	1.334	1.457	5,696	0	0,3123	1.340	1.465	5,665	5	0,2818	1.347	1.474	5,641
0	0,3601	1.344	1.470	5,744	5	0,3197	1.350	1.478	5,712	10	0,2884	1.357	1.487	5,688
5	0,3684	1.354	1.483	5,789	10	0,3270	1.360	1.491	5,757	15	0,2950	1.367	1.500	5,733
10	0,3765	1.363	1.495	5,833	15	0,3342	1.370	1.503	5,801	20	0,3014	1.376	1.512	5,776
15	0,3845	1.373	1.507	5,876	20	0,3412	1.379	1.516	5,843	25	0,3077	1.386	1.524	5,818
20	0,3925	1.382	1.519	5,917	25	0,3482	1.389	1.528	5,884	30	0,3140	1.395	1.537	5,858
25	0,4003	1.391	1.531	5,957	30	0,3552	1.398	1.540	5,924	35	0,3201	1.405	1.549	5,898
30	0,4081	1.400	1.543	5,996	35	0,3620	1.407	1.552	5,962	40	0,3263	1.414	1.561	5,936
35	0,4158	1.409	1.555	6,035	40	0,3688	1.416	1.563	6,000	45	0,3323	1.423	1.573	5,974
40	0,4234	1.418	1.566	6,072	45	0,3755	1.425	1.575	6,038	50	0,3383	1.432	1.584	6,011
45	0,4310	1.427	1.578	6,109	50	0,3822	1.434	1.587	6,074	55	0,3443	1.441	1.596	6,047
50	0,4386	1.436	1.589	6,145	55	0,3888	1.443	1.598	6,110	60	0,3502	1.450	1.608	6,082
55	0,4461	1.445	1.601	6,180	60	0,3955	1.452	1.610	6,145	65	0,3561	1.459	1.620	6,117
60	0,4536	1.453	1.612	6,215	65	0,4020	1.461	1.622	6,179	70	0,3620	1.468	1.631	6,151
65	0,4610	1.462	1.624	6,249	70	0,4086	1.470	1.633	6,213	75	0,3679	1.477	1.643	6,185
70	0,4684	1.471	1.635	6,282	75	0,4151	1.479	1.645	6,246	80	0,3737	1.486	1.654	6,218
75	0,4758	1.480	1.647	6,315	80	0,4216	1.488	1.656	6,279	85	0,3795	1.495	1.666	6,250
80	0,4832	1.489	1.658	6,348	85	0,4280	1.496	1.668	6,311	90	0,3852	1.504	1.678	6,282
85	0,4905	1.498	1.669	6,380	90	0,4345	1.505	1.679	6,343	95	0,3910	1.513	1.689	6,314
90	0,4978	1.507	1.681	6,412	95	0,4409	1.514	1.691	6,375	100	0,3967	1.522	1.701	6,345
95	0,5051	1.515	1.692	6,443	100	0,4473	1.523	1.702	6,406	105	0,4024	1.531	1.712	6,376
100	0,5124	1.524	1.704	6,474	105	0,4537	1.532	1.714	6,437	110	0,4081	1.540	1.724	6,407
105	0,5197	1.533	1.715	6,505	110	0,4601	1.541	1.725	6,467	115	0,4138	1.549	1.736	6,437
110	0,5269	1.542	1.727	6,535	115	0,4665	1.550	1.737	6,497	120	0,4195	1.559	1.747	6,467
115	0,5341	1.551	1.738	6,565	120	0,4728	1.559	1.749	6,527	125	0,4251	1.568	1.759	6,497
120	0,5414	1.560	1.750	6,595	125	0,4791	1.569	1.760	6,556	130	0,4308	1.577	1.771	6,526
125	0,5486	1.569	1.761	6,624	130	0,4855	1.578	1.772	6,586	135	0,4364	1.586	1.782	6,555
130	0,5558	1.579	1.773	6,653	135	0,4918	1.587	1.784	6,614	140	0,4421	1.595	1.794	6,583
135	0,5630	1.588	1.785	6,682	140	0,4981	1.596	1.795	6,643	145	0,4477	1.605	1.806	6,612

(continua)

Tabela B6c – Propriedades termodinâmicas da amônia superaquecida *(continuação)*

500 kPa					550 kPa					600 kPa				
T [°C]	v [m³/kg]	u [kJ/kg]	h [kJ/kg]	s [kJ/kgK]	T [°C]	v [m³/kg]	u [kJ/kg]	h [kJ/kg]	s [kJ/kgK]	T [°C]	v [m³/kg]	u [kJ/kg]	h [kJ/kg]	s [kJ/kgK]
4,13	0,2503	1.341	1.467	5,568	6,79	0,2286	1.344	1.469	5,535	9,27	0,2103	1.345	1.472	5,504
5	0,2514	1.343	1.469	5,577	10	0,2322	1.350	1.478	5,566	10	0,2111	1.347	1.474	5,511
10	0,2575	1.354	1.482	5,625	15	0,2378	1.361	1.492	5,613	15	0,2164	1.358	1.487	5,560
15	0,2636	1.364	1.496	5,671	20	0,2433	1.371	1.505	5,659	20	0,2215	1.368	1.501	5,606
20	0,2695	1.374	1.508	5,715	25	0,2487	1.381	1.518	5,702	25	0,2265	1.378	1.514	5,651
25	0,2753	1.383	1.521	5,758	30	0,2540	1.391	1.530	5,744	30	0,2315	1.388	1.527	5,694
30	0,2810	1.393	1.534	5,799	35	0,2592	1.400	1.543	5,785	35	0,2363	1.398	1.540	5,735
35	0,2866	1.402	1.546	5,839	40	0,2644	1.410	1.555	5,825	40	0,2411	1.408	1.552	5,775
40	0,2922	1.412	1.558	5,878	45	0,2695	1.419	1.567	5,864	45	0,2459	1.417	1.565	5,815
45	0,2978	1.421	1.570	5,916	50	0,2745	1.428	1.579	5,901	50	0,2505	1.427	1.577	5,853
50	0,3032	1.430	1.582	5,954	55	0,2795	1.438	1.591	5,938	55	0,2552	1.436	1.589	5,890
55	0,3087	1.439	1.594	5,990	60	0,2845	1.447	1.603	5,974	60	0,2598	1.445	1.601	5,927
60	0,3141	1.449	1.606	6,026	65	0,2894	1.456	1.615	6,010	65	0,2643	1.455	1.613	5,963
65	0,3194	1.458	1.617	6,061	70	0,2943	1.465	1.627	6,044	70	0,2689	1.464	1.625	5,998
70	0,3248	1.467	1.629	6,095	75	0,2991	1.474	1.639	6,079	75	0,2733	1.473	1.637	6,032
75	0,3301	1.476	1.641	6,129	80	0,3040	1.484	1.651	6,112	80	0,2778	1.482	1.649	6,066
80	0,3353	1.485	1.653	6,163	85	0,3088	1.493	1.662	6,145	85	0,2823	1.491	1.661	6,099
85	0,3406	1.494	1.664	6,195	90	0,3136	1.502	1.674	6,178	90	0,2867	1.501	1.673	6,132
90	0,3458	1.503	1.676	6,228	95	0,3183	1.511	1.686	6,210	95	0,2911	1.510	1.684	6,164
95	0,3510	1.512	1.688	6,260	100	0,3231	1.520	1.698	6,241	100	0,2955	1.519	1.696	6,196
100	0,3562	1.521	1.699	6,291	105	0,3278	1.529	1.709	6,273	105	0,2998	1.528	1.708	6,227
105	0,3614	1.530	1.711	6,322	110	0,3325	1.538	1.721	6,304	110	0,3042	1.537	1.720	6,258
110	0,3665	1.539	1.723	6,353	115	0,3372	1.547	1.733	6,334	115	0,3085	1.546	1.732	6,289
115	0,3717	1.548	1.734	6,383	120	0,3419	1.557	1.745	6,364	120	0,3128	1.556	1.743	6,319
120	0,3768	1.558	1.746	6,413	125	0,3466	1.566	1.756	6,394	125	0,3171	1.565	1.755	6,349
125	0,3819	1.567	1.758	6,443	130	0,3513	1.575	1.768	6,423	130	0,3214	1.574	1.767	6,379
130	0,3870	1.576	1.769	6,472	135	0,3559	1.584	1.780	6,453	135	0,3257	1.583	1.779	6,408
135	0,3921	1.585	1.781	6,501	140	0,3606	1.594	1.792	6,481	140	0,3300	1.593	1.791	6,437
140	0,3972	1.594	1.793	6,530	145	0,3652	1.603	1.804	6,510	145	0,3343	1.602	1.803	6,466
145	0,4023	1.604	1.805	6,559	150	0,3698	1.612	1.816	6,538	150	0,3385	1.612	1.815	6,494

(continua)

Tabela B6c – Propriedades termodinâmicas da amônia superaquecida *(continuação)*

650 kPa					700 kPa					750 kPa				
T	v	u	h	s	T	v	u	h	s	T	v	u	h	s
[°C]	[m³/kg]	[kJ/kg]	[kJ/kg]	[kJ/kgK]	[°C]	[m³/kg]	[kJ/kg]	[kJ/kg]	[kJ/kgK]	[°C]	[m³/kg]	[kJ/kg]	[kJ/kg]	[kJ/kgK]
11,60	0,1948	1.347	1.474	5,475	13,79	0,1814	1.349	1.476	5,449	15,87	0,1698	1.350	1.477	5,424
15	0,1982	1.354	1.483	5,509	15	0,1826	1.351	1.479	5,461	20	0,1734	1.359	1.489	5,466
20	0,2030	1.365	1.497	5,557	20	0,1872	1.362	1.493	5,510	25	0,1777	1.370	1.503	5,513
25	0,2078	1.376	1.511	5,602	25	0,1917	1.373	1.507	5,557	30	0,1819	1.381	1.517	5,559
30	0,2124	1.386	1.524	5,646	30	0,1961	1.383	1.520	5,601	35	0,1860	1.391	1.530	5,603
35	0,2170	1.396	1.537	5,688	35	0,2004	1.393	1.534	5,645	40	0,1900	1.401	1.544	5,645
40	0,2215	1.405	1.549	5,729	40	0,2046	1.403	1.547	5,686	45	0,1939	1.411	1.557	5,686
45	0,2259	1.415	1.562	5,769	45	0,2088	1.413	1.559	5,727	50	0,1978	1.421	1.569	5,726
50	0,2303	1.425	1.574	5,808	50	0,2129	1.423	1.572	5,766	55	0,2017	1.431	1.582	5,765
55	0,2346	1.434	1.587	5,846	55	0,2170	1.432	1.584	5,804	60	0,2054	1.440	1.594	5,802
60	0,2389	1.444	1.599	5,883	60	0,2210	1.442	1.597	5,841	65	0,2092	1.450	1.607	5,839
65	0,2431	1.453	1.611	5,919	65	0,2250	1.451	1.609	5,878	70	0,2129	1.459	1.619	5,875
70	0,2473	1.462	1.623	5,954	70	0,2289	1.461	1.621	5,913	75	0,2166	1.469	1.631	5,911
75	0,2515	1.472	1.635	5,989	75	0,2328	1.470	1.633	5,948	80	0,2203	1.478	1.643	5,945
80	0,2557	1.481	1.647	6,023	80	0,2367	1.479	1.645	5,983	85	0,2239	1.487	1.655	5,979
85	0,2598	1.490	1.659	6,056	85	0,2406	1.489	1.657	6,017	90	0,2275	1.497	1.667	6,013
90	0,2639	1.499	1.671	6,089	90	0,2444	1.498	1.669	6,050	95	0,2311	1.506	1.679	6,046
95	0,268	1.509	1.683	6,122	95	0,2482	1.507	1.681	6,082	100	0,2347	1.515	1.691	6,078
100	0,2721	1.518	1.695	6,154	100	0,2521	1.517	1.693	6,115	105	0,2382	1.525	1.703	6,11
105	0,2761	1.527	1.706	6,185	105	0,2558	1.526	1.705	6,146	110	0,2418	1.534	1.715	6,141
110	0,2802	1.536	1.718	6,217	110	0,2596	1.535	1.717	6,178	115	0,2453	1.543	1.727	6,172
115	0,2842	1.545	1.730	6,247	115	0,2634	1.544	1.729	6,209	120	0,2488	1.553	1.739	6,203
120	0,2882	1.555	1.742	6,278	120	0,2671	1.554	1.741	6,239	125	0,2523	1.562	1.751	6,233
125	0,2922	1.564	1.754	6,308	125	0,2708	1.563	1.753	6,269	130	0,2558	1.572	1.763	6,263
130	0,2962	1.573	1.766	6,337	130	0,2745	1.572	1.765	6,299	135	0,2593	1.581	1.775	6,293
135	0,3002	1.583	1.778	6,367	135	0,2783	1.582	1.777	6,329	140	0,2627	1.590	1.787	6,322
140	0,3041	1.592	1.790	6,396	140	0,2819	1.591	1.789	6,358	145	0,2662	1.600	1.799	6,351
145	0,3081	1.601	1.802	6,425	145	0,2856	1.601	1.801	6,387	150	0,2696	1.609	1.811	6,38
150	0,312	1.611	1.814	6,453	150	0,2893	1.610	1.813	6,415	155	0,2731	1.619	1.824	6,408
155	0,316	1.620	1.826	6,481	155	0,293	1.620	1.825	6,443	160	0,2765	1.628	1.836	6,436

(continua)

Tabela B6c – Propriedades termodinâmicas da amônia superaquecida *(continuação)*

800 kPa					850 kPa					900 kPa				
T	v	u	h	s	T	v	u	h	s	T	v	u	h	s
[°C]	[m³/kg]	[kJ/kg]	[kJ/kg]	[kJ/kgK]	[°C]	[m³/kg]	[kJ/kg]	[kJ/kg]	[kJ/kgK]	[°C]	[m³/kg]	[kJ/kg]	[kJ/kg]	[kJ/kgK]
17,84	0,1595	1.351	1.479	5,401	19,72	0,1505	1.352	1.480	5,379	21,51	0,1424	1.353	1.481	5,359
20	0,1614	1.356	1.485	5,423	20	0,1507	1.353	1.481	5,382	25	0,1450	1.361	1.492	5,394
25	0,1655	1.367	1.500	5,472	25	0,1546	1.364	1.496	5,432	30	0,1487	1.373	1.507	5,443
30	0,1694	1.378	1.514	5,519	30	0,1585	1.375	1.510	5,480	35	0,1523	1.384	1.521	5,490
35	0,1733	1.389	1.527	5,563	35	0,1622	1.386	1.524	5,526	40	0,1558	1.394	1.535	5,534
40	0,1772	1.399	1.541	5,607	40	0,1659	1.397	1.538	5,570	45	0,1592	1.405	1.548	5,577
45	0,1809	1.409	1.554	5,648	45	0,1694	1.407	1.551	5,612	50	0,1626	1.415	1.561	5,618
50	0,1846	1.419	1.567	5,688	50	0,1730	1.417	1.564	5,653	55	0,1659	1.425	1.574	5,659
55	0,1883	1.429	1.579	5,728	55	0,1764	1.427	1.577	5,692	60	0,1692	1.435	1.587	5,698
60	0,1919	1.439	1.592	5,766	60	0,1799	1.437	1.590	5,731	65	0,1724	1.445	1.600	5,736
65	0,1954	1.448	1.605	5,803	65	0,1832	1.447	1.602	5,768	70	0,1756	1.455	1.613	5,773
70	0,1989	1.458	1.617	5,839	70	0,1866	1.456	1.615	5,805	75	0,1788	1.464	1.625	5,809
75	0,2024	1.467	1.629	5,875	75	0,1899	1.466	1.627	5,841	80	0,1819	1.474	1.638	5,844
80	0,2059	1.477	1.641	5,910	80	0,1932	1.475	1.640	5,876	85	0,1850	1.484	1.650	5,879
85	0,2093	1.486	1.654	5,944	85	0,1964	1.485	1.652	5,911	90	0,1881	1.493	1.662	5,913
90	0,2127	1.496	1.666	5,978	90	0,1997	1.494	1.664	5,945	95	0,1911	1.503	1.675	5,947
95	0,2161	1.505	1.678	6,011	95	0,2029	1.504	1.676	5,978	100	0,1942	1.512	1.687	5,980
100	0,2195	1.514	1.690	6,043	100	0,2061	1.513	1.688	6,011	105	0,1972	1.521	1.699	6,012
105	0,2228	1.524	1.702	6,075	105	0,2093	1.523	1.700	6,043	110	0,2002	1.531	1.711	6,044
110	0,2262	1.533	1.714	6,107	110	0,2124	1.532	1.713	6,075	115	0,2032	1.540	1.723	6,075
115	0,2295	1.542	1.726	6,138	115	0,2156	1.541	1.725	6,106	120	0,2061	1.550	1.735	6,106
120	0,2328	1.552	1.738	6,169	120	0,2187	1.551	1.737	6,137	125	0,2091	1.559	1.748	6,137
125	0,2361	1.561	1.750	6,199	125	0,2218	1.560	1.749	6,167	130	0,2120	1.569	1.760	6,167
130	0,2394	1.571	1.762	6,229	130	0,2249	1.570	1.761	6,198	135	0,2150	1.578	1.772	6,197
135	0,2427	1.580	1.774	6,259	135	0,2280	1.579	1.773	6,227	140	0,2179	1.588	1.784	6,227
140	0,2459	1.589	1.786	6,288	140	0,2311	1.589	1.785	6,257	145	0,2208	1.597	1.796	6,256
145	0,2492	1.599	1.798	6,317	145	0,2341	1.598	1.797	6,286	150	0,2237	1.607	1.808	6,285
150	0,2524	1.608	1.810	6,346	150	0,2372	1.608	1.809	6,315	155	0,2266	1.616	1.820	6,314
155	0,2556	1.618	1.823	6,375	155	0,2403	1.617	1.821	6,343	160	0,2295	1.626	1.833	6,342
160	0,2589	1.628	1.835	6,403	160	0,2433	1.627	1.834	6,372	165	0,2324	1.636	1.845	6,370

(continua)

Tabela B6c – Propriedades termodinâmicas da amônia superaquecida *(continuação)*

950 kPa					1.000 kPa					1.200 kPa				
T	v	u	h	s	T	v	u	h	s	T	v	u	h	s
[°C]	[m³/kg]	[kJ/kg]	[kJ/kg]	[kJ/kgK]	[°C]	[m³/kg]	[kJ/kg]	[kJ/kg]	[kJ/kgK]	[°C]	[m³/kg]	[kJ/kg]	[kJ/kg]	[kJ/kgK]
23,23	0,1351	1.354	1.482	5,339	24,89	0,1285	1.355	1.483	5,320	30,93	0,1075	1.358	1.487	5,253
25	0,1364	1.358	1.488	5,357	25	0,1286	1.355	1.484	5,322	35	0,1099	1.368	1.500	5,296
30	0,1399	1.370	1.503	5,407	30	0,1320	1.367	1.499	5,373	40	0,1129	1.380	1.515	5,346
35	0,1434	1.381	1.517	5,455	35	0,1354	1.379	1.514	5,421	45	0,1157	1.391	1.530	5,393
40	0,1468	1.392	1.531	5,500	40	0,1387	1.390	1.528	5,467	50	0,1184	1.403	1.545	5,439
45	0,1501	1.403	1.545	5,544	45	0,1418	1.400	1.542	5,512	55	0,1211	1.414	1.559	5,482
50	0,1533	1.413	1.559	5,586	50	0,1450	1.411	1.556	5,554	60	0,1238	1.424	1.573	5,524
55	0,1565	1.423	1.572	5,626	55	0,1480	1.421	1.569	5,595	65	0,1263	1.435	1.586	5,564
60	0,1596	1.433	1.585	5,666	60	0,1510	1.432	1.583	5,635	70	0,1289	1.445	1.600	5,604
65	0,1627	1.443	1.598	5,704	65	0,1540	1.442	1.596	5,674	75	0,1314	1.455	1.613	5,642
70	0,1658	1.453	1.611	5,742	70	0,1569	1.452	1.608	5,712	80	0,1339	1.465	1.626	5,679
75	0,1688	1.463	1.623	5,778	75	0,1598	1.461	1.621	5,749	85	0,1363	1.475	1.639	5,716
80	0,1718	1.473	1.636	5,814	80	0,1627	1.471	1.634	5,785	90	0,1387	1.485	1.652	5,751
85	0,1747	1.482	1.648	5,849	85	0,1655	1.481	1.646	5,820	95	0,1411	1.495	1.665	5,786
90	0,1777	1.492	1.661	5,883	90	0,1683	1.491	1.659	5,855	100	0,1435	1.505	1.677	5,820
95	0,1806	1.501	1.673	5,917	95	0,1711	1.500	1.671	5,888	105	0,1458	1.515	1.690	5,854
100	0,1835	1.511	1.685	5,950	100	0,1739	1.510	1.684	5,922	110	0,1481	1.525	1.702	5,886
105	0,1864	1.520	1.697	5,983	105	0,1766	1.519	1.696	5,955	115	0,1505	1.534	1.715	5,919
110	0,1892	1.530	1.710	6,015	110	0,1794	1.529	1.708	5,987	120	0,1528	1.544	1.727	5,951
115	0,1921	1.539	1.722	6,046	115	0,1821	1.538	1.720	6,019	125	0,1550	1.554	1.740	5,982
120	0,1949	1.549	1.734	6,078	120	0,1848	1.548	1.733	6,050	130	0,1573	1.563	1.752	6,013
125	0,1977	1.558	1.746	6,108	125	0,1875	1.557	1.745	6,081	135	0,1596	1.573	1.764	6,044
130	0,2005	1.568	1.758	6,139	130	0,1901	1.567	1.757	6,111	140	0,1618	1.583	1.777	6,074
135	0,2033	1.577	1.771	6,169	135	0,1928	1.577	1.769	6,142	145	0,1641	1.592	1.789	6,104
140	0,2061	1.587	1.783	6,198	140	0,1955	1.586	1.782	6,171	150	0,1663	1.602	1.802	6,133
145	0,2089	1.597	1.795	6,228	145	0,1981	1.596	1.794	6,201	155	0,1685	1.612	1.814	6,162
150	0,2116	1.606	1.807	6,257	150	0,2007	1.605	1.806	6,230	160	0,1707	1.622	1.826	6,191
155	0,2144	1.616	1.819	6,285	155	0,2034	1.615	1.818	6,259	165	0,1729	1.631	1.839	6,220
160	0,2171	1.625	1.832	6,314	160	0,2060	1.625	1.831	6,287	170	0,1751	1.641	1.851	6,248
165	0,2199	1.635	1.844	6,342	165	0,2086	1.634	1.843	6,315	175	0,1773	1.651	1.864	6,276

(continua)

Tabela B6c – Propriedades termodinâmicas da amônia superaquecida *(continuação)*

1.400 kPa					1.600 kPa					1.800 kPa				
T	v	u	h	s	T	v	u	h	s	T	v	u	h	s
[°C]	[m³/kg]	[kJ/kg]	[kJ/kg]	[kJ/kgK]	[°C]	[m³/kg]	[kJ/kg]	[kJ/kg]	[kJ/kgK]	[°C]	[m³/kg]	[kJ/kg]	[kJ/kg]	[kJ/kgK]
36,25	0,0923	1.360	1.489	5,196	41,03	0,08078	1.361	1.490	5,145	45,37	0,0718	1.362	1.491	5,099
40	0,0943	1.369	1.501	5,236	45	0,08272	1.372	1.504	5,188	50	0,0738	1.375	1.508	5,150
45	0,0969	1.382	1.518	5,287	50	0,08506	1.385	1.521	5,240	55	0,0760	1.388	1.525	5,203
50	0,0994	1.394	1.533	5,335	55	0,08732	1.397	1.537	5,289	60	0,0780	1.401	1.541	5,252
55	0,1019	1.405	1.548	5,381	60	0,08951	1.409	1.552	5,336	65	0,0800	1.413	1.557	5,299
60	0,1042	1.417	1.563	5,425	65	0,09164	1.420	1.567	5,380	70	0,0819	1.425	1.572	5,344
65	0,1065	1.428	1.577	5,468	70	0,09371	1.432	1.582	5,423	75	0,0838	1.436	1.587	5,387
70	0,1088	1.438	1.591	5,509	75	0,09574	1.443	1.596	5,464	80	0,0857	1.447	1.601	5,428
75	0,1110	1.449	1.605	5,548	80	0,09773	1.453	1.610	5,504	85	0,0875	1.458	1.616	5,469
80	0,1132	1.460	1.618	5,587	85	0,09969	1.464	1.624	5,543	90	0,0892	1.469	1.630	5,507
85	0,1154	1.470	1.631	5,624	90	0,1016	1.475	1.637	5,581	95	0,0910	1.480	1.644	5,545
90	0,1175	1.480	1.645	5,661	95	0,1035	1.485	1.651	5,617	100	0,0927	1.490	1.657	5,582
95	0,1196	1.490	1.658	5,697	100	0,1054	1.495	1.664	5,653	105	0,0944	1.501	1.671	5,618
100	0,1217	1.500	1.671	5,732	105	0,1072	1.506	1.677	5,688	110	0,0960	1.511	1.684	5,653
105	0,1238	1.510	1.683	5,766	110	0,1091	1.516	1.690	5,723	115	0,0977	1.521	1.697	5,688
110	0,1258	1.520	1.696	5,800	115	0,1109	1.526	1.703	5,756	120	0,0993	1.532	1.710	5,721
115	0,1279	1.530	1.709	5,833	120	0,1127	1.536	1.716	5,789	125	0,1009	1.542	1.724	5,754
120	0,1299	1.540	1.722	5,865	125	0,1145	1.546	1.729	5,822	130	0,1025	1.552	1.737	5,787
125	0,1319	1.550	1.734	5,897	130	0,1162	1.556	1.742	5,854	135	0,1041	1.562	1.750	5,819
130	0,1338	1.560	1.747	5,929	135	0,1180	1.566	1.755	5,885	140	0,1057	1.572	1.763	5,850
135	0,1358	1.569	1.760	5,960	140	0,1197	1.576	1.767	5,917	145	0,1073	1.582	1.775	5,881
140	0,1378	1.579	1.772	5,990	145	0,1215	1.586	1.780	5,947	150	0,1088	1.592	1.788	5,912
145	0,1397	1.589	1.785	6,020	150	0,1232	1.596	1.793	5,977	155	0,1104	1.602	1.801	5,942
150	0,1417	1.599	1.797	6,050	155	0,1249	1.606	1.806	6,007	160	0,1119	1.613	1.814	5,972
155	0,1436	1.609	1.810	6,080	160	0,1266	1.616	1.818	6,037	165	0,1135	1.623	1.827	6,002
160	0,1455	1.619	1.822	6,109	165	0,1283	1.626	1.831	6,066	170	0,1150	1.633	1.840	6,031
165	0,1474	1.629	1.835	6,138	170	0,1300	1.636	1.844	6,095	175	0,1165	1.643	1.852	6,059
170	0,1493	1.638	1.847	6,166	175	0,1317	1.646	1.856	6,123	180	0,1180	1.653	1.865	6,088
175	0,1512	1.648	1.860	6,194	180	0,1334	1.656	1.869	6,151	185	0,1195	1.663	1.878	6,116
180	0,1531	1.658	1.873	6,222	185	0,1350	1.666	1.882	6,179	190	0,1210	1.673	1.891	6,144

(continua)

Tabela B6c – Propriedades termodinâmicas da amônia superaquecida *(continuação)*

2.000 kPa					2.200 kPa					2.400 kPa				
T [°C]	v [m³/kg]	u [kJ/kg]	h [kJ/kg]	s [kJ/kgK]	T [°C]	v [m³/kg]	u [kJ/kg]	h [kJ/kg]	s [kJ/kgK]	T [°C]	v [m³/kg]	u [kJ/kg]	h [kJ/kg]	s [kJ/kgK]
49,36	0,06446	1.362	1.491	5,057	53,06	0,05845	1.362	1.491	5,019	56,52	0,05341	1.362	1.490	4,983
50	0,06473	1.364	1.494	5,065	55	0,05922	1.368	1.499	5,042	60	0,05470	1.373	1.504	5,024
55	0,06679	1.378	1.512	5,121	60	0,06112	1.383	1.517	5,098	65	0,05647	1.388	1.523	5,081
60	0,06875	1.392	1.529	5,173	65	0,06294	1.396	1.535	5,150	70	0,05816	1.401	1.541	5,133
65	0,07064	1.405	1.546	5,223	70	0,06468	1.409	1.552	5,200	75	0,05977	1.415	1.558	5,182
70	0,07246	1.417	1.562	5,270	75	0,06636	1.422	1.568	5,247	80	0,06133	1.427	1.574	5,229
75	0,07423	1.429	1.578	5,315	80	0,06799	1.434	1.584	5,292	85	0,06285	1.440	1.590	5,274
80	0,07595	1.441	1.593	5,358	85	0,06958	1.446	1.599	5,335	90	0,06432	1.452	1.606	5,317
85	0,07763	1.452	1.607	5,400	90	0,07113	1.458	1.614	5,377	95	0,06575	1.463	1.621	5,359
90	0,07928	1.463	1.622	5,440	95	0,07264	1.469	1.629	5,417	100	0,06716	1.475	1.636	5,399
95	0,08089	1.474	1.636	5,479	100	0,07413	1.480	1.643	5,456	105	0,06853	1.486	1.650	5,437
100	0,08248	1.485	1.650	5,517	105	0,07559	1.491	1.657	5,494	110	0,06988	1.497	1.665	5,475
105	0,08404	1.496	1.664	5,553	110	0,07703	1.502	1.671	5,530	115	0,07121	1.508	1.679	5,512
110	0,08558	1.507	1.678	5,589	115	0,07844	1.513	1.685	5,566	120	0,07252	1.519	1.693	5,548
115	0,0871	1.517	1.691	5,625	120	0,07984	1.523	1.699	5,601	125	0,07382	1.530	1.707	5,583
120	0,08861	1.528	1.705	5,659	125	0,08122	1.534	1.712	5,636	130	0,07510	1.540	1.721	5,617
125	0,0901	1.538	1.718	5,693	130	0,08259	1.544	1.726	5,669	135	0,07636	1.551	1.734	5,650
130	0,09157	1.548	1.731	5,726	135	0,08394	1.555	1.739	5,702	140	0,07761	1.561	1.748	5,683
135	0,09303	1.558	1.745	5,758	140	0,08528	1.565	1.753	5,735	145	0,07884	1.572	1.761	5,716
140	0,09447	1.569	1.758	5,790	145	0,08660	1.575	1.766	5,767	150	0,08007	1.582	1.775	5,748
145	0,09591	1.579	1.771	5,822	150	0,08792	1.586	1.779	5,798	155	0,08129	1.593	1.788	5,779
150	0,09733	1.589	1.784	5,853	155	0,08923	1.596	1.792	5,829	160	0,08249	1.603	1.801	5,810
155	0,09875	1.599	1.797	5,883	160	0,09052	1.606	1.806	5,860	165	0,08369	1.614	1.814	5,840
160	0,1002	1.609	1.810	5,913	165	0,09181	1.617	1.819	5,890	170	0,08488	1.624	1.828	5,870
165	0,1016	1.620	1.823	5,943	170	0,09309	1.627	1.832	5,919	175	0,08606	1.634	1.841	5,900
170	0,1029	1.630	1.836	5,973	175	0,09436	1.637	1.845	5,949	180	0,08723	1.645	1.854	5,929
175	0,1043	1.640	1.849	6,002	180	0,09563	1.647	1.858	5,978	185	0,08840	1.655	1.867	5,958
180	0,1057	1.650	1.862	6,030	185	0,09689	1.658	1.871	6,006	190	0,08956	1.665	1.880	5,987
185	0,1071	1.660	1.875	6,059	190	0,09814	1.668	1.884	6,035	195	0,09072	1.676	1.894	6,015
190	0,1084	1.671	1.887	6,087	195	0,09939	1.678	1.897	6,063	200	0,09187	1.686	1.907	6,043

(continua)

Tabela B6c – Propriedades termodinâmicas da amônia superaquecida *(continuação)*

2.600 kPa					2.800 kPa					3.000 kPa				
T	v	u	h	s	T	v	u	h	s	T	v	u	h	s
[°C]	[m³/kg]	[kJ/kg]	[kJ/kg]	[kJ/kgK]	[°C]	[m³/kg]	[kJ/kg]	[kJ/kg]	[kJ/kgK]	[°C]	[m³/kg]	[kJ/kg]	[kJ/kg]	[kJ/kgK]
59,77	0,04911	1.362	1.490	4,949	62,84	0,04541	1.361	1.488	4,917	65,74	0,04218	1.360	1.487	4,887
60	0,04919	1.363	1.491	4,952	65	0,04615	1.368	1.498	4,945	70	0,04356	1.375	1.505	4,941
65	0,05094	1.378	1.511	5,012	70	0,04778	1.384	1.518	5,004	75	0,04508	1.390	1.526	5,000
70	0,05259	1.393	1.530	5,068	75	0,04932	1.399	1.537	5,059	80	0,04653	1.405	1.545	5,054
75	0,05416	1.407	1.548	5,120	80	0,05079	1.413	1.555	5,111	85	0,04790	1.419	1.563	5,105
80	0,05567	1.420	1.565	5,169	85	0,05220	1.426	1.572	5,160	90	0,04922	1.432	1.580	5,153
85	0,05712	1.433	1.582	5,216	90	0,05356	1.439	1.589	5,206	95	0,05050	1.445	1.597	5,199
90	0,05853	1.445	1.598	5,260	95	0,05488	1.452	1.605	5,250	100	0,05174	1.458	1.613	5,243
95	0,05990	1.457	1.613	5,303	100	0,05616	1.464	1.621	5,293	105	0,05294	1.470	1.629	5,285
100	0,06124	1.469	1.629	5,344	105	0,05741	1.476	1.636	5,334	110	0,05411	1.482	1.645	5,326
105	0,06255	1.481	1.643	5,384	110	0,05863	1.487	1.651	5,373	115	0,05526	1.494	1.660	5,365
110	0,06383	1.492	1.658	5,423	115	0,05983	1.499	1.666	5,412	120	0,05639	1.505	1.675	5,403
115	0,06509	1.503	1.673	5,460	120	0,06101	1.510	1.681	5,449	125	0,05749	1.517	1.689	5,441
120	0,06633	1.515	1.687	5,497	125	0,06217	1.521	1.695	5,485	130	0,05858	1.528	1.704	5,477
125	0,06755	1.525	1.701	5,533	130	0,06331	1.532	1.709	5,521	135	0,05965	1.539	1.718	5,512
130	0,06875	1.536	1.715	5,568	135	0,06443	1.543	1.724	5,556	140	0,06071	1.550	1.732	5,547
135	0,06994	1.547	1.729	5,602	140	0,06554	1.554	1.738	5,590	145	0,06175	1.561	1.746	5,581
140	0,07111	1.558	1.743	5,635	145	0,06664	1.565	1.751	5,623	150	0,06278	1.572	1.760	5,614
145	0,07228	1.568	1.756	5,668	150	0,06773	1.576	1.765	5,656	155	0,06380	1.583	1.774	5,646
150	0,07343	1.579	1.770	5,700	155	0,06880	1.586	1.779	5,688	160	0,06481	1.594	1.788	5,678
155	0,07457	1.590	1.783	5,732	160	0,06987	1.597	1.792	5,720	165	0,06581	1.604	1.802	5,710
160	0,07570	1.600	1.797	5,763	165	0,07092	1.607	1.806	5,751	170	0,06680	1.615	1.815	5,741
165	0,07682	1.611	1.810	5,794	170	0,07197	1.618	1.820	5,781	175	0,06778	1.626	1.829	5,771
170	0,07793	1.621	1.824	5,824	175	0,07301	1.629	1.833	5,812	180	0,06876	1.636	1.843	5,802
175	0,07903	1.631	1.837	5,854	180	0,07404	1.639	1.846	5,841	185	0,06973	1.647	1.856	5,831
180	0,08013	1.642	1.850	5,884	185	0,07507	1.650	1.860	5,871	190	0,07069	1.658	1.870	5,861
185	0,08122	1.652	1.864	5,913	190	0,07608	1.660	1.873	5,900	195	0,07164	1.668	1.883	5,890
190	0,08231	1.663	1.877	5,942	195	0,07710	1.671	1.887	5,929	200	0,07259	1.679	1.897	5,918
195	0,08338	1.673	1.890	5,970	200	0,07810	1.681	1.900	5,957	205	0,07354	1.690	1.910	5,947
200	0,08446	1.684	1.903	5,999	205	0,07910	1.692	1.913	5,985	210	0,07448	1.700	1.924	5,975

(continua)

Tabela B6c – Propriedades termodinâmicas da amônia superaquecida *(continuação)*

3.200 kPa					3.400 kPa					3.600 kPa				
T	v	u	h	s	T	v	u	h	s	T	v	u	h	s
[°C]	[m³/kg]	[kJ/kg]	[kJ/kg]	[kJ/kgK]	[°C]	[m³/kg]	[kJ/kg]	[kJ/kg]	[kJ/kgK]	[°C]	[m³/kg]	[kJ/kg]	[kJ/kg]	[kJ/kgK]
68,51	0,03934	1.359	1.485	4,858	71,15	0,03682	1.358	1.483	4,830	73,67	0,03457	1.357	1.481	4,804
70	0,03982	1.365	1.492	4,878	75	0,03799	1.372	1.501	4,882	75	0,03497	1.362	1.488	4,822
75	0,04134	1.381	1.514	4,941	80	0,03942	1.388	1.522	4,943	80	0,03641	1.380	1.511	4,888
80	0,04277	1.397	1.534	4,998	85	0,04076	1.404	1.543	4,999	85	0,03774	1.396	1.532	4,947
85	0,04412	1.412	1.553	5,052	90	0,04203	1.419	1.562	5,052	90	0,03900	1.411	1.552	5,002
90	0,04541	1.426	1.571	5,102	95	0,04325	1.433	1.580	5,101	95	0,04020	1.426	1.571	5,054
95	0,04666	1.439	1.588	5,150	100	0,04442	1.446	1.597	5,148	100	0,04135	1.440	1.589	5,103
100	0,04786	1.452	1.605	5,195	105	0,04555	1.459	1.614	5,193	105	0,04245	1.453	1.606	5,149
105	0,04902	1.465	1.622	5,238	110	0,04665	1.472	1.630	5,236	110	0,04352	1.466	1.623	5,194
110	0,05015	1.477	1.637	5,280	115	0,04772	1.484	1.646	5,278	115	0,04456	1.479	1.639	5,236
115	0,05126	1.489	1.653	5,321	120	0,04876	1.496	1.662	5,318	120	0,04557	1.491	1.655	5,277
120	0,05234	1.501	1.668	5,360	125	0,04978	1.508	1.677	5,356	125	0,04656	1.503	1.671	5,317
125	0,05340	1.512	1.683	5,398	130	0,05079	1.520	1.692	5,394	130	0,04753	1.515	1.686	5,355
130	0,05444	1.524	1.698	5,435	135	0,05177	1.531	1.707	5,431	135	0,04848	1.527	1.702	5,392
135	0,05547	1.535	1.713	5,471	140	0,05274	1.543	1.722	5,466	140	0,04941	1.539	1.716	5,429
140	0,05648	1.546	1.727	5,506	145	0,05369	1.554	1.736	5,501	145	0,05033	1.550	1.731	5,464
145	0,05747	1.558	1.741	5,540	150	0,05463	1.565	1.751	5,536	150	0,05123	1.561	1.746	5,499
150	0,05846	1.569	1.756	5,574	155	0,05556	1.576	1.765	5,569	155	0,05212	1.573	1.60	5,533
155	0,05943	1.579	1.770	5,607	160	0,05648	1.587	1.779	5,602	160	0,05300	1.584	1.775	5,566
160	0,06039	1.590	1.784	5,639	165	0,05739	1.598	1.793	5,634	165	0,05387	1.595	1.789	5,599
165	0,06134	1.601	1.797	5,671	170	0,05829	1.609	1.807	5,666	170	0,05473	1.606	1.803	5,631
170	0,06228	1.612	1.811	5,702	175	0,05918	1.620	1.821	5,697	175	0,05559	1.617	1.817	5,662
175	0,06321	1.623	1.825	5,733	180	0,06006	1.631	1.835	5,728	180	0,05643	1.628	1.831	5,693
180	0,06414	1.634	1.839	5,764	185	0,06093	1.641	1.849	5,758	185	0,05727	1.639	1.845	5,724
185	0,06506	1.644	1.852	5,794	190	0,06180	1.652	1.862	5,788	190	0,05809	1.650	1.859	5,754
190	0,06597	1.655	1.866	5,823	195	0,06266	1.663	1.876	5,817	195	0,05892	1.660	1.873	5,784
195	0,06687	1.666	1.880	5,852	200	0,06352	1.674	1.890	5,846	200	0,05973	1.671	1.886	5,813
200	0,06777	1.676	1.893	5,881	205	0,06437	1.685	1.904	5,875	205	0,06054	1.682	1.900	5,842
205	0,06867	1.687	1.907	5,910	210	0,06521	1.695	1.917	5,904	210	0,06135	1.693	1.914	5,871
210	0,06955	1.698	1.920	5,938	215	0,06605	1.706	1.931	5,932	215	0,06215	1.704	1.928	5,899

(continua)

Tabela B6c – Propriedades termodinâmicas da amônia superaquecida *(continuação)*

3.800 kPa					4.000 kPa				
T	v	u	h	s	T	v	u	h	s
[°C]	[m³/kg]	[kJ/kg]	[kJ/kg]	[kJ/kgK]	[°C]	[m³/kg]	[kJ/kg]	[kJ/kg]	[kJ/kgK]
76,09	0,03254	1.355	1.479	4,778	78,42	0,03071	1.354	1.476	4,753
80	0,03367	1.370	1.498	4,832	80	0,03117	1.360	1.485	4,776
85	0,03502	1.387	1.521	4,895	85	0,03253	1.379	1.509	4,843
90	0,03627	1.404	1.541	4,954	90	0,03379	1.396	1.531	4,905
95	0,03746	1.419	1.561	5,008	95	0,03497	1.412	1.552	4,962
100	0,03859	1.433	1.580	5,058	100	0,03609	1.427	1.571	5,014
105	0,03967	1.447	1.598	5,106	105	0,03715	1.441	1.590	5,064
110	0,04072	1.461	1.615	5,152	110	0,03818	1.455	1.608	5,111
115	0,04173	1.474	1.632	5,196	115	0,03917	1.468	1.625	5,156
120	0,04271	1.486	1.649	5,238	120	0,04013	1.481	1.642	5,199
125	0,04367	1.499	1.665	5,278	125	0,04107	1.494	1.658	5,241
130	0,04461	1.511	1.680	5,317	130	0,04198	1.506	1.674	5,281
135	0,04553	1.523	1.696	5,355	135	0,04287	1.519	1.690	5,320
140	0,04643	1.535	1.711	5,392	140	0,04374	1.531	1.706	5,357
145	0,04731	1.546	1.726	5,428	145	0,04460	1.542	1.721	5,394
150	0,04819	1.558	1.741	5,464	150	0,04544	1.554	1.736	5,430
155	0,04904	1.569	1.755	5,498	155	0,04627	1.566	1.751	5,465
160	0,04989	1.580	1.770	5,532	160	0,04709	1.577	1.765	5,499
165	0,05073	1.592	1.784	5,565	165	0,04789	1.588	1.780	5,532
170	0,05155	1.603	1.799	5,597	170	0,04869	1.600	1.794	5,565
175	0,05237	1.614	1.813	5,629	175	0,04948	1.611	1.809	5,597
180	0,05318	1.625	1.827	5,660	180	0,05026	1.622	1.823	5,629
185	0,05398	1.636	1.841	5,691	185	0,05103	1.633	1.837	5,660
190	0,05478	1.647	1.855	5,722	190	0,05179	1.644	1.851	5,691
195	0,05557	1.658	1.869	5,752	195	0,05255	1.655	1.865	5,721
200	0,05635	1.669	1.883	5,781	200	0,05330	1.666	1.879	5,751
205	0,05712	1.680	1.897	5,810	205	0,05404	1.677	1.893	5,780
210	0,05789	1.691	1.911	5,839	210	0,05478	1.688	1.907	5,809
215	0,05866	1.702	1.925	5,868	215	0,05552	1.699	1.921	5,838
220	0,05942	1.713	1.938	5,896	220	0,05625	1.710	1.935	5,866

Tabela B6d – Propriedades de transporte da amônia saturada

T [°C]	ρ_l [kg/m³]	ρ_v [kg/m³]	cp_l [kJ/kgK]	cp_v [kJ/kgK]	k_l [W/mK]	k_v [W/mK]	μ_l [Pas]	μ_v [Pas]	Pr_l	Pr_v
-40	690,0	0,6435	4,415	2,244	0,6876	0,02064	2,81E-4*	7,86E-6	1,80	0,85
-39	688,8	0,6764	4,420	2,252	0,6842	0,02069	2,77E-4	7,89E-6	1,79	0,86
-38	687,5	0,7106	4,426	2,259	0,6809	0,02073	2,73E-4	7,92E-6	1,77	0,86
-37	686,3	0,7461	4,431	2,267	0,6775	0,02078	2,69E-4	7,95E-6	1,76	0,87
-36	685,1	0,7831	4,436	2,275	0,6742	0,02083	2,65E-4	7,98E-6	1,74	0,87
-35	683,9	0,8216	4,441	2,283	0,6708	0,02088	2,61E-4	8,00E-6	1,73	0,88
-34	682,6	0,8615	4,446	2,291	0,6675	0,02093	2,58E-4	8,03E-6	1,72	0,88
-33	681,4	0,9030	4,451	2,300	0,6642	0,02099	2,54E-4	8,06E-6	1,70	0,88
-32	680,2	0,9461	4,456	2,308	0,6609	0,02104	2,51E-4	8,09E-6	1,69	0,89
-31	678,9	0,9908	4,461	2,317	0,6576	0,02109	2,47E-4	8,12E-6	1,68	0,89
-30	677,7	1,037	4,466	2,326	0,6543	0,02115	2,44E-4	8,15E-6	1,66	0,90
-29	676,5	1,085	4,471	2,335	0,6510	0,02121	2,41E-4	8,18E-6	1,65	0,90
-28	675,2	1,135	4,475	2,344	0,6477	0,02126	2,37E-4	8,21E-6	1,64	0,91
-27	674,0	1,187	4,480	2,354	0,6445	0,02132	2,34E-4	8,24E-6	1,63	0,91
-26	672,7	1,240	4,485	2,363	0,6412	0,02138	2,31E-4	8,27E-6	1,62	0,91
-25	671,4	1,296	4,490	2,373	0,6380	0,02144	2,28E-4	8,30E-6	1,61	0,92
-24	670,2	1,353	4,495	2,383	0,6347	0,02151	2,25E-4	8,33E-6	1,60	0,92
-23	668,9	1,413	4,500	2,393	0,6315	0,02157	2,23E-4	8,36E-6	1,59	0,93
-22	667,6	1,474	4,505	2,403	0,6283	0,02163	2,20E-4	8,39E-6	1,58	0,93
-21	666,4	1,538	4,509	2,414	0,6250	0,02170	2,17E-4	8,42E-6	1,57	0,94
-20	665,1	1,603	4,514	2,425	0,6218	0,02177	2,14E-4	8,45E-6	1,56	0,94
-19	663,8	1,671	4,519	2,435	0,6186	0,02184	2,12E-4	8,48E-6	1,55	0,95
-18	662,5	1,741	4,524	2,446	0,6155	0,02191	2,09E-4	8,51E-6	1,54	0,95
-17	661,2	1,814	4,529	2,458	0,6123	0,02198	2,07E-4	8,54E-6	1,53	0,96
-16	659,9	1,889	4,534	2,469	0,6091	0,02205	2,04E-4	8,57E-6	1,52	0,96
-15	658,6	1,966	4,539	2,481	0,6059	0,02212	2,02E-4	8,60E-6	1,51	0,96
-14	657,3	2,046	4,543	2,493	0,6028	0,02219	1,99E-4	8,63E-6	1,50	0,97
-13	656,0	2,128	4,548	2,505	0,5996	0,02227	1,97E-4	8,66E-6	1,50	0,97
-12	654,7	2,213	4,553	2,517	0,5965	0,02235	1,95E-4	8,69E-6	1,49	0,98
-11	653,4	2,301	4,558	2,529	0,5934	0,02242	1,93E-4	8,72E-6	1,48	0,98
-10	652,1	2,391	4,563	2,542	0,5902	0,02250	1,90E-4	8,75E-6	1,47	0,99
-9	650,8	2,484	4,568	2,555	0,5871	0,02258	1,88E-4	8,78E-6	1,46	0,99
-8	649,5	2,580	4,573	2,568	0,5840	0,02267	1,86E-4	8,81E-6	1,46	1,00
-7	648,1	2,679	4,578	2,581	0,5809	0,02275	1,84E-4	8,84E-6	1,45	1,00
-6	646,8	2,781	4,584	2,595	0,5778	0,02283	1,82E-4	8,87E-6	1,44	1,01
-5	645,4	2,886	4,589	2,608	0,5747	0,02292	1,80E-4	8,90E-6	1,44	1,01

(continua)

Tabela B6d – Propriedades de transporte da amônia saturada *(continuação)*

T [°C]	ρ_l [kg/m³]	ρ_v [kg/m³]	cp_l [kJ/kgK]	cp_v [kJ/kgK]	k_l [W/mK]	k_v [W/mK]	μ_l [Pas]	μ_v [Pas]	Pr_l	Pr_v
-4	644,1	2,994	4,594	2,622	0,5717	0,02300	1,78E-4	8,93E-6	1,43	1,02
-3	642,8	3,105	4,599	2,636	0,5686	0,02309	1,76E-4	8,96E-6	1,42	1,02
-2	641,4	3,219	4,605	2,651	0,5655	0,02318	1,74E-4	9,00E-6	1,42	1,03
-1	640,0	3,337	4,610	2,665	0,5625	0,02327	1,72E-4	9,03E-6	1,41	1,03
0	638,7	3,458	4,615	2,680	0,5594	0,02337	1,70E-4	9,06E-6	1,41	1,04
1	637,3	3,583	4,621	2,695	0,5564	0,02346	1,68E-4	9,09E-6	1,40	1,04
2	635,9	3,711	4,627	2,711	0,5534	0,02355	1,67E-4	9,12E-6	1,39	1,05
3	634,6	3,842	4,632	2,726	0,5503	0,02365	1,65E-4	9,15E-6	1,39	1,05
4	633,2	3,977	4,638	2,742	0,5473	0,02375	1,63E-4	9,18E-6	1,38	1,06
5	631,8	4,116	4,644	2,758	0,5443	0,02385	1,61E-4	9,21E-6	1,38	1,07
6	630,4	4,259	4,650	2,774	0,5413	0,02395	1,60E-4	9,24E-6	1,37	1,07
7	629,0	4,406	4,656	2,791	0,5383	0,02405	1,58E-4	9,27E-6	1,37	1,08
8	627,6	4,557	4,662	2,807	0,5353	0,02415	1,56E-4	9,30E-6	1,36	1,08
9	626,2	4,711	4,668	2,824	0,5324	0,02426	1,55E-4	9,33E-6	1,36	1,09
10	624,8	4,870	4,674	2,842	0,5294	0,02437	1,53E-4	9,36E-6	1,35	1,09
11	623,4	5,033	4,680	2,859	0,5264	0,02447	1,52E-4	9,40E-6	1,35	1,10
12	621,9	5,201	4,687	2,877	0,5235	0,02458	1,50E-4	9,43E-6	1,34	1,10
13	620,5	5,372	4,694	2,895	0,5205	0,02469	1,49E-4	9,46E-6	1,34	1,11
14	619,1	5,549	4,700	2,914	0,5176	0,02481	1,47E-4	9,49E-6	1,34	1,11
15	617,6	5,729	4,707	2,932	0,5147	0,02492	1,46E-4	9,52E-6	1,33	1,12
16	616,2	5,915	4,714	2,951	0,5117	0,02504	1,44E-4	9,55E-6	1,33	1,13
17	614,7	6,105	4,721	2,970	0,5088	0,02516	1,43E-4	9,58E-6	1,32	1,13
18	613,3	6,300	4,728	2,990	0,5059	0,02527	1,41E-4	9,61E-6	1,32	1,14
19	611,8	6,500	4,736	3,010	0,5030	0,02540	1,40E-4	9,64E-6	1,32	1,14
20	610,3	6,705	4,743	3,030	0,5001	0,02552	1,39E-4	9,68E-6	1,31	1,15
21	608,9	6,915	4,751	3,051	0,4972	0,02564	1,37E-4	9,71E-6	1,31	1,16
22	607,4	7,130	4,758	3,071	0,4943	0,02577	1,36E-4	9,74E-6	1,31	1,16
23	605,9	7,351	4,766	3,092	0,4914	0,02590	1,34E-4	9,77E-6	1,30	1,17
24	604,4	7,577	4,774	3,114	0,4886	0,02603	1,33E-4	9,80E-6	1,30	1,17
25	602,9	7,809	4,783	3,136	0,4857	0,02616	1,32E-4	9,83E-6	1,30	1,18
26	601,4	8,046	4,791	3,158	0,4828	0,02629	1,31E-4	9,87E-6	1,30	1,19
27	599,9	8,290	4,800	3,180	0,4800	0,02643	1,29E-4	9,90E-6	1,29	1,19
28	598,3	8,539	4,809	3,203	0,4771	0,02656	1,28E-4	9,93E-6	1,29	1,20
29	596,8	8,794	4,818	3,227	0,4743	0,02670	1,27E-4	9,96E-6	1,29	1,20
30	595,3	9,055	4,827	3,250	0,4714	0,02684	1,26E-4	1,00E-5	1,29	1,21
31	593,7	9,322	4,836	3,274	0,4686	0,02699	1,24E-4	1,00E-5	1,28	1,22

(continua)

Tabela B6d – Propriedades de transporte da amônia saturada *(continuação)*

T [°C]	ρ_l [kg/m³]	ρ_v [kg/m³]	cp_l [kJ/kgK]	cp_v [kJ/kgK]	k_l [W/mK]	k_v [W/mK]	μ_l [Pas]	μ_v [Pas]	Pr_l	Pr_v
32	592,2	9,596	4,846	3,299	0,4658	0,02713	1,23E-4	1,01E-5	1,28	1,22
33	590,6	9,876	4,856	3,324	0,4630	0,02728	1,22E-4	1,01E-5	1,28	1,23
34	589,0	10,16	4,866	3,349	0,4602	0,02743	1,21E-4	1,01E-5	1,28	1,24
35	587,5	10,46	4,876	3,375	0,4574	0,02758	1,20E-4	1,02E-5	1,28	1,24
36	585,9	10,76	4,887	3,401	0,4546	0,02773	1,19E-4	1,02E-5	1,27	1,25
37	584,3	11,07	4,897	3,427	0,4518	0,02789	1,17E-4	1,02E-5	1,27	1,26
38	582,7	11,38	4,908	3,455	0,4490	0,02805	1,16E-4	1,03E-5	1,27	1,26
39	581,1	11,70	4,920	3,482	0,4462	0,02821	1,15E-4	1,03E-5	1,27	1,27
40	579,5	12,03	4,931	3,510	0,4434	0,02837	1,14E-4	1,03E-5	1,27	1,28
41	577,9	12,37	4,943	3,539	0,4406	0,02853	1,13E-4	1,04E-5	1,27	1,29
42	576,2	12,72	4,955	3,568	0,4379	0,02870	1,12E-4	1,04E-5	1,27	1,29
43	574,6	13,07	4,968	3,598	0,4351	0,02887	1,11E-4	1,04E-5	1,27	1,30
44	572,9	13,43	4,981	3,628	0,4323	0,02904	1,10E-4	1,05E-5	1,27	1,31
45	571,3	13,80	4,994	3,659	0,4296	0,02922	1,09E-4	1,05E-5	1,27	1,31
46	569,6	14,18	5,007	3,690	0,4268	0,02940	1,08E-4	1,05E-5	1,26	1,32
47	567,9	14,56	5,021	3,722	0,4241	0,02958	1,07E-4	1,06E-5	1,26	1,33
48	566,2	14,96	5,035	3,755	0,4214	0,02976	1,06E-4	1,06E-5	1,26	1,34
49	564,5	15,37	5,049	3,788	0,4186	0,02994	1,05E-4	1,06E-5	1,26	1,35
50	562,8	15,78	5,064	3,822	0,4159	0,03013	1,04E-4	1,07E-5	1,26	1,35
51	561,1	16,20	5,080	3,857	0,4132	0,03032	1,03E-4	1,07E-5	1,26	1,36
52	559,4	16,64	5,095	3,893	0,4105	0,03052	1,02E-4	1,08E-5	1,26	1,37
53	557,6	17,08	5,112	3,929	0,4077	0,03072	1,01E-4	1,08E-5	1,27	1,38
54	555,9	17,53	5,128	3,966	0,4050	0,03092	9,99E-5	1,08E-5	1,27	1,39
55	554,1	18,00	5,145	4,004	0,4023	0,03112	9,90E-5	1,09E-5	1,27	1,40
56	552,3	18,47	5,163	4,042	0,3996	0,03133	9,81E-5	1,09E-5	1,27	1,41
57	550,6	18,96	5,181	4,082	0,3969	0,03154	9,71E-5	1,09E-5	1,27	1,42
58	548,8	19,45	5,199	4,123	0,3942	0,03175	9,62E-5	1,10E-5	1,27	1,43
59	546,9	19,96	5,218	4,164	0,3915	0,03197	9,53E-5	1,10E-5	1,27	1,43
60	545,1	20,48	5,238	4,206	0,3888	0,03219	9,44E-5	1,11E-5	1,27	1,44
61	543,3	21,01	5,258	4,250	0,3861	0,03241	9,35E-5	1,11E-5	1,27	1,45
62	541,4	21,56	5,279	4,295	0,3834	0,03264	9,27E-5	1,11E-5	1,28	1,46
63	539,6	22,11	5,300	4,340	0,3807	0,03287	9,18E-5	1,12E-5	1,28	1,48
64	537,7	22,68	5,322	4,387	0,3781	0,03311	9,09E-5	1,12E-5	1,28	1,49
65	535,8	23,26	5,345	4,435	0,3754	0,03335	9,01E-5	1,13E-5	1,28	1,50
66	533,9	23,86	5,368	4,485	0,3727	0,03359	8,92E-5	1,13E-5	1,29	1,51
67	532,0	24,47	5,392	4,535	0,3700	0,03384	8,84E-5	1,13E-5	1,29	1,52

(continua)

Tabela B6d – Propriedades de transporte da amônia saturada *(continuação)*

T [°C]	ρ_l [kg/m³]	ρ_v [kg/m³]	cp_l [kJ/kgK]	cp_v [kJ/kgK]	k_l [W/mK]	k_v [W/mK]	μ_l [Pas]	μ_v [Pas]	Pr_l	Pr_v
68	530,1	25,10	5,417	4,587	0,3673	0,03410	8,75E-5	1,14E-5	1,29	1,53
69	528,1	25,74	5,443	4,641	0,3647	0,03435	8,67E-5	1,14E-5	1,29	1,54
70	526,1	26,39	5,469	4,696	0,3620	0,03462	8,59E-5	1,15E-5	1,30	1,56
71	524,2	27,06	5,497	4,753	0,3593	0,03488	8,51E-5	1,15E-5	1,30	1,57
72	522,2	27,75	5,525	4,811	0,3567	0,03516	8,42E-5	1,16E-5	1,31	1,58
73	520,1	28,45	5,554	4,872	0,3540	0,03543	8,34E-5	1,16E-5	1,31	1,60
74	518,1	29,17	5,584	4,934	0,3513	0,03572	8,26E-5	1,17E-5	1,31	1,61
75	516,1	29,90	5,615	4,998	0,3486	0,03601	8,18E-5	1,17E-5	1,32	1,62
76	514,0	30,66	5,648	5,064	0,3460	0,03630	8,10E-5	1,18E-5	1,32	1,64
77	511,9	31,43	5,681	5,132	0,3433	0,03660	8,03E-5	1,18E-5	1,33	1,65
78	509,8	32,22	5,716	5,203	0,3406	0,03691	7,95E-5	1,19E-5	1,33	1,67
79	507,7	33,04	5,752	5,276	0,3379	0,03722	7,87E-5	1,19E-5	1,34	1,69
80	505,5	33,87	5,789	5,351	0,3353	0,03754	7,79E-5	1,20E-5	1,35	1,70
81	503,3	34,72	5,827	5,430	0,3326	0,03787	7,72E-5	1,20E-5	1,35	1,72
82	501,2	35,60	5,867	5,511	0,3299	0,03820	7,64E-5	1,21E-5	1,36	1,74
83	498,9	36,50	5,909	5,595	0,3272	0,03855	7,56E-5	1,21E-5	1,37	1,76
84	496,7	37,42	5,952	5,683	0,3245	0,03889	7,49E-5	1,22E-5	1,37	1,78
85	494,4	38,36	5,997	5,774	0,3218	0,03925	7,41E-5	1,22E-5	1,38	1,80
86	492,1	39,33	6,044	5,869	0,3191	0,03962	7,34E-5	1,23E-5	1,39	1,82
87	489,8	40,33	6,093	5,967	0,3164	0,03999	7,27E-5	1,24E-5	1,40	1,84
88	487,5	41,35	6,144	6,070	0,3137	0,04038	7,19E-5	1,24E-5	1,41	1,87
89	485,1	42,40	6,197	6,177	0,3110	0,04077	7,12E-5	1,25E-5	1,42	1,89
90	482,7	43,48	6,253	6,289	0,3083	0,04117	7,05E-5	1,26E-5	1,43	1,92
91	480,3	44,59	6,311	6,407	0,3056	0,04159	6,97E-5	1,26E-5	1,44	1,94
92	477,8	45,73	6,371	6,529	0,3028	0,04201	6,90E-5	1,27E-5	1,45	1,97
93	475,3	46,90	6,435	6,658	0,3001	0,04245	6,83E-5	1,28E-5	1,46	2,00
94	472,8	48,11	6,502	6,793	0,2973	0,04289	6,76E-5	1,28E-5	1,48	2,03
95	470,2	49,35	6,572	6,935	0,2946	0,04336	6,68E-5	1,29E-5	1,49	2,07
96	467,6	50,63	6,646	7,085	0,2918	0,04383	6,61E-5	1,30E-5	1,51	2,10

* E-4, E-5 e E-6 são representações simplificadas de 10^{-4}, 10^{-5} e 10^{-6}.

Tabela B7a – Propriedades termodinâmicas do refrigerante R-744 (CO_2) saturado, entrada por temperatura

T [°C]	p_{sat} [kPa]	v_l [l/kg]	v_v [l/kg]	u_l [kJ/kg]	u_v [kJ/kg]	h_l [kJ/kg]	h_{lv} [kJ/kg]	h_v [kJ/kg]	s_l [kJ/kgK]	s_v [kJ/kgK]
-50	682,3	0,8661	55,79	92,33	394,6	92,92	339,7	432,7	0,5793	2,102
-49	710,5	0,8689	53,65	94,28	394,9	94,89	338,1	433,0	0,5880	2,096
-48	739,5	0,8717	51,62	96,23	395,1	96,88	336,4	433,3	0,5967	2,091
-47	769,4	0,8746	49,67	98,19	395,3	98,86	334,7	433,6	0,6054	2,085
-46	800,2	0,8775	47,82	100,2	395,6	100,9	333,0	433,8	0,6141	2,080
-45	831,9	0,8804	46,04	102,1	395,8	102,8	331,3	434,1	0,6227	2,075
-44	864,5	0,8834	44,35	104,1	396,0	104,8	329,5	434,4	0,6313	2,069
-43	898,0	0,8864	42,73	106,0	396,3	106,8	327,8	434,6	0,6399	2,064
-42	932,5	0,8894	41,18	108,0	396,5	108,9	326,0	434,9	0,6485	2,059
-41	968,0	0,8925	39,70	110,0	396,7	110,9	324,2	435,1	0,6570	2,054
-40	1.005	0,8956	38,28	112,0	396,9	112,9	322,4	435,3	0,6655	2,048
-39	1.042	0,8988	36,92	114,0	397,0	114,9	320,6	435,5	0,6740	2,043
-38	1.081	0,9020	35,62	115,9	397,2	116,9	318,8	435,7	0,6825	2,038
-37	1.120	0,9053	34,38	117,9	397,4	119,0	316,9	435,9	0,6910	2,033
-36	1.161	0,9086	33,18	119,9	397,5	121,0	315,1	436,1	0,6994	2,028
-35	1.202	0,9120	32,03	121,9	397,7	123,0	313,2	436,2	0,7078	2,023
-34	1.245	0,9154	30,93	123,9	397,8	125,1	311,3	436,4	0,7163	2,018
-33	1.289	0,9189	29,88	125,9	398,0	127,1	309,4	436,5	0,7246	2,013
-32	1.334	0,9224	28,86	128,0	398,1	129,2	307,4	436,6	0,7330	2,008
-31	1.380	0,9259	27,89	130,0	398,2	131,2	305,5	436,7	0,7414	2,003
-30	1.428	0,9296	26,95	132,0	398,3	133,3	303,5	436,8	0,7498	1,998
-29	1.476	0,9332	26,06	134,0	398,4	135,4	301,5	436,9	0,7581	1,993
-28	1.526	0,9370	25,19	136,1	398,5	137,5	299,5	436,9	0,7664	1,988
-27	1.577	0,9408	24,36	138,1	398,6	139,6	297,4	437,0	0,7747	1,983
-26	1.629	0,9446	23,56	140,1	398,6	141,7	295,4	437,0	0,7831	1,978
-25	1.683	0,9486	22,79	142,2	398,7	143,8	293,3	437,0	0,7914	1,973
-24	1.737	0,9526	22,05	144,2	398,7	145,9	291,1	437,0	0,7997	1,968
-23	1.794	0,9566	21,33	146,3	398,8	148,0	289,0	437,0	0,8080	1,963
-22	1.851	0,9608	20,65	148,4	398,8	150,2	286,8	437,0	0,8162	1,958
-21	1.910	0,9650	19,98	150,5	398,8	152,3	284,7	436,9	0,8245	1,953
-20	1.970	0,9693	19,34	152,5	398,8	154,4	282,4	436,9	0,8328	1,949
-19	2.031	0,9737	18,73	154,6	398,8	156,6	280,2	436,8	0,8411	1,944
-18	2.094	0,9782	18,13	156,7	398,7	158,8	277,9	436,7	0,8494	1,939
-17	2.158	0,9827	17,56	158,8	398,7	161,0	275,6	436,6	0,8576	1,934
-16	2.224	0,9874	17,00	160,9	398,6	163,1	273,3	436,4	0,8659	1,929
-15	2.291	0,9921	16,47	163,1	398,5	165,3	270,9	436,3	0,8742	1,924

(continua)

Tabela B7a – Propriedades termodinâmicas do refrigerante R-744 (CO_2) saturado, entrada por temperatura *(continuação)*

T [°C]	p_{sat} [kPa]	v_l [l/kg]	v_v [l/kg]	u_l [kJ/kg]	u_v [kJ/kg]	h_l [kJ/kg]	h_{lv} [kJ/kg]	h_v [kJ/kg]	s_l [kJ/kgK]	s_v [kJ/kgK]
-14	2.359	0,9969	15,95	165,2	398,5	167,6	268,5	436,1	0,8825	1,919
-13	2.429	1,002	15,45	167,3	398,3	169,8	266,1	435,9	0,8908	1,914
-12	2.501	1,007	14,97	169,5	398,2	172,0	263,6	435,6	0,8991	1,909
-11	2.574	1,012	14,50	171,7	398,1	174,3	261,1	435,4	0,9074	1,904
-10	2.649	1,017	14,05	173,8	397,9	176,5	258,6	435,1	0,9157	1,898
-9	2.725	1,023	13,61	176,0	397,7	178,8	256,0	434,8	0,9241	1,893
-8	2.803	1,028	13,19	178,2	397,5	181,1	253,4	434,5	0,9324	1,888
-7	2.882	1,034	12,78	180,4	397,3	183,4	250,8	434,2	0,9408	1,883
-6	2.963	1,040	12,38	182,6	397,1	185,7	248,1	433,8	0,9492	1,878
-5	3.046	1,046	12,00	184,9	396,8	188,0	245,3	433,4	0,9576	1,872
-4	3.130	1,052	11,62	187,1	396,6	190,4	242,5	432,9	0,9660	1,867
-3	3.216	1,058	11,26	189,4	396,3	192,8	239,7	432,5	0,9744	1,862
-2	3.304	1,065	10,91	191,6	395,9	195,2	236,8	432,0	0,9829	1,856
-1	3.394	1,071	10,57	193,9	395,6	197,6	233,9	431,4	0,9914	1,851
0	3.485	1,078	10,24	196,2	395,2	200,0	230,9	430,9	1,000	1,845
1	3.578	1,085	9,920	198,6	394,8	202,5	227,8	430,3	1,009	1,840
2	3.673	1,093	9,609	200,9	394,3	204,9	224,7	429,6	1,017	1,834
3	3.770	1,100	9,306	203,3	393,9	207,4	221,5	429,0	1,026	1,828
4	3.869	1,108	9,011	205,7	393,4	209,9	218,3	428,2	1,035	1,822
5	3.969	1,116	8,724	208,1	392,8	212,5	215,0	427,5	1,043	1,816
6	4.072	1,124	8,445	210,5	392,3	215,1	211,6	426,7	1,052	1,810
7	4.177	1,133	8,174	213,0	391,7	217,7	208,1	425,8	1,061	1,804
8	4.283	1,142	7,909	215,4	391,0	220,3	204,5	424,9	1,070	1,798
9	4.392	1,152	7,650	218,0	390,3	223,0	200,9	423,9	1,079	1,791
10	4.502	1,161	7,398	220,5	389,6	225,7	197,1	422,9	1,088	1,785
11	4.615	1,172	7,152	223,1	388,8	228,5	193,3	421,8	1,098	1,778
12	4.730	1,182	6,912	225,7	387,9	231,3	189,3	420,6	1,107	1,771
13	4.847	1,193	6,677	228,3	387,0	234,1	185,2	419,4	1,116	1,764
14	4.966	1,205	6,447	231,0	386,0	237,0	181,0	418,0	1,126	1,756
15	5.087	1,218	6,221	233,8	385,0	240,0	176,6	416,6	1,136	1,749
16	5.211	1,231	6,000	236,6	383,8	243,0	172,1	415,1	1,146	1,741
17	5.337	1,245	5,782	239,4	382,6	246,1	167,4	413,5	1,156	1,733
18	5.465	1,260	5,568	242,4	381,3	249,3	162,5	411,7	1,166	1,724
19	5.596	1,276	5,357	245,4	379,9	252,5	157,4	409,9	1,177	1,715
20	5.729	1,293	5,149	248,5	378,3	255,9	152,0	407,8	1,188	1,706
21	5.865	1,312	4,942	251,6	376,7	259,3	146,3	405,6	1,199	1,696

(continua)

Tabela B7a – Propriedades termodinâmicas do refrigerante R-744 (CO_2) saturado, entrada por temperatura *(continuação)*

T [°C]	p_{sat} [kPa]	v_l [l/kg]	v_v [l/kg]	u_l [kJ/kg]	u_v [kJ/kg]	h_l [kJ/kg]	h_{lv} [kJ/kg]	h_v [kJ/kg]	s_l [kJ/kgK]	s_v [kJ/kgK]
22	6.003	1,332	4,737	254,9	374,8	262,9	140,3	403,2	1,210	1,686
23	6.144	1,354	4,532	258,3	372,8	266,7	133,9	400,6	1,223	1,675
24	6.288	1,379	4,326	261,9	370,5	270,6	127,1	397,7	1,235	1,663
25	6.434	1,408	4,119	265,7	367,9	274,8	119,6	394,4	1,248	1,650
26	6.584	1,440	3,908	269,8	365,0	279,3	111,4	390,7	1,263	1,635
27	6.736	1,479	3,689	274,2	361,5	284,1	102,2	386,4	1,278	1,619
28	6.892	1,526	3,459	279,1	357,3	289,6	91,6	381,2	1,296	1,600
29	7.051	1,589	3,205	284,9	352,0	296,1	78,5	374,6	1,316	1,576
30	7.214	1,686	2,897	292,4	344,2	304,6	60,6	365,1	1,343	1,543
30,97	7.376	2,033	2,139	311,7	316,4	326,7	5,5	332,2	1,415	1,434

Tabela B7b – Propriedades termodinâmicas do refrigerante R-744 (CO_2) saturado, entrada por pressão

p [kPa]	T [°C]	v_l [l/kg]	v_v [l/kg]	u_l [kJ/kg]	u_v [kJ/kg]	h_l [kJ/kg]	h_{lv} [kJ/kg]	h_v [kJ/kg]	s_l [kJ/kgK]	s_v [kJ/kgK]
700	-49,37	0,8678	54,43	93,56	394,8	94,16	338,7	432,9	0,5848	2,098
800	-46,01	0,8774	47,83	100,1	395,6	100,8	333,0	433,8	0,6140	2,080
900	-42,94	0,8865	42,64	106,2	396,3	107,0	327,7	434,6	0,6404	2,064
1.000	-40,12	0,8953	38,45	111,7	396,8	112,6	322,7	435,3	0,6645	2,049
1.100	-37,50	0,9037	35,00	116,9	397,3	117,9	317,9	435,8	0,6867	2,036
1.200	-35,06	0,9118	32,10	121,8	397,7	122,9	313,3	436,2	0,7074	2,023
1.300	-32,76	0,9197	29,63	126,4	398,0	127,6	308,9	436,5	0,7267	2,012
1.400	-30,58	0,9274	27,50	130,8	398,3	132,1	304,6	436,8	0,7449	2,001
1.500	-28,52	0,9350	25,64	135,0	398,5	136,4	300,5	436,9	0,7621	1,991
1.600	-26,56	0,9425	24,00	139,0	398,6	140,5	296,5	437,0	0,7784	1,981
1.700	-24,68	0,9498	22,55	142,8	398,7	144,5	292,6	437,0	0,7940	1,972
1.800	-22,89	0,9571	21,25	146,5	398,8	148,3	288,8	437,0	0,8089	1,963
1.900	-21,16	0,9643	20,09	150,1	398,8	151,9	285,0	437,0	0,8232	1,954
2.000	-19,50	0,9715	19,03	153,6	398,8	155,5	281,3	436,8	0,8369	1,946
2.100	-17,90	0,9786	18,07	156,9	398,7	159,0	277,7	436,7	0,8502	1,938
2.200	-16,36	0,9857	17,20	160,2	398,6	162,4	274,1	436,5	0,8630	1,930
2.300	-14,86	0,9928	16,40	163,4	398,5	165,6	270,6	436,2	0,8753	1,923
2.400	-13,42	0,9998	15,66	166,5	398,4	168,9	267,1	436,0	0,8873	1,916
2.500	-12,01	1,007	14,97	169,5	398,2	172,0	263,7	435,7	0,8990	1,909
2.600	-10,65	1,014	14,34	172,4	398,0	175,1	260,3	435,3	0,9103	1,902
2.700	-9,32	1,021	13,75	175,3	397,8	178,1	256,9	434,9	0,9214	1,895
2.800	-8,03	1,028	13,20	178,1	397,6	181,0	253,5	434,5	0,9321	1,888
2.900	-6,78	1,035	12,69	180,9	397,3	183,9	250,2	434,1	0,9426	1,882
3.000	-5,55	1,043	12,21	183,6	397,0	186,8	246,8	433,6	0,9529	1,875
3.100	-4,36	1,050	11,75	186,3	396,7	189,6	243,5	433,1	0,9630	1,869
3.200	-3,19	1,057	11,33	188,9	396,3	192,3	240,2	432,6	0,9729	1,863
3.300	-2,05	1,064	10,93	191,5	395,9	195,1	237,0	432,0	0,9825	1,857
3.400	-0,93	1,072	10,55	194,1	395,5	197,7	233,7	431,4	0,9920	1,850
3.500	0,16	1,079	10,19	196,6	395,1	200,4	230,4	430,8	1,001	1,844
3.600	1,23	1,087	9,847	199,1	394,7	203,0	227,1	430,1	1,011	1,838
3.700	2,28	1,095	9,523	201,6	394,2	205,6	223,8	429,5	1,020	1,832
3.800	3,31	1,103	9,215	204,0	393,7	208,2	220,6	428,7	1,029	1,826
3.900	4,31	1,110	8,921	206,4	393,2	210,7	217,3	428,0	1,037	1,820
4.000	5,30	1,119	8,640	208,8	392,7	213,3	214,0	427,2	1,046	1,814
4.100	6,27	1,127	8,371	211,2	392,1	215,8	210,6	426,4	1,055	1,809
4.200	7,22	1,135	8,114	213,5	391,5	218,3	207,3	425,6	1,063	1,803

(continua)

Tabela B7b – Propriedades termodinâmicas do refrigerante R-744 (CO_2) saturado, entrada por pressão *(continuação)*

p [kPa]	T [°C]	v_l [l/kg]	v_v [l/kg]	u_l [kJ/kg]	u_v [kJ/kg]	h_l [kJ/kg]	h_{lv} [kJ/kg]	h_v [kJ/kg]	s_l [kJ/kgK]	s_v [kJ/kgK]
4.300	8,16	1,144	7,868	215,8	390,9	220,8	204,0	424,7	1,072	1,797
4.400	9,08	1,152	7,631	218,1	390,3	223,2	200,6	423,8	1,080	1,791
4.500	9,98	1,161	7,403	220,4	389,6	225,7	197,2	422,9	1,088	1,785
4.600	10,87	1,170	7,184	222,7	388,9	228,1	193,8	421,9	1,096	1,779
4.700	11,74	1,179	6,973	225,0	388,1	230,6	190,3	420,9	1,105	1,773
4.800	12,60	1,189	6,770	227,3	387,4	233,0	186,9	419,9	1,113	1,767
4.900	13,45	1,199	6,573	229,6	386,6	235,4	183,3	418,8	1,121	1,761
5.000	14,28	1,209	6,382	231,8	385,7	237,9	179,8	417,6	1,129	1,754
5.100	15,10	1,219	6,198	234,1	384,9	240,3	176,2	416,5	1,137	1,748
5.200	15,91	1,230	6,019	236,3	383,9	242,7	172,5	415,2	1,145	1,742
5.300	16,71	1,241	5,845	238,6	383,0	245,2	168,8	414,0	1,153	1,735
5.400	17,49	1,252	5,676	240,9	382,0	247,6	165,0	412,6	1,161	1,729
5.500	18,27	1,264	5,511	243,2	380,9	250,1	161,1	411,3	1,169	1,722
5.600	19,03	1,276	5,351	245,5	379,8	252,6	157,2	409,8	1,177	1,715
5.700	19,78	1,289	5,194	247,8	378,7	255,1	153,2	408,3	1,185	1,708
5.800	20,52	1,303	5,040	250,1	377,5	257,7	149,1	406,7	1,194	1,701
5.900	21,26	1,317	4,889	252,5	376,2	260,2	144,8	405,0	1,202	1,694
6.000	21,98	1,331	4,741	254,8	374,9	262,8	140,5	403,3	1,210	1,686
6.100	22,69	1,347	4,596	257,3	373,4	265,5	136,0	401,5	1,219	1,678
6.200	23,39	1,364	4,452	259,7	371,9	268,2	131,3	399,5	1,227	1,670
6.300	24,08	1,382	4,309	262,2	370,3	270,9	126,5	397,4	1,236	1,662
6.400	24,77	1,401	4,168	264,8	368,5	273,8	121,4	395,2	1,245	1,653
6.500	25,44	1,421	4,026	267,5	366,7	276,7	116,1	392,8	1,255	1,643
6.600	26,11	1,444	3,885	270,2	364,6	279,8	110,5	390,2	1,264	1,634
6.700	26,76	1,469	3,742	273,1	362,4	282,9	104,5	387,4	1,274	1,623
6.800	27,41	1,497	3,596	276,1	359,9	286,3	98,04	384,4	1,285	1,611
6.900	28,05	1,529	3,446	279,4	357,1	289,9	90,95	380,9	1,297	1,599
7.000	28,68	1,567	3,289	282,9	353,9	293,9	83,01	376,9	1,309	1,584
7.100	29,30	1,613	3,119	286,9	350,0	298,4	73,79	372,1	1,324	1,568
7.200	29,92	1,675	2,927	291,7	345,0	303,7	62,38	366,1	1,341	1,547
7.300	30,52	1,774	2,679	298,2	337,6	311,1	45,98	357,1	1,365	1,516
7.377	30,98	2,072	2,139	313,5	316,5	328,8	3,461	332,2	1,422	1,434

Tabela B7c – Propriedades termodinâmicas do refrigerante R-744 (CO_2) superaquecido

p = 700 kPa					p = 800 kPa				
T [°C]	v [l/kg]	u [kJ/kg]	h [kJ/kg]	s [kJ/kgK]	T [°C]	v [l/kg]	u [kJ/kg]	h [kJ/kg]	s [kJ/kgK]
-49,37	54,43	394,8	432,9	2,098	-46,01	47,83	395,6	433,8	2,08
-45	55,92	397,9	437	2,117	-45	48,14	396,3	434,8	2,084
-40	57,6	401,4	441,7	2,137	-40	49,66	399,9	439,7	2,105
-35	59,25	404,8	446,3	2,157	-35	51,15	403,5	444,4	2,126
-30	60,86	408,3	450,9	2,176	-30	52,61	407	449,1	2,145
-25	62,46	411,7	455,4	2,194	-25	54,04	410,5	453,8	2,164
-20	64,03	415,1	459,9	2,212	-20	55,45	414	458,4	2,182
-15	65,59	418,5	464,4	2,23	-15	56,85	417,5	463	2,2
-10	67,13	421,9	468,9	2,247	-10	58,22	420,9	467,5	2,218
-5	68,66	425,3	473,3	2,264	-5	59,59	424,4	472	2,235
0	70,17	428,7	477,8	2,28	0	60,94	427,8	476,6	2,252
5	71,68	432,1	482,3	2,296	5	62,27	431,3	481,1	2,268
10	73,17	435,5	486,7	2,312	10	63,6	434,7	485,6	2,284
15	74,65	438,9	491,2	2,328	15	64,92	438,2	490,1	2,3
20	76,13	442,3	495,6	2,343	20	66,23	441,6	494,6	2,315
25	77,6	445,8	500,1	2,358	25	67,53	445,1	499,1	2,331
30	79,06	449,2	504,6	2,373	30	68,83	448,6	503,6	2,346
35	80,52	452,7	509,1	2,388	35	70,12	452,1	508,2	2,36
40	81,97	456,2	513,6	2,402	40	71,4	455,6	512,7	2,375
45	83,42	459,7	518,1	2,417	45	72,68	459,1	517,3	2,389
50	84,86	463,2	522,6	2,431	50	73,95	462,7	521,8	2,404
55	86,29	466,8	527,2	2,445	55	75,22	466,2	526,4	2,418
60	87,73	470,3	531,7	2,458	60	76,48	469,8	531	2,432
65	89,15	473,9	536,3	2,472	65	77,74	473,4	535,6	2,445
70	90,58	477,5	540,9	2,486	70	79	477	540,2	2,459
75	92	481,1	545,5	2,499	75	80,25	480,6	544,8	2,472
80	93,42	484,7	550,1	2,512	80	81,5	484,3	549,5	2,785
85	94,83	488,4	554,8	2,525	85	82,75	487,9	554,1	2,499
90	96,24	492	559,4	2,538	90	83,99	491,6	558,8	2,511
95	97,65	495,7	564,1	2,551	95	85,23	495,3	563,5	2,524

(continua)

Tabela B7c – Propriedades termodinâmicas do refrigerante R-744 (CO_2) superaquecido *(continuação)*

p = 1.000 kPa					p = 1.200 kPa				
T [°C]	v [l/kg]	u [kJ/kg]	h [kJ/kg]	s [kJ/kgK]	T [°C]	v [l/kg]	u [kJ/kg]	h [kJ/kg]	s [kJ/kgK]
-40,12	38,45	396,8	435,3	2,049	-35,06	32,1	397,7	436,2	2,023
-40	38,48	396,9	435,4	2,05	-35	32,11	397,7	436,3	2,023
-35	39,77	400,7	440,5	2,071	-30	33,23	401,7	441,6	2,046
-30	41,01	404,5	445,5	2,092	-25	34,31	405,6	446,8	2,067
-25	42,23	408,2	450,4	2,112	-20	35,36	409,4	451,9	2,087
-20	43,42	411,8	455,2	2,131	-15	36,38	413,2	456,8	2,106
-15	44,59	415,4	460	2,15	-10	37,39	416,9	461,8	2,125
-10	45,74	419	464,7	2,168	-5	38,37	420,6	466,6	2,144
-5	46,87	422,5	469,4	2,186	0	39,34	424,2	471,4	2,161
0	47,99	426	474	2,203	5	40,3	427,8	476,2	2,179
5	49,1	429,6	478,7	2,22	10	41,25	431,4	480,9	2,196
10	50,2	433,1	483,3	2,236	15	42,18	435,1	485,7	2,212
15	51,28	436,6	487,9	2,252	20	43,1	438,7	490,4	2,228
20	52,36	440,2	492,5	2,268	25	44,02	442,3	495,1	2,244
25	53,43	443,7	497,1	2,284	30	44,93	445,9	499,8	2,26
30	54,49	447,2	501,7	2,299	35	45,83	449,5	504,5	2,275
35	55,55	450,8	506,3	2,314	40	46,72	453,1	509,1	2,29
40	56,59	454,3	510,9	2,329	45	47,61	456,7	513,8	2,305
45	57,64	457,9	515,6	2,343	50	48,49	460,3	518,5	2,32
50	58,68	461,5	520,2	2,358	55	49,37	464	523,2	2,334
55	59,71	465,1	524,8	2,372	60	50,24	467,6	527,9	2,348
60	60,74	468,7	529,5	2,386	65	51,11	471,3	532,6	2,362
65	61,76	472,3	534,1	2,4	70	51,97	475	537,3	2,376
70	62,79	476	538,8	2,414	75	52,83	478,6	542	2,39
75	63,8	479,6	543,4	2,427	80	53,69	482,3	546,8	2,403
80	64,82	483,3	548,1	2,441	85	54,55	486,1	551,5	2,417
85	65,83	487	552,8	2,454	90	55,4	489,8	556,3	2,43
90	66,84	490,7	557,5	2,467	95	56,25	493,5	561	2,443
95	67,84	494,4	562,3	2,48	100	57,09	497,3	565,8	2,456
100	68,85	498,2	567	2,493	105	57,94	501,1	570,6	2,469

(continua)

Tabela B7c – Propriedades termodinâmicas do refrigerante R-744 (CO_2) superaquecido *(continuação)*

p = 1.600 kPa					p = 1.800 kPa				
T [°C]	v [l/kg]	u [kJ/kg]	h [kJ/kg]	s [kJ/kgK]	T [°C]	v [l/kg]	u [kJ/kg]	h [kJ/kg]	s [kJ/kgK]
-26,56	24	398,6	437	1,981	-22,89	21,25	398,8	437	1,963
-25	24,29	400	438,8	1,988	-20	21,75	401,4	440,6	1,977
-20	25,19	404,3	444,6	2,011	-15	22,57	405,8	446,5	2
-15	26,05	408,4	450,1	2,033	-10	23,36	410,1	452,1	2,022
-10	26,89	412,5	455,5	2,053	-5	24,12	414,2	457,6	2,042
-5	27,7	416,4	460,8	2,073	0	24,85	418,3	463	2,062
0	28,49	420,3	465,9	2,092	5	25,57	422,3	468,3	2,081
5	29,27	424,2	471	2,111	10	26,27	426,2	473,5	2,1
10	30,03	428	476	2,129	15	26,96	430,1	478,6	2,118
15	30,77	431,8	481	2,146	20	27,63	433,9	483,7	2,135
20	31,51	435,5	486	2,163	25	28,3	437,8	488,7	2,152
25	32,23	439,3	490,9	2,18	30	28,95	441,6	493,7	2,169
30	32,95	443	495,7	2,196	35	29,6	445,4	498,6	2,185
35	33,66	446,8	500,6	2,212	40	30,24	449,1	503,6	2,201
40	34,36	450,5	505,5	2,227	45	30,87	452,9	508,5	2,216
45	35,06	454,2	510,3	2,243	50	31,49	456,7	513,4	2,232
50	35,75	457,9	515,1	2,258	55	32,11	460,5	518,3	2,247
55	36,43	461,6	519,9	2,273	60	32,73	464,2	523,2	2,262
60	37,11	465,4	524,8	2,287	65	33,34	468	528	2,276
65	37,78	469,1	529,6	2,302	70	33,95	471,8	532,9	2,29
70	38,45	472,9	534,4	2,316	75	34,55	475,6	537,8	2,304
75	39,12	476,6	539,2	2,33	80	35,14	479,4	542,7	2,318
80	39,78	480,4	544	2,343	85	35,74	483,2	547,5	2,332
85	40,44	484,2	548,9	2,357	90	36,33	487	552,4	2,346
90	41,1	487,9	553,7	2,37	95	36,92	490,8	557,3	2,359
95	41,75	491,7	558,5	2,384	100	37,5	494,7	562,2	2,372
100	42,4	495,6	563,4	2,397	105	38,09	498,5	567,1	2,385
105	43,05	499,4	568,3	2,41	110	38,67	502,4	572	2,398
110	43,7	503,2	573,1	2,423	115	39,25	506,3	576,9	2,411

(continua)

Tabela B7c – Propriedades termodinâmicas do refrigerante R-744 (CO_2) superaquecido *(continuação)*

p = 2.200 kPa					p = 2.400 kPa				
T [°C]	v [l/kg]	u [kJ/kg]	h [kJ/kg]	s [kJ/kgK]	T [°C]	v [l/kg]	u [kJ/kg]	h [kJ/kg]	s [kJ/kgK]
-16,36	17,2	398,6	436,5	1,93	-13,42	15,66	398,4	436	1,916
-15	17,41	400	438,3	1,938	-10	16,15	401,9	440,7	1,934
-10	18,15	404,9	444,8	1,962	-5	16,84	406,8	447,3	1,959
-5	18,85	409,5	450,9	1,985	0	17,49	411,5	453,5	1,982
0	19,51	413,9	456,8	2,007	5	18,11	416	459,5	2,003
5	20,16	418,2	462,5	2,028	10	18,71	420,4	465,2	2,024
10	20,78	422,4	468,1	2,048	15	19,28	424,6	470,9	2,044
15	21,39	426,5	473,5	2,067	20	19,84	428,8	476,4	2,063
20	21,98	430,5	478,9	2,085	25	20,39	432,9	481,8	2,081
25	22,55	434,6	484,2	2,103	30	20,93	436,9	487,2	2,099
30	23,12	438,5	489,4	2,121	35	21,45	441	492,5	2,116
35	23,68	442,5	494,6	2,137	40	21,97	445	497,7	2,133
40	24,23	446,4	499,7	2,154	45	22,48	448,9	502,9	2,149
45	24,77	450,3	504,8	2,17	50	22,98	452,9	508	2,165
50	25,3	454,2	509,8	2,186	55	23,47	456,8	513,1	2,181
55	25,83	458	514,9	2,201	60	23,96	460,7	518,2	2,196
60	26,35	461,9	519,9	2,216	65	24,44	464,6	523,3	2,212
65	26,87	465,8	524,9	2,231	70	24,92	468,5	528,3	2,226
70	27,38	469,6	529,9	2,246	75	25,39	472,4	533,4	2,241
75	27,89	473,5	534,9	2,26	80	25,86	476,3	538,4	2,255
80	28,4	477,4	539,8	2,275	85	26,33	480,3	543,4	2,269
85	28,9	481,2	544,8	2,289	90	26,79	484,2	548,5	2,283
90	29,39	485,1	549,8	2,302	95	27,25	488,1	553,5	2,297
95	29,89	489	554,8	2,316	100	27,71	492	558,5	2,311
100	30,38	492,9	559,7	2,329	105	28,16	495,9	563,5	2,324
105	30,87	496,8	564,7	2,343	110	28,61	499,9	568,5	2,337
110	31,35	500,7	569,7	2,356	115	29,06	503,8	573,5	2,35
115	31,84	504,6	574,7	2,369	120	29,5	507,7	578,6	2,363
120	32,32	508,6	579,7	2,381	125	29,95	511,7	583,6	2,376
125	32,8	512,5	584,6	2,394	130	30,39	515,7	588,6	2,388

(continua)

Tabela B7c – Propriedades termodinâmicas do refrigerante R-744 (CO_2) superaquecido *(continuação)*

p = 2.800 kPa					p = 3.000 kPa				
T [°C]	v [l/kg]	u [kJ/kg]	h [kJ/kg]	s [kJ/kgK]	T [°C]	v [l/kg]	u [kJ/kg]	h [kJ/kg]	s [kJ/kgK]
-8,033	13,2	397,6	434,5	1,888	-5,55	12,21	397	433,6	1,875
-5	13,62	401	439,1	1,906	-5	12,28	397,7	434,5	1,879
0	14,25	406,3	446,2	1,932	0	12,93	403,4	442,2	1,907
5	14,85	411,3	452,9	1,956	5	13,53	408,7	449,3	1,933
10	15,42	416	459,2	1,979	10	14,08	413,7	456	1,957
15	15,95	420,6	465,3	2	15	14,61	418,5	462,3	1,979
20	16,47	425,1	471,2	2,02	20	15,12	423,1	468,5	2
25	16,98	429,4	476,9	2,04	25	15,6	427,6	474,4	2,02
30	17,47	433,7	482,6	2,058	30	16,07	432	480,2	2,039
35	17,94	437,9	488,1	2,076	35	16,53	436,3	485,9	2,058
40	18,41	442	493,6	2,094	40	16,98	440,5	491,4	2,076
45	18,87	446,1	499	2,111	45	17,42	444,7	496,9	2,093
50	19,31	450,2	504,3	2,128	50	17,85	448,8	502,4	2,11
55	19,76	454,3	509,6	2,144	55	18,27	452,9	507,8	2,127
60	20,19	458,3	514,8	2,16	60	18,68	457	513,1	2,143
65	20,62	462,3	520	2,175	65	19,09	461,1	518,4	2,159
70	21,05	466,3	525,2	2,191	70	19,49	465,1	523,6	2,174
75	21,47	470,3	530,4	2,205	75	19,89	469,2	528,9	2,189
80	21,88	474,3	535,5	2,22	80	20,29	473,2	534,1	2,204
85	22,29	478,2	540,7	2,235	85	20,68	477,2	539,2	2,219
90	22,7	482,2	545,8	2,249	90	21,06	481,2	544,4	2,233
95	23,1	486,2	550,9	2,263	95	21,44	485,2	549,6	2,247
100	23,5	490,2	556	2,277	100	21,82	489,2	554,7	2,261
105	23,9	494,1	561,1	2,29	105	22,2	493,3	559,9	2,275
110	24,3	498,1	566,2	2,303	110	22,57	497,3	565	2,288
115	24,69	502,1	571,3	2,317	115	22,94	501,3	570,1	2,301
120	25,08	506,1	576,4	2,33	120	23,31	505,3	575,2	2,315
125	25,47	510,1	581,4	2,343	125	23,68	509,3	580,4	2,328
130	25,86	514,1	586,5	2,355	130	24,04	513,4	585,5	2,34

(continua)

Tabela B7c – Propriedades termodinâmicas do refrigerante R-744 (CO_2) superaquecido *(continuação)*

p = 3.400 kPa					p = 3.600 kPa				
T [°C]	v [l/kg]	u [kJ/kg]	h [kJ/kg]	s [kJ/kgK]	T [°C]	v [l/kg]	u [kJ/kg]	h [kJ/kg]	s [kJ/kgK]
-0,93	10,55	395,5	431,4	1,85	1,231	9,847	394,7	430,1	1,838
0	10,67	396,8	433,1	1,857	5	10,33	399,8	437	1,863
5	11,29	403	441,4	1,887	10	10,9	405,9	445,1	1,892
10	11,85	408,7	449	1,914	15	11,42	411,5	452,6	1,918
15	12,37	413,9	456	1,938	20	11,9	416,7	459,6	1,942
20	12,86	418,9	462,7	1,961	25	12,36	421,7	466,2	1,965
25	13,32	423,7	469	1,983	30	12,8	426,5	472,6	1,986
30	13,77	428,4	475,2	2,003	35	13,22	431,2	478,8	2,006
35	14,2	432,9	481,2	2,023	40	13,63	435,7	484,8	2,026
40	14,62	437,4	487,1	2,042	45	14,02	440,2	490,7	2,044
45	15,03	441,7	492,8	2,06	50	14,41	444,6	496,4	2,062
50	15,42	446	498,5	2,078	55	14,79	448,9	502,1	2,08
55	15,81	450,3	504	2,095	60	15,15	453,2	507,7	2,097
60	16,19	454,5	509,5	2,111	65	15,51	457,4	513,3	2,113
65	16,57	458,6	515	2,128	70	15,87	461,6	518,7	2,129
70	16,94	462,8	520,4	2,144	75	16,22	465,8	524,2	2,145
75	17,3	466,9	525,7	2,159	80	16,56	469,9	529,6	2,16
80	17,66	471	531,1	2,174	85	16,9	474,1	534,9	2,175
85	18,01	475,1	536,4	2,189	90	17,24	478,2	540,3	2,19
90	18,36	479,2	541,7	2,204	95	17,57	482,3	545,6	2,205
95	18,71	483,3	546,9	2,218	100	17,9	486,4	550,9	2,219
100	19,05	487,4	552,2	2,232	105	18,22	490,5	556,1	2,233
105	19,39	491,4	557,4	2,246	110	18,55	494,6	561,4	2,247
110	19,73	495,5	562,6	2,26	115	18,87	498,7	566,6	2,26
115	20,07	499,6	567,8	2,273	120	19,18	502,8	571,9	2,274
120	20,4	503,7	573	2,287	125	19,5	506,9	577,1	2,287
125	20,73	507,7	578,2	2,3	130	19,81	511	582,3	2,3
130	21,06	511,8	583,4	2,313	135	20,12	515,1	587,6	2,313
135	21,38	515,9	588,6	2,326	140	20,43	519,2	592,8	2,326

(continua)

Tabela B7c – Propriedades termodinâmicas do refrigerante R-744 (CO_2) superaquecido *(continuação)*

p = 4.000 kPa					p = 4.400 kPa				
T [°C]	v [l/kg]	u [kJ/kg]	h [kJ/kg]	s [kJ/kgK]	T [°C]	v [l/kg]	u [kJ/kg]	h [kJ/kg]	s [kJ/kgK]
5,3	8,64	392,7	427,2	1,814	9,077	7,631	390,3	423,8	1,791
10	9,224	399,6	436,5	1,848	10	7,756	391,9	426	1,799
15	9,766	406,1	445,2	1,878	15	8,356	399,8	436,6	1,836
20	10,26	411,9	453	1,905	20	8,871	406,6	445,6	1,867
25	10,71	417,4	460,2	1,929	25	9,334	412,7	453,7	1,894
30	11,14	422,6	467,1	1,952	30	9,762	418,3	461,3	1,919
35	11,55	427,5	473,7	1,974	35	10,16	423,6	468,3	1,942
40	11,94	432,3	480,1	1,994	40	10,54	428,7	475,1	1,964
45	12,32	437	486,3	2,014	45	10,91	433,7	481,7	1,985
50	12,68	441,6	492,3	2,033	50	11,26	438,4	488	2,004
55	13,04	446,1	498,2	2,051	55	11,6	443,1	494,1	2,023
60	13,38	450,5	504	2,068	60	11,93	447,7	500,2	2,042
65	13,72	454,8	509,7	2,085	65	12,25	452,2	506,1	2,059
70	14,05	459,2	515,4	2,102	70	12,56	456,7	511,9	2,076
75	14,38	463,4	521	2,118	75	12,87	461	517,7	2,093
80	14,7	467,7	526,5	2,134	80	13,17	465,4	523,4	2,109
85	15,01	471,9	532	2,149	85	13,47	469,7	529	2,125
90	15,33	476,1	537,4	2,164	90	13,76	474	534,6	2,141
95	15,63	480,3	542,9	2,179	95	14,05	478,3	540,1	2,156
100	15,94	484,5	548,2	2,194	100	14,33	482,5	545,6	2,171
105	16,24	488,7	553,6	2,208	105	14,61	486,8	551,1	2,185
110	16,53	492,8	559	2,222	110	14,89	491	556,5	2,199
115	16,83	497	564,3	2,236	115	15,16	495,2	561,9	2,213
120	17,12	501,1	569,6	2,25	120	15,43	499,4	567,3	2,227
125	17,41	505,3	574,9	2,263	125	15,7	503,6	572,7	2,241
130	17,7	509,4	580,2	2,276	130	15,96	507,8	578,1	2,254
135	17,98	513,6	585,5	2,289	135	16,23	512	583,4	2,267
140	18,26	517,7	590,8	2,302	140	16,49	516,2	588,8	2,28
145	18,54	521,9	596,1	2,315	145	16,75	520,4	594,1	2,293

(continua)

Tabela B7c – Propriedades termodinâmicas do refrigerante R-744 (CO_2) superaquecido *(continuação)*

	p = 5.200 kPa					p = 5.600 kPa			
T [°C]	v [l/kg]	u [kJ/kg]	h [kJ/kg]	s [kJ/kgK]	T [°C]	v [l/kg]	u [kJ/kg]	h [kJ/kg]	s [kJ/kgK]
15,91	6,019	383,9	415,2	1,742	19,03	5,351	379,8	409,8	1,715
20	6,574	392,8	427	1,782	20	5,513	382,8	413,6	1,728
25	7,111	401,3	438,3	1,82	25	6,161	394	428,6	1,779
30	7,57	408,5	447,8	1,852	30	6,663	402,6	439,9	1,816
35	7,981	414,9	456,4	1,88	35	7,093	409,8	449,6	1,848
40	8,359	420,8	464,3	1,905	40	7,479	416,4	458,2	1,876
45	8,713	426,4	471,7	1,929	45	7,835	422,4	466,3	1,901
50	9,048	431,7	478,8	1,951	50	8,168	428,1	473,8	1,925
55	9,368	436,8	485,5	1,972	55	8,483	433,5	481	1,947
60	9,675	441,8	492,1	1,992	60	8,783	438,7	487,9	1,968
65	9,972	446,6	498,5	2,011	65	9,073	443,7	494,5	1,988
70	10,26	451,4	504,7	2,029	70	9,352	448,6	501	2,007
75	10,54	456,1	510,9	2,047	75	9,622	453,4	507,3	2,025
80	10,81	460,6	516,9	2,064	80	9,885	458,2	513,5	2,043
85	11,08	465,2	522,8	2,081	85	10,14	462,8	519,6	2,06
90	11,34	469,7	528,7	2,097	90	10,39	467,4	525,6	2,076
95	11,6	474,1	534,4	2,113	95	10,64	472	531,5	2,093
100	11,85	478,5	540,2	2,128	100	10,88	476,5	537,4	2,108
105	12,1	482,9	545,8	2,143	105	11,12	480,9	543,2	2,124
110	12,35	487,3	551,5	2,158	110	11,35	485,4	548,9	2,139
115	12,59	491,6	557,1	2,173	115	11,58	489,8	554,6	2,154
120	12,83	495,9	562,7	2,187	120	11,81	494,2	560,3	2,168
125	13,07	500,2	568,2	2,201	125	12,03	498,5	565,9	2,182
130	13,3	504,6	573,7	2,215	130	12,26	502,9	571,5	2,196
135	13,53	508,8	579,2	2,228	135	12,47	507,2	577,1	2,21
140	13,76	513,1	584,7	2,241	140	12,69	511,6	582,6	2,224
145	13,99	517,4	590,2	2,255	145	12,91	515,9	588,2	2,237
150	14,22	521,7	595,6	2,268	150	13,12	520,2	593,7	2,25
155	14,44	526	601,1	2,28	155	13,33	524,5	599,2	2,263
160	14,66	530,3	606,5	2,293	160	13,54	528,9	604,7	2,276

(continua)

Tabela B7c – Propriedades termodinâmicas do refrigerante R-744 (CO_2) superaquecido *(continuação)*

p = 6.400 kPa					p = 6.800 kPa				
T [°C]	v [l/kg]	u [kJ/kg]	h [kJ/kg]	s [kJ/kgK]	T [°C]	v [l/kg]	u [kJ/kg]	h [kJ/kg]	s [kJ/kgK]
24,77	4,168	368,5	395,2	1,653	27,41	3,596	359,9	384,4	1,611
25	4,228	369,9	397	1,659	30	4,225	375,4	404,1	1,677
30	5,042	387,2	419,5	1,734	35	4,881	390	423,2	1,739
35	5,569	397,7	433,4	1,779	40	5,355	400,1	436,5	1,782
40	5,998	406,2	444,5	1,815	45	5,749	408,4	447,5	1,817
45	6,372	413,5	454,2	1,846	50	6,098	415,6	457,1	1,847
50	6,711	420,1	463	1,873	55	6,415	422,2	465,9	1,874
55	7,025	426,2	471,2	1,898	60	6,71	428,4	474	1,899
60	7,32	432	478,8	1,921	65	6,987	434,2	481,7	1,922
65	7,599	437,5	486,1	1,943	70	7,251	439,8	489,1	1,943
70	7,867	442,8	493,2	1,964	75	7,503	445,1	496,1	1,964
75	8,123	448	500	1,984	80	7,746	450,3	503	1,983
80	8,371	453	506,6	2,002	85	7,98	455,4	509,7	2,002
85	8,612	457,9	513,1	2,021	90	8,208	460,4	516,2	2,02
90	8,846	462,8	519,4	2,038	95	8,429	465,2	522,6	2,037
95	9,074	467,5	525,6	2,055	100	8,645	470	528,8	2,054
100	9,298	472,2	531,7	2,072	105	8,857	474,8	535	2,071
105	9,516	476,9	537,8	2,088	110	9,064	479,5	541,1	2,087
110	9,731	481,5	543,7	2,103	115	9,267	484,1	547,1	2,102
115	9,942	486	549,6	2,119	120	9,467	488,7	553,1	2,118
120	10,15	490,5	555,5	2,134	125	9,663	493,3	559	2,133
125	10,35	495	561,3	2,148	130	9,857	497,8	564,8	2,147
130	10,56	499,5	567,1	2,163	135	10,05	502,3	570,6	2,161
135	10,76	504	572,8	2,177	140	10,24	506,8	576,4	2,176
140	10,95	508,4	578,5	2,191	145	10,42	511,3	582,1	2,189
145	11,15	512,8	584,2	2,204	150	10,61	515,7	587,9	2,203
150	11,34	517,2	589,8	2,218	155	10,79	520,2	593,5	2,216
155	11,53	521,6	595,4	2,231	160	10,97	524,6	599,2	2,229
160	11,72	526	601	2,244	165	11,15	529	604,8	2,242
165	11,91	530,4	606,6	2,257	170	11,33	533,5	610,5	2,255

Tabela B7d – Propriedades de transporte do refrigerante R-744 (CO_2) saturado

T [°C]	ρ_l [kg/m³]	ρ_v [kg/m³]	cp_l [kJ/kgK]	cp_v [kJ/kgK]	k_l [W/mK]	k_v [W/mK]	μ_l [Pas]	μ_v [Pas]	Pr_l	Pr_v
-50	1.155	17,93	1,971	0,9519	0,1718	0,01151	2,29E-4*	1,13E-5	2,631	0,9353
-49	1.151	18,64	1,974	0,9592	0,1705	0,01159	2,26E-4	1,14E-5	2,611	0,9400
-48	1.147	19,37	1,978	0,9666	0,1692	0,01168	2,22E-4	1,14E-5	2,591	0,9448
-47	1.143	20,13	1,981	0,9742	0,1679	0,01177	2,18E-4	1,15E-5	2,572	0,9498
-46	1.140	20,91	1,985	0,9820	0,1666	0,01186	2,14E-4	1,15E-5	2,554	0,9549
-45	1.136	21,72	1,989	0,9900	0,1653	0,01194	2,11E-4	1,16E-5	2,536	0,9602
-44	1.132	22,55	1,993	0,9982	0,1640	0,01203	2,07E-4	1,16E-5	2,518	0,9656
-43	1.128	23,40	1,997	1,007	0,1627	0,01213	2,04E-4	1,17E-5	2,501	0,9711
-42	1.124	24,28	2,002	1,015	0,1615	0,01222	2,00E-4	1,18E-5	2,485	0,9768
-41	1.120	25,19	2,006	1,024	0,1602	0,01231	1,97E-4*	1,18E-5	2,469	0,9826
-40	1.117	26,12	2,011	1,033	0,1589	0,01241	1,94E-4	1,19E-5	2,453	0,9886
-39	1.113	27,08	2,016	1,043	0,1576	0,01250	1,91E-4	1,19E-5	2,438	0,9947
-38	1.109	28,07	2,022	1,052	0,1564	0,01260	1,88E-4	1,20E-5	2,424	1,001
-37	1.105	29,09	2,027	1,062	0,1551	0,01270	1,84E-4	1,20E-5	2,410	1,008
-36	1.101	30,14	2,033	1,072	0,1538	0,01280	1,81E-4	1,21E-5	2,397	1,014
-35	1.097	31,22	2,039	1,083	0,1526	0,01290	1,78E-4	1,22E-5	2,384	1,021
-34	1.092	32,33	2,045	1,094	0,1513	0,01300	1,75E-4	1,22E-5	2,371	1,028
-33	1.088	33,47	2,052	1,105	0,1500	0,01310	1,73E-4	1,23E-5	2,360	1,036
-32	1.084	34,65	2,058	1,116	0,1488	0,01321	1,70E-4	1,23E-5	2,348	1,043
-31	1.080	35,86	2,065	1,128	0,1475	0,01331	1,67E-4	1,24E-5	2,338	1,051
-30	1.076	37,10	2,073	1,141	0,1463	0,01342	1,64E-4	1,25E-5	2,327	1,059
-29	1.072	38,38	2,080	1,153	0,1450	0,01353	1,62E-4	1,25E-5	2,318	1,068
-28	1.067	39,70	2,088	1,166	0,1438	0,01364	1,59E-4	1,26E-5	2,308	1,076
-27	1.063	41,05	2,097	1,180	0,1425	0,01376	1,56E-4	1,27E-5	2,300	1,085
-26	1.059	42,45	2,105	1,194	0,1413	0,01387	1,54E-4	1,27E-5	2,292	1,094
-25	1.054	43,88	2,114	1,208	0,1400	0,01399	1,51E-4	1,28E-5	2,284	1,104
-24	1.050	45,36	2,124	1,223	0,1388	0,01411	1,49E-4	1,29E-5	2,277	1,114
-23	1.045	46,88	2,133	1,239	0,1376	0,01423	1,46E-4	1,29E-5	2,270	1,124
-22	1.041	48,44	2,144	1,255	0,1363	0,01435	1,44E-4	1,30E-5	2,264	1,135
-21	1.036	50,05	2,154	1,272	0,1351	0,01448	1,42E-4	1,31E-5	2,259	1,146
-20	1.032	51,70	2,165	1,289	0,1338	0,01460	1,39E-4	1,31E-5	2,254	1,158
-19	1.027	53,40	2,177	1,307	0,1326	0,01473	1,37E-4	1,32E-5	2,250	1,170
-18	1.022	55,15	2,189	1,326	0,1313	0,01486	1,35E-4	1,33E-5	2,247	1,183
-17	1.018	56,96	2,201	1,346	0,1301	0,01500	1,33E-4	1,33E-5	2,244	1,196
-16	1.013	58,82	2,215	1,366	0,1289	0,01513	1,30E-4	1,34E-5	2,242	1,210
-15	1.008	60,73	2,228	1,388	0,1276	0,01527	1,28E-4	1,35E-5	2,240	1,224

(continua)

Tabela B7d – Propriedades de transporte do refrigerante R-744 (CO_2) saturado *(continuação)*

T [°C]	ρ_l [kg/m³]	ρ_v [kg/m³]	cp_l [kJ/kgK]	cp_v [kJ/kgK]	k_l [W/mK]	k_v [W/mK]	μ_l [Pas]	μ_v [Pas]	Pr_l	Pr_v
-14	1.003	62,70	2,243	1,410	0,1264	0,01541	1,26E-4	1,36E-5	2,239	1,239
-13	998,1	64,72	2,258	1,433	0,1251	0,01560	1,24E-4	1,36E-5	2,239	1,252
-12	993,1	66,81	2,274	1,457	0,1239	0,01579	1,22E-4	1,37E-5	2,240	1,265
-11	988,0	68,96	2,290	1,482	0,1226	0,01599	1,20E-4	1,38E-5	2,241	1,278
-10	982,9	71,18	2,307	1,509	0,1214	0,01619	1,18E-4	1,39E-5	2,243	1,292
-9	977,7	73,47	2,326	1,537	0,1201	0,01640	1,16E-4	1,40E-5	2,246	1,307
-8	972,4	75,83	2,345	1,566	0,1189	0,01662	1,14E-4	1,40E-5	2,250	1,322
-7	967,1	78,26	2,365	1,596	0,1176	0,01685	1,12E-4	1,41E-5	2,255	1,338
-6	961,7	80,77	2,386	1,629	0,1164	0,01709	1,10E-4	1,42E-5	2,262	1,354
-5	956,2	83,36	2,409	1,663	0,1151	0,01734	1,08E-4	1,43E-5	2,269	1,371
-4	950,6	86,03	2,432	1,699	0,1138	0,01761	1,07E-4	1,44E-5	2,277	1,388
-3	944,9	88,79	2,458	1,736	0,1126	0,01788	1,05E-4	1,45E-5	2,287	1,406
-2	939,2	91,64	2,484	1,777	0,1113	0,01818	1,03E-4	1,46E-5	2,298	1,425
-1	933,3	94,59	2,512	1,819	0,1100	0,01849	1,01E-4	1,47E-5	2,310	1,445
0	927,4	97,65	2,543	1,865	0,1087	0,01881	9,94E-5	1,48E-5	2,324	1,465
1	921,4	100,8	2,575	1,913	0,1074	0,01916	9,76E-5	1,49E-5	2,340	1,487
2	915,2	104,1	2,609	1,965	0,1062	0,01952	9,59E-5	1,50E-5	2,357	1,510
3	908,9	107,5	2,645	2,020	0,1048	0,01991	9,42E-5	1,51E-5	2,377	1,534
4	902,5	111,0	2,685	2,080	0,1035	0,02032	9,25E-5	1,52E-5	2,398	1,560
5	896,0	114,6	2,727	2,144	0,1022	0,02076	9,08E-5	1,54E-5	2,423	1,587
6	889,3	118,4	2,773	2,213	0,1009	0,02122	8,91E-5	1,55E-5	2,450	1,615
7	882,5	122,3	2,822	2,289	0,09955	0,02172	8,75E-5	1,56E-5	2,480	1,646
8	875,6	126,4	2,876	2,370	0,09820	0,02225	8,58E-5	1,58E-5	2,513	1,679
9	868,4	130,7	2,934	2,460	0,09684	0,02281	8,42E-5	1,59E-5	2,551	1,715
10	861,1	135,2	2,998	2,558	0,09546	0,02342	8,26E-5	1,61E-5	2,593	1,754
11	853,6	139,8	3,068	2,666	0,09407	0,02408	8,09E-5	1,62E-5	2,639	1,796
12	845,8	144,7	3,146	2,786	0,09266	0,02478	7,93E-5	1,64E-5	2,692	1,842
13	837,9	149,8	3,232	2,919	0,09123	0,02555	7,77E-5	1,66E-5	2,752	1,893
14	829,7	155,1	3,328	3,069	0,08978	0,02638	7,61E-5	1,68E-5	2,819	1,949
15	821,2	160,7	3,436	3,238	0,08831	0,02729	7,44E-5	1,70E-5	2,896	2,012
16	812,4	166,7	3,559	3,430	0,08681	0,02828	7,28E-5	1,72E-5	2,984	2,082
17	803,3	172,9	3,698	3,650	0,08529	0,02938	7,12E-5	1,74E-5	3,085	2,161
18	793,8	179,6	3,858	3,906	0,08372	0,03059	6,95E-5	1,76E-5	3,203	2,252
19	783,8	186,7	4,044	4,206	0,08327	0,03194	6,78E-5	1,79E-5	3,295	2,357
20	773,4	194,2	4,263	4,562	0,08346	0,03347	6,62E-5	1,82E-5	3,379	2,479
21	762,4	202,3	4,526	4,992	0,08274	0,03520	6,44E-5	1,85E-5	3,524	2,624

(continua)

Tabela B7d – Propriedades de transporte do refrigerante R-744 (CO_2) saturado *(continuação)*

T [°C]	ρ_l [kg/m³]	ρ_v [kg/m³]	cp_l [kJ/kgK]	cp_v [kJ/kgK]	k_l [W/mK]	k_v [W/mK]	μ_l [Pas]	μ_v [Pas]	Pr_l	Pr_v
22	750,8	211,1	4,846	5,522	0,08189	0,03719	6,27E-5	1,89E-5	3,709	2,798
23	738,4	220,7	5,248	6,189	0,08104	0,03953	6,09E-5	1,92E-5	3,941	3,011
24	725,0	231,1	5,769	7,054	0,08030	0,04232	5,90E-5	1,97E-5	4,238	3,278
25	710,5	242,8	6,470	8,219	0,07976	0,04576	5,70E-5	2,02E-5	4,627	3,621
26	694,4	255,9	7,464	9,870	0,07958	0,05017	5,50E-5	2,07E-5	5,157	4,079
27	676,3	271,0	8,977	12,39	0,08004	0,05621	5,28E-5	2,14E-5	5,917	4,721
28	655,3	289,1	11,55	16,70	0,08179	0,06541	5,03E-5	2,23E-5	7,104	5,687
29	629,3	312,0	16,96	25,75	0,08694	0,08248	4,75E-5	2,34E-5	9,255	7,309

* E-4 e E-5 são representações simplificadas de 10^{-4} e 10^{-5}.

APÊNDICE C
DIAGRAMAS

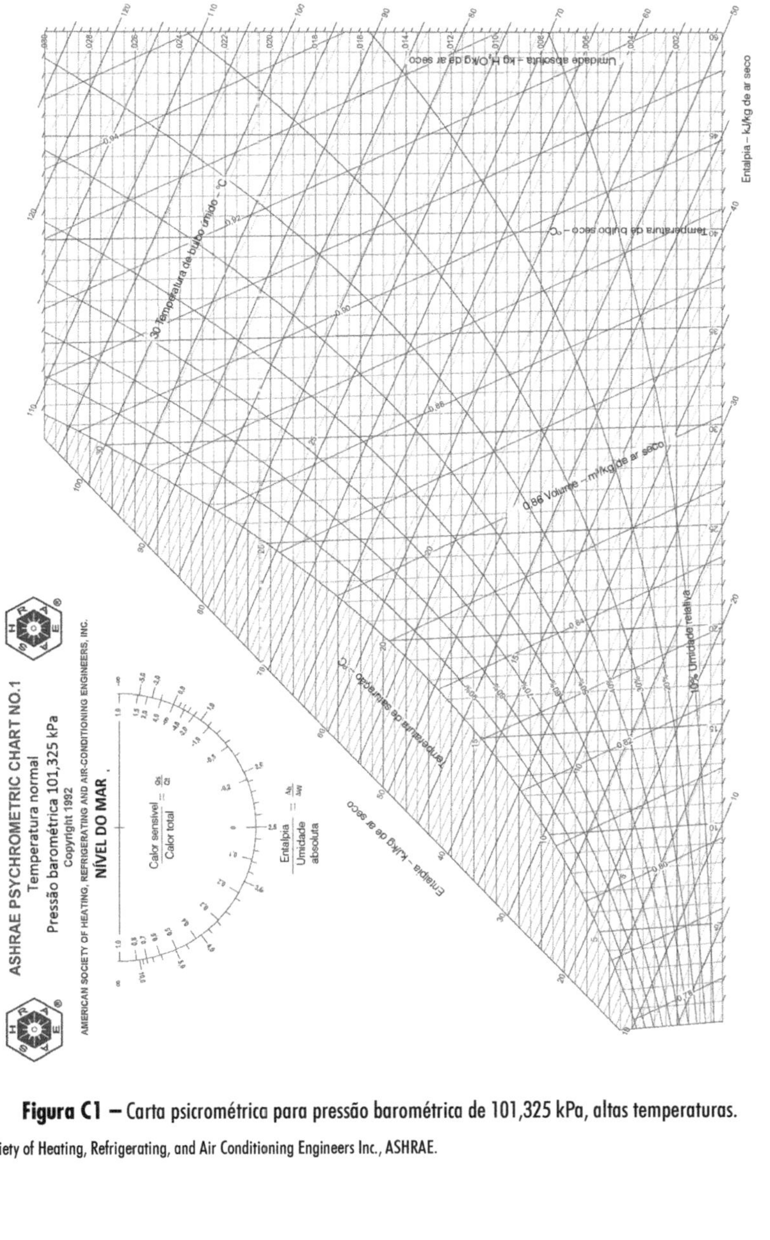

Figura C1 – Carta psicrométrica para pressão barométrica de 101,325 kPa, altas temperaturas.

Fonte: American Society of Heating, Refrigerating, and Air Conditioning Engineers Inc., ASHRAE.

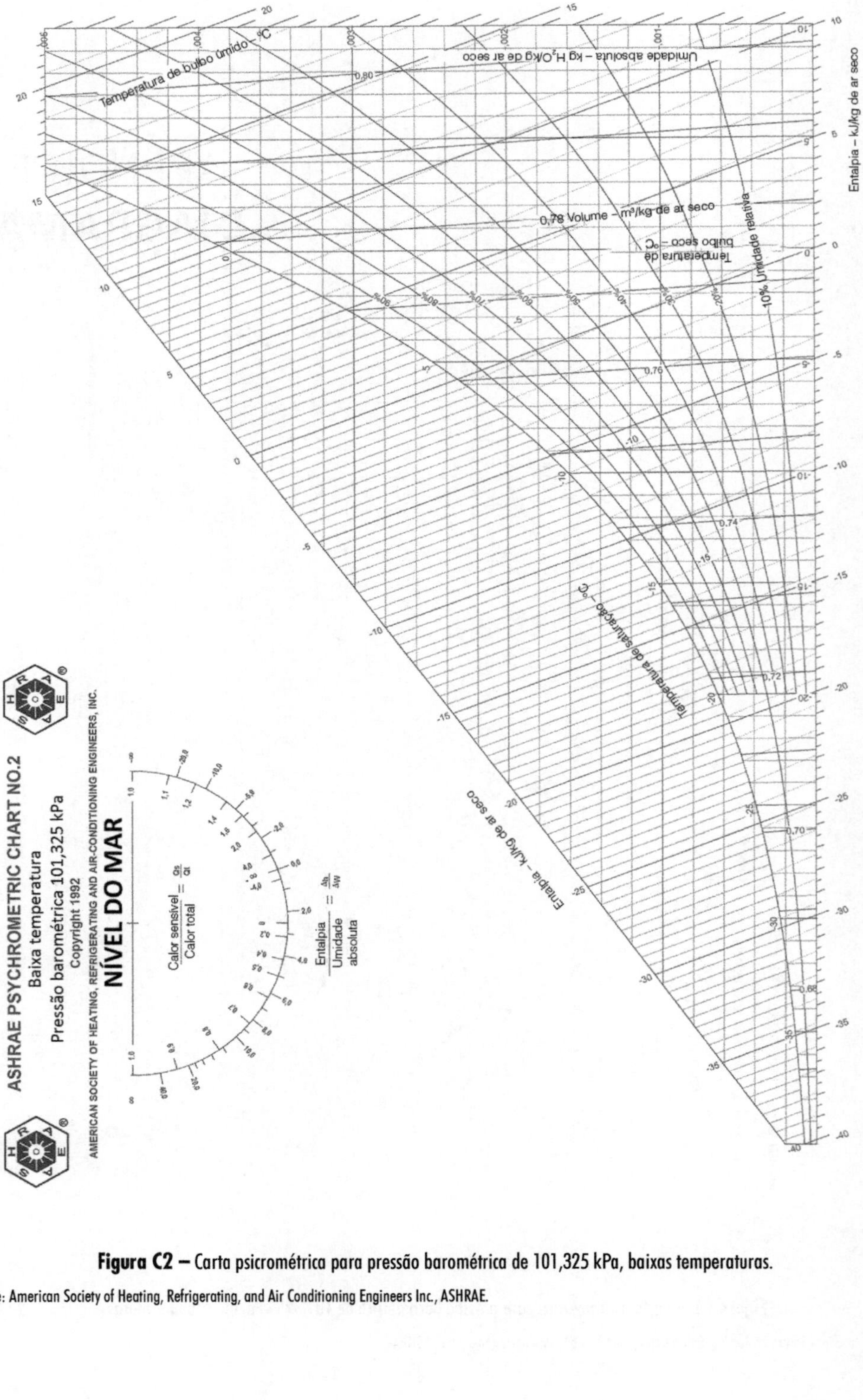

Figura C2 – Carta psicrométrica para pressão barométrica de 101,325 kPa, baixas temperaturas.

Fonte: American Society of Heating, Refrigerating, and Air Conditioning Engineers Inc., ASHRAE.

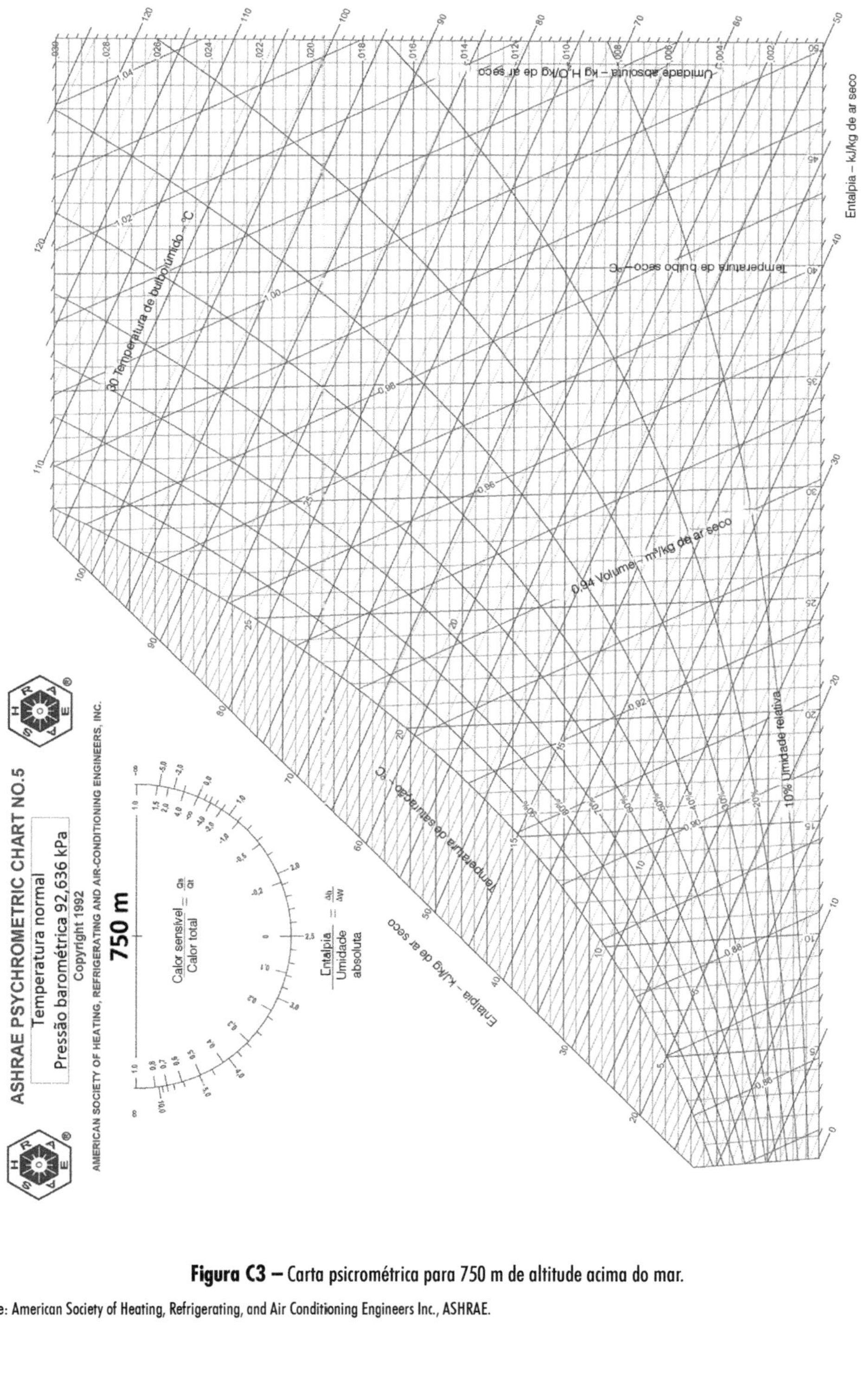

Figura C3 – Carta psicrométrica para 750 m de altitude acima do mar.

Fonte: American Society of Heating, Refrigerating, and Air Conditioning Engineers Inc., ASHRAE.

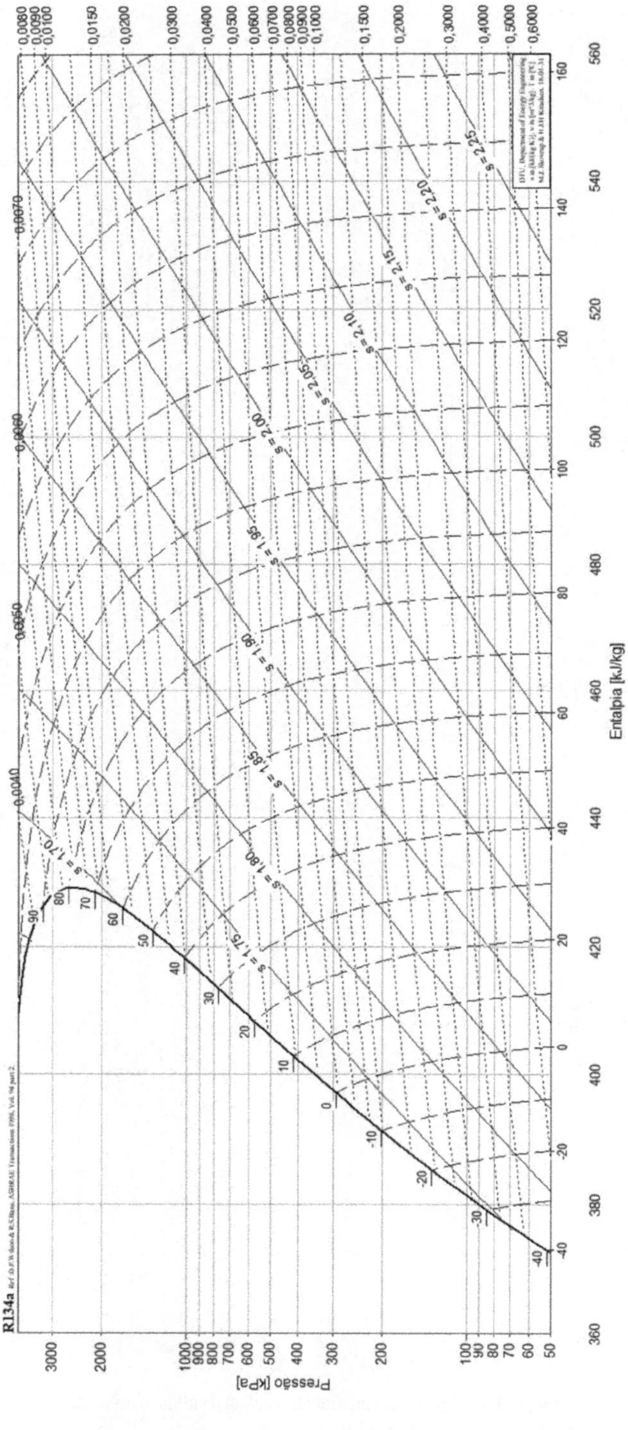

Figura C4 – Diagrama (p, h) do refrigerante R-134a. Pressão em bares (1 bar = 100 kPa).

Fonte: CoolPack, DTU Dinamarca.

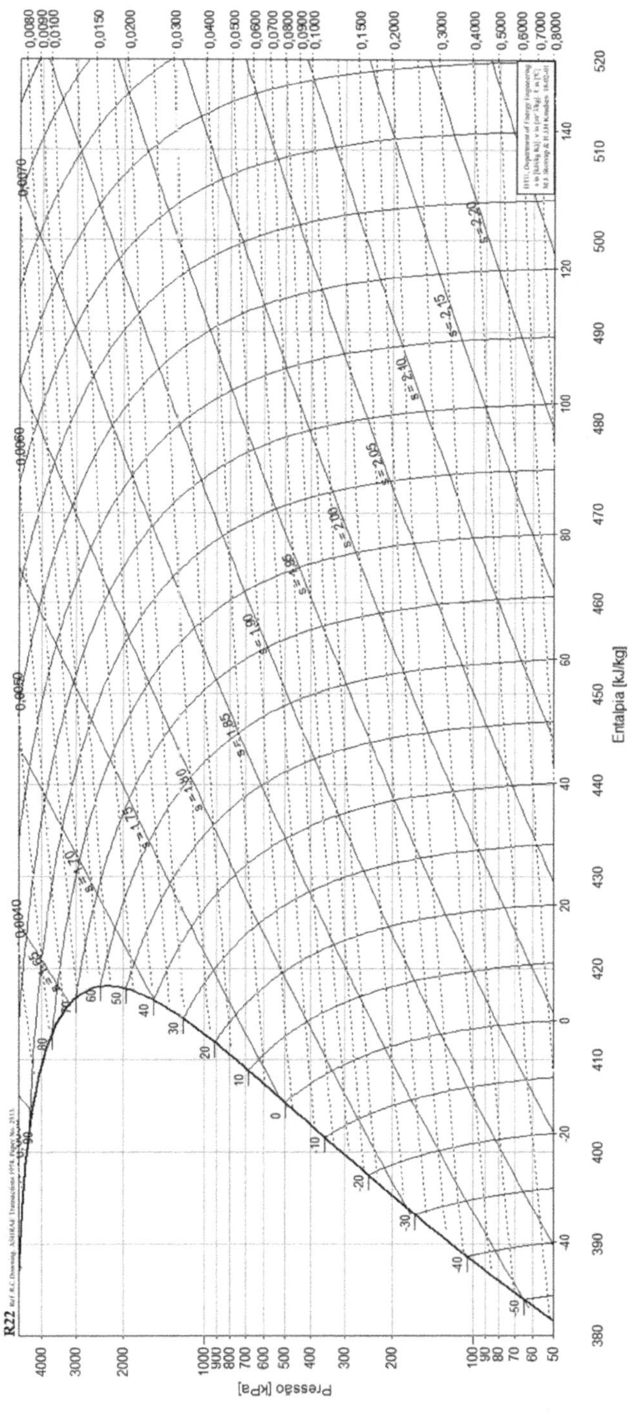

Figura C5 – Diagrama (p, h) do refrigerante R-22. Pressão em bares (1 bar = 100 kPa).

Fonte: CoolPack, DTU Dinamarca.

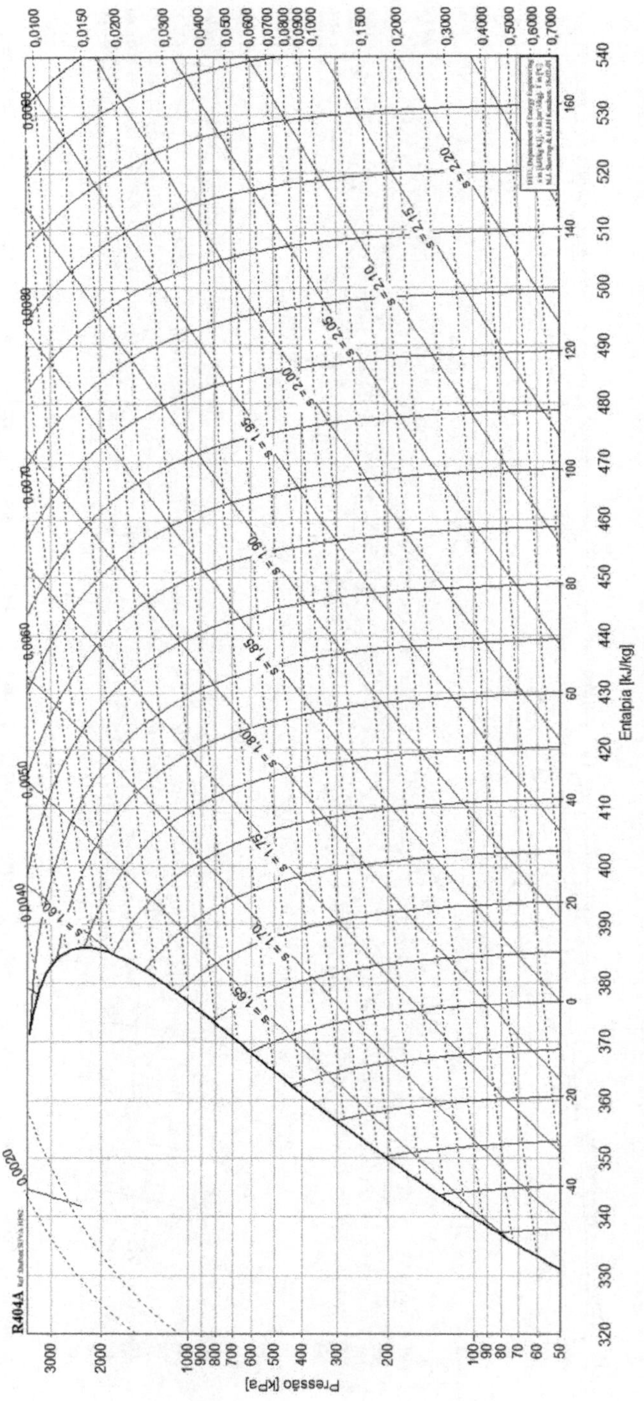

Figura C6 – Diagrama (p, h) do refrigerante R-404A. Pressão em bares (1 bar = 100 kPa).

Fonte: CoolPack, DTU Dinamarca.

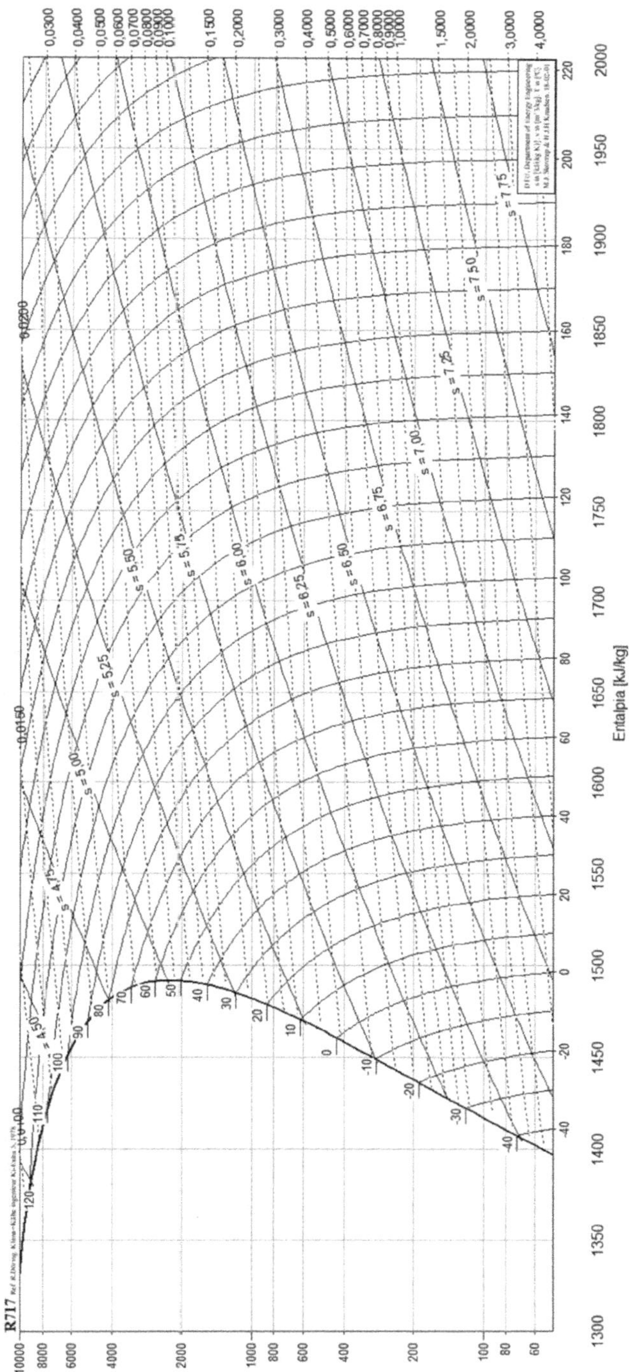

Figura C7 – Diagrama (p, h) da amônia. Pressão em bares (1 bar = 100 kPa).

Fonte: CoolPack, DTU Dinamarca.

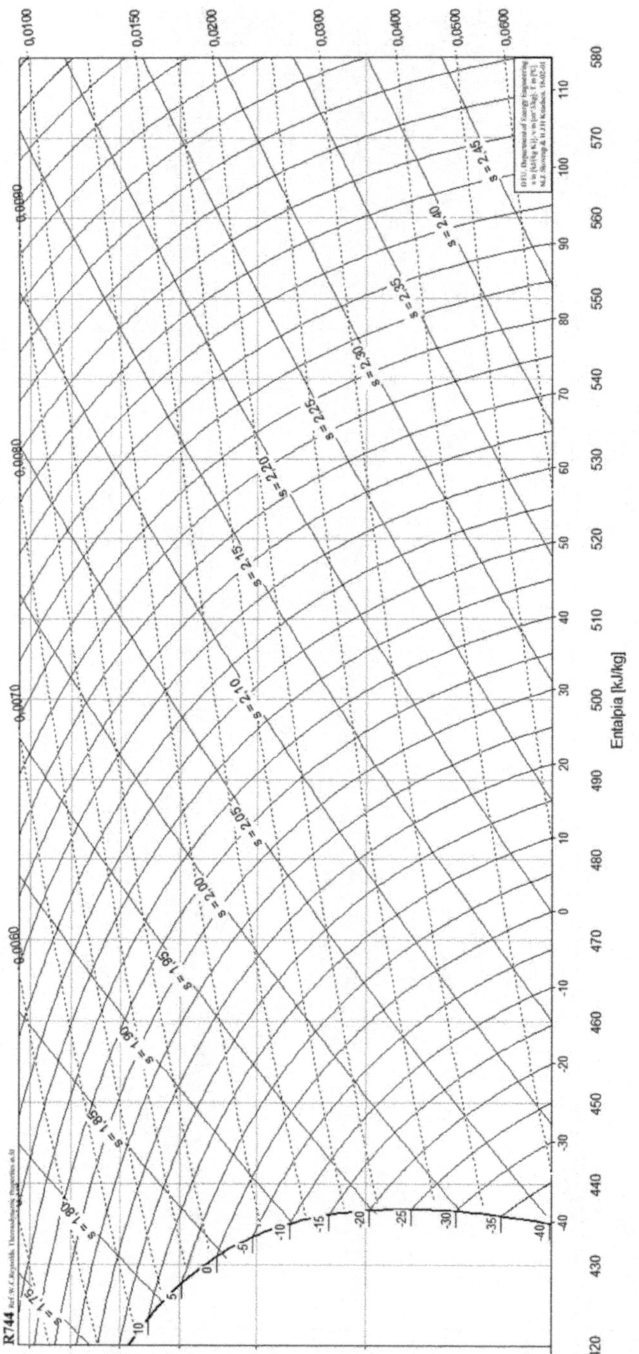

Figura C8 – Diagrama (p, h) do refrigerante R-744 (CO_2). Pressão em bares (1 bar = 100 kPa).

Fonte: CoolPack, DTU Dinamarca.

ÍNDICE REMISSIVO

R

S